suhrkamp taschenbuch wissenschaft 987

Wenn herrschender Sinn als Irr-Sinn erlebt wird und gültige Rationalität sich als Irr-Rationalität offenbart, dann macht das eine Neubewertung von Wissenschaft und Technik notwendig, weil es diese Mittel unseres Erkennens und Lebens selbst sind, die fragwürdig geworden sind. Und die erste Frage, die wir dabei stellen müssen, ist nicht die, was ›falsch‹ an Wissenschaft und Technik ist, sondern die, wieso den einen ein Verhalten als das einzig rationale und sinnvolle erscheint, das sich den anderen als der sichere Weg in den Untergang darstellt.
Der Rest, also die Einsicht, daß die Konzeption ›der Berechenbarkeit der ganzen Welt (einschließlich des Menschen) durch die wissenschaftliche Erkenntnismethode‹ und die Konzeption ›der technischen Beherrschbarkeit und Produzierbarkeit alles so Erkannten‹ wie alle anderen Weltbilder des Menschen auch eine subjektive Sinngebung ist, sowie das Verständnis, was das für uns selbst, für Wissenschaft und Technik, für unsere Kultur und unsere Zukunft bedeutet, erschließt sich, wenn wir versuchen, diese Frage zu beantworten.
Godela Unseld, geb. 1951. Interdisziplinäre Forschungsarbeit auf den Gebieten der Technik-, Wissens- und Ethnosoziologie.

Godela Unseld

Maschinenintelligenz oder Menschenphantasie?

Ein Plädoyer für den Ausstieg aus unserer technisch-wissenschaftlichen Kultur

Suhrkamp

Die Deutsche Bibliothek – CIP-Einheitsaufnahme
Unseld, Godela:
Maschinenintelligenz oder Menschenphantasie? :
Ein Plädoyer für den Ausstieg aus unserer technisch-wissenschaftlichen Kultur / Godela Unseld. –
1. Aufl. – Frankfurt am Main :
Suhrkamp, 1992
(Suhrkamp-Taschenbuch Wissenschaft ; Bd. 987)
ISBN 3-518-28587-4
NE: GT

suhrkamp taschenbuch wissenschaft 987
Erste Auflage 1992

Satz und Druck: Wagner GmbH, Nördlingen
Printed in Germany
Umschlag nach Entwürfen von
Willy Fleckhaus und Rolf Staudt

1 2 3 4 5 6 – 97 96 95 94 93 92

Inhalt

TEIL 3
DIE VERWIRKLICHUNG

TEIL 4
DIE NEUEN APOSTEL
ODER
DIE END-(ER-)LÖSUNG

Einleitung

Eine neue Zukunft geht um in unserer Welt. Sie bannt die Angst vor einer ökologischen und atomaren Katastrophe und hält der ›no-future‹ Generation ein siegesgewisses ›die Zukunft gehört uns‹ entgegen. Diese unsere neue Zukunft hat einen Namen. Sie heißt High-Tech und ist angetreten, uns ein für allemal aus allem Elend zu erlösen.

Allen voran gehört die sogenannte Künstliche Intelligenz zu jenen Zukunftstechnologien, die uns in Büchern und in Anzeigetexten die schöne neue Welt von morgen versprechen. KI ist der Star, der aus den lauten, schmutzigen, groben, giftigen und gefährlichen Maschinen von heute, die unser Leben dominieren und bedrohen, die leisen, sauberen, intelligenten Partner von morgen, und die superintelligenten von übermorgen macht, die alle Probleme werden lösen können. KI hat eine häßliche Schwester, die Gentechnik, die dafür bekannt ist, daß sie weiße Riesenmäuse, Tomoffeln und Giftviren züchtet, wo sie doch bloß das Prinzip biologischer Leistungsfähigkeit für uns nutzbar machen will. Beide gehören einer Familie an, KI der Computertechnologie oder Informatik, Gentechnik der Biotechnologie, die ihrerseits wieder eine Tochter der Chemie und der Biologie ist, und beide wiederum sind Angehörige jenes neuen Hoffnungsträgers ›High-Tech‹. Neulich hat man in der Zeitung die Familienverhältnisse so beschrieben: ›Biotechnologie ohne Gentechnologie verhält sich zur Biotechnologie mit Gentechnologie wie eine alte Einzylinder-Dampfmaschine zu einer modernen Jetturbine.‹ (FR 28.6.1988 / 8) Ähnliches kann man von Computertechnologie und KI sagen. Die Familie sorgt dafür, daß die Maschinen immer schneller immer mehr Daten verarbeiten können und trotzdem immer kleiner werden, aber das würde alles nichts nützen, wenn die KI ihr nicht zeigen würde, wie sie die Daten verarbeiten soll: nämlich intelligent.

Grundsätzlich versucht sie das auf zwei Arten: Einmal, indem sie Grundlagenforschung betreibt, und einmal, indem sie sich mit der Industrie zusammentut und sogenannte Verbundprojekte zur Welt bringt. Die Grundlagenforscher sind die, die daran arbeiten, daß die Computer wirklich intelligent werden, also richtig sprechen und richtig denken und richtig sehen können, und sich nicht

so sehr darum kümmern, ob bei ihrer Arbeit jetzt handfest etwas Nützliches rauskommt. Womit nicht gesagt sein soll, daß ein wirklich intelligenter Computer nicht auch wirklich nützlich wäre. Die Schwierigkeit ist bloß die, daß alle Grundlagenforscher sich im stillen einig sind, daß sie noch sehr, sehr lange Grundlagenforschung treiben müssen, bis sie einen wirklich intelligenten Computer erfunden haben, und auf diesen Tag X kann die Industrie natürlich nicht warten. Wenn sie es genau bedenkt, dann braucht sie auch gar keine Maschinen, die so furchtbar intelligent sind wie wir Menschen. Will sagen, ein Schachcomputer läßt sich auch dann verkaufen, wenn er nicht so gut wie der Weltbeste, sondern bloß Mittelklasse ist (wer ist schon Mittelklasse im Schach?!); eine Werkzeugmaschine tuts auch dann, wenn sie Bäume nicht von Gurken, dafür aber eine Schweißnaht von der anderen unterscheiden kann; eine intelligente Datenbank ist auch dann intelligent, wenn sie kein Deutsch versteht, dafür aber das Gewünschte aufgrund von Stichworten zusammenstellt; und ein Expertensystem ist first-class und high-level, auch wenn es kein Englisch und nichts von Chemie versteht, dafür aber alles über den einen DNS-Strang und seine Mutationen weiß. Deswegen also die Verbundprojekte, die mit dem einem Auge immer auf die Grundlagenforschung schielen, ob sich dort nicht eine nützliche Methode abgucken läßt, und das andere Auge immer fest auf die wirtschaftliche Verwertbarkeit gerichtet halten.
Bevor man sich jedoch weiter in diese Interna verstrickt, sollte man sich zunächst auf einer nüchternen wirtschaftlichen Ebene klarmachen, wofür man eigentlich intelligente Computer und superschnelle Rechner braucht. Also nicht das, was sie alles können können sollen, sondern das, warum sie das alles können können sollen. Wieso braucht man intelligente Werkzeugmaschinen, sprachverstehende Programme, wissenschaftliche Expertensysteme, wissensbasierte Meß- und Überwachungssysteme, bilderkennende Monitorprogramme, Management-Informationssysteme? Um automatische Fabriken bauen zu können und automatische Büros, die diese automatischen Fabriken verwalten. Um den Wissenstransfer und die Wissensverarbeitung ganz allgemein zu beschleunigen und insbesondere zu beschleunigen in jenen technologieintensiven Wissensbereichen wie der Biotechnologie und der Grundlagenphysik. Um dann diese Erkenntnisse in großtechnischen Anlagen umzusetzen, die automatisch produzieren,

automatisch überwacht werden und automatisch verwaltet werden.
Und wieso brauchen wir eine automatische Produktion? Um die Umschlagsgeschwindigkeit zu steigern und mehr produzieren zu können. Dann und nur dann macht sie Sinn, weil sie nur dann profitabel ist. Und dieses Ziel einer drastischen Mehrproduktion erklärt zum Teil auch, warum man sich vor den Hoffnungen einiger naiver Leute, die Automation würde die Arbeit irgendwann einmal ganz abschaffen, nicht zu fürchten braucht. Weder hat die Mechanisierung die Arbeit überflüssig gemacht, noch wird durch Automation menschliche Arbeit ganz ersetzt werden. Aber sowohl durch Mechanisierung wie durch Automation wurde und wird menschliche Arbeit ganz entscheidend verändert werden, insofern beide die menschliche Arbeit im Produktionsprozeß weiter vom eigentlichen Produkt entfernen. Wenn wir früher direkt produziert haben, so bedienen wir jetzt die Maschinen, die das tun, und in Zukunft kontrollieren wir die Automaten, die die Maschinen bedienen, die produzieren. Wenn wir früher direkt verwaltet haben, so verwalten wir jetzt die Automaten, die verwalten. Wo wir früher selber gedacht haben, denken wir uns jetzt aus, wie wir für uns denken lassen. Wenn früher die Pflanzen einfach mit Gottes Segen wuchsen, so wachsen sie in Zukunft, weil die Gentechnik sie erfunden hat, weil gentechnisch manipulierte Bakterien sie vor Schädlingen schützen, weil intelligente Sensoren Tag und Nacht Licht- und Nährstoff- und Wuchsverhältnisse messen und ein intelligenter Prozessor aufgrund dieser Daten die Umweltverhältnisse steuert.
Automation brauchen wir also, um mehr zu produzieren, aber nicht nur einfach mehr, sondern mit Hilfe von mehr Technik mehr. Das kann man natürlich so oder so sehen. Die einen sagen: KI macht aus dem Fließband, das uns den Takt vorgibt, – via vollautomatischer Fabrik – den Roboter, dem wir sagen, was er zu tun hat; aus dem Papierkrieg, der das Leben großer Verwaltungen erstickt, – via automatisiertem Büro – die Informationsbörse, die die besten Ideen und die besten Leute zusammenbringt; aus dem passiven Medienbenutzer, der der Flut der Daten hilflos gegenübersteht, – via ISDN, Kabel und Computernetzwerk – den aktiven Medienteilnehmer, dem über der internationalen Kommunikation die weltweite Verständigung gelingt; aus den Zeitbomben, die unsere chemischen Fabriken sind, – via

Meß- und Überwachungstechnik – die ›Öko-Industrie‹ (FR 28.6.1988 / 8) der Zukunft. Die anderen sagen: KI verseucht nicht Wasser, Luft und Boden, KI betoniert nicht die Erde zu und verwandelt den Himmel in einen Luftverkehrsraum, KI rottet nicht die Artenvielfalt aus und verwandelt den Lebensraum von Hühnern und Menschen gleichermaßen in übereinandergestapelte Käfige, KI greift nicht ins Ökosystem ein, ohne etwas davon zu verstehen, und schickt den chemischen Kunststoffen jetzt die genmanipulierten Lebewesen hinterher, KI bedroht die Menschheit nicht mit dem Restrisiko der Vernichtung. Aber überall, wo das geschieht und vor allem in vergrößertem Maßstab geschehen soll, haben die Computertechnologie und ihr Star die Hand im Spiel: Ohne Computerrevolution keine Produktionsexpansion. KI und ihre Familie sind das Schmieröl im Getriebe, und das Getriebe trägt das Label ›technischer Fortschritt‹.
Das ist natürlich erfreulich für KI. Aber für jemand, der sich über die Auswirkungen von KI-Techniken und über die von ihren Anhängern versprochene rosige Zukunft Gedanken macht, hat das fatale Folgen. Unversehens steht er / sie nämlich nicht mehr einer Technik gegenüber, sondern hat es mit ›der Technik‹ überhaupt zu tun. Mit der Art und Weise, wie wir im Gegensatz zu allen anderen bisher bekannten Kulturen produzieren. Mit der Art und Weise, wie wir Fortschritt definieren. Mit der Art und Weise, wie wir leben. Man kann das natürlich umgehen, indem man ›die Technik‹ und ihre Existenzweise ›Produktionsexpansion mittels technischer Expansion‹ einfach als Rahmenbedingung akzeptiert und nur die Detailauswirkungen betrachtet, die KI innerhalb dieses technischen Fortschreitens mutmaßlich zu Folge haben wird. Aber sehr vernünftig ist so eine Vorgehensweise nicht, die sich genau dort ein Denkverbot auferlegt, wo die Folgen der untersuchten Handlungsweise erst so richtig zum Tragen kommen. Bezieht man aber ›die Technik‹ mit ins Nachdenken ein, stellt man sie also unter den Vorbehalt, daß darüber das endgültige Urteil noch nicht gefällt wurde, und technischer Fortschritt als Lebensweise für die Menschheit immer mal wieder von Grund auf neu überdacht werden sollte, gerät man vom sicheren Gebiet der Technikfolgeabschätzung auf das gefährliche Gebiet ›der‹ Technikkritik. Und damit in die Nähe jener Exzentriker, die besser in der Steinzeit leben sollten; jener Miesmacher, die immer ein Haar in der Suppe finden; jener irrationalen Schwärmer, die mal

sehen sollten, wie das ist, wenn ihr Kind mangels Penicillin an der Grippe stirbt; man muß sich vorwerfen lassen, daß man ›konservativ und verängstigt sei‹ (Haefner 1984 / 25), weil man ›vor einer positiven Bewältigung dieser neuen Technik zurückschrecke‹ (Haefner 1984 / 27), daß man in eine ›schwarzmalende pessimistische Totalablehnung‹ (Bungard u. a. 1988 / 9) falle und auf eine ›Verängstigung durch Übertreibung‹ (Haefner 1984 / 29) aus sei, die letztlich verantwortlich dafür sei, daß sich jene ›Anti-Gruppen bilden, die dies alles zum Teufel wünschen‹ (Haefner 1984 / 32), und daß ›dieser ökologische Eifer der Gegenwart‹ (Jantsch 1979 / 381) eine ›Totenstarre‹ (Haefner 1984 / 37), die ›Erstarrung des Lebens‹ (Jantsch 1979 / 382) überhaupt heraufbeschwöre.

Verständlicherweise haben sich auf einem so risikoreichen Publikationsgebiet gewisse Absicherungstechniken entwickelt, die zu befolgen jedem angeraten ist, der im vorgesetzten Rahmen bleiben will. Für Frauen empfiehlt sich das blumige Eingeständnis, daß die Technik von heute (und allen voran der Computer!!) so kompliziert, so neu, so anders sei, daß ›Undurchschaubarkeit ... untrennbar verbunden‹ ist mit seiner ›physischen Realität‹ (Turkle 1986 / 21), und besonders nett und weiblich macht sich die Wendung, daß es in ihrer Arbeit um jene zarten seelischen Bande gehe, die zu knüpfen man gar ›nicht vermeiden könne‹ (Turkle 1986 / 14), angesichts eines solchen ›verführerischen‹ (Turkle 1986 / 17), eines solchen ›evokatorischen‹ (Turkle 1986 / 25), eines solchen ›metaphysischen Objekts‹ (Turkle 1986 / 13). Für Männer dagegen sind eher trockene Versicherungen derart angebracht, daß ›der Mensch von heute es sich nicht mehr leisten kann, den technischen Fortschritt stillzustellen...‹ (Lenk 1988 / Einl.), oder daß ›kaum ein Weg zurückführt zu einem technisch und ökologisch unbedenklichem Landbau‹ (Zeitmagazin Nr. 13 / 1988 / 48), oder daß ›sich das Rad der Geschichte im Sinne eines vermeintlichen ›Zurück zur Natur‹ nicht zurückdrehen läßt‹ (von Gunten 1986 / 36).

Beide Bekenntnisse bewirken, daß man hinterher straflos kritisieren kann, was man will, weil man gleich zu Anfang versichert hat, daß die Kritik auf jeden Fall wirkungslos bleiben muß. Einmal, weil man eine Sache, die man prinzipiell nicht verstehen kann, sowieso nur hinnehmen aber nicht verändern kann (weibliche Variante). Und einmal, weil die Zusicherung, daß das Rad der technischen Entwicklung sich nur noch vorwärts, aber nicht mehr rückwärts drehen könne, einem offenem Freibrief an die technische Entwicklung gleichkommt. Denn als eine in ihrer grundsätzlichen Logik akzeptierte generiert sie sich nicht als eine Folge freier Entscheidungen, sondern als eine Folge von Sachzwängen (männliche Variante). Spätestens ab dem mittleren Management weiß das jeder Mann, daß wir nämlich schon den Status quo nur erhalten können, wenn wir expandieren – ob wir wollen oder nicht! Wenn wir die Nase vorn behalten und die Märkte von morgen nicht kampflos den Japanern und Amerikanern überlassen. Daß wir zum Entwicklungsland werden, wenn die Technologie von morgen nicht heute hier bei uns Einzug hält. Und die Technik von morgen ist immer das, was die Konkurrenz ein Jahr vor uns auf den Markt bringen würde, wenn wir nicht so fix gewesen wären, es schon gestern erfunden zu haben.

Es soll hier gleich zu Anfang klargestellt werden, daß hier weder die eine noch die andere Versicherung gegeben wird. Nicht nur, weil eine Kritik, die sich selber Wirkungslosigkeit bescheinigt, lächerlich ist und in den Verdacht gerät, sie gebe das Feigenblatt ab, das Zwang zur freiwilligen Entscheidung umstilisieren soll, sondern auch vor allem deshalb, weil beide Statements schlichtweg falsch sind.

Natürlich ist die Funktionsweise eines Computers soweit allgemein verständlich zu machen, daß er aufhört, ein überirdisches Wunder zu sein. Wie könnte das auch anders sein bei einer Maschine, deren Grundprinzipien ein Computerexperte wie Weizenbaum mittels einer Klopapierrolle und Steinchen erklären kann. Und natürlich kann ›das Volk‹ begreifen, was ein Computer im Prinzip können und vor allem, was er im Prinzip nicht können kann. Davon zeugt der Tenor der zahlreichen Computerwitze und Roboterhorrorstories. Da ist der Computer, der 0,00 DM Steuern einziehen will und den säumigen Zahler mit Bußgeld belegt. Da ist der Killerroboter, der Menschen mit einem bestimmten Zeichen umbringt, bloß das Zeichen wurde vertauscht und jetzt bringt er die Guten um. Und es läuft darauf hinaus, daß Computer eben nicht aus einem Verständnis der gemeinten Sache heraus reagieren, sondern immer nur das tun, was als Reaktion auf die Abarbeitung der implementierten Schlußfolgerungsregeln in Kombination mit dem jeweiligen Input erfolgen kann. Dieser Input und diese Regeln mögen zwar fürchterlich kompliziert sein, und selbst für das Erfinderteam mag hinterher die Menge

der möglichen Reaktionen des Systems undurchschaubar geworden sein, aber das ändert nichts an dieser prinzipiellen Unfähigkeit mechanisierbarer Reaktionsmengen zu sinnvollen, verstehenden Handlungen, die den Computer im Volksmund zur Witzfigur und zum Monster zugleich werden lassen.
Und natürlich könnten wir ›das Rad der technischen Entwicklung zurückdrehen‹. Gerade wir mit unserem technischen Wissen könnten das. Gerade wir mit unserer landwirtschaftlichen Überproduktion könnten uns das leisten. Und gerade jetzt könnten wir es noch zurückdrehen, da es noch Flecken unberührter Natur mit ihrer natürlichen Artenvielfalt gibt, die eine Regeneration des Ökosystems möglich erscheinen lassen. Und ein ernsthaftes Problem wäre eigentlich nur, ob wir Technik ganz abschaffen oder ob wir Technikreservate stehen lassen sollen, zwecks mahnender Erinnerung und Abenteuerurlaub, ähnlich den Naturreservaten heute.
Nicht also können wir nicht, sondern wir sollen und wir wollen nicht. Es ist aber gewöhnlich einer, der als An-Sich-Sein der Welt, als Sachzwang projiziert, was in Wahrheit einfach das Ergebnis eines besonders intensiven Wunsches ist, auch einer, der sich in seiner psychischen Identität unmittelbar bedroht fühlt, sollte es denn anders sein, als so, wie er sich das vorstellt. Und in der Tat weckt vor allem die Behauptung, wir könnten, wenn wir wollten, wieder so ›wie in der Steinzeit‹ oder auch ganz anders leben, alle Geister der Empörung und alle schlagenden Gründe, wieso ein vernünftiger Mensch das nicht wollen können kann.

Grund Nr. 1: Ohne Technik können wir die Menschheit nicht ernähren.

Das nun eben gerade nicht. Es haben noch nie so viele, so völkerübergreifend und so konstant gehungert wie in unserem technischen Zeitalter. Und diese Unterernährung ist kein Problem der Unterentwicklung. Wären alle Länder technisch so entwickelt wie wir und produzierten auf diese Weise und auf diesem Niveau, so hätten wir die Ressourcen unseres Planeten schon lange vor unserer Zeit erschöpft, hätten ihn schon jetzt so vergiftet, daß wir alle, wenn überhaupt noch, auf einem Niveau existierten, gegenüber dem die Steinzeit als Garten Eden und als Paradies sich darstellte. Die technische Produktion, so wie wir sie bisher entwickelt haben, ist im Gegensatz zu vielen der bisher entwickelten

Produktionsformen nicht in der Lage, ›die Menschheit‹ zu ernähren.

> Grund Nr. 2: Aber die ›anderen‹ Produktionsformen können die Menschheit, so groß wie sie heute ist, erst recht nicht ernähren; Technik ist das kleinere Übel.

Das nun freilich ist richtig. Bloß, die anderen Produktionsformen haben darauf geachtet, daß nicht mehr Menschen da waren, als auf eine vernünftige Art und Weise ernährt werden konnten. Im Klartext: Geburtenkontrolle gehörte von jeher zu einer ökologisch vernünftigen Wirtschaftsweise. Und das nicht nur durch Kindesmord oder Enthaltsamkeit, sondern durchaus auch durch pflanzliche Abtreibungsmittel und andersartige Sexualpraktiken. Primitive Gesellschaften kannten keine Überbevölkerung und Hunger nur, wenn unvorhersehbare ökologische Katastrophen über sie hereinbrachen. Und umgekehrt sind Überbevölkerung und Unterernährung typische Symptome sogenannter Hochkulturen mit einer starken hierarchischen Gliederung. Allerdings haben wir auch das, wie vieles andere, in besonderem Maße entwikkelt.

Selbst jedoch wenn es uns gelänge, die Menschheit entscheidend zu reduzieren, so bliebe doch die These zu Grund Nr. 1 gültig. Da unsere Wirtschaftsweise kein ökologisch geschlossener Kreislauf ist, sondern immer mehr nimmt, als sich regenerieren läßt, und immer mehr an Schadstoffen abgibt, als natürlicherweise abgebaut werden können, gibt es für sie keine ökologisch vernünftige Menschheitsgröße, sie stellt nicht nur bei so vielen, sondern überhaupt eine Produktionsform dar, die die Menschheit auf Dauer nicht ernähren kann.

> Grund Nr. 3: Ja, aber damals überlebten die Menschen nur, weil sie sich von früh bis spät mit stumpfsinniger Arbeit abplagten. Sie hatten keine Zeit für Wissenschaft und Kunst und Denken! Technik macht Kultur für alle erst möglich!

Das Bild vom nackten Wilden, der es nur mit äußerster Mühe schafft, sich am bloßen Leben zu erhalten, immer bedroht von den Naturgewalten, denen er hilflos gegenübersteht, so erschöpft von der täglichen Arbeit, Mühe und Plage, daß er unfähig ist, sich noch Gedanken zu machen, gehört zu den tiefsitzendsten Überzeugungen unserer Kultur. Lebhaft genährt wird das Schreckens-

bild von Arbeitserfahrungen, die uns unmittelbarer gegenwärtig sind: 18-Stunden-Tag in den Fabriken, Kinderarbeit in den Kohlegruben, dahinsiechende Frauen, die mit nächtlicher Heimarbeit ihre 10 Kinder ernähren ... Wenn es vor kurzem noch so schlimm war, wie schlimm muß es dann damals erst gewesen sein! Solche Zustände muß man energisch ausrotten! Und das taten wir denn auch. Erst als wir jene Urzeitvölker, die uns das Gruseln lehrten, fast vernichtet hatten, kam ein Anthropologe auf die Idee, diese unsere Überzeugung empirisch zu überprüfen: Er stellte Arbeitszeitmessungen bei den versprengten Resten der Jäger- und Sammler- Stämme an. Und obwohl die Buschmänner in Afrika und die australischen Ureinwohner aus ihren ursprünglich fruchtbaren Stammesgebieten von den Weißen längst in klimatisch ungünstige Randgebiete abgedrängt worden waren, kam er u. a. zu folgendem Ergebnis: ›Thus the ratio of food producers to the general population is actually 3 : 5 or 2 : 3. But, these 65 percent of the people ›worked 36 percent of the time, and 35 of the people did not work at all!‹ (Lee, 1969).
For each adult worker, this comes to about two and one-half days labour per week. (In other words, each productive individual supported herself or himself and dependents, and still had 3-1/2 to 5-1/2 days available for other activities.) A ›day's work was about six hours; hence the Dobe work week is approximately 15 hours, or an average of 2 hours 9 minutes per day.‹ (Sahlins 1972 / 21)
Sahlins schätzt die durchschnittliche Arbeitszeit aller von ihm untersuchten Stämme inklusiv dem, was wir heute Hausarbeit nennen, auf 3 - 5 Stunden pro Tag. Allerdings mit dem Zusatz: ›They do not work continuously. The subsistence quest was highly intermittent.‹ (Sahlins 1972 / 20)
Modern ausgedrückt: Es liegen lange Freizeiten zwischen der täglichen Arbeit und Ferienzeiten zwischen den Arbeitsperioden - und damit eben Zeit für Denken und Kunst, Zeit für Kultur für jeden außerhalb und in der Arbeit.

Grund Nr. 4: Technik allein kann uns dazu verhelfen, Arbeit eines Tages ganz abschaffen zu können.

Das nun allerdings verspricht sie uns schon seit gut 150 Jahren. Und sie hat guten Grund dazu. Denn das, was die Technik aus ›der Arbeit‹ für die allermeisten gemacht hat, das ist in der Tat etwas, was am besten so schnell wie möglich wieder abgeschafft werden sollte. Schade nur, daß die Technik in ihrem Arbeitsabschaffungsprogramm nur bis zu dem Punkt gelangt ist, an dem sie Arbeit in stumpfsinnige Fron verwandelt, und in jenem anderen Programmpunkt, der Arbeitsreduzierung, immer noch der Steinzeit hinterherhinkt.

> Grund Nr. 5: Technik und Wissenschaft allein machen Naturbeherrschung erst möglich. Wir sind die erste Kultur, die nicht in Angst und Schrecken vor der Natur lebt.

Es scheint sich hier um eine neue semantische Interpretation des Wortes beherrschen zu handeln. Denn nennt man das beherrschen, wenn uns die Fabriken, die wir bauen, um die Ohren fliegen (Tschernobyl), wenn unser Bemühen, uns gegen schädliche Bakterien und Viren zu schützen, die Viecher resistent macht gegen unsere Medikamente, wenn unser Abfall die Invasion von ›Killeralgen‹ (Bildzeitung) zur Folge hat (Nordseeverseuchung) und Löcher reißt in die Lufthülle der Erde, die uns vor der atomaren Strahlung schützt? Wer, wenn nicht wir, lebt in Angst und Schrecken vor der Natur, die wir das Wort ›Gegenevolution‹ (Spiegel Nr. 23 / 1988 / 28) erfunden haben, für all das, was wir von der Natur noch zu erwarten haben? Malträtieren – quälen – manipulieren, ja, aber beherrschen?

> Grund Nr. 6: Ja, aber damals gab es kein Penicillin!

Womit zum Ausdruck gebracht werden soll, daß wir ›damals‹ Krankheiten hilflos gegenüberstanden. Abgesehen davon, daß wir von keiner Kultur wissen, die keine Heilmethoden entwickelt hat, und abgesehen davon, daß unser eigenes medizinisches Versorgungswesen der massiven Kritik unterliegt (Motto: Pillen machen krank), und abgesehen davon, daß eine vergleichende Geschichte der Heilkunst vorurteilsfrei und kenntnisreich noch nicht geschrieben wurde, sollte man sich doch fragen: Muß man denn, um Penicillin zu erfinden, die Welt in einen Industrialisierungswahn stürzen? In welchem ursächlichem Zusammenhang steht der Aufbau einer vernünftigen Gesundheitsfürsorge mit dem Aufbau von Atomkraftwerken? Trauen wir dem Menschen so wenig Erfindergeist zu, daß dieser Zusammenhang seine einzige Möglichkeit darstellen soll?
Ein vernünftiger Grund im landläufigen Sinne unserer Kultur,

also einer, der sich als ökonomischer Sachzwang darstellt, einer, der sich als rationale Zweck-Mittelrelation rechtfertigen ließe, ein solch vernünftiger Grund läßt sich nicht finden, wenn man ein Leben, das auf den technischen Fortschritt setzt, als einzig mögliches verteidigen will.
Finden aber läßt sich ein überwältigendes Bedürfnis, diese Entscheidung als die rational einzig mögliche zu präsentieren. Ein Bedürfnis, dem in seiner Dringlichkeit auch die irrationalsten Argumente noch einleuchtend genug erscheinen. Und finden läßt sich eine Denkverweigerung hinsichtlich jener Rahmenbedingung ›technischer Fortschritt‹, die in ihrer stillschweigenden Akzeptanz fast einer Tabuisierung des Gegenstandes gleichkommt. Und finden lassen sich Aggressionsausbrüche schon gegenüber der bloßen Äußerung, es könne sich einer vernünftigerweise auch für andere Lebensweisen als die unsrige entscheiden; Aggressionen von einer prompten Heftigkeit, wie wir sie sonst nur in Glaubensgemeinschaften anläßlich einer Blasphemie erleben. Und finden läßt sich eine ungeheure Popularität jener Autoren, denen die technischen Mittel vom Inbegriff des rationalen Zweck-Mittel-Denkens im Computer sich umgewandelt haben zu jener ›physischen Realität des Undurchschaubaren‹ (Turkle 1986 / 21), zu jenem Mysterium des Seins, das man nicht mehr analysieren, begreifen, interpretieren kann, sondern zu dem man sich nur noch mittels einer ›Darstellung meiner religiösen Überzeugung‹ (Hofstadter 1985 / XIX) bekehren lassen kann.
Was also treibt uns um und hält uns bei der Stange? Was läßt uns ›die Technik‹ zur geheimnisvollen Entität hochstilisieren und als unantastbare Rahmenbedingung verehren und im gleichen Atemzug wütend unsere Rationalität verteidigen? Was finden Menschen überhaupt an ihrer Kultur und an ihrer gesellschaftlich etablierten Lebensweise, was bedeutet den Menschen ihre jeweilige Kultur, daß sie sogar bereit sind, für sie in den Tod zu gehen?

Teil 1
Kultur – Was ist das?

Weltbilder und Sinngebungen im allgemeinen

Jede Kultur kann anerkannt werden als die Erfindung einer spezifischen Welt- und Menscheninterpretation, als die Schöpfung und Gestaltung eines ihr eigenen Weltbildes.

Für diese Bedeutungszuweisungen ›der Welt‹ und ›des Menschen‹, wie sie sich in den einzelnen Kulturen ausgeprägt haben, gibt es keinen objektiven Maßstab der Beurteilung. Das liegt nicht daran, daß sie rein subjektiv, ›bloße Projektionen‹ sind, sondern daran, daß die Existenz eines Phänomens an sich, selbst wenn es sich um solche von unserer Körperlichkeit her unausweichlichen Gegebenheiten wie Hunger, Sexualität, Geburt und Tod handelt, nie ausreicht, um menschliches Verhalten zu bestimmen. Schon eine flüchtige Besinnung auf andere Kulturen genügt, um zu zeigen, daß es immer erst die Bedeutung ist, die wir diesem an sich gegebenen Phänomen für uns zumessen, an der sich menschliches Verhalten orientiert, und aus der heraus es sich als sinnvolles verstehen läßt. Das sogenannte Realitätsprinzip, um mit einem modernen Terminus die Sache auf gängige psychologische Diskussionen zu beziehen, bildet für menschliches Verhalten immer nur eine negative Grenze, aber determiniert es nicht positiv. Gegenüber jedem So-Sein der Welt kann sich der Mensch so oder so verhalten, das ist – emphatisch gesagt – seine schöpferische Freiheit und seine Verantwortung.

Andererseits kann er sich überhaupt erst verhalten, wenn er diese Sinnzuweisung vorgenommen hat. Sinnzuweisung ist für uns ontogenetisch und phylogenetisch von Anfang an eine existentielle Notwendigkeit, sie ist der Modus unserer Wahrnehmung und Selbstwahrnehmung, mit der wir auch jene negativen Grenzen erst in dieser Bedeutung für uns erkennen müssen. Denn es ist nicht so, daß wir am Anfang jene biologischen Bedingtheiten sozusagen pur hätten – ein Netz von klar abgegrenzten Bedürfnissen, durch wenige Merkmale wohldefinierte, reizauslösende Situationen und daran gekoppelt deterministisch ablaufende Verhaltensmuster – und erst später, im Lauf unserer Entwicklung, subjektive Bedeutungszuweisung als Vertiefung und Überhöhung des Phänomens hinzufügen. Sondern von Anfang an haben wir immer mehr als dieses biologisch Notwendige und weniger zugleich.

Das wird nur verständlich, wenn man sich klarmacht, daß die Wahrnehmungen biologischer Organismen, die vom Genom allein gesteuert werden, und die Reaktionen, die auf ihnen aufbauen, im hohen Maße abstrakt sind, und zwar um so abstrakter, je primitiver der Organismus ist. So etwas wie Wahrnehmung kommt überhaupt erst zustande und fängt dort an, wo aus der Fülle des Gegebenen eine Struktur, eine Gestalt, ein Komplex als abgegrenzte Einheit herausgehoben und der Rest der Welt als unspezifizierter Hintergrund ausgeblendet wird. Einem Geißeltierchen z. B. reduziert sich auf diese Weise die gesamte Welt auf die Wahrnehmung von zwei Zuständen, die wir ungefähr mit ›schlecht/Gefahr‹ und ›gut‹ übersetzen könnten, und es kennt nur zwei mögliche Reaktionen: dableiben oder sich entfernen. Kennzeichnend für den genuin abstrahierenden Charakter von Wahrnehmung ist der Umstand, daß die einzelnen Wahrnehmungsmuster nicht einfach ›Teile‹ aus der Gesamtmenge der ›Teile der Wirklichkeit‹ auswählen, sondern daß sie etwas zu einer Einheit verdichten, was einem Betrachter von außerhalb als etwas Komplexes, Differenziertes und als eine Ansammlung von Aspekten erscheinen kann, die jeweils ›eigentlich‹, für den Betrachter, zu anderen Einheiten gehören.

Gegenüber den endlich vorgegebenen Abstraktionsmustern primitiver Wahrnehmungssysteme und Verhaltensmuster besteht die Freiheit menschlicher Sinngebung und menschlichen Verhaltens darin, daß uns die unendliche Fülle einer strukturierten Welt in immer neuen Formen und Gestalten zugänglich ist. Aber jene unendliche Fülle des Konkreten ist uns zugänglich, weil uns etwas fehlt - irgendein Satz angeborener Gestaltabstraktionen nämlich. Im Unterschied zu Tieren muß man beim Menschen davon ausgehen, daß wir in der Lage sind, uns anpassend an immer neue Strukturen der Wirklichkeit, immer neue Gestaltabstraktionen für uns zu entdecken und in die Organisation unserer Wahrnehmung zu assimilieren. Und eben weil hier eine Fähigkeit des Genoms eine des Phänotyps geworden ist, weil wir in der Lage sind, individuell Wahrnehmungsabstraktionen und Verhaltensordnungen für uns zu ›machen‹, haben wir noch nicht einmal unsere Bedürfnisse, es sei denn als jene negative Vorgabe, insofern wir sterben, wenn sie nicht erfüllt werden. Aber wir haben unsere Bedürfnisse nicht als einen Satz von Verhaltensordnungen, der in Koppelung mit bestimmten Aspektkombinationen der Welt die Art ihrer Befriedigung positiv festlegt und eingrenzt.

In der Entwicklungspsychologie wird dieser Mangel derart umschrieben, daß das ›Selbst‹ eines Menschen sich ebenso erst konstituieren muß, wie die Vorstellung von und das Wissen um eine äußere Welt. Von Geburt aus haben wir weder ein Selbst noch eine Welt, sondern fangen mit einem minimalen Satz solcher vorgegebenen Verhaltensmuster an: einem Greifreflex, einem Saugreflex, einem visuellen Orientierungsreflex und einer spontanen Zuwendung und allgemeinen Bereitschaft des Kindes zur Erfahrung dieser Welt. Und es ist erst die konkrete Erfahrung einer sinnvollen Bezogenheit aufeinander, die uns im nachhinein jenen Zustand da als ›Hunger‹ und diesen da als Antwort darauf, als ›Essen‹, interpretieren und in Beziehung setzen läßt. Aber eben nicht nur einfach als Hunger und nicht nur einfach als Essen, unweigerlich mit spezifischen situationalen Aspekten gekoppelt. Sondern ›Hunger‹ und ›Essen‹ ebenso als eine Fülle sinnlicher Erfahrungen, die für den reinen Bedürfnis-Befriedigungs-Komplex überflüssig sind; sowie Hunger und Essen als einen Zustand der Dinge, in dem ›Hunger‹ eine sinnvolle Frage ist, die man an die Welt im allgemeinen und immer wieder stellen kann, weil es darin offenbar die sinnvolle Antwort ›Essen‹ gibt; sowie ›Hunger‹ und ›Essen‹ als das Vertrauen, daß in der Zuwendung zur Welt die Antwort erfahrbar ist, die dir den Zustand vorher als sinnvolle Frage entziffert; sowie ›Hunger‹ und ›Essen‹ als die Erfahrung der Existenz von Entsprechungen, der Erfahrung, daß dieses Etwas und jenes Etwas sich zu einem sinnvollen Ganzen zusammenfügt, in dem so etwas wie Wahrheit oder Evidenz unmittelbar gegenwärtig wird. Sowie eine ganze Reihe anderer Interpretationen dieser Primärsituation, wie sie den einschlägigen entwicklungspsychologischen Theorien entnommen werden können, und deren Differenz zu den oben genannten und untereinander vor allem eines evident macht:

Der Mensch fängt mit einer grundsätzlich bedeutungsoffenen ›äußeren‹ und einer grundsätzlich bedeutungsoffenen ›inneren‹ Welt an, weil für ihn beide Aspekte des Kosmos, ›die Welt‹ und

›er selbst‹, von Anfang an überdeterminiert, mit potentiellen Bedeutungen durch und durch gesättigt sind. Sinnzuweisung ist jener transitive und immer über sich hinausweisende Modus unserer Wahrnehmung und Selbstwahrnehmung, mit dem wir aus jener Welt der möglichen Wirklichkeiten eine konkrete lebbare Welt der Bedeutung für uns erschaffen und sie zu dieser einschränken.

Diesem phylo- und ontogenetischen Potential der grundsätzlichen Bedeutungsoffenheit korrespondiert die Vielfalt menschlicher Kulturen, wie sie bisher entwickelt worden sind. Sie findet jedoch keine direkte Entsprechung im Zustand einer einzelnen Kultur oder im normalen Bewußtsein eines durchschnittlichen Mitglieds irgendeiner dieser Kulturen. Sowohl Kulturen wie Erwachsene leben mit und mittels einem geordnetem Raum sedimentierter Bedeutungszuweisungen, der als das So-Sein der Welt und des Menschen vorausgesetzt wird. In beiden manifestiert sich als Produkt menschlicher Leistung, was Tiere als Produkt des Genoms in Form von angeborenen Wahrnehmungsabstraktionen und Verhaltensordnungen unmittelbar vorfinden: Die Verwandlung jener unendlichen Mannigfaltigkeit des Konkreten in eine geordnete Welt der Bedeutung für den Organismus.

Mißt man den Wert psychischer Entitäten daran, ob sie im Kampf ums Dasein überlebensnotwendig sind, so ist hier hervorzuheben, daß dieses ›Sinn-machen-der-Welt‹ für jeden Organismus von elementarer Dringlichkeit ist. Kein Lebewesen kann als desorientiertes überleben. Vielmehr ist ›Orientiertsein‹, die Fähigkeit, diese Welt im Hinblick auf seine Bedürfnisse und Möglichkeiten richtig zu interpretieren, die Voraussetzung dafür, daß man sich gegenüber anderen existentiellen Bedürfnissen überhaupt erst sinnvoll verhalten kann. Es ist die konstitutive Leistung jedes Organismus, daß er aus seiner Beziehung zur Welt nicht nur sich selbst als inhärente Ordnung schafft, sondern daß er in den Abstraktionen seiner Wahrnehmungsorganisation jene unendliche Mannigfaltigkeit des Konkreten zu einer geordneten Welt von Einheiten und Strukturen verdichtet, die für ihn von Bedeutung sind. Die Menge aller Beziehungen, die ein Organismus vermittels seiner Erfahrungswelt realisieren kann – die Menge der ihm mittels seiner Wahrnehmungsorganisation zugänglichen Phänomene und die Menge der Verhaltensordnungen, die sich auf diese Phänomene beziehen –, konstituiert für den Organismus selbst seine Welt, das ihm zugängliche Weltbild, für einen Betrachter von außerhalb konstituiert sie die ökologische Nische, innerhalb der der Organismus sich als Individuum, als definitiv zur Umwelt abgegrenzte Einheit eigengesetzlich verhalten kann.

Ob eine bestimmte Wahrnehmungsabstraktion oder ob ein spezifisches Weltbild in dieser Kombination Sinn macht, läßt sich nur beurteilen, wenn man beides in Relation zu jenem Organismus setzt, der es bewohnt. Das Weltbild einer Libelle etwa zerfiele ohne die Existenz einer Libelle ebenso zu einer absurden Ansammlung, wie die Weltinterpretation der Physik, entzöge man ihr das Konzept der Berechenbarkeit. Denn wenn auf der einen Seite Wahrnehmung überhaupt erst dort anfangen kann, wo sie abstrahiert, so ertränkt sich andererseits dieser Abstraktionsprozeß nur deshalb nicht in der schieren Zahl der Möglichkeiten und kann nur dann zu stabilen Ordnungen innerhalb der kombinatorischen Explosion von möglichen Zusammensetzungen führen, wenn es einen absoluten Bezugspunkt der Auswahl gibt, der als Maßstab nicht hinterfragt wird. In der Physik ist das eben die Berechenbarkeit der Phänomene, in der Wahrnehmungsorganisation lebender Organismen ist es der Organismus selbst.

Neben dieser Identität, daß das Begriffspaar Ordnung / Unordnung nur in Relation zu einem Maßstab sinnvoll gedacht werden kann, gibt es jedoch einen grundlegenden Unterschied im Aufbau und in den Gültigkeitsbedingungen von naturwissenschaftlich und von biologisch generierten Abstraktionen.

Alle Abstraktionen der Naturwissenschaften bauen darauf auf, daß ein bestimmter Wirkungszusammenhang vom ›Rest der Welt‹ isoliert und dieser Rest als Randbedingung vernachlässigt werden kann.

Da die Abstraktionen der vom Genom positiv bestimmten Erfahrungswelten jedoch selbst Teil jenes komplexen autopoietischen Systems sind, das wir Biosphäre nennen, (komplex im Sinne jener physikalischen Wortbedeutung, in der mit diesem Attribut Systeme gekennzeichnet werden, in denen Ursache und Wirkung nicht mehr eindeutig zugeordnet werden können, weil letztlich ›alles‹ auf ›alles‹ einwirkt), können sie gar nicht anders, als sich jeweils voraussetzend auf jenes Ganze des Mikro- und Makrokosmos zu beziehen und auf jenes Ganze einzuwirken. Im Gegensatz zu den naturwissenschaftlichen bauen die Abstraktionen des Genoms auf der interferierenden Funktion der ›Randbedingungen‹ auf.

Folgerichtig sind Verhaltensordnungen aufgrund wissenschaftlicher Abstraktionen im Sinne des Prognosekriteriums wahr und bestätigen die Theorie, insofern es gelingt, in praxi die Abschottung aufrechtzuerhalten, die in abstracto von der Theorie vorausgesetzt wird. Sie - und damit die Theorie - werden dem interessierenden Phänomen um so weniger gerecht, je mehr diese Abschottung zusammenbricht.
So ist z. B. die alte Kunst des Tonbrennens in ihrem Verlauf und in ihren Ergebnissen durch die chemische Theorie nicht prognostizierbar. Das liegt einfach daran, daß natürlich vorkommende Tone neben ihrer schieren Eigenschaft, chemische Substanz zu sein, so viele differente, den Brennprozeß beeinflussende Formeigenschaften in Gestalt von unterschiedlichen Korngrößen haben, daß die Theorie über der Masse der nicht konstant zu haltenden Randbedingungen zusammenbricht. Erst seitdem es mit der Herstellung künstlicher Ausgangssubstanzen gelungen ist, die Korngrößen exakt identisch und die Mischung invariabel zu halten, lassen sich die Möglichkeiten, die im Wissen um die chemische Gesetzmäßigkeit der Materie liegen, im Bereich der Keramik praktisch umsetzen. Dem idealisierenden und isolierenden Aufbau wissenschaftlicher Abstraktionen entspricht auf der praktischen Seite der Aufbau einer Kunstwelt, in der die Materie de facto auf die und nur die von der Theorie definierten Eigenschaften und Wirkungen reduziert wird, weil alle anderen im Wirkungsprozeß nichts mehr zu sagen haben.
Je weniger diese praktische Abschottung gelingt, desto ohnmächtiger ist die Theorie, während wiederum der Sinn von in der Kunstwelt erfolgreichen Verhaltensordnungen um so eher zusammenbricht, je mehr sie als interagierende Teile in den allgemeinen Wirkungszusammenhang eingreifen und in ihn involviert sind.
Exemplarisch demonstrieren läßt sich das mit dem, was unter dem Begriff der Nebenwirkung zusammengefaßt wurde. Hier werden Theorien / Abstraktionen nicht falsch, weil ihre Wirkung nicht eintritt, sondern weil immer mehr Wirkungen eintreten, als in abstracto von der Theorie vorhergesehen wurde. So entspricht die Wirkung von Fluorchlorkohlenwasserstoffen oder Insektiziden durchaus der prognostizierten: sie lassen sich als Treibgas verwenden und die Schädlinge sterben. Die Schwierigkeiten fangen dort an, wo die Wirklichkeit die Wirkungen entgegen allen Laborbedingungen und fachspezifischen Arbeitsteilungen weiter-

schreibt: wir bekommen ein Ozonloch, die schädlingsfressenden Tiere sterben und die Schädlinge selbst werden resistent. In Gestalt ›unvorhersehbarer Nebenwirkungen‹ kehrt wieder, was in Gestalt ›zu vernachlässigender Randbedingungen‹ in Theorie und Praxis zunächst außer Kraft gesetzt wurde. Sie begleiten notwendig ein Vorgehen, das die Tatsache, daß man vom Ganzen ohne Kenntnis des Ganzen erfolgreich eine Wirkungskette isolieren kann, mit dem Garant dafür verwechselt, daß diese Wirkungskette im sich selbst reproduzierenden Gesamtsystem eine isolierte ist.

Im Gegensatz dazu sind die vom Genom generierten Verhaltensordnungen im Sinne des Prognosekriteriums nur erfolgreich, insofern sie von diesem Gesamtsystem nicht isoliert sind. Genauer ausgedrückt:

Objektiv wahr sind die Abstraktionen und die darauf aufbauenden Verhaltensordnungen einer spezifischen Erfahrungswelt genau dann, wenn der Organismus mit seinen Verhaltensordnungen das Gesamtsystem und sich selbst exakt so beeinflußt, daß die vorgegebene Erfahrungswelt unverändert weiterhin die Selbstreproduktion des Organismus als Gattung garantiert. Die Abstraktionen und die darauf aufbauenden Verhaltensordnungen sind dann objektiv falsch, wenn die Verhaltensordnungen das Gesamtsystem so beeinflussen, daß ein Überleben nur durch eine Adaption des Wahrnehmungssystems an neue Mikro- Meso- und Makrobedingungen und durch Verhaltensänderungen möglich ist. Da wir Menschen als einzige unter allen Lebewesen fähig sind, unsere Erfahrungswelt selbst zu ›machen‹ und zu verändern, sind wir auch als einzige in der Lage, mit einem im Sinne dieses biologischen Wahrheitskriteriums objektiv falschen Weltbild zu leben. Alle anderen Lebewesen, auch die allereinfachsten, stellen, insofern sie existieren, jene perfekte Integration von Mikro- und Makrokosmos dar, in der die Abstraktionen der Erfahrungswelt nicht einfach Bruchstücke / Aspekte der Welt isolieren und idealisieren, sondern in der die Erfahrungswelt jeweils das Ganze zu einer geordneten Welt der wahren Bedeutung für den Organismus verdichtet. Vom Standpunkt des Organismus aus formuliert: Jede vom Genom positiv determinierte Erfahrungswelt stellt eine wahre Interpretation des Kosmos dar. Und: Es gibt so viele objektiv wahre verschiedene Interpretationen, wie es verschiedene Gattungen gibt.

Das ist natürlich eine völlig andere Vorstellung von Wahrheit als die naturwissenschaftliche, in der verschiedene Wahrheiten über ein Phänomen nur zugelassen sind, insofern jede dieser Erkenntnisse bloß einen Aspekt des zu Erkennenden darstellt. Letztlich aber ging und geht die Intention naturwissenschaftlicher Erkenntnis dahin, die Verschiedenartigkeit der Erkenntnisse selbst zu reduzieren auf ein ihnen allen zugrundeliegendes Erklärungsprinzip: Wahrheit als die vollendete, weil kleinstmöglich komprimierte Tautologie alles Bestehenden.

Gegenüber jener einen Wahrheit, deren Gesetze wir notwendig alle unterworfen sind, konstituiert sich die Wahrheit biologischer Abstraktionen vor allem als schöpferischer Akt, dem jene Gesetze bloßes Material sind, mittels dessen ein neues So-Sein der Welt zur Existenz gebracht werden kann. Neu, nicht nur, weil als Produkt ein neuer Organismus da ist, sondern auch, weil jeder neue Organismus Eigenschaften der Welt existent werden läßt, die es als reale nur deshalb gibt, weil da ein Etwas ist in Bezug auf das ›die Welt‹ diese Eigenschaft hat. Gäbe es keine Lebewesen, in Bezug auf die Steine hart und dicht sind und Luft durchlässig und durchsichtig ist, so wäre jene mesokosmische Unterscheidung des Aggregatzustandes von Materie irrelevant und inexistent, und man könnte ihr höchstens eine virtuelle Existenz zusprechen, die zu entdecken es eines schöpferischen Aktes bedarf, der eben dies als eine Bedeutung von Luft und Stein für sich festlegt. Sieht man die Sache so, liegt die Intention von Wahrheit nicht in der komprimierten Tautologie des Bestehenden, sondern in der Entfaltung seiner Möglichkeiten. Und ›die Welt‹ enthüllt und entwikkelt sich dann sukzessive als eine Fülle von subjektiven Standpunkten zur Welt, während je aktuell ›die Welt‹ sich konstituiert als kompliziert verwobenes Interpretationsmuster von Standpunkten zur Welt untereinander, deren spezifische Wahrheit in praxi ebenso durch die Identität der Interpretation, durch das Teilen einer Nische bestätigt wird, wie durch die Differenz der Interpretation, dessen, daß man selbst Teil der Nische eines anderen ist. Auf einer solchen Erde bekommt man einen Platz nicht durch Anpassung, sondern durch Einmaligkeit, und die besten Überlebenschancen hat nicht die Gattung, die mit anderen in Konkurrenz um bestehende Lebensräume tritt, sondern die, der die schöpferische Integration virtueller Eigenschaften zu einer Nische gelingt, für die die Koexistenz der bestehenden Lebensräume Voraussetzung ist.

Freilich ist Wahrheit in dieser Version untrennbar mit der Einnahme eines subjektiven Standpunktes zur Welt verbunden, da es erst dessen reale Existenz ist, die in ihrer Beziehung zur Welt eine bloß virtuelle Bedeutung zu einer realen, wahren Bedeutung für dieses und in Bezug auf dieses Lebewesen macht.
Bei Tieren ist dieser wahrheitskreierende subjektive Standpunkt zur Welt fast unmittelbar identisch mit der physischen Beschaffenheit; einfach deswegen, weil zwischen Wahrnehmungswelt und Verhaltensordnung eine so enge, vorgegebene Koppelung besteht, daß zwischen dem Flügel ›an sich‹ und seinem Gebrauch schwer unterschieden werden kann. Verschiedenheiten der Weltbilder sind hier immer von einer entsprechenden Verschiedenheit der Physiologie begleitet.
Diese Koppelung besteht beim Menschen natürlich nicht: Im krassen Gegensatz zum Tier ist der Mensch nicht nur in der Lage, verschiedene Weltbilder mit der gleichen Physiologie zu verbinden, sondern ist darüber hinaus fähig, aus der Matrix des biologisch Gegebenen auszubrechen und sich an Erfahrungswelten anzugleichen, die seiner physiologischen Beschaffenheit zuwiderlaufen. Zwar kennen auch höhere Tierarten bis zu einem gewissen Grad die spielerische Nachahmung fremder einzelner Verhaltensweisen (der Affe, der menschliche Bewegungen, der Papagei, der menschliche Lautäußerungen nachahmt), aber kein Affe spielt das gesamte Lebewesen ›Löwe-Sein‹, kein Papagei ahmt jene Entität von Verhaltensordnungen nach, deren spielerische Nachahmung durch den Menschen wir, selbst bei Fehlen jeglicher körperlicher Ähnlichkeit, als ›Schlange-Sein‹ oder ›Hase-Sein‹ erkennen.
Es erscheint vernünftig, wenn wir dem Menschen die Fähigkeit zusprechen, fremde Erfahrungswelten als kohärente Gestaltidentitäten wahrzunehmen und diese sich durch einen Vorgang, der aktiv die passive geistige Angleichung sucht, als spezifischen Standpunkt zur Welt begreiflich machen zu können, von dem aus gesehen Verhaltensordnungen und Bedeutungszuweisungen sich zu einem sinnvollen Ganzen zusammenfügen. Psychologen nennen diese Fähigkeit zur Angleichung an andere Erfahrungswelten, in der wir im Geiste oder auch ausagiert so tun, als ob wir der andere wären und uns an seine Stelle versetzen, Identifikation, und die sich ablösende bedingungslose und langandauernde Identifikation des Kindes mit jeweils einem Elternteil spielt in ihren Entwicklungstheorien eine tragende Rolle. Freilich setzen sie

diese Fähigkeit einfach voraus und bewerten nur ihr emotionales, nicht ihr kognitives Potential:
Durch die Identifikation mit dem anderen diesen zu erkennen als eine spezifische Haltung zur Welt, die in einer Vielzahl von Verhaltensordnungen und Bedeutungszuweisungen sich ausdrückt und ihnen Sinn verleiht. Und trotz dieser Mimesis des eigenen Selbst ans andere nicht zu vergessen, daß man man selbst und nicht der andere ist.
Erkenntnistheoretisch gesehen erschließt die Fähigkeit zur geistigen Mimesis an fremde Erfahrungswelten dem Menschen eine dritte Dimension der Bedeutungsoffenheit: Die Welt ist ihm zugänglich als ein Muster von Standpunkten zur Welt untereinander. Und: Sie ist ihm als solche zugänglich, weil er selbst keinen genetisch positiv determinierten Standpunkt zur Welt hat. Man kann das auch anders ausdrücken und sagen: Der Mensch muß nicht nur die Bedeutung der Welt für sich selbst ›machen‹, sondern er muß auch sich selbst als jenen Maßstab ›machen‹, in Bezug auf den und für den diese Bedeutung wahr ist – es gibt für den Menschen keinen positiv determinierten wahren subjektiven Standpunkt zur Welt.
Phylogenetisch ausgedrückt tritt die Fähigkeit zur Mimesis an andere Erfahrungswelten an die Stelle einer genetischen Vorgabe einer solchen; ontogenetisch interpretiert, stellt sie über jene ersten, spontan ablaufenden Identifikationsprozesse sicher, daß wir in der geordneten Welt eines Weltbildes und nicht im uninterpretierten Chaos aufwachsen. Kulturhistorisch gesehen ist dieses Weltbild freilich nur eines von vielen möglichen Weltbildern. Wobei der Raum des Möglichen einmal umrissen wird von der Erfüllung des biologischen objektiven Wahrheitskriteriums von Weltbildern, und zum anderen davon, welche Weltbilder von ihren menschlichen Erfindern und Bewohnern als wahre empfunden werden können. Und es macht eben die Einzigartigkeit des Menschen aus, daß der durch die zweite Bedingung definierte Raum größer ist als der erste: Es gibt Kulturen, die sich über ein im biologischen Sinne objektiv falsches Weltbild entwickeln, das subjektiv als das einzig wahre empfunden wird.
Die Aussage wirkt weniger monströs, weil gewohnter, formuliert man das biologische Kriterium der objektiven Wahrheit als kulturelles. Denn die Definition, daß Weltbilder genau dann objektiv wahr sind, wenn der gleiche Satz von Verhaltensordnungen un-

verändert immer wieder die Reproduktion der Gattung sichert, impliziert, auf unsere menschliche Ebene übersetzt, als Mindestanforderung dies: Die Ökonomie der betreffenden Kultur muß ein ökologisch geschlossener Kreislauf sein. Rein zeitlich, insofern nicht mehr Energie und Ressourcen verbraucht werden, als sich regenerieren lassen, und qualitativ, insofern unser Verhalten auf ›das Ganze‹ exakt so einwirken muß, daß exakt das gleiche Verhalten weiterhin zum anfangs definierten Ziel führt. Die Forderung hat nichts mit der nach einer notwendig statischen Gesellschaft zu tun. Sie beinhaltet Entwicklung als eine Abfolge von Zuständen, die, jeder für sich, als statische weitergeführt werden könnten, und schließt nur jene kulturelle Entwicklung aus dem Kreis biologisch objektiv wahrer Weltbilder aus, die sich als eine Abfolge von erzwungenen Verhaltensänderungen aufgrund nicht vorhergesehener (dem eigentlichen Zweck des Verhaltens zuwiderlaufender) Verhaltensauswirkungen generiert.

Einzigartigkeit des Menschen: Biologisch falsche Weltbilder

Offensichtlich dürfte sein, daß unsere Kultur nicht den Mindestanforderungen biologisch objektiv wahrer Weltbilder entspricht. Leben wir genauso weiter wie bisher, leben wir als Menschen nicht mehr lange. Demgegenüber muß betont werden, daß es innerhalb der Menschheitsgeschichte natürlich auch Weltbilder gegeben hat, die diesem Kriterium Genüge taten. Ihre kulturelle Diversifikation ist groß, ökonomisch gesehen jedoch fallen sie alle, so weit wir wissen, unter die Kategorien archaische Jäger- und / oder Garten- und / oder Ackerbaukulturen. Ob dieser Umstand als Rechtfertigung dafür dienen kann, daß wir dann doch besser so weiter machen, wie wir angefangen haben, oder eher dergestalt zum Trost gereichen sollte, daß es immerhin überhaupt menschliche Kulturen geben kann, die im biologischen Sinne objektiv wahr sind, sei an dieser Stelle dahingestellt. Zentral ist hier, daß wir uns bei dem Versuch, unsere Kultur zu verstehen, nicht darauf stützen können, daß ihr Weltbild ein nach biologischen Kriterien objektiv wahres ist, sondern im Gegenteil damit anfangen müssen, daß sie nicht nur ein falsches Weltbild perpetuiert, sondern daß es ihr gelungen ist, diese Weltinterpretation zur dominierenden zu machen.

Das scheint auf den ersten Blick ein krasser Widerspruch zu sein, der sich nur zugunsten unserer Kultur auflösen läßt. Denn ist nicht der Umstand, daß einer überlebt, der Beweis dafür, daß er es irgendwie richtig macht? Und wie nun gar, wenn er im Kampf ums Überleben gegenüber jenen anderen Weltbildern und Lebensräumen Sieger ist und den von ihm dominierten Lebensraum auf Kosten der anderen immer weiter ausdehnt? Aber eben diese permanente Expansion ist für eine Nische, die sich auf den Abstraktionen eines biologisch falschen Weltbildes aufbaut, unabdingbar, will sie nicht als Lebensraum zerbrechen.
Das letztere nämlich ist das Schicksal der vom Genom ›falsch‹ konzipierten Nischen. Da eine Verhaltensordnung, die in falschen Abstraktionen gründet, in der Regel Umweltveränderungen induziert, die die Bedingungen außer Kraft setzen, auf denen die Zweckmäßigkeit der ursprünglichen Verhaltensordnungen und Abstraktionen beruhte, büßt dort der Organismus mit seiner Existenz den Irrtum in der Weltinterpretation. Da er seine Verhaltensordnungen und Wahrnehmungsabstraktionen nicht ändern kann, ihnen aber andererseits durch die selbstinduzierte Umweltveränderung der Boden entzogen wurde, laufen sie gewissermaßen ins Leere der Selbstzerstörung.
Das erste ist ein spezifisch dem Menschen vorbehaltener Ausweg. Da ihm als einzigem die Wirklichkeit in immer neuen Aspekten zugänglich ist und er seine Verhaltensordnungen selber machen kann, ist ihm natürlich auch die von ihm induzierte Veränderung der Umwelt als neuer Aspekt der Wirklichkeit zugänglich, zu dem er sich so oder so verhalten kann. Will er an seiner ursprünglichen Verhaltensordnung festhalten, so kann er eine zusätzliche erfinden, die dem neuen Aspekt der Wirklichkeit dergestalt Rechnung trägt, daß die Zweckmäßigkeit des Gesamtverhaltens weiterhin gegeben ist. Wir machen nicht einfach so weiter, vergiften das Wasser und trinken es, bis wir gestorben sind, sondern bauen Wasserwerke, die das Wasser für uns reinigen und Grundwasser herbeischaffen.
Das hat den Vorteil, daß die Weltinterpretation, die der ursprünglichen Verhaltensordnung zugrunde liegt, beibehalten werden kann. Andererseits vergrößert es natürlich die Menge der Verhaltensordnungen, die zur Erreichung eines bestimmten Zwecks notwendig sind – wenn es früher sauberes Wasser gratis gab, so kostet uns das jetzt eine Menge Arbeit. Und es ändert

natürlich nichts oder wenig an dem Umstand, daß die durch die erste Verhaltensordnung induzierte Umweltveränderung bestehen bleibt. Im Gegenteil, der zweite Verhaltenskomplex macht ja nur Sinn, insofern er sich darauf bezieht. Da aber ein ›Gegenstand‹ (hier Wasser) gemeinhin Teil vieler verschiedener Nischen ist, und die anderen Lebewesen nicht wie wir ihr Verhalten ändern können, zerstören wir durch diese Absicherung unserer Verhaltensordnung den Lebensraum anderer. Unsere Nische expandiert sowohl nach innen wie nach außen.

Im Extremfall monopolisiert so ein Vorgehen die Nutzung und die Interpretation eines Gegenstandsbereichs (hier Wasser), indem es ihn in einen Zustand versetzt, der die natürlichen Interpretationen allesamt zu falschen werden läßt (der Fluß kippt um). Gewöhnlich jedoch hat die sekundäre Verhaltensordnung, die auf der gleichen Weltinterpretation aufbaut wie die erste, deren Logik sie erhalten soll, zunächst selbst wieder ›Nebenwirkungen‹ zur Folge, die neue Verhaltensordnungen dritter ... bis n-ter Ordnung notwendig machen, um die Zweckmäßigkeit des Gesamtverhaltens aufrechtzuerhalten. Das System gerät in den typischen expansiven Überlebenssog eines biologisch falschen Weltbildes, in dem immer wieder dieselben Mittel angewandt werden, um jene Zweckmäßigkeit sicherzustellen, die durch eben diese Mittel untergraben wird. Und das berechtigt wiederum zu der Feststellung: In diesem Modus geht es an jedem Punkt ums ›nackte Überleben‹, und das Überleben sichert in diesem Modus allein die permanente Dominanz.

Sieht man die Sache so und vor dem Hintergrund der Existenz biologisch wahrer menschlicher Weltbilder, erscheint es unverständlich, warum wir nicht nach den ersten negativen Rückmeldungen unser Primärverhalten korrigierten und z. B. so lange keine Fabriken bauten, bis sich welche erfinden ließen, die in einen ökologisch geschlossenen und der Welt kompatiblen Kreislauf sich einfügen. Auf dieses Verwundern folgt gewöhnlich die nicht minder verwunderte Antwort, daß ›man‹ damals von Ökologie noch keine Ahnung hatte und daß ›man‹ damals nicht wissen konnte, daß ›es‹ (= die Nebenwirkungen) etwas ausmacht.

Aber das ist ja eben der Punkt des Verwunderns. Wie konnte ein Wissen um ökologisch geschlossene Kreisläufe, das jahrtausendelang die Ökonomie und das Weltbild archaischer Kulturen dominierte, wie konnte ein Aspekt der Wirklichkeit, der einst als einer galt, den jedes Kind mit Händen greifen konnte, für uns so inexistent werden, daß wir heute noch ernsthaft der Meinung sein können, daß ›man‹ ›es‹ damals nicht wissen konnte? Denn natürlich wußte ›man‹ ›es‹ damals trotzdem. ›Das Tannensterben als Folge von industriell verursachten Rauchschäden war in manchen Regionen ein schon seit dem 19. Jahrhundert bekanntes Phänomen...‹ (Radkau u. a. 1987 / 258). Und natürlich gab es damals, als wir anfingen, noch Kulturen, die unserem Verhalten mit ungläubigem Staunen (ob unserer Dummheit) und voller Entsetzen (ob unserer Zerstörungswut) gegenüberstanden, und eine Lebensform, die die Zerstörung von Nischen beinhaltete, im vollen Bewußtsein der Überzeugung ablehnten, daß jede Extinktion einer Gattung, sei es aufgrund einer Neuheit in der Evolution, sei es aufgrund einer menschlich induzierten Reduktion der evolutionären Vielfalt, das Risiko einer Kettenwirkung in sich birgt, in der der Zusammenbruch einer Nische jeweils den Zusammenbruch vieler anderen Nischen nach sich zieht. Aber damals lautete unser abschließendes Gesamturteil so, daß es als ein Beweis unserer überlegenen Vernunft zu werten sei, wenn wir das, was wir technisch machen können, auch tatsächlich und umgehend realisieren, während die Lebens- und Denkweise jener anderen Völker darauf schließen lasse, daß sie als geistig minderentwickelte des richtigen Denkens nicht oder noch nicht fähig seien. Und heute bewerten wir unser Wissen um ökologische Zusammenhänge so, daß es nicht möglich sei, das Rad zurückzudrehen, und halten heute wie damals den Vorschlag, unser Gesamtverhalten zu ändern, für unrealistisch, bestenfalls für naive Träumerei, schlimmstenfalls für die Ideologie gefährlicher Spinner.

Über diesen Abgrund an Fremdheit, wo die einen den anderen in mehr oder weniger höflicher Form vorwerfen, sie seien verrückt (›Das wilde Denken‹ / ›Die Weißen sind krank‹), läßt sich auch in dürren Worten sagen, worum es geht: Strittig ist die Bedeutung, die ein Faktum für uns hat, und strittig ist sie in diesem extremen Maße, weil es erst die Bedeutung und nicht das bloße An-Sich-Sein der Gegebenheit ist, die für unser Verhalten richtungsweisend ist.

In unserer Kultur gilt das Kriterium biologisch objektiver Gültigkeit nicht – wie in jenen anderen – als primär gültiger Selektionswert, dem Verhaltensordnungen und Weltinterpretationen a priori Genüge tun müssen, unbeschadet ihrer sonstigen Bedeu-

tung für uns. Vielmehr gründet unsere Kultur im Gegenteil ihren Stolz darin, daß es uns gelungen ist, jenes Naturgesetz der Anpassung an die Umwelt zu unseren Gunsten umzukehren – wir passen die Umwelt an uns an! Wir identifizieren die Gesetzmäßigkeit des Seins mit der Verheißung, daß dies die Bedingung für die Möglichkeit sei, sie in unserem Sinne manipulieren zu können, und gegenüber diesem Potential entglitt jede andere Interpretation unserer Wahrnehmung. Und in der Tat, so läßt sich jener expansive Überlebenszyklus von Mittel und Nebenwirkung auch bewerten, und so bestätigt nicht jedes neue Mittel, das wir anwenden müssen, unsere Niederlage, sondern der Umstand, daß wir bei jedem neuen Sachzwang ein neues Mittel finden, bestätigt mit jedem neuen Mittel unseren Sieg. Und wir als einzige haben dann aus jener Eigenschaft, daß Menschen mit einem biologisch objektiv falschen Weltbild leben können, mehr gemacht als ein negatives Geworfen-Sein, mehr als einen Zwang zum mühsamen Trial-und-Error-Prozeß beim Aufbau unserer Nische, dem am Ende nicht mehr Erfolg beschieden sein kann als das, was jedes Tier kraft seiner Geburt schon vorfindet. Wir als erste haben darin nicht nur die Möglichkeit des Scheiterns, sondern jene Lücke gesehen, die es uns erlaubt, jene tierische Begrenztheit der Anpassung zu überwinden. Sieht man die Sache so, dann ist es in der Tat allein unsere Kultur, die das Wesen des Mensch-Seins, die eigentliche Freiheit seiner menschlichen Bestimmung im Gegensatz zur tierischen, begriffen und den Mut und den Erfindergeist besessen hat, danach zu handeln, und jene anderen repräsentieren einen Zustand, in dem das Wesen Mensch noch versuchte, mit menschlichen Mitteln einem tierischen Ideal sich anzunähern. Dann ist es gerade und vor allem jene idealisierende und isolierende Bauart naturwissenschaftlicher Abstraktionen, die uns die Freiheit eines Zugriffs auf die Welt ermöglicht, der Macht über die Materie ausüben kann, ohne sich den Begrenztheiten natürlich gewachsener Systeme unterordnen zu müssen.
Offensichtlich kann man es tatsächlich so oder so sehen, und für beides lassen sich auch noch gute objektive Gründe finden – und genau das ist das Problem: Nicht der Umstand, daß Bedeutungszuweisung notwendig subjektiv und von der Faktizität des Gegebenen allein her nicht determiniert ist, macht die Wahl so schwierig, sondern der Umstand, daß jede Sinngebung sich auf tatsächlich vorhandene Aspekte der Wirklichkeit bezieht, und demge-

mäß durch ›Fakten‹ zu untermauern ist. Konsequenterweise läßt sich auch Irr-Sinn in diesem Sinne beweisen, und tatsächlich ist z. B. ein Paranoiker zu einem großen Teil damit beschäftigt, durch eine Flut von Fakten seine Weltanschauung als objektiv wahre zu rechtfertigen.

Von einer negativen Grenze in dem Sinne, daß unter diesen oder jenen Umständen eine Sinnzuweisung sich notwendig für alle Beteiligten als falsche demaskiert, kann also nicht die Rede sein. Das Übergewicht der Sinngebung gegenüber dem bloß Existierenden ist ein so totales, daß selbst die Selbstzerstörung, die Vernichtung der eigenen Existenz als Folge der eigenen Sinngebung, nicht notwendig als Falsifikation derselben interpretiert wird, sondern als sinnvoller Akt, als ein die ursprüngliche Sinngebung bestätigender Vorgang erlebt werden kann. Und zwar nicht bloß so, daß man *so* nicht leben möchte, oder so, daß das Opfer der eigenen Existenz die Sache der Menschheit rettet, sondern durchaus auch so, daß der selbstinduzierte Untergang der Menschheit als die Erfüllung ihrer eigentlich menschlichen Bestimmung im Gegensatz zum bloß tierischen Existieren-Wollen sich darstellt. Jedenfalls gibt in unserer Kultur so eine Sinngebung nicht Anlaß zur Sorge um die geistige Gesundheit des Autors, sie erscheint nicht einmal als etwas herausragend Provozierendes, sondern fügt sich als einseitiger Kommentar zur Verteidigung von Atomkraft unauffällig und nahtlos in das 416 Seiten lange Plädoyer eines weltweit anerkannten Wissenschaftlers ein, dem im Vorwort vom Verlag bescheinigt wird, er verteidige ›. . .das Recht auf freie Entfaltung *aller* persönlichen und kollektiven Kräfte‹ (Jantsch 1979 / Hervorh. von mir).

In der Tat. So kann man die Sache natürlich auch sehen, und so sollte man sie auch sehen, daß es nämlich kein von außen anlegbares Kriterium gibt – nicht einmal jenes krude der eigenen Vernichtung aufgrund der eigenen Sinngebung –, das in der Lage wäre, die subjektiv empfundene Wahrheit einer Sinngebung zu falsifizieren.

Die konstitutiven Gründe für diese oder jene menschliche Sinnzuweisung sind ganz in jenem individuell subjektiven Bereich zu finden, wo Vernunftentscheidungen im landläufigen Sinne keine Rolle spielen. Für Sinn und Irr-Sinn gelten hier die gleichen Regeln, nur daß sie beim Irr-Sinn leichter wahrzunehmen sind: Sinn macht z. B. ein paranoides Weltbild zuvörderst und allein für den Paranoiker selbst, und er ist ein Paranoiker, weil dieses Weltbild zuvörderst und allein für ihn Sinn macht. Und besonders klar und wahrheitsstiftend tritt dieser Sinn zu dem Zeitpunkt und unter den Umständen zutage, an dem und unter denen der Betreffende zum Paranoiker wird.

Das ist mitnichten tautologisch oder trivial. Vielmehr lenkt es den Blick auf jenes merkwürdige ›Aus-Nichts-mach-alles-Spiel‹, das der Konstitution von menschlichen Weltbildern immanent ist. Denn auf der einen Seite ist es so, daß jede ordnungsstiftende Sinngebung, jede Bedeutungszuweisung, sei es nun die der Physik, die einer Fledermaus oder die eines Paranoikers, eines nicht mehr hinterfragbaren Auswahlmaßstabes bedarf, in bezug auf den ›die Dinge‹ diesen Sinn machen. Der Mensch aber, als Maßstab für sein Weltbild, ist in der Konstitution seines Subjekt-Seins, in seinem subjektiven Standpunkt zur Welt, nicht genetisch positiv determiniert, sondern seine innere Welt ist ebenso grundsätzlich bedeutungsoffen wie die äußere für ihn. Ohne Auswahlmaßstab aber kein Aufbau eines Weltbildes, und ohne Weltbild kein Zugang zur Welt und damit sicherlich auch kein Subjekt, das Auswahlmaßstab sein könnte. Das ist die ›Null‹ in diesem Spiel. Wenn wir nachher dann trotzdem beides haben, Selbst und Weltbild, subjektiven Standpunkt zur Welt und ordnungsstiftende Sinngebung, dann nur unter der Voraussetzung, daß wir beides zeitgleich aufbauen: Auswahlmaßstab, in bezug auf den die Dinge diesen Sinn machen, und Sinngebung, die in bezug auf diesen Auswahlmaßstab Sinn macht. Das eben, die Entwicklung des Selbst in gleichem Maße wie die Entwicklung des Weltbezugs, ist Gegenstand der traditionellen Entwicklungspsychologie. Und das ist das ›Alles‹ in diesem Spiel, das zu der Fesstellung berechtigt: Das Produkt einer vollzogenen Sinngebung ist immer ein doppeltes: einmal die Welt als interpretierte; und einmal ein

Subjekt mit einer spezifischen geistig-seelischen Haltung zur Welt und zu sich selbst, in deren Modus eben jene Sinnzuweisung als sinnvolle erlebt wird.
Wenn es also kein von außen anlegbares Kriterium gibt, das in der Lage wäre, eine Sinnzuweisung notwendig zu falsifizieren, so bedeutet das nicht, daß es für uns gleichgültig oder beliebig wäre, an welchem Weltbild sich das Leben eines Individuums oder einer Gesellschaft orientiert. Vielmehr eröffnet jedes Weltbild auf diese Weise einen bestimmten Möglichkeitsraum des Mensch-Seins, während andererseits jedem Leben, das sich an dieser oder jener Überzeugung orientiert, bestimmte Formen der Selbstverwirklichung verschlossen bleiben. Und umgekehrt impliziert diese wechselseitige Ergänzung von Subjektkonstitution und Weltbild, daß vom einzelnen Subjekt aus gesehen ein Weltbild nicht beliebig wählbar ist. Denn seine Funktion, das Chaos der prinzipiellen Bedeutungsoffenheit in eine geordnete Welt der Bedeutung für uns zu verwandeln, kann ein Weltbild nur erfüllen, wenn es eben subjektiv nicht mehr so oder auch so sein könnte, sondern wenn es als eine Vergewaltigung des eigenen Seins empfunden würde, wollte uns einer aufzwingen, daß es ›so‹ ist.
Was eine mögliche Ursachenerklärung angeht, so ist das freilich eine Zirkelbegründung, denn einerseits beeinflußt das Weltbild die Konstitution des Subjekts, andererseits die Konstitution des Subjekts die Wahl des Weltbildes. Es ist jedoch exakt diese wechselseitige Adäquatheit, die die Überzeugungskraft eines Weltbildes ausmacht. Denn jene subjektive Gewißheit, daß dieses für mich so sei, gründet sich in der Erfahrung, daß allein diese Sinnzuweisung in der Lage ist, das Erleben meiner inneren und äußeren Welt in einen kohärenten Zusammenhang zu bringen. Und andererseits strukturiert diese Sinnzuweisung meinen Erfahrungsraum, indem mein Erleben jetzt nicht mehr als diffuses Etwas auftaucht und verschwindet, sondern zu einer Abfolge von interpretierten Teilen wird, deren Sinn sich jeweils erschließt, insofern sie Teil jenes kohärenten Ganzen sind. Welches so in seiner Strukturiertheit erfahrene Erleben wiederum die Wahrheit jener Sinnzuweisung bestätigt, und diese Sinnzuweisung wiederum ... Wenn man einen Begriff aus der modernen Physik entlehnt, so kann man sagen, daß Weltbild und Selbst die beiden extremen Pole einer spontan entstehenden und sich selbst verstärkenden Ordnung sind, und es gewissermaßen die Ordnung ist,

die ›die Phänomene‹ erst erschafft. Und jene eingangs in bezug auf den Paranoiker formulierte Sinnerklärung läßt sich dann so verallgemeinern:
Sinn macht ein Weltbild für einen Menschen genau dann, wenn es sich als Pol einer sich selbst verstärkenden Ordnung von Subjekt – Haltung zur Welt – und Weltbild etabliert hat.
Dementsprechend existentiell für's subjektive So-Sein wichtig ist die Aufrechterhaltung der Kohärenz der so gefundenen Interpretation gegenüber Fakten und Erfahrungen, die nicht hineinpassen. Und zwar kann dieses Bedürfniss in zwei Richtungen hin wirksam werden. Einmal, indem solche Misfits übersehen, verharmlost, uminterpretiert, verdrängt werden, und zum anderen, indem das vermehrte Auftauchen solcher Unverträglichkeiten dazu führt, daß die alte Ordnung ihre Überzeugungskraft verliert, und nach einer neuen, adäquateren gesucht wird. Gegenüber dem bloß Angepaßten, dem seine Ordnung nur deswegen so sicher ist, weil er jene bedingungslose Identifizierung der Kindheit nie verlassen hat und sich gar nichts anderes vorstellen kann, zeichnet sich der Paranoiker dadurch aus, daß er die Ordnung, nach der er lebt, aus dem Chaos eines solchen Zusammenbruchs selbst geschaffen hat. Denn zum Paranoiker wurde er in jenem Moment, in dem das, was als Misfits und Diskrepanzen im Modus der alten Ordnung nicht mehr interpretierbar war, sich als Konstituentien jener neuen Ordnung zeigte, und der paranoide Weltbezug sich ihm als der einzig wahre aufdrängte, weil er allein bisher Unverträgliches als sinnvolles Ganzes deuten kann. Von den anderen Leuten und von seinem alten Leben trennt den Paranoiker ein Sprung in jene neue Ordnung, deren Wahrheit ihm subjektiv so evident ist, daß er es wagt, sein Weltbild als Einzelner gegen das der Gesellschaft zu stellen.
Psychologen nennen jenen Paranoia auslösenden Moment Schlüsselerlebnis und versuchen, seine inneren und äußeren Umstände in Erfahrung zu bringen, weil aus ihrer Konstellation heraus der Wahn in seiner spezifischen Ausprägung besser verstehbar wird. Der Paranoiker freilich würde vom Augenblick seiner Erleuchtung sprechen. Und da hätte er nicht einmal so unrecht. Denn zum Irren wird er nicht, weil er eine Weltinterpretation selbst geschaffen hat oder weil jener Akt der erstmaligen Ordnungszuweisung mit einem besonders eindringlichen subjektiven Evidenzgefühl ihrer Wahrheit verbunden war. Vielmehr läßt sich

dieselbe Prozeßstruktur, verbunden mit demselben subjektiven Evidenzgefühl von Wahrheit, in durchaus respektablen – sowohl weltumspannenden wie bloße Details betreffenden – Zusammenhängen wiederfinden.

Im religiösen Kontext ist es der Augenblick der Bekehrung, wo auf die Katharsis der Verzweiflung die Erleuchtung folgt; im wissenschaftlichen Zusammenhang der Vollzug eines Paradigmawechsels, der ›alle Beweise und Fakten plötzlich in einem ganz anderen Licht erscheinen läßt‹; im Bruchstück- und Momenthaften der einzelnen Bedeutungszuweisung jenes Aha-Erlebnis, das in Trivialromanen reichlich ausgeschlachtet wird (›Plötzlich war ihr alles klar: die langen Besprechungen abends, die neue Krawatte, der mysteriöse Telefonanruf - er hatte eine andere Frau!‹); in die bloß technische Geschicklichkeit zur Gestaltwahrnehmung transponiert jener Sprung, der – überdeutlich beim Vexierbild – aus der Wahrnehmung eines chaotischen Durcheinanders von Formen und Linien zur Wahrnehmung der Gestalt umschaltet.

All diesen Erfahrungen ist gemeinsam, daß die neue Ordnung nur zugänglich wurde durch ein absichtlich herbeigeführtes oder unabsichtlich geschehendes Versagen der alten Ordnung. Positiv ausgedrückt: Nur wenn wir dazu fähig sind, die Ordnung der alten Bedeutungszuweisung loszulassen, haben wir die Chance, prinzipiell anderes zu entdecken. Immer aber liegt zwischen alter Ordnung und neuer Ordnung jener Moment, von dem allein man mit Recht sagen kann, daß es hier so oder so oder auch ganz anders sein könnte, in dem Bedeutungsoffenheit mit ihrem Doppelaspekt von Chaos / Desorientiertheit und Potentialität von Strukturen erfahrbar wird. Augenscheinlich ist, daß beim Versagen einer Ordnung, die die grundlegenden Strukturen eines Lebens betrifft, nicht nur jener eine Pol, das Weltbild, sondern auch jener andere, das sich aus dieser Ordnung heraus konstituierende Selbst, zusammenbricht. So ans Selbstwertgefühl gehende Überzeugungen wechselt man nicht wie das Hemd, und schon hier wäre es manchem(r) psychisch unmöglich, sein Einhorn-Fabrikat gegen ein Punker-T-Shirt, ihre High-Heels gegen Ökolatschen auszutauschen. Und umgekehrt ist der Bekehrte, der Paranoiker oder der Überläufer zu einer anderen Kultur ›danach‹ ein anderer Mensch. Das Selbst, das hier entsteht, ist eines der neuen Ordnung, ob mit oder ohne Integration der Erfahrung seines Weges, sei hier dahingestellt.

Was den Paranoiker trotz dieser Gemeinsamkeiten definitiv zum Irren stempelt, ist der Umstand, daß er im Gegensatz zu jenen anderen aus seinem selbstgeschaffenen Weltbild nicht mehr heraus kann, auch das kleinste bißchen nicht. Oder andersherum: Daß er die einmal gefundene Ordnung auch nicht in Bruchstükken und auch nicht temporär wieder loslassen kann, weil für ihn jedes Loslassen, und sei es noch so peripher, gleichbedeutend mit dem Zusammenbruch der ganzen Ordnung ist. Dem Paranoiker ist die Fähigkeit zur schöpferischen Integration der Mimesis an andere Standpunkte zur Welt, der Erfahrung von grundsätzlich anderem, verlorengegangen. Sein Weltbild existiert nur, insofern es ein geschlossenes in jenem strengen Sinne ist, wie es sonst nur Tieren zukommt.

Damit aber lebt er in einer extrem gefährdeten Welt. Denn nur ein Weltbild, das immer wieder von jenem und von diesem und vom anderen und von der vom Menschen zugerichteten Umwelt als Weltbild einer Kultur zurückbestätigt wird, kann für Menschen jenes sichere Milieu kreieren, in dem die menschliche Erfahrungsfähigkeit ›des Anderen‹ ihre disruptive Kraft verliert, weil alles jene eine Ordnung widerspiegelt. Der Paranoiker aber hat seine Ordnung gegen den Rest der Welt zu verteidigen, und so fühlt er sich nicht nur zu Recht bedroht, sondern auch zu Recht als omnipotenter Schöpfer, weil seine Identität als Paranoiker und die Aufrechterhaltung der wahren Weltordnung davon abhängt, daß es ihm gelingt, alles was ihm widerfährt, auf die zugelassenen Kategorien seines Weltbildes zu reduzieren. Wenn sein Weltbild ihm am Anfang wahr erschien aufgrund seiner größeren Adäquatheit, so ist jetzt dessen Wahrheit eine Funktion seiner Singularität:

Wem nur eine Ordnung zugänglich ist, der ist ihrer Aufrechterhaltung auf Gedeih und Verderb ausgeliefert.

In jeder Diskussion um die objektive Wahrheit von Welt- und Menscheninterpretationen, die tatsächlich mit jenem meist vagen und desto tiefer sitzenden Anspruch geführt wird, es könne *eine* Bedeutungszuweisung als eine notwendig für alle gültige herausgefiltert werden, schwingt jene Dimension der paranoiden Ausschließlichkeit mit, in der ein Existenzrecht auf ein Leben im Modus der eigenen Sinnzuweisung nur dann gewährleistet erscheint, wenn man zuvor alle anderen Ordnungen und schließlich die Möglichkeit von Anders-Sein überhaupt totgeschlagen hat.

Nichts aber wäre anmaßender und armseliger im Geiste, als die Möglichkeiten eines Menschen, die der Menschen überhaupt und schließlich die der Nutzung der ganzen Erde auf den Horizont einer Kultur (und schließlich gar auf den Horizont einer Interpretationsvariante innerhalb dieser Kultur) zu beschränken. Denn die eigentlich menschliche Wahrheit unserer Sinnzuweisung liegt nicht wie bei Tieren in der perfekten Adäquatheit von Selbst und Weltbild, nicht darin, daß unsere Sinnzuweisung die Welt exakt zu der Bedeutung der Dinge für uns verdichtet, die unsere Eigenstruktur uns als mögliche Beziehung zur Welt vorgibt, sondern in der Transzendenz, darin, daß wir fähig sind, diesen sich selbst erhaltenden Zirkel von Selbst und Weltbild auch wieder zu verlassen. Jene bis zur Geschlossenheit vollkommene Adäquatheit wird nur Wesen wie den Tieren gerecht, denen eine angeborene Eigenstruktur einen definitiven Maßstab wie eine definitive Begrenzung vorgibt. Einem Wesen aber, dem sowohl die äußere wie die innere Welt als prinzipiell bedeutungsoffene, mit Bedeutung durch und durch gesättigte gegeben ist, kann sich Adäquatheit von diesem an jenes nur erschließen in einer Bewegung, die von der Entwicklung kleiner undifferenzierter Welt- und Selbstbilder hin zum Universellen und Komplexen führt.
In dieser Hinsicht sind die wahrsten Erfahrungen nicht jene, die unsere Weltordnung bestätigen, sondern jene, die nicht hineinpassen, weil sie von einer anderen Ordnung sind. Daß sie uns zugänglich sind, zeugt von einem Zentrum der Bewegung, das sich nicht in der jeweiligen Identität und Ordnung erschöpft und restlos in ihr aufgeht, sondern das als das Vermögen, solche Ordnungen zu schaffen, immer ein Stück mehr ist als ›wir selbst‹. Wären wir tatsächlich nur diese eine Ordnung, sähen die Welt nur als dieses eine Weltbild und erlebten nur im Modus dieser einen Identität, dann wären wir alle, ähnlich dem Paranoiker, in unserem privaten Irresein eingeschlossen. Daß wir die Ordnung unseres Weltbildes und unserer Identität selber ›machen‹, und daß uns die Ordnung anderer Weltbilder zugänglich ist, sind zwei Seiten ein-und-derselben Fähigkeit, einmal rekursiv auf sich selbst angewandt, und einmal, die eigene Ordnung vergessend, dem anderen zugewandt. Das notwendig Subjektive von Bedeutungszuweisung ist nicht die Begrenzung, die Verstehen verhindert, sondern die Voraussetzung, die es möglich macht.

Verstehen menschlicher Weltbilder

Verstehen im hier benutzten Sinne kann nicht etwas leisten, was man mit den Worten ›Ursachen-Erklärung‹ und ›Beherrschbarmachen‹ zusammenfassen kann. Verstehen meint hier im wesentlichen einfach dies: Anerkennen dessen, was ist, in seiner eigenen Logik und aus seinen eigenen Bedürfnissen und Zwecken heraus. In bezug auf das Verstehen verschiedener menschlicher Weltbilder impliziert das dreierlei.

Zum einen setzt es voraus, daß es einen Standpunkt zur Welt gibt, eine Identität, in deren Erlebnismodus das *Gesamtverhalten* des Anderen als kohärente sinnvolle Ordnung einsichtig wird, wie unzusammenhängend, widersprüchlich, dumm oder abartig es von unserem Standpunkt aus gesehen auch erscheinen mag.

Zum zweiten verweist es darauf, daß jede Ordnung der Welt, die im Modus einer bestimmten Identität Sinn macht, zugleich eine Verpflichtung des Subjekts auf diese Ordnung hin ist. Jede Weltinterpretation hat ihre eigenen Standards der Kohärenz, deren Zusammenbruch einen Zusammenbruch der Persönlichkeit impliziert, und die aufgrund dieser identitätskonstituierenden Rolle dem willkürlichen Zugriff des Subjekts entzogen sind. Es sind diese im konstitutiven Sinne überindividuellen Grundzüge einer Ordnung, die beim Verstehen als in sich stimmige nachvollzogen werden können.

Zum dritten geht es davon aus, daß die Funktion von Weltbildern, die Welt in eine geordnete Welt der Bedeutung für uns zu verdichten, einem existentiellen Grundbedürfnis entspricht, auf dessen Erfüllung hin auch die Fähigkeit zur Transzendenz einer spezifischen Ordnung verpflichtet ist. Denn lebbar ist sie nicht als eine, die Ordnungen überhaupt verläßt, sondern nur als eine zu adäquateren Interpretationen hin.

Niemand übrigens baut in seinem Verhalten nachhaltiger auf dieser existentiellen Notwendigkeit einer kohärenten Ordnung auf, als die Techniker der Gehirnwäsche. Denn ihre ganze Vorgehensweise zielt darauf ab, das Opfer in eine Welt zu versetzen, in der es nicht nur die Standards seiner eigenen Ordnung notwendig verletzen muß, sondern in der ihm jede geordnete Interpretation der Welt als vorhersagbare, in der eigenes Verhalten in erkennbarem Zusammenhang steht mit äußeren Ereignissen, mißlingen soll. Und ihre Hoffnung konzentriert sich auf den Punkt, an dem dem Opfer über jenem ständigen Mißlingen nicht nur seine alte Ordnung, sondern auch der Wille zur selbständigen Interpretation des Geschehens überhaupt zusammenbricht, und ihm jede Ordnung, irgendeine Ordnung (selbstverständlich die Ordnung der Mächtigen) besser erscheinen muß als jenes Nichts.

Und darin haben sie in ihrem Vertrauen auf das existentielle Muß von Ordnung recht, daß uns die Welt bis zum technischen Level der bloßen Dingwahrnehmung hin nur zugänglich ist als geordnete, als eine, in der die Teile sich zu einem im Sinne der Ordnung stimmigen Ganzen zusammenfügen. Eine Wirklichkeit, in der der Fuß sagt, es geht aufwärts, und das Auge, es geht abwärts, ist für uns keine Wirklichkeit sondern lediglich ein Gefühl innerer Verwirrung. Bringt man Menschen in so eine Situation, indem man ihnen Brillen aufsetzt, die das Sehbild auf den Kopf stellen, so führt das über eine Phase, in der es nur Sinneseindrücke, aber keine Welt gibt, zur Uminterpretation des Gefühlten auf solche Weise, daß die Kohärenz der Interpretation, die den Raum erst für uns wirklich werden läßt, wieder hergestellt ist: Die Welt sieht subjektiv wieder richtig herum aus, obwohl sie ›objektiv‹ gesehen auf dem Kopf steht. Und auch dahingehend zahlt sich ihr Vertrauen aus, als durch die gezielte Vereitelung jeder kohärenten Interpretation früher oder später auch der subjektive Pol von Weltordnungen, die Persönlichkeit, zusammenbricht.

Wenn es bisher trotzdem nicht gelungen ist, künstlich erzeugte Überzeugungstäter zu liefern, sondern bloß gebrochene Menschen, so scheint das daran zu liegen, daß jenes subjektive Evidenzgefühl von Wahrheit, das der freien Einsicht in eine neue Interpretation die Überzeugungskraft verleiht, zwar bis zur Irrelevanz eingeschüchtert, aber nicht ersetzt werden kann.

Wenn es auf der einen Seite keinen objektiven Grund gibt, der uns davon abbringen könnte, bis zum Tode an unseren Überzeugungen festzuhalten, so gibt es auf der anderen Seite auch keine objektiven Umstände, die uns in eine Überzeugung hineinzwingen könnten. Welchen Sinn wir unter welchen Umständen wann der Welt zumessen, ist eine Angelegenheit, die jeder nur für sich entscheiden und bestimmten kann. Sinn in jenem vollen subjektkonstituierenden und unsere Identität auf diese Ordnung hin verpflichtenden Sinne kann nur eine Interpretation machen, die in der Lage ist, unser gesamtes Erleben der äußeren und unserer inneren Welt in einer stimmigen Ordnung zusammenzubringen. Diese Gesamtheit aber läßt sich nicht auf das Produkt äußerer Umstände reduzieren und Zugang zu dieser Gesamtheit haben jeweils nur wir selbst.

Andererseits ist es jene Entscheidung, die wir, ob wir wollen oder nicht, nicht nur treffen, sondern immer wieder neu treffen müssen. Jene Gesamtheit unseres Erlebens ist nichts Statisches, endlich Vorgegebenes, sondern etwas gegenüber der Erfahrung von Neuem Offenes und damit prinzipiell unendlich Großes. An dieser Unendlichkeit unseres Erfahrungsraums müßten wir notwendig verzweifeln, wäre unser Bedürfnis nach Sinn-machen allein auf seine Erfüllung fixiert. Und nur dann wird die Spannung auf diese prinzipielle Offenheit unserer Erfahrung nicht als Bedrohung, sondern als Potential erlebbar, wenn das Bedürfnis Sinn-zu-machen seine Erfüllung nicht nur in einem adäquaten Resultat, sondern auch und vor allem in der Aktivität selbst findet. Der existentiellen Situation der prinzipiellen Bedeutungsoffenheit entspricht allein die Permanenz des Bedürfnisses Sinn-zu-machen, als dem Bedürfnis nach der Aktivität selbst.

In einer Kultur, in der die Dringlichkeit von Bedürfnissen daran gemessen wird, wie lange wir ohne ihre Befriedigung überleben, und nicht daran, was wir durch ihre Befriedigung werden können, in der Kinder an einer liebesfreien Umgebung sterben mußten, bevor Männer (wie R. Spitz) glauben konnten, daß Liebe etwas ausmacht, in einer solchen Kultur tut man gut daran, die Existenzbehauptung psychischer Bedürfnisse durch entsprechend martialische Umstände zu untermauern: Der sauberste und schnellste Weg, dem Bedürfnis nach Sinn-machen-der-Welt für uns nicht nur den Erfolg, sondern auch die Möglichkeit der Betätigung zu nehmen, ist es, dem Opfer die Sinneseindrücke zu nehmen. Wissenschaftlich ausgedrückt nennt sich das Sensorische Deprivation, und obwohl die Ersinnung von Kunstwelten, die dies leisten, zugegebenermaßen immer nur eine Annäherung ans Ziel sein kann (schattenlose weiße Räume, ›white noise‹, der das Hören von Eigengeräuschen verhindert, schwebendes Aufhängen des Opfers in körperwarmen dunklen Wassertanks ...), sind die Folgen solchen Entzugs eindringlich genug:

›Inability to concentrate and think clearly / speech and memory impairments / temporal disorientations / changes in body image / hallucinations / anxiety / increase in adrenaline and noadrenaline

/ changes in EEG activity / loss in body weight ...‹ (Zusammengefaßt nach Zubek 1973)
Je nach Konstitution der Betroffenen und nach Perfektion des Sinnesentzugs tritt dieser geistig-seelische Zusammenbruch begleitet von zunehmenden Angstzuständen schon nach 1-2 Stunden ein und führt zum Abbruch des Experiments. (›Maximum endurance in the water-immersion-technique: 8 hours.‹ (Nach Zubek 1973) Schwerer offenbar noch als Not und Hunger und Durst ist für Menschen eine Situation zu ertragen, in dem das, was die Sensorischen Deprivationsforscher ›stimulus hunger‹ nennen, und was hier als Bedürfnis Sinn-zu-machen umrissen wurde, ins Leere des Sinnesentzuges läuft. In der Panik, die hier aufsteigt, und die hier vor allem so schnell aufsteigt, scheint negativ jene existentielle Wahrheit durch, die sich positiv so formulieren läßt:
Sinnzuweisung ist das einzige Bedürfnis, von dem man guten Gewissens sagen kann, daß es immer maßlos ist und immer auf jenes Ganze geht, das sich in der Unendlichkeit verliert.
Selbst wenn dieses Ganze am Anfang nur die Welt eines Säuglings oder eines Kleinkindes ist. Denn in jener Lage und zu jener Zeit und für jenen Menschen ist das ›die Welt‹. Wäre da noch mehr, wären da im Ernst Erfahrungen, die nicht in jenen aktuell gültigen Entwurf von Ordnung paßten, so wäre er bereits so oder so, durch Verdrängung des Widersprüchlichen oder durch Suche nach einer transzendenten Ordnung, ein Stück in einer anderen, größeren Welt. Und das bedeutet umgekehrt: Jedes Weltbild konstituiert sich als der Entwurf einer Ordnung, die auf die ganze Welt passen soll. Und subjektiv auch tatsächlich paßt in jenem Augenblick, da es als wahres angenommen wird.
Ob dieser Entwurf freilich hält, was er verspricht, oder Dinge offenbart, von denen nie die Rede war, das kann nur herausgefunden werden, indem die Erfahrungsräume, die sich hier eröffnen, auch tatsächlich ausgemessen werden. Wenn der einzige Weg, in eine Ordnung der Welt für uns hineinzukommen, der ist, daß sie uns in ihrer Intention aufs Ganze unmittelbar als Wahrheit gegenwärtig ist, so ist der einzige Weg, aus der Ordnung eines Weltbildes wieder herauszukommen, der, daß wir uns auf die Logik ihrer Entfaltung bis zum letzten einlassen. Das natürlich in dem Vertrauen darauf, daß keine Ordnung je komplett sein kann und daß jedes Leben im Modus einer Ordnung früher oder später

zu Erfahrungen führt, die, obwohl im Modus jener Ordnung zugänglich, gleichwohl nicht hineinpassen. Sowohl die traditionelle Entwicklungspsychologie nach Piaget wie auch ein so formales Gebiet wie die Mathematik kennt solche produktiven Misfits, die ein Denken in einer Ordnung unterbrechen und dadurch die Chance zu einer rekursiven Wendung bieten, die die Ordnung des Denkens selbst zum Gegenstand des Denkens macht. In der Mathematik z. B. ist die Gödelformulierung der klassische Misfit, der sich in jeder konsistenten Ordnung n formulieren, aber jeweils nur in einer Ordnung n + 1, die mächtiger ist als n, widerspruchsfrei entscheiden läßt. In der kognitiven Entwicklungspsychologie baut die Stadientheorie in ihrer Dynamik auf solchen Widersprüchen auf, deren Entdeckung jeweils der Anfang zum Aufbau einer höheren Stufe der Intelligenzorganisation ist. So nehmen z. B. Kinder lange Zeit Form-Größe als Einheit war – die gleiche Menge Flüssigkeit in einem hohen Glas ist für sie immer mehr als in einem breiten Glas. Erst wenn sie diese Form-Größen-Ordnung auf ihren durch Umschütten und Umpacken gewonnenen Begriff von ›gleich‹ ausweiten, kommt es zur Entdekkung jenes Widerspruchs zwischen beiden Ordnungen, dessen Lösung zur Ausdifferenzierung einer neuen Form und einer neuen Größenordnung führt.

Wobei ›neue Ordnung‹ nicht immer heißen muß: völlig und ganz und gar neu. Die n + 1-te Ordnung ist immer noch eine der Mathematik, und die neue Form- und Größenordnung des Kindes immer noch eine des Raumes. In den allermeisten Fällen bauen so Ordnungen aufeinander auf und sind ineinander verschachtelt, und die Entdeckung der Begrenztheit einer Ordnung setzt nicht die ganze Interpretation außer Kraft, sondern verändert nur ihren Stellenwert. Die Normalität im Leben ›einer‹ Ordnung, ihre Stärke im Alltag, konstituiert sich über diese Fähigkeit zur Entwicklung, die Neues integrieren kann, ohne die grundlegenden Intentionen der Interpretation zu verletzen. Und ganz richtig wird eine Störung, die bis auf jenes Grundmuster durchschlägt, als das empfunden, was sich in ihr manifestiert: Eine Krise im Leben der Person oder der Gesellschaft, in der diese Normalität in Frage gestellt wird.

Das ausgleichende Äquivalent zur Krise ist ein Traum von einer Ordnung, in dem entweder die ursprüngliche in ihrer integrativen Intention aufs Ganze aktualisiert oder eine neue projiziert wird,

deren visualisierte Geschlossenheit die integrative Kraft der alten ersetzen kann. Das Wort ›Traum‹ ist hier nicht nur als lose Metapher, sondern als ein im Sinne des damit implizierten zutreffendes gewählt worden. Denn sonst nur im Traum sind wir fähig, etwas mit jener überdeutlichen Klarheit zu sehen, in der ein zeitliches, räumliches und logisches Nacheinander zu der gleichzeitigen Ordnung eines Bildes zusammmenschießt. Früher hätte man das schlicht und ergreifend Vision genannt und versucht, die Ordnung des Bildes in einem Symbol dingfest zu machen. Heute fehlen uns gewissermaßen die Worte dafür, weil wir den Vorgang in seiner realitätsbezogenen Erkenntniskraft nicht ernst nehmen. M. Polanyi nennt so etwas ›hidden intimations‹, und das trifft die andere Seite des Wortes ›Traum‹. Denn in unserem normalen Leben ist die Evidenz jener Interpretation keineswegs unmittelbar anschaulich. Und keine wirkliche Anschauung, keine wirkliche Erfahrung und kein wirklicher Beweis, in denen sich jene Interpretation bestätigt, holt jene ursprüngliche Klarheit des Anfangs wieder ein. Gleichwohl ist so ein Traum von Ordnung wirklichkeitskonstituierend, weil er der Fähigkeit zur sinngebenden Wahrnehmung einen strukturierenden Auswahlmaßstab liefert: Es wird nach den Aspekten der Dinge und nach der Interpretation der Erfahrung gesucht, die sie in diese Ordnung hineinpassen lassen. Einmal installiert, nennen Psychologen dieses Phänomen Erwartungshaltung. Erwartet wird, daß die Ordnung der Dinge und der Erfahrung sich als diese oder jene offenbart, wenn man sich nur lange genug aktiv diesen Aspekten der Erfahrung öffnet oder lange genug aktiv nach jener Ordnung sucht. Im Bereich der Wissenschaft z. B. manifestiert sich das Phänomen als die Überzeugung, daß alle Dinge und Erfahrungen durch das, was wir heute wissenschaftliche Erklärung nennen, adäquat erfasst werden können, vorausgesetzt eben, man gibt sich dieser Suche aktiv hin.
Es kann aber jene aktive Suche beschrieben werden als ein Vorgang, in dem wir aus den vielen Möglichkeiten, uns auf die Welt und auf uns selbst zu beziehen, solche auswählen, in deren Modus die Dinge und Erfahrungen exakt jene Aspekte offenbaren, die sie mit der gewählten Ordnung kompatibel werden lassen. Wenn ich mich einem Ding in einer wissenschaftlichen Haltung nähere, dann wird dieses Ding zu einem, das sich wissenschaftlich erklären läßt. Wenn ich mich einem Ding in der hermeneutischen

Haltung des Verstehens nähere, dann wird dieses Ding zu einem, das sich hermeneutisch verstehen läßt. Wenn ich mich einem Ding in der paranoiden Haltung des Verfolgungswahns nähere, dann wird dieses Ding zu einem, das entweder meine Macht bestätigt oder sie bedroht. Ganz einfach deswegen, weil jede Haltung miteinschließt, daß sie einen gewissen Bereich der Dingerfahrung, der Beziehung zum Ding, als inkorrekt und irrelevant für die Erkenntnis ausschließt. Und mit Recht gilt der Wissenschaftler als pervers, der seine wissenschaftliche Haltung auf jenen Dingbereich ausdehnt, dem er sich durch eine ganz andere Haltung zur Welt verbunden fühlt, und beispielsweise das Gehirn seiner Geliebten mit Stromstößen malträtiert, weil er sie besser verstehen will. (Obwohl ihm eben diese Haltung gegenüber seinen Patienten durchaus zu Ruhm und Ehre gereichte.)

Welche Haltung aber wann gegenüber welcher Dingklasse angebracht ist, ist keine Sache, die in der ›Natur der Dinge‹ begründet liegt, sondern die sich aus der aktiven Umsetzung der Ordnung eines Weltbildes von selbst ergibt. Mit anderen Worten: Jedes Weltbild wird gelebt als eine bestimmte Haltung zur Welt und zu sich selbst, die eine bestimmte Wirklichkeit und eine bestimmte Art und Weise des Mensch-Seins für uns wahr werden läßt.

Jede solcher so geschaffenen, menschlich möglichen Wirklichkeiten hat ihren schöpferischen Ursprung in einem projektiven Traum von Ordnung, in dessen Darstellung die Intention aufs Ganze und die subjektkonstituierenden Züge als Erwartungshaltung besonders klar zum Ausdruck kommen. Und jedes menschliche Weltbild konstituiert sich als dieser identitätsbildende Wirklichkeitsbezug im Sinne der intendierten Ordnung, deren Wahrheit sich durch eine aktive Suche bestätigen läßt. Als einmal konstituierte aber werden die Grundzüge der Weltinterpretation zu nicht mehr hinterfragbaren Ordnungskriterien, denen jede Verhaltenskonzeption und jede Erkenntnisleistung Genüge tun muß, will sie als sinnvoll akzeptiert werden. In der wechselseitig adäquaten Subjekt-Objekt-Entwicklung im Rahmen dieser Ordnung, im Auffinden und in der Bestätigung der intendierten Ordnung in immer neuen Bereichen der Wirklichkeit zeitgleich mit der vollen Entfaltung der Möglichkeit des Mensch-Seins, wie sie in diesem Tun beschlossen sind, manifestiert sich die Wahrheit dieser Ordnung nicht mehr als bloß intendierte, sondern als verwirklichte, als eine, in deren Modus wir Menschen unsere Nische

aufbauen. Jeder Nischenaufbau aber muß einem Innen- und einem Außenkriterium Genüge tun. Nach innen muß er die Kohärenz jener überindividuellen, weil subjektkonstituierenden Ordnung der Nischenbewohner aufrechterhalten, und nach außen muß er sich in die Ordnung jenes komplexen Gesamtsystems Welt einfügen, insofern jede Nische nur existieren kann als integriertes Teil jenes Systems. Aus der Dynamik dieser Konfrontation zwischen Innen- und Außenordnung läßt sich die Verwirklichung eines Weltbildes als folgerichtiger Entwicklungsablauf einsichtig machen, in dem sich nicht nur offenbart, ob und wie jener Traum von Ordnung hält, was er verspricht, sondern in dem auch jene Folgen manifest werden, die mit der Verwirklichung der Ordnung als Nische zwar impliziert, aber nicht mitgedacht waren.
Und schließlich sind es die Misfits, die, als Grenzprodukte dieser Konfrontation, das Leben im Modus dieser Ordnung unterbrechen und jenes ›Außen‹ in die Ordnung hineinholen, von dem aus die Besinnung auf die Ordnung selbst wieder möglich wird, diesmal aber nicht als projektiver Traum von Ordnung, sondern als nüchterne Rückbesinnung auf ihre Grenzen als verwirklichte.

Individuelle und gesellschaftliche Weltbilder

Es macht den entscheidenden Unterschied zwischen dem Weltbild eines Einzelnen und dem Weltbild einer Gesellschaft aus, daß nur die letztere Kraft zur Objektivierung der Sinngebung im Rahmen einer Nischenkonstitution hat. Und umgekehrt kann man eine Gesellschaft darüber charakterisieren, daß sie eine zweite Realität im Sinne jener konstituierenden Ordnung schafft, die sich als soziale Welt des Menschen gegenüber jener ersten Ordnung der vom Genom geschaffenen Wirklichkeit abhebt. Die klassischen Mittel dieser Objektivierung sind:
Sprache, ritualisierte Beziehungen zwischen Menschen, Zurichtung von Gegenständen sowie die Darstellung der so geschaffenen Ordnung mittels dieser Mittel auf einer dritten Ebene der Selbstreflexion.
Sinnlos wäre es, nach einem Kausalverhältnis zwischen den Mitteln zu fragen – etwa in jenem Sinne, daß ›Zurichtung von Gegenständen‹ auf Produktion eingeengt wird, die dritte Ebene das

Etikett ›Ideologie‹ erhält und die Sache sich dann in die Frage nach dem Verhältnis von Überbau und Unterbau umwandelt. Einfach deswegen, weil das Ganze Ausdruck einer gelebten Beziehung zur Welt und zu sich selbst ist, und selbstverständlich die wesentlichsten Elemente der Ordnung sich in allen Mitteln der Objektivierung wiederfinden. Analog zur Triade ›Weltbild – Haltung zur Welt – Subjektkonstitution‹ ist es die wechselseitige Adäquatheit der Teile und die zirkuläre Bestätigung aneinander, die die Stabilität der Ordnung ausmacht.

Das schließt nicht aus, daß die Aufrechterhaltung der Ordnung einer intern in Gang gesetzten Dynamik unterliegt. Nischen z. B., deren Weltbild nicht dem objektiven biologischen Wahrheitskriterium Genüge tut, können gar nicht anders, als als expandierende zu existieren. Und es schließt mit ein, daß jedes Mitglied einer Gesellschaft deren Ordnung auf eine Art und Weise assimilieren muß, die ihm zumindest ein psychisches Überleben in dieser Ordnung gestattet. Zum einen, weil wir als Kinder die Vorgabe einer geordneten Welt der Bedeutung brauchen, und jene erste Identifizierung die Grundlage für alles weitere ist. Zum anderen, weil auch ein Gegenentwurf sich den Weg von jenem ersten zu diesem jetzt bewahren muß, um sein alternatives Weltbild im Rahmen des gültigen verständlich machen zu können. Dem Paranoiker z. B. ist diese Assimilation in beiden Punkten mißglückt. Dem psychischen Notstand im Rahmen der kollektiven Ordnung entspricht die absolute Abschottung seines paranoiden Weltbildes – zwischen diesem und jenem ist keine Vermittlung möglich.

Auf der anderen Seite bedeutet diese Notwendigkeit der Assimilation, daß mit jedem Menschen, der in dieser Ordnung aufwächst, das gültige Weltbild sich im Rahmen der Verobjektivierung seiner Nische als eines bewähren muß, das in der Lage ist, das innere und äußere Erleben auch dieses Menschen in seiner einmaligen Besonderheit zu einem kohärenten Ganzen zusammenzufügen. Jede gelungene Umwandlung der kollektiven Ordnung in eine subjektiv gültige ist so nicht nur eine bloße Aneignung, sondern eine Bestätigung der Ordnung durch eine subjektive Reinterpretation, in der jene allgemeinen und jene idividuellen Züge eine je spezifische Verbindung eingehen. Die Ordnung einer Kultur existiert auf diese Weise immer auf zwei Ebenen – einmal als objektivierte, allgemeine und vielmal als subjektiv reinterpretierte, für diesen Menschen in seiner Einmaligkeit gültige. In diesem immer wieder notwendigen Rückbezug der objektivierten Ordnung auf die Vielzahl subjektiver Reinterpretationen gründet sich die Chance zur Offenheit und zum schöpferischen Reichtum eines gesellschaftlichen Weltbildes. Anders herum gesagt: Gesellschaftliche Ordnungen haben Zugang zu jener prinzipiellen Bedeutungsoffenheit, die menschliche Erfahrungswelten auszeichnet, nur als solche, wie sie subjektiv zur Gültigkeit gelangt sind.

Auf der anderen Seite werden die potentiellen Erfahrungsräume eines Menschen durch die verobjektivierte Ordnung seiner Gesellschaft in entscheidendem Maße vorstrukturiert und selektiert. In der Reihenfolge des Erfahrbaren ist jene zweite Realität der Nische primär, dies um so nachhaltiger und ausschließlicher, wenn es sich um sogenannte Hochkulturen handelt, die in der Verobjektivierung ihrer Ordnung großes Gewicht auf die Zurichtung von Dingen und der Umwelt legen. Die Offenheit der Erfahrung stößt so auf ein Material, dessen Bedeutung für uns nicht ganz neu, wie ›am ersten Tag der Schöpfung‹, erfunden werden muß, sondern auf ein schon interpretiertes und teilweise im Sinne der Ordnung strukturiertes Material, dessen Bedeutung wir nur für uns wiederfinden müssen. Das ist zwar einerseits eine Beschränkung, andererseits aber auch eine Vorgabe. Präziser ausgedrückt ist es die Vorgabe, die die Entwicklung eines Weltbildes als Kultur ermöglicht, in der eine Generation auf den Leistungen und Kenntnissen der vorherigen aufbauen kann, und in der eine Diversifikation von individuellen Leistungen möglich ist, die trotzdem zu einem kohärenten Gesamtergebnis führt. Nur durch diese Einbindung subjektiver Erfahrungsräume in die Tradition einer Gesellschaft gewinnt jenes individuelle Vermögen zur Bedeutungsoffenheit die Kraft, nicht nur den Entwicklungshorizont eines Einzelnen, sondern den der Menschheit als Gattung innerhalb dieses Weltbildes auszuloten.

Auf der anderen Seite verlieren Erfahrungen der Wirklichkeit, die nicht in diese Ordnung hineinpassen, durch diese Focussierung des Gattungsvermögens ihre wirklichkeitskonstituierende Kraft, weil sie nur noch als individuelle gemacht werden können. Ihnen fehlt sowohl die Kraft zur Verobjektivierung wie die intersubjektive Bestätigung in dieser, und ihnen haftet an, daß sie nur unter der Gefahr gemacht werden können, daß die psychisch notwendige Assimilation des gültigen Weltbildes mißlingt. Nur wenn sie als solche trivialisiert werden, die keinen Zugang zur Wirklichkeit eröffnen, sondern als bloße subjektive Einbildung oder als unwichtiger Aspekt der Dingwelt nicht ernst genommen zu werden brauchen, bleiben sie integrierbar. Wir leugnen z. B. nicht, daß Bäume uns subjektiv zu beeindrucken vermögen, aber wir richten das Verhalten unserer Gesellschaft nicht an den Möglichkeiten dieser Bedeutung von Bäumen für uns aus. Und umgekehrt würde eine primitive Gesellschaft nicht leugnen, daß die Welt berechenbar ist, aber dieser Aspekt der Dinge gilt nicht als einer, der Zugang zu der den Dingen eigenen Wahrheit ermöglichte, noch als einer, der in irgendeiner Weise für uns als Menschen zentrale Bedeutung haben könnte.

Alternative Sinnzuweisungen innerhalb einer Kultur entstehen so nur aufgrund eines doppelten Bruchs: Zum einen einem Mißlingen der subjektiven Aneignung der gültigen Ordnung, zum anderen in dem Beharren auf der wahrheitskonstituierenden Bedeutung dieses Sozialisationsdefizits konträr zur herrschenden Sinnzuweisung. Unmittelbar einsichtig dürfte sein, daß die alternative Ordnung, zu der dann einer finden mag, nicht mehr sein kann als ein Entwurf. Denn es kann als Leistung von einem Individuum, das zudem noch unter dem Druck der antagonistischen Entstehungsbedingungen lebt, nicht abgefordert werden, was allein Leistung der Gattung sein kann. Was ein alternatives Weltbild in seiner Nischen- und Subjektkonstitution alles impliziert und zu was es uns als Menschen befähigt, das kann sich notwendig nicht zeigen im Rahmen der alten Ordnung. Die Möglichkeiten eines anderen Weltbezugs an jenem Status quo zu messen, das käme dem Unterfangen gleich, über die Bedeutung der Mathematik für uns Menschen anhand jenes Entwicklungsstandes und jenes Stellenwertes abschließend urteilen zu wollen, den sie – sagen wir bei den Trobriandern – hatte.

Grundsätzlich ist davon auszugehen, daß jede Kultur nicht nur ein bestimmtes Set potentieller Erfahrungsbereiche anerkennt und damit die sie konstituierenden Fähigkeiten kulturell entwikkelt, sondern daß sie – sozusagen als Negativabzugsbild ihrer selbst – auch ein bestimmtes Set potentieller Erfahrungsbereiche trivialisiert. Damit aber schließt sie diese und die sie konstituierenden mentalen Fähigkeiten insgesamt von der kulturellen Entwicklung aus und versetzt sie in einen Zustand, dem einzig und allein das Wort ›primitiv‹ gerecht wird. Denn primitiv meinte ja ursprünglich das Fehlen jeder kulturellen Entwicklung, und das eben ist hier der Fall: Will ein Individuum die möglichen Wahrheiten dieses Erfahrungsbereichs für sich entwickeln, so muß er tatsächlich von vorne, ›wie am Beginn der Menschheit‹, anfangen, weil seine Kultur ihm hier kein traditionelles Netzwerk von Sinngebungen und Verobjektivierungen zur Verfügung stellt, an das er sich erst einmal halten und auf dem er aufbauen könnte. Was das freilich im einzelnen ist, was positiv aus dem werden kann, was dort negiert wird, das wird erst durch einen Vergleich mit einer anderen Kultur deutlich werden, in der jene negierten Fähigkeiten zu den tradierten und gewürdigten gehören.

Normalerweise fällt diese dunkle Seite kultureller Entwicklung nicht ins Gewicht. Denn uns selbst und unseren Weltbezug entwickeln und verwirklichen können wir nur im Rahmen einer Welt, deren grundlegende Bedeutung für uns schon existent ist. Zwar ist angesichts der Potentialität dessen, was ›Mensch-Sein‹ alles bedeuten könnte, notwendig jede Ordnung beschränkt, aber normalerweise wird nicht das restriktive der Ordnung beklagt, sondern der Möglichkeitsraum, den jede gesellschaftliche Ordnung eröffnet, als konkret begehbarer begrüßt. Wenn in einer Kultur im Erleben des Einzelnen das Beschränkende der Ordnung in den Vordergrund tritt, so ist das gewöhnlich ein Anzeichen dafür, daß deren Weltbild aus diesem oder jenem Grund seine sinngebende Kraft im Rahmen seiner eigenen Nische verliert.

In solchen Zeiten der Krise, in der die subjektkonstituierende Eigenschaft des gesellschaftlichen Weltbildes fragwürdig wird, gewinnt der trivialisierte Erfahrungsraum und der Umgang mit ihm ausschlaggebende Kraft. Denn trotz seiner individuellen Ohnmacht stellt er jenes Moment dar, aufgrund dessen der Einzelne immer mehr ist, immer größer ist als das, was seine Gesellschaft ihm an Entwicklungsmöglichkeiten des Mensch-Seins – und seien es die privilegiertesten in dieser Ordnung – anbieten kann. Jeder Mensch hat auf diesem individuellen Wege Zugang zum offenen Entwicklungspotential der ganzen Menschheit, nicht nur zu dem seiner Gesellschaft. Und er hat diesen Zugang nur als Einzelner, und nur durch eine radikale Rückbesinnung auf sich selbst und jene Fähigkeit, die, weil sie Ordnung schaffen und Sinn geben kann, immer größer ist als jede spezifische Ordnung und jeder spezifische Sinn. So etwas wie die Rekonstituierung eines sinnvollen Weltbezugs, modern ausgedrückt ›eine Neubestimmung des Verhältnisses Mensch-Natur‹, alt-modisch gesagt ›eine Bestimmung dessen, was unser Platz auf Erden ist‹, kann als Weltbezug bindend nur stattfinden, wenn jeder Einzelne für sich und mit seinen Mitteln versucht, ›die Ordnung der Welt‹ wieder herzustellen, selbst wenn ihm das als Einzelner nur im Geiste, als hypothetischer Entwurf möglich ist.

In Zeiten, in denen das öffentliche Weltbild brüchig wird, blüht die private Lebenshilfe und der Verkauf von Zauberformeln für's richtige Leben wie ›Garantiert glücklich und erfolgreich durch ...‹, ›XY-Methode zum privaten Lebensglück‹, ›Der neue Weg zur ...‹, ›Auch Sie können ...‹, ›Die Weisheit der / des ...Indianer / Gurus / Ostens / Astrologie / Schamanen / Mameluken...‹.

Was diese Ansätze davor bewahrt, zu dem zu verkommen, was ihre Gegner ihnen vorwerfen, nämlich ›reine Irrationalität zu sein‹, ist, daß man sie in ihrer Suche nach einer neuen Sinnzuweisung ernst nimmt und dieser Suche eine gesellschaftliche Chance gibt. Denn jede Krise birgt nicht nur das Risiko des Zusammenbruchs und des Scheiterns in sich, sondern auch die Chance, durch diesen Zwang zur individuellen Rückbesinnung die potentiellen Entwicklungsräume des ›Mensch-Seins‹ zu aktuell möglichen zu machen. Und im Gegensatz zu gängigen revolutionären Hoffnungen ist es nicht die glatte Übereinstimmung und die wissenschaftliche Beweisführung der alternativen Sinnzuweisung, sondern ihre Offenheit für divergierende Vielfalt, die die Überzeugungskraft der Alternative ausmacht, nicht die objektive, sich aus ›blanker Not‹ durchsetzende Revolutionsdynamik, sondern die kollektive Aktualisierung von schöpferischem Potential innerhalb und vor allem außerhalb der anerkannten Bereiche der Gesellschaft, der die Kraft zuzutrauen wäre, eine neue Nische für die Menschheit zu erfinden und zu verwirklichen.

Was eingangs als Charakteristikum von Gesellschaften hervorgehoben wurde, die Kraft zur Verobjektivierung von Sinngebung, das kann in diesem Zusammenhang treffender so beschrieben werden: Der Menschheit kommt die Begabung zu, daß für sie die Träume nicht einfach im Verhältnis Wahrheit / Unwahrheit zur Wirklichkeit stehen, sondern sie kann über die Nischenkonstitution einen Zyklus in Gang setzen, in dem sie mit einem ›Traum von Wirklichkeit‹, einer inneren Überzeugung, wie diese Wirklichkeit beschaffen sei, anfängt, um in einer Wirklichkeit für sich zu enden, die allen offenen und verborgenen Aspekten dieses Traums entspricht.

Ausblicke auf das Weltbild unserer Kultur

Es ist das Einzigartige an unserer Kultur, daß sie durch ihre Existenz im Modus der Nischenexpansion nicht nur die Vielfalt menschlicher Kulturen auf eine Monokultur reduziert hat, sondern darüber hinaus durch ihre exzessive Betonung der Verobjektivierung via Zurichtung von Dingen sich anschickt, die gesamte Erde im Modus ihrer Nischenordnung zu formieren. So droht das, was ursprünglich eine bestimmte Interpretation der Wirklichkeit unter vielen anderen gleich wahren war, im doppelten Sinne zur allein existierenden zu werden: Geistig, weil es alternative Kulturen im ursprünglichen Sinn des Wortes (fast) nicht mehr gibt, und materiell, indem die künstliche Realität, die wir uns als Umgebung schaffen, tatsächlich nur mehr jene Züge aufweist, die unsere Interpretation der Welt als wirkliche anerkennt. Daß es Gesellschaften zur Rettung bedrohter Völker ebenso gibt wie Gesellschaften zur Rettung bedrohter Arten, ist Ausdruck einunddesselben Interpretationsprozesses, der sich seine Wahrheit durch ein Verhalten beweist, das jene Aspekte der Wirklichkeit, die nicht hineinpassen, ausmerzt, weil es ihnen nicht Rechnung trägt, um dann hinterher darauf verweisen zu können, daß es sie nicht gibt. Jede Fähigkeit zur Transzendenz aber ist auf ein Außen angewiesen, grundsätzlich auf jenes innere ›Außen‹, als das Vermögen, Ordnung zu erschaffen, und praktisch zusätzlich auf ein materielles Außen, entweder in Gestalt anderer Kulturen, die uns eine andere Sichtweise der Dinge nahebringen können, oder ein Außen in Gestalt einer vom Menschen nicht zugerichteten Natur, in der Erfahrungen, die wir über uns selbst und die Welt machen können, wieder offen ›wie am Anfang‹ sind. Eine Kultur, der es gelänge, ihren Traum von Wirklichkeit erdumspannend wirklich wahr zu machen, brächte sich selbst (und damit die Menschheit) in Gefahr, daß ihr über der Perfektion dieser einen Traumverwirklichung die Begabung selbst abhanden kommt: sie hätte sich in ihrer eigenen Ordnung gefangen.

So gesehen sind die Misfits, die unsere Gesellschaft plagen, die ökologische Krise und die Sinnkrise, die Dropouts, Drogen- und Medikamentensüchtigen, die Hippie-/ Marx-/ Mystik-/ Öko-/ New-Age-Welle, als Quertreiber gegenüber dieser usurpatorischen Tendenz zu begrüßen. Unser erfolgreichstes Misfit in jedem Sinne aber ist unzweifelhaft unsere Unfähigkeit, unsere neu erworbene Fähigkeit zur Menschheitsvernichtung kontrolliert an- oder nicht anzuwenden. Daß ein Volk sich für das Motto ›Unser Sieg oder unser aller Untergang‹ begeistern kann, scheint der Menschheit ja nicht fremd zu sein, aber daß dieser Untergang als bloßes Mißgeschick unserer Machinationen uns treffen soll, ohne daß sich einer so richtig dafür oder dagegen entscheiden konnte, als bloßes Restrisiko, ohne daß wir wenigstens den Trost hätten, es sei unabwendbares Schicksal gewesen, das scheint doch immer mehr Menschen dazu zu bringen, die Vernünftigkeit einer solchen Ordnung anzuzweifeln.

Andererseits ist die Tatsache, daß die Gefahr öffentlich erkannt und anerkannt wird, und wir trotzdem nicht in der Lage sind, die Verhältnisse zu ändern, die sie heraufbeschwören, ein Indiz dafür, wie tief wir schon in die Ordnung unseres Weltbildes verstrickt sind. Denn wenn es nicht Atomkraftwerke sind, dann ist es die Gentechnik, und wenn es nicht die Gentechnik ist, dann ist es die chemische Industrie, und wenn das alles nicht, dann bleibt immer noch der strategisch endgültig beste Overkill: Wir können die Finger nicht davon lassen, und am allerliebsten machen wir natürlich alles zusammen auf dem Weg in die ›Informationsgesellschaft‹. Es ist aber jene Schizophrenie, den eigenen Untergang aufgrund des eigenen Verhaltens zu sehen und zu fürchten und trotzdem das Verhalten nicht ändern zu können, gemeinhin kennzeichnend für etwas, was wir als Sucht bezeichnen; abstrakter: eine krankhafte Fixierung der gesamten Person auf einen Erlebniswert und auf ein Verhalten.

Wider diese Vision des kollektiven Irrsinns muß man argumentieren, daß unser Verhalten nicht so unmittelbar offensichtlich einwertig ist. Unsere Kultur lebt über einen expansiven Zyklus, den sie offensiv betreibt, und das heißt: Wir verwirklichen zwar immer wieder die gleiche Ordnung, aber wir verwirklichen sie mit immer neuen Mitteln und in immer neuen Medien. Traditionellerweise nennt man so etwas Fortschritt (vom Faustkeil bis zum Roboter, vom Feuer bis zum Atomkraftwerk), und nicht ganz zu

Unrecht sind wir stolz darauf – es steckt eine beträchtliche Menge Erfindergeist in dieser Expansion. Wahr ist allerdings auch, daß es diese Entwicklung und diese Leistung ist, mit der sich unsere Kultur am nachhaltigsten identifiziert. Und unabhängig davon, ob man das als krankhafte Fixierung oder als gelungene Selbstverwirklichung bewertet, bleibt gültig, daß man die zugrundeliegende Dynamik jenes expansiven Zyklus von Weltbild und immer wieder neuer Bestätigung nur versteht, wenn man jene zentrale Identifikation als der Erklärung bedürftige ins Blickfeld bekommt und sie nicht als selbstverständliche voraussetzt.
Denn die Norm ist diese Identifizierung einer Kultur mit der Entwicklung der technischen Mittel innerhalb der Menschheitsgeschichte nicht. Vielmehr zieht ja die unsrige ihr überlegenes Selbstbewußtsein gerade daraus, daß es ihr als erste gelungen ist, diese Entwicklung in einem nennenswerten Tempo in Gang zu bringen, im Unterschied zu jenen anderen, die auf einem ungleich primitiveren Niveau verblieben seien. Und mit dieser Feststellung hat sie ohne Zweifel recht, wenn auch die stillschweigend mitlaufende Unterstellung, jene hätten, so wie wir auch, gewollt, und bloß nicht gekonnt, gelinde gesagt kühn, präziser gesagt bodenlos borniert ist. Denn alles, was wir von ›jenen anderen‹ noch wissen, deutet eher darauf hin, daß dort die Entwicklung von technischen Mitteln, wenn nicht sogar dem trivialisierten Erfahrungsbereich selbst, so doch zumindest einem Bereich zuzurechnen war, der für die zentralen Entwicklungsbereiche der Kulturen (und das heißt jeweils: für die zentralen Entwicklungsbereiche des Mensch-Seins) nichts Nennenswertes beizutragen hatte. Noch im Mittelalter (um ganz nahe an uns dran zu bleiben) war eine Haltung unter Handwerkern weit verbreitet, die ›besseres‹ Werkzeug mit der Begründung ablehnte, es stelle eine Beleidigung für die Geschicklichkeit des Meisters dar. Man kann das auch umgekehrt formulieren und sagen: Unsere Kultur hat als erste eine Bedeutung der Welt für uns erfunden, in der die expansive Entwicklung von technischen Mitteln eine zentrale Rolle in der Subjektkonstitution innehat. Will man einem Verständnis unserer Kultur näherkommen, so muß man einen Standpunkt zur Welt nachvollziehen, in dem dies als Haltung zur Welt unmittelbaren Sinn macht. Präziser und allgemeiner: Man muß die subjektive Bedeutung jener für unsere Kultur typischen Arten des Weltbezugs – Technik / Wissenschaft / Nischenexpansion – verstehen, nicht

unabhängig von deren objektiver Gültigkeit, sondern darin, welche subjektive Bedeutung deren objektive Gültigkeit für uns hat. Durch diese Wendung auf das Subjekt rekonstituiert sich die Ordnung unserer Gesellschaft aus einem Konglomerat von Fakten und Sachzwängen zu dem, was ursprünglich jede gesellschaftliche Ordnung darstellt: die kollektive Verwirklichung einer spezifischen Art der Sinngebung der Welt.

Will man irgendein neues Element dieses Prozesses, wie z. B. KI, in seiner Bedeutung für und seinen Auswirkungen auf unsere Gesellschaft verstehen, so muß man es als Teil jenes uns eigenen Entwicklungszyklus von Traum, von Wirklichkeit und Verobjektivierung im Rahmen der Nischenkonstitution begreifen, in dessen Zusammenhang es entstanden ist und in dem seine möglichen Verwendungsarten eingebunden sind. Andererseits repräsentiert das Phänomen KI in seinem Anspruch selbst so einen ›Traum von Wirklichkeit‹, sprich eine ganz spezifische Interpretation dessen, was es ›in Wahrheit‹ bedeutet, Mensch zu sein. So gesehen reiht es sich in die Reihe von Zauberformeln und privaten Lebenshilfen ein, die in Zeiten, in denen das öffentliche Weltbild brüchig wird, als ausgleichendes Äquivalent zur Krise versuchen, eine zunächst notwendig private Rekonstituierung von Sinn in Gang zu setzen. Mit dem einen Unterschied: der Traum der künstlichen Intelligenz wird nicht mehr nur privat geträumt. Vielmehr rankt sich um ›High-Tech‹, um ›die sanfte Technologie von morgen‹, um ›intelligente Arbeitsplätze‹ und die ›Ära der weltweiten Kommunikation‹, um ›Systemdenken und Systemmanagement mit der fünften intelligenten Computergeneration‹, um ›den Sprung in eine andere Ära, in der die elektronische Evolution die industrielle Revolution ablöst‹ und – last not least – um ›die Schaffung von Arbeitsplätzen‹ und ›die Erhöhung der Umschlagsgeschwindigkeit‹ der Traum von einer Zukunft, in der all jene Misfits, die uns plagen, wunderbarerweise verschwunden sind, weil wir jetzt endlich jenes Mittel aller Mittel gefunden haben, mit dem sich ›der Traum von einer besseren Welt realisieren läßt‹ (Toshiba Anzeigentext).

Die Frage ist nur: Wollen wir uns überzeugen lassen zu einer neuen Runde im expansiven Zyklus unserer Kultur? Oder sollen wir uns entscheiden für eine andere Ordnung, wie sie kunterbunt in jenen alternativen Sinnzuweisungen sich zu formieren versucht?

Beurteilen von Weltbildern

Um die Frage nach dem Pro oder Contra unserer Kultur entscheiden zu können, stellt man am besten eine neue Frage. Und zwar eine, die radikal egoistisch und antropomorph die Drohgebärde mancher Weltbilder, sie stünden für die objektive Wahrheit, an die man sich – zum Guten oder zum Schlechten – anzupassen hätte, schlichtweg unterläuft:
Was bringt es einem und was handelt man sich ein, wenn man sich für ein Leben entscheidet, das sich an dieser oder jener Überzeugung orientiert? Und was vor allem handeln wir uns ein, wenn die Gesellschaft, in der wir leben, sich an diesem oder an jenem Weltbild orientiert?
Denn die primäre Frage für uns ist nicht, ob Computer denken können, ob Frauen minderwertig sind, ob wir es nicht nötig haben, unsere Nische zu einem ökologisch geschlossenen Kreislauf umzubauen – (ohne Zweifel lassen sich zum Beweis und zur Widerlegung dieser Thesen jeweils eine gute Reihe von Gründen anführen) – sondern die primäre Frage für uns ist immer die:
Was für eine Wirklichkeit lassen wir für uns wahr werden und was für Möglichkeiten des Mensch-Seins eröffnen und verschließen wir uns, wenn wir davon ausgehen, daß für uns Computer die Bedeutung haben, das menschliche Denken zu repräsentieren, daß Frauen für uns die Bedeutung haben, minderwertige Menschen zu sein, daß Natur für uns die Bedeutung hat, daß wir uns an ihre Regeln nicht halten müssen? Was für Menschen machen wir aus uns, wenn wir uns über diese oder jene Form des Wirklichkeitsbezugs identifizieren und sie zur gesellschaftlich gültigen machen? Und welche Möglichkeit sollen wir für uns wahr werden lassen?
Durch diese Wendung aufs Subjekt, nämlich auf die, die es angeht und die es letzten Endes mit Leib und Seele ausbaden müssen, enthüllt sich der Streit um die objektive Wahrheit von Weltbildern als das, worauf er in seinem Resultat hinausläuft: als ein Streit um die gesellschaftlich anzuerkennenden Möglichkeiten des Mensch-Seins.
Das nun allerdings, die Frage, welche Menschen wir aus der Menschheit machen sollen, erscheint endgültig als eine Problemstellung, die nicht endgültig entschieden werden, sondern über

die immer nur wieder neu gestritten werden kann. Und genau das sollten wir auch tun. Als erstes nämlich das zur Diskussion stehende Unternehmen nicht als wirtschaftlichen Sachzwang vollziehen, blind und dumpf gegenüber seiner Relevanz fürs Subjekt, sondern es vor jeder Pro-oder Contra-Entscheidung zur Diskussion stellen als eines, das bestimmte Formen der Selbstverwirklichung eröffnet und andere verschließt. Und als zweites diese grundlegende Sache der Menschheit nicht endgültig und irreversibel entscheiden zugunsten des Weltbildes einer Kultur und zuungunsten des offenen Entwicklungshorizontes der Menschheit. Ein solcher Streit um die gesellschaftlich anzuerkennenden Möglichkeiten des Mensch-Seins unterliegt freilich radikal anderen Gütekriterien als ein Streit um objektive Wahrheiten. Nicht Eindeutigkeit der Wahl durch möglichst lückenlose Beweisführung, sondern das Öffnen von möglichst vielen verschiedenen Wahlmöglichkeiten / nicht einen allgemeingültigen Entscheidungsalgorithmus für alle, sondern viele, nur individuell und autonom zu treffende Entscheidungen der Einzelnen / nicht die Subsumtion aller unter die eine gültige Wahrheit, sondern die Interaktion vieler subjektiv gültiger Wahrheiten als spezifische Standpunkte zur ›Welt‹ / nicht Wahrheit als die Reduktion aller Phänomene auf ›XY‹-Gesetze, sondern Wahrheit als kreativer Akt, als die Entdeckung und Entfaltung differenter Wirklichkeitsbezüge. Miteingebunden in diesen Streit ist die Beurteilung des Status quo in dieser Hinsicht. Einmal, weil ein Verstehen der gegenwärtigen Ordnung als der Grundlage dessen, wovon alles andere notwendig ausgehen muß, sinnvollerweise sowieso am Anfang zu stehen hat. Zum anderen, weil die Aussicht, daß wir mit der Umsetzung von KI-Techniken als nischenkonstituierendes Element die gleiche Ordnung noch einmal verwirklichen, nur diesmal noch extensiver, noch intensiver, noch massiver, dringend nahelegt, daß wir das, was wir da tun, verstehen in seiner Bedeutung für uns, bevor wir uns auf diese Extremversion des Gegenwärtigen einlassen. Für solch ein Verstehen ist der Umstand, daß wir uns nicht nur um unsere Kultur, wie wir sie verwirklicht haben, und um irgendwelche Alternativen streiten, sondern auch um eine Reaktualisierung des gleichen Weltbildes, außerordentlich günstig. Denn auf diese Weise ist uns unsere Gesellschaft zeitgleich von zwei Perspektiven aus zugänglich. Einmal als projektiver Traum von Ordnung, in dessen Darstellung die Intention aufs Ganze und die subjektkonstituierenden Züge als Erwartungshaltung besonders klar zum Ausdruck kommen. Hier, wie nirgend sonst, wird ein Weltbild einsichtig als Bedeutungszuweisung, die von einem spezifischen Standpunkt zur Welt als sinnvolle nachvollzogen werden kann. Und einmal als Rückbesinnung auf unsere gesellschaftliche Ordnung, wie sie sich in ihrer Verwirklichung, im Aufbau ihrer Nische bewährt und offenbart hat. Hier, wie nirgend sonst, lassen sich in der Konfrontation von Leistungen und Misfits die spezifischen Grenzen einer Ordnung deutlich machen.

Machen wir also den Versuch zu verstehen, weil damit jede vernünftige Beurteilung und Entscheidung anfängt.

Teil 2
Die Macher
oder
Die Berechenbarkeit der Welt als subjektive Haltung zur Welt

Dialog

MIEDANER: 1981

›What you see in Klane as preoccupation with machinery is just a different perspective. Machines are another life form to him, a form he himself can create from plastic and metal. And he is honest enough to regard himself as a machine.‹ ›A machine begetting machines‹, Dirksen quipped. ›Next thing you'll be calling him a mother!‹›No‹, Hunt said. ›He's an engineer. It requires no more creative thought for a female mammal to conceive and give birth than for an automatic mill to spew forth engine blocks. And however crude an engineered machine is in comparison with the human body, it represents a higher act than simple biological reproduction, for it is at least the result of a thought process.‹ (1981 / 113 f.)

MINSKY: 1984

›Contemplate, for example, the plight of a mother with a new infant, that will demand her time and attention for several years. Why doesn't she wonder ›why am I doing this, what could this baby do for me to justify such a sacrifice‹. One might argue ›to preserve the race‹, or ›because you will love it‹, or because ›it will repay you some day‹, but these would hardly convince any rational person; raising a child is not, let's face it, a notably sensible enterprise.‹ (1984 / 119)

	›This maternal self-questioning doesn't usually go too far, ... but the problem is real...‹ (192)
MIEDANER: 1981	›Would you care to estimate how many newborn babies are drowned in toilets?‹ (1981 / 110)
ARMENI: 1578	›Ich lache über die, denen das Natürliche über alles geht.‹ (1982 / 141)
NIETZSCHE: 1885	›Das Weib hat so viel Grund zur Scham: ... man studiere nur seinen Verkehr mit Kindern!‹ (o. J. / 123)
MCCORDUCK: 1979	›I've said again and again here that the impulse to make artificial intelligence has always been central to our project as species.‹ (1979 / 345)
FEIGENBAUM et al.: 1983	›The reasoning animal has finally made the reasoning machine. Who dares feign surprise at the inevitable? It's human to exhibit intelligence, and human to make machines. The combination, not to say the collision, of the two is the most human of all stories.‹ (1983 / 7)
CARDANO: 1575	›Die Betrachtung der Natur führt uns zur Annahme und zum Begriff der künstlichen Schöpfung.‹ (1982 / 168)
BACON: 1612	›For like as a man's disposition is never well known or proved till he be crossed, nor Proteus ever changed shapes till he was straitened and held fast, so nature exhibits herself more clearly under the trials and vexations of art (mechanical devices) than when left to herself.‹ (1980 / 169)

Goltz: 1972

›I will begin by relating an experiment which I hope will be acclaimed by all true friends of science. I succeeded by observing for fifteen months an animal in which I had taken away the whole left hemisphere.‹ (1972 / 115)

Turkle: 1986

›Lassen Sie es einmal auf sich wirken, wie Kinder Schmetterlingen die Flügel ausreißen und dabei die Kreaturen mit ehrfurchtgebietender Konzentration betrachten. Wenn Kinder so etwas tun, sind sie nicht einfach nur gedankenlos oder grausam. Sie spielen ... mit ihren eigenen sich entwikkelnden Vorstellungen, Ängsten und Phantasien hinsichtlich ... dessen, ... was man unter Kontrolle hat und was sich der Kontrolle entzieht ... Hinter der Konstruktion von Theorien steht auch Leidenschaft.‹ (1986 / 31 f.)

Gazzaniga: 1972

›When the connection between the two halves of the cerebrum was cut, each hemisphere functioned independently as if it were a complete brain. The phenomenon was first investigated in a cat in which not only the brain but also the optic chiasm, the crossover of the optic nerves was divided ...‹ (1972 / 87)

›Recently these questions have been investigated in human patients who underwent the brainsplitting operation ...‹ (1972 / 88)

McCorduck: 1979

›Weizenbaum responded that he was unable to give reasons as to why he found obscene the idea of disembodying the brain and eyes of a cat, keeping them artificially alive, and using them as visual receptors of a computing system.‹ (1979 / 316)

HOFSTADTER: 1981

›We are so subject to emotional appeal, yet so able to be selective in our attribution of soul. … How hard it is for some people to drown an ant in their sink by turning on the faucet. How easy for others to feed live goldfish to their piranhas each day! … How were the Nazis able to convince themselves it was all right to kill Jews? How were Americans willing to ›waste gooks‹ in the Vietnam war? It seems that emotion of one sorts … can act as a valve, controlling the other emotions that allow us to identify, to project – to see our victim as (a reflection of) ourselves. …We all have a storehouse of empathy that is variously hard or easy to tap into, depending on our moods and on the stimulus. Sometimes mere words or fleeting expressions hit the bull's-eye and we soften. Other times we remain callous and icy, unmovable. … Where should we draw the line? What is sacred and what is dispensable?‹ (1981 / 114)

DILTHEY: 1923

›Macchiavelli hat das politische Denken auf seine anthropologischen Prinzipien gegründet. … Die mit den Tatsachen rechnende positive Phantasie des Staatsmannes hat in diesen Erkenntnissen, die den Menschen als eine Naturkraft begreifen und Affekte dadurch überwinden lehren, daß sie andere Affekte ins Spiel bringen, ihre Grundlage.‹ Die menschlichen Affekte als berechenbares Triebwerk der Kreatur – das ist im Inventar der Kenntnisse … das letzte Stück.‹ (1972 / 72)

MCCORDUCK: 1979

›But the real question is wether humans as species deserve more special treatment and consideration than other species.‹ (1979 / 326)

TURING: 1964

›We like to think that Man is in some subtle way superior to the rest of creation. It is best if he can be shown to be necessarily superior, for then there is no danger of him losing his commanding position. The popularity of the theological argument is clearly connected with this feeling. ... I do not think that this argument is sufficiently substantial to require refutation. Consolation would be more appropriate...‹ (1964 / 15)

MCCORDUCK: 1979

›In any case, while I honour the best qualities of my species, I should like to protest against becoming sentimental about ourselves ...‹ (1979 / 327)

NIETZSCHE: 1885

›Im Menschen ist Geschöpf und Schöpfer vereint: im Menschen ist Stoff, Bruchstück, Überfluß, Lehm, Kot, Unsinn, Chaos; aber im Menschen ist Schöpfer, Bildner, Hammer-Härte, Zuschauer-Göttlichkeit und siebenter Tag – versteht ihr diesen Gegensatz? Und daß euer Mitleid dem Geschöpf im Menschen gilt, dem, was geformt, gebrochen, geschmiedet, gerissen, gebrannt, geglüht, geläutert werden muß – dem, was notwendig leiden muß und leiden soll?‹ (o.J. / 116) ›...machen, daß der Mensch fürderhin vor dem Menschen steht, wie er heute schon, hart geworden in der Zucht der Wissenschaft, vor der *anderen* Natur steht, mit unerschrockenen Ödipus-Augen und verklebten Odysseus-Ohren, taub gegen die Lockweisen alter metaphysischer Vogelfänger, welche ihm allzulange zugeflötet haben: ›du bist mehr! du bist höher! du bist anderer Herkunft!‹ – das mag eine seltsame und tolle Aufgabe sein ... Warum wir sie wählen, diese tolle Aufgabe? Oder

	anders gefragt: ›Warum überhaupt Erkenntnis?‹ (o. J. / 122)
DESCARTES: 1637	›Und indem ich erkannte, daß diese Wahrheit: ›Ich denke, also bin ich‹ so fest und sicher ist, daß die ausgefallensten Unterstellungen der Skeptiker sie nicht zu erschüttern vermochten, so entschied ich, daß ich sie ohne Bedenken als ersten Grundsatz ... ansetzen könne.‹ (1960 / 53)
FEIGENBAUM et al.: 1983	›As humans we have taken our very identity from our intelligence.‹ (1983 / 44)
MINSKY: 1984	›...but in regard to emotional matters, the public has come generally to accept the psychoanalytic view that affect is dominated by unknown terrors and traumas, lurking in the unconscious since childhood.‹ (1984 / 186)
SPARKASSEN-MAGAZIN: 1988	›... die Steuerzentren für Affekte sind tierisches Erbe. Sie sind älter als die Einrichtungen zum Nachdenken. ... Tierisches Erbe und menschlicher Entwicklungsstand liegen ... im Gehirn ständig im Hader miteinander. ... Wenn die alten Gehirnteile die Oberhand gewinnen, nutzen sie die Denkkapazität der neuen Teile, aber nicht um einen Weg der Vernunft zu suchen, sondern um ihren Emotionen Durchschlagskraft zu verleihen. Die überdurchschnittlichen Triumphe der alten Hirnteile über die neuen sehen wir jeden Abend in der Tagesschau: Überfälle und Straßenschlachten, Aufstände und Gewaltherrschaft, Völkermorde und Kriege.‹ (1988 / 15)
HOFSTADTER: 1985	›Aber sogar die alten Griechen wußten, daß folgerichtiges Denken ein strukturierter

Vorgang ist und wenigstens zum Teil von angebbaren Gesetzen beherrscht wird.‹ (1985 / 21)

DESCARTES: 1637 — ›Ganz besonders gefielen mir die mathematischen Disziplinen wegen der Sicherheit und Evidenz ihrer Beweisgründe...‹ (1960 / 13)

HOFSTADTER: 1985 — ›Die dringlichste und vorrangigste Aufgabe der Metamathematiker war die, die wahre Natur mathematischer Beweisführung zu bestimmen. Was ist ein zulässiges Verfahren und was ein unzulässiges?‹ (1985 / 26)

DESCARTES: 1637 — ›Denn es genügt nicht, gesunde Geisteskräfte zu haben, die Hauptsache ist, sie gesund zu gebrauchen.‹ (1960 / 4)

TARSKI: 1972 — ›Das Hauptproblem - eine befriedigende Definition der Wahrheit ... eine Definition, die *sachlich angemessen* und *formal richtig* ist ... so müssen wir die Wörter oder Begriffe, die wir bei der Definition der Wahrheit verwenden wollen, und auch die Regeln angeben, denen die Definition folgen sollte. Wir müssen die formale Struktur der Sprache beschreiben, in der die Definition gegeben werden soll.‹ (1972 / 55)

HOFSTADTER: 1985 — ›Das Dilemma der Mathematiker lautet: worauf kann man sich verlassen außer auf formale Systeme...‹ (1985 / 272)

LUCAS: 1964 — ›... if we find that no system containing simple arithmetic can be free of contradictions ... that Gödel's result is that we ought not to ask, and cannot obtain, complete formalization?‹ (1964 / 56)

HOFSTADTER: 1985 — ›Haut den Lucas!‹ (1985 / 615)

MINSKY: 1984 — ›... we bear the scars of frightening cognitive experiences ... when an encounter with paradox throws (our) mind into a frightening cyclone. The momentary loss of mental control should provoke anxiety in its own right.‹ (1984 / 186)

BATESON: 1987 — ›Wir Menschen scheinen zu wünschen, daß unsere Logik absolut wäre. Wir ... geraten in Panik, wenn wir auf das leiseste Anzeichen treffen, daß es nicht so ist ...‹ (1987 / 159)

MINSKY: 1984 — ›To be sure, not everyone remembers such experiences as frightening. ... No matter, such readers are just the ones who have found ways to transform – what did Freud call it? – to *sublimate such problems into constructive thinking about thinking*.‹ (1984 / 187)

TURKLE: 1986 — ›Wir werden angezogen von dem, was uns Angst macht, wir spielen mit dem, was uns verunsichert – unter anderem, um uns immer wieder von neuem unserer Kontrolle über diese Dinge zu versichern.‹ (1986 / 35)

HOFSTADTER: 1985 — ›In diesen Paradoxien steckt anscheinend immer der gleiche Haken: Selbstbezüglichkeit oder Seltsame-Schleifen-Bildung. Wenn man sich also das Ziel setzt, alle Paradoxien zu eliminieren, warum versucht man nicht, Selbstbezüglichkeit und alles was dazu führen könnte, zu eliminieren?‹ (1985 / 23)

MINSKY: 1984 — ›In particular, I doubt that any logic that prohibits self-reference can be adequate for psychology: no mind can have enough power – without the power to think about thinking itself.‹ (1984 / 178)

›In the popular psychology of our day, intellect is seen as straightforward, deliberate, conscious and emotional neutral; but ... intellect too has its own ... TRAUMATIC COGNITIVE EXPERIENCES.‹ (1984 / 186)

ARISTOTELES: 350 v. Chr.

›Wenn es nun notwendig wird, etwas gegen die Natur zu tun, hat das seine Schwierigkeiten und bedarf der Kunst. Daher nennen wir denjenigen Teil der Kunst, der uns in solchen Schwierigkeiten zu Hilfe kommt, Mechanik. Denn, wie der Dichter Antiphon es ausgesprochen hat, durch die Technik gewinnen wir die Oberhand, wo wir sonst der Natur unterliegen.‹ (1982 / 18)

HOFSTADTER: 1985

›Hier stößt man anscheinend auf eine Paradoxie. Computer sind ihrer Natur nach die unbeweglichsten, wunschlosesten, regeltreuesten Tiere. So schnell sie auch arbeiten, sie sind dennoch der Inbegriff des Nicht-bewußt-Seins: wie kann man also intelligentes Verhalten programmieren? Ist das nicht die eklatanteste Contradictio in adiecto? ... Eines der Hauptziele ... ist es, jeden Leser dazu zu bringen, ... daß er am Ende mit neuen Einsichten ... aus der Lektüre hervorgeht. ... Eines der Hauptthemen ... ist es, daß hier überhaupt keine Kontradiktion vorliegt. ... Darum geht es bei der Erforschung der ›Artifiziellen Intelligenz‹. (1985 / 29)

›... jedwede etwaige Irrationalität ... ist ein Epiphänomen – eine Folgeerscheinung – der Vorgänge auf der tieferen Stufe ... das zutageliegende Verhalten könnte entweder rational oder irrational sein, aber darunter läge die Leistung zuverlässiger logischer Hardware ... die Neuronen funktionieren rational.‹ (1985 / 615)

BACON: 1612 — ›Here ›nature takes orders from man and works under his authority‹. In this way ›human knowledge and human power meet as one.‹ (1980 / 170 f.)

HOFSTADTER: 1985 — ›Und endlich war ich freudig erregt durch das Wissen, daß diese enorm komplizierte Maschine in ihrem Inneren lange Züge von Symbolen nach gewissen Regeln hin und her rangierte, und daß diese langen Züge von Symbolen den Gedanken in meinem eigenen Kopf vergleichbar waren.‹ (1985 / 664)

MCCORDUCK: 1979 — ›It's ... in the long run self-preserving to meditate on our connections with other things instead of our disjunctions. We are ... part of the universe.‹ (1979 / 326)

HOFSTADTER: 1985 — ›In diesem Kapitel werden wir uns einige der Mechanismen näher anschauen, die in verschiedenen Zusammenhängen Selbstbezüglichkeit bewirken, und sie mit den Mechanismen vergleichen, die es gewissen Systemen gestatten, sich selbst zu reproduzieren. Dabei werden sich einige bemerkenswerte und elegante Parallelen zwischen diesen Mechanismen ergeben.‹ (1985 / 530)

MCCORDUCK: 1979 — ›I come again to a point that I have made continually, that the building of artificial intelligences is very much a part of our long romance with ourselves as a species.‹ (1979 / 210)

MICHIE et al.: 1984

›...an interesting question arises concerning (the) killing (of) an expert system. One of these constructed with the cooperation of a particular human expert can capture his skills in such faithful detail that ... this would be for him a kind of immortality. How should we regard the wiping-out of such a system irretrievably? It would surely be reprehensible ...‹ (1984 / 194)
›Would it then be cruelty to torture a robot?‹ (1984 / 193)

TURKLE: 1986

›Wird der Computer als lebendig angesehen, verstärken sich die Emotionen, wenn man ihn tötet. Aber die Beziehung ist gegenseitig: die Erregung, die beim Töten ... beim Zusammenbruch des Programms empfunden wird, ist wiederum ein Anlaß, das computerisierte Objekt als lebendig anzusehen.‹ (1986 / 40)

MICHIE et al.: 1984

›After all, no one tortures rocks; it is simply the human-like response of an animal in pain that gratifies the torturer.‹ (1984 / 193)

HOFSTADTER: 1981

›But it isn't always easy to know who or what has feelings. This is the crux ...‹ (1981 / 112)

MICHIE et al.: 1984

›Since it is not effectively possible to prove or disprove one's own consciousness, such proof cannot be required in order to determine an organism's right.‹ (1984 / 193)

HOFSTADTER: 1981

›When does a body contain a soul? ... We ask nothing about the internal mechanisms – instead we impute it all, given the behavior.‹ (1981 / 115)

TURKLE: 1986	›Und wenn dem Schmetterling die Flügel ausgerissen sind, ist er ... nicht mehr eindeutig definiert. Wann hört er auf, ein Schmetterling zu sein?‹ (1986 / 32)
FEIGENBAUM et al.: 1983	›Could you explain further?‹ ›It is easy. You start with a task you want a machine to do. You specify it very precisely ... You use all the expertise ... and suddenly the program has surpassed human performance. There was no moment you could put your finger on when the machine was just *as smart as the human.*‹ (1983 / 41)
HOFSTADTER: 1981	›Which would you more easily destroy – a Chess Challenger IV that can play a good game of chess against you and whose red lights cheerfully flesh as it 'ponders' what to do next or ...‹ (1981 / 114)
TURKLE: 1986	›An welchem Punkt ist er tot? Auch der Computer ruft Gefühle und Gedanken in Zusammenhang mit Leben, Tod und den Grenzen der Zulässigkeit und der Kontrolle wach. ... In dieser Hinsicht ähnelt er den Käfern und Schmetterlingen. ... einerseits (sind sie) lebendig genug, um zu fliegen, andererseits (sind sie) dem Anschein nach im Vergleich zum Menschen vom Lebendigsein so weit entfernt, daß es beinahe akzeptabel erscheint, (sie) zu verstümmeln und zu töten.‹ (1986 / 23)
HOFSTADTER: 1981	›But eventually, when you put enough feelingless calculations together in an huge coordinated organization, you'll get something that has properties on another level. You can see it – in fact, you *have* to see it (... you're forced to ...) – not as a bunch of

little calculations, but as a system of tendencies and desires and beliefs and so on. ... Dennet calls that kind of level switch by the observer ›adopting the intentional stance‹.‹ (1981 / 85)

TURKLE: 1986 — ›Aber er (der Computer) bringt darüber etwas vollkommen Neues mit sich. ... Computer gehören in eine andere Welt. Sie ermöglichen sowohl die Erfahrung, ›Leben‹ ein Ende zu setzen, als auch das Erlebnis, es wieder herzustellen.‹ (1986 / 32)

HOFSTADTER: 1981 — ›The really interesting things in AI will only begin to happen,... when the program *itself* adopts the intentional stance toward itself!‹ (1981 / 85)

MICHIE et al.: 1984 — ›Think what might happen if one day robots start asking themselves, ›Are humans really conscious?‹ (1984 / 193)

MCCORDUCK: 1979 — ›Will an intelligent artifact grasp power over us?‹ (1979 / 327)

FEIGENBAUM et al.: 1983 — ›How smart are the humans who have thought these machines? On the evolutionary time scale, thinking animals are relatively recent arrivals. Evolution hasn't had a great deal of time to work on the perfection of human cognition.‹ (1983 / 41)

MCCORDUCK: 1979 — ›The effort to discover and recognize intelligence wherever it might be - in machines we make ourselves, in our fellow creatures on this planet ... - may indeed be humbling to us ...‹ (1979 / 342)

MICHIE et al.: 1984 — ›This could be out of simple self-interest in man's part. The habit of brushing aside the rights of minorities can be two-edged.‹ (1984 / 193)

McCorduck: 1979	›But perhaps we ought to contemplate the possibility that an artifact far smarter than its human creators may turn out to look like still another splendid gesture of human adaptivity ...‹ (1979 / 327)
Fredkin: 1979	›Until now, biological evolution has taken place in a single mode, a sort of genetic-message relay race ... Humans stand at the end of this biological relay race, but they aren't the end of evolution altogether. Artificial intelligence is the next step in evolution, but it's a different step.‹ (1979 / 345 f.)
Hofstadter: 1985	›Wir sprechen offensichtlich über die Mechanisierung der Kreativität ... das mechanische Substrat der Kreativität ist vielleicht verborgen, aber es existiert. Und umgekehrt gibt es in flexiblen Programmen, sogar heute schon, etwas Unmechanisches.‹ (1985 / 717)
Jantsch: 1979	›Selbsttranszendenz heißt Selbstüberschreitung. Indem ein System in seiner Selbstorganisation die Grenzen seiner eigenen Identität überschreitet, wirkt es schöpferisch. ... Evolution (ist) das Ergebnis von Selbsttranszendenz auf allen Ebenen.‹ (1979 / 253)
Hofstadter: 1981	›It's just that human designers will speed up the evolutionary process by aiming explicitly at the goal of creating intelligence, which is something nature just stumbled on.‹ (1981 / 88)

NIETZSCHE: 1888

›Kurz gesagt: es handelt sich vielleicht bei der ganzen Entwicklung des Geistes um den Leib: es ist die *fühlbar* werdende *Geschichte*, daß ein *höherer Leib sich bildet*... Unsere Gier nach Erkenntnis der Natur ist ein Mittel, wodurch der Leib sich vervollkommnen will. ... Zuletzt handelt es sich gar nicht um den Menschen: er soll überwunden werden.‹ (1959 / 88)

HOFSTADTER: 1985

›... Superintelligenz (wird), wenn wir jemals die Stufe menschlicher Intelligenz erreichen werden, das nächste Ziel sein - nicht nur für uns, sondern auch für die Kollegen AI-Programme, die ebenso neugierig auf AI und Superintelligenz sind.‹ (1985 / 724)

SCHOTT: 1608

›... die Automaten ... sind ... der Triumph der Kunst über die Natur, ... eine zweite Schöpfung (alter creatio), die in der Nachahmung der göttlichen Schöpfung Gottes Pläne offenbart.‹ (1982 / 193)

JANTSCH: 1979

›Als integraler Aspekt der soziokulturellen Evolution hat der Mensch die Möglichkeit und die Aufgabe, in seinem Bereich – das heißt auf dem Planeten Erde – evolutionäre Verantwortung zu übernehmen. Mit anderen Worten, er ist zum Systemmanagement auf allen Ebenen aufgerufen. Dieses Systemmanagement erscheint nun als jene Aktivität, die der Evolution zur Geltung verhelfen soll. Nicht *gegen* die Evolution sollen wir handeln, sondern *mit* ihr.‹ (1979 / 356)

NIETZSCHE: 1888

›Ich will den Gedanken lehren, welchen vielen das Recht gibt, sich durchzustreichen – den großen *züchtenden* Gedanken.‹ (1959 / 161)

JANTSCH: 1979

›In der Selbsttranszendenz können wir nicht nur über uns selbst als Individuen, sondern auch über die Menschheit hinausgelangen. Die Faszination, die die Evolution der Menschheit ausübt, verblaßt gegenüber der Faszination einer universalen Evolution, deren integraler Aspekt wir selbst sind. In einer solchen Haltung würden wir nicht nur unsere eigenen Lebensbedingungen fördern, sondern die ...‹ (1979 / 414)

NIETZSCHE: 1888

›... Umwertung aller Werte ... nicht mehr ›Ursache und Wirkung‹, sondern das beständig Schöpferische; nicht mehr Wille der Erhaltung, sondern der Macht; nicht mehr die demütige Wendung ›es ist alles *nur* subjektiv‹, sondern ›es ist auch *unser* Werk!‹ (1959 / 162)

JANTSCH: 1979

›Dieses Gefühl des Eingebettetseins in eine universale, zusammenhängende Dynamik sollte uns nicht nur die Furcht vor dem eigenen biologischen Tod nehmen, sondern auch jene Furcht, die das 'Überleben der Gattung' als höchsten Wert verteidigt. ... In einem visionären Zukunftsroman, *Childhood's End*, hat Arthur C. Clarke das Aufgehen des Menschengeistes in einem universalen Geist geschildert. Die physische Menschheit und der ganze Planet fielen in Clarks Vision der Zerstörung anheim – doch was tat das schon? Der Geist der Menschheit bedurfte dieser Formen nur in der Phase der Kindheit. Mit der Fähigkeit zur Selbstreflexion sind wir der Geist eines seiner selbst sich bewußt werdenden Universums geworden – ob als einzige Wesen oder in Gesellschaft anderer, ist dabei nicht so wichtig.‹ (1979 / 414 f.)

Hofstadter: 1985

›Für die meisten Spezialisten ist es schwierig, anschaulich auszudrücken, ja sich vielleicht überhaupt zu erinnern, was sie ursprünglich dazu veranlaßte, dieses Gebiet zu betreten. Umgekehrt kann vielleicht ein Außenstehender die spezielle Romantik eines Fachs verstehen und imstande sein, sie präzis zu artikulieren. Das ist, meine ich, der Grund, warum das Zitat ... mich anspricht: weil es in poetischer Weise die Seltsamkeit von AI enthüllt und dennoch Glauben daran zeigt. Und an diesem Punkt muß man auf den Glauben bauen - man hat ja noch einen so langen Weg vor sich.‹ (1985 / 720)

Fredkin ›... leans back laughing‹: 1979

›*Today we have to be humans and gods because we're worrying about everything in the universe ... now with AI coming along, if it were a slightly better human, then we'd disappear. But it's not going to be a slightly better human. It's going to be a completely a totally different thing, which leaves us our niche. ... And you know what? ...*
We won't have to worry about carrying the burden of the universe on our shoulders as we do today. ... The fact is, I think we 'll be enormously happier once our niche has limits to it. We can enjoy life as human beings without worrying about it. ... we only had to be humans... I think that will be a great thing.‹ (1979 / 352 f.)

Muß denn das sein?

Muß die Konzeption eines Wissenschaftsparadigmas / einer Technik, muß die Überzeugung von der Berechenbarkeit der Welt und des Menschen im weitesten Sinne notwendig verbunden sein mit diesen emotionalen Auswüchsen, diesen subjektiven Schnörkeln, und müssen es *diese* sein? Was hat die Wissenschaft, deren Credo doch die emotionale Neutralität ist und deren Richtlinien die Fakten, die bloßen Fakten und sonst nichts sind, was hat die Wissenschaft mit diesen subjektiven Befindlichkeiten und privaten Sehnsüchten zu tun? Was hat die Physik mit der Atombombe, was hat ›Freiheit-Jugend-Abenteuer‹ mit Coca-Cola zu tun?

Im Prinzip natürlich nichts. Oder genauer gesagt: aus dem einen folgt nicht mit objektiver Notwendigkeit das andere. Wohl aber ist in unserer Kultur de facto das eine so mit dem anderen zu einer Einheit verbunden, daß auch der gute Wille derjenigen nichts nützt, die auf die Nicht-Notwendigkeit dieser Verbindung pochen. Vielmehr dient das Argument eher dazu, die Ernsthaftigkeit dieser Verbindung zu leugnen, auf daß desto ungestörter an ihr festgehalten werden kann. Wenn aller Gebrauch, der sich als Mißbrauch erweist, wenn alle Sehnsüchte, die in der Wissenschaft ihre Erfüllung finden – ob KZ-Dr. Mengele oder Schwarzwaldklinik-Prof. Brinkmann –, auf das Konto des Zufällig-Privaten, des Rein-Menschlichen und damit Kulturell-Unabhängigen gehen, dann kann am Gang der Dinge kritiklos festgehalten werden. Daß aber daran festgehalten werden soll und unter allen Umständen, das wiederum impliziert:

In unserer Kultur muß das sein. Über unsere Kultur erzählen diese Zitate eine wahre Geschichte: Sie zeugen von einem subjektiven Standpunkt zur Welt, in dem das eine nur Sinn macht, insofern es mit dem anderen verbunden ist und umgekehrt. In dem die Physik ihren Reiz verliert, wenn man die Atombombe nicht bauen und werfen kann. In dem das Ideal der mechanischen Nachahmung des Menschen, der menschlichen Intelligenz, als Ideal nur verständlich wird, wenn man die Bedeutung entschlüsselt, die die Eigenschaft der Berechenbarkeit für uns hat. Sie zeugen – um es theoretisch zusammenzufassen – von dem einzigen Standpunkt zur Welt, von dem aus gesehen unsere Kultur als

Ganze, in der Gesamtheit ihrer Handlungen Sinn macht und nicht dasteht als der Trottel der Kulturgeschichte, der immer das Eine will, und immer das Andere schafft.
Denn historisch gesehen war der Begriff Kultur bisher identisch mit der Vorstellung gemeinsamen sinnvollen Tuns, und eine Gemeinschaft, die sich selbst so wenig versteht, daß sie Institutionen unterhält, um ihr Tun im nachhinein zu erforschen, wäre innerhalb dieser alten Sinngebung der Inbegriff des Paradoxen. So gesehen sind es *diese* subjektiven Schnörkel, *diese* emotionellen Auswüchse, die zur Ehrenrettung unserer Kultur antreten. Indem sie ihre persönliche Identifizierung mit ›der Wissenschaft‹ und ›der Technik‹ öffentlich zur Schau stellen, demonstrieren sie die Haltung zur Welt, die es uns ermöglicht, uns wieder mit unserem Tun zu identifizieren, weil es *so* gesehen und *so* erlebt aufs neue in seiner Gesamtheit Sinn macht. Und in dieser Funktion, der Rekonstituierung von Sinn durch die vorgelebte Identifizierung, haben diese modernen Wissenschaftsautoren auch ihre Auflagenerfolge.
Andererseits ist diese Art von Ehrenrettung eine zwiespältige. Denn sie trägt Subjektivität ins Herz dessen, was als Garant der Objektivität und Emotionsneutralität gilt: die mathematischen Theorien, die die Gesetzmäßigkeit des Seienden reflektieren. In ihr erscheint Wissenschaft nicht als etwas, was sich ohne Ansehen der Person diesen Gesetzmäßigkeiten unterwirft, sondern die Formalisierbarkeit des Seienden in Gedanken und in der Tat erscheint als das Endziel einer spezifisch emotionellen Form der Selbstverwirklichung.
Als solche machen Wissenschaft und Technik, so wie sie sind, in der Gesamtheit ihrer historischen Verwirklichung, zwar Sinn, aber einen verkehrten, nämlich subjektiven Sinn. Macht es doch gerade in den Augen ihrer Anhänger die Zauberkraft des Mathematischen und des Berechenbaren aus, daß es mit der zwingenden Macht des Objektiven, des faktisch So-und-nicht-anders-sein-Müssenden ausgestattet ist. So nimmt denn auch in den Argumenten jedes persönliche Erleben unmittelbar den autoritären Gestus allgemeingültiger Aussagen übers Menschliche an, das als Teil der Natur, als faktisch so-und-nicht-anders-vorfindliche registriert wird (und als solches natürlich formalisierbar ist). Und das Unternehmen, für das da Begeisterung erweckt werden soll, wird nicht als schöpferischer Lebensentwurf geschildert, sondern

als heroisch-illusionslose Anpassung an ›die Wahrheit‹, nicht als Sinngebung der Welt durch und für den Menschen, sondern als objektiver Gang der Evolution, an den der Mensch sich als Vollstrecker anzupassen habe.

Trotzdem bleibt ein Ruch von Scharlatanerie. Wissenschaftsautoren dieses Genres gelten gemeinhin nicht als seriöse, nobelpreisverdächtige Denker, sondern als ›brillante Schreiber‹. Wenn der Gang der Dinge erst einmal in Gang gesetzt wurde, wenn das Programm sich als Forschungszweig etabliert und als Technik sich unentbehrlich gemacht hat, wirken jene brillanten Äußerungen, die faszinierten, im nachhinein nachgerade peinlich. Als rein private, als bloß menschliche werden sie bei der Rezeption gewöhnlich taktvoll übersehen.

Und erst dann, wenn sie mit dem Faktisch-Objektiven, was da vollzogen wird, in der Überzeugung aller nichts mehr zu tun haben, haben sie ihre Funktion ganz erfüllt. Denn da, wo subjektive Sinngebung ihre Erfüllung in den Regeln nicht-subjektiver Gesetzmäßigkeiten findet, kommt sie erst ganz zu sich, wenn sie sich ganz verloren hat; wenn sie nicht mehr Täter und auch nicht mehr Opfer ihrer eigenen Geschichte ist, sondern wenn effektiv vergessen wurde, daß je eine Sinngebung vorgenommen wurde. Die sicherste und wirkungsvollste Form der subjektiven Verbundenheit ist die Alltagsüberzeugung, daß ›das eine‹ mit ›dem anderen‹ nichts, aber auch gar nichts zu tun hat.

Unsere Wissenschaft und Technik, so wie wir sie heute haben, sind das historische Produkt dieser spezifischen Form der Verbundenheit. Will man die Identifizierung mit diesem Gesamtkomplex nicht nur ablehnen oder blindlings nachvollziehen, sondern verstehen, so tut man gut daran, nicht dort anzufangen, wo sie noch als solche sichtbar ist, wo das Vorhaben noch Emotionen weckt und wo noch Emotionen geweckt werden müssen, um dafür zu begeistern, sondern dort, wo von Subjektivität und Bedeutungszuweisung am wenigsten zu spüren ist. Der Schlüssel für das subjektive Verständnis unseres Weltbildes mitsamt seinen Exzessen und Zukunftsvisionen liegt dort, wo die Illusion der Objektivität bereits vollkommen ist: in der Konzeption der Natur, und nicht in der Konzeption des Menschen, als berechenbarer.

Die Logik der Berechenbarkeit der Welt

Die Welt ist berechenbar. Ohne Zweifel. Die Welt ist auch eßbar / nicht-eßbar, oder stärker / schwächer, oder ein lebendiges Wesen, ein Du. Das alles steht außer Frage. Anders steht es freilich mit der Frage, ob eine der vielen Eigenschaften ›der Welt‹ die Fähigkeit hat, alle anderen Eigenschaften der Welt in sich zu enthalten, so daß, wenn man nur um diese eine Eigenschaft in allen Einzelheiten wüßte, man die Kenntnis der ganzen Welt in Händen hielte. Wenn Naturwissenschaftler bei ihrem Tun von ›der Berechenbarkeit der Welt‹ ausgehen, so haben sie gewöhnlich nicht jene erste, pluralistische, alltägliche Bedeutung von eine-Eigenschaft-unter-anderen-auch im Sinn, sondern jene zweite emphatische Bedeutung von der Berechenbarkeit als Ursprungseigenschaft.

Prinzipiell machen alle Eigenschaften, ob in ihrer alltäglichen oder ihrer emphatischen Bedeutung, die Welt für uns auf ihre Weise erklärbar. Sie zeigen, wie die Dinge der Welt aufgrund dieser oder jener Eigenschaft miteinander verknüpft sind. Eine Beschreibung der interessierenden Vorkommnisse auf der Ebene der diese Verknüpfung verursachenden Eigenschaft akzeptieren wir als Erklärung. Warum nähert sich die Katze der Maus und nicht dem Buch? Weil die Maus eßbar ist. Warum nähert sich das Blatt der Erde und nicht dem Himmel? Weil es dem Gravitationsgesetz unterliegt. Warum nähert sich Philemon der Baucis und nicht dem Prometheus? Weil er sie liebt. Freilich hängt der Umstand, ob wir etwas als Erklärung empfinden, davon ab, ob uns die verursachende Eigenschaft in ihrem So-Sein aus diesem oder jenem Grund so selbst-evident ist, daß wir nicht mehr weiter fragen. Ist sie uns dagegen selbst ein Rätsel, so resultiert diese Art zu erklären nicht im Verständnis, sondern liefert lediglich zwei verschiedene Arten, die Sache, die zu erklären wäre, zu beschreiben.

Jede Erklärung ist somit relativ, sie löst das eine Rätsel, insofern sie es mit einem andern verknüpft. Es macht nun aber den entscheidenden Unterschied aus, wie wir uns diese Relativität organisiert denken. Ob als Netzwerk von Querverweisen ohne Anfang und ohne Ende, oder ob als weitverzweigten Baum, der zwar auf der einen Seite die Unendlichkeit von ›Eigenschaften und

Sachverhalten‹ vorzeigt, der sich aber auf der anderen Seite verjüngt zu immer weniger ›Eigenschaften‹, die jeweils als erklärender Bezugspunkt für viele andere wirken. ›Eigenschaften‹ oder Beschreibungen der Welt, die in der Lage sind, das Netz von Querverweisen dergestalt zu bündeln, belegt man in den Naturwissenschaften mit dem Adjektiv ›mächtig‹. Die Eigenschaft eßbar / nicht-eßbar ist z. B. nicht mächtig. Zwar läßt sich die ganze Welt nach diesem Schema einteilen, aber sie dient auch nur als erklärender Bezugspunkt für diesen einen Sachverhalt: daß etwas etwas anderes ißt. Die Eigenschaft ›unterliegt dem Gravitationsgesetz‹ dagegen ist schon ziemlich mächtig. Nicht nur erklärt sie, wieso das Blatt zur Erde fällt, sondern auch solche Dinge, wie ›warum sich die Erde um die Sonne dreht‹, oder ›warum die Mauer nicht zusammenfällt‹. Erklärt wird das Gravitationsgesetz wiederum durch ›die Gesetze der Physik‹ und diese wiederum durch die ungleich mächtigeren Gesetze der Atomphysik. Denn diese erklären letztlich nicht nur das Gravitationsgesetz, sondern es lassen sich auch die Gesetze der Chemie auf diese letzteren reduzieren. Die Chemie aber wiederum zeichnet als Erklärungsebene verantwortlich für die Gesetze des Zellstoffwechsels und physiologischer Systeme. Auf diese Weise läßt sich also auch die periphere Frage, warum die Katze sich der Maus nähert und die periphere Eigenschaft ›eßbar‹ auf die Gesetze der Atomphysik zurückführen. Und nicht nur das. Folgt man dem Anspruch der Wissenschaft, so läßt der Zustand ›Liebe‹ sich beschreiben als Zustand unseres zentralen Nervensystems, welche Erklärung wiederum über mehrere Rückkoppelungsebenen schlußendlich auch die Integration von Philemon und Baucis möglich macht.

Allen diesen mächtigen Eigenschaften, inklusive der Eigenschaft ›unterliegt den Gesetzen der Atomphysik‹, ist gemeinsam, daß sie beschreibbar sind als formale Theorien oder als formales System. Oder genauer gesagt: ihre Gesetze sind ein konkretes Beispiel eines formalen Systems. Inbegriff eines formalen Systems ist natürlich die Mathematik, und nicht nur verwenden alle naturwissenschaftlichen Theorien mathematische Gesetzmäßigkeiten, sondern prinzipiell ist jedes formale System über den Zwischenschritt der Kodifizierung arithmetisierbar. Wenn die Naturwissenschaftler also emphatisch von ›der Berechenbarkeit der Welt‹ sprechen, dann meinen sie das im Sinne jener mächtigsten aller Eigenschaften, die nicht nur die Mathematik, sondern die Gesamtheit naturwissenschaftlicher Erklärungen unter dem Begriff des formalen Systems zusammenzufassen in der Lage ist. Oder, wie es der Logiker Carnap blumiger und anschaulicher ausgedrückt haben soll: sie meinen jenen ›Glücksfall‹, daß die Gesetze der Logik und der reinen Mathematik mit denen der Natur identisch sind, weil jener einen Eigenschaft der Berechenbarkeit als Ursprungseigenschaft das Vermögen zukommt, alle anderen Eigenschaften der Welt in sich zu enthalten.

Man muß sich darüber im klaren sein, daß nur die Vollkommenheit, nicht aber die reale alltägliche Mächtigkeit der Konstruktion davon abhängt, ob die Phänomene der oberen Ebene tatsächlich in ihrer Gesamtheit durch ihre Beschreibung auf der tieferliegenden Ebene erfaßt werden, oder ob nicht durch die Transformation ein Rest, eventuell ein für uns wichtiger Rest, verloren geht. Selbst wenn sich für uns Liebe, oder Gefühle überhaupt, nicht erschöpfen im physikalisch-chemischen Zustand unseres Nervensystems, so läßt sich gleichwohl Euphorie oder Angst oder Beruhigung in uns erzeugen durch die Einnahme chemischer Mittel. Insofern eine Existenz *auch* (um das theologische Argument der Seele miteinzubeziehen) an eine körperliche Existenz gebunden ist, unterliegt sie der Mächtigkeit naturwissenschaftlicher Erkenntnis. Das ist beim Menschen, dem man Teile seines Gehirns entfernt, nicht anders als beim Computer, dem man an die Chips geht. Über diese Ebene ist jede Existenz manipulierbar, und – als bestimmtes Reaktionsmuster auf ein bestimmtes Eingriffsmuster – berechenbar.

Die Naturwissenschaftler haben deswegen völlig recht, wenn sie der Tatsache, daß man natürlich nicht ad hoc und de facto demonstrieren kann, daß die *ganze* Welt berechenbar ist, weil man dazu erst die ganze Welt berechnet haben müßte, mit großer Gemütsruhe gegenüberstehen. Ihre Sicherheit gegenüber diesem Mangel an handgreiflicher Beweisbarkeit fußt auf dem theoretisch prinzipiell und praktisch je aktuell zu beweisendem Argument der Macht.

Trotzdem bleibt ein Element von Schiebung. Nicht nur, weil sich das idyllische Ideal vom Aufgehobensein des Vielen in der reinen und einen Erkenntnis des Mathematischen zu seiner Absicherung nur auf jenes krude Argument der Macht berufen kann. Sondern vor allem deswegen, weil sich die Reduktionsproblematik des Erklärungsvorgangs nicht in diesem einen Problem des Enthal-

tenseins des Vielen in jenem Einen erschöpft. Denn selbst wenn sich eines ins andere restlos übersetzen läßt, so beseitigt diese hierarchische Organisation der Relativität und die Konzeption einer Ursprungseigenschaft nicht die prinzipielle Relativität jedes Erklärungsvorganges. Solange Erklärung so funktioniert, daß sie das eine erklärt, indem sie auf das andere verweist, verschiebt sie diese immanente Relativität nur, aber löst sie nicht – selbst wenn das andere DAS EINE ist.
Kinder haben gewöhnlich ein sehr unmittelbares Gespür für diese Hohlheit all unserer elaborierten Erklärungen angesichts des nicht verschwindenden Wunders der Existenz. Sie fragen nämlich einfach immer weiter ›Warum?‹. ›Warum ist die Maus eßbar und nicht das Buch? Warum unterliegt das Blatt dem Gravitationsgesetz? Warum liebt Philemon die Baucis und nicht den Prometheus?‹
Daß man immer weiter Warum fragen kann, macht nicht so viel aus, solange die Relativität der Erklärungsverweise netzwerkartig verzweigt und pluralistisch ist. Weil man dann nämlich vom Hölzchen auf's Stöckchen und so um die ganze Welt reisen kann. Es ist aber fatal für die Konzeption der Ursprungseigenschaft. Denn was wiederum erklärt die Mathematik in ihrem So-Sein? Und auf welche Erklärungsebene wiederum verweist diese Erklärungsebene X, auf die wir verwiesen wurden zwecks Erklärung des So-Seins der Konzeption eines formalen Systems? Und was, wenn diese Erklärungsebene X, die imstande ist, ›die Mathematik‹ zu erklären, nun nichts, aber auch gar nichts Berechenbares an sich hat? Stürzt dann nicht das ganze Gebäude, stürzt dann nicht die ganze Erklärung der Welt als berechenbare in sich zusammen und wird die ganze Welt erklärbar nur durch jenes völlig andere Prinzip? So ähnlich wie die Erklärung ›der Welt‹ durch ›Liebe‹ sich ins Nichts verflüchtigt, wenn Liebe erklärbar wird als physisch-chemischer Zustand unseres Nervensystems? Oder andersherum, wenn ›die Berechenbarkeit‹ keine Ursprungseigenschaft im strengen Sinne ist, sondern ein willkürlich ausgewählter Stop im unendlichen Regreß der Erklärungsebenen, ließe sich dann nicht mit dem gleichen Recht eine ganz andere Organisation der Relativität der Erklärungsebenen denken, mit einer ganz anderen ›Eigenschaft‹ als letztem zusammenfassenden Stop? Solange die Ursprungseigenschaft diese prinzipielle Relativität des Erklärungsvorganges nicht aufheben kann, solange baut die ganze

logische Validität der Konzeption der ›Erklärbarkeit der Welt durch eine Ursprungseigenschaft‹ auf einem Denkfehler auf. Dessen mögliche Konsequenzen freilich sollten überzeugte Naturwissenschaftler sich nicht einmal in ihren tiefsten Alpträumen ausmalen. Vielmehr ist es die Aufgabe kühner Geister, Abhilfe zu schaffen, um diesen Flecken in der Logik, diesen Absturz der Ursprungseigenschaft, die die Erkenntnis der ganzen Welt in sich bergen soll, in einen unendlichen Regreß zu verhindern.

Die Welt ist berechenbar, das heißt: die Welt ist erkennbar als berechenbare. Formuliert man die Sache so, dynamisch und nicht statisch, in ihrem Prozeß- und nicht in ihrem Produktcharakter, dann kann man auch die prinzipielle Relativität der Ursprungseigenschaft anders darstellen. Dann fragt man nicht mehr ›Auf welche Erklärungsebene verweist wiederum die Mathematik?‹, sondern dann fragt man ›Wie kann der Prozeß des Erkennens selbst erklärt werden?‹ Und da ist die Antwort natürlich einfach. Der Prozeß des Erkennens, als ein Teil der Natur, kann als formales System erklärt werden. Stellt man jetzt jene entscheidende Frage ›Was erklärt wiederum die Mathematik, die die ganze Welt erklärt?‹, dann kann man antworten: die Fähigkeit zur Erkenntnis. Und auf welche Erklärungsebene verweist wiederum die Fähigkeit zur Erkenntnis zur Erklärung ihrer selbst? Auf die Mathematik. Jetzt hat man keinen unendlichen Regreß mehr, jetzt hat man einen Zirkel, der jeweils zur Erklärung auf sich selbst verweist. Aber was für einen Zirkel! Einen, der fähig ist, das ganze Universum in sich zu erfassen. Jetzt ist, um es mit den Worten von Jantsch oder den anderen modernen Systemtheoretikern auszudrücken, das ganze Universum ›Geist‹ (formaler Geist natürlich).

Die ganze Sache, so genial sie ist, hat natürlich einen Haken. Ist die Fähigkeit zur Erkenntnis als formales System erklärbar? Können Maschinen denken? Denn wenn Intelligenz als formales System erklärbar ist, dann läßt sich theoretisch zwingend ableiten, daß Maschinen zumindest im Prinzip des Denkens fähig sind. Das ergibt sich ganz einfach aus der Automatentheorie, zu deren Theoremen es gehört, daß der mächtigste aller Automaten, die sog. Turing-Maschine, imstande ist, jedes nur denkbare formale System, und damit auch jenes formale System, das die Erkenntnisfähigkeit erklärt, zu imitieren. Und Computer sind ihrem Konstruktionsprinzip nach Turing-Maschinen – bis auf den einen

Unterschied der unendlich großen Speicherkapazität. Aber diese Einschränkung dürfte, angesichts der sicherlich auch begrenzten Kapazität unseres eigenen Kopfes, kaum als Gegenargument dienlich sein. Es bliebe also nur noch, aus dem theoretisch Möglichen das praktisch Mögliche zu machen.
Die Frage ist nur, geht es oder geht es nicht? Kann man den Kreis schließen und so vollständige Formalisierung erreichen? Ist die Fähigkeit zur Erkenntnis als formales System erklärbar? Rein formal hängt das von zwei Dingen ab: den Eigenschaften, die der Fähigkeit zur Erkenntnis eigen sind, und den Eigenschaften, die formalen Systemen eigen sind. Und hier kommt jener Gödel ins Spiel, auf den sich jener Lucas berief, der wiederum den Hofstadter zu solchen Emotionen hinriß. Denn seit Gödel ist mathematisch streng beweisbar, daß jedes konsistente formale System notwendig unvollständig ist. Unvollständig, weil sich in jedem formalen System Aussagen formulieren lassen, deren Wahrheitswert nicht vom System selbst entschieden werden kann, sondern nur von einem System, das mächtiger ist als das, das die Frage stellte. Mit anderen Worten: der unendliche Regreß von Erklärungsebenen, vor dem man sich durch die Flucht in die vollständige Formalisierung gerettet glaubte, ist notwendige Eigenschaft des Formalen selbst.
Und um das Elend voll zu machen, sind jene Gödel-Formulierungen, die dies bewerkstelligen, allesamt Formeln, die Aussagen über den eigenen Code des Systems machen. Die Beschränkung formaler Systeme fängt genau dort an, wo sie den Wahrheitswert von Aussagen beurteilen sollen, die jene Vorgehensweisen betreffen, mittels derer das System den Wahrheitswert von Aussagen beurteilt. Um es menschlich auszudrücken: Kein formales System kann sich selbst restlos seine eigene Fähigkeit zur Erkenntnis erklären. Dazu müßte es aus sich heraus können und die Fähigkeiten eines mächtigeren formalen Systems assimilieren, das dann aber seinerseits hinsichtlich seiner selbst eben wieder der gleichen Beschränkung unterläge.
Was wiederum dazu führt, daß es auf die Kernfrage ›Können Maschinen denken?‹ zwei alternative Antwortmöglichkeiten gibt, die beide gleichermaßen unbefriedigend sind.
Entweder man geht davon aus, daß die menschliche Fähigkeit zur Erkenntnis ein formales System ist, damit man die Frage nach ihrer Erklärbarkeit als solche mit ›Ja‹ beantworten kann. Dann

können Maschinen zwar im Prinzip denken, bloß, es hilft uns nichts, weil mit der gleichen Sicherheit gesagt werden kann, daß wir diese Maschinen nicht bauen können, weil unserer Fähigkeit zur Erkenntnis als formalem System eben diese Fähigkeit selbst per definitionem nicht restlos zugänglich ist. Und das müßte sie natürlich sein, wenn wir sie nachbauen wollen.

Oder man geht davon aus, daß die menschliche Fähigkeit zur Erkenntnis kein formales System ist, damit man ihr die Fähigkeit zuschreiben kann, daß sie sich selbst restlos erkennen kann. Dann hätten wir zwar die Voraussetzung erfüllt, die es uns ermöglichen würde, denkende Maschinen zu bauen, bloß, es hilft uns schon gar nichts, weil eine denkende Maschine per definitionem ein formales System ist und unsere Fähigkeit zur Erkenntnis keines, und somit Maschinen im Prinzip und in der Praxis überhaupt nicht denken können.

Oder kürzer: Wenn der menschliche Geist ein formales System ist, dann kann er sich selbst nicht als solches vollständig erklären, und wenn er keins ist, natürlich auch nicht. Wie man es auch dreht und wendet, es läuft immer auf das gleiche Ergebnis heraus: Aus der immanenten Logik formaler Systeme folgt, daß die menschliche Fähigkeit zur Erkenntnis de facto nicht vom Menschen als formales System erklärbar ist. Und somit bleibt in der Logik der Berechenbarkeit der Welt genau dort ein Loch, wo um der Validität des Gesamtunternehmens willen keines sein dürfte. Denn man kann sich auch nicht damit trösten, daß sich diese Lücke nur auf jenen unendlichen Regreß hin öffnet, in dem zwar immer mächtigere formale Systeme auf immer noch mächtigere verweisen, aber in dem immerhin selbst die Unendlichkeit noch bloß formal ist. So daß sich – bescheidener zwar, aber aufgehoben – träumen ließe von der *evolutionären* Entwicklung maschineller Superintelligenzen, deren bloßes Werkzeug wir sind. Es ist aber aus der de-facto-Unfähigkeit des Menschen, seine Fähigkeit zur Erkenntnis als formales System zu erklären, nicht rückschließbar auf den Wahrheitswert eines der zwei prinzipiell möglichen Seins-Zustände seiner Erkenntnisfähigkeit. Formal beweisbar ist es nur, daß formal unentscheidbar bleibt, ob jene Lücke sich aufs bloß formale öffnet oder ganz andere Horizonte erschließt.

Wenn man nun aber mit ›der Mathematik‹ in solche Schwierigkeiten gerät, warum muß es dann gerade die Mathematik sein, die alles erklären soll?

Weil die Mathematik das einzige Erklärungssystem ist, das uns objektive Erkenntnis möglich macht. Weil sie die einzige Art und Weise ist, von der wir wissen, die imstande ist, ›die Welt‹ in eine geordnete Welt zu verwandeln, ohne daß der Maßstab der Ordnung ein subjektiver Standpunkt zur Welt, ein Lebewesen ist. Weil sie die einzige Ordnung ist, in der die Wahrheit der Abstraktionen nicht abhängt von der Relativität eines subjektiven Standpunktes. Weil allein ihre Abstraktionen in der Lage sind, jene Gesetzmäßigkeiten der Welt zu erfassen, die unabhängig von all diesen relativen Ordnungen und Sinngebungen Bestand haben. Und die gerade deswegen so umfassend gültig sind, weil sie selbst jene subjektiven Ordnungen wieder erklären können als eine spezifische Organisation der Ebenen, die – wie Chemie und Physik – berechenbar sind.
Es macht die große Errungenschaft der mathematischen Erkenntnismethode aus, daß auf einen subjektiven Standpunkt zur Welt, daß auf subjektive Sinngebung verzichtet werden kann, und die Welt für uns trotzdem nicht im Chaos versinkt, sondern sich erst durch diesen Verzicht als eine Ordnung offenbart, die als einzige aller Ordnungen das Versprechen in sich birgt, eine absolute zu sein.
Insofern geht natürlich doch etwas verloren, wenn die Ordnung der Welt in eine mathematisch berechenbare transformiert wird. Nicht aufgehoben in der Ordnung der Berechenbarkeit ist die subjektive Sinngebung als eine Ordnung, deren Weltbild für uns verbindlich und als letzte Wahrheit gültig ist.
Es machte allerdings auch gar keinen Sinn, wenn subjektive Sinngebung in diesem absolut zu respektierenden Sinne Bestand hätte. Denn wesentlich für die verbindliche Gültigkeit jeder Ordnung sind zwei Dinge. Zum einen, daß die Einheiten, zu denen sie die unendliche Mannigfaltigkeit der Welt verdichtet, als Einheiten bestehen bleiben, und zum anderen, daß die Vorgehensweise, mittels derer diese Verdichtung stattfindet, als richtiger Weg zur wahren Erkenntnis respektiert wird. Das ist bei der mathematischen Ordnung nicht anders als bei subjektiven Sinngebungen. Und folgerichtig ist die mathematische Ordnung erst gültig und hat sie irgend etwas erklärt, wenn sie die von der subjektiven Sinngebung ›natürlich‹ vorgegebenen Einheiten mittels der von ihr als richtig angesehenen Erkenntnismethode aufgelöst und umgewandelt hat in eine spezifische Organisation der Einheit, die ihr

eigen ist: die Logik der Zahl. Egal, ob es sich um die materielle Einheit ›Fels‹ oder um die spirituelle Einheit ›Liebe‹ handelt.

Daß sie aber alle Phänomene, ungeachtet ihrer für uns gegebenen Verschiedenheit, transformieren kann zu dieser einen immergleichen Frage ›Wie lassen sie sich als spezifische Organisation von Materie beschreiben?‹, das eben macht die Mächtigkeit der Mathematik als Ursprungseigenschaft aus. Und zu Recht sind die Naturwissenschaftler genau auf diese Transformation stolz und beklagen sie nicht als Verlust, weil sie ihnen die unparteiische Vorgehensweise ermöglicht, die sich dann in der Antwort auf die Frage als objektive Erkenntnis auszahlt. Daß ›der Anthropomorphismus‹ verlorengeht, das ist kein Bestandteil ›der Reduktionsproblematik‹, das ist als kulturelle Errungenschaft allgemein anerkannt.

Was aber stört es diese kulturelle Errungenschaft, was stört es die reale Mächtigkeit der mathematischen objektiven Erkenntnismethode, wenn sich in irgendeiner Ecke ihrer Logik beweisen läßt, daß doch nicht restlos alles auf diese Weise transformiert und erklärt werden kann? Warum ist die vollständige Formalisierbarkeit so wichtig? Weil sonst die Ordnung der Welt, wie sie uns die naturwissenschaftlichen Erkenntnismethoden liefern, keine absolut gültige ist, sondern nur eine relativ gültige. Weil sonst das Adjektiv ›objektiv‹ eine radikal andere Bedeutung annimmt. Objektiv meint dann nicht mehr ›ein-und-für-allemal und als einzige notwendig für alles gültig‹, sondern objektiv bedeutet dann bloß: eine Ordnung, die in Bezug auf einen Maßstab gewonnen wurde, der kein Lebewesen ist. Eine Ordnung, die wie jede andere Ordnung bloß eine Interpretation der Welt ist. Eine wahre zwar, aber eine unter vielen wahren anderen, mitnichten in der Lage, die Gesamtheit der Welt zu erfassen. Eine Ordnung, bei der wir, wie bei jeder andern Ordnung auch, subjektiv entscheiden müssen, welche Bedeutung sie für uns haben soll. Eine Ordnung, die wir nicht einfach vorfinden und an die wir uns anzupassen haben, sondern eine Ordnung, die wir selbst produziert haben. Weil ohne die Vollständigkeit der Formalisierbarkeit der Welt die ganze Konzeption der einen objektiv und absolut gültigen Ordnung des Berechenbaren auch nichts anderes ist als eine der Formen, die ›der Anthropomorphismus‹ annehmen kann – jenes Bedürfnis des Menschen, durch eine essentiell subjektive Sinngebung die Welt in eine geordnete Welt der Bedeutung für sich zu verwandeln.

Wie aber kann etwas das Bedürfnis nach subjektiver Sinngebung befriedigen, dessen Ziel es ist, subjektive Sinngebungen nicht gelten zu lassen?
Und wie kann etwas eine absolut gültige Ordnung der Welt sein, wenn durch die Ordnung selbst beweisbar ist, daß absolute Gültigkeit nicht erreichbar ist?

Die Doppelfunktion der wissenschaftlichen Erkenntnismethode

Jede wissenschaftstheoretische Diskussion und jede Diskussion, die sich um das Verständnis einer der anderen existierenden Erkenntniskonzeptionen bemüht, konzentriert sich in zwei Schwerpunkten. Da ist zum einen das Verständnis der immanenten Logik der angestrebten Erklärungsstruktur. Und da ist zum anderen das Verständnis der richtigen Methode, die befolgt, der richtigen Haltung zur Welt, die eingenommen werden muß, damit jene angestrebte wahre Erkenntnis der Welt überhaupt zugänglich wird. Denn jede wahre Erkenntnis von Weltbedeutung ist dem Verstand, so wie er gegeben ist, keineswegs unmittelbar einsichtig. Das ist beim Verständnis der Welt durch den Yoga etwa nicht anders als beim Verständnis der Welt durch die Naturwissenschaften. Oder, wie Descartes bemerkte, ›es genügt nicht, gesunde Geisteskräfte zu haben, die Hauptsache ist, sie gesund zu gebrauchen‹. (1960 /4) Was freilich gesund, bzw. richtig ist, das hängt davon ab, welche Erklärungsstruktur man als wahre zum Ziel hat. Es läßt sich mittels Meditation keine naturwissenschaftliche Erkenntnis erlangen und mittels der naturwissenschaftlichen Erkenntnismethode keine Erleuchtung.
Insofern das Befolgen der richtigen Methode zur Voraussetzung dafür wird, daß man wahre Erkenntnis erlangt, kann man sagen, daß wahre Erkenntnis sich ebenso im Ergebnis wie in der richtigen Methode verkörpert. Oder technischer ausgedrückt: daß die statische Logik der Erklärungsstruktur in die dynamische Prozeßlogik der richtigen Methode übersetzbar ist. Und weil in den Naturwissenschaften nur die Erkenntnis als bewiesenermaßen wahr gilt, die mit der richtigen Methode gewonnen wurde, werden hier Methode und Ergebnis zu zwei alternierenden Bezugspunkten, die beide in der Lage sind, gültigen Aufschluß über die

interessierende Erkenntniskonzeption zu geben. Insbesondere dann, wenn es sich um die Inkompatibilität von objektiver Erkenntnis und subjektiver Sinngebung handelt, darf man erwarten, daß diese Unverträglichkeiten, die in der statischen Erklärungsstruktur nicht auflösbar sind, in der Prozeßstruktur ihren Ursprung haben und durch diese Genese erklärbar werden. Denn der Kodex der Erkenntnismethoden ist der einzige Bereich, in dem auch die allerobjektivste Erkenntnis darauf eingehen muß, daß sie eine von Subjekten produzierte ist: der richtige Weg zur Erkenntnis läßt sich – egal ob Ekstasetechnik oder naturwissenschaftliche Methode – allemal nur beschreiben als eine Summe von mentalen und handgreiflichen Verhaltensvorschriften.

Und insofern das so ist, verkörpert sich in den Erkenntnismethoden eine bestimmte Haltung des Subjekts zur Welt. Selbst wenn die Absicht dieser Haltung die ist, Erkenntnis prinzipiell unabhängig zu machen von einer Haltung oder Einstellung des Subjekts zur Welt. Je mehr aber das Subjekt sich abmüht, durch elaborierte Verhaltensvorschriften sicherzustellen, daß der Erkenntnisprozeß nicht beeinflußt wird von subjektiven Haltungen, um so deutlicher verwirklicht sich im ganzen Prozeß des Bemühens selbst natürlich wiederum eine ganz spezifische subjektive Haltung zur Welt. Der auch durch neue Bemühungen hin zur Objektivität ad indefinitum nicht zu entkommen ist. Der Kodex naturwissenschaftlicher Erkenntnismethoden läßt deshalb immer eine doppelte Dechiffrierung zu. Einmal hin zu jener offen erklärten Bedeutung, den subjektiven Anteil am Erkennen auf den kleinstmöglichen Nenner zu reduzieren. Und einmal hin zu jener versteckten Bedeutung, in dem die objektiven Erkenntnismethoden zum Ritual eines höchst subjektiven Weltbezuges werden. Und es ist exakt der Anspruch der objektiven Methoden auf absolute Gültigkeit, der es ihnen erlaubt, auf der zweiten Bedeutungsschiene zum Medium eines Weltbildes zu werden: subjektive Sinngebung findet nur da ihre Erfüllung, wo sie in der Lage ist, sich auf die ganze Welt und immer aufs neue auf die ganze Welt zu beziehen.

Zusammenfassen lassen sich beide Bedeutungsebenen in einer Trinität der Ideale: dem unbeteiligten Beobachter, dem Interesse an einer objektiven Wahrheit an sich und nicht für uns und dem Experiment als dem Verhaltenskodex der Praxis.

Die Unbeteiligtkeit des Beobachters oder die Forderung nach

emotionaler Neutralität gegenüber dem Erkenntnisobjekt wird gewöhnlich damit begründet, daß das Objekt davor geschützt werden müsse, daß das Bild, das wir uns von ihm machen, von Wünschen und Vorlieben, von Sympathien und Abneigungen, von subjektiven Projektionen verzerrt wird. Die Integrität des Objekts in seinem So-Sein soll in unserer Erkenntnis von ihm voll bewahrt und zur Geltung gebracht werden, unabhängig von unseren egozentrischen Bedürfnissen, wie etwas sein sollte oder nicht sein sollte, und unabhängig von den Emotionen, die das Objekt in uns hervorruft.

Und sogar unabhängig von jenem beschränkten Zeugnis, das uns unsere subjektiven Wahrnehmungssinne vom Objekt liefern können. Denn nicht nur ist jede sinnliche Wahrnehmung damit behaftet, zugleich und auch immer Wahrnehmung von Emotionen zu sein, sondern unserer gesamten Wahrnehmungsform ist, als einer betrügerisch-beschränkten, nicht zu trauen. Sie zeigt uns, wie die Sonne um die Erde wandert, wo es doch umgekehrt ist, läßt uns einen kurzen Weg als lang empfinden, bloß weil wir müde sind, und eine lange Zeitspanne als kurz, bloß weil wir's spannend finden, sie suggeriert einen Raum da, wo bloß eine Zeichnung ist, macht aus groß klein und aus klein groß, je nachdem wo was neben wem steht, sie sieht schwarze Flecke, wo keine sind, hat Nachbilder von Objekten, die schon lange weg sind, und außerdem hat sie noch einen schwarzen Fleck im Blickfeld, an dem wir immer gar nichts sehen, nicht einmal das, daß wir da gar nichts sehen. Kurz – unsere sinnliche Wahrnehmungsfähigkeit ist nicht geeignet, uns ein unverzerrtes Bild vom Objekt zu liefern.

Von Anfang an legt deshalb die naturwissenschaftliche Erkenntnismethode großen Wert darauf, die Ausübung der sinnlichen Wahrnehmung im Erkenntnisprozeß so weit wie möglich einzuschränken und sie dort, wo ihre Anwendung unumgänglich bleibt, durch ein genaues System von Regeln valider zu machen. Zugelassen von allen Wahrnehmungssinnen ist allein der Sehsinn, und dieser auch nur dort, wo die Beobachtungsdaten sich auf ein allgemein anerkanntes reduziertes Set von einfach und eindeutig erkennbaren Wahrnehmungsqualitäten beziehen. Farben z. B. sind in diesem Set schon sehr unzuverlässige Gesellen. Ihre Beobachtung durchs Subjekt wird besser ersetzt durch ihre Erfassung mittels eines Spektralapparates und der Beobachtung der Daten dieser Spektralanalyse durchs Subjekt. Ganz allgemein geht der Trend dahin, die Beobachtung des zu erkennenden Objekts durch den Menschen ganz aufzugeben und zu ersetzen durch eine Beobachtung des zu erkennenden Objekts mittels eines Systems von Meßapparaten. Die Anwendung des Sehsinns kann dann ganz auf das Ablesen von Skalen und das Erkennen von Symbolen beschränkt werden.

Nur wenn sich das Subjekt seinen natürlich gegebenen spontanen Umgang mit der Wirklichkeit verbietet und ihn durch ein elaboriertes, streng definiertes Regelwerk ersetzt, hat unser Erkenntnisvermögen eine Chance, zu trennen zwischen Objekt an sich und der Bedeutung des Objekts für uns, zwischen Objekt an sich und dem Bild, wie es durch unser Wahrnehmungsvermögen gestaltet wird, zwischen Objekt an sich und dem Objekt, wie es durch die Beobachtung selbst beeinflußt wird. Das Ideal dieser Erkenntnisform ist jene absolute Distanz, jene absolute Trennung zwischen Subjekt und Objekt, die eine Beeinflussung völlig ausschließt.

Nun ist es, was die Eigenstruktur eines Objektes betrifft, zunächst natürlich vollkommen egal, welches Bild wir uns von ihr machen, da eine psychische Interpretation gewöhnlich nicht in der Lage ist, ihr materielles So-Sein zu beeinträchtigen. Anders ist es dagegen, wenn wir Handlungen begehen, die aufgrund des verzerrten Objektbildes die Integrität des Objekts notwendig verletzen. Dann wird die objektive Erkenntnis Voraussetzung zur Wahrung der tatsächlichen Integrität. Und umgekehrt macht die ganze Selbstverleugnung zur Wahrung der Eigenstrukturen des Objekts in der Erkenntnis nur dann Sinn, wenn sie mit einer Praxis gekoppelt ist, deren oberstes Gebot es ist, diese Integrität auch tatsächlich zu wahren.

Es ist aber schlichtweg so, daß die naturwissenschaftliche Erkenntnismethode zu gar keiner Erkenntnis dieser Welt kommen kann, wenn sie das tut. Daß ihr Erkenntis nur zugänglich ist, insofern sie die Eigenstruktur der Objekte so, wie sie natürlich gegeben ist, zerstören kann. Daß die handgreifliche Verletzung der Integrität der Objekte die Voraussetzung naturwissenschaftlicher Erkenntnis ist.

Daß das so ist, das hängt wiederum damit zusammen, daß in der Welt, so wie wir sie vorfinden, letztlich ›alles mit allem zusammenhängt‹. Oder, abstrakter ausgedrückt, daß die Welt als Ganzes ein komplexes System in jenem strengen Sinne ist, in dem es sich der Berechenbarkeit entzieht, weil jede Variable auf jede andere Variable einwirkt und Ursache und Wirkung, klarbegrenzbare Einheit und geordnete Regelfolge nicht eindeutig zuzuordnen sind.

In dieser natürlichen Funktionsweise ohne Anfang und ohne Ende kann Berechenbarkeit nur Fuß fassen, wenn sie die gegebene Struktur verletzt und für ihre Zwecke außer Kraft setzt. Und die Methode, dies zu tun, ist eben die des Experiments. Dessen Maxime ist nicht das Bemühen um Distanz und um Nichtbeeinflussung, sondern die des handgreiflichen Zugriffs und der gewollten Manipulation am Objekt. Das Experiment stellt künstlich her, was de facto nicht gegeben ist. Es macht aus Dingen in einer unendlichen Vielfalt des Zusammenhangs isolierte Variablen in einer Kunstwelt. Und erst als solche sind sie berechenbar. Von einer Wahrung der Eigenstruktur ›der Dinge‹, und gar der lebenden Dinge wie Pflanzen oder Tiere, kann dabei natürlich nicht die Rede sein.

Lange Zeit galten denn auch aufgrund dieser Verwobenheit die Dinge dieser Erde als nicht berechenbar. Berechenbarkeit kam allein dem Lauf der Gestirne zu, weil hier das, was das Experiment künstlich herstellt – klar definierte Einheiten und eine überschaubare Regelfolge –, natürlich gegeben ist. Und selbst unsere wissenschaftliche Weltanschauung feierte ihren ersten Triumph über die Anschauung unserer Sinne nicht in einer wissenschaftlichen Erklärung des Irdischen, sondern in einer neuen Art, diese himmlische Regelmäßigkeit zu berechnen: mit der Sonne und nicht der Erde als Zentrum. Bei dem Versuch, die Voraussetzungen für diese Erklärungsart auch auf der Erde zu identifizieren, muß notwendig in das eingegriffen werden, was man formal ›autopoietisches System‹ oder ›sich selbst reproduzierende Ordnung‹ nennen kann. Humaner ausgedrückt: es muß eingegriffen werden in die selbstbestimmte Existenzweise des Objekts der Erkenntnis. Oder schlicht und einfach gesagt: es muß eingegriffen werden in den Lauf der Dinge so, wie er sich ohne unser Zutun gestaltet. Dominierendes Ziel dieses Eingriffs ist die Komplexitätsreduktion. Denn erklärbar auf diese Weise ist nicht das Tier in seiner von ihm selbst gesuchten, nur flüchtige Spuren hinterlassenden Lebenswelt, nicht das Biotop in seinem gewachsenen Zusammenspiel, ja nicht einmal (Inbegriff statischer irdischer Regelmäßigkeit) die Kristallstufe, so wie sie gefunden wird. Berechenbar ist die Abstraktion des molekulären Kristallgitters in ihrer monotonen Regelmäßigkeit, nicht aber die tausendfachen Variationen dieser Regel in natura, in denen kein Kristall ganz dem anderen gleicht. Und wenn die Pflanze oder das Tier als Ganzes zu komplex ist, dann ist es vielleicht der Blutkreislauf oder die Hormonsekretion einer Drüse oder die Funktion einer Pflanzenzelle, als Teilproblem des Ganzen, das durchschaubar wird. Und umgekehrt werden die so hypostasierten Teilstrukturen nur verifizierbar und weitere erforschbar, wenn man Kunstwelten schafft, in denen nur die theoretisch zulässigen Variablen praktisch wirksam sind. Kunstwelten, in denen Kristalle unter monotonen Umweltbedingungen wachsen, in denen Tiere inaktiv gesetzt und die Umweltreize auf die eingespritzte Hormondosis reduziert werden, in denen Zellen nicht in einer Pflanze, sondern in der Petrischale wachsen.

Oder, wie es ein bekannter Naturwissenschaftler einmal ausdrückte: ›Ist ein System zu komplex, um verstanden zu werden, dann wird es in kleinere Stücke zerlegt. Sind diese immer noch zu komplex, werden auch sie zerkleinert, und so geht es weiter, bis die Stücke schließlich so klein sind, daß zumindest eines davon verständlich ist.‹ (v. Foerster 1985 / 17) Zweck des Experiments ist die in diesem Sinne erfolgreiche Komplexitätsreduktion am konkreten Objekt. Sie ist Voraussetzung jeglichen Verstehens im naturwissenschaftlichen Sinne.

Seine eigentliche Stärke entfaltet diese Erklärungsart jedoch erst, wenn es ihr gelingt, Teilstrukturen zu finden, die sich in Form von meßbaren Variablen definieren lassen. Denn dann steht ihr das ganze Instrumentarium der Mathematik zur Verfügung, um Zusammmenhänge eindeutig zu formulieren und zu prognostizieren. Diese Anwendbarkeit der Mathematik erhöht nicht nur die Genauigkeit, sondern auch ganz wesentlich die Komplexitätsdichte, die naturwissenschaftliches Verstehen verarbeiten kann.

Andererseits lassen sich meßbare Variablen meist erst dann definieren, wenn die Struktur des Erkenntnisobjekts zuvor auf die niedrigste Organisationsstufe von Materie – das rein materielle Dasein – reduziert wurde. So läßt sich bei Pflanzen (wenn auch nicht bei allen) angeben, aus welchen chemischen Stoffen sie bestehen, aber diese Beschreibung kann nicht unterscheiden zwischen dem zu Brei zerhackten Grün und der lebenden Pflanze.

Genauer noch: sie läßt sich erst gewinnen, wenn die Struktur der lebenden Pflanze solchermaßen zerstört wurde.
Je weniger diese Auflösung gelingt, – entweder weil die Auflösung das interessierende Phänomen selbst zerstört, weil das Phänomen offenbar ein Resultat der Komplexität ist (die lebendige Katze, die stirbt, wenn man ihre Lebendigkeit in Teile zerlegt) oder weil die Auflösung aus ethischen Gründen verboten ist (der Mensch, der nur beschränkt zum Laborexperiment zugelassen ist) –, desto hilfloser ist dieser Erklärungsansatz. Phänomene hoher Organisationsstufen – wie eine lebende Pflanze, ein lebendiges freies Tier oder gar der Mensch als ganzer – sind immer noch die Domäne bloßer Erfahrungswissenschaften, einem Erklärungsansatz, der es nicht mit meßbaren Daten und berechenbaren Regelstrukturen zu tun hat, sondern der sich im wesentlichen noch mit der Beschreibung und Klassifizierung unserer Erfahrung des Objekts begnügen muß.
Die Naturwissenschaft ist aufgrund ihrer Erklärungsstruktur und der Struktur ihrer Erkenntnisobjekte notwendig eine ›Teile‹-Wissenschaft. Sie weiß viel über Teilstücke und noch mehr über noch kleinere Teilstückchen (je niedriger das Organisationsniveau, desto eher macht sich die größere Komplexitätsverarbeitungsdichte mittels Mathematik bemerkbar), aber es ist sehr zweifelhaft, ob es ihr je gelingen wird, all diese Stücke und Stückchen wieder in einem Gesamtsystem zusammenzufügen. Und schon gar nicht in einem System, das, als Erklärung des Ganzen, auch Komplexität im strengen Sinne berechenbar machen müßte. Die Logik formaler Erklärungssysteme selbst jedenfalls spricht gegen diese Möglichkeit der vollständigen Formalisierung.
Sicher hingegen erscheint ein anderer Trend: Je erfolgreicher die Wissenschaft in der Komplexitätsreduktion ist, desto mehr differieren ›die Objekte‹ der Naturwissenschaft von den Objekten, die von unserer sinnlichen Wahrnehmung spontan als Einheit empfunden werden. Objekt der Naturwissenschaften ist nicht die Pflanze, das Tier, der Mensch, Objekt der Naturwissenschaften ist jeweils nur ein Teilstück – die Photosynthese, der Blutkreislauf, die Funktion eines Organs, der Stoffwechsel der Zelle. In weiten Teilen der Molekularbiologie, der Chemie oder der Physik ist das, was sich der Wissenschaft als Forschungsobjekt repräsentiert, für uns gewöhnliche Sterbliche nicht einmal mehr sichtbar. Und umgekehrt sind aus der Sichtweise der Naturwissen-

schaften Dinge nicht existent, die für uns den Unterschied ums Ganze ausmachen. Die Geschmacksstoffe, die einen Château d'Yquem von einem 2-Liter-Billigwein unterscheiden, lassen sich chemisch nicht nachweisen, und alle Versuche, die Klangqualität einer Stradivari chemisch-physikalisch dingfest und somit auch heute reproduzierbar zu machen, scheiterten kläglich im geigenbauerischen Mittelmaß. Auf der anderen Seite gruppiert sich den Naturwissenschaften dort, wo sie sich anschicken, nach erfolgreicher Komplexitätsreduktion einen Teil der zerstörten Struktur zu rekonstruieren, etwas zu einem einheitlichen Forschungsobjekt, was wir spontan als Teil radikal verschiedenen Dingen zuordnen würden. Wo wir eine Maus sehen oder einen Menschen oder eine Paprikaschote, da sieht die Naturwissenschaft eine Minimalvariation des Immergleichen: die DNS in ihrer molekularen Struktur. Das gewöhnliche Objekt der Wahrnehmung wird in den Naturwissenschaften zu Teilobjekten aufgelöst und zu einheitlichen Forschungsobjekten regruppiert, die mit unserer spontan subjektiv gesetzten Einteilung der Welt in ›Einheiten‹ nur mehr wenig zu tun haben. Es ist – und das ist konsistent mit dem Anspruch der Wissenschaft auf objektive Erkenntnis – die Ordnung eines anderen Maßstabes.

Nun kann jeder Ordnungsmaßstab – egal ob es sich um einen lebendigen wie den einer Amöbe oder einer Fledermaus handelt, oder um einen nichtlebendigen wie den der Mathematik – eine Ordnung der Welt nur erreichen, indem er die Welt zu Einheiten verdichtet, die für ihn charakteristisch sind. Gewöhnlich jedoch ist diese Ordnung eine rein psychische, die die konkrete Ordnung des Erkenntnisobjekts überhaupt nicht berührt. Das Pantoffeltierchen muß nicht die Hälfte der Welt zu einheitlichem Brei zermatschen, damit es sie nur noch im Modus seiner binären Ordnung als ›schlecht‹ oder als ›gut‹ sieht, es nimmt sie direkt und ohne Umwege so wahr. Der einzige Fall, in dem konkret eine Umwandlung der Objektordnung stattfindet, ist der, in dem das Ding gegessen wird. Aber das ist eine bloße Folge der leiblichen Bedürftigkeit und keine für die Herstellung der Wahrnehmungsordnung verantwortliche Funktion.

Was die Mathematik von allen anderen Ordnungen unterscheidet, ist der Umstand, daß sie die für sie charakteristische Ordnung nur erreichen kann mittels eines Zwischenschritts, in dem sie die von ihr hypostasierte Ordnung auch tatsächlich und als einzig gültige herstellt. Das macht übrigens auch in der Sichtweise der überzeugten Naturwissenschaftler die Einzigartigkeit ihrer Erkenntnisse aus: daß sie immer mittels des gelungenen Experiments zeigen können, daß es tatsächlich so ist, wie sie meinen, und ihre Interpretation keine bloße Einbildung ist. Und es macht natürlich andererseits die demokratische Eleganz der Wahrnehmungsordnungen aus, daß sie sich darauf beschränken, ›bloße Einbildung‹ zu sein, und das Erkenntnisobjekt in der von ihm selbst gesetzten Ordnung und die Interpretationen anderer Wahrnehmungsordnungen unangetastet lassen. So sind es paradoxerweise die subjektiv verzerrten Wahrnehmungsordnungen, von denen sich gerechterweise sagen läßt, daß sie die Eigenstruktur der Dinge bewahren, während hingegen die mathematische Ordnung der Dinge sich, wie Bacon das im Dialog ganz richtig formuliert hat, ›...klarer offenbart unter dem hochnotpeinlichen Verhör und der Schikane durch die mechanischen Vorrichtungen, als wenn man die Natur sich selbst überläßt‹. (1980 / 169)

Wenn das aber so ist, warum dann der ganze Umstand mit dem unbeteiligten, emotionsneutralen Beobachter? Wenn eh schon eingegriffen werden muß und die Regeln dieses Eingriffs klar bestimmt werden von der Notwendigkeit zur Komplexitätsreduktion einerseits und der Notwendigkeit zur meßbar definierten Variablenisolation andererseits, was schadet es, wenn's mit emotionalem Gusto geschieht? Schlägt der Zeiger anders aus, wenn der Wissenschaftler gerne Köpfe aufschneidet und Elektroden an der zuckenden Gehirnmasse befestigt? Und was für einen Sinn soll das Ideal der absoluten Distanz zwischen Beobachter und Erkenntnisobjekt noch machen, wenn diese Distanz durch die experimentale Zurichtung des Objekts eh schon verlorenging?

Betrachtet man die methodischen Anweisungen zur richtigen wissenschaftlichen Erkenntnis rein funktional, so ist der ganze erste Komplex, der sich auf die innere subjektive Haltung des Beobachters bezieht, überflüssig. Denn die naturwissenschaftliche Erkenntnismethode zeichnet sich gerade dadurch aus, daß durch die Praxis des Experiments und die Zielvorgabe der Berechenbarkeit Verhaltens- und Verifikationsregeln vorgegeben sind, die unabhängig von jeglicher inneren subjektiven Haltung funktionieren. Trotzdem wird dieser hinreichende Verhaltensrahmen in der Selbstdarstellung der Naturwissenschaften hartnäckig und anerkanntermaßen überlagert von und vermischt mit

Anweisungen, die sich ausführlich und dezidiert mit einer angeblich notwendigen subjektiven Einstellung beschäftigen. Anweisungen, die darüber hinaus noch in ihren Zielvorgaben der notwendigen und ebenso anerkannten Praxis glatt widersprechen. Wenn dieser Verhaltenskodex funktional keinen Sinn macht und gleichwohl unweigerlich verbunden ist mit dem funktional sinnvollen, so läßt sich daraus nur schließen, daß er selbst, als eine bestimmte Einstellung und Haltung zur Welt, einen Wert an sich repräsentiert. Liest man die Anweisungen zur Methode so, indem man von ihrem angeblichen Zweck, der Wahrung der Eigenstruktur der Dinge in der Erkenntnis, absieht, dann offenbaren sie einen ganz anderen, nicht zweck-rationalen Sinn. Freilich keinen Sinn, der versteckt ist. Vielmehr wird das anvisierte Ideal in jenem Verhaltenskodex als Mittel zum Zweck prägnant formuliert.
Ziel ist dann nicht die Wahrung der Eigenstruktur der Dinge in der Erkenntnis mittels der absoluten Distanz von Subjekt und Objekt, sondern Ziel ist dann diese absolute Distanz des Subjekts zum Objekt selbst. Ziel ist dann nicht die objektive Erkenntnis der Wahrheit an sich mittels der emotionalen Neutralität, sondern Ziel ist die emotionale Neutralität des Subjekts mittels der Projektion einer an sich seienden objektiven Wahrheit. Ziel ist die emotionale Unbeteiligtkeit des Subjekts in seinem Umgang mit der Welt. Ziel ist die Distanzierung des Subjekts von seiner eigenen sinnlichen Wahrnehmung, ist ein Bezug zur Welt, in der die Erfahrung der Welt, die das Subjekt nie unberührt läßt, ersetzt wird durch einen Bezug, der eben dies garantiert.
Sieht man die Sache so, dann macht auch jenes andere Ziel – die Wahrung der Eigenstruktur in der Erkenntnis –, das die Praxis der Naturwissenschaften aus gutem Grund ignoriert, seinen Sinn. Freilich ist es nicht die Eigenstruktur der Dinge, die in der Erkenntnis bewahrt werden soll, sondern es soll eine Erkenntnis der Welt möglich werden, in der die Eigenstruktur des Subjekts unter allen Umständen geschützt wird vor Erfahrungen, die die Macht hätten, sie zu berühren. Und damit auch zu verändern. Auf daß niemand und nichts mehr, wie Hofstadter es im Dialog ausdrückt, ›uns mitten ins Herz trifft und uns weich werden läßt‹. Auf daß wir ›gefühllos bleiben, eiskalt und unberührbar‹. (1981 / 114)
Innerhalb dieser subjektiven Zielvorgabe fügt sich die naturwissenschaftliche Erkenntniskonzeption als Mittel zum Zweck nahtlos und widerspruchsfrei ein.

Oder andersherum gesagt: Ohne die naturwissenschaftliche Erkenntniskonzeption würde die Dominanz dieser subjektiven Haltung nicht zu einem fruchtbaren und mächtigen Weltbezug führen, sondern kläglich in einer schweren psychischen Störung enden. Und ohne die Dominanz dieser subjektiven Haltung wäre die Objektivität naturwissenschaftlicher Erkenntnis nicht jene Attraktion, die sie unmittelbar zum Medium eines Weltbezugs werden läßt, der als absolut wahrer subjektive Sinngebung außer Kraft setzt, sondern die Objektivität der Erklärung wäre jene Blindheit, die naturwissenschaftlicher Erkenntnis notwendig innewohnt, und die sie als eine grundsätzlich noch der subjektiven Interpretation bedürftige disqualifiziert.

Einer subjektiven Haltung allerdings, in der subjektverändernde Erfahrung der ›Welt‹ um alles in der Welt vermieden werden soll, wird die Ordnung der Berechenbarkeit in einem doppelten Sinne zur einzigen. Einzigartig im positiven Sinn, weil sie – wie das bei jeder Ordnung einer subjektiven Sinngebung der Fall ist – in dieser Haltung zur Welt die einzig wahre und für die ganze Welt gültige ist. Und einzigartig im negativen Sinn, weil in einer Haltung zur Welt, in der Erfahrung nicht als ordnungsstiftend, sondern als Strukturverlust und Chaos erlebt wird, die mathematische Ordnung, als die eines nicht-subjektiven Maßstabes, die einzige Ordnung der Welt ist, die zugänglich bleibt. Denn, so wird es im Dialog als rhetorische Frage formuliert, ›worauf kann man sich verlassen, außer auf formale Systeme?‹. (Hofstadter 1985 / 272)

Und was wäre besser geeignet, Erfahrung und subjektive Sinngebung außer Kraft zu setzen, als die Identifikation mit der Weltordnung eines nicht-subjektiven Maßstabes?

Denn, wenn – wie im Experiment demonstrierbar –, diese objektive Ordnung Gültigkeit und Macht hat, ist dann nicht alle Erfahrung dieser Welt null und nichtig und trügerisch?

Und wenn subjektive Erfahrung uns nur in die Irre führt, worauf kann man sich dann verlassen, außer auf formale Systeme?

Bevor man jedoch diese sich selbst verstärkende Gesamtordnung in ihrer Potenz analysiert, sollte man sich die ihr zugrundeliegende Haltung zur Welt an einem Beispiel vergegenwärtigen, in dem ihr diese Ordnungsfindung nicht geglückt ist und sie in der bloßen Vermeidungsstrategie steckenblieb. Denn erst in dieser Extremsituation, in der Erfahrung der Welt als Medium der Ord-

nung nicht mehr möglich ist und in der Identifizierung mit einer objektiven Ordnung noch nicht möglich ist, tut sich der Blick auf für die Spannung der Gesamtsituation.
In ihr erscheint die Ordnung der Berechenbarkeit der Welt nicht einfach als eine Alternative unter anderen, sondern als eine Ordnung, die zugleich auch immer das Ritual einer Vermeidungsstrategie erfolgreich verkörpern muß. Als solche erklärt sich ihre Logik nicht – wie bei anderen Sinngebungen der Welt – allein aus ihrer inneren Stimmigkeit heraus, sondern die Strategie wird logisch einsehbar erst durch das, was vermieden werden soll: jene spontane menschliche Reaktion, Erfahrung als Medium des Weltzugangs zuzulassen.
Und das bedeutet andersherum gesehen: Der Sinn der Ordnung der Berechenbarkeit als Sinngebung, der sich aus ihrer Funktion als Abwehrstrategie ergibt, ist dieser Sinngebung selbst nur als unbewußte Haltung, als Zwang, als stilisiertes An-sich-Sein der Dinge gegenwärtig, nicht aber, wie das normalerweise bei Sinngebungen der Fall ist, als bewußter tradierter Akt der Hermeneutik. Wer diesen verdrängten Sinn verstehen will, muß sich auf das einlassen, wovon diese Sinngebung nichts wissen will und was doch – im Akt der Verdrängung – ihre Dynamik beherrscht.

Der harte Kern: Extremsituation und Erfahrungsfähigkeit

Der Begriff Extremsituation stammt übrigens von Bruno Bettelheim. Er bezeichnet damit eine Situation, in der jede Erfahrung der Welt unmittelbar als lebensbedrohlich empfunden wird. Die klassische Reaktion ist die, daß das Subjekt, um zu überleben, all seine Energien darauf konzentriert, nicht zu erfahren. Nichts zu hören, nichts wahrzunehmen, nichts zu empfinden. Formuliert man das so extrem, ist unmittelbar klar, daß das eine ungeheure schwere, ja eine unmögliche Aufgabe ist. Je ausschließlicher die Person die Bewahrung ihrer Integrität mit diesem ›Nicht‹ identifiziert, desto bedrohter ist diese Integrität, desto ausschließlicher muß die Abwehr und Verdrängung jeglicher Erfahrung sein und desto unmöglicher wird es, dieses Ziel zu erreichen. Eine Person jedoch, die in jedem Moment von völliger Desintegration bedroht ist, lebt nicht einfach mehr in Angst vor etwas, mit dem sie sich auseinandersetzen könnte, sie lebt in einem Zustand, der tiefer geht und umfassender ist als Angst: sie lebt in ständiger Panik. Denn Panik steigt eben dann auf, wenn alle Ordnung dieser Welt versagt, weil nicht einmal mehr die Gefahr eindeutig identifiziert werden kann, weil sie überall und nirgends und überwältigend ist. Panik ist die angemessene Reaktion auf das Versagen, auf die Desintegration von Ordnung überhaupt.

Bettelheim hat den Begriff der Extremsituation vor allem mit zwei Situationen verbunden. Die eine ist die Situation eines Häftlings im KZ, die andere ist die Situation autistischer Kinder. Die Identität der Situationen dechiffriert sich sofort, wenn man den Begriff ›lebensbedrohlich‹ durch den Begriff ›Gefahr der Desintegration‹ übersetzt. Im KZ ist die drohende Desintegration sowohl eine leibliche wie eine psychische – gemeinhin würde man sagen, daß die Erfahrung der Welt als lebensbedrohliche im KZ eine realistische ist. Bei den autistischen Kindern ist die drohende Desintegration eine rein psychische – ihr Weltbild gilt als irreal. Doch obwohl die Situation in den Lagern eine war, in der nichts sicher war, außer dem Umstand, daß man früher oder später umgebracht werden würde, eine, in der man der zerstörerischen Verfügungsgewalt der KZ-Wachen hilflos ausgeliefert war und in der die Willkür der Aggression planmäßig eingesetzt wurde, um die Persönlichkeit der Lagerinsassen zu brechen, reagierten nicht alle Gefangenen auf diese geschlossen tödlich-feindselige Lebensumwelt mit jenem Syndrom der völligen Abschottung. Autistische und schizophrene Symptomatik entwickelten diejenigen, denen es nicht gelang, die Integrität ihrer Person entgegen und trotz einem Realitätsprinzip zu bewahren, das darauf abzielte und allein darauf ausgerichtet war, sie physisch und psychisch zu zerstören. Der Symptomatik – wenn auch nicht der Folter, dem Tod und der Erfahrung einer geschlossen tödlich-feindseligen Welt – entgingen diejenigen, denen ein Sieg des Geistes über diese Realität gelang: die, die selbst diese Erfahrung der Desintegration und der Panik noch integrieren konnten als Moment einer Ordnung. Und umgekehrt ist die Panik und die Todesangst, in der autistische Kinder leben, keine bloße Einbildung, sondern eine angemessene Reaktion auf eine Erfahrung jener Momente, in denen diese geistige Integration von Erfahrung zu einer Ordnung tatsächlich mißlingt. Die Fähigkeit zur Integration von Erfahrung ist eine psychische, sie kann so stark sein, daß sie selbst gegen die Schrecken der Vernichtungslager menschliche Würde bewahrt, und so schwach, daß die Erfahrung einer ›normalen‹ Kinderumwelt sie zusammenbrechen läßt. Was auch immer aber es für Umstände sind, die sie versagen lassen, das Versagen der Funktion selbst wird notwendig als Desintegration der Person selbst, als Todesangst erlebt; ›... ganz egal, ob die Desintegration der Persönlichkeit und die Zerstörung der Autonomie durch reale oder erfundene Erfahrungen bewirkt worden ist; ganz egal, ob diese beiden Auflösungserscheinungen hauptsächlich in der Innen- oder in der Außenwelt verursacht wurden; ganz egal, ob eine solche Traumatisierung auf den Nazi-Holocaust oder darauf zurückzuführen ist, daß sich der Kranke gezwungen sah, in einer mehr privat gearteten Hölle auszuharren; ganz egal, ob die Persönlichkeit eines Menschen durch die Machtmaschinerie eines Regimes oder dadurch zerstört worden ist, daß dieser Mensch von seinen Eltern abgelehnt und im Stich gelassen wurde, wozu gesagt werden muß, daß diese Eltern in vielen Fällen selbst tiefunglückliche Menschen sind, die gar nicht anders handeln können‹. (Bettelheim 1982 / 124)

Als eine psychische Fähigkeit, die versagen kann, ist die Fähigkeit zur Integration von Erfahrung natürlich auch – wie jede andere menschliche Fähigkeit – erlernbar. Die Tragödie autistischer Kinder liegt darin, daß dieses Erlernen in seinen Rudimenten gescheitert ist: Im Extremfall erlebt das autistische Kind jede Erfahrung als desintegrierend.

Und wie in jedem Weltbild eines Menschen liegt auch in dieser Interpretation ein Moment von Wahrheit. Erfahrung wird für uns möglich, weil wir in der Lage sind, uns anpassend an andere Strukturen, diese wahrzunehmen. Aber diese Angleichung ist nur möglich durch die Aufgabe der eigenen Struktur. In jeder Erfahrung, die ernsthaft zugelassen wird, vergißt der Erfahrende sich selbst. Kinder, die noch sehr wenig und am Anfang nichts von der Umwelt und sich selbst wissen und dementsprechend Dinge und Ordnungen nicht durch die Registrierung bloßer Zeichen wiedererkennen können, sind ganz besonders auf diese Fähigkeit des ›Sich-Selbst-vergessen-Könnens‹ angewiesen. Dementsprechend groß ist die Versunkenheit der Kinder (und um so größer, je kleiner sie sind) in das, was wir Spiel nennen. Über diesem einen vergessen sie alles andere und vor allem auch sich selbst. Nässe, Hunger, Kälte, die Angst vor dem Verlassensein – all das ist inexistent, solange jenes gaukelnde Wunderding da vorne sie in den Bann seiner Welt gezogen hat. Und all das ist schlagartig wieder da und bricht als das Bewußtsein ihrer selbst über sie herein, wenn sich jenes Wunder, wie von einer bösen Fee berührt, verwandelt in dieses jetzt bloß bekannte Ding da zu ihren Füßen, das man, zu allem Überfluß vielleicht, noch nicht einmal in den Mund nehmen darf.

Nun macht es natürlich einen großen Unterschied aus, ob die Struktur, die Ordnung, an die man sich so in der Erfahrung selbst verliert, eine harmonische ist, eine, die von uns selbst als freundlich empfunden wird, oder ob in dem, was wir da erfahren, etwa der gesammelte Haß eines Anderen auf uns zum Ausdruck kommt. Im ersten Fall fällt es sehr viel leichter, die Erfahrung zu integrieren und sich wieder auf neue Erfahrung einzulassen; im zweiten Fall kann die Erfahrung das bisherige Weltbild und die Integrität der Person schwer erschüttern und Angst vor Erfahrung überhaupt machen. Aber in beiden Fällen kann es zur Erfahrung nur kommen, wenn wir fähig sind, eine temporäre Desintegration unserer selbst zuzulassen.

Wobei ›zulassen‹ hier in der vollen Bedeutungsimplikation gelesen werden sollte. Denn von Geburt an ist es so, daß wir uns nicht extra anstrengen müssen ›zu erfahren‹, sondern daß ›etwas erfahren‹ ein Zustand ist, der sich spontan einstellt. Und spontan einstellen muß, wenn wir überhaupt zu einer Welt und zu einem Selbst kommen sollen. Was erlernt werden muß, ist also nicht die Fähigkeit zur Erfahrung, sondern die Fähigkeit, mit dieser Fähigkeit, mit dieser Sensibilität, die da über uns hereinbricht, umzugehen.

Wie aber lernt man, damit umzugehen? Durch Erfahrung der Erfahrung. Oder inhaltlicher formuliert: dadurch, daß Erfahrung zum Erfolg führt. Und Erfolg heißt hier: daß nach der Erfahrung mehr Ordnung, mehr Struktur da ist als vor der Erfahrung.

Das ganze Dasein erhält so eine andere Spannung. Du lernst, das, was als Sensibilität über dich hereinbricht, als offene Frage zu leben, zu der es in der Hinwendung zur Welt die richtigen Antworten gibt. Und du lernst, in der Erfahrung ›der Welt‹ die Antworten zu suchen, die dich Dinge an dir entdecken lassen, nach denen du vorher noch nicht einmal fragen konntest. Vor allem aber lernst du, deinem eigenen Gefühl für das Erkennen von Ordnungen / Strukturen und Entsprechungen zu trauen, weil mit jedem Beispiel einer gefundenen und wiederbestätigten Ordnung,

einer gefundenen und wiederbestätigten Entsprechung von Strukturen sich deine Diskriminierungsfähigkeit für wahr und falsch bestätigt und entwickelt.
Mit anderen Worten: Du hast jene Verhaltensweise gefunden, mittels derer sich dir der emotionale und kognitive Reichtum der Welt und deiner selbst erschließt.
Dieses Vertrauen in die eigene Fähigkeit, Zusammenpassendes, Ordnung und Struktur im unspezifizierten ›Chaos‹ des Gefühlten und in jedem neu Erfahrenen zu entdecken, kann sich freilich nur entwickeln, wenn deine Hinwendung zur Welt dir tatsächlich richtige Antworten liefert. Wenn du dann, wenn du Hunger hast, auch tatsächlich etwas zu essen bekommst und nicht etwa konstant nur lieb gestreichelt wirst. Wenn nicht dann, wenn du vor Freude gluckst, eine Welt des Bedauerns über dich hereinbricht. Oder schlimmer noch: wenn deine eigene noch sehr unspezifizierte Hinwendung zur Welt nicht nur Reaktionen zur Folge hat, die zu deinem eigenen Zustand im Widerspruch stehen, sondern Reaktionen, die in gar keinem Zusammenhang mehr mit deinen Äußerungen und Erfahrungen stehen, und die dir infolgedessen jedes Erkennen von Ordnung unmöglich machen.
Eine solche Nicht-Welt ist z.B dann gegeben, wenn Kleinkinder nur mechanisch versorgt werden. Menschliche Wesen sterben an einer solchen Umwelt. Affenbabys, deren Klammerreflex man mittels einer Affenpuppe befriedigt und die als Tiere nicht im menschlich-fundamentalen Sinne auf das Sinn-machen-der-Welt angewiesen sind, wachsen zwar auf, aber sie bleiben ihr Leben lang unfähig, mit anderen Affen zu kommunizieren. Nicht einmal unter dem Druck des Sexualtriebs entziffert sich ihnen ihr eigenes Empfinden und das Verhalten der anderen zu einer Ordnung, die angemessenes Handeln möglich macht: Obwohl physisch völlig gesund, paaren sie sich nicht.
Kleinkinder wiederum, die eine Ordnung gefunden haben, werden nicht müde, sie immer und immer und immer wieder zu wiederholen, bis sie sich ihrer ganz sicher sind und die Erfahrung, die in ihr steckt, ausgereizt haben. Und ein Großteil dessen, was sich zwischen Mutter und Kind in den ersten Jahren abspielt, besteht eben darin: daß das, was das Kind nur sehr vage artikulieren kann, richtig interpretiert wird, auf daß jene Ordnung entsteht, auf die das Kind, ohne von ihr positiv zu wissen, abzielt. Und daß diese Ordnung immer und immer wieder wiederholt

wird, auf daß ihre Differenziertheit vom Kind aktiv erforscht werden kann. Solange (und noch lange darüber hinaus), bis das Kind sich seiner eigenen Interpretationsfähigkeit so sicher ist, daß es sie gegenüber der Interpretation der anderen durchsetzen kann. Und auf den Ausspruch des guten Onkels mit dem Aufziehauto ›Ei da freut sich der Jacob aber!‹ antworten kann ›Auto böse!‹, weil es das Ding nämlich höchst unheimlich findet. Und der lieben Tante mit ihrem ›Jetzt ist die Gerda aber müde und will schlafen gehen‹ strampelnd in den Bauch tritt und verkündet ›Spielen!!!‹.

Nun akzeptiert sich nichts leichter (nämlich zu leicht) als die These, daß ein Kind, das in einer verkehrten Welt lebt oder in einer, die zu seinen Äußerungen in keinem direkten Bezug steht, zu keiner Ordnung kommen kann. Daß in einer Welt, in der Weinen mit Lächeln, Zuwendung mit Abscheu und Angst mit Freude beantwortet wird, aus dem Kind nichts wird, selbst wenn es ordnungsgemäß mit Nahrung versorgt wird und all diese Verkehrtheit sich unterhalb der Schmerzgrenze abspielt. Wieso aber weiß das Kind, daß dieses Haß ist, wo doch körperlich nichts weh tut? Wieso paßt Abscheu nicht zu Zuwendung, Weinen nicht zu Lächeln, wo doch das Kind anerkanntermaßen von all dem noch nichts wissen kann? Woher diese geradezu unheimliche Klarsichtigkeit der Kinder, die – selbst dann, wenn sie noch nicht einmal richtig focussieren können - schon beim Stillen darauf ›. . .reagieren, ob ihre (der Mutter) Gefühle nun hauptsächlich positiv, negativ oder ambivalent sind‹? (Bettelheim 1986 / 38) Wenn es in dieser ganzen Zone anerkanntermaßen nicht um Instinktreaktionen geht, wieso sind dann Kinder nicht auf jede Ordnung, die ihre Physis nicht verletzt, willkürlich trimmbar? Ergreifen nicht die offensichtlichste Ordnung, sondern erspüren jene fundamentale Einstellung, die oft so versteckt ist, daß nicht nur die Mutter nichts bewußt von ihr weiß, sondern daß auch ein Psychiater Monate der Analyse brauchte, um sie zu erkennen? Und wieso wirkt das Angebot einer ›richtigen‹ Ordnung so positiv stimulierend?

So monströs es sich in mancher Weltinterpretation ausmachen wird: Erklärbar wird diese offensichtliche Diskriminierungsfähigkeit nur, wenn wir unseren Kindern unterstellen, daß sie zwar nicht positiv konkret wissen, was falsch und richtig, passend und nicht-passend, gut und böse ist, aber daß sie auf eine negative Art

in dieser Unterscheidung sicher sind. Daß sie wissen, daß etwas falsch ist, wenn sie auch nicht wissen, was, wo oder wieso.
Diese negative Diskriminierungsfähigkeit ist die Voraussetzung, aufgrund derer so etwas wie kognitive Autonomie überhaupt erst möglich wird. Ohne sie wären unsere Kinder, gleich einem Computer programmierbar auf jede beliebige Ordnung, die ihre Sorte ›Hardware‹ respektiert. Mit ihr unterliegen die möglichen Ordnungen einer weiteren Bedingung. Sie müssen zu der Welt, wie sie von dir erfahren wird, passen. Genauer gesagt, sie müssen deine Erfahrung, so wie sie dir jetzt gegeben ist, ergänzen, auf daß deren implizierte Struktur deutlich wird. Was wiederum impliziert, daß Erfahrung von Anfang an nichts Strukturloses ist, daß vielmehr in der Erfahrung deiner selbst etwas implizit liegt, was seine explizite Wahrheit offenbart, wenn du dich der Welt zuwendest. Und umgekehrt die Erfahrung ›der Welt‹ dir Fähigkeiten deiner selbst zugänglich macht, von denen du vorher nichts wissen konntest. Unter anderem die, daß du mittels deiner Erfahrung zu wahren Erkenntnissen über dich und die Bedeutung, die die Welt für dich hat, kommen kannst. Und daß du in der Lage bist, ›Passen‹ und ›Nichtpassen‹, wahre Bedeutung von falscher Bedeutung zu unterscheiden.
Urvertrauen umfaßt so sinnvollerweise immer ein doppeltes: jenes Vertrauen im klassischen psychologischen Sinn, daß in der sich ausliefernden Hinwendung zum Neuen die richtige Antwort auf deine Bedürfnisse und Fragen liegt, und Vertrauen darin, daß du in der Lage bist, unter jenen vielen möglichen Antworten die wahre zu erkennen, die dich das Bedürfnis und die Bedeutung deiner Frage richtig verstehen läßt. Die Herausdifferenzierung und Festigung dieser Sensibilität für den Wahrheitswert des Erfahrenen zusammen mit dem Vertrauen in die eigene negative Diskriminierungsfähigkeit, jenem Gefühl, daß ›die Antwort‹ falsch ist, selbst wenn du nicht weißt, welche ›Frage‹ du gestellt hast, nicht angeben kannst, worauf du abzielst, bilden den kognitiven Kern von Autonomie. Und kognitive Autonomie wiederum beschreibt in ihrem statischen Aspekt, was in der Betonung des dynamischen Ablaufs Fähigkeit zur Integration von Erfahrung genannt wurde. Denn integriert werden kann eine Erfahrung nur, wenn ihre je eigene Wahrheit sich als neues Moment jener Gesamtordnung entziffert, die wir Weltbild nennen. Erfahrungen, deren Wahrheitswert nicht erkannt wird, entweder, weil er so

bedrohlich ist, daß wir die Erkenntnis nicht zulassen wollen und sie verdrängen, oder, weil wir in seiner Entzifferung prinzipiell versagen, sind als solche unbegreiflichen in ihrer bloßen Existenz bedrohlich.

Und es liegt wiederum an der Stärke unserer kognitiven Autonomie, ob wir den Mut haben, uns auf die Desorganisation einzulassen, die uns in dieser spezifische Erfahrung widerfährt, weil bisher noch jede Erfahrung das Potential in sich trug, zum Medium einer strukturierteren Ordnung zu werden, oder ob die Desorganisation allein als Bedrohung empfunden wird, gegenüber der die bisher erreichte Ordnung verteidigt werden muß.

Die kleine Entscheidung – so oder so – kann einen sich selbst verstärkenden Prozeß in Gang setzen, der zu völlig verschiedenen Welten führt. Gelingt nämlich auch die Integration dieser Erfahrung, so ist damit zugleich auch unsere Erfahrung in der Integration von Erfahrungen gewachsen – das Vertrauen in diese unsere Fähigkeit und die Differenziertheit, das Geschick dieser Fähigkeit. Was uns wiederum befähigt, uns leichter und mit größerem Mut und größerem Wissen auf neue Erfahrungen einzulassen. Und auch Erfahrungen von Haß und Aggression zu verkraften, die psychisch und physisch real auf die Zerstörung unserer Person abzielen: ›Eine echte Reintegration sollte einen besser schützen als die alte Integration, an deren Stelle sie getreten ist. Die alte Integration konnte nicht auf Erfahrungen in der Vergangenheit zurückgreifen ... die neue Integration muß dazu, wenn sie gelingen soll, sehr wohl imstande sein.‹ (Bettelheim 1982 / 250) Wird die Erfahrung hingegen vermieden und verdrängt, so wird die bisherige Ordnung von einer, die erreicht und aufrechterhalten wurde mittels Erfahrung, zu einer, die aufrechterhalten wird, indem man sie gegen bestimmte Erfahrungen verteidigt. Wie aber soll man wissen, ob eine neue Erfahrung zu jenen bedrohlichen gehört, wenn man sich auf Erfahrungen nicht mehr einlassen kann, weil dieses Einlassen bedrohlich sein könnte? Indem man neue Erfahrungen überhaupt vermeidet und sich an das Bekannte hält. Eine Fähigkeit aber, die nicht ausgeübt wird, verkümmert. Und je unsicherer wir werden im Umgang mit neuen Erfahrungen, desto bedrohlicher erscheint auch die kleinste Neuerung, desto ausschließlicher und starrer halten wir am Altbekannten fest.

Was aber, wenn die Ordnung des Altbekannten selbst versagt –

sowohl in ihren sozialen Manifestationen wie in jenen Strukturen, in denen wir unsere Persönlichkeit verwirklichten? Dann haben wir nichts mehr, an das wir uns halten können. ›Es wirkt sich auf einen Menschen ... höchst zerstörerisch aus, wenn sich die Glaubensüberzeugungen, die bislang für das Leben richtungsweisend gewesen sind, als unzuverlässig erweisen und wenn sich herausstellt, daß auf die psychologischen Abwehrmechanismen, die unser physisches und psychisches Wohl gewährleisten ..., daß also auf diese Strukturen, die in ihrer Gesamtheit unsere Persönlichkeit bilden, ebenfalls kein Verlaß mehr ist. Diese Erfahrung genügt, um eine Persönlichkeit ... zu desintegrieren.
Völlig erschüttert wird der Mensch in seiner Integration dann, wenn ihn seine Glaubensüberzeugungen, die bislang für seine Integration sorgten, ... nicht nur im Stich lassen, sondern physisch und psychisch auch noch zerstören. Dann scheint es nichts mehr zu geben, was ihn schützen könnte. Dazu kommt noch, daß wir von jetzt an glauben, nie wieder mit Sicherheit sagen zu können, worauf wir vertrauen und wogegen wir uns wehren müssen.‹ (Bettelheim 1982 / 19) Daß wir verlassen sind in einer Welt, die uns undurchschaubar ist, und in einer Person, die uns genauso fremd erscheint. Der wir aber ausgeliefert sind kraft unserer Körperlichkeit, die uns offen macht für Eindrücke jeder Art.
In dieser Situation, in der sinnliche Wahrnehmungsfähigkeit in keiner Weise mehr zu Ordnung führt, in der ›...Fühlen gleichbedeutend ist mit Zerstörtwerden...‹ (Bettelheim 1986 / 321) und in der alle anderen Ordnungen sich als trügerisch erwiesen haben, wird unsere Sensibilität selbst zu jenem permanenten Angriff auf unsere Integrität, den es abzuwehren gilt. Überleben ist in dieser Situation nur möglich durch eine radikale Distanzierung von den eigenen Sinnen, vom eigenen Körper als dem, der für diese Sensibilität verantwortlich ist. Die Weltordnung autistischer Kinder erklärt sich ganz aus dieser permanenten und umfassenden Abwehrhaltung:
Ziel ist die emotionale Neutralität des Subjekts; die absolute Distanz zwischen Subjekt und Objekt, zwischen Subjekt und allem, was es mit dem ›Objekt‹ verbinden könnte – Ziel ist die Distanzierung des Subjekts von seiner eigenen sinnlichen Wahrnehmungsfähigkeit.

Identität der Gegenordnungen: Autismus und wissenschaftliche Erkenntnismethode

Autistische Kinder sind die einzigen, die jenem Ideal einer wissenschaftlichen Haltung zur Welt tatsächlich und in der vollen Reichweite der Forderung entsprechen:

Sie sind emotional neutral. Da zuckt kein Muskel, wenn man den entzündeten Blinddarm am Bauch abtastet. Da kann man ihnen an einem heißen Tag ein kühles Getränk hinstellen und es wird nicht beachtet. Stunde um Stunde nicht. Da bewegt sich ihr Körper, und es ist keine Freude darin und keine Angst – es hat mit ihnen nichts zu tun. Sie sind nicht ›...subject to emotional appeal..‹, sie bleiben wahrlich ›callous and icy, unmovable‹. (Hofstadter 1981 / 114)

Sie projizieren nicht ihre Wünsche und Abneigungen auf das Objekt. ›Das autistische Kind zeichnet sich ... dadurch aus, daß es seine Gefühle nicht fühlt und nicht in sein Bewußtsein dringen läßt, wodurch es verhindert, daß es in Übereinstimmung mit seinen Gefühlen handelt.‹ (Bettelheim 1986 / 419) Sie laufen nicht schreiend vor dem fremden Gasmann weg, sie reden nicht mit ihrem Teddybären und lieben ihn, als ob er lebendig wäre. Sie fallen nicht in die Falle des Animismus und sehen ihr Spielzeug als lebendig, ›als Besitzer von ›Seelen‹. (Hofstadter 1981 / 114) Denn, ›Clearly, the ›soul‹ we project into these objects is an image purely in our minds‹ (Hofstadter 1981 / 114), ein bloß eingebildetes Gefühl, das mit dem Objekt an sich nichts zu tun hat und zu seiner Erkenntnis nichts beitragen kann. Und während Hofstadter noch gestehen muß, daß ›we are alle animists to some degree‹ (1981 / 114) und über den Widerspruch nicht hinwegkommt, daß, wenn doch die Seele eines Teddybären eine Projektion ist, ›... why isn't it equally so for the souls we project into our friends and family?‹ (1981 / 114f.), sind autistische Kinder über diese Gefühls-alogik erhaben. Sie haben die Macht dieser subjektiven Einbildungen in sich gebrochen, für sie gilt uneingeschränkt, daß Seele nichts ist als ›... a function of our own ability to project‹. (Hofstadter 1981 / 115) Und dieser Neigung lassen sie nicht die Zügel schießen und Macht über ihr Bewußtsein gewinnen, sondern halten ihr Denken und ihre Reflexionsfähigkeit frei davon.

BETTELHEIM: (Sprecher für Joey, ein autistisches Kind): ›... da... Gefühle so eine gefährliche Angelegenheit waren...‹ (1986 / 419)

MINSKY: ›... emotional matters... dominated by unknown terrors and traumas...‹ (1984 / 119)

SPARKASSEN-MAGAZIN: ›... die Steuerzentren für Affekte sind tierisches Erbe... tierisches Erbe und menschlicher Entwicklungsstand liegen auch im Gehirn ständig im Hader miteinander...‹ (1988 / 15)

BETTELHEIM: ›... mußte er Vorsichtsmaßnahmen ergreifen. ...Und so behauptete er denn beharrlich, er könne nur durch Maschinen hören, denn sie konnte er, wann immer er wollte, abstellen.‹ (1986 / 419)

HOFSTADTER: ›It seems that emotion of one sort ... can act as a valve, controlling the other emotions ...‹ (1981 / 114)

BETTELHEIM: ›Diese Motoren und Röhren kontrollierten sein ganzes Leben, das heißt, sie ›lebten‹ ihn.‹ ›Das Problem war nur, daß Joey trotz allem Gefühle hatte und daß er diese nicht zu beherrschen vermochte.‹ (1986 / 355 / 379)

HOFSTADTER: ›We are so subject to emotional appeal... sometimes mere words or fleeting expressions hit the bull's-eye and we soften.‹ (1981 / 114)

BETTELHEIM: ›Ich muß einfrieren‹, sagte Joey, ›meine Arme und Beine müssen zu Eis werden...‹ (1986 / 418)

HOFSTADTER: ›… we remain callous and icy, unmovable.‹ (1981 / 114)

BETTELHEIM: ›Es war also nur zu verständlich, daß er, immer wenn ihn seine Gefühle überwältigten, den heftigen Wunsch empfand, sich in eine Maschine zu verwandeln, die in der Lage war, solche Gefühle zu beherrschen.‹ (1986 / 379)

HOFSTADTER: ›… jedwede Irrationalität ist ein Epiphänomen… darunter läge die Leistung zuverlässiger logischer Hardware… die Neuronen funktionieren rational.‹ (1985 / 615)

DILTHEY: ›Die menschlichen Affekte als berechenbares Triebwerk der Kreatur – das ist im Inventar der Kenntnisse… das letzte Stück.‹ (1972 / 94)

BETTELHEIM: ›Andere können uns zerstören, aber nur wir selbst können uns zu Eis oder in eine Maschine verwandeln.‹ (1986 / 419)

HOFSTADTER: ›Und endlich war ich freudig erregt durch das Wissen, daß diese enorm komplizierte Maschine in ihrem Inneren lange Züge von Symbolen nach gewissen Regeln hin- und herrangierte und daß diese langen Züge von Symbolen den Gedanken in meinem Kopf vergleichbar waren.‹ (1985 / 664)

BETTELHEIM: ›Als Zaubermeister hatte er diese Maschinen vor langer Zeit erfunden, damit sie seinen Körper in Gang hielten…‹ (1986 / 355)

›Zuerst entledigte er sich einer unsichtbaren Drahtspule, die ihn mit seiner elektrischen Energiequelle verbinden würde. Dann spulte er diesen unsichtbaren Draht ab und legte ihn bis zum Eßtisch, um sich dort zu isolieren. Nun steckte er den unsichtbaren Draht in die Steckdose. Diese unsichtbaren elektrischen Leitungen mußte er legen, bevor er aß, weil sein Verdauungsapparat nur mit Strom funktionierte. Er führte dieses Ritual derart geschickt aus, daß man schon zweimal hinschauen mußte, um sich zu vergewissern, daß er tatsächlich keinen Draht, keinen Stecker und keine Steckdose benutzte. Seine Pantomime war so gekonnt und seine Konzentration derart ansteckend, daß die, die ihm dabei zuschauten, ihre eigene Existenz zu vergessen schienen und zu Augenzeugen einer anderen Realität wurden. Ähnliche Leitungen mußten gelegt werden, bevor er schlafen, spielen, lesen konnte.‹ (1986 / 309)

HOFSTADTER: ›Das Dilemma... lautet: worauf kann man sich verlassen außer auf formale Systeme ...?‹ (1985 / 272)

BETTELHEIM: ›Viele Überlegungen über den Wunsch des autistischen Kindes nach Monotonie und Gleichförmigkeit haben zu der Erkenntnis geführt, daß dieses Verlangen den Zweck hat, Ängste zu mindern.‹ (1986 / 109)

DESCARTES: ›Ganz besonders gefielen mir die mathematischen Disziplinen wegen der Sicherheit und Evidenz der Beweisgründe...‹ (1960 / 13)

HOFSTADTER: ›Sogar die alten Griechen wußten, daß Denken ein strukturierter Vorgang ist ...‹ (1985 / 21)

FEIGENBAUM et al.: ›As humans we have taken our very identity from our intelligence.‹ (1983 / 44)

MIEDANER: ›And however crude an engineered machine is in comparison with the human body, it represents an higher act than simple biological reproduction, for it is at least the result of a thought process.‹ (1981 / 113 f.)

›Das beweist es doch‹, SCHRIE JOEY, ›Maschinen sind besser als Körper!‹ (Bettelheim 1986 / 355)

Nun sind, bei aller Identität der Ziele und trotz der verblüffenden Ähnlichkeit in der Haltung zur Welt und zu sich selbst, die sich bis in die Wahl der gleichen Symbole und Worte erstreckt, Wissenschaftler keine autistischen Kinder und autistische Kinder keine Wissenschaftler.
Ein gravierender Unterschied besteht u. a. darin, daß Joey jenes gemeinsame Subziel (die Verwandlung des Menschen in eine Maschine oder die Verwandlung der Maschine in einen Menschen) erreichen will durch eine mimetische Angleichung seiner selbst an die Maschine. Und damit greift er nicht nur zu einem anderen Mittel als die Wissenschaftler, sondern er benutzt auch, was den eigentlichen Zweck der Disidentifizierung vom eigenen Fühlen betrifft, eine andere Strategie als die sonst bei autistischen Kindern übliche. Denn diese haben mit der wissenschaftlichen Methodik gemeinsam, daß Einfühlung in anderes von vorneherein von jenen möglichen richtigen Wegen zum Ziel ausgeschlossen wird. Und daß diese Ausschließung vom jeweiligen Weltbild aus gesehen logisch konsistent ist. Sowohl in der Weltordnung der Naturwissenschaft wie in der des Autismus gilt Fühlen nicht als Medium der Erkenntnis, mittels dessen man zu Ordnung kommt, sondern als Affekt, der Ordnung bedroht und das Erreichen von Ordnung verhindert. Einfühlung ist deswegen bei autistischen Kindern nicht nur kontratypisch, sondern erscheint nachgerade paradox. Wie kann Einfühlung in etwas benutzt werden, um sich von Fühlen überhaupt zu disidentifizieren?
Üblich ist bei autistischen Kindern nicht Einfühlung, sondern das Setzen einer Gegenordnung, die vor allem ein Kriterium erfüllen muß: sie darf mit all dem, was abgewehrt werden soll, nichts zu tun haben. Autistische Kinder leben, indem sie ihre Aufmerksamkeit völlig im Vollzug dieser Ordnung konzentrieren. Und es unterstützt die Funktion dieser Ordnung, daß sie als Gegenwelt

so klein und so monoton ist, daß sie sich in einer bestimmten Art Fingerspiel etwa erschöpft oder im rhythmischen Hin-und-herwiegen oder im monotonen Zerreißen von allem Zerreißbaren zu kleinen Schnipseln. Denn je kleiner, je monotoner, je inhaltsleerer die Gegenordnung ist, desto sicherer kann man sein, daß sie nicht selbst wieder Emotionen wecken könnte.

Die Funktion der Gegenordnung ist also immer eine doppelte. Im Vollzug ist sie das Ritual, das der Abwehr von Emotionen dient, und als geschaffene Ordnung ist sie, wenn auch nur eine winzige, ohnmächtige, aber immerhin eine Ordnung gegenüber jenem Chaos des anderen. In dieser Doppelfunktion ist die Ordnung autistischer Kinder exakt identisch mit der naturwissenschaftlichen Ordnung der Berechenbarkeit.

Denn üblich ist in den Wissenschaften ein Maßnahmenkatalog, der sich folgendermaßen parallelisieren läßt:

Die volle Attraktivität der Ordnung der Berechenbarkeit der Welt kann nur ermessen, wer neben ihrer objektiven Gültigkeit um diese ihre psychische Funktion als Gegenordnung und Abwehrritual weiß. Denn zur einzig wahren, zu einer, die, weil objektiv wahr, auch absolut und allein wahr ist, wird sie genau dann, wenn die Abwehr der desintegrierenden Kraft von Erfahrungsfähigkeit zum Fundament und zur Voraussetzung jeder möglichen Sinngebung wird. Von diesem Standpunkt zur Welt aus ist es nicht mehr paradox, daß eine Ordnung, die subjektive Sinngebung außer Kraft setzt, das Bedürfnis nach subjektiver Sinngebung befriedigt. Vielmehr ist es genau die Eigenschaft, subjektive Sinngebung zu negieren und eine Gegenordnung zu postulieren, aufgrund derer diese Ordnung von diesem Standpunkt zur Welt aus sich als eine wahre offenbart. Und nur wenn die Alternative zu jenem vollen Maßnahmenkatalog der Naturwissenschaften der Rückfall in jene Extremsituation ist, stellen die in sich widersprüchlichen Zielvorgaben der Methodik sich als logisch konsistentes Verhalten dar.

Was das autistische Kind als eine rein psychische Interpretationsleistung vollbringt – jenes Wahrnehmen, ohne wahrzunehmen, jene ständige Abwehr einer Sensibilität, mit der wir geboren sind –, das erreicht der Maßnahmenkatalog naturwissenschaftlicher Ordnung durch eine enge Verflechtung von Interpretation und Praxis.

Wo das autistische Kind nichts hat als seine Fähigkeit zur Kon-

Abwehr

Autismus	Wissenschaft
Abwendung der Konzentration von der allgemeinen Körpersensibilität	Ausschluß der allgemeinen Körpersensibilität aus der Menge der zugelassenen Informationsquellen Reduktion der zugelassenen Sinne auf den Sehsinn
Vermeidung des Blickfocussierens, Kontrolle des Sehsinns zum Zweck der Gefühlsabwehr	Ersetzen der direkten Beobachtung durch die Beobachtung der Meßinstrumente Zerstückelung der Einheit des beobachteten Objekts
Verdrängung unserer emotionalen Beeindruckbarkeit durch Konzentration auf Gegenordnung	hier besonders durch Konzentration des Sehsinns weg von der allgemeinen Situation und der Gestaltwahrnehmung, hin auf eine Menge von formal definierten Beobachtungsdaten Reduktion der zulässigen Daten auf a) intersubjektiv beobachtbare, b) meßbare

Gegenordnung

(Auswahlkriterium: sie muß gegenüber der qualitativen Differenzierung der Welt, so wie sie uns durch unsere Sinne zugänglich ist, eine radikal andere sein.)

Autismus	Wissenschaft
willkürlich gewählte Ordnung, die keinen Anknüpfungspunkt an die Gefühle der Kinder bietet	Aufgabe jedes subjektiven Ordnungsmaßstabes / neuer Maßstab: Logik der Zahl
monotone Ordnung, in der sich immer wieder das gleiche Prinzip wiederholt (der gleiche Satz Fingerbewegungen / die gleiche Art, ein Puzzle immer und immer wieder zusammenzusetzen)	Differenzierung der Gesetze der Mathematik aus ihren eigenen Prinzipien heraus / Modus der Berechenbarkeit identisch und indifferent gegenüber für uns qualitativ Verschiedenem
Verleugnung und Verdrängung der Existenz der Dinge, die außerhalb dieser Ordnung existieren	Anspruch der vollständigen Berechenbarkeit der Welt in Kombination mit der Reduktion und Umwandlung der Dinge auf jene Erscheinungsformen, in der sie berechenbar sind, und zwar sowohl im Geiste wie in der Praxis. Extreme Erscheinungsformen: Behaviorismus, Experiment, Maschi-

zentration und jene Weigerung, den Blick zu focussieren, da greift naturwissenschaftliches Vorgehen zielgerichtet ein und zerstückelt das Objekt zu Einheiten, die mit jener ursprünglichen Einheit, die uns als Standpunkt zur Welt in ihren Bann zieht, nichts mehr zu tun haben. Und vollends klar werden kann der Blick dann, wenn er nicht mehr das Objekt selbst und auch kein Teil davon, sondern eine Schöpfung der Gegenordnung, ein Instrument, überwacht. In der Konstitution des Objekts als theoretische Konfiguration aus einer Menge von Daten, wie sie von Meßinstrumenten geliefert werden, vollendet sich die Distanzierung von unseren Wahrnehmungssinnen. Reinlicher ließe sich die Trennung nur noch durchführen, rissen wir uns die Augen aus und setzten an ihre Stelle die Meßinstrumente selbst, oder schlössen die Objektsensoren selbst kurz mit einem Rechner, der die Konfiguration anhand seines theoretischen Wissens ohne unseren Eingriff ermittelt. Die in der Einleitung erwähnte Idee ›... of disembodying the brain and eyes of a cat ... and using them as visual receptors of a computing system‹ (McCorduck 1979 / 316) ist ein konsistenter Schritt in diese Richtung.

Und wo die Gegenordnung des autistischen Kindes notwendig monoton und undifferenziert ist, weil sie quer zu jedem Weltbezug stehen muß, da ist die Ordnung der Mathematik eine, die trotz Weltbezug fähig ist, ihre Prinzipien in der reinen Logik aus sich selbst heraus zu entfalten. Und eine, die trotz der Eigenständigkeit ihrer Prinzipien gegenüber jedem Weltbezug fähig ist, die Dinge dieser Welt nach ihren Prinzipien zu manipulieren. Wo also das autistische Kind nichts hat als die Kraft seines Geistes, um die Existenz der Dinge zu verdrängen, die außerhalb seiner Gegenordnung existieren, da hat die naturwissenschaftliche Ordnung die Macht des Eingriffs, der die Dinge allein nach den Prinzipien ihrer Ordnung neu konfigurieren kann:

In allen Maschinen und Automaten bewegt sich die Materie ausschließlich gemäß dem Willen ihrer Schöpfer, weil alle Eigenschaften, die diesem zuwiderliefen, in ihrer Wirkung außer Kraft gesetzt wurden. Hier ist die Welt so, wie sie berechenbar ist und nichts außerdem.

Es spricht für die Intelligenz Joeys und für seine Erkenntnismethode der ›Einfühlung‹, daß er Maschinen als jene Verkörperung einer Gegenordnung erkannt hat, die sie sind, und jene Erkenntnis verwendet, um zu einer nachgerade genialen Lösung seiner

Probleme zu kommen. Denn indem er sich mimetisch jener Ordnung angleicht, kann Joey das tun, was impulsiv jedes Kind tun muß, um sich zu entwickeln, und was bei Strafe des Untergangs ein autistisches Kind sonst nicht tun kann: er identifiziert sich mit einer vorgegebenen Haltung zur Welt, die ihm diese Welt als eine schon geordnete entziffert.

Wo die Welt noch anders ist: Identifikation, kindlicher Animismus und Symbol

Normalerweise ist diese Ordnung, mit der sich ein Kind identifiziert, die Ordnung eines subjektiven Standpunktes zur Welt – die seiner Eltern –, und der Maßstab der Ordung ist – wie das Kind – ein Mensch. Und normalerweise überlappen sich die Ordnung der Identifizierung und die Art und Weise, wie das Kind die Welt erfährt, so weit, daß die implizite Struktur dieser Erfahrung mittels der vorgelebten Ordnung, an die das Kind sich anzugleichen sucht, zu einer expliziten werden kann.

Und normalerweise wird die Entwicklung dadurch unterstützt, daß die Erwachsenen etwas können, was das Kind noch nicht kann: sich temporär und aus freiem Willen dem Standpunkt eines anderen anzugleichen, um die Sache auch so zu sehen, wie sie aus der Sicht des anderen erscheint. Um dann beide Standpunkte zu sehen in ihrer Verwobenheit miteinander, auf daß trotz oder gerade wegen der Differenzen ein Miteinander gefunden wird, in dem beide, mit ihrer Verschiedenheit und mit ihrer Ähnlichkeit, Platz haben. Mit anderen Worten, die Anpassung an den anderen ist eine wechselseitige und sie kann eine solche sein, weil Erfahrungsfähigkeit beim Kind und beim Erwachsenen in ihrer Grundstruktur identisch ist. Was sie unterscheidet, ist allein die größere Differenziertheit und die größere Erfahrung im Umgang mit Erfahrungsfähigkeit, nicht jedoch ihr qualitativer Kern: daß unsere Sensibilität als Medium der Erkenntnis gelebt und ihr Ausdruck als Medium der Kommunikation erlebt wird. Und daß unsere Sensibilität die gleichen Sinne und die gleichen Ausdrucksmittel hat. Aufgrund dieser Identität ist ein Kind in seiner Angleichung normalerweise doppelt aufgehoben: Einmal, weil auch die komplizierte Ordnung der Erwachsenen Produkt der gleichen Erfahrungsfähigkeit ist, und einmal, weil diese ›komplizierte Welt‹ im-

stande ist, mit dem Kind auf seiner Entwicklungsebene zu kommunizieren.
Und die ist am Anfang eine, in der das Kind mit der Gesamtheit seines Wesens, mit allen seinen Sinnen und seinem ganzen Körper (und nicht nur mit dem Sehsinn und den Händen etwa) sich der Welt zuwendet und Erfahrungen ausdrückt mit allem, was ihm zu Verfügung steht (und nicht nur mittels Worten, die ihm noch nicht einmal zur Verfügung stehen). Und dementsprechend reagiert das Kind auf die Gesamtheit der Mitteilungen des anderen, selbst wenn der Erwachsene gar nichts mehr davon weiß, welch unterdrückte Feindseligkeit sich in seinen verkrampften Fingern äußert, oder welche Angst in seiner peniblen Fürsorglichkeit.
Es reagiert aber das Kind auf diese Gesamtheit und agiert in ihr, nicht, weil es eben auf alles achtet, sondern, weil es noch nicht gelernt hat zu unterscheiden. Ihm ist das *ein* Ausdruck, wo der Erwachsene vielleicht nur auf die Worte achtet und schon ganz vergessen hat (oder es nicht ernst nimmt), daß der Tonfall vielleicht auch etwas zu sagen hätte. Konsequenterweise kommen Kinder in die größten Schwierigkeiten, wenn die Gesamtbotschaft, die übermittelt wird, keine einheitliche ist, weil der Erwachsene, mit sich selbst verfeindet und im Streit liegend, von Teilen seiner selbst nichts wissen will. Dann fügt sich ihm das, was sich ihm da repräsentiert und ihm zuwendet, nicht zu einer Ordnung, die erkannt werden kann, sondern bleibt nicht faßbares Chaos. Oder wird, wie in der schizophrenen Erfahrung, zu Recht als janusköpfige Wirklichkeit erlebt, in der man, willkürlich alternierend und abrupt, mit jeweils zwei Realitäten zu rechnen hat.
Und umgekehrt ist die Ordnung, die Kinder in der Haltung der Erwachsenen zu erkennen in der Lage sind, immer eine, die sich auf die Gesamtheit der erfahrenen Lebensäußerungen bezieht. Kinder reagieren nicht auf die pädagogischen Verhaltensregeln, denen die Eltern sich zu folgen bemühen, nicht auf das hehre Selbstbild, das manch einer von sich hat, sie reagieren auf die Person, so wie sie als einheitliches Wesen erlebt werden kann. Und so kommt es denn nicht nur zu jener Standardkomik pädagogischer Bemühungen, in denen so mancher Elternteil sich empört verwundert fragt, ›Woher sein Sprößling *das* wohl haben mag!‹, während es den Nachbarn sonnenklar ist: ›Ganz der Vater!‹, sondern auch dazu, daß Kinder im Verständnis jener Grundhaltung zur Welt, die einer einnimmt, und von der aus

gesehen die Gesamtheit seiner Lebensäußerungen Sinn macht, besonders hellsichtig sind. Freilich ist das ein Verständnis besonderer Art. Sie können auf diesen Standpunkt zur Welt reagieren, sie können sich ihm angleichen und sie können ihn zu einem späteren Zeitpunkt symbolisieren, aber sie können ihn nicht analysieren als eine Menge von Einzelheiten in ihrem Zusammenspiel. Denn so hellsichtig sind sie, weil ihnen jede vorgelebte Ordnung nur Sinn macht in ihrer Gesamtheit, und die Fähigkeit zur Herausdifferenzierung von Einzelheiten von diesem primären Gesamtverständnis abhängt.

Wenn man Kindern also zu Recht eine intuitive Weisheit zusprechen kann, die fähig ist, den Kern einer Sinngebung unmittelbar zu erfühlen, so sind sie auf der anderen Seite dieser Erkenntnisfähigkeit hilflos ausgeliefert. Kindern ist dies – jene andere Ordnung und die eigenen Erfahrungen mit dieser Ordnung – zunächst alles eins, das sich nicht trennen läßt. Und sowenig sie in der Lage sind, eine Sinngebung der Welt, die ihnen Angst macht und ihnen Unrecht tut, zu verlassen und dieser Interpretation ihre eigene, in der ihre Erfahrungen zu ihrem Recht kämen, entgegenzustellen, sowenig sind sie zunächst in der Lage, eine einmal gefundene Ordnung ihrer Bedürfnisse zu relativieren und auszugleichen mit den Bedürfnissen von anderen.

Und erst nach und nach und um so eher, je mehr die Angleichung des Kindes an die Erwachsenen auf eine respektive Angleichung der Erwachsenen an das Kind trifft, die der kindlichen Erfahrung und Interpretation der Welt ihre eigene relative Gültigkeit sichert, schält sich die Ordnung der Welt heraus als eine Ordnung von Standpunkten zur Welt untereinander. Standpunkten, die sich nicht fremd gegenüberstehen, sondern die verstehbar sind, weil man selbst in seinen Erfahrungen verstanden wurde. Denn das ist das erste, daß aus dem bloßen Ausdruck von Gefühlen ein Medium der Kommunikation wird, weil auf diesen Ausdruck eine Reaktion erfolgte, die dem Ganzen eine verstehbare und befriedigende Ordnung gab. Und erst nach und nach wird aus jener Erfahrung, daß der eigene Ausdruck von Erfahrenem die Erfahrung an die Welt vermittelt und ihr Gültigkeit verschafft, und der Erfahrung jener Ordnung, wie sie sich in der Erfahrung aufdrängt, ein Ganzes, das es einem ermöglicht, Fremdes in seiner Verschiedenheit von sich selbst zu verstehen, weil auch das Fremdeste in einem der eigenen Erfahrung ähnlich ist: daß es in der Art und Weise seiner Existenz seine Art, die Welt zu ›erleben‹, zum Ausdruck bringt. In diesem Stadium ist alles in der Welt ein Du, das sich verstehen läßt als spezifischer Standpunkt zur Welt, und es liegt nur an der eigenen Erfindungskraft, ob sich eine Ausdrucksart finden läßt, die Verständigung möglich macht. In der klassischen Entwickungspsychologie ist das das Stadium des Animismus, jener Zeit, in der Kindern die wunderbare Eigenschaft zukommt, im Spiel Teddybären fast lebendig machen zu können.

Freilich muß man unterscheiden zwischen dem Animismus, wie ihn unsere Kinder als Zwischenstadium, das man möglichst schnell hinter sich bringen soll, entwickeln, und dem Animismus, wie er als Weltbezug und Erkenntnismethode von Erwachsenen in der Tradition einer Kultur zur Meisterschaft gebracht wurde. Und jener Vorstellung von Animismus, wie ihn jene psychologische Tradition entwickelt hat, die ihn als bloß onto- und phylogenetische Entwicklungsstufe interpretiert.

Denn was uns dort als ›Animismus‹ serviert wird, ist in den allermeisten Fällen schlicht das Ergebnis einer großen Verständnislosigkeit auf seiten der Erwachsenen. Da werden die Kinder monatelang und der Leser seitenlang mit Fragen geplagt wie ›Ist der Tisch lebendig?‹, ›Fühlt die Bank das, wenn man sie haut?‹, ›Will die Wolke sich bewegen?‹, ›Ist der Tisch lebendig, weil er etwas fühlt?‹ – ›die Wolke, weil sie sich bewegt?‹ – ›die Katze, weil sie etwas will?‹ – ›die Puppe, weil sie sprechen kann?‹, und all das, um eine Liste von Eigenschaften zu kompilieren, die die Kinder laut Theorie veranlassen, ein Ding als lebendig anzusehen. Um dann, weil dieses Unternehmen immer scheitert, den Kindern auch noch vorzuwerfen, sie würden ihren Animismus nicht einmal systematisch betreiben.

Nun hängt aber Animismus, wie jede Erkenntnismethode, nicht von den bestimmten Eigenschaften ab, die ein Ding hat oder nicht hat, sondern besteht, auch wiederum wie jede Erkenntnismethode, aus einer bestimmten geistigen Haltung zur Welt, aus einer bestimmten Art und Weise, Ordnung zu schaffen in der Mannigfaltigkeit der gegebenen Strukturen und Bezüge. Und ›ein lebendiger Stein‹ ist in einer animistischen Weltanschauung genauso grundverschieden von ›einem lebendigen Tier‹, wie bei uns ein ›nicht-lebendiger Stein‹ sich von einem ›lebendigen Tier‹ unterscheidet. Ja wahrscheinlich sogar noch verschiedener als bei uns,

wo wir beides unter dem Begriff ›Objekt‹, das manipuliert werden darf, gleich behandeln.
Im Animismus ist ein Stein lebendig, nicht, weil er bestimmte Dinge kann oder nicht kann, sondern weil animistisches Denken sich bemüht, die Dinge dieser Welt zu verstehen und zu erkennen als welche, in deren Existenz ein je spezifischer Standpunkt zur Welt zum Ausdruck kommt. Es versucht, diesen Standpunkt zu begreifen, selbst wenn er ein uns so fremd-toter wie der eines Steins ist oder ein so riesengroß-unendlicher wie der des Kosmos. Wenn westliche Wissenschaftler sich unter einem ›Standpunkt zur Welt‹ nur mehr den menschlichen vorstellen können und dann einer Weltinterpretation, in der ein Standpunkt zur Welt nicht nur dem Menschen zukommt und nicht nur als menschlicher begriffen werden kann, unterstellen, hier würden die Dinge vermenschlicht und ihnen menschliche Eigenschaften untergeschoben, so ist das ein schönes Beispiel dafür, wie Egozentrismus umstandslos in Dummheit umschlägt dort, wo er sich mit dem befaßt, was über ihn hinausreicht.
Und über diesen spezifisch kulturbedingten Egozentrismus reicht selbst der Animismus unserer Kinder noch hinaus. Denn was Kinder tun, wenn sie mit ihrem Teddybären sprechen, weil nämlich der Bär plötzlich jemand ist, der ganz deutliche Vorlieben und Abneigungen hat und überhaupt so ein bißchen dumm und tolpatschig ist, daß man ihn nicht ins Badezimmer lassen kann, weil er da immer ins Waschbecken fällt, und außerdem, das müßte man jetzt aber wirklich schon lange wissen, jemand ist, der Marmeladeflecken im Fell mag, jawohl *mag* (!); was Kinder tun, wenn in ihren besten Zeiten jedes noch so mißratene Produkt der Spielzeugindustrie einen ganz eigenen und so überzeugenden Charakter bekommt, daß schließlich auch der dümmste Erwachsene begreift, daß man das *Ding* nicht einfach so in den Koffer stecken kann; was Kinder also tun, wenn ihre Welt plötzlich mit Lebewesen bevölkert ist, da, wo es vorher keine gab, das ist ganz einfach das, daß sie in ihrer neu erworbenen Fähigkeit, etwas anderes als einen einheitlichen Standpunkt zur Welt zu erkennen, der von ihnen verschieden ist und mit dem man kommunizieren kann, daß sie in dieser neu erworbenen Fähigkeit bis zum Überfluß schwelgen und mit ihr *spielen*. Und vor allem im Spiel jede Menge neuer Standpunkte zur Welt *erfinden*.
Und sie *symbolisieren*. Denn die Existenz eines anderen begreifen

als Ausdruck einer bestimmten psychischen Haltung zur Welt, das heißt zugleich begreifen, daß etwas etwas anderes *bedeuten* kann, als bloß sich selbst in seiner materiellen Existenz.
Das Erkennen dieser gemeinten Existenzweise ist sicherlich ein rein geistiger Akt, oder, wie Hofstadter sich ausdrückt, ›...the soul we project into these objects, is an image purely in our minds‹ (1981 / 114). Aber daraus folgt nicht, daß Symbole, weil sie ja nicht ›das Echte‹ sind, nicht ernst genommen und nicht respektiert werden müßten. Ernst genommen und respektiert werden müssen sie vielmehr genau deswegen: weil sie nicht das ›Echte‹ sind, sondern eine Chiffre für eine bestimmte Bedeutung. Ihr Existenzrecht und die Absicht, mit der sie geschaffen wurden, liegt genausowenig in ihrem bloß materiellen So-Sein – jenem Stück Kunstpelz mit Plastik –, wie die Absicht von Buchstaben oder Worten darin zu suchen ist, daß sie Druckerschwärze auf Papier sind. In beiden Fällen ist es unsere Fähigkeit, mittels ihrer ›geistige Einbildungen‹ in uns hervorzurufen, die sie wertvoll macht. ›Das Echte‹ oder das Wahre an Worten und Symbolen ist die geistige Dimension ihrer Existenz, nicht obwohl, sondern weil wir sie hineinprojizieren.
Freilich ist diese Interpretation im Wort und im Symbol trotz der Identität des Bedeutens eine grundverschiedene. Während mit Worten Wahrnehmungsabstraktionen festgehalten und in dieser Betonung gegenüber anderen hervorgehoben werden, Worte sich also auf ›Teile‹ der Welt oder Teile der Erfahrung der Welt beziehen, verkörpert ein Symbol seiner ursprünglichen Intention nach jeweils eine spezifische Ordnung der gesamten Welt.
Wenn Worte also verstanden werden, indem man sie auf die eigene Erfahrung der Welt rückbezieht, werden Symbole verstanden, indem man die eigene Sichtweise aufgibt und sich mit jenem Standpunkt zur Welt identifiziert, den das Symbol repräsentieren will.
Und identifizieren kann man sich mit der Bedeutung eines Symbols, weil und insofern sich durch diese Identifikation eine Sichtweise der Welt ergibt, die sie in ihrer Gesamtheit als eine kohärent geordnete erscheinen läßt.
Konsequenterweise haben animistische Erkenntnismethoden (und noch selbst so ›vergeistigte‹ wie die des Yoga oder des Buddhismus) ein völlig anderes Erkenntnisideal als unsere naturwissenschaftliche Methode. Bedingung für wahre Erkenntnis ist hier

nicht die absolute Distanz zwischen Subjekt und Objekt, sondern die Aufhebung dieser Distanz, weil wahre Erkenntnis erst möglich wird, wenn das Subjekt seine eigene Struktur ganz aufgegeben hat zugunsten der des zu erkennenden Objekts.

Selbst im kindlichen Spiel ›Teddybären-lebendig-machen‹ schwingt jenes Ideal der völligen Angleichung, der Identifizierung als Mittel des Verstehens noch mit. Oder besser gesagt, es kommt hier besonders anschaulich, wenn auch nicht reflektiert zum Ausdruck. Wenn Kinder Teddybären als Symbol eines Standpunktes zur Welt begreifen, so tun sie das, indem sie der Teddybär werden. Ihre Stimme ist die des Bären und vor ihren Körper schiebt sich der des Bärs, während sie, in ihrer eigenen Identität als Hans oder Grete verschwinden.

Es können aber Kinder ihre eigene Identität so spielerisch und lustvoll aufgeben und sich so leichtherzig angleichen ans andere, weil sie in der Ordnung des Symbols jene Ordnung finden und bestätigen, die ihre eigene Identität möglich macht.

In jedem Symbol, das geschaffen und als solches erkannt und anerkannt wird, manifestiert sich eine Haltung zur Welt, die jedem Existierenden das Recht auf eine eigene Interpretation der Welt zugesteht, die verstanden werden kann. Und eben das, die je eigene Interpretation der Welt, macht Identität aus, und eben das, daß diese Interpretation der Welt in der Interpretation der Welt durch den anderen erkannt und anerkannt wird, bildet die Basis jeder echten Anerkenntnis und Erkenntnis des anderen in seiner Identität.

Der Symbolismus ist die natürliche Ausdrucksweise des ›Animismus‹; das Symbol selbst ist Ergebnis einer symbolischen Kommunikation mit dem anderen und in seiner Struktur (ein Ausdruck, der auf eine spezifische Erfahrung dieser Welt verweist) und in der Art, wie es verstanden werden kann (mittels Identifizierung mit einem Standpunkt zur Welt, von dem aus gesehen jene Erfahrung / Ordnung der Welt sich als wahre ergibt) wiederholt es exakt den Vorgang, der zum Verständnis jenes anderen führte, das in ihm symbolisiert wird. In dieser Hinsicht symbolisiert jedes Symbol die Bereitschaft und die Möglichkeit symbolischer Kommunikation überhaupt, und jede Negierung eines Symbols negiert symbolische Kommunikation insgesamt.

Wenn Teddybären also plötzlich mit Respekt behandelt werden müssen, so nicht, weil das Kind glaubt, sie seien tatsächlich lebendig, oder weil es plötzlich auf das in ihnen verkörperte ›Kindchenschema‹ reagiert, sondern weil es in der Anerkenntnis dieser symbolischen Identität die seinige bestätigt fühlt.

Und umgekehrt wird die Weigerung, etwas als Symbol anzuerkennen, indem man es wie ein bloßes Ding behandelt, nicht deswegen als Angriff auf die eigene Identität empfunden, weil man sich mit diesem Ding identifiziert hat, sondern weil die Verweigerung der symbolischen Kommunikation jene Ordnung negiert, die nicht nur diese eine, sondern Identität und Bedeutung überhaupt möglich macht.

Denn wenn einer auf die sprachliche Kommunikation eines anderen so reagiert, daß er sagt ›Das ist ja nur Druckerschwärze‹ oder ›Das sind ja nur Töne‹, und auf die symbolische Kommunikation eines anderen so, daß er sagt, ›Das ist ja nur ein Objekt‹, so ist das nicht nur einfach falsch.

Falsch wäre, wenn er auf die Äußerung ›Bitte Tee!‹ Bier bringt, oder einem Kind, das sich blutig gestoßen hat, entgegenstrahlt und ›Ei, wie schön!‹ meint.

Aber mit der Weigerung, das Wort als Träger von Bedeutung zu interpretieren, weigert er sich, den anderen als einen anzuerkennen, der seine Interpretation der Welt mittels Worten zum Ausdruck bringen und mitteilen kann. So einer hat kein Weltverständnis – es sind ja nur Töne.

Und nicht einmal das. Denn mit Tönen immerhin kann man noch die Art und Weise, in der die Existenz erfahren wird, zum Ausdruck bringen. Wenn aber auch die symbolische Kommunikation auf jene Negation stößt, wenn auf den symbolischen Umgang mit symbolischen Gegenständen jenes Verdikt erfolgt, das Symbol sei ja nur materieller Gegenstand, und der Ausdruck, auf den man angemessen reagiert, bloße Einbildung, so wird man von einem begriffslosen Wesen zu einem bloßen materiellen Etwas – dann ist man nicht mehr ein Wesen, das etwas begreifen und dieses Begriffene mit Worten ausdrücken und mitteilen kann, dann ist man nicht mehr ein Wesen, das eine innere Erfahrung, eine Seele hat, und diese Sichtweise der Welt durch sein materielles Dasein zum Ausdruck bringen kann, dann ist man nicht mehr ein Subjekt, sondern nur noch materielles Objekt, das nach bestimmten Regeln funktioniert, ohne ich und ohne Du, ohne Verstehen und ohne Verständigungsmöglichkeit, stumm und ohne Ausdruck – dann ist man wie Joey.

Wenn autistische Kinder vor allem dadurch bekannt geworden sind, daß sie nicht kommunizieren und auf keine Kommunikation ansprechen, so hat das seinen Grund darin, daß sie welche sind, denen symbolische Kommunikation verweigert wurde. Was sich von innen so darstellt, daß der Versuch, in der und mittels der eigenen Sensibilität Ordnung zu erkennen und zu bewahren, scheitert, das stellt sich von außen so dar, daß die Erfahrung der Welt, so wie sie von den Kindern erlebt wurde, keine Anerkennung fand. Und zwar auf die vernichtendste Weise, in der eine solche Negation stattfinden kann. Die Erfahrung der Welt durch die Kinder war für die Erwachsenen schlichtweg inexistent: sie waren nicht fähig, sie wahrzunehmen. Und was man nicht wahrnehmen kann, auf das kann man auch nicht reagieren. Weder positiv noch negativ. Nun ist es natürlich nicht so, daß die Kinder von den Erwachsenen überhaupt nicht wahrgenommen und beachtet wurden. Aber ihre Existenz wurde nicht wahrgenommen als Chiffre für eine innere Erfahrung, für eine innere Ordnung, die – wie unvollkommen auch immer und mit der ganzen Körperlichkeit zum Ausdruck gebracht – auf eine Bestätigung hofft, um sich selbst als Ordnung, als Ausdruck einer Erfahrung, als Kommunikation eines Standpunktes zur Welt gewahr werden zu können. Die Kinder wurden gesehen als welche, die eben auf gewisse Weise funktionieren – indem man sie füttert und warmhält und so – und die ansonsten halt sinnlose Dinge ohne Bedeutung tun.

Es ist aber jedes Kind in seinem Versuch, die Ordnung der Welt und seiner selbst zu erkennen, ganz wesentlich darauf angewiesen, daß die Gesamtheit seiner Handlungen als bedeutungsvolle interpretiert und daß diese Interpretation so an das Kind vermittelt wird, daß es seinerseits sie verstehen kann.

Wenn man ein Kind dabei ertappt, wie es erwartungsvoll auf den Fleck starrt, wo man gerade aus seinem Sichtfeld verschwunden ist, und dann vor Freude gluckst, wenn man wieder auftaucht, so ist es niederschmetternd, wenn man gar nicht darauf reagiert. Aber ebenso destruktiv wäre es, wenn man ihm nach Piaget versichert, es habe eben die Konstanz der Existenz der Dinge auch außerhalb seines Wahrnehmungsfeldes entdeckt, oder ihm das Energieerhaltungsgesetz zitiert. Angemessen ist allein, daß man mit dem Kind Verstecken spielt, und somit nicht nur jene vom Kind entdeckte Ordnung richtig interpretiert und ihre relative Wahrheit anerkennt, sondern auch die Ausdrucksform der Ordnung teilt.

Zum Verständnis jeder menschlichen Ordnung gehört, daß sie in der Spannung zwischen Innen und Außen, zwischen innerer Erfahrung der Welt und Ausdruck dieser Erfahrung interpretiert wird, und daß dieser Ausdruck seinerseits als Mitteilung verstanden wird, über den jenes Innen auch dem anderen zugänglich wird. Und nur dann wird der Ausdruck von Erfahrung vom Kind nur als Kommunikationsmedium verstanden, wenn der andere seinerseits die dem Kind eigene Ausdrucksform als Mittel der Mitteilung benutzt. Die formal-sprachliche Bestätigung eines Kinderlächelns ›Das ist das richtige Mittel, um Freude mitzuteilen‹ erreicht das Kind nicht als die Bestätigung, die dem Wortsinn nach intendiert ist. Das Kind kann am Anfang, wo es noch nicht einmal sich selbst als Standpunkt zur Welt begreift, für den dies und das so und so ist, und der diese seine Wahrheit auf jene Art mitteilen kann, sich ebensowenig in den Standpunkt und die Denkweise eines anderen hineinversetzen, wie es in der Lage wäre, dessen Ausdrucksform in die seinige zu übersetzen. Vielmehr muß es überhaupt erst begreifen, daß es all dies gibt und auch ihm als Möglichkeit zur Verfügung steht.

Und um dies zu begreifen, haben Kinder nur ihre Sinne, können nur ihre sinnliche Erfahrung der Welt und ihrer selbst als Medium der Erkenntnis einsetzen. Und das auch nur in jenem ganzheitlichen bedingunslosen Sinne, insofern sie noch nicht zu unterscheiden gelernt haben zwischen ›wichtigen‹ und ›unwichtigen‹ Eindrücken. Sie erfahren die Welt ›ganz‹ – mit allen Sinnen –, und haben Kenntnis vom anderen, insofern sie ihn ganz, auf allen Ebenen des Ausdrucks – nicht nur auf dem sprachlichen – wahrnehmen (riechen, schmecken, sehen, fühlen, hören ...).

Um sich so mit Kindern ernsthaft – und das heißt nichts anderes, als daß ihr Anliegen als das genommen wird, was es ist: ein lebenswichtiges nämlich – zu verständigen, reicht die bloß schauspielerische Nachäffung der kindlichen Ausdrucksmittel nach der Art ›Ga-Ga Di-Di da!‹ nicht hin. Nicht weil hier das Signal nicht deutlich genug wäre, sondern weil vergessen wurde, daß die Deutlichkeit eines Signals nur für uns von seiner Abstraktheit abhängt; davon, daß gewisse Verhaltensweisen überbetont und der Rest übersehen wird. Kindern ist diese Trennung am Anfang jedoch nicht zugänglich. Für sie gehört der versteckte Angstschweiß ebenso zur Botschaft mit hinzu wie der Freudenausbruch auf der intendierten Ebene, die verkrampften Hände, das kaum merkliche Zurückzucken und das zu feste Zupacken ebenso wie die offensichtlichen Gesten der Fürsorge. Zu dieser Ganzheit in der Ausdrucksform, die dem Kind allein als klare verständlich ist, findet jemand nur, wenn die äußere Angleichung an die Ausdrucksform des Kindes zugleich Ausdruck einer inneren Angleichung an die Sichtweise des Kindes ist, wenn also einer zumindest im groben verstanden hat, wie das Kind die Welt erfährt, weil er sich mit dessen Standpunkt zur Welt identifizieren kann. Und nur so – wenn man die Welt aus der Erlebensweise des Kindes wahrnimmt – ist man in der Lage, in all seinem Handeln Ausdruck und Bedeutung zu sehen und spontan adäquat darauf zu antworten, ohne zuvor Piaget gelesen oder sein Kind wissenschaftlich erforscht zu haben.

Freilich kann eine solche Identifizierung zunächst nur tentativ und global sein. Aber insofern die Identität von Kindern keine statische, sondern eine dynamische und zuvörderst eine ist, die erst gefunden werden muß, ist diese notwendige Globalität jeder Identifizierung kein Manko, sondern ein positives Muß. Nur wenn sie eher Bereitschaft ist, die Welt in der Sichtweise des anderen zu sehen, als Wissen um eine Ordnung, mehr Identifizierung mit einem autonomen ›Maßstab‹ der Weltordnung als mit dieser selbst, gesteht sie dem anderen jenen Raum zu, diese seine Weltinterpretation selbst auf seine Weise und in seinem Tempo zu erforschen und in dieser Erforschung zu seiner Identität zu finden. Und die ist – als Identität einer Person – immer etwas Einmaliges.

Jede genuine Identifizierung ist so notwendig nicht nur immer global-offen, sondern auch immer individuell-gerichtet. Sie ist keine Identifizierung mit ›den Kindern‹, sondern immer eine mit diesem besonderen Kind hier. Denn so sehr man auch kindliche Entwicklung und Weltsicht auf einen allgemeinen Phasenentwicklungsschema-Nenner bringen kann, so wenig ist die potentielle Persönlichkeit jedes Kindes in diesem Schema aufgehoben. Was sie ganz macht, was sie überhaupt erst zu einem Selbst werden läßt, ist die je individuelle Art, mit der ein Kind ›ein Stadium‹ mit Leben, mit seinem Leben zum Leben erweckt. Nur wenn man bereit ist, jedes Kind als etwas wirklich Neues zu erfahren, versteht man das Kind so, wie es sich selbst verstehen muß, um die Gesamtheit seiner Erfahrungen zu einer Einheit des ›Ich-Selbst‹ zu integrieren – in seiner einmaligen Besonderheit als Zentrum und Agens einer wahren Weltinterpretation. Und wirklich Neues erfährt man nur, wenn der desintegrierende Aspekt von Erfahrung in einem doppelten Sinne zugelassen wird – als Aufgabe jener sedimentierten Erwartungsstruktur, was der andere ist, und als prinzipielle Zulassung neuer Erfahrungen, und damit vor allem gerade auch jener, die für meine Subjektstruktur, für mein bisheriges Selbstverständnis potentiell fundamental desintegrierend sein könnten. Nur dann versteht man den anderen wirklich, wenn man risikiert, daß man durch dieses Verständnis selbst ein anderer wird.

Die Identifikation mit dem Kind und die Identifikationsfindung des Kindes mit Hilfe dieser Identifikation ist ein Prozeß mit offenem Ausgang für alle Beteiligten.

Prägnantestes Zeichen dieses Verstehensprozesses ist beim Erwachsenen das Teilen der Ausdrucksform des anderen. Hier manifestiert sich deutlich sichtbar, daß Selbstbehauptung aufgegeben wurde zugunsten eines Miteinanders, und hier erfüllt sich jenes Bemühen um Verstehen im erfolgreichen Dialog. Und das kann bei Kindern wiederum nur heißen: im erfolgreichen Dialog des Miteinanderlebens. Denn ihre Weltsicht vermitteln sie nicht über einen sprachlich-abstrakten Ausdruck und eine Reflexion aufs eigene Weltverständnis, nicht über eine einmalige Darstellung mit allen sinnlichen Ausdrucksmitteln, sondern in der Art, wie sie Tag für Tag ihr Leben leben. Kinder erfahren das Verständnis, das sie brauchen, und wir kommen zum Verständnis ›der kindlichen Weltsicht‹, indem wir das tun, was Menschen schon immer getan haben: mit ihren Kindern zusammen ihr Leben teilen.

Und wenn es auf der einen Seite so ist, daß man sich mit der Sichtweise der Kinder erfolgreich identifizieren muß, will man sich mit ihnen adäquat verständigen, so ist es auf der anderen Seite so, daß nur Kinder, in die diese potentielle Identität einer eigenen Sichtweise der Welt hineinprojiziert wurde, auch zu welchen werden, die zu ihrer Identität finden. Und nur Kinder, mit denen von Anfang an auf allen Ebenen des Ausdrucks gesprochen wurde, finden nachher zu einem Verständnis der Welt und ihrer selbst, in dem sie in der animistischen Phase ›mit der ganzen Welt‹ und mit den Menschen in der Menschensprache sprechen.

Das soll nicht heißen, daß dieser Prozeß des Verstehens und der Kommunikation immer in der Breite seiner ganzen Möglichkeiten erfolgreich ist. Aber die Tatsache wiederum, daß Mütter auch vor und ohne Piaget mit ihren Kindern Verstecken spielten und generell noch viele andere Dinge tun, die Piaget entgangen sind, dokumentiert zur Genüge, daß die Erkenntnis der Erfahrungswelt eines anderen nicht nur durch die wissenschaftliche Erkenntnismethode, sondern auch durch andere Methoden des Erkennens möglich ist. Und daß diese anderen Methoden auch nicht durch die wissenschaftliche Methode ersetzt werden können. Nicht nur, aber auch schon deswegen, weil der Wissenschaftler sein Verständnis der ›Stadien kindlicher Entwicklung‹ nur gewinnt mittels der Beobachtung funktionierender Kinder. Damit sie aber zu solchen werden, müssen sie im wesentlichen welche sein, die schon verstanden wurden.

Subjekte, und damit auch Wissenschaftler, die Theorien über diese Subjekte und über die richtige Erkenntnismethode aufstellen, erhält man nur, insofern es Menschen gibt, die sich mit ihrer ganzen Intelligenz und Phantasie und über Jahre ihres Lebens hinweg auf den mimetischen Verstehensprozeß eines anderen einlassen und – jeweils auf ihre Weise und nach ihren Kräften – seine Wahrheit verwirklichen.

... und Objekte machen

Nichts aber läge der wissenschaftlichen Haltung ferner, als einen Professor der Kinderpsychologie 15 Jahre lang dafür zu bezahlen, daß er sich um sein Kind kümmert, weil auf diese Weise der Erkenntnisfortschritt sich am besten sichern ließe. Und, paradoxer noch, selbst wenn er sich 15 Jahre lang um sein Kind gekümmert hat, so darf er diese Erfahrung und die 15 Jahre, die er Kind- und Jugendlicher-Sein am eigenen Leib erfahren hat, nicht zum Beweis, sondern höchstens zur schmückenden Illustration seiner wissenschaftlichen Thesen verwenden. Erfahrung – sei es die Erfahrung am eigenen Leib, sei es die Erfahrung einer Ordnung, wie sie mit dem anderen geteilt wurde – gilt nicht als ein Faktum, das Aussagen über die Wirklichkeit belegen könnte, und nicht als Methode, mittels derer man zu wahren Aussagen über die Wirklichkeit kommen kann. Ganz im Gegenteil gründet sich die Wissenschaft der Kinder- und Entwicklungspsychologie in der Überzeugung, auf die ›bereits zu Anfang unseres Jahrhunderts … Claparede mit besonderer Klarheit hingewiesen (hat), daß die so tief im Gemeinverstand verwurzelte Überzeugung falsch war: um in die Geisteswelt des Kindes und in die Wesenszüge seiner Denkweise einzudringen, seine Überzeugungen und seine ureigensten Interessen entdecken zu können, genüge es, rein intuitiv zu verfahren oder einer nicht systematischen Beobachtung Vertrauen zu schenken, also jenem ›Umgang mit dem Kind‹, auf den so manche Erzieher und Eltern so stolz sind! Diese Überzeugung ist die Quelle verhängnisvoller Irrtümer, ebenso auf der Ebene der reinen Erkenntnis wie auch auf jener der täglichen Erziehungspraxis.‹ (Petter 1976 / 14)

Woraus wiederum folgt:

›… daß die tatsächlichen Wesenszüge der kindlichen Geisteswelt nur durch eine geduldige und verfeinerte Forschungsarbeit entdeckt werden können, deren unumgängliche Vorbedingung die ständige Zuhilfenahme des Experiments und – insofern diese sich als möglich und zweckmäßig erweisen – messender Verfahren ist.‹ (Petter 1976 / 14)

Selbst einer so weichen ›Wissenschaft‹ wie der Psychologie, die den Erkenntnisobjekten einen fürs Funktionieren wichtigen Innenraum zugestehen muß und zum Erkennen desselben immer noch auf so altertümliche Methoden wie ›Verstehen‹ mit angewiesen ist, selbst so einem solchen Zwitterwesen von Wissenschaft stellt sich das Objekt, das sie erkennen will, als prinzipiell Fremdes dar, zu dem die eigene Erfahrung keinen Zugang hat. Kinder haben eine andere Denklogik als Erwachsene, deswegen können wir sie nicht einfach verstehen, sondern es bedarf der wissenschaftlichen Forschung, um in jenen kindlichen Handlungsweisen ohne Sinn und Verstand die Logik und die Prioritäten zu entdecken. Erwachsene sind in ihrer emotionalen Struktur von jenen Kindheitserfahrungen geprägt, so daß auch die eigene Struktur und Vergangenheit in jenem fremden Dunkel verborgen ist. ›Wilde‹ haben eine andere Denkweise als wir Kulturvölker, deswegen bedarf es elaborierter Schemata und Konstruktionen, um in jenem Kunterbunt von Bildern, Riten, Symbolen und technisch-kausalem Unverstand eine Ordnung für uns erkennbar werden zu lassen.

Eine Ordnung aber, die unserer Erfahrung nicht zugänglich ist, kann nur mühsam rekonstruiert, nicht aber mitgelebt werden. Und von diesem rekonstruierten Verständnis führt kein Weg zurück zur Verständigung, die aus dem Objekt der Erkenntnis ein Subjekt, ein Du, ein ehemaliges Ich-Selbst machen könnte. Vielmehr kommt diese Rekonstruktion von ›außen‹ nur zum Ziel, wenn es ihr gelingt, die Ordnung des anderen in die Ausdrucksformen der eigenen Ordnung zu übersetzen. Das eben macht Wissenschaft aus – Resultat wissenschaftlicher Forschung ist nicht die gelungene Angleichung des Erkenntnissubjekts ans Erkenntnisobjekt, sondern die Bereicherung der eigenen Ausdrucksform: ein Stück mehr an wissenschaftlicher Theorie. Jetzt läßt sich in unseren Worten sagen, wie jenes Fremde da funktioniert. Aber schon gar nicht finden Kinder oder Wilde in jener Beschreibung ihr Erleben wieder.

Aber das ist ja auch nicht das Ziel, die eigene Sichtweise der Welt zugunsten jener anderen so aufzugeben, daß im eigenen Ausdruck der andere sich wiederfindet. Vielmehr hat wissenschaftliche Forschung nur Erfolg, insofern es ihr gelingt, das Erkenntnisobjekt als eines zu beschreiben, das sich in ihre Sichtweise, in die von ihr gesetzte und gesuchte Ordnung der Welt, assimilieren läßt. Und die, da gibt es in der Wissenschaft keinen Zweifel, ist die einzig wahre, die es mit Fakten und nur mit Fakten zu tun hat, im Gegensatz zu jenen anderen Beschreibungen / Sichtweisen der Welt, die bloße Interpretationen, bloßes subjektives ›So-für-mich-Erscheinen‹ sind.

Es ist aber genau dieses ›So-für-mich-Erscheinen‹ der Welt, das aus einem Objekt ein Subjekt macht, mit einer für es spezifisch wahren Sichtweise der Welt. Und nur dann ist man nicht willen- und haltlos anderen Ordnungen unterworfen, wenn die eigene Erfahrung der Welt – die Welt, so wie sie mir in der Erfahrung erscheint – zu Ordnungen führt, die wahr sind. Und immer wieder zu wahren Ordnungen für mich führen wird. Und eben dadurch, daß meine Art, in der Welt zu sein, mich zur wahren Erkenntnissen führt, kann ich mich selbst in all dieser Verschiedenheit als jene Einheit begreifen, für die all dieses wahr ist und all jenes wahr werden wird, wenn ich selbst mich ändere; kann ich jenes Identische im Fluß der Verschiedenheit finden, das Integration der Erfahrungen möglich macht: Maßstab einer Ordnung der Welt und nicht bloßer Teil einer Ordnung zu sein.

Zu dieser meiner wahren Sichtweise der Welt gehört das Erkenntnissubjekt, das mich erkennen will, als Objekt meiner Erkenntnis, als Teil, das in meine Weltordnung assimiliert wurde, ebensogut dazu wie alles andere. Und es liegt an mir, ob ich in ihm jenes andere Subjekt erkennen kann, dem seinerseits eine wahre Erfahrung der Welt gegeben ist, die mir zugänglich ist, unter der Voraussetzung, daß ich meine Sicht der Welt aufgebe, oder ob ich so ausschließlich in meiner Sichtweise und Ordnung der Welt befangen bin, daß der andere mir als jenes prinzipiell Fremde entgegentritt, das mir zugänglich wird nur, insofern es Teil meiner Ordnung wird.

Das aber eben macht Objekt-Sein aus:

Nicht selbst Maßstab einer Ordnung, sondern bloß Teil einer Ordnung zu sein.

Indem die wissenschaftliche Methode jede subjektive Sichtweise als Schein, und deren Erkenntnismedium, subjektive Erfahrung der Welt, als bloße Projektion von Gefühlen disqualifiziert, verwandelt sich ihr die ganze Welt – inklusive dem eigenen Erleben dieser Welt – in eine Welt von Objekten, die dem Erkenntnissubjekt prinzipiell fremd gegenüberstehen. Und die unter diesem fremden Blick zu Objekten werden. Denn das hat der wissenschaftliche Blick mit der krankhaften Egozentrik gemeinsam, daß beiden die Aufgabe des eigenen Standpunkts zur Welt, die Aufgabe der eigenen Weltordnung zugunsten der des anderen, in der Identifizierung mit dem anderen nicht möglich ist.

Es ist aber allein die Gleichwertigkeit beider Sichtweisen der Welt, in der jeweils das ›Erkenntnissubjekt‹ sich auch aus den Augen des ›Erkenntnisobjekts‹ sieht, diese volle Reziprozität der Sichtweisen, die Verständigung, ein Miteinander von Subjekten möglich macht. Wo jeweils der eine ›das andere‹ nur sieht im Rahmen seiner Ordnung, da führt das Bemühen um Erkenntnis nicht zum Dialog, sondern wird zum Machtkampf – wessen Interpretation zuerst so viel Wissen um die Manipulationsmöglichkeiten des anderen hergibt, daß er dessen Existenz bestimmen kann, dessen Urteil gilt.

Und wenn der Egozentriker den anderen nur wahrnimmt nach Maßgabe seiner eigenen Bedürfnisse, so nimmt das Unternehmen Wissenschaft den anderen nur wahr, insofern er beispielhaftes Exemplar jener allgemeinen Regeln ist, die – unbeschadet jeder Individualität und Besonderheit – alle Exemplare einer Sorte tref-

fen. Alle und unbeschadet, das heißt auch: jener Regeln, die durch Individualität nicht außer Kraft gesetzt werden können.
Was aber ein Subjekt ausmacht, das ist eben dies:
nicht nur Exemplifikation dieser Naturgesetzlichkeiten, sondern ein Wesen zu sein, das diesen Naturgesetzlichkeiten, denen es unterworfen ist, eine je eigene Gestalt gibt.
Selbst eine Kristallstufe kann in dieser Ordnung noch als individuelle Interpretation einer allgemeinen Regel gesehen werden. Und es träfe gleichermaßen daneben, wollte man sie reduzieren auf diese allgemeinen Regeln und alles andere als zufällige Unregelmäßigkeiten abtun oder wollte man ihre Individualität retten, indem man sie allein in jenen zufälligen Unregelmäßigkeiten minus jenen allgemeinen Regeln sieht. Subjektivität eröffnet sich in jenem Spannungsfeld von individueller Interpretation allgemeiner Regeln, zu ihr gehört notwendig beides. Und umgekehrt fängt die Macht zur Manipulation kraft dieser allgemeinen Regeln genau dort an, wo jene ›individuelle Interpretationsfähigkeit‹ außer Kraft gesetzt werden kann.
Offensichtlich ist, daß der Freiraum, in dem jene ›individuelle Interpretation‹ Einfluß nehmen kann, beim Menschen unvergleichlich größer ist als beim Kristall. Das impliziert jedoch nicht, daß er gegen eine Manipulation mittels jener allgemeinen Regeln immun wäre. Vielmehr läßt sich das Verhältnis auch hier so definieren, daß er genau dann wie ein Objekt manipuliert werden kann, wenn er keine Kraft mehr hat, der Anwendung jener allgemeinen Regeln seine eigene Interpretation entgegenzusetzen. Das kann schon dann sein, wenn einer immer mehr kauft, als er eigentlich wollte, und immer Zeugs, mit dem er hinterher nichts anfangen kann; das kann erst dann sein, wenn einer wochenlang gefoltert wurde; und das kann nie sein.
Denn erst dann, wenn der Gefolterte die Sichtweise des Folterers übernimmt, erst nach diesem psychischen Zusammenbruch, wird er zum reinen Objekt, mit dem vollzogen wird. Kommt der Gefolterte hingegen ›bloß‹ um, so ist die Anwendung jener allgemeinen Regeln gescheitert: Erfolgreich ist eine Manipulation ja nicht dann, wenn das Objekt dabei zerstört wird, sondern wenn es nur noch im Hinblick auf jene Zwecke funktioniert, die der Manipulierende im Sinn hat. So wie ein Computer, je nachdem, was der Programmierer von ihm will, diese oder jene Funktion erfüllen kann, und es nicht die Macht des Wissenschaftlers übers Objekt

beweist, wenn er mit dem Hammer auf die sensiblen Teile der Maschine draufschlägt, sondern wenn er jene Programmierweise findet, die die Maschine das tun läßt, was sie tun soll.
Jene Kraft des individuellen Geistes kann größer sein als jede Art von Einflußnahme, sie ist es jedoch nicht notwendig naturgesetzlich (eben dann wäre sie manipulierbar). Das Vermögen ›Subjekt-zu-bleiben‹, ist eine Fähigkeit, die uns nur dem Potential nach gegeben ist. Und damit ist es nicht nur eines, das erlernt werden muß, sondern es gehört auch zu jenen Fähigkeiten, die versagen können. Wenn Menschen die Kraft haben, unter allen Umständen nicht bloßes Objekt von Ordnungen zu werden, sondern ordnungssetzendes Subjekt zu bleiben, dann gehört es auch zu ihren Entwicklungsmöglichkeiten, daß sie zum bloßen Objekt gemacht werden können. So wie jene KZ-Häftlinge, an und mit denen Bettelheim Extremsituation und ›Autismus introspektiv‹ (Bettelheim 1986 / 9) erlebt hat; jene, die jede Hoffnung und jeden Versuch einer eigenständigen Interpretation aufgegeben hatten, weil für sie die Sichtweise der SS zur einzig wahren geworden war: daß sie selbst keine Menschen, sondern nur Objekte des Vollzugs einer höheren Ordnung seien.
So wie jene autistischen Kinder, die in ihrem Leben zwar Ordnungen erkennen können, aber die Ordnungen gehen quer durch sie hindurch, fassen Teile der Außenwelt und Teile ihrer selbst unter einer Regel zusammen, vergessen andere Teile ihres Körpers ganz, und fügen andere wiederum jenem außen zu, das, wie alle Regeln und alle Ordnungen, zwar Regeln und Ordnungen herbeizwingt, aber keine Ordnung in den Ordnungen macht.
›Autistische Kinder können, was die Funktionsweise ihres Körpers anbelangt, keine Ordnung erkennen. Sie sind unfähig, ihre Körperfunktionen auf ihren Körper selbst und auf seine Bedürfnisse zurückzuführen.‹ (Bettelheim 1986 / 112) Ein autistisches Kind entwickelt in einem ganz fundamental-drastischen Sinne keine Identität: es erfährt seinen Körper nicht als jene Einheit, die zusammenpaßt und zusammengehört, weil er in all seinen Funktionen Erkenntnismedium jener ganz für mich persönlich wahren Bedeutungen ist; vielmehr gehören alle Regeln, die es erfährt zu jenem anderen, jener Erfahrung, ›. . .daß sein Leben von gefühllosen, irrationalen und übergewaltigen Mächten bestimmt wird, die seine Existenz total kontrollieren und ihr nicht den geringsten Wert beimessen‹. (Bettelheim 1982 / 131)

Autistische Kinder sind, wie Objekte, bloße Beispiele allgemeiner Regeln. Und wie bei jedem Konglomerat allgemeiner Regeln liegt die Einheit eines so entstandenen Objekts nicht in diesem selbst, sondern in jenem Zweck, den der Objekterbauer im Sinn hatte, als er Materie so und so zusammenfügte. Natürlich steht es nicht in der Macht eines Objekts, diesen Zweck zu begreifen. Das setzte ja so etwas wie ein Selbstverständnis, eine eigene Interpretation der Welt voraus, und sei es nur die, daß die Interpretation des anderen selbsttätig übernommen werden kann, und sich Materie von selbst zu Autos, Bomben und Chemiefabriken zusammenfügte, statt bloß zu Bergen, Flüssen oder Bäumen.
Und wenn die Einheit dieser Objekte sich daraus ergibt, daß sie zum einen Verkörperungen naturwissenschaftlicher Gesetze sind und zum anderen jenen Zweck erfüllen, den die Erbauer im Sinn hatten, so finden die Regeln und Ordnungen, die autistische Kinder erfahren, ihre Einheit darin, daß das die Dinge sind, die eine egozentrische Wahrnehmung an ihnen zu bemerken in der Lage war. Sei es nun die blonde Locke, die sich so hübsch kringelt und die man im Spitzenkissenkinderwagen vorführen kann, seien es Dr. Oetkers Ratschläge zur Säuglingspflege, der es wissen muß, oder sei es ganz allgemein jenes Muster aus Störungen, die es abzustellen, Verpflichtungen, die es zu erfüllen gilt, und Befriedigungen, die man erwarten können dürfen muß.
Denn für Objekte gibt es Handhabungsregeln, die ihre Funktion garantieren, und Erwartungsansprüche, die sie – laut Vorführungsmuster und Packungsbeilage – erfüllen müssen. Und vor defekten Objekten schützt uns die Selektionsrampe.
Freilich gibt es in dieser Welt noch andere Objekte. Und was sie verbindet ist genau dies: daß es ihre Funktion – wie unbegreiflich auch immer diese für das Objekt selbst sein mag – ist, die das Existenzrecht der Objekte legitimiert. Wenn autistische Kinder denn zu einer ›Existenz‹ finden, dann zu jener, die exakt jene Regeln ausführt, aufgrund derer sie meinen, da zu sein. Und wenn sie sehr intelligent sind, wie Joey etwa, dann nehmen sie in Maschinen jene Funktionsidentität wahr, die es ihnen erlaubt, das zu tun, was Kinder normalerweise tun müssen, um sich zu entwickeln: sich mit einem Standpunkt zur Welt zu identifizieren, der ihnen in ihrem eigenen Entdecken von Ordnungen den Rückhalt und die Sicherheit gibt, daß die Welt sich auf diese Weise ordnen läßt.

Normalerweise ist das die Ordnung eines subjektiven Standpunktes zur Welt, und das Kind ist in seinem Subjekt-Sein darin aufgehoben, weil es seinerseits als Subjekt – mit einem spezifischen wahren Standpunkt zur Welt – gesehen wird.
Im Fall von Joey ist das die Ordnung von Objekten, oder spezifischer, jene Ordnung, die – wenn sie denn gefunden wird – das andere zum Objekt macht. Prüfstein jener objektiven Ordnung ist immer die gelungene Tat. Nur wenn es im Experiment gelingt, Materie ihre individuelle Mannigfaltigkeit auszutreiben und sie zum bloßen Exempel umzuwandeln, gelten jene allgemeinen hypostasierten Funktionsregeln als wahre. Und nur wenn man von vorneherein im anderen nicht jene spezifisch wahre subjektive Ordnung der ganzen Welt sieht, sondern das andere betrachtet als bloße Verkörperung allgemeiner Funktionsregeln, kann man sich daranmachen, diese zu entdecken. Denn es ist nicht nur so, daß naturwissenschaftliche Erkenntnis das andere notwendig aus seinem naturwüchsig gegebenen Existenzzusammenhang herausreißen und de facto und handgreiflich in Einzelteile und Unterprobleme aufteilen muß, um zur Erkenntnis zu kommen, sondern es ist auch so, daß diese gelungene Durchsetzung naturwissenschaftlicher Forschungspraxis den Objektstatus des anderen herstellt. Die Form, in der Materie uns im Labor begegnet, ist die des Objekts, nicht die des Subjekts, das seinerseits den Forscher zu beurteilen in der Lage wäre.
Seine Vollendung freilich erfährt die Durchsetzung des Objektstatus erst dann, wenn es gelingt, die Frage ›Wie funktioniert das?‹ so zu beantworten, daß man die naturwüchsig gegebene ›Funktion‹ des Objekts so umwandeln kann, daß sie nunmehr ausschließlich für einen von uns gesetzten Zweck tätig wird. In der Maschine verkörpert sich dieser endgültige Triumph menschlicher Interpretationsleistung über alle anderen Ordnungen der Welt. Hier hat Materie jeden Selbstzweck aufgegeben und funktioniert allein nach der Macht und Willkür unseres Willens.
Wenn für Joey seine Existenz ganz in diesem ihm vom Sinn her unverständlichen Funktionszusammenhang aufgeht, so eröffnet ihm diese Identifizierung doch ein Ordnungsmuster, mittels dessen er ein Identitätsgefühl und ein gewisses Maß an Weltbezug aufbauen kann. Anders als viele autistische Kinder sonst spricht Joey (wenn auch ohne Verwendung von Personalpronomen) und ist im Umgang mit Dingen, die er zum Aufbau seiner Maschinen-

existenz braucht, sehr geschickt. Und anders als autistische Kinder sonst, die in ihrer totalen Abkapselung im Zusammenleben oft so inexistent werden können wie andere Objekte auch, ist Joey, wenn er sich einschaltet, auf eine ganz prägnant-suggestive Weise existent. Freilich ist es nicht die Existenz eines Körpers oder gar die eines Menschen, die sich da Geltung verschaffte. ›Dieser Maschinenjunge war nur unter uns und bei uns, wenn er arbeitete; doch wenn er nichts tat, besaß er keine Existenz. Obwohl eben noch nicht ›da‹, schien sich Joey im nächsten Augenblick in eine Maschine zu verwandeln, die sich stampfend drehte und bewegte und uns als solche, ob wir es wollten oder nicht, faszinierte. ... Sogar unsere Hausangestellten, die sich, was die sonderbaren Verhaltensweisen unserer Kinder anlangte, ein dikkes Fell zugelegt hatten, machten bei Joey eine Ausnahme. ... Unsere Putzfrauen hoben gewöhnlich alles, was sie auf dem Fußboden fanden, auf und legten es auf einen Tisch, damit die Kinder es dort fänden; fanden sie jedoch Teile von Joeys Apparat am Boden, so befestigten sie diese wieder sorgfältig, denn ›Joey braucht seinen Karburator, um zu atmen‹. ... Genauso hoben sie für ihn sorgfältig die Auspuffrohre auf, durch die er ausatmete, oder die Motoren, die seinen Verdauungsapparat in Gang hielten. Auch die Kinder ... nahmen Rücksicht auf ihn. ... Spontan machten sie Platz für seinen Apparat, auch dann noch, als dieser nur mehr aus einem Stück Karton bestand. ›Rück zur Seite‹, sagten sie, ›siehst du denn nicht, daß du an Joeys Transistor stößt?‹ Und sie machten Platz für einen Transistor, den sich Joey aus leerem Raum geschaffen hatte.‹ (Bettelheim 1986 / 308 ff.)

Wenn es also im Animismus eine Haltung zur Welt gibt, für die alle Dinge (und auch Menschen) lebendig werden und eine ›Seele‹ bekommen, so gibt es umgekehrt auch eine Haltung zur Welt, die alle Dinge (und auch Menschen) in Objekte verwandelt, deren Existenz sich in ihrem rein materiellen Dasein erschöpft, und deren Aktivität sich vom kommunikativen Ausdruck einer je eigenen Interpretation der Welt auf den bloßen Vollzug einer Funktion reduziert. Im Unterschied zum krankhaften Egozentrismus jedoch ist die wissenschaftliche Haltung keine private, sondern eine öffentliche, führt sie nicht, wie jener, bloß zu einer drastischen Einschränkung dessen, was erkannt werden kann, sondern – als erfolgreiche Erkenntnistheorie und -praxis – zu einer grenzenlosen Ausweitung dessen, was als Objekt erkannt werden soll. Und was, um es erkennen zu können, zu einem Objekt gemacht werden muß.

Freilich stellt sich die Sache für einen, der dies als Haltung zur Welt lebt, nicht so dar, wie Joey dieses ›zu-einem-Objekt-Machen‹ für sich erlebt. Denn ›Objekt‹, das ist in dieser Haltung immer das andere. Auch dann, wenn die eigenen Gefühle, von ›Schlaflosigkeit bis zu schweren Depressionen oder Wahnvorstellungen‹ (Spiegel 5.12.1988 / 245) erkannt werden sollen als ›bloße Mißfunktion der Zirbeldrüse‹ (Spiegel s.o.); auch dann, wenn die eigene Erkenntnisfähigkeit erkannt werden soll als Turing-Maschine mit begrenzter Speicherkapazität. Die Identifikation liegt nie in jenem Objekt, das erkannt werden soll, sondern in jenem ›Subjekt‹, das das Objekt erkennt.

Und wenn jene Ordnung der Berechenbarkeit besonders attraktiv wird dann, wenn die Integration von Erfahrungsfähigkeit zum Erkenntnismedium mißlingt, so ist es andererseits so, daß die dann notwendige Disidentifikation von der eigenen Erfahrung leichter gelingt, wenn Gefühle als bloßes Funktionsresultat eines (organischen) Objekts interpretiert werden. Erst dann, wenn sie einem nichts mehr über einen selbst und die Welt zu sagen haben und wie ein bloßes Objekt nach ordentlicher Funktion und zu behebender Disfunktion behandelt werden können, lassen sie sich ganz einfügen in jene Ordnung der erkannten und damit willfährig gemachten Objekte. Und nur dann, wenn auch Denken ›wirklich rational‹ ist, wenn auch Erkenntnisfähigkeit sich in jene Ordnung der Berechenbarkeit einfügt, kann sich jene Identifikation mit dem Subjekt, das erkennt, ganz sicher fühlen. Im Idealbild vom bloßen Beobachter, an dem – hypothetischerweise – kein Gran Objektmaterie mehr ist und dem andererseits das ganze Universum – einschließlich seiner selbst – als Funktionszusammenhang von Objektmaterie durchschaubar ist, findet dieses Subjektbild seine (nie erreichbare) Vollendung.

Auf der anderen Seite hat auch Joey völlig recht, wenn sich ihm diese Welt so darstellt, daß es in ihr nur Objekte gibt. Sein Fehler ist nicht das, sondern der Umstand, daß er sich mit der falschen Seite identifiziert. Nicht mit dem, der ›das andere‹ geschlossen zu Objekten macht, sondern mit ›dem anderen‹, das zu Objekten gemacht wird. Joey identifiziert sich aber mit der falschen Seite, weil in seinem ganzen Leben niemand in ihm je ein Subjekt gesehen hat. Joey führt vor, was wäre, wenn Erfahrung tatsächlich so

ohnmächtig in die eigene Sichtweise eingeschlossen wäre, daß ihr alle Wahrnehmung von anderem zur Projektion geriete, und anderes nur zugänglich wäre, insofern es Beispiel allgemeiner ›generalisierungsfähiger‹ Regeln ist.
Und das bedeutet umgekehrt: weil man jene Subjekt-Kinder, die dann Objekt wissenschaftlicher Beobachtung werden (›Um solche Beobachtungen durchzuführen, verwendet man Einwegscheiben, das sind Glasscheiben, die nur in einer Richtung durchsichtig sind. ... Dauerbeobachtungen können mit Fernsehgerät und Tonband durchgeführt werden.‹ (Schenk-Danzinger 1983 / 13) nur erhält, wenn man voraussetzt, was es diesem Weltverständnis nach eigentlich gar nicht geben kann, wird ›Kind-Sein‹ hier zum absolut Fremden. Kinder erscheinen hier als etwas so Exotisches, daß einer der bekanntesten Kinderpsychologen es für nötig und wert erachtet zu beschreiben, wann und wo er von dieser Spezies zum ersten Mal Kenntnis erhielt. ›Ich begegnete Kindern zuerst in einer kleinen amerikanischen Schule in Wien, die von Dorothy Burlingham und Eva Rosefeld geführt und von Peter Bloss geleitet wurde‹ (Erikson 1973 / 13). Und das, was Ergebnis einer gemeinsamen Anstrengung zum Erkennen und zur Kommunikation ist – das Subjekt-Sein des Kindes –, erscheint als naturwüchsig gegebenes Resultat. René Spitz untertitelt sein Hauptwerk (›Vom Säugling zum Kleinkind‹) so: ›Naturgeschichte der Mutter-Kind-Beziehung in den ersten Lebensjahren‹.
Indem Joey, der unter die Kategorie Subjekt fällt, wie eine Maschine – Inbegriff des manipulierten Objekts – ist, denunziert er diese naturwüchsig vorausgesetzte Trennung in a priori gegebene Subjekte und Objekte als Schein: Er führt vor, daß ›Objekt-Sein‹ keine inhärente Eigenschaft, sondern Ergebnis einer spezifisch subjektiven Haltung zum anderen ist. Er zeigt, was dem anderen als Subjekt angetan wird, wenn es zum bloßen Objekt gemacht wird. Wenn Steine schreien, Flüsse stöhnen und Bäume laut sterben würden:
In Joey hat das Objekt ein menschliches Antlitz und in Joey bleibt das Objekt nicht stumm.
Und rührt damit an jene Urangst, vor der sich jene objektive Haltung zur Welt nur in die absolute Dominanz retten kann: daß jene Disidentifikation mißlingt und im Objekt ein Du, ein ehemaliges oder potentielles Ich-Selbst sichtbar wird. Indem Joey auf

der relativen Wahrheit seiner Erfahrungen beharrt und sie als Objektidentität offensiv nach außen vertritt, reflektiert er das Objekt als Opfer. Und die Täter, das sind wir, die Subjekte.
Denn wenn es auf der einen Seite so ist, daß Gefühle als bloßes Funktionsresultat organischer Objekt-Materie gesehen werden müssen, um jene Disidentifikation von ihnen zuwege zu bringen, so bringt das auf der anderen Seite mit sich, daß man diesem Funktionszusammenhang nur dann nicht hilflos ausgeliefert ist, wenn man ihn in allen Einzelheiten erkannt hat. Und man aufgrund dieser Erkenntnis nicht Objekt dieser Funktionen ist, sondern jenes Subjekt, das sie in seinem Sinne manipulieren kann. Wissen ist hier keine Sache der Bereicherung, keine der Verständigung, sondern eine Frage des Überlebens als Subjekt. Wissen ist Macht, und der Feind ist alles Unbekannte, weil Nicht-Wissen Ohnmacht und Ohnmacht gleich Objekt-Sein ist.
Haben wir aber aufgrund unseres Wissens die Macht gewonnen, jenen Gefühlsfunktionszusammenhang zu manipulieren, so sind natürlich auch wir selbst darüber manipulierbar geworden. Jedes Wissen dieser Art, auch das um die eigene Erkenntnisfunktion, ist so immer ambivalent-eindeutig: Ausgemacht ist keineswegs, ob wir Objekt oder Subjekt der Manipulation sind; ausgemacht ist nur, daß wir nur Subjekt oder Objekt, entweder Erkennender oder Erkannter, entweder Täter oder Opfer und sonst nichts sein können.
Und vor allem nicht jenes dritte, in dem das Objekt nicht nur eine eigene Sichtweise der Welt für sich in Anspruch nimmt, sondern in dem die Erfahrung des Objekt-Seins selbst erst ein Verständnis eröffnet, das sonst nicht zugänglich geworden wäre: die des Objekts als potentiellem Subjekt.

Animismus als Haltung zur Welt

Nimmt man freilich jenen Ausgangspunkt von Bettelheim ernst, in dem Autismus dadurch verstanden wird, daß er introspektiv erlebt wird (Bettelheim 1986 / 9), und akzeptiert also die mimetische Angleichung ans andere als erfolgreiche Strategie des Verstehens, so kommt man zu einer Erkenntnismethode, die der wissenschaftlichen diametral entgegengesetzt ist. Erkenntnis wird hier möglich, weil das Subjekt sich dem zu erkennenden Objekt

in seiner Struktur so weit angeglichen hat, daß es zu diesem wurde. Und diese Angleichung wird in allen Fällen dadurch erleichtert, daß das Subjekt selbst schon einmal so etwas Ähnliches war wie jenes Objekt, das es erkennen will. Nach diesem Modell ist nicht der Wissenschaftler, sondern der ehemalige Paranoiker der beste Arzt und der beste Kenner des Paranoikers, nicht der Pädagoge sondern der Erwachsene als ehemaliges Kind der beste Erzieher und Kenner des Kindes – immer vorausgesetzt, der ehemalige Paranoiker und das ehemalige Kind sind welche, die sich nicht davor scheuen, wieder in jenen ehemaligen Zustand zurückzufallen.
Sucht man in der Menschheitsgeschichte nach Völkern, die dieses Erkenntnismodell mit dieser in ihm enthaltenen Rolle des Heilers als ehemaligem Kranken kulturell entwickelt haben, so findet sich im Schamanismus eine bestechend genaue Parallele. Zum schamanistischen Heiler wird einer, indem er auch die schwärzesten und bedrohlichsten Erfahrungen des Mensch-Seins am eigenen Leib erlebt. Gelingt es ihm, auch die desintegrierende Wucht von Panik und Todeserfahrung in die neue Struktur seiner Persönlichkeit zu integrieren, so qualifiziert er sich durch diese Erfahrung auch und gerade mit Extremerfahrungen zu einem, der anderen in der Integration ihrer Erfahrung helfen kann. Und da in dieser Sichtweise jede Krankheit *auch* als Störung des psychischen Gleichgewichts begriffen wird, heilt der Schamane Krankheiten, indem er sich jener Störung des anderen angleicht, um durch dieses Teilen einer gestörten Ordnung einen Weg der Kommunikation zu finden, der es ihm erlaubt, den anderen an seiner Erfahrung in Reintegration von Erfahrung teilhaben zu lassen. Freilich würde das ein Schamane anders ausdrücken. Wo wir versuchen, den Vorgang mittels einer Konstruktion aus abstrakten Begriffen verständlich zu machen, benutzt eine schamanistische Kultur die Dynamik von Symbolen und bildhaften Analogien, um das Gemeinte zu vergegenwärtigen. Wo wir ›desintegrierendes Moment von Erfahrung‹ sagen, da wird der Schamane leibhaftig zerstükkelt; wo wir meinen ›eine echte Reintegration sollte einen besser schützen als die alte‹, da hat der Schamane, wenn sein Skelett neu zusammengesetzt wird, einen Knochen mehr und fortan Hilfsgeister zur Verfügung; und wo Bettelheim seine Heilmethode kontrastiert mit dem Ansatz ›der meisten mir bekannten Institutionen‹, der darin besteht, ›daß man das kranke Kind die Welt so

sehen lassen möchte, wie sie wirklich ist‹, und darauf besteht, ›daß man dem anderen nur helfen kann, aus seiner Hölle heraufzusteigen, wenn man zu ihm zunächst einmal, in welchem Maße auch immer, hinabgestiegen ist‹, und daß ›das Kind ... das Gefühl haben (muß), daß wir in seiner privaten Welt bei ihm sind‹ (Bettelheim 1986 / 12), da inszeniert der Schamane diese Angleichung an die Ordnung des Kranken durch ein bildhaft-symbolisches Geschehen, in dem die ›private Hölle‹ zu einer geteilten Ordnung wird, in der der Schamane den Ausweg vermitteln kann.
Ob nun eine Mutter mit ihrem Kind Verstecken spielt, und sich ganz idiotisch freut, daß es wieder DA ist, wo es doch vorhin so WEG war, ob Bettelheim versucht, ›für das Kind eine Welt zu schaffen, die völlig verschieden ist von der, die es voller Verzweiflung verlassen hat, eine Welt auch, in die es jetzt schon, so wie es ist, eintreten kann‹ (Bettelheim / 1986 / 12), ob der Schamane jene Hölle inszeniert, in der der Kranke wohnt, in allen Fällen unterliegt diesem Vorgang die gleiche Struktur: Einer gleicht sich an die Art und Weise an, in der ein anderer die Welt erfährt, weil nur durch diese mimetische Angleichung an die Struktur und Ausdrucksform des anderen aus dessen Weltsicht eine geteilte Ordnung wird, die Kommunikation, Verständigung und Lernen ermöglicht. Und konträr zu unserer Form des Wissenserwerbs realisiert sich diese Art von Wissen nicht als eine größere Macht über das Objekt, sondern als die Befähigung, sich mit dem anderen zu verständigen, weil man seine Sicht der Welt am eigenen Leib erfahren hat.
Freilich ergibt diese Sichtweise der Welt einen anderen Kosmos als den uns bekannten.
›Ein grundlegender Unterschied zwischen unserer Kultur und der Kultur der Eskimos, den man heute noch manchmal spürt, besteht darin, daß wir uns unwiderruflich von der Welt der Tiere getrennt haben. Wir haben alle Tiere und alle Elemente der Natur zu Objekten gemacht. Wir manipulieren sie für unsere Zwecke. Eskimos können diese Trennung kaum begreifen und haben Schwierigkeiten, sich vorzustellen, daß sie völlig aus der Welt der Tiere herausgelöst sein könnten. Für viele von ihnen wäre diese Trennung so, als schnitten sie sich selbst von Licht und Wasser ab. ... Für Eskimos sind die Beziehungen zu Tieren räumlich festgelegt und persönlich. Die Tiere, denen man begegnet, sind ein Teil der eigenen Gemeinschaft, und man hat ihnen gegenüber

Verpflichtungen. Für Eskimos ist es am schwierigsten an der westlichen Kultur die Entpersönlichung der Beziehungen zu den menschlichen und tierischen Mitgliedern unserer Gemeinschaft zu begreifen.‹ (Lopez 1987 / 227)
›Das Verhältnis zwischen dem Buschmann und den Vierfüßlern und Vögeln Afrikas war trotz Jagens, Schlingenlegens und Fallenstellens nicht nur das von Jägern und Gejagten. Sein Wissen über Pflanzen, Bäume und Insekten des Landes beschränkte sich nicht nur auf das, was er als Nutznießer wissen mußte, sondern er kannte das Leben der Tiere und Pflanzen, er kannte die Felsen und Steine Afrikas, wie seitdem niemand mehr.
Das Wissen des Buschmanns, so sehr es auch aufs Praktische gerichtet war, erstreckte sich in eine Dimension, die ich im Leben meiner Zeit vermisse. ... So schien er beispielsweise genau zu wissen, wie man sich tatsächlich als Elefant, Löwe, Antilope, Bockantilope, Eidechse, gestreifte Maus, Mantis, Affenbrotbaum, gelbgemähnte Kobra oder sternäugige Amaryllis fühlt.‹ (van der Post 1985 / 22f.) ›Dann gab es in seiner Welt noch die Bäume. Die Unterschiede zwischen ihnen waren ihm, wie den meisten primitiven Völkern, ungeheuer wichtig. Er kannte sie alle einzeln, weil er die außerordentliche Fähigkeit der Teilhabe an der Natur besaß, so als würde er, wenn er einen Baum wahrnahm, gewissermaßen selber der Baum, und durch diesen Vorgang des Werdens gelangte er zur bewußten Kenntnis des Baumes.‹ (van der Post 1985 / 229) ›Schon als Kind glaubte ich, daß es in seiner Welt keine Geheimnisse zwischen der einen Daseinsform und der anderen gab. Als ich mir ein wirklichkeitsgetreues Bild von ihm zu machen versuchte, wurde mir klar, daß er in dem Augenblick wieder vorhanden war, von dem unsere europäischen Märchenbücher sagen: ›Die Zeit, als Vierfüßler, Pflanzen, Bäume und Menschen eine gemeinsame Sprache sprachen und die ganze Welt Tag und Nacht von einem universalen Gespräch widerhallte wie die Brandung eines Korallenmeers.‹ (van der Post 1987 / 23) In dieser Welt ist alles ein potentielles Du, weil zumindest psychisch sich eines ins andere – ein Individuum ins andere – verwandeln kann. Und da die Subjektgrenzen in der Erkenntnis notwendig aufgehoben werden müssen, relativiert sich die Wahrheit eines Standpunktes zur Welt zu vielen Wahrheiten, von denen keine Priorität beanspruchen kann und die ihr Heil nur in einem Miteinander finden können. Man kann das wissenschaftlich auch so

ausdrücken, daß in der Ausdehnung der symbolischen Kommunikation auf den gesamten Kosmos sich jene Vernetzung irdischen Lebens reflektiert, in der jeweils jedes Dasein, in seiner Reproduktion sich voraussetzend, auf jenen Gesamtzusammenhang sich bezieht und existiert nur als Moment und in Übereinstimmung mit jenem Ganzen.

Vor diesem Hintergrund wird verständlich, wieso die Angleichung an die Ausdrucksform des Anderen in Kulturen, deren Weltsicht von der animistischen Erkenntnistheorie dominiert wird, so einen geachteten und zentralen Status hat. In jenen Ritualen, Tänzen und Spielen, die die mimetische Angleichung an etwas anderes vollziehen, findet der spirituelle Teil jener Verständigung mit ›dem anderen‹ statt, dessen konkretes Produkt Verhaltensvorschriften im Umgang mit ›der Natur‹ sind. Und heilig ist diese schauspielerische Nachahmung nicht nur deshalb, weil in der Angleichung an die Ausdrucksform des anderen die volle Erkenntnis von dessen Weltsicht aufgehoben sein soll, sondern weil in den Ritualen zugleich das Ergebnis der symbolischen Kommunikation sich repräsentiert: ein Miteinander, das der menschlichen und der anderen Existenzweise den Raum beläßt zu einem selbstbestimmten Leben, das gleichwohl den anderen respektiert. Nirgendwo kommt diese wechselseitige Respektierung der Existenzweisen strenger zum Ausdruck als dort, wo die eine Existenz der anderen als Nahrung dient.

Denn wo wir nur töten, wo der andere ein Untermensch ist – gar kein Wesen, wie eine Pflanze, oder bloß ein Tier, ein Jude, ein Ungläubiger, ein Kapitalist, ein Kommunist, ein Vietnamese oder eine Frau –, da tötet der Angehörige einer animistischen Weltsicht immer im vollen Bewußtsein dessen, daß das andere ein Wesen mit einem Standpunkt zur Welt ist wie du und ich. Und im Fall der bevorzugten Beutetiere mit Sicherheit ein Wesen, aus dessen Augen er selbst schon die Welt und sich selbst als Tötenden gesehen hat. Was wiederum heißt, daß man den anderen nicht deswegen töten oder malträtieren, oder sonstwie in seine Existenzweise eingreifen darf, weil er kein Mensch ist, sondern nur, insofern dieses Töten oder dieser Eingriff im Rahmen des Miteinander unabdingbar ist. Wenn der Mensch die Büffel töten darf, weil er sie als Nahrung braucht, so ist es andererseits wieder so – wenn das einmal so frei weiterinterpretiert werden darf – , daß der Mensch seinerseits die Pflicht hat, sich nicht so zu vermehren,

daß er alle Büffel aufessen, und, um am Leben zu bleiben, den Lebensraum des anderen annektieren muß. Daß diese Grenzziehung zwischen den Interessen jeweils eine schwierige ist, soll hier gleich betont werden. Um so schwieriger, insofern der Mensch das letzte Glied in der Kette der Lebewesen ist, und zwar die Erde, die Pflanzen und Tiere ohne Mensch, nicht aber der Mensch ohne Erde, Pflanzen und Tiere leben können – wir brauchen sie, aber sie brauchen uns nicht. Letztlich steht aufgrund dieser Abhängigkeit die Beziehung Mensch – Beutetier exemplarisch für die Gesamtheit der Beziehung Mensch – Erde.
Wenn für ›den Wilden‹ so alles Töten Mord und alles Essen Kannibalismus ist, und so auch symbolisches Töten und symbolisches Essen mit in den gesellschaftlichen Akzeptanzrahmen fallen kann, weil jedes Töten und jeder Eingriff in die Existenzweise eines anderen a priori nur im Rahmen jenes Miteinander stattfinden darf, zu dem die symbolische Kommunikation gefunden hat, ist für uns die Dominanz über andere Existenzweisen zu unserem Vorteil selbstverständliches Recht und symbolisches Töten schiere Grausamkeit. Und wie um uns zu beweisen, daß wir keine Kannibalen sind, töten und essen wir Existenzen nur, wenn wir ihnen zuvor im Geiste und de facto jedes Recht auf eine selbstbestimmte Lebensweise genommen, ihre Nische zerstört und sie in unserer Massentierhaltung und Gewächshausindustrie zu wuchernden Zellhaufen degradiert haben, die nur insoweit und insofern existieren dürfen, als sie für uns von Nutzen sind. Konsequenterweise differieren die Folgen, die die westliche Zivilisation und die die Wilden aus der Abhängigkeit des Menschen von der Erde ziehen, gewaltig. ›Zu den langlebigen kulturellen Meinungsverschiedenheiten zwischen den Eskimos und uns gehört die Frage, ob man das Land so akzeptieren soll, wie es ist, oder ob man den Beschluß, es zu verändern, ausführen soll.‹ (Lopez 1987 / 439)
Wo wir die Sache so sehen, daß wir, weil von allem abhängig, eben auch alles für uns brauchen können, und, weil wir alles brauchen können, die ganze Erde auch nur für unsere Zwecke existieren soll und darf, kurz, wo wir uns – wie in der Bibel steht – die Erde untertan und uns zum Herrscher machen sollen, da sieht der Wilde die Sache genau umgekehrt. Nämlich eben weil wir von allem abhängig sind, haben wir nur ein Recht zu existieren, insofern unsere Existenz die selbstbestimmte Existenz der

anderen nicht verletzt. Als letztes Glied in der Kette, dem alle anderen geben, ist es die mindeste Anstandspflicht des Menschen, diese Gabe nur dort zu nehmen, wo sie ein Geschenk ist, wo der Überfluß der Erde es dem Menschen erlaubt, mit den anderen zu leben und nicht gegen sie.

›Die große Aufgabe des Lebens ist für den traditionellen Eskimo noch immer, Übereinstimmung mit einer bereits gegebenen Wirklichkeit zu erreichen.‹ (Lopez 1987 / 439 f.)

Indem symbolische Kommunikation die Subjektgrenzen aufhebt und aus dem Fremden, Anderen ein Bekanntes, ein Du, ein ehemaliges ›Ich-selbst‹ macht, legt sie die Basis für dieses den anderen (letztlich die Welt, jenes Lebewesen, das alle anderen in sich enthält) in seiner selbstbestimmten Eigenart akzeptierende Miteinander, das in der Angleichung an die Ausdrucksform des Anderen als vollzogene Verständigung seine Vollendung und seine Realisation erlebt. Im Statuswandel der mimetischen Angleichung vom Heiligen dort zum Schwindel, zum bloßen So-tun-als-ob in der Schauspielerei hier, manifestiert sich der Antagonismus der jeweiligen Weltbilder. Nicht nur führt Nachahmung hier nicht mehr zur Erkenntnis, sondern erschöpft sich in Nachäfferei, und nicht nur gelten männliche Mimen als weibisch und sind als Held nur zu retten, wenn sie im Film wie im Leben nur eines, nämlich sich selbst als Typus in immer verschiedenen Kostümen darstellen, sondern lange Zeit, noch bis in dieses Jahrhundert hinein, schloß der Beruf des Schauspielers einen Menschen aus der geachteten Gesellschaft aus.

Mit anderen Worten: Selbst in dieser bloß äußeren Nachahmung war Angleichung ans andere mit einem Tabu belegt. Sie war das, in das man nicht zurückfallen durfte, weil sie selbst in jener deklassierten Form noch jenes Zwitterwesen war, das die Erinnerung an eine andere Weltsicht wachrufen konnte.

Und was wir heute als animistische Phase unserer Kinder geschildert bekommen, jener Kampf um die Unterscheidung zwischen lebend und tot, zwischen fühlend und nicht-fühlend, zwischen jenen Objekten, die einen eigenen Willen haben, und jenen, die bloß bewegt werden, ist weniger eine Schilderung der animistischen Geisteshaltung selbst, und nicht nur Ergebnis des Mißverständnisses zwischen Wissenschaftler und ›kindlicher Weltsicht‹, sondern auch eine Dokumentation jener Phase, in der unsere Kinder sich im etablierten Tabu des Animismus üben.

Da aber Animismus immer Identifikation mit dem Erkenntnisobjekt beinhaltet, ist es zugleich eine Übung, mit welchen Objekten man sich identifizieren darf, und mit welchen nicht. Und damit auch und vor allem die Einübung von Disidentifikation: Dies da hat mit mir nichts zu tun, dies da ist das Fremde, dies da hat nicht wie ich eine Erfahrung der Welt, dies da ist völlig anders.
Es reißt aber diese Disidentifikation ein großes Loch in die mögliche Ordnung der Welt. Wenn all das andere nicht – so wie ich – begriffen werden kann als Ausdruck einer spezifisch wahren Sichtweise der Welt, was stellt es dann dar? Unter welcher Ordnung kann es dann begriffen werden? Und wie verhält sich meine Ordnung der Welt zu jener anderen?

Alternative Ordnungen – Machen und Macht

Wenn etwas keine innere Erfahrung der Welt hat, die mir zugänglich ist, so bleibt doch sein materielles Außen. Und wenn dieses Objekt etwas tut – sich bewegt, zu Boden fällt, größer wird – so bleibt dieses Tun als etwas, das begriffen werden kann nicht als Absicht, sondern in seinem bloßen So-Sein: als Funktion von irgendwelchen Einwirkungen. Z. B. als Funktion von dem, was ich mit ihm tue. Und was etwas ist, das finde ich heraus, indem ich alle möglichen Dinge mit ihm anstelle. Es fallen lasse, draufklopfe, es auseinandernehme – materielles Dasein erforscht man, indem man etwas mit ihm macht. Und man hat Kenntnis von ihm in dem Maße, indem man mit ihm etwas machen kann. Auch das ist so eine Ordnung, die vom Kind von Anfang an gelebt wird.
Nicht alle Dinge lassen alles gleich leicht mit sich machen. Teetassen gießen ihren Inhalt über einen drüber, Türen klemmen einem die Finger ein, Katzen kratzen, und andere Kinder hauen auf mich drauf. Und das, was bei den anderen so feingewebte Striche gibt, so glattgefügte Holzbogen, das ist bei einem selbst ein Wollfilz, der die Finger festhält, ein Holzknubbel, der einem mit Spänen unter die Haut fährt – Materie ist gemeinhin widerspenstig.
Teetassen werden willfährig, paßt man die eigene Geschicklichkeit ihrer schaukligen Gegebenheit an, Katzen lassen sich streicheln, versteht und respektiert man, wie sie die Dinge jetzt erleben, und irgendwann einmal versteht man auch, was man mit

welchem Holz machen kann, weil man sich lange genug darauf eingelassen hat, was das ist – Holz-Sein. So, in der Anpassung an die Struktur des eigenen Körpers und an die des Materials, und in der Einschränkung des eigenen Willens auf das, was Material und Körper, so wie sie gegeben sind, mit sich machen lassen, fügt sich diese Ordnung des Machens ein in die Ordnung des Animismus. Weil Machen hier auf Einfühlung und auf Erfahrung beruht, ist es immer Produkt einer individuellen Verständigung: dieses Stück Holz hier und nicht Holz überhaupt, diese meine Geschicklichkeit und nicht Macht des Zugriffs überhaupt.

Freilich kratzen Katzen auch dann nicht, wenn man mit Steinen nach ihnen wirft, Teetassen kann man an die Wand schmeißen, und wenn man doller haut als das andere Kind, haut das auch nicht mehr zurück. So wird aus Machen Macht. Oder vielmehr, so kann man Machen auf den reinen Machtaspekt reduzieren. Freilich ist Macht so nicht sehr produktiv. Macht kann nur dann etwas bewirken, wenn es ihr gelingt, andere so einzuschüchtern, daß sie für den Mächtigen etwas machen. Und das ist selten eine Sache der Kinder. Vielmehr ist dieser sterile Aspekt des Machens in der reinen Macht des Zwingens als Weltbezug nur tauglich für Kaiser, Tyrannen, Sonnenkönige und ähnliches. Kurz, er ist nicht tauglich als Weltbezug für eine Kultur, sondern lebensfähig nur aufgrund einer existierenden Kultur.

Ohne eine Kultur, ohne eine Gesellschaft, die ausgebeutet werden kann, führt Macht nicht zu einem Weltbezug, der machen kann, sondern bloß zum Wahnsystem des Paranoikers. Ganz einfach deswegen, weil Macht, als primäre Haltung zur Welt, keine Kenntnisse über die Welt vermittelt. Ihr reduziert sich alles auf zwei Zustände – mächtig oder ohnmächtig –, und damit kann man nur einschüchtern – vor allem Menschen einschüchtern –, aber nichts machen.

Machen war jahrtausendelang an die Voraussetzung der Einfühlung in den Gegenstand, in das andere gebunden, als jenes einzige Mittel, das Kenntnis über das andere bringen konnte. Und zusätzlich zu dieser Aufgabe der Subjektstruktur hatte Machen dieses Manko, daß man als der, der machte, doch an sie gebunden blieb. Machen assoziierte sich so nicht mit Macht. Wenn denn jemandem ›Macht‹ zukam, dann nicht dem/r Handwerker/in, nicht dem Jäger, nicht der Sammlerin, sondern dem Schamanen, jenem, der die Macht hatte, völlig anders zu werden und sich mit völlig fremden Ordnungen zu verständigen, weil er nicht ans Materielle gebunden war. Aber nicht nur war diese Macht eine rein geistige (oder, je nach Standpunkt, eine rein eingebildete), sondern der Schamane war nur mächtig, insofern er im Einklang mit den anderen ›Kräften‹ handelte. Es war, wenn überhaupt, eine Macht des Verstehens und der Verständigung, nicht Macht in unserem traditionellen Sinne, die voraussetzt, daß man das andere gegen seinen Willen im Sinne der eigenen Absicht zwingen kann.

Und so waren Tyrannen, die genau das konnten, auch nicht mächtig, weil sie selbst so viel machen konnten oder selbst so viel wußten, sondern weil sie, im Gegensatz zu allen anderen, nichts zu machen und zu wissen brauchten – und doch gemacht bekamen auf einen Wink ihres Willens. Essenz von Herrschaft war der simple Zwang über Menschen mittels Todesdrohung. Nicht reiche Kenntnis des anderen und nicht die eigene Geschicklichkeit im Machen.

Es ist die in der Geschichte der Menschheit einzigartige Leistung unserer Kultur, daß sie in der Erkenntniskonzeption und -methode der Berechenbarkeit einen Zugang zur Welt erfunden hat, der der Macht ihre sterile Dummheit und dem Machen seine subjektgebundene Demut nimmt. Und beiden dies nimmt, weil sie Erkenntnis davon befreit, an die Aufgabe der eigenen Subjektstruktur gebunden zu sein. Und so Erkenntnis statt mit Selbstaufgabe untrennbar mit Selbstbehauptung und mit Macht verbindet:

Naturwissenschaftliche Erkenntnis wird zugänglich über jenen manipulativen Zugriff, der das Erkenntnisobjekt aus seiner gegebenen Verbundenheit herausreißt und es so lange zurichtet, bis es sich als bloßes Beispiel allgemeiner Regeln offenbart. Und nicht nur zerstört dieser Zugriff notwendig das, auf das Verstehen im alten Sinne aus war – ein Verstehen des anderen, so wie es in seiner einmaligen Besonderheit mit allem anderen in Zusammenhang steht –, sondern es ist auch so, daß erst jene Methode des Eingriffs die Erkenntnisse und die Objekte liefert, die über allgemeine Regeln definierbar sind.

Für das Machen bedeutet dies, daß es sich jetzt nicht mehr auf jeden Gegenstand einzeln einlassen muß, weil letztlich jedes Stück Holz anders ist, sondern daß es von der Erfahrung und Einfühlung übergehen kann zur vorausberechnenden Konstruktion des Herstellens. Und die bleibt gültig für die Herstellung

potentiell unendlich vieler Gegenstände. So schafft die Uniformierung des Objekt-Bereichs die Voraussetzung dafür, daß auch das Herstellen, das Machen selbst aus seiner subjektiven Beschränkung befreit werden kann:
Machen wird zu jenem Potential, Gegenstände überhaupt – Materie – gemäß jenen allgemeinen Regeln manipulieren zu können. Damit wird Machen rekursiv auf Machen selbst anwendbar, das Machen selber kann gemacht werden. Das ist die Geburt der Mechanik, der manipulativen Macht über ›Naturgewalten‹ überhaupt.
Hier ist das Produkt jener allgemeinen Regeln, denen ›Materie‹ unterworfen ist, nicht mehr das, was natürlicherweise dabei herauskommt (Schwerkraft = Lawine, Wasserfall; Genetik = Katze, Baum), sondern das, was der Mensch damit für sich bezweckt (Schwerkraft = Schöpfrad, archimedische Wurfmaschine; Genetik = Tomoffel, Riesenmaus).
Oder, wie es Aristoteles ausdrückte: ›... in vielen Dingen verfährt die Natur so, daß es gegen unseren Nutzen ist. Denn die Natur verfährt immer in derselben Weise und nach einfachen Gesetzen. Das für uns Nützliche dagegen ändert sich auf die mannigfaltigste Weise. Wenn es nun notwendig ist, etwas gegen die Natur zu tun, hat das seine Schwierigkeiten und bedarf der Kunst. Daher nennen wir denjenigen Teil der Kunst, der uns in solchen Schwierigkeiten zu Hilfe kommt, Mechanik. Denn wie der Dichter Antiphon es ausgesprochen hat, so verhält es sich auch: durch die Technik gewinnen wir die Oberhand, wo wir sonst der Natur unterliegen.‹ (Aristoteles 1982 / 18)
Und jede neue Kenntnis neuer Regeln erweitert diesen potentiellen Machtbereich. Wissen beruht hier nicht nur auf Machtanwendung, Wissen dieser Art ist Macht. Und Macht ist wissend geworden.
Die Verwandlung der Macht vom reinen Zwang über Menschen zum Vermögen, Materie unmittelbar selbst ›zwingen‹ zu können, das ist Technik. Und zusammen mit der naturwissenschaftlichen Erkenntniskonzeption wird Macht lebbar, nicht mehr nur als Macht über und aufgrund einer Kultur, sondern als essentieller Bestandteil einer kulturellen Sinngebung: als Interpretation der Welt, die sie uns offenbart als eine, die durch und durch als Produkt jener allgemeinen Regeln erklärbar ist. Und damit durch und durch in unserem Sinne manipulierbar.

Mit der handwerklichen Produktion hat diese Technik noch weniger gemein, als die Omnipotenzträume eines Sonnenkönigs, von dessen Reinkarnation die Welt abhing, mit der realen Destruktionspotenz eines Technikerteams zu tun haben, das die Atombombe baut und anwenden kann. Handwerkliche Produktion beruht in ihrer Grundstruktur und in ihren Spitzenleistungen auf einer Tugend, die Technik vergessen muß, will sie zum Zuge kommen: Auf der geduldigen Einfühlung in die jeweiligen Besonderheiten des Materials und die jeweiligen Besonderheiten des menschlichen Körpers, die ihr nicht störende Zufallsvariation, sondern Ausgangspunkt und Stütze sind. Geschicklichkeit entfaltet sich nur dort, wo sie nicht nur der Struktur des Körpers, sondern diesem Körper hier Rechnung trägt und auf seinen spezifisch individuellen Fähigkeiten aufbaut, und Machen, das sich nicht an jenen allgemeinen Naturgesetzlichkeiten, sondern allein an deren naturwüchsigen, je individuellen Verkörperungen orientiert, kommt nur dort zur Reife, wo es dem Zufall, der Besonderheit nicht nur Rechnung trägt, sondern sie als einmalige Chance, die dieses Stück Material hier in sich birgt, begreift.

Egal, ob es sich um jenen so und so krumm gewachsenen Baum handelt, weil nur er den perfekten Kiel für dieses Boot abgibt. Egal, ob die Varianz des Tonmaterials von primitiven Töpfern nicht beseitigt, sondern noch verstärkt wird, weil nur sie, zusammen mit der ›Varianz‹ des Brennens im offenen Feuer, zwar nicht berechenbare und immer wieder anders aussehende, aber stabile Tongefäße gibt. Egal, ob gute Geigenbauer früher in den Wäldern jenen einen Baum suchen gingen, der aufgrund seines Klanges, wenn man ihn mit einem Stock anschlug, das Holz für jene Geige gab, die später so werden sollte.

Freilich ist auch dies Eingriff. Aber nur einer Haltung, der die manipulative Macht des Eingriffs über alles geht, und die nur diese wahrnimmt, stellt sich handwerkliches Machen und technisches Machen über diese eine Dimension als Kontinuum einer Entwicklung dar. Denn nicht nur waren die Eingriffsmöglichkeiten damals in Wahrheit kümmerlich. Über diesen gewaltigen Entwicklungssprung in der manipulativen Macht gegenüber der handwerklichen Produktion begründet ja technische Produktion zu Recht ihren Stolz und ihren Vorrang. Sondern auch und vor allem war es so, daß die Macht des Eingriffs damals kein Maßstab war, an dem die Kunst des Machens gemessen wurde. Weder von der inneren Haltung her, die Anpassungs- und Einfühlungsvermögen förderte und nicht die Lust an der Dominanz, noch von der Stellung her, die Produktion innerhalb der Gesellschaft innehatte. Historisch drückt sich das so aus, daß Produktion bei den ›Primitiven‹ nie jenes reine Mittel zum Zweck der Bedürfnisbefriedigung ist, von dem man nie genug haben kann, sondern sowohl in ihrem Umfang wie in ihrer Art und Weise eingebunden ist in jene symbolische Kommunikation mit dem Kosmos, die das Weltbild und die Lebensweise der Gemeinschaft ausmacht. Produktion stand unter dem Primat des Religiösen. Rationales Zweck-Mittel-Verhalten war eingebunden in jenen Gestus, in der jede alltägliche Handlung zugleich auch ein Ritus sein kann, und dieser, nicht die Effizienz, verkörperte die eigentliche Wahrheit.

Wenn Produktions- und Effizienzsteigerung des reinen Zweck-Mittel-Verhaltens hier bei uns von der Dominanz durch anderes frei sind, wenn es kein geistig-moralisches Ziel außerhalb ihrer mehr gibt, das es wagen dürfte, ihnen Vorschriften zu machen oder sie einzuschränken, so bedeutet das umgekehrt, daß in unserer Kultur Produktionsausweitung, Effizienzsteigerung von Zweck-Mittel-Verhalten und die Vergrößerung von manipulativer Macht als Werte an sich gelten. Sie sind so an sich und a priori gut, so selbstverständlich normsetzendes Verhaltensziel, daß sie schon jenseits von Gut und Böse sind: Sie sind ›neutral‹. Und wenn aus der Sicht des ›Wilden‹ diese Neutralität als dramatische Verengung des Blickwinkels, als Reduktion des Machens auf den bloßen Machtaspekt erscheint, so ist es diese Konzentration auf den Machtaspekt von Machen, der unsere Weltordnung abstützt und mittels dessen wir sie entdecken.

Manipulative Macht und nicht jenes alte Machen im Sinne der einfühlenden Anpassung ans andere löst bei uns die Ordnung des Animismus ab. Was nicht als Subjekt, sondern als Objekt verstanden werden soll, dessen Ordnung erschließt sich mittels des Begriffs der Funktion. Oder genauer gesagt, jedes Ding kann auch so verstanden werden: Als spezifische Organisationsform seiner Teile, die aufeinander einwirken. Wobei die ›Teile‹ ihrerseits natürlich wieder erklärbar sind als spezifische Organisationsform ihrer Teile ... usw., die ganze unendliche Hierarchie der Organisationslevels hinauf und hinunter. Die Vorstellung hat sich im wesentlichen seit der Aufklärung nicht verändert, nur das Bild, mit dem sie verdeutlicht werden soll. Wenn damals das Universum gesehen wurde als gigantisch-kompliziertes Uhrwerk, so ist heute, mit der zunehmenden Unsichtbarkeit der Teile, mit denen sich die Wissenschaften beschäftigen, das Bild entsprechend abstrakter geworden – von sich selbst verstärkenden Ordnungen ist die Rede, von Hierarchien von Systemen, von der Welt als komplexem System und der Chaostheorie als Erklärung des Unerklärbaren.

Wie man zum Macher wird: Der Prozeß der Disidentifikation

Mit all diesen Abstraktheiten der wissenschaftlichen Beschreibung kann ein Kind jedoch wenig anfangen, und so ist ihm auch unmittelbar wenig von jenem Machen in Sinne der manipulativen Macht zugänglich, das darüber erreichbar wird. Die Identifizierung mit der neuen Ordnung gerät deswegen vor allem zuerst zu einer Übung in der Disidentifikation. Oder positiv ausgedrückt: In unserer Kultur mißt sich die Autonomie des Selbst an der Fähigkeit, die Distanz zwischen Subjekt und ›dem anderen‹, zwischen Subjekt und Objekt absolut zu setzen.

Nicht Ausbau und Erweiterung der Fähigkeit zur Identifikation, sondern radikale Abkehr von dieser Verhaltensweise ist gefordert. Nicht Erkenntnis auch des eigenen Subjekt-Seins mittels temporärer Aufgabe der Subjektstruktur, sondern Selbstbehauptung der eigenen Struktur als Vorbedingung von Erkenntnis, nicht bewußte Angleichung ans andere, um zu einem Begriff des ›Erkenntnisobjekts‹ zu kommen, sondern radikale Distanz vom anderen, um die ›Objektwelt‹ entstehen zu lassen, nicht Autonomie über die Differenzierung der Verbundenheit, sondern Autonomie über die Differenzierung der Macht.

Um jenen Prozeß der Disidentifikation zu erleichtern, bietet das naturwissenschaftliche Weltbild im wesentlichen zwei Verhaltensvorbilder an, von denen das eine alt, uralt ist – die Konzentration auf die Funktionswahrnehmung –, und das andere trivial – die Konzentration auf den aktiven Modus. Zusammen genommen jedoch ergeben sie eine äußerst effektive psychische Schulungsmethode.

In der Funktionswahrnehmung konzentriert sich die Aufmerksamkeit auf den formalen Inhalt, anstatt auf den Gehalt der Botschaft und diese Konzentration auf das Formale hat einen disidentifizierenden Effekt zur Folge. Das andere wird nicht als etwas gesehen, das etwas Gemeintes zum Ausdruck bringt, sondern allein unter seinem funktionalen Aspekt. Jede Meditationspraxis verwendet dieses Verfahren in immer wieder neuen Ausprägungen. Vom Schmerz kann man sich distanzieren als etwas Fremdem, wenn es gelingt, die Konzentration ganz auf seine formale Gestalt zu richten – auf seine pulsierenden Wellen, auf sein warmes Aufwallen, auf sein spitzes Emporzüngeln. Von seinen Gedanken kann man sich distanzieren, indem man sie betrachtet, in ihrem Auftauchen und Verschwinden, in ihrem geschäftigen Muster von Aneinanderreihungen. Und von dieser Konzentration wiederum kann man sich distanzieren, indem man sie nicht macht und in ihr lebt, sondern ihr zusieht, wie sie macht. Von einem Objekt kann man sich distanzieren, indem man nicht diese Geste der Verzweiflung und jene der Sehnsucht wahrnimmt, sondern die Fäden, an denen die Marionette hängt, und die Konstruktion der Gelenke zu erraten sucht, die diese Gesten möglich machen. Subjekt, das betrachtet, und Objekt, das betrachtet wird, werden in diesem Wahrnehmungsmodus, wenn er denn konzentriert und rein ausgeführt wird, als getrenntes, als absolut verschiedenes erlebt.

Umgekehrt tendiert die Wahrnehmungskonzentration auf den Ausdruck oder die Bedeutung zu einem Erleben des Wahrnehmungsobjekts, dem diese Fremd- und Getrenntheit fremd sind. Das hat seine Ursache darin, daß ein Objekt, das in seinem Ausdruck erkannt werden soll, eher Medium der Wahrnehmung von etwas anderem als Objekt der Wahrnehmung ist. Und damit rückt die Art und Weise, in der wir das Objekt selbst wahrnehmen, in die Nähe jener Wahrnehmungsempfindung, mittels derer wir unserer eigenen Sinnesempfindungen gewahr werden: immer mehr oder minder und immer eher als Medium der Wahrnehmung von etwas anderem, oder als Botschaft über den Befriedigungswert der Empfindung, denn als focales Objekt der Wahrnehmung.

Am extremsten ist die Mediumqualität der Wahrnehmung von anderem beim Sehsinn ausgebildet und fixiert. Denn obwohl wir ohne Zweifel nicht direkt Objekte sehen, sondern bloß Sehempfindungen haben, nehmen wir nicht die Sehempfindungen als

Objekt wahr, oder erleben sie, wie Empfindungen des Tastsinns, direkt als Botschaft über Lust und Schmerz, sondern wir sehen ohne Umschweife, so scheint es, die Objekte. Und erst wenn erwachsene Blinde nach einer Operation sehend werden, fällt auf, wieviel Übung und wieviel spezifische Wahrnehmungskonzentration es braucht, bis wir unsere Sehempfindungen nur noch in dieser reinen Mediumqualität wahrnehmen. Denn was jene ehemals Blinden zunächst wahrnehmen, sind mitnichten Objekte, sondern bloße, in ihrem Status unklare Sinnesempfindungen dort, wo vorher keine waren.

Ambivalenter ist diese Mediumqualität beim Tastsinn. Hier kann fast jeder Erwachsene beliebig hin-und herschalten zwischen der Wahrnehmung der Tastempfindung als Medium der sinnlichen Befriedigung und der Wahrnehmung des Objekts der Berührung mittels der Tastempfindung. Wenn einer jedoch ausschließlich zur Wahrnehmung auf seinen Tastsinn angewiesen ist, dann verdrängt die Konzentration auf den Tastsinn als Medium der Objektwahrnehmung auf weite Strecken die Wahrnehmung der Tastempfindung als Medium der Empfindungsqualität. Kaum aber einer nimmt seinen Tastsinn so wie jene Yogis wahr, die jenseits von Schmerz und Lust sind: als focales Objekt der Wahrnehmung, das in diesem Wahrnehmungsmodus als nicht zu einem gehörig erlebt wird.

In allen Fällen jedoch kommen wir von der Mediumwahrnehmung eines Objekts zu seiner focalen Wahrnehmung nur durch einen Gestalt-Switch in der Aufmerksamkeit: beide Modi sind nicht zugleich möglich. Und in allen Fällen wird das, was als Medium der Wahrnehmung wahrgenommen wird, nicht als getrenntes, sondern als zu einem gehöriges erlebt: Zum Ich gehört das Medium der Wahrnehmung des anderen ebenso dazu wie unsere Sinnesempfindungen als Medium der Wahrnehmung der eigenen Befindlichkeit.

Der Umfang dieser Integration ins Selbst jedoch ist kein notwendig objektiv und unveränderlich fixierter, noch ist die Grenze zwischen Selbst und Nicht-Selbst notwendig eine scharfe Trennlinie.

Wenn wir mit geschlossenen Augen mittels eines Stockes Dinge ertasten, so wird der Stock nicht als getrenntes wahrgenommen, sondern die Wahrnehmung des Stockes wird zusammen mit der ›eigenen‹ Tastempfindung zu jener einen Berührungsempfindung

integriert, mittels derer wir das Ding wahrnehmen: ›Ich-selbst‹ wird temporär und kaum fühlbar größer.
Und wenn der Yogi aufhört, seine eigenen Gedanken als Medium dessen wahrzunehmen, was er denkt, und sie selbst und rekursiv immer wieder seine funktionale Aufmerksamkeit zum Focus seiner funktionalen Aufmerksamkeit macht, so lernt er nach und nach sein eigenes Denken als etwas zu erleben, das nicht zu ihm gehört: ›Ich-selbst‹ wird temporär und ganz dramatisch-intensiv kleiner.
Und wenn wir Distanz dort sehen, wo wir eigentlich nur ein flaches Muster auf der Netzhaut wahrnehmen dürften, so haben wir das Ergebnis einer intelligenten Kommunikation zwischen unserem Sehsinn und unserer körperlichen Raumerfahrung als Organisation unserer Sehwahrnehmung dauerhaft assimiliert: ›Ich-Selbst‹ hat in diesem Teil eine bestimmte fest zu uns zugehörige Struktur.
Und wenn in der symbolischen Kommunikation der Andere als Ausdruck einer je eigenen Weltinterpretation verstanden werden soll, dann soll diese ›Medienwahrnehmung‹ des anderen in Verein mit der Konzentration unserer Sinneswahrnehmung auf diese temporär unsere gewöhnliche Wahrnehmungsorganisation ersetzen: ›Ich-selbst‹ wird temporär und sehr intensiv anders.
Und wenn im Moment der Bekehrung, sei es zum Paranoiker, sei es zu einem kulturell lebbareren Weltbild, alle ›Fakten‹ einen neuen, äußerst luziden Zusammenhang offenbaren, dann haben wir diese Sinngebung so internalisiert, daß wir in ihrem Interpretationsmodus die Welt erleben: ›Ich-Selbst‹ ist dauerhaft anders geworden.
Und wenn innerhalb eines animistischen Weltbildes alles andere als Du, als potentielles oder ehemaliges Ich-Selbst erlebt wird, dann manifestiert sich in dieser offenen Beziehung zum anderen die Erfahrung über die prinzipielle Flexibilität der eigenen Subjektgrenze.
Und wenn in einer Kultur die Funktionswahrnehmung für eine bestimmte Klasse von Objekten als einzig zulässige anerkannt wird, so soll ein bestimmter Wahrnehmungsmodus als Teil des ›Selbst‹ fixiert werden: die Funktionswahrnehmung von Objekten, die diese im eigentlichen Sinne erst zu Objekten macht, ist selbst nicht mehr als Objekt der Wahrnehmung zugelassen. Sie soll so ausschließlich reines Medium der Wahrnehmung werden,

daß ihr Wahrnehmungsergebnis und die sie begleitende Selbstwahrnehmung nicht mehr als Funktion des Wahrnehmungsmodus, sondern als An-sich-Sein der Dinge erlebt wird.
Und damit findet dieser bestimmte Wahrnehmungsmodus, der notwendig von einem spezifischen Erleben von ›Subjekt und Objekt‹ begleitet wird, seinen festen Platz und seine Funktion im Weltbild unserer Kultur. Diese Funktion im Gesamtzusammenhang der Sinngebung – und nicht die abstrakte Entscheidung ›Funktionswahrnehmung oder Ausdruckswahrnehmung‹ – ist für die subjektive Haltung zur Welt, wie sie in der Berechenbarkeit der Welt ihre Erfüllung findet, ausschlaggebend.
Charakteristisch für diese subjektive Haltung zur Welt ist nicht die Radikalitität der geforderten Disidentifikation. In der systematischen Benutzung dieses Effekts gehen sämtliche ›mystisch‹ beeinflußten Weltbilder, wie die Beispiele gezeigt haben, viel weiter. Charakteristisch und zentral ist vielmehr das Bemühen um die starre Fixierung der Subjekt-Objekt-Grenzen.
Kulturhistorisch gesehen manifestiert sich dieses Bemühen in jenem starren psychologischen Entwicklungsideal der reifen Persönlichkeit, die auf der einen Seite gelernt hat, das ›Realitätsprinzip‹ zu akzeptieren, und auf der anderen Seite eine ›gefestigte Ich-Überich-Struktur‹ aufweist. Erkenntnistheortisch gesehen kommt es darin zum Ausdruck, daß unsere westlich-abendländische Kultur etwas hat, was andere Kulturen nicht haben – ein ›Leib-Seele-Problem‹ nämlich. Und in seiner Entstehung zieht das naturwissenschaftliche Weltbild aus dem Bemühen um diese Fixierung jene Energie, die es zu einer sich selbst-verstärkenden Ordnung macht.
Denn als jene bis zur Extremsituation sich steigernden Bedrohung für das Selbst wird die Verweigerung der symbolischen Kommunikation nur dann erlebt, wenn sie als jeweils endgültige und nicht bloß temporär gültige vollzogen werden soll. Wenn das andere nicht *auch* unter dem Aspekt seines materiellen Funktionierens betrachtet werden soll, sondern wenn dieser Aspekt der einzig wirklich gültige ist. Wenn die Aufforderung zur funktionellen Wahrnehmung des anderen nicht eine Bereicherung der Wahrnehmungsmöglichkeiten ist, sondern eine Aufforderung, dem anderen den Subjektstatus ein und für allemal abzuerkennen.
Die fixe Aufteilung der Welt in Subjekte und Objekte verwandelt jenen Gestaltswitch zwischen Funktion und Ausdruck, der nur

die Unmöglichkeit einer gleichzeitigen Wahrnehmung von beidem impliziert, in eine unversöhnliche Polarität der Wahrnehmungsmodi, in der die Anwendung des einen automatisch die existentielle Negation des anderen bedeutet. Was als Objekt erkannt werden soll, soll auch nur dieses sein und bleiben. Da ist keine Vermittlung möglich, in der das andere als Subjekt seinerseits etwas zu jener funktionellen Erkenntnis seiner selbst zu sagen hätte. Ganz zu schweigen davon, daß etwa der Vollzug der funktionellen Erkenntnis seine Richtlinien und seine Grenzen in der subjektiven Weltinterpretation des anderen hätte. Daß man, um es provokativ auszudrücken, Gemüsepflanzen vielleicht fragen sollte, ob sie in Treibhäusern und von Nährlösung leben wollen. Objekte sind selbstverständlich nach unserem Willen manipulierbar. Und was manipulierbar ist, ist Objekt. Wie aber steht es mit uns? Haben wir nicht auch einen Körper und sind gewißlich darüber manipulierbar? Und sind erkennbar und werden erkannt als Funktion dieses Körpers? Wo ist die Grenze zwischen Objekt und Subjekt? Und was macht mich sicher, daß ich Subjekt bin?

Allein die Tatsache, daß allein ich als Mensch die anderen zu bloßen Objekten machen kann. Die Katze geht nicht hin und seziert ihrerseits den Forscher. Das Privileg, den funktionellen Wahrnehmungsmodus zu einem ausschließlichen machen zu können, gehört ganz allein dem Menschen. Und Mensch, Subjekt bin ich in dem Maße, in dem ich dieses Potential verwirkliche. An jedem Objekt immer wieder neu jene absolut-endgültige Disidentifikation vollziehe und als Teil meines Selbst fixiere.

Je radikaler und je umfassender ich jedoch die funktionale Wahrnehmung als alleinige Grundlage meines Handelns, meines Bezugs zur Welt etabliere, desto bedrohlicher erscheint dieses Tun in jenem anderen, jenem alten Erlebnismodus der identifizierenden Wahrnehmung. Denn diese Art von Weltbezug hört ja nicht einfach auf. Was Subjekt und was Objekt ist, das muß – da sind sich alle westlichen Psychologen einig – mühsam von Fall zu Fall erlernt werden. Die Grenze ist nicht natürlich fixiert, sondern von ›Natur‹ her eine, über die leichtgängig hin- und hergewechselt wird, eine unklare, flexible, in der ›Ich‹ mal jenes andere und dann jenes andere auch wieder nur Objekt meiner Begierde ist. Werde ich jedoch jetzt jenes andere, so erlebe ich meinen eigenen Versuch, funktionelle Wahrnehmung als endgültige an diesem anderen zu vollziehen, notwendig als Trauma, als den Versuch, mein eigenes Selbst-Sein radikal auszulöschen. Ich erlebe, wie Joey, als Subjekt Objekt-Sein von innen. Und damit punktuell jene Extremsituation, in der die Gesamtsumme meiner Erfahrung nur eine Botschaft enthält: sie signalisiert Lebensgefahr. Vor diesem Untergang ist ein Ich nur zu retten, wenn es künftig diese Art von Erfahrung strengstens tabuisiert.

Über dieses Tabu der Angleichung ans andere etabliert sich die starre Fixierung der Subjekt-Objekt-Grenze. Und wenn die funktionelle Wahrnehmung des anderen als Objekt zu jenem Urteil über die einzig zulässige Existenzweise des anderen wird, dann wird die Angleichung ans andere, der Rückfall in die identifizierende Wahrnehmung notwendig zum traumatischen Erlebnis, das tabuisiert werden muß.

Einem Ich aber, dessen Existenz davon abhängt, daß es zukünftig einen ganzen Erfahrungsbereich vermeidet, solch einem Ich verwandelt sich die eigene Erfahrungsfähigkeit aus einem Medium des Zugangs zur Welt und zu sich selbst um in eine potentielle Bedrohung. Solch einem Ich wächst Stärke nicht zu in dem Maße, in dem es Erfahrungen integrieren kann, so ein Ich gründet seine Stärke in der Stärke seiner Abwehr, bestimmte Erfahrungen von vorneherein nicht zuzulassen.

Und was wäre besser geeignet, der Gefahr der Identifizierung aus dem Weg zu gehen, als der radikal-engagierte, der handgreifliche Vollzug der funktionellen Wahrnehmung an allem anderen? Und was wäre besser geeignet, die Identifizierung mit dem anderen zu einem existentiellen Trauma zu machen, als eben dieser radikal-engagierte, dieser handgreifliche Vollzug der funktionellen Wahrnehmung an allem anderen?

Das ist das Weltbild unserer Kultur im Kleinsten.

Es setzt aber dieses Kleinste zwei dynamische Prozesse in Gang, die sich gegenseitig in ihrer Dynamik verstärken. Da ist zum einen die sich selbst verstärkende Regression der Erfahrungsfähigkeit:

Denn wenn Erfahrung potentiell in diesem extremen Maße bedrohlich sein kann, woher soll man dann wissen, ob diese Erfahrung hier sich nicht zu so einer bedrohlichen auswächst, anders als daß man sich trotzdem auf sie einläßt? Indem man Erfahrung als Medium der Erkenntnis, so gut es geht, überhaupt vermeidet. Je weniger man sich aber auf Erfahrungen einläßt, desto mehr

verkümmert die ohnehin nur kindlich entwickelte Fähigkeit zur Integration von Erfahrungen, desto bedrohlicher erscheint wiederum Erfahrung des anderen überhaupt, desto...
Und um so überlebensnotwendiger wird jener zweite Prozeß, die Identifikation mit der funktionellen Ordnung, wie sie im Traum von der Berechenbarkeit der Welt zur Blüte kommt. Denn jetzt ist sie die einzige Ordnung, die überhaupt noch zugänglich ist. Jetzt muß sie gültig sein, weil sonst auf jeden Fall die Welt zusammenbricht. Das Muß, die funktionelle Wahrnehmung als absolutendgültig gültige zu vollziehen, ist zu einer innerpsychischen Notwendigkeit geworden. Und damit wird der Vollzug, die Durchsetzung dieser objektiven Ordnung der Welt zu jenem Modus, mit dem das Selbst sich positiv identifiziert, und über den es seine positive Stärke aufbaut.
Je vehementer aber diese objektive Ordnung als einzig gültige gesetzt und an den Dingen selbst vollzogen wird, je mehr Stärke also das Ich aus dem Vollzug dieser Ordnung gewinnt, desto traumatischer wird ein Rückfall in jenen Erfahrungsmodus, in dem das andere als Ich-Selbst erlebt wird. Und desto wichtiger für das Ich wird die Stärke jener Abwehr, mit der es sich Erfahrungsfähigkeit vom Leibe hält. Denn wenn Erfahrung in diesem extremen Maße potentiell bedrohlich sein kann ...
Allgemeiner formuliert: Wenn es auf der einen Seite so ist, daß die subjektive Haltung zur Welt, wie sie in der naturwissenschaftlichen Methodik ihre Erfüllung findet, konsistent als Abwehr von Erfahrungsfähigkeit interpretiert werden kann, so ist es auf der anderen Seite so, daß man sich mit dieser Weltsicht nur identifizieren kann, wenn Erfahrungsfähigkeit tabuisiert wird. Das naturwissenschaftliche Weltbild schafft sich selbst die Grundlage, von der aus gesehen es das einzig mögliche wird. Es ist das eigene Tun, die konsistente ausschließliche Interpretation des anderen im Modus der objektiven Ordnung und ihr praktischer Vollzug, wie er als systematische Verletzung der Eigenstruktur der Dinge im Experiment als Methode der Erkenntnis exemplifiziert wird, die jene alte Erkenntnismethode, die Angleichung ans andere, zu einer traumatischen Erfahrung machen, weil die eigene Vorgehensweise im Modus der funktionalen Ordnung in jenem anderen Modus der Identifizierung zu Recht als radikaler tödlicher Angriff auf das Selbst erlebt wird.
Jene traumatische Angst, jene blinde Panik vor einem Rückfall in

diese Extremsituation ist der Grund, aus dem heraus sich das Subjekt in jenes gleißende Gebäude aus ›objektiven Fakten und Gesetzmäßigkeiten‹ flüchtet, und nicht bloßes Machtverlangen, wie dem naturwissenschaftlichen Weltbild oft unterstellt wird.
Wohl aber ist dieses Gebäude eine einzige Machtdemonstration und muß es sein, wenn es zur Rettung taugen soll. Allein der Umstand, daß naturwissenschaftliche Erkenntnis tatsächlich die Macht gibt, Materie zu manipulieren, bewahrt diese Sinngebung davor, im schieren Größenwahn dessen zu enden, der glaubt, daß die Existenz der Welt von ihm abhängt, weil sie nur nach Maßgabe jener Interpretation existieren soll, die er vorgibt. Diese Macht gewinnt naturwissenschaftliche Erkenntnis allein durch die disziplinierte Ausrichtung am praktischen Eingriff des Experiments. Nur die enge Verzahnung von funktioneller Wahrnehmung und praktisch vollzogenem Zugriff im Sinne dieser Wahrnehmung garantiert, daß ihre Interpretation eine real wahre wird: Erst das Objekt, wie es im Labor zugerichtet erscheint, ist wirklich nur noch bloßes Objekt, Beispiel allgemeiner Regeln, von denen nur wir wissen können und die uns allein den Zugriff sichern.
Die schmale Grenze, die hier Größenwahn von einem kulturell lebbaren realen Weltbezug trennt, hängt von dieser konkreten Macht des Eingriffs ab, der die Existenz des anderen tatsächlich und nicht nur in der Einbildung darauf reduzieren kann, bloßes Objekt seines Manipulationswillens zu sein. Dementsprechend verzweifelt ist diese Sinngebung auf diese konkrete Macht angewiesen. Nicht Machtlust, sondern die schiere Angst vor dem Untergang macht hier die handgreifliche Demonstration der Macht zu jenem unersättlichen Bedürfnis, das nicht befriedigt, geschweige denn aufgegeben werden kann, weil von seinem Vollzug die Überlebensfähigkeit der eigenen Ordnung abhängt – nicht nur in der wissenschaftlichen Erkenntnis, sondern auch allgemeiner dort, wo sie im Alltag als subjektive Haltung zur Welt gelebt wird. Und besonders deutlich wird diese Verbindung dort, wo sich später tatsächlich Lust mit jener Machtausübung verbindet und von ihr abhängig wird. Das panische Festhalten am verletzenden Eingriff, der Dominanz verheißt, auch und gerade hier, soll jenen alten Wunsch exorzieren, dem jede Lust verlockt nachzugeben – dem Wunsch, sich hinzugeben an den Rhythmus der Erfahrung ohne jede Schranken. Vor solch einer Hingabe aber steht in jenem Daseinsmodus das Trauma der Extremerfahrung –

hier erscheint als Tod, was in einer anderen Sinngebung als Zugang zum Lebendigen erscheint. Erst diese Konstellation erklärt, wieso die sexuelle Lust an der Dominanz unweigerlich verbunden ist mit einer sentimental überhöhten Todessehnsucht, wieso selbst in ihren milderen Versionen, die sich mit der Interpretation des ›Fickens‹, um es so brutal zu sagen, wie es gemeint ist, als Akt der Dominanz begnügen, jenes unvermeidliche Stückchen Hingabe, der Moment des Samenergusses, literarisch verschämt als ›der kleine Tod‹ umschrieben wird. Um sich vor diesem ›seligen Untergang‹, den er fast so sehr herbeisehnt, wie er ihn fürchtet, zu schützen, um auch diese Erfahrung fest unter Kontrolle zu halten, greift der Sadist, wie ein Ertrinkender nach einem Strohhalm, zum verletzenden Eingriff am Anderen. Und offenbart damit, daß die Konzentration auf das sadistische Handeln als Methode der Erfahrungsabwehr tauglich ist. So effektiv tauglich, daß mittels ihrer sogar Extremerfahrungen sich bewältigen lassen.

Auf der psychischen Ebene erklärt sich diese Effektivität dadurch, daß jedes funktionelle Handeln, jedes Handeln, das auf eine bestimmte Zweck-Mittel-Relation sich konzentriert, den Horizont des Erfahrbaren drastisch einschränkt. Konzentration auf aktives Zweck-Mittel-Tun und Konzentration auf die Gesamtheit des Wahrnehmbaren sind zwei Bewußtseinszustände, die sich in ihren extremen Formen gegenseitig ausschließen: die größtmögliche Rezeptivität ist notwendig verbunden mit Passivität, während die Konzentration auf aktives Tun Erfahrungsfähigkeit, die Menge des Wahrnehmbaren notwendig einschränkt.

Um diesen Zusammenhang wissen die autistischen Kinder, die sich von Erfahrung weg konzentrieren mittels der Konzentration auf die peinlich genaue Ausführung eines immer wiederholten Tuns, ebenso wie sämtliche Meditationstechniken, die ihre elaborierten Übungen der Disidentifikation deswegen immer kombinieren mit der Forderung nach äußerster Passivität. Denn hier dient die Disidentifikation nicht zur Etablierung der funktionellen Wahrnehmung, sondern die vorübergehende Konzentration auf den funktionellen Aufmerksamkeitsmodus ist nur ein Mittel, um sich von sedimentierten Wahrnehmungs- und Erlebnisstrukturen frei zu machen, zu denen auch die funktionelle Objektwahrnehmung gehört. Ziel ist eine reine Konzentration auf passive Rezeptivität, die durch erlernte Vor-Urteile und mitgebrachte Erwartungen nicht mehr eingeschränkt wird.

Begleitet wird der aktive Modus von einer focalen Wahrnehmung des Objekts, mit dem getan wird. Strukturell genauer ausgedrückt: Der aktive Modus schränkt den Horizont des Erfahrbaren ein auf jene funktionellen Aspekte des Objekts, mit denen getan wird, und auf die Mediumwahrnehmung des Werkzeugs, mit dem getan wird. Wobei diese Mediumwahrnehmung wiederum eingeschränkt ist auf die Informationen, die für das funktionelle Tun wichtig sind.

Ich kann nicht gleichzeitig mittels eines Stäbchens ein Sandkorn aus einem Auge entfernen und die schimmernde weiß-dunkle Schönheit dieses Auges bewundern und mich auf die Botschaft jenes unwillkürlichen Zurückzuckens konzentrieren. Und wahrnehmen, wie fein und dünn, und doch fest und glatt sich dieses Stäbchen anfühlt.

Durch diese Einschränkung und Ausrichtung der Erfahrungsfähigkeit ist der aktive Modus, das funktionelle Handeln die ideale Ergänzung jener psychischen Konzentrationsleistung, die allein die Funktionswahrnehmung des anderen zulassen will. Er ist die praktische, trivial-alltägliche Übung, die jene geistige Konzentrationsleistung stützt und die Aufmerksamkeit auf sie zurückzwingt. Und wenn die funktionelle Wahrnehmung von einem disidentifizierenden Effekt gegenüber dem Wahrnehmungsobjekt begleitet wird, so schützt das funktionelle Tun durch diese Einschränkung des Erfahrungshorizonts diese Haltung vor einem Rückfall in andere Erfahrungsmodi. Auf diese sich in ihrer Wirkung gegenseitig verstärkenden Effekte baut der Sadist, wenn er sich in jenes für ihn so gefährliche Gebiet der ›Lust‹ begibt.

Freilich ist es normalerweise nicht der Gang der Dinge, daß die funktionelle Objektwahrnehmung dergestalt handgreiflich am Menschen ausgeübt wird. Normalerweise verzahnt sich die Konzentration auf die funktionelle Wahrnehmung und die Priorität des funktionellen Handelns so, daß die reine Objektwahrnehmung einer fixierten Klasse von ›Objekten‹ fester Bestandteil der Ich-Struktur wird. Das Tabu der identifizierenden Wahrnehmung gelingt, das Ich baut seine neue Stärke auf, indem es den Vollzug der objektiven Ordnung für diesen Teil der Welt positiv besetzt. Und obwohl die Verletzung der Eigenstruktur vom Objekt aus gesehen – also z. B. von der Katze aus, der man das Stammhirn, oder vom Juden aus, dem man ein Organ entfernt, um am Restorganismus zu beobachten, welche Funktion das entfernte Teil hat – notwendig und zu Recht als sadistischer Eingriff empfunden wird, haben die Naturwissenschaften auch recht, wenn sie sich von ihrem Gebrauch zwecks sadistischer Befriedigung mißbraucht fühlen. Ziel dieser Sinngebung der Welt ist nicht die sadistische Befriedigung mittels der Etablierung dieser Gegenordnung, sondern Ziel ist die Etablierung dieser Gegenordnung u. a. zwecks der Disidentifizierung von Gefühl überhaupt. Und unter dieses Identifikationsverdikt fällt selbst noch das sadistische.

Diese Fixierung der Subjekt-Objekt-Grenze wird ganz erheblich dadurch erleichtert, daß eben normalerweise keine Menschen, zumindest nicht des eigenen Kulturkreises, zu bloßen Objekten gemacht werden sollen. Und dadurch, daß durch die Einbindung der funktionellen Wahrnehmung und des funktionellen Tuns in eine erfolgreiche Erkenntnismethode die Kunstfertigkeit, Materie tatsächlich zum bloßen Objekt zu machen, ganz dramatisch größer wird. Das normale ›Objekt‹ der Wahrnehmung in einer technischen Zivilisation ist kein Wildwuchs, sondern ein Artefakt, kein handwerkliches, sondern ein Maschinenprodukt. Das ›Realitätsprinzip‹ der objektiven Ordnung ist nichts, was man sich von Grund auf neu erkämpfen müßte, es ist die Grundlage der manifesten Macht unserer Kultur. Daß es da je einen Kampf gab, daß es je anders denn so hätte sein können, daß Erfahrung je in eine existentiell bedrohliche Zone führen kann, das hat die ideale Persönlichkeit unserer Kultur mittels ihrer gefestigten Ich-Überich-Struktur längst vergessen.

Woraus sich umgekehrt schließen läßt, daß der Sadist einer ist, dem diese Fixierung der Subjekt-Objekt-Grenze, dieser für unsere Kultur eigentümliche Autonomiebeweis des Selbst nicht recht gelungen ist. Das ist denn auch das Urteil, das die Psychologen einhellig über ihn fällen. Er hat es nicht zu einer reifen Persönlichkeit, zu einem autonomen Ich gebracht. Auch sie sehen hinter diesem nicht enden wollenden Verlangen, sich immer wieder die eigene Dominanz beweisen zu müssen, die Schwäche von einem, der sich seiner Dominanz mitnichten sicher ist.

In den Worten dieser Arbeit: der Sadist ist einer, der von jener ursprünglichen traumatischen Erfahrung des absoluten Vollzugs der funktionellen Wahrnehmung nicht loskommt, weil er sie nicht, wie erfordert, ganz vergessen kann. Ihm gelingt nicht jene säuberliche Reduktion der Erfahrungsfähigkeit auf den reinen egozentrischen Aspekt der Bedüfnisbefriedigung, dem man sich hingeben kann, weil man vom anderen dabei nichts mehr wahrnimmt als eben dieses: daß er ein Objekt meiner Befriedigung ist. Ihm lauert hinter jeder Erfahrung noch die Möglichkeit, daß sie zu einer Erfahrung des anderen wird, daß sie zur Identifizierung verlockt. Und damit auch die Panik, die dies auslöst, und damit auch der verzweifelte Griff nach einer Abwehrmethode, nach dem permanenten Beweis seiner Dominanz als Subjekt. Und so inszeniert er jenes Trauma in seinen Grundelementen immer wieder neu, um sich immer wieder zu beweisen, daß er es bewältigen kann.

Und bringt sich damit in die Falle, daß er die Gefahr des Untergangs immer wieder heraufbeschwören muß, weil sonst die Rettung nicht als Rettung gilt. Je effektiver jedoch der psychisch-physische Griff nach der Erfahrungsabwehr funktioniert, desto intensiver muß die Gefahr der Identifizierung sein, damit die Abwehr noch in ihrer ursprünglich beschwörenden Stärke erfahrbar wird. Und je größer wiederum die Gefahr der Identifizierung ist, desto drastischer die Methode der Abwehr, und je ...

Was aber könnte leichter zur Identifizierung verlocken, als ein anderer Mensch, einer, der auch nach unseren Standards als Subjekt gilt? Und in welchem Moment ließe man sich leichter zu etwas hinreißen, als in jenem Moment der Lust, jener einzigen Erfahrung, die auch nach unseren Standards uns überwältigen können müssen darf? Und was könnte großartiger die Stärke der Abwehr demonstrieren, als in diesem Moment an einem Subjekt zu vollziehen, was andere nur an ›Objekten‹ vollbringen? Und was könnte angesichts dieser Gefahr und angesichts dieser Aufgabe anderes helfen als der blitzschnelle Mut zur nackten brutalen Gewalt? Die den anderen reduziert zu einem Haufen von Instinktreaktionen, Krümmung auf diesen Schlag, Röcheln auf diesen Hieb, Wimmern auf diesen Schnitt, Reaktionsabläufe, die von unserem Handeln allein bestimmt werden und die es ein für allemal zeigen, daß dieses Subjektsein nur Schein ist: Triumph der Funktion, von Aktion und Reaktion, über die Interpretation, Triumph des manipulierenden Eingriffs über die Geste der Verständigung.

Was aber könnte die Angst vor der Identifizierung akuter aktualisieren als der Anblick eines Subjekts, das zum Opfer gemacht wird? Beweist es doch, daß nichts ein für allemal entschieden ist, daß es auch unter Subjekten nur die Alternative gilt, Täter oder Opfer zu sein, daß es auch dich treffen kann, und deine einzige Rettung ist es, absolut und unbezwinglich immer Täter zu bleiben. Und einzig der permanente Vollzug garantiert dir Subjekt-Sein. Was aber könnte die Angst vor der Identifizierung akuter aktualisieren als dieser Vollzug, als der Anblick eines Subjekts, das zum Opfer gemacht wird ...?

Sadismus, das ist das Trauma jener Extremerfahrung und ihrer Bewältigung dramatisch überhöht, auf seine Grundelemente reduziert und nach Maßgabe der individuellen Verdrängungserfahrung im Privaten inszeniert.

In der sadistischen Sucht kristallisiert sich jene Grunderfahrung, mittels derer in unserer Kultur ein Subjekt seine Autonomie erreichen soll, zu den dichten Bildern einer Initiation, jener prototypischen Erfahrung, die in anderen Kulturen als bewußtes Kulturelement kollektiv inszeniert wird, und deren Bewältigung dem Eintritt ins Erwachsenenleben vorangeht und ihn markiert. Kürzer als Fromm und mit einem präziseren Sinn für die innere Dynamik des Geschehens kann man jene Grunderfahrung nicht zusammenfassen. Er nämlich definiert Sadismus als

›the passion to have absolute and unrestricted control over a living being.‹ (Fromm 1985 / 103)

Denn absolute und unbegrenzte Kontrolle über ein anderes zu haben, eben das macht aus dem anderen als Subjekt, dem man eine eigene Interpretation der Welt zugesteht, ein Objekt. Die Essenz der Objektwahrnehmung besteht genau darin, das andere nur noch als jenes Beispiel allgemeiner Regeln zu sehen, über die es willenlos manipulierbar ist.

Und das andere, das ist nach jenem alten Modus der Welterfahrung eben noch kein Objekt, sondern ein animistisch belebtes, ein Du, ein potentielles oder ehemaliges Ich-Selbst. Im Modus der identifizierenden Wahrnehmung wird jenes Zum-Objekt-Machen erfahren als eine Tat, die man am Lebendigen begeht.

Und diese Kontrolle, eigenes Subjekt-Sein über diese Macht, anderes so zum Objekt zu machen, erreicht man mittels der systematischen Verletzung der Eigenstruktur des anderen, das die geistige Konzentration auf die Funktionswahrnehmung durch die Konzentration auf funktionelles Handeln unterstützt und durch die konkrete Demonstration von Aktion und Reaktion am Objekt ergänzt.

Und mit Leidenschaft, mit existentieller Leidenschaft wird dieses Tun betrieben und die Erfahrung gesucht, weil die eigene Existenz als Subjekt, weil die Bannung der Gefahr, seinerseits zum Objekt gemacht zu werden, davon abhängt, daß man sich – konfrontiert mit dieser Extremerfahrung – immer wieder als zum Täter fähig erweist.
Woraus wiederum geschlossen werden muß: Erst dann, wenn einem das ›Zum-Objekt-machen‹ an einem Wesen gelungen ist, das in der eigenen Erfahrung als lebendiges, als Subjekt gegenwärtig ist, erst dann hat das junge Selbst seine Feuerprobe bestanden und sein Subjekt-Sein auf der neuen Ordnung gegründet, auf ›the passion to have absolute and unrestricted control over a living being.‹ (Fromm 1985 / 103)
Wahr ist allerdings, daß der Sadist eine äußerst krude Version dieses Dramas aufführt. Sie ist versiert nur in der Eindringlichkeit der Versinnbildlichung, nicht im Grad der Formalisierung oder im Ausmaß der Erkenntnis. Andererseits aber sind den Kindern, die die fixe Aufteilung in Subjekte und Objekte lernen sollen, jene elaborierten Formen der Funktionswahrnehmung, wie sie in der reinen Mathematik oder den theoretisch orientierten Naturwissenschaften zur Blüte kommen, aufgrund ihrer formalisierten Abstraktheit gar nicht zugänglich. Und wahr ist auch, daß außer der reinen, nicht angewandten Mathematik all jene hochformalen Wissenschaften nur dort sind, wo sie jetzt sind, weil sie ihre Entwicklung systematisch der Methode des Experiments unterworfen haben. Und wahr ist vor allem, daß sie allesamt nur das sind, was sie jetzt sind – die Verkörperung der alleingültigen Wahrheit über anderes –, und die Ziele haben, die sie jetzt haben – maschinelle Reproduktion und gentechnische Manipulation des Lebendigen –, weil ihre Entwicklung bisher systematisch eingebunden war in die Entfaltung eines Weltbildes und eines Weltbezugs, für die eben jene Erfahrung, von der der Sadist nicht loskommt, konstituierend ist.

Die Initialerfahrung unserer Kultur – ein historischer Überblick

Was freilich in jener Erfahrung des ›Objekt-Machens‹ als lebendig empfunden wird, das variiert.
Oder im Hinblick auf unsere Kultur formuliert: Was einerseits lebendig genug ist, daß das Zum-Objekt-Machen jenen spezifischen, das Subjekt als Täter konstituierenden Effekt hat, und was andererseits nicht so schrecklich lebendig, so ähnlich mit uns selbst ist, daß die Initialerfahrung im Desaster der Identifizierung endet, das variiert.
Für Bacon, dem die alte Welterfahrung trotz der Jahrhunderte dauernden Herrschaft des Christentums noch näherstand, war tendenziell noch die ganze Welt lebendig. Oder, wie Della Porta (1535-1615) es ausdrückte: ›The whole world is knit and bound within itself: for the world is a living creature, everywhere both male and female, and the parts of it do couple together ... by reasons of their mutual love.‹ Und: ›When one part suffers, the rest also suffers with it.‹ (1980 / 104) Konsequenterweise stellte sich für Bacon, der wie kaum ein anderer zu seiner Zeit sich des produktiven Potentials der experimentellen Methode bewußt war, das gesamte wissenschaftliche Vorgehen dar als eine systematisch betriebene sadistische Folter der Natur. Eine Folter, deren Anwendung er allerdings, wie aus dem Zitatendialog erinnerlich, vehement befürwortet hat: ›For like as a man's disposition is never well known or proved till he be crossed, nor Proteus ever changed shapes till he was straightened and held fast, so nature exhibits herself more clearly under the trial and vexations of art (mechanical devices) then when left to herself.‹ (Bacon 1980 / 169)
Was wiederum zur Folge hatte, daß zu einer Zeit, da unser Weltbild in der industriellen Revolution explodierte, sich unser Vorgehen anderen Völkern so darstellte:
›The White people never cared for land or deer or bear. ... the White people plough up the ground, pull up the trees, kill everything. The tree says's ›Don't. I am sore. Don't hurt me.‹ But they chop it down and cut it up. The spirit of the land hates them. They blast out trees and stir it up to its depths. They saw up trees. That hurts them. The Indians never hurt anything, but the White people destroy all. They blast rocks and scatter them on the

ground. The rock says, ›Don't. You are hurting me.‹ But the White people pay no attention. When the Indians use rocks they take little round ones for their cooking ... How can the spirit of the Earth like the White man? ... Everywhere the White man has touched it, it is sore.‹ (Clarke et al. 1975 / 71) Vor diesem Hintergrund wird sogar für uns eine Einstellung erahnbar, in der schon weit weniger drastische Methoden als das Experiment als aggressiv-sadistischer Eingriff empfunden, verurteilt und abgelehnt wurden. Smohola, ein Führer eines kolumbianischen Indianerstammes an die amerikanische Regierung:

›You ask me to plough the ground; shall I take a knife and tear my mother's bosom? Then when I die she will not take me to her bosom to rest. You ask me to dig for stones; shall I dig under her skin for her bones? Then when I die I cannot enter her body to be born again. You ask me to cut grass and make hay and sell it and be rich like White men; but how dare I cut off my mother's hair?‹ (Clarke et al. 1975 / 72)

Und Dschuang Dsi ergänzt ca. 300 v. Chr. diese radikale aktuelle Kritik an der neolithischen Agrarrevolution (vom kleinflächig-intensiven Gartenbau mit Grabstock zum großflächigen Ackerbau mit Pflug und Bewässerung) durch eine nicht minder radikale Analyse und Kritik jener rein funktionellen Haltung zum anderen, die seiner Meinung nach hier schon bestimmend und überdeutlich sich manifestiert. Aktueller Anlaß seiner Kritik ist ein Ziehbrunnen:

›Dsi Gung sprach: ›Da gibt es eine Einrichtung, mit der man an einem Tag hundert Gräben bewässern kann. Mit wenig Mühe wird viel erreicht. Möchtet ihr die nicht anwenden?‹ ...

Da stieg dem Alten der Ärger ins Gesicht, und er sagte lachend: ›Ich habe meinen Lehrer sagen hören: Wenn einer Maschinen benützt, so betreibt er all seine Geschäfte maschinenmäßig; wer seine Geschäfte maschinenmäßig betreibt, der bekommt ein Maschinenherz. Wenn aber einer ein Maschinenherz in der Brust hat, dem geht die reine Einfalt verloren. Bei wem die reine Einfalt hin ist, der wird ungewiß in den Regungen seines Geistes. Ungewißheit in den Regungen des Geistes ist etwas, das sich mit dem wahren SINNE nicht verträgt. ... Wenn Ihr imstande wärt, all Eure Geisteskräfte zu vergessen und Euren ganzen Formelkram wegzuwerfen, dann könntet Ihr es vielleicht zu etwas bringen. Aber Ihr vermögt nicht einmal, Euch selbst in Ordnung zu hal-

ten: woher wollt Ihr Zeit nehmen, an die Ordnung der Welt zu denken? ... Nicht, daß ich solche Dinge nicht kennte: ich schäme mich, sie anzuwenden.« (1972 / 135 f.)
Oder in den Worten dieser Arbeit: Das Formale wird nur dann zu jenem einzig Wahren, wenn zuvor Erfahrungsfähigkeit zu jener ›Ungewißheit in den Regungen des Geistes‹ geworden ist, die man fürchten muß, anstatt sich ihr in der ›reinen Einfalt‹ der konzentrierten Rezeptivität überlassen zu können.
Gegenüber der globalen Belebtheit dieser Art von Welterfahrung erscheint das ›lebendige‹ Objekt, an dem unsere Kinder so im allgemeinen exemplarisch den geforderten Haltungsswitch, die geforderte Einübung in die Absolutheit der Objektwahrnehmung durchexerzieren, nachgerade übertrieben und dramatisch ähnlich mit uns selbst. Sherry Turkle, die diesen marginalen oder evokatorischen Objekten, wie sie sie nennt, eine zentrale Rolle in der Ablösung des kindlichen Animismus durch ein ›neues Verständnis der physischen Welt in Begriffen physikalischer Prozesse‹ (Turkle 1986 / 31) beimißt, zählt u. a. Käfer und Schmetterlinge als geeignet auf. Und sie definiert die Eigenschaften, die sie für diese Funktion qualifizieren, im Zitatendialog so:
›... einerseits sind sie lebendig genug, um zu fliegen, andererseits sind sie dem Anschein nach im Vergleich zum Menschen vom Lebendigen so weit entfernt, daß es beinahe akzeptabel erscheint, sie zu verstümmeln und zu töten.‹ (Turkle 1986 / 23)
Denn, wie Michie ganz richtig bemerkt hat: ›After all, no one tortures rocks; it is simply the human-like response of an animal in pain, that gratifies the torturer.‹ (Michie et al. 1984 / 193)
Oder kulturhistorisch ausgedrückt: Für unsere Kinder, die in einer Kultur aufwachsen, in der die animistische Welterfahrung zu den negierten und tabuisierten Fähigkeiten des Menschen gehört, sind Steine keine Wesen mehr, die ›lebendig genug‹ sind. Was wiederum umgekehrt daran erinnert, daß jede menschliche Fähigkeit nur dann zu einer real wirksamen wird, wenn sie mittels kultureller Resonanz entwickelt wird. Der spontane kindliche Animismus, mit dem wir es zu tun haben, hat diese Resonanz nicht. Und da er, je früher desto besser, überwunden werden soll, ist er als Fähigkeit zur Erfahrung nur äußerst rudimentär entwikkelt. Nicht nur nur kindlich, sondern auch nur primitiv in jenem genuinen Sinn des Wortes, als in ihm keine Spur von kultureller Entwicklung zu finden ist. Das war bei Bacons Welterfahrung

noch anders. Und das war in jener ›alten Welterfahrung‹, die unser Vorgehen mit Entsetzen ablehnte, noch in ganz extremen Maße anders. Mit anderen Worten: Wann und an welchem Objekt der endgültige Vollzug der funktionellen Wahrnehmung als aggressiver Akt empfunden wird, das ist historisch-kulturell bedingt. Daß die Schmerzgrenze sich seit Bacons Tagen so drastisch verschoben hat, ist Folge einer Doppelwirkung: Der erfolgreichen kulturellen Sedimentierung des Tabus animistischer Welterfahrung und dem erfolgreichen Nischenaufbau im Sinne jener objektiven Ordnung, auf die unser Weltbild sich gründet.

In die Ebene der psychischen Erfahrung übersetzt: je stärker die Abwehr, je rudimentärer die Fähigkeit zur identifizierenden Wahrnehmung ist, desto offensichtlicher muß jenes ›marginale‹ Objekt die Gefahr der Identifizierung heraufbeschwören, um zur Intitialerfahrung tauglich zu sein. Denn seine Stärke als Täter gewinnt das Subjekt nur, wenn es jene Panik überwinden lernt, die der Vollzug der objektiven Ordnung im identifizierenden Modus der Wahrnehmung auslöst. Um sie aber zu meistern, muß sie erst einmal entstehen. Sherry Turkle drückt das im Zitatendialog so aus:

›Wir werden angezogen von dem, was uns Angst macht, wir spielen mit dem, was uns verunsichert – unter anderem, um uns immer wieder von neuem unserer Kontrolle über diese Dinge zu versichern.‹ (1986 /35) Das ist die sadistische Welterfahrung von innen. Daß Sherry Turkle freilich diese Konstellation von Angst, Attraktion und Kontrolle nicht als spezifisch sadistische Entwicklungsvariante erkennt, sondern daß sich ihr diese Gefühlskonstellation als naturgegebenes Empfinden aller Menschen darstellt, das wiederum stützt die These, daß in unserer Kultur die sadistische Kernerfahrung den Rang einer Initialerfahrung hat. Sherry Turkles Menschenbild, das ist Mensch-Sein, wie es prototypisch für unsere Kultur ist, von innen.

Und in dieser Situation kennt sowohl der Sadist wie Sherry Turkle in dem, was sie sich als Prozeß der Menschwerdung vorstellen können,

– nur eine Gefahr, die immer wieder droht, und nur eine Alternative – Opfer zu sein oder Täter zu werden:

›In der animistischen Welt ... können Gegenstände die Macht von aktiv Handelnden mit unbekannten, möglicherweise unheilvollen Absichten haben. Laura war einfach nur ängstlich, aber bei Lucy erkennen wir zum erstenmal eine mögliche Strategie von Kindern im Umgang mit dieser Situation. Sie spielen mit Gegenständen und sie manipulieren sie, um ein Gefühl von Kontrolle über ihre Macht zu bekommen.‹ (Turkle 1986 / 44) – und nur einen Ausweg, der bis zum bitteren Ende des anderen gegangen werden muß:

›Lassen Sie es einmal auf sich wirken, wie Kinder Schmetterlingen die Flügel ausreißen und dabei die Kreaturen mit ehrfurchtgebietender Konzentration betrachten. Wenn Kinder so etwas tun, ... spielen (sie) viel weniger mit Schmetterlingen, als mit ihren eigenen sich entwickelnden Vorstellungen, Ängsten und Phantasien hinsichtlich Leben und Tod, mit ihren Vorstellungen, Ängsten und Phantasien bezüglich dessen, ... was man unter Kontrolle hat und was sich der Kontrolle entzieht.‹ (Turkle 1986 / 31)

›Und wenn dem Schmetterling die Flügel ausgerissen sind, ist er in einer anderen Hinsicht nicht mehr eindeutig definiert. Wann hört er auf, ein Schmetterling zu sein? An welchem Punkt ist er tot?‹ (Turkle 1986 / 32)

›Ralph hat festgestellt, daß es ein Leichtes ist, Spinnen und Ameisen zu zertreten. Diese Möglichkeit, sie nach Belieben zu töten, läßt sie in seinen Augen so wenig lebendig erscheinen, daß er sie überhaupt nicht zu den Lebewesen zählt.‹ (Turkle 1986 / 40)

Oder, wie jeder Sadist weiß, die Wirkung läßt nach mehrmaliger Anwendung und nach Einübung der Kontrollmechanismen nach. Kulturhistorisch darf man deshalb erwarten, daß mit zunehmender Macht der realen Manipulationsfähigkeit, wie sie sich in der Gestaltung der expansiven Nische objektiviert, die erforderliche Menschenähnlichkeit des marginalen Objekts größer wird. Oder weniger abstrakt ausgedrückt: In einer Lebensumwelt, wie sie die Industriestaaten bieten, in der die Erfahrung von wilder Natur nicht mehr möglich ist, und in der Schmetterlinge und Käfer zum großen Teil sowieso auf der roten Liste der vom Aussterben bedrohten Arten stehen, kann man nicht mehr erwarten, daß sie in der Erfahrungswelt eines Kindes eindringlich genug präsente Lebendigkeit verkörpern. Sherry Turkle sieht denn auch im Computer jenes Ersatzobjekt, das in Zukunft anstelle von Käfern und

Schmetterlingen zum Zwecke der Einübung in das ›Verständnis der physischen Welt in Begriffen physikalischer Prozesse‹ (1986 / 31) getötet werden soll. In ihrem Eifer freilich, den Computer als lebendig anzusehen, weil sie, wie ihre Äußerung im Zitatendialog zeigt, sehr wohl weiß: ›Wird der Computer als lebendig angesehen, verstärken sich die Emotionen, wenn man ihn tötet.‹ (Turkle 1986 / 40); in diesem Eifer also übersieht sie jenes Objekt, das im Gegensatz zum Computer nicht spekulativ, sondern manifest als marginales Übungsobjekt ›in‹ ist: Jene Horrorvideos nämlich, in denen immer und immer wieder bis zum Kotzen im buchstäbliche Sinne oder bis zum Sieg der Kontrolle die Bilder von gefolterten Frauen en detail und en gros über den Bildschirm flimmern. Daß einer bis zum Ende dabeibleibt und nicht wegsieht und cool bleibt, das hat sich inzwischen in der Kinder- und Jugendscene als rituelle Mutprobe etabliert. Und hätte sich nicht etablieren können, wenn nicht jenes ›wir werden angezogen von dem, was uns Angst macht, wir spielen mit dem, was uns verunsichert – unter anderem, um uns immer wieder von neuem unserer Kontrolle zu versichern‹ (Turkle 1986 / 35), wenn nicht jenes sadistische Ritual so tief in der Subjektstruktur unserer Kultur verankert wäre, daß so etwas zu produzieren einem Bedürfnis entspricht, daß das Vorhaben Geldgeber findet und das Produkt einen reißenden Absatz.

Wenn also unsere Kinder heimlich, wenn die Erwachsenen fort sind, jene nimmermüden Bilder des Folterns und der Gefolterten mit ›ehrfurchtgebietender Konzentration‹ (Turkle 1986 / 31 f.) auf sich wirken lassen, so wissen sie zwar nicht, was sie tun, aber sie wissen, daß das, was sie tun, eminent wichtig ist. Daß jene geheimen Vergnügungen der Erwachsenen und die Fähigkeit, sie auszuhalten, auf magische Weise teilhaben heißt am Geheimnis des Erwachsenseins und der Macht, die darin liegt. Wobei ›magisch‹ hier ganz wörtlich zu nehmen ist: Zwar verleiht die Fähigkeit, Horrorfilme bis zum Ende cool wahrzunehmen, kein Gran realer Manipulationsfähigkeit, aber indem Kinder die Initialerfahrung nachvollziehen, die in der Tat real hinter jener Haltung zur Welt steht, die real zu so viel Macht geführt hat, gleichen sie sich jener Haltung an und haben auf die alte, magische Weise, durch Identifikation, an dieser Macht teil.

Freilich ist eine Situation, in der man zum autonomen Ich dadurch wird, daß man am Bildschirm übt, ein Folterer zu sein, eine

Situation der äußersten psychischen Armut. Denn nicht nur ahnen jene Kinder nichts von jenem Reichtum der abstrakten Welten, wie sie sich in den Wissenschaften auftun, und mittels derer sich die grobe Tätlichkeit der Initialerfahrung in gewissem Maße schöpferisch sublimieren läßt. Sondern auch ist es so, daß sie zur Abwehr der Erfahrungsfähigkeit auf jenes Mittel des funktionalen Handelns verzichten müssen, auf dem unsere Kultur – und selbst der Wissenschaftler im Labor noch – aufbauen kann. Am Fernseher kann man die Gefahr der identifizierenden Wahrnehmung nicht dadurch bannen, daß man sich ganz auf die eigene Tätlichkeit am Objekt konzentriert. Das Handeln besorgen andere und einem selbst bleibt allein das passive, Rezeptivität erhöhende Zuschauen und die Kraft der psychischen Konzentration auf die funktionelle Wahrnehmung. Zwar gibt es die Hilfe, daß das ja nur Bilder sind, und gestellte noch dazu (oder hat man einen jener black movies erwischt, die unter Kennern zirkulieren, und in denen echte Folter abgelichtet wird?!), aber auch diese Hilfe ist eine rein psychische und keine, die die Erleichterung des aktiven Handelns gäbe. Kein Wunder also, daß das cool-Bleiben als echte Bewährungsprobe gilt: die Abwehr von Erfahrungsfähigkeit in so einer Extremsituation allein als psychischer Akt – das schaffen nicht einmal jene, die doch darin sich repetitiv üben: die Sadisten und die autistischen Kinder.

Aber ist unsere Spielzeugindustrie nicht dazu da, daß sie unseren Kindern in ihrer psychischen Entwicklung hilft? Und in der Tat schafft ihr Angebot hier eine gewisse kompensierende Erleichterung. Da ist vor allem die Struktur der allermeisten Computerspiele, in denen zwischen Aktion und Reaktion keine Nanosekunde Zeit bleibt zur Besinnung auf das, was getan wird, oder gar zum kontemplativen Blick aufs Objekt. An ihnen kann die aufgestaute Spannung, der die stützende Übersprungshandlung der Aktion vewehrt war, kann jenes aufgestaute Bedürfnis nach ›action und nichts als action‹ sich austoben. Und an ihnen kann man zugleich lernen, daß die enge und angespannte Konzentration auf Reaktion und nichts als Reaktion, ohne ein Moment von Zögern oder Frage dazwischen, jene Entspannung bringt, die die ausschließliche Konzentration auf die funktionelle Wahrnehmung des anderen erträglich macht. Fast unnötig zu erwähnen, daß Horrorvideos und Computerspiele verbunden sind durch die gleiche mythische Erlebnisstruktur: Hier wie dort geht es fast immer um Leben oder Tod und sonst nichts dazwischen, um Feinde, die hier, sofort und ohne Zögern zerstört werden müssen, und fast immer folgt auf die säumige Reaktion, folgt auf das bloße Zögern vor dem Tun, das noch weit weg von jeder Besinnung ist, und das doch der einzige Anfang zu ihr hin wäre, die sofortige Strafe der eigenen Zerstörung.

Daß man miteinander reden könnte, sich erst einmal in aller Ruhe bloß anschauen und sich setzen könnte, sich hören und sich riechen und sich nicht tödlich und nicht verletzend berühren, daß man einander fühlen könnte, solche Möglichkeiten gibt es in dieser Erfahrungswelt nicht mehr. Hier wie dort, bei dem Betrachten der Horrorvideos wie beim Spielen der Computerspiele, ist ein Moment der Besinnung tödlich. Dort erhöht er die Rezeptivität und öffnet damit die Möglichkeit von Erfahrungsfähigkeit, und hier heißt es schlicht ›game over‹. Gegenüber dieser Lückenlosigkeit des Vollzugs allerdings, in der nicht Zeit zum Atemholen bleibt, erscheint die alte Methode des ›Schmetterlingen-und-Käfern-die-Flügel-und-Beine-Ausreißens‹ nachgerade altmodisch gemütlich.

Wem aber das alles noch zu abstrakt ist, wer noch nicht die Fingerfertigkeit besitzt, einen Joystick zu umklammern oder auf die Delete-Taste einzuhämmern, wer noch nicht gelernt hat, in seiner Wahrnehmung die Schnittfolgen eines Filmes zu einem einheitlichen Objekt zu integrieren, wer also noch auf jenen ›Schimpansen-level‹ der ganzheitlichen körperlichen Aktivität angewiesen ist, für den gibt's das ganze auch konkreter: Als ›Plastikmonster zum Ausweiden mit nachgebildeten inneren Organen, Blut und einem Skalpell‹ (Spiegel 9. 1. 1989 / 173) oder als ›... Bausatz zum Entfleischen von Ungeheuern. Bei dieser Spielzeugvariante muß der Horrorfreund ein weißes Plastikskelett zusammensetzen. Aus dem mitgelieferten Topf mit Plastik-›Monsterfleisch‹ bildet er einen Körper. Im ebenfalls beigelegten ›Monstervernichtungsbad‹ löst sich das Fleisch in Fetzen vom Skelett...‹ (Spiegel 9. 1. 1989 / 173); während es bei jenem anderen Spielzeug so weitergeht: ›Nach Gebrauchsanweisung läßt sich nun in den von glibberigem Blut umgebenen Eingeweiden wühlen.‹ (Spiegel 9. 1. 1989 / 173) Die Spielzeugserie stammt aus den USA und ist ein Produkt des multinationalen Konzerns Mattel ...

In was für einer Welt leben wir?

In einer, in der einem renommierten Computerfachmann wie Michie bei der Reflexion auf das Thema ›Was ist, wenn Computer wirklich intelligent werden?‹ als erstes die Frage einfällt: ›Would it then be cruelty to torture a robot?‹ (Michie et al. 1984 / 193). In einer, in dem einem der renommiertesten Vertreter der KI-Vision, Hofstadter, das Thema ›Seele oder nicht Seele; lebendig oder nicht lebendig?‹ sich unweigerlich signifikant entscheidend verknüpft mit jener einen Prüfung: ›Which would you more easily destroy – a Chess Challenger IV that can play a good game of chess against you and whose red lights cheerfully flesh as it 'ponders' what to do next, or ...‹ (1981 / 114). In einer, in der die Frage, ob ein Ding Gefühle hat, davon abhängig zu sein scheint, ob es die Macht hat, uns zur Wahrnehmung seiner Gefühle zu zwingen: ›You can see it – in fact you have to see it (... you are forced to ...) - not as a bunch of little calculations, but as a system of tendencies and desires...‹ (Hofstadter 1981 / 85). In einer, in der sich, wenn wir denn schon so überwältigt werden und den anderen als Subjekt sehen müssen, sofort die bange Frage stellt: ›Will an intelligent artifact grasp power over us?‹ (McCorduck 1979 / 327). In einer Welt, in der dem Computer ein wichtiger Stellenwert in der Entwicklung unserer Kinder beigemessen wird, weil er folgendes Erfahrungsmuster hervorzurufen imstande ist: ›Wird der Computer als lebendig angesehen, verstärken sich die Emotionen, wenn man ihn tötet. Aber die Beziehung ist gegenseitig: die Erregung, die beim Töten ... beim Zusammenbruch des Programms empfunden wird, ist wiederum ein Anlaß, das computerisierte Objekt als lebendig anzusehen.‹ (Turkle 1986 / 40)

Nicht die geheimen Riten unserer Kinder und nicht das ›geile‹ Spielzeug und die Erfahrung, die man damit machen kann und zu der es anregt, sind an sich ›gefährlich‹ oder ›schädlich‹, sondern es ist der Umstand, daß Erwachsene dieses Spielzeug und das, womit die Kinder ihre Mutproben ablegen, produzieren. Und nicht, daß dieses Zeugs ein Produkt der Erwachsenenphantasie ist, gibt ihm seine spezifische Wirkungsmacht, sondern erst die zentrale Stellung, die diese Art von Phantasie und die Art von Erfahrung, die dahintersteht, in einer spezifischen Haltung zur Welt innehat. Und nicht diese Haltung zur Welt an sich ist so mächtig, sondern erst diese Haltung zur Welt im engen und disziplinierten Verbund mit der naturwissenschaftlichen Erkenntnismethode ergibt jene reale Übermacht, die andere Interpretationen real zerstören kann. Und nicht jene reale Macht, Materie zu manipulieren, ist an sich so usurpativ, und auch noch nicht in Verbindung mit jener subjektiven Haltung zur Welt, die darin ihre Erfüllung findet, sondern erst, wenn beides zum Daseinsmodus einer Kultur geworden ist, enfaltet sich jene Allgegenwärtigkeit eines Weltbildes, in dem jene sadistische Kernerfahrung zu einer wird, um deren Bewältigung (so oder so) keiner, der in dieser Kultur lebt, herumkommt. Und erst in diesem Zusammenhang wird jenes Spielzeug und jene Art zu spielen zu jenem Faszinosum, das Kinder unweigerlich in seinen Bann zieht, weil mit ihm die Initialerfahrung unserer Kultur sich auf kindlicher Ebene nachvollziehen und bewältigen lernen läßt.

Da muß schon dieser ganze Klumpatsch und dazu noch in einer äußerst eindringlichen individuellen Familienverkörperung zusammenkommen, bevor die Geschichte unserer Kindheit konsistent so weitergeht: ›Ein Vierjähriger aus dem norditalienischen Provinzstädtchen Rovereto hatte schon das Messer zur Hand, um seine zweijährige Schwester aufzuschneiden, als die entsetzten Eltern hinzukamen: ›Ich wollte doch nur sehen, was sie drinnen hat‹, erklärte der Knirps, dem ›Babo Natale‹ – der italienische Weihnachtsmann - einen ›Außerirdischen zum Sezieren‹ gebracht hatte.‹ (Spiegel 9. 1. 1986 / 173) Oder so, wie bei jenen Jugendlichen, die sich mit der Abstraktheit der Video-und Computerbilder nicht mehr zufrieden gaben und die dort gelernten Techniken am lebenden Objekt erproben gingen ...

Was unsere Kinder da in unheimlicher mimetischer Treffsicherheit nachvollziehen, das ist viel älter und viel größer als ihre Winzigkeit von 4- oder 14-jähriger Erfahrung. Das ist der Versuch, funktionelle Wahrnehmung gegenüber dem Mensch-Sein selbst als endgültige zu vollziehen.

Schizophrenes Weltbild – der Leib-Seele-Konflikt

Aber auf diesem rein menschlichen Scenario in der Anwendung unseres Weltbildes hat der Sadist ja schon immer bestanden. Er inszeniert von Anfang an als inter-menschlichen Konflikt, was zunächst projektiv an der gesamten Erde ausgetragen wurde. Und damit hat er sowohl psychologisch wie erkenntnistheoretisch wie historisch gesehen recht. Denn von Anfang unseres Weltbildes an fand der Kampf um die Trennlinie zwischen Objekt und Subjekt, zwischen dem, was noch mittels der identifizierenden Wahrnehmung verstanden werden sollte, und dem, was als bloßes Resultat seiner berechenbaren Funktionen sich darstellt, mitten im und um den Menschen statt.

Haben wir nicht alle einen Körper? Und unterliegt dieser Körper nicht den Gesetzen der Physik und der Chemie? Und sollen diese nicht alles erklären können? Wenn wir aber nur Beispiel jener allgemeinen Regeln sind, sind wir auch über jene Regeln schrankenlos manipulierbar. Und was schrankenlos manipulierbar ist, das ist definitiv Objekt.

Und erleben wir dieses Objekt-Sein nicht täglich am eigenen Leib? Werden wir nicht überwältigt von unseren Gefühlen, unwiderstehlich angezogen von unserer Angst, hilflos ausgeliefert unseren Begierden? Sind wir nicht bloßer Spielball unserer Drüsen, bloße Resultante von Attraktion und Repulsion, ausgeliefert jenen dunklen Mächten von Es, Chemie und Hirnsubstanz, die wir nicht kennen? Und ist es nicht unsere eigene vererbte Schwäche, unsere so schwer ausrottbare Veranlagung zu projizieren, uns zu identifizieren, die macht, daß jenes Objekt uns aus unseren eigenen Augen ansieht, daß jener Schnitt ein Schnitt am eigenen Leib ist; ist es nicht unsere so merkwürdig konstruierte Wahrnehmungsfähigkeit, unsere eigene Sensibilität, die macht, daß der Vollzug der funktionellen Wahrnehmung droht, ins Desaster abzurutschen, dahin, wo unser eigenes Tun als die Zerstörung unseres Subjekt-Seins empfunden wird? Wenn Erfahrungsfähigkeit so aus einem Medium der Erkenntnis zu einer Bedrohung wird, dann bleibt einem gar nichts anderes übrig, als funktionelle Wahrnehmung endgültig und mit all ihren Implikationen an sich selbst zu vollziehen.

Wenn aber der eigene Körper, die eigenen Gefühle zu etwas Fremdem werden, bei dem es nur noch darum gehen kann, zu kontrollieren oder kontrolliert zu werden, wenn körperliche Sensibilität im weitesten Sinne zu jenem schwachen Punkt wird, über den man angreifbar ist und der die Autonomie des Ichs bedroht, dann gibt es nur noch eine Rettung: nicht Objekt dieser Manipulation zu bleiben, sondern das Subjekt zu werden, das all dies manipulieren kann. Nicht Objekt des eigenen Körpers zu bleiben, sondern das Subjekt zu werden, das seinen eigenen Körper, seine eigenen Emotionen zum Objekt seiner funktionellen Erkenntnis macht. Und so, auf diese Weise, als Macht der Kontrolle übers Objekt zurückzugewinnen, was verloren ging, als jene alte Weise aufgegeben wurde: die Macht der Beherrschung der eigenen Sensibilität als Medium der Wahrnehmung. In jenem anderen Modus jedoch nicht als Macht über, sondern als Macht mittels, als die Ausbildung der Fähigkeit, Wahrnehmungsvermögen zum differenzierten Medium der Erkenntnis zu integrieren.

Was aber rettet den ›homme machine‹ davor, zu sein wie alle anderen Objekte? Was begründet seine Ausnahmestellung als Subjekt? Descartes, der als erster nachdrücklich auf der Identität des Erklärungsprinzips von Körper und Maschine bestanden hat, hat den Konflikt für sich noch so gelöst, daß er – im Kontrast zu all jenem Körperlichen – auf eine von Gott verliehene Seele setzte, die im Reich der Berechenbarkeit und auf den Menschen beschränkt jene alte Ordnung der Subjektivität alles Seienden bewahren sollte. Freilich hatte diese Seele einen schweren Stand. Denn im Kontrast zur animistischen kann sie sich nicht auf die Erfahrungsfähigkeit, sondern allein auf jene Intelligenz stützen, wie sie im Vollzug der funktionellen Wahrnehmung brilliert. Oder wie Feigenbaum es im Zitatendialog formuliert: ›As humans we take our very identity from our intelligence ...‹ (Feigenbaum et al. 1983 / 44)

Aber schon La Mettrie hielt nichts von dieser göttlich verordneten Subjektivität. Lieber ganz und gar Objekt sein, das sich selbst auch ganz und gar erklären kann, als ausgerechnet in dieser Erklärungsfähigkeit der göttlichen Gande und Gottes unbegreiflichem Ratschluß ausgeliefert zu sein. Denn hieße das nicht wahrhaft schutzlos zwischen Skylla und Charybdis sitzen? Hier der Körper, der unsere Emotionen fest im Griff seiner uns noch unbekannten physikalisch-chemischen Abläufe hält, dort eine Intelligenz, die für uns prinzipiell undurchschaubar sein soll? Ja ist nicht gerade das noch viel schlimmer, wenn der Kern unserer Identität als Subjekt aus etwas besteht, das mit uns beliebig machen kann, weil wir nicht erkennen können, wie es macht?

Das Erkennen der eigenen Erkenntnisfähigkeit, diese letzte rekursive Wendung des funktionellen Wahrnehmungsmodus auf sich selbst, ist erst der Grund, der all jene anderen Erkenntnisse über den Leib und die Emotionen als physikalisch-chemisches Regelwerk absichert.

Und zugleich macht diese absichernde Begründung den Menschen bis auf den letzten Rest zum Objekt, zum bloßen Beispiel allgemeiner Regeln. Und muß ihn dazu machen, denn nur so hat der Mensch eine Chance, jene Kontrolle der Macht über sich selbst zu gewinnen, die unabdingbar fürs Subjekt-Sein ist. Und nur wenn diese Kontrolle absolut ist, und auch die Erklärung der Erklärungsfähigkeit, die Kontrolle der Kontrollfähigkeit selbst mit einschließt, können wir uns in diesem Subjekt-Sein, dieser Kontrollfähigkeit unserer selbst, sicher sein.

Aber macht nicht eben die Macht der Kontrolle, gerade wenn sie in diesem umfassenden Maße erfolgreich ist, aus dem Menschen definitiv ein Objekt? Und bin ich nicht nur insofern Subjekt, insofern mir diese Kontrolle gelingt, und kann mich in meinem Subjekt-Sein erst sicher fühlen, wenn sie absolut ist?

Woraus zusammenfassend folgt, daß ich nur Subjekt bin, insofern ich Objekt bin.

Und die eigentliche Frage, um die seit Descartes bis zur heutigen Version in der AI-Debatte gestritten wird, ist dann hinfällig. Nämlich ob Subjekte wie andere Objekte auch nur ›Physik und Chemie‹ sind oder ob ein Rest bleibt, der Subjektivität im Reinzustand enthält; ob Maschinen intelligent sein können oder ob Intelligenz in jenem Schleier der Subjektivität verborgen bleibt, der sie allein dem Menschen zukommen läßt. Weil nämlich sonnenklar ist, daß ich nur Subjekt werden kann, insofern ich nur mittels Physik und Chemie erklärbar bin; daß Intelligenz allein dann dem Menschen zukommt, wenn er diese erklären und damit auch auf Turing-Automaten simulieren kann. Oder wie Hofstadter es im Zitatendialog ausdrückt:

›Eines der Hauptthemen ... ist es, daß hier überhaupt keine Kontradiktion vorliegt. ... Darum geht es bei der Erforschung der Künstlichen Intelligenz.‹ (1985 / 29)

Und nur so, in dieser Version, ist die Konzeption erkenntnistheoretisch und psychologisch rund. Erkenntnistheoretisch, weil keine Erkenntnistheorie ausgerechnet dort die Validität einer ihr widersprechenden Methode anerkennen kann, wo es um ihre eigene Begründung geht. Und psychologisch, weil nur so, indem das Subjekt sich restlos mit dem Vollzug der objektiven Ordnung identifiziert, jenes Trauma ihrer Initiierung überwunden werden kann. Nicht, wenn das Subjekt sich seine Autonomie immer wieder durch den repetitiven Vollzug einer sadistischen Handlung beweisen muß, sondern wenn es tatsächlich vergessen hat, daß diese Handlung einst als sadistischer Eingriff empfunden wurde, hat es die alte Ordnung des Animismus ganz überwunden und kann sich sicher fühlen in seiner neuen Struktur.

Wenn aber seit der Aufklärung ein geschlossenes Modell jener objektiven Ordnung der Welt als Haltung zur Welt und zu sich selbst vorliegt und diese objektive Ordnung der Welt in unserer Gesellschaft ohne Zweifel doch als das einzig wahre gilt, warum ist dann diese von inneren Ambivalenzen freie Sinngebung heute immer noch so ambivalent besetzt? Warum identifizieren sich nicht mehr Menschen ausnahmslos und selbstverständlich mit dieser kompromißlosen Haltung zu sich selbst? Sind sie, wie La Mettrie und Miedaner ›... honest enough to regard (themselves) as a machine‹ (Miedaner 1981 / 113 f.)? Und, verwunderlicher noch, wieso wird nicht jeder Fortschritt der objektiven Wissenschaft in der Kontrolle dessen, was wir Subjektivität nennen, als Erweiterung der subjektiven Autonomie begrüßt, sondern wird im Gegenteil allzuoft immer noch als Zerstörung von subjektiver Autonomie empfunden?

Das liegt hauptsächlich daran, daß die Sinngebung, wie sie oben sich als einheitliche erträumt, real nicht lebensfähig ist. Und zwar nicht nur vorübergehend nicht, bis die Wissenschaft jene Lücke zwischen Anspruch auf Erkenntnis der Welt und tatsächlicher Erkenntnis aufgeholt hat, sondern prinzipiell nicht.

Wenn alle Menschen die identifizierende Wahrnehmung des anderen so restlos verlernt hätten, wie sie sie verlernen müssen, um den Sinn ihres Lebens in der objektiven Kontrolle ihrer selbst zu finden, wenn alle Menschen ehrlich und tatsächlich im anderen nur noch jene ›black box‹ der Behavioristen, jenes bloße Objekt sähen, dann wüchsen unsere Kinder nicht mehr zu jenen Subjekten heran, die dann mittels der Tabuisierung des Animismus den Sinn ihres Lebens in der objektiven Kontrolle ihrer selbst finden können. Dann kommen sie erst gar nicht dahin, soviel Subjektivität zu entwickeln, daß sie Objekte machen können. Dann landen sie, wie Joey und jene anderen Kinder, unmittelbar in jener Ordnung, in deren Rahmen sie interpretiert werden: in der Ordnung der Objekte.

Mit anderen Worten: Wenn es keine Menschen mehr gibt, die imstande sind, auf die alte Weise mittels der identifizierenden Wahrnehmung ›Seele‹ in unsere Kinder ›hineinzuprojizieren‹, dann entwickeln unsere Kinder auch keine Seele, die sie nachher abschaffen könnten. Und damit auch keine wie auch immer geartete Identität, die es ihnen später erlauben würde, sich mit dem Vollzug der objektiven Ordnung restlos zu identifizieren, noch mit dem Vollzug irgendeiner anderen Ordnung der Welt. Der Animismus unserer Kinder entsteht nicht spontan, von alleine, sondern ist Ergebnis einer spezifischen Form des Zusammenlebens, dessen Grundelemente identisch sind mit einer animistischen Haltung zum anderen. Auch wenn ›der andere‹ hier noch der Mensch und nicht mehr der gesamte Kosmos ist.

Damit aber ist die Sinngebung der objektiven Ordnung der Welt in der mißlichen Lage, daß sie das, was sie um ihrer Konstituierung willen abschaffen muß – den Animismus –, real nicht abschaffen kann. Und nicht nur nicht abschaffen kann, sondern auf die Perpetuierung seiner Existenz ebenso angewiesen ist, wie auf die Perpetuierung seiner Abschaffung. Was zur Folge hat, daß unsere Gesellschaft mit zwei divergenten Weltordnungen lebt, von denen jeweils die eine die Existenz der anderen negiert. In der Psychologie gibt es für solche Situationen einen Namen. Sie heißen ›double-bind situations‹, weil auf eine gewisse Weise immer das, was man in der einen Ordnung tut, in der anderen Ordnung falsch ist. Und so die Botschaft nie eindeutig, sondern immer doppeldeutig und immer sich widersprechend ist. Und das Weltbild, zu dem sie führen, wenn die Situation sich perpetuiert, ist ein schizophrenes. Wobei die psychische Lage eines Schizophrenen eben genau dadurch gekennzeichnet ist, daß das, was in der einen Ordnung seine Identität konstituiert, in der anderen Ordnung etwas ist, was seine Identität vernichtet.

In dieser klassisch schizophrenen Lage hat unsere Gesellschaft genau das getan, was jeder klassische schizophrene Fall auch tut: sie (oder er) projiziert den inneren Konflikt nach außen. Und setzt als eine an sich seiende Eigenschaft divergenter Dinge, was in Wahrheit das Ergebnis zweier divergenter Haltungen zur Welt ist.

Womit wir wieder bei der göttlichen Seele Descartes' und jenem bloß materiellen Körper wären. Besser aber als eine solche Teilung am eigenen Leib ist eine Teilung der Welt in ›solche‹ und ›solche‹. Und was wäre besser geeignet, die Residuen der animistischen Weltordnung zu vertreten, als ›das Weib‹? Oder wie Nietzsche im Dialog sagt: ›Das Weib hat so viel Grund zur

Scham ... man studiere nur seinen Verkehr mit Kindern!‹ (o. J. / 123) Und genau da, in diesem Verkehr mit Kindern, ist die animistische Seelenprojektion, die Identifikation mit dem anderen, ja auch leider so unumgänglich unabschaffbar. Konsequenterweise hat denn auch unsere Gesellschaft nach dem klassischen Motto gehandelt: Frauen und Kinder in die Rettungsboote! (... und Männer in den Kommandostand.) Während der ganzen glanzvollen Zeit der Aufklärung, während die Vernunft im Siegeszug der Naturwissenschaften triumphierte, galten Frauen als prinzipiell andersartige Geschöpfe als Männer mit einer prinzipiell anders gearteten Intelligenz. Und sie und ihr Denkvermögen waren vor allem eines: minderwertig. Und in dieser Minderwertigkeit waren Frauen nur dann nicht gefährlich, wenn man den Wirkungskreis dieser submännlichen Intelligenz radikal beschränkte – auf die Familie – und von jeglichem Einfluß auf die Gesellschaft fern hielt. Vom Wahlrecht natürlich sowieso, von den Universitäten, von allen Arten öffentlicher Auftritte und Engagements fürs Politische – kurz von jeglicher Gestaltung des gesellschaftlichen Raums und des gesellschaftlichen Weltbildes. Frauen verkörpern in der Geschichte unserer Kultur den domestizierten Animismus. Und nur in dieser radikal unterworfenen Form – als niedlicher Dienst am Kleinkind und an einem Mann, beschränkt aufs Haus ohne Hof – kann er innerhalb unseres Weltbildes geduldet werden. Und nur so, als sicher unterworfener, kann er als exotischer Reiz genossen werden – ›wenn du zum Weib gehst, vergiß die Peitsche nicht ...‹ (Nietzsche o. J. / 125).

Aufklärung und Frauenhaß, Wissenschaftsverehrung und Frauenverachtung sind in unserer Kultur ein logisches Paar. Wenn Frauen jenen alten Modus verkörpern, auf den man nicht verzichten kann und in den man bei Strafe des Untergangs nicht zurückfallen darf, sind sie logischerweise der Antipode zu jener objektiven Ordnung der Welt, die sich in logischem Denken, Mathematik und Naturwissenschaften ihre Erfüllung träumt. Daß ›Frauen nicht logisch denken können‹, daß ›Männer besser in Mathematik sind‹, diese tiefsitzende Überzeugung ist Resultat jener alten Projektion. Genausogut wie der Umstand, daß es hauptsächlich Männer sind, die im Vollzug der objektiven Ordnung ihre ganz private subjektive Erfüllung finden, während es meistens Frauen sind, denen das Projekt der ›objektiven Erkenntnis (und Simulation) alles Subjektiven (einschließlich der Intelligenz)‹ keine Be-

geisterungsschreie entlockt, weil sie es schlichtweg von der Zielsetzung her für irr-sinnig halten.
Jean Bodin freilich, als Universalgenie der Neuzeit gerühmt, unter dem Stichwort ›trat in den Hugenottenkriegen für Glaubens- und Gewissensfreiheit ein‹ und ›setzte sich kritisch mit den verschiedenen Staatsverfassungen auseinander‹ im Lexikon verewigt (Fischer Lexikon 1981 / 723), erschien diese Unfähigkeit der Frauen, logisch zu denken, und ihre Andersartigkeit mitnichten schon bloß so niedlich exotisch gefährlich wie dann später Nietzsche. Aber schließlich lebte er auch in einem Zeitalter, in dem die wissenschaftliche Weltanschauung noch nicht gesiegt hatte.
In seinem zweitem, nicht im Lexikon erwähnten Hauptwerk ›De la demonomanie des sorciers‹ sieht er die Sache so: ›Und es besteht kein Zweifel, daß die brünstige Begierde fleischlicher Hurerei die Weiber auch zu geistlicher Hurerei verführt.‹ (1987 / 94) Und er folgert daraus: ›Wenn sie eine Zauberin ist, so erleidet sie den Tod allemal zu Recht.‹ Denn: ›Wo aber je ein Mittel existiert hat, den Zorn Gottes zu besänftigen, seinen Segen zu erlangen, andere durch Strafe zu erschrecken, viele vor Vergiftung durch andere zu bewahren, die Menge der Bösen zu schmälern, das Leben der Frommen wohl zu sichern und die allerabscheulichste Untat, die ein Menschenherz erdenken kann, zu ahnden, so besteht dieses gewiß darin, daß man das *Hexengeschmeiß mit größtem Rigor bestrafe*. Gleichwohl fällt hier das Wort Schärfe, bzw. Rigor noch zu milde aus, da für die teuflischen Subjekte keine Strafe grauenhaft genug sein kann.‹ (1987 / 89 f.)
Das Wahlrecht erhielten diese so leicht zu ›geistlicher Hurerei‹ verführbaren Geschöpfe europaweit übrigens erst nach dem 2. Weltkrieg. Und das auch nur, wenn man die Schweiz nicht zu Europa zählt. Die folgte nämlich erst 1971 nach.
Heute freilich können wir die Sache anders sehen. Von jener alten Angst des Rückfalls, von jener ambivalenten Anziehungskraft dessen, wofür das Weib sich nach Nietzsche schämen soll, scheint in der modernsten Version nur noch blanke Verachtung und völliges Unverständnis gegenüber jenem typisch weiblichen Verhalten übriggeblieben zu sein. Minsky im Dialog:
›Contemplate, for example, the plight of a mother with a new infant, that will demand her time and attention for several years. Why doesn't she wonder ›Why am I doing this, what could this baby do for me to justify such a sacrifice‹. One might argue ›to

preserve the race‹, or ›because you will love it‹, or ›because it will repay you some day‹, but these would hardly convince any rational being; raising a child is not, let's face it, a notably sensible enterprise.‹ (1984 / 119)
Und Miedaner schnurrt Geburt und Aufzucht eines Kindes zu einem Akt zusammen, über den er folgendermaßen urteilt: ›It requires no more creative thought for a female mammal to conceive and give birth than for an automatic mill to spew forth engine blocks.‹ (1981 / 113) Was wiederum im Extremen jene Einstellung versinnbildlicht, für die die Mutter-Kind-Beziehung sich als ›Naturgeschichte‹ darstellt. Und an dieser Einstellung ist in der Tat etwas Wahres dran: im Weltbild der objektiven Ordnung ist für Kinder und kindliche Bedürfnisse kein Platz. Wer sich mit dieser Sinngebung identifizieren will, der hat zuvor nachhaltig und restlos zu vergessen, was ihn mit jener Phase des Animismus noch verbinden könnte. Ein erwachsener Mensch zeichnet sich dadurch aus, daß ihm die Abwehr seiner eigenen Erfahrungsfähigkeit als Medium der Wahrnehmung des anderen geglückt ist. Er identifiziert sich nicht. Ihm stellt sich das, was an Gefühlswahrnehmung übrigblieb, allein unter dem Aspekt von Frust und Lust dar, den er egozentrisch auf sich beziehen kann. Und allein in diesem Maße nimmt er die anderen mittels seiner Erfahrung wahr. In diesem solipsistischen Zustand erscheint ihm das Gefüge des Lebendigen als eine Ansammlung von ›black boxes‹, alle unfähig, vom anderen etwas zu wissen, alle unfähig, ihren Innenzustand zu beweisen. Oder wie Michie und Hofstadter es im Dialog ausdrücken: ›Since it is not effectively possible to prove or disprove one's own consciousness‹ (Michie et al. 1984 / 193) ... ›it isn't always easy to know who or what has feelings‹ ... ›we ask nothing about the internal mechanism – instead we impute it all, given the behavior.‹ (Hofstadter 1981 / 115) Der Turing-Test als universelle Konstante zwischenmenschlicher Beziehungen und Verständnis des anderen als funktioneller Zusammenhang von Merkmalen – in dieser Form blendet menschliche Wahrnehmungsfähigkeit des anderen nahtlos über in die objektive Ordnung der Welt.
Ernest Schachtel, einer der wenigen renommierten Psychiater, die Freuds Menschenbild als historisch-kulturell bedingtes verstanden wissen wollen, hat diesem Charakterbild und dem mit ihm verbundenen Wahrnehmungsmodus einen Namen gegeben: ›secondary autocentricity‹. (1984 / 166)

Kennzeichnend für diese sekundäre Ichzentriertheit des Erwachsenen ist einmal der Umstand, daß die Wahrnehmung des anderen auf die Perspektive der ›objects-of-use‹ beschränkt ist.

›By ›objects-of-use‹ I mean objects which are perceived chiefly from the perspective of their usefulness, uselessness, or of the need to avoid them, within the framework of the purposes and needs of the perceiver.‹ (Schachtel 1984 / 166)

Diesen fixierten Raster von Absichten und Bedürfnissen, die das einzige sind, was am anderen interessiert, will Schachtel jedoch nicht auf den persönlichen Frust-Lust-Level beschränkt sehen. Vielmehr umfaßt er alle sozialen und persönlichen Erwartungsmuster, wie ein Objekt oder ein anderer zu sein habe oder nach welchem Erklärungsmuster er verstanden werden kann, insofern sie so fixiert sind, daß das andere de facto nur noch nach Maßgabe dieser vorgefertigten Urteilsschablonen wahrgenommen wird. Er spricht von einem

›... experiential system in which everything is seen and reacted from the perspective of how it will fit in with a personal (or collective) frame of reference to which the person clings and without he would feel lost or adrift. In such a system all objects become objects-of-use because they belong to a ›world-of-use‹ or a ›world-of-need‹. This implies that our ›use‹ of objects extends far beyond the sphere of such use for a limited, practical purpose. For example, when perception stops at mere *recognition* of an object, as it does in most cases, this, too, is perception of ›objects-of-use‹. When one walks along the street on the daily way to work or to home, when one glances around a room at home, and on innumerable other occasions, perception proceeds only to the point of fleeting recognition of the familiar objects, to the point where the recognized object can be filed away by its familiar label as it were.‹ (Schachtel 1984 / 169) Dieses Wahrnehmen ohne wahrzunehmen läßt sich am besten an Objekten verdeutlichen, die Signalcharakter haben. Wenn wir auf einer Autofahrt eine Ampel sehen oder die Rücklichter eines Wagens oder ein Hinweisschild, dann sehen wir nicht eigentlich das Objekt, sondern wir nehmen die eine präkonstituierte Bedeutung wahr, die das Objekt für uns haben soll: grün - fahren; rot - Gefahr / Bremsen; Spitze nach links – nach links abbiegen. Aber wir nehmen nicht jenes spezifische blau-grün wahr, schräg gelb durchleuchtet von der Sonne, jenes Drahtgittermuster im aufflammenden Licht, jenes merkwürdige Mittelding zwischen Schirmmützenrand und Augenwimpern über dem Zyklopenauge, jenen Übergang, wo das Grün am Rand heller wird ... Wenn man einen Vergleich aus der Biologie wählt, so kann man sagen, daß der autozentrische Charakter die unbegrenzte uferlose Wahrnehmungsfähigkeit des Menschen eingetauscht hat gegen ein fixiertes System von Wahrnehmungsabstraktionen, wie es sonst nur bei Tieren, und besonders deutlich bei sogenannten ›niederen Tierarten‹, zu finden ist. Nur daß im Unterschied zu diesen das System der Wahrnehmungsabstraktionen nicht biologisch fixiert ist, sondern sich als Resultat eines Lernprozesses konstituiert hat, in dem sich persönliche und sozial-kulturelle Elemente zu einer spezifischen Ausprägung verbunden haben.

Der autozentrische Charakter sieht nicht mehr im vollen menschlichen Sinn des Wortes, er sieht von den Dingen nur das, was ihm signalisiert, daß jenes Ding unter jener Wahrnehmungsabstraktion zu begreifen ist. Ihm ist die gesamte Wahrnehmungsfähigkeit auf die Signalwahrnehmung des anderen geschrumpft. Und ganz analog zum Wahrnehmungsmodus von Tieren sieht er auch dieses ›Signal‹ nicht im eigentlichen menschlichen Sinn des Wortes, sondern er sieht es nur insofern, als er gemäß der Bedeutung, die ihm hier signalisiert wird, reagiert. Wahrnehmung und Reaktion auf das Wahrgenommene sind nicht mehr durch den bewußten Akt der prinzipiell offenen Bedeutungsgebung des so Wahrgenommenen getrennt, sondern verschmelzen in der Signalwahrnehmung des anderen, wie bei den fixierten Wahrnehmungsabstraktionen der Tiere, zu einem Akt. Oder anders ausgedrückt: die Signalwahrnehmung verankert den aktiven Modus, der den Horizont des Erfahrbaren einschränkt, in der Wahrnehmung selbst. Auf dem abstraktesten Level besteht diese Wahrnehmungs-Reaktionseinheit in der von Schachtel angesprochenen Katalogisierung des Wahrgenommenen als das so-und-so-Bekannte, auf das, als Bekanntes, keine Aufmerksamkeit mehr gerichtet zu werden braucht. Im konkreteren Modus verbindet sich die Signalwahrnehmung nahtlos mit einer genau im voraus definierten körperlich auszuführenden Reaktion. Bei Tieren würde man sagen: fixierte Wahrnehmungsabstraktion und angeborenes Verhaltensprogramm bilden ein geschlossenes System. Jede Art von Maschine läßt sich z. B., sofern man sie bedienen will, nur noch in diesem Modus wahrnehmen. Prototypisches Beispiel

aber sind – wie schon erwähnt – der Straßenverkehr und die Wahrnehmung eines Computerbildes während eines Computerspiels. Nicht nur, weil hier Signal und Reaktion besonders eng und schnell aufeinander folgen, sondern vor allem auch deshalb, weil hier auf den kontemplativen Blick die Todesstrafe steht. Insofern sind sie nicht nur Situationen der Anwendung, sondern auch der Einübung. Und insofern im Computerspiel die Alternative zusammenschnurrt auf die Wahl, zu töten oder getötet zu weden, Täter oder Opfer zu sein, verdichtet sich diese Einübung hier zu einem Teil, der für die Einübung und Bewältigung der Initiationserfahrung tauglich ist.
Den aus der Signalwahrnehmung resultierenden Verzerrungsaspekt dessen, was wahrgenommen wird, beschreibt Schachtel im Hinblick auf den narzißtischen Kern einer autozentrischen Charakterstruktur so:›The autocentric perspective ... blocks the full view of the other person and limits perception to those (real or distorted aspects) which have a bearing on the ... demands and fears of the perceiver. He is looking *for* something in the other person rather than looking at the other person. What he is looking for is determined by what he wants to get from the other person and / or what he is afraid of. The effect of this outlook is, at best, that it leads to a very partial view only and, at worst, to a distortion of even those aspects that have a bearing on the perceiver's needs and fears.‹ (1984 / 175) Und im Hinblick auf das gesamte fixierte System von Wahrnehmungsabstraktionen so:
›We take this way of perceiving for granted and most of the time most people do not question whether there is any other kind of perception; they are simply satisfied that what they see in this way is all there is to see about these things ... Yet the objects of the world never appear fully in this kind of perception, but only impoverished, meager and scanty aspects of them.‹ ... (we) perceive only those aspects of (the object) which will permit us to fit it into certain preconceptions and expectations with which we approach it, often without being aware of these preconceptions.‹ (Schachtel 1984 / 170)
Diese Projektion eines vorgefertigten Wahrnehmungsrasters auf das Objekt, von dem nur noch die Züge wahrgenommen werden, die innerhalb des Rasters a priori für wichtig erklärt wurden, teilt der wissenschaftliche Blick mit dem autozentrierten Wahrnehmungsmodus.

Oder vielmehr: Er ist eine andere Manifestation dieses Wahrnehmungsmodus:
›Perception in the service of *scientific* purposes also usually is perception of an object-of-use. The scientist in these cases looks at the object with one or more hypotheses and with the purpose of his research in mind and such ›uses‹ the object to corroborate or disprove a hypothesis, but does not encounter the object as such, in its own fullness. ... the scientist will tend to perceive the object merely from the perspective of his power to control certain events or processes which will affect the object in a predicted way. That is to say that his view of the object will be determined by the ends which he pursues in his experimentation.‹ (Schachtel 1984 / 171)
Das zweite Kennzeichen eines autozentrischen Charakters ist die extreme Furcht, in eine prinzipiell neue Situation zu geraten, in der keine seiner mitgebrachten Vorstellungen, Urteile oder Erklärungskonzeptionen und Urteilsstrategien zutreffen und anwendbar sind. In eine Situation also, in der er zur Wahrnehmung allein auf seine unreglementierte Erfahrungsfähigkeit angewiesen ist. Schachtel nennt sie allocentric perception und beschreibt sie so:
›The perceiver, in allocentric perception, is open to the object with all his senses and sensibilities and shows a complete absorption or interest in it which, as long as it lasts, has a timeless quality, i.e. it fills the perceiver so completely that he does not keep track of time, just as he is oblivious of everything else while he is thus fully engaged in the encounter with the object of his perception. The object is perceived in its suchness, without any labeling, naming, classifying, thinking of possible similarities, relations to other objects etc.‹ (1984 / 179)
Fast überflüssig hinzuzufügen, daß der allozentrische Wahrnehmungsmodus begleitet ist von einem Gefühl des Einsseins mit dem Gegenstand ... Vor solch einer Begegnung mit der Realität (und mit sich selbst) schützt sich der autozentrische Charakter, indem er den Modus der autozentrischen Wahrnehmung zum ausschließlichen macht. Und unschwer ist in jenen Schichten der so konstituierten und fixierten autozentrischen Perspektive die traditionelle Freud'sche Schichtung von Es, Ich und Über-Ich zu erkennen: Es = objects-of-use-Perspektive unter dem reinen Lust-Frust-Effekt; Ich = objects-of-use-Perspektive unter dem Aspekt der funktionellen Wahrnehmung des anderen; Über-Ich

= objects-of-use-Perspektive unter dem Aspekt der erlernten Normen und Wertungen. In diesen und mittels dieser sich gegenseitig ergänzenden Systeme, so scheint es, kann man sich häuslich einrichten. Gestützt, wie es immer so schön heißt, durch eine gefestigte Charakterstruktur, die macht, daß die Welt in Ordnung ist, weil man nur das wahrnimmt, was in die Ordnung hineinpaßt. Freilich ist man auf der anderen Seite mit deren Befestigung auch ganz schön beschäftigt.

Denn diesem gesamten prototypischen Wahrnehmungssystem ist eigen, daß es immer eine Doppelrolle spielt, daß es immer gleichermaßen der Abwehr wie dem konstitutiven Aufbau einer spezifischen Beziehung zur Welt und zu sich selbst dient. Je stärker, sedimentierter und fixierter jedoch die Abwehr, desto mehr verkümmert die Fähigkeit, sich mit der Welt anders denn als durch dieses fixierte System von Wahrnehmungsabstraktionen auseinanderzusetzen, desto bedrohlicher erscheint Erfahrung in jenem anderen Modus, desto stärker muß die Abwehr sein ...

Kurz, das System befindet sich in einem sich selbst verstärkenden Zyklus, den man paradoxerweise so zusammenfassen kann: Je stärker, desto schwächer. Je egozentrierter, desto schwächer ist das Ego, das sich hier so lautstark verkündet. Je satter der Charakter sich in jenem fixierten System von Wahrnehmungsabstraktionen zu Hause fühlt, desto größer ist die Panik, die es abzuwehren gilt. Je sedimentierter und fixierter die autozentrische Perspektive, desto mehr gerät ihr Vollzug zu einem Ritual, das für den Beteiligten die Welt konstituiert.

Und so erklärt diese eine Paradoxie auch jene andere, daß nämlich die ganze westliche Psychologie sich damit abmüht, das Ego zu stärken, während die ganze östliche Psychologie sich damit herumschlägt, das Ego abzuschaffen. Und daß beide sich in ihrem Bemühen so ungeheuer schwer tun, und jenes Ego, das sich hier als so zerbrechlich erweist, dort so ungeheuer zäh und überlebensfähig nicht weichen will. Denn der Zirkel funktioniert natürlich auch umgekehrt. Je mehr ein Subjekt seine Identität in seiner Fähigkeit zur Integration von Erfahrungen findet, um so leichter kann es natürlich auch jene neue Erfahrung in jenes sedimentierte System von Wahrnehmungsabstraktionen einfügen, um so weniger ist dieses System bedroht, und um so leichter geschieht es, daß die Fähigkeit zur Erfahrung nicht dazu benutzt wird, jenes alte Muster grundlegend zu hinterfragen, sondern dazu, es zu ergänzen...

Vor allem aber erklärt diese Paradoxie von ›je stärker desto schwächer‹ jene aggressive Wucht, mit der autozentrische Wahrnehmung da vollzogen wird, wo sie zur einzig legitimen geworden ist. Schachtel beschreibt das so:

›Perception then may become almost an act of aggressive violence in which the perceiver, like Procrustes with his hapless victims, cuts off those aspects of the object which he cannot use for his purposes.‹ (1984 / 171))

Denn was nicht hineinpaßt, das darf nicht existieren, weil sonst die eigene Existenz zusammenbricht. Oder, wie es der Angehörige einer anderen Kultur einmal formuliert hat:

›Sie messen, was sie sehen. Sie wissen gleichzeitig aus Erfahrung, wie wenig sie zu sehen vermögen. Aber dennoch sind sie absolut fest davon übrzeugt, daß es nur geben kann, was sie sehen, und daß, was sie nicht sehen, nicht existiert. ... Sie können diese Lebenskraft, die wir Manitou nennen, nicht sehen, nicht messen. Und deshalb ignorieren sie sie. Kann man wirklich stupider sein? Sie bewegen sich in einer Welt, die nur und allein durch diese Lebenskraft existiert. Sie selbst existieren durch sie bis ins letzte ihrer Haare hinein. Und sie *ignorieren* sie, weil sie zu blind sind, sie zu sehen, zu gefühllos, sie zu spüren, zu taub, sie zu hören. Und sie glauben, daß sie die klügsten und weisesten Exemplare des Homo sapiens sind! Die Stupidität dieser Wissenschaft ist grenzenloser als der gesamte kosmische Raum!‹ (Elijah 1986 / 49)

Freilich ist genau das, was ›dieser Wissenschaft‹ den Vorwurf einträgt, ihre Stupidität sei grenzenloser als der Kosmos, das, was sie in ihren Augen zur einzig wahren macht: daß sie nämlich den grenzenlosen Kosmos in seiner Gesamteit durch das immergleiche Raster der Berechenbarkeit erklären kann. Und innerhalb der Sinngebung, die in der Berechenbarkeit der Welt ihre Erfüllung findet, ist es nicht nur logisch, daß allein die Wissenschaft das kann, sondern entspricht es einem verzweifelt existentiell dringlichem Bedürfnis, daß sie das können muß. In jener Welt ist der wissenschaftliche Erkenntnismodus nämlich die einzige Instanz, die mit jener Fähigkeit des Menschen, daß die Welt ihm in immer neuen Aspekten zugänglich ist, noch umgehen kann. Alle anderen Subjektstrukturen sind diesem Neuen hilflos ausgeliefert, und um so hilfloser, je stärker sie sind. Weil ihre Funktion nicht die Erkenntnis mittels der Wahrnehmung, sondern die Abwehr der Wahrnehmungsfähigkeit mittels präfigurierter Wahrnehmungsabstraktionen ist, ist die Kontrolle über jenes Fremde, sei es nun ein Stück der äußeren oder der inneren Natur, nur noch durch wissenschaftliches Erkennen möglich. Und weil wir unser Subjekt-Sein of jene Disidentifikation von der eigenen Erfahrungsfähigkeit gegründet haben, wächst dieses Fremde als nicht beherrschbare innere biologische Natur in dem Maße, in dem diese Disidentifikation gelingt. In der aggressiven bedenkenlosen Gewalt, mit der der Vollzug der objektiven Erkenntnis der Welt in unserer Gesellschaft vorangetrieben wird, reflektiert sich jene zwiefache psychische Notsituation. Wir können uns mit ihm keine Zeit lassen, weil an ihm die ganze Ordnung der Welt hängt, so wie wir sie uns entworfen haben.

Dementsprechend ernst ist der Umstand zu bewerten, daß sich dieser so dringend benötigten objektiven Erkenntnis des Subjektiven als allererstes ein Problem stellt. Vertraut man den Leuten, die mit diesem Erkenntnisprogramm beschäftigt sind, so ist es sogar das einzig wirkliche, das einzig gravierende Problem. Oder wie McCorduck im Zitatendialog es ausdrückt: ›...the real question is whether humans as species deserve more special treatment and considerations as other species!‹ (1979 / 326) Gibt es irgendeinen in der Natur unseres Seins gelegenen Grund, uns in diesem Vollzugsprogramm der objektiven Erkenntnis anders zu behandeln, als die anderen ›Objekte‹? Läßt sich auf dieser Ebene anders denn als anthropoide Anmaßung, als sentimentale Anwandlung eine Ausnahmestellung rechtfertigen? Die Frage ist nicht neu. De Sade hat sie schon damals, zu Beginn der Aufklärung gestellt, und hat schon damals die einzig logisch konsistente Antwort gefunden und vertreten:

Wenn wir wie alles andere durch und durch Objekt sind, ja wenn wir nur Subjekt sind, insofern wir Objekt sind, gibt es keinen vernünftigen Grund, warum wir uns nicht auch als solche behandeln sollten. Von Interesse ist jedoch weniger diese leichte Übung im logischen Schließen, sondern die Art der Behandlung, die diese Gleichsetzung der menschlichen Spezies mit den anderen Arten impliziert. Und wenn McCorduck sich hier auch ausschweigt, so hat doch de Sade deutlich ausgesprochen und vertreten, um was es geht: Menschen dürfen wie alles andere ohne Gewissensbisse uneingeschränkt gefoltert werden. De Sade empfiehlt den Sadismus als Lebenskunstform. Und vergißt dabei, daß es nicht das Ästhetik-, sondern das Erkenntnispotential einer

Sinngebung ist, die sie tauglich für den Weltbezug einer Kultur macht. Nicht der die Eigenstruktur des Objekts verletzende Eingriff um des Vergnügens willen bringt es, sondern der die Eigenstruktur verletzende Eingriff um der Erkenntnis willen ist gefragt. Bacon, nicht de Sade ist der Vater der modernen Wissenschaft. Beiden aber, dem von de Sade vertretenen Sadismus und der modernen Wissenschaft, ist gemeinsam, daß sie die Rechtfertigung ihres Vollzugs im Mangel der objektiven Vernunft finden, vernünftige Gegengründe zu finden. Oder wie es McCorduck im Zitatendialog triumphierend festhält: ›Weizenbaum responded that he was unable to give reasons as to why he found obscene the idea of disembodying the brain and eyes of a cat, keeping them artificially alive and using them as visual receptors of a computing system.‹ (1979 / 316)

Und Nietzsche weiß sogar, warum dieser Mangel an rationalen Gründen in der objektiven Sinngebung so triumphierend begrüßt wird. Denn ihm ist klar, daß im Modus der funktionellen Wahrnehmung, soll er denn allein gültig sein, die Ausnahmestellung irgendeines Objekts der Erkenntnis äußerst gefährlich werden kann. Öffnet doch das ›Mitleiden‹, das sich darin kundtut und gegen das er seinen Kreuzzug führt, die Sperre gegenüber der identifizierenden Wahrnehmung des anderen, in deren Modus das ›Zum-Objekt-Machen‹ nicht als Triumph der Subjektivität, sondern als deren Untergang erlebt wird.

Kein noch so überzeugter Anhänger der objektiven Sinngebung aber, ehrlich und aufrichtig davon überzeugt, daß er selbst nichts anderes ist als eine Maschine, wird das, was mit dieser Katze geschieht, geschähe es denn an ihm selbst, als Verwirklichung seiner Subjektivität, als ihm verliehene Macht der Kontrolle empfinden. Und das heißt wiederum: Vor die vollzogene, erfolgreiche objektive Erkenntnis des Subjektiven, von der sich noch vorstellend nachempfinden läßt, daß sie einem seiner Erfahrungsfähigkeit entfremdeten Subjekt als Macht der Kontrolle zurückgibt, was es durch diese Entfremdung verloren hat, hat die Macht des Faktischen die Gewinnung dieser Erkenntnis gesetzt. Und die Gewinnungsmethode stellt sich auch in der modernsten systemtheoretischen Ausprägung nach Prigogine so dar:

›Der experimentelle Dialog mit der Natur, den die moderne Wissenschaft entdeckte, beruht weniger auf passiver Beobachtung als vielmehr auf *praktischer Tätigkeit*. Es kommt darauf an, die physikalische Realität zu manipulieren, sie derart zu ›inszenieren‹, daß sie so eng wie möglich einer theoretischen Beschreibung entspricht. Das untersuchte Phänomen muß präpariert und isoliert werden, bis es einer idealen Situation nahekommt, die zwar physikalisch unerreichbar sein mag, aber dem angenommenen begrifflichen Schema entspricht.‹ (1986 / 34)

Und es ist natürlich völlig offensichtlich, daß dieses Programm am Menschen in keiner der kontroversen Sinngebungen, in der animistischen schon gar nicht, aber eben auch nicht in der objektiven Sinngebung der Welt, durchführbar ist, weil sein Vollzug vom ›Objekt‹ der Erkenntnis immer als das erfahren wird, was er ist: als systematische Verletzung der Eigenstruktur, als die Zerstörung jeglicher Chance zur Subjektivität. Oder, wie es in den Lehrtexten zur wissenschaftlichen Arbeitsweise immer so schön formuliert wird: Da wir am Menschen leider keine Experimente machen können ... ist die Auflösung des Widerspruchs, den uns die wissenschaftliche Sinngebung der Welt bescherte, daß wir einerseits nur Objekt sein sollen und Menschen, Person doch nur sind, insofern wir Subjekt bleiben, gescheitert. Jene Versöhnung in der Paradoxie, daß wir umgekehrt gerade nur insofern Subjekt sind, insofern es uns gelingt, uns erfolreich zum Objekt unserer wissenschaftlichen Erkenntnis zu machen, bleibt – sowohl aus Gründen der Subjekt-Werdung wie aus Gründen der Subjekterkenntnis – ein Traum.

Real zu verwirklichen wäre jenes ›Versöhnungsprogramm‹ nur, wenn der interne Konflikt nach außen auf zwei verschiedene Gruppen projiziert wird. Eingelöst werden könnte jenes Versprechen, die manipulative Macht übers Subjektive zu gewinnen, nur über den Umweg, daß es mir gelingt, *die anderen* Subjekte stringent zum Objekt meiner wissenschaftlichen Erkenntnismethode zu machen. Wenn das aber alle an allen anderen auch in diesem gewissenhaften Sinne machen, gibt das der Sachlage nach Mord und Totschlag. Und in Mord und Totschlag endeten auch jene Versuche, den Objektstatus auf einer bestimmten Gruppe von Menschen projektiv zu verfestigen (den Schwarzen z. B., den Juden, den Irren etc.). Nicht nur, weil die wissenschaftliche Erkenntnismethode, nimmt sie sich ernst, zur Gewinnung von Erkenntnis auf Mord und Totschlag angewiesen ist. Sondern auch, weil Menschen sich diese Reduktion normalerweise eben nicht widerstandslos gefallen lassen. Also wird dem Menschen gewöhnlich doch ein Sonderstatus zuerkannt. Zwar sind wir ›nur Physik und Chemie‹, aber irgendwie doch wieder auch nicht. Wobei dieses ›irgendwie‹ natürlich seine volle Unterstützung in jenen Residuen animistischer Weltsicht findet, die nicht abzuschaffen wir nicht umhin können.

Die grundlegende Schizophrenie unseres Weltbildes, daß wir mit zwei sich gegenseitig negierenden Sinngebungen leben müssen, reproduziert sich im konstituierenden Kern dieser Sinngebung – der wissenschaftlichen Erkenntnis – wieder. Der Sonderstatus des Menschen, selbst hier, ist jenes animistische Reststück, auf das wir im Ernst ebensowenig verzichten könnten, wie daß wir mit Ernst es innerhalb der objektiven Ordnung der Welt je akzeptieren könnten. Und da in diesem Fall auch die Projektion des unlösbaren internen Konflikts scheitert, bleibt nichts anderes übrig, als seine Lösung aufzuschieben: Der ernsthafte Vollzug der objektiven Erkenntnis am Subjekt wird ausgesetzt. Die manipulative Macht der Kontrolle übers Subjektive, sofern sie sich nicht auf jenes rein körperliche bezieht, für das wir Tiere als vergleichendes Versuchsobjekt heranziehen können, bleibt notwendig eine stümperhaft beschränkte.

Die Primitivierung des Subjektiven oder Über die Unmöglichkeit zu sein

Daß der ernsthafte Vollzug der objektiven Erkenntnis am Subjekt ausgesetzt wird, das impliziert nun freilich nicht, daß Erkenntnis mittels Erfahrungsfähigkeit gesellschaftlich rehabilitiert wird. Und wenn die Sinngebung auch ihr Versprechen der manipulativen Macht übers Subjektive nicht einlösen kann, so erreicht sie doch durch die Ausrichtung der gesellschaftlichen Energien auf dieses Traumziel in Verbindung mit der Tabuisierung des Animismus ein anderes. Über die Generationen hinweg gerät das, was einst als Kultur des Subjektiven entwickelt wurde, die Fähigkeit, mit unserer Wahrnehmungsfähigkeit auf allen Sinnesebenen schöpferisch und autonom umzugehen, in Vergessenheit.

Und wenn sich in jenen primitiven Gesellschaften ein Großteil der kulturellen Energien darauf richteten, den Kindern im Prozeß des Heranwachsens jene Fähigkeiten zu vermitteln und ihr schöpferisches Potential mittels einer Verwobenheit des Alltags mit Riten und Gebräuchen im Leben der Gemeinschaft präsent zu halten, verkommt in unserer Gesellschaft das ›Subjektive‹ zu einem privaten Raum, in dem jeder selbst sehen kann, wie er damit fertig wird. De facto haben wir hier weder das eine noch das andere – weder eine Kultur der systematischen Entwicklung von Erfahrungsfähigkeit, noch eine Kultur der manipulativen Macht übers Subjektive.

Gesellschaftstheoretisch formuliert: Das Subjektive, die ontogenetische Mensch-Werdung, ist – so oder so – in unserer Gesellschaft kein Bereich, von dem im Ernst gesagt werden kann, daß er in die gesellschaftliche und kulturelle Entwicklung mit einbezogen ist. Wenn man unter primitiv das Fehlen jeglicher kulturellen Entwicklung versteht, dann läßt sich diese Negation auch positiv ausdrücken: Der moderne Mensch der Industriegesellschaft, das ist der erste Primitive, den es je gegeben hat.

Und was wir als ›Zeitalter des Individualismus‹ feiern, das ist jenes groteske Mißverhältnis, in dem jeder einzelne für sich allein zu vollbringen sucht, was der Sache nach in eine gemeinsame bewußte tradierte Anstrengung eingebunden sein sollte.

Gegenüber dem gesellschaftlichen Prozeß der Primitivierung des Subjektiven ist jedes individuell erarbeitete Subjekt-Sein notwendig ein instabiles, und umgekehrt fördert die gesellschaftliche Entwicklungsdynamik einen Radikalisierungsprozeß, den jedes Individuum durchlaufen muß, will es mit Kopf und Bauch und ohne religiöse Seele seine Identität in der Sinngebung unseres Weltbildes finden können. Denn erst wenn einer so weit ist, daß er in diesem einsamen Kampf um den autonomen Umgang mit sich selbst ganz aufgibt, wenn ihm auch die Aufrechterhaltung einer autozentrischen Charakterstruktur, die ja immerhin eine psychische Eigenleistung ist, mißlingt, erst dann, wenn er durchgehend nur noch bloßer Spielball seiner Erfahrungsfähigkeit ist, erscheint ihm jene Vorstellung, daß einer Subjekt ist gerade in dem Maße, in dem er als Objekt kontrollierbar ist, als jene Erleuchtung, die ungeahnte positive Lebensmöglichkeiten eröffnet in einer Situation, die sonst nur noch in die Panik der Extremerfahrung umkippen könnte.

Anschaulich demonstrieren läßt sich dieser Wendepunkt an der Bereitschaft der Betroffenen (nicht derjenigen, die sie am anderen

angewendet wissen wollen!), somatische Mittel zur Heilung von psychischen Beschwerden zu akzeptieren und zu suchen.
Insofern einer in seiner eigenen Angst noch ein Medium der Wahrnehmung sieht, sie als einen Zustand erfährt, der ihn gewahr werden läßt, daß da etwas für ihn äußerst Wichtiges vor sich geht, solange wird er jedes Ansinnen, diese Angst mittels eines Medikamentes ›wegzumachen‹, nicht als Hilfe, sondern im Gegenteil als extreme Bedrohung auffassen. Heißt das doch, daß in einer Situation, die aus noch unbekannten Gründen äußerst gefährlich ist, ihm das einzige genommen werden soll, was ihm hier helfen kann: seine Fähigkeit zur Erkenntnis dessen, was in ihm und außer ihm vor sich geht. Für so einen wäre die Einnahme einer Psychodroge in etwa mit der Situation gleichzusetzen, daß einer einen Abgrund vor sich sieht, und, anstatt anzuhalten und sich zu orientieren, die Augen zumacht und weitermarschiert. Weil dann ja der Abgrund ›weg‹ ist. Was er braucht, ist konkrete Hilfe zur Änderung der bedrohlichen Umstände und / oder Hilfe in der Fähigkeit zur psychischen Integration der Erfahrung, aber nicht die Hilfe, diese Erfahrung ›wegzumachen‹.
Wenn auf der anderen Seite einer vor seiner Angst nur noch Angst hat, wenn er in ihr nicht mehr das Anzeichen einer realen Situation sieht (und sei diese Realität eine Realität seines eigenen Ichs), mittels derer er etwas sehr Wichtiges erkennen kann, wenn er sich dieser Angst hilflos ausgeliefert sieht und sie für ihn in keinem Bezug mehr zu irgendeiner Wahrheit steht, wenn diese Angst nur noch jene irrationale Bedrohung ist, die seine Abwehr, sein Ich zu überwältigen droht, dann, aber auch erst dann, wird er die Einnahme einer Psychodroge als Rettung seiner Ich-Struktur, als Stärkung seiner Subjektivität empfinden.
Wobei jede Behandlung die Interpretation, die zu ihrer Anwendung führte, bestätigt, weil jede in ihrer Art erfolgreich ist. Und wenn so auf der einen Seite selbst Schizophrenie im Schamanismus als die Subjektivität bereichernde Erfahrung erlebt werden kann, ist es auf der anderen Seite so, daß schon die Bewältigung einer simplen Prüfungsangst mittels Pille jene Überzeugung bestätigt, daß jene Gefühle bloß unnütz und Subjektivität mittels ihrer somatischen Beeinflussung wieder zu erlangen ist.
Was also in so einer Notlage als gesellschaftlich akzeptable Hilfe angeboten wird, führt in seiner Konsequenz zu zwei verschiedenen Weltbildern. Wobei das eine in der Überzeugung endet, daß

alles ›Psychische‹ durch Soma zu erklären und über Soma zu beeinflussen sei, während das andere sich daran machen wird, auch jene ›rein körperlichen‹ Prozesse mittels Psyche zu steuern. Und beide sind in diesem Vorgehen (den Wissenschaftlern sei's gesagt: auch wissenschaftlich überprüfbar) erfolgreich, weil beide Weltbilder im Kern sich auf eine identische Interpretation der Wirklichkeit beziehen: der Parallelität von psychischen und somatischen Prozessen und ihrer gegenseitigen Beeinflußbarkeit. Die Divergenz der Interpretation, die die Inkompatibilität der Weltbilder zur Folge hat, liegt nicht darin, sondern in der Beantwortung der Frage, welchem von beiden man die Verfügungsgewalt über diese Wirklichkeit geben soll. Den psychischen Kräften, die jeweils nur autonom vom Individuum ausgeübt und nicht in allgemeine Regeln gefaßt werden können, die jedes Individuum für sich neu lernen muß und die nur ›Allgemeingültigkeit‹ haben, insofern jeder Einzelne über sie als individuelle Fähigkeit verfügt? Oder den somatischen Kräften, die in allgemeine Regeln gefaßt werden können, die Allgemeingültigkeit haben, insofern jeder über sie manipulierbar ist, die der einzelne nicht lernen muß, sondern die er nur anzuwenden braucht, allerdings nach einer Maßgabe, die ihm selbst undurchschaubar bleibt, weil jene gesetzmäßigen Zusammenhänge des Psychosomatischen in der wissenschaftlichen Beschreibung zu einem so komplexen Formel-Fremdwort-Theorienmachwerk ausarten, daß notwendig nur noch Experten in ihrem jeweiligen Spezialgebiet sie beurteilen können?

Soll man sich für die durchgängige objektive Erkenntnis alles Subjektiven entscheiden oder für die konsequente Entwicklung jener subjektiven Fähigkeiten, mit ›Subjektivem‹ und schließlich auch mit ›Objektivem‹ umzugehen?

Wobei die Primitivierung des Subjektiven nicht nur eine Folge der Entscheidung für die objektive Seite ist, sondern ihrerseits wieder die Präferenz für diese Entscheidung ganz erheblich beeinflußt. Psychische Verarmung und die Alleingültigkeit der objektiven Erkenntnis sind zwei Momente einer Ordnung, die sich gegenseitig bedingen, und somit die Ordnung als ganze stabilisieren. Und jener Wendepunkt, in dem das Subjekt jeden Versuch einer subjektiven Kontrolle aufgibt und sein Ich nur noch retten kann durch eine radikale Disidentifikation von seinen Gefühlen und durch eine radikale Identifikation mit jener objektiven Kontrolle, stellt jenen Extrempunkt psychischer Verarmung dar, die auf der einen Seite nicht weitergehen kann, ohne daß das Subjekt in der Panik der Extremerfahrung untergeht, und die auf der anderen Seite notwendig erreicht werden muß, soll jene ausschließliche Identifikation mit der objektiven Ordnung der Welt, die sich auf den Menschen in seiner Gesamtheit bezieht, zuwege kommen.

Kein Maß an psychischer Verelendung allerdings kann einen Menschen dazu bringen, den Vollzug der wissenschaftlichen Erkenntnis an sich selbst als Stärkung seiner Subjektivität zu empfinden. Die Bereitschaft steigt, auch die krudest wirkenden Mittelchen beliebig einzunehmen, nur, um irgendwie da rauszukommen. Und die Sehnsucht steigt, jenen Traum zu träumen, in dem die Früchte der Erkenntnis, die restlose wissenschaftliche Erklärung des Menschlichen, einem einfach in den Schoß fallen. Und die Vorstellungskraft verkümmert bis zu jenem Punkt, an dem der Ist-Zustand der Verelendung als natürlich-biologische Beschaffenheit des Menschen, als Normalzustand akzeptiert wird, weil man nicht einmal in seinen kühnsten Phantasien sich noch ausmalen kann, wie es denn anders sein könnte. Nicht aber erhöht die Akzeptanz der manipulativen Kontrolle der eigenen Subjektivität die Bereitschaft, jenen ›experimentellen Dialog‹ nicht nur mit der Natur, sondern auch mit sich selbst zu führen.

Was wiederum daran erinnert, wieso dieser weitreichenden Bereitschaft, den manipulativen Eingriff in die eigene Psyche als Selbstverwirklichung zu akzeptieren, keine reale Macht der Manipulation gegenübersteht. Was seinerseits wiederum erklärt, wieso jene Bilderbuchidentifizierung mit dem alten Versöhnungstraum unseres Weltbildes, daß ich nur insofern Subjekt bin, als ich durch und durch kontrollierbares Objekt bin, unserer Gesellschaft sich überhaupt nicht als Sieg oder als Fortschritt oder wenigstens als Erleichterung des Vollzugs darstellt, sondern als Problem. Als Drogen- oder Suchtproblem nämlich.

Und es läßt sich an dem Ausmaß, das dieses Problem bei uns einnimmt, zweierlei ablesen.

Zum einen das qualitative und quantitative Ausmaß der aktuellen psychischen Verelendung. Die Anzahl Drogen-und Medikamentensüchtiger läßt sich direkt umsetzen in die Anzahl jener, die in ihrer Alltagserfahrung an jenem Extrempunkt psychischer Armut angekommen sind.

Zum anderen der Stand der Forschung, oder besser gesagt, der Stand der Unkenntnis, in dem die objektive Erkenntnis des Subjektiven sich de facto befindet.
Denn daß bei allen somatischen Heilmitteln psychischer Zustände (sei es Schizophrenie oder schlichte Hausfrauendepression) wissenschaftlich unstrittig ist, daß ihre Einnahme zur Sucht und damit langfristig nicht zur Heilung, sondern lediglich zur Verschlimmerung des Problems führt, mit anderen Worten, daß der Stand der Forschung selbst Teil des Problems und nicht Teil der Lösung ist, spricht auch ohne Kommentar ein klares Urteil. Wohingegen jene Zählung, so ungenau und mit hohen Dunkelziffern belastet sie auch ist, sich etwa so darstellt:
›Zwischen 500 000 und 800 000 Medikamentenabhängige leben in der Bundesrepublik ... Genaue Zahlen lassen sich nicht ermitteln, weil nur die Hochdosisabhängigen in den Psychiatrien auftauchen. Die Zahl der Tablettensüchtigen ist etwa zehnmal so hoch wie die der Drogenabhängigen. Nur der Alkohol rangiert in der Skala vor den trügerischen Glückspillen.
Rund eine Milliarde Benzodiazepin-Tabletten werden in der Bundesrepublik jährlich verkauft. Das würde reichen, wie das wissenschaftliche Institut der Ortskrankenkassen für 1986 errechnet hat, um 40 Prozent der westdeutschen Bevölkerung vier Wochen lang mit Tranquilizern zu versorgen. Die meisten Pillenkonsumenten aber schlucken weitaus länger, in der Regel monate- oder jahrelang.‹ (Spiegel 22.8. 1988 / 165 f.) Oder so:
»Wir sind die am meisten von Drogenmißbrauch geprägte Nation in der Geschichte der industrialisierten Welt‹, behauptet John Lawn, Chef der US-Drogenbekämpfungsbehörde ... Jedes Jahr werden 120 Millionen Rezepte für psychoaktive Drogen ausgestellt. 30 Millionen nehmen Beruhigungsmittel, 20 Millionen schlucken Aufputschmittel.
Laut offiziellen Angaben – und die gelten vielen noch als untertrieben – zweigten US-Bürger 1987 darüber hinaus mehr als 140 Millarden Dollar für illegale Drogen ab – das entspricht fast dem bundesdeutschen Staatshaushalt.‹ (Spiegel 28. 22. 1988 / 136 f.)
Oder, wieder für die BRD, so:
›Die Zahl polizeibekannter Erstkonsumenten harter Rauschmittel, wichtiger Indikator für die Entwicklung im Drogengeschäft, lag im vergangenen Jahr (87) bei 5 000 – so hoch wie nie.‹ (Spiegel 21. 11. 1988 / 142 f.)

Da, an diesem Ort, scheint es sich in der Tat schlecht leben zu lassen. Aber andererseits, wer weiß denn noch, daß das ein Elend ist? Den neuesten wissenschaftlichen Erkenntnissen jedenfalls stellt sich dieser defensive Absturz des autonomen Umgangs mit sich selbst in die radikale Disidentifikation von seiner eigenen Erfahrungsfähigkeit nicht mehr als individuell Gewordenes dar, sondern als biologischer Ist-Zustand des Menschen. Und wenn niemand mehr weiß, wie es denn anders sein kann, wie hat es dann je anders als so, wie es jetzt ist, sein können?

»Der Mensch findet sich in der Lage, daß ihn die Natur im wesentlichen mit drei verschiedenen Gehirnen ausgerüstet hat, die trotz der Verschiedenheit ihrer Struktur zusammen funktionieren müssen‹, analysiert Paul McLean vom amerikanischen National Institute of Health. Die neuen, allein der Menschheitsentwicklung vorbehaltenen Hirnteile sind das Großhirn und das Kleinhirn, letzteres eine Art Rechenmaschine für die gezielte Bewegungskontrolle. Alt und sozusagen tierisches Erbe ist hingegen das Stamm- mit Zwischenhirn und Limbischem System: ›Das älteste gleicht dem eines Reptils, das zweite stammt von niederen Säugetieren ab, und das letzte ist eine späte Säugetierentwicklung, die den Menschen eigentlich zum Menschen gemacht hat‹, unterscheidet Paul McLean die drei Hirne. ... Wird er (der Bereich des Limbischen Systems) beschädigt, kommt es beim geringsten Anlaß zu Wutausbrüchen. Raserei und Tobsucht, die bei Tollwut auftreten, entstehen durch eine von Krankheitserregern ausgelöste Hirnentzündung im Limbischen System. Auch Angst und Schreck, Trauer und Abscheu, vor allem jedoch ein Teil vom Gedächtnis sind hier konzentriert. ... Damit ist klar: Die Regulationsmechanismen für den reibungslosen Ablauf der Körperfunktionen und die Steuerzentren für Affekte sind tierisches Erbe. ... Dieser Umstand ist für viele Wissenschaftler die Erklärung für den Zwiespalt zwischen Vernunft und Gefühlen. Tierisches Erbe und menschlicher Entwicklungsstand liegen auch im Gehirn ständig im Hader miteinander.

Vor den Folgen dieser explosiven Verbindung warnt auch der Wissenschaftspublizist Erwin Lausch: ›Wenn die alten Gehirnteile die Oberhand gewinnen, nutzen sie die Denkkapazität der neuen Teile, aber nicht um einen Weg der Vernunft zu suchen, sondern um ihren Emotionen Durchschlagskraft zu verleihen. Die überdurchschnittlichen Triumphe der alten Hirnteile über

die neuen sehen wir jeden Abend in der Tagesschau: Überfälle und Straßenschlachten, Aufstände und Gewaltherrschaft, Völkermorde und Kriege.‹ (Sparkassenmagazin 1988 / 15 f.)
Joey freilich, der in seiner Kindheit erfahren hat, wo man hinkommt, wenn alle Menschen um einen herum tatsächlich nur noch in jenem Zustand wären, von dem die Wissenschaftler jetzt behaupten, daß wir immer schon in ihm gewesen wären, Joey kann diesen Zustand nicht als bloßes ›Faktum‹ akzeptieren. Oder vielmehr: Hätte er später dann nicht erfahren, daß es auch wesentlich und völlig anders geht, hätte er heute nicht die Sprache, um uns zu sagen, wie jener Innen-Zustand zu einem Faktum wird, das uns dann als einzig mögliches erscheint, weil wir nicht mehr aus ihm herauskommen. Und wer, wenn nicht Joey, der den Krieg mit seinen Gefühlen bis zum äußersten erlebt hat, muß wissen, wie man da hineinkommt:
›Zuerst tut man dir Wachs in die Ohren, ... denn das schützt dich und verschließt die Ohren, so daß du dir Dinge, von denen du nichts wissen willst, nicht anzuhören brauchst. Dann kriegst du immer mehr Wachs ab, damit du garantiert nichts hörst. Das macht dich taub. Die Taubheit breitet sich aus, so daß jeder taub wird und keiner mehr was hört. Von dieser Taubheit kommt die Blindheit. Dann sind die Leute taub und blind und bekriegen sich blindlings. Schreckliche Dinge geschehen mit deinen Gefühlen. Fühlen bringt dich um.‹ (Bettelheim 1986 / 420)
Wenn es sich aber so im Subjektiven immer mehr schlecht als recht und in der Konsequenz des Weltbildes schließlich gar nicht mehr leben läßt, läßt es sich dann wenigstens im Objektiven, in der Welt, so wie sie ist, mit der neuen Ordnung der Berechenbarkeit leben? Ausschließlich mit ihr und mittels ihrer leben, so daß man hier wenigstens eine Zuflucht hat, die von Ambivalenzen frei ist, und in der man jene Erfahrungsfähigkeit, die uns so viel Kummer macht und die wir doch nicht abschaffen können, wenigstens hier, im tätigen In-der-Welt-sein ein und für alle Mal vergessen und auf sie verzichten kann? Um das zu beantworten, fragen wir am besten einen berühmten Physiker. Der muß so etwas schließlich wissen.
›Ich stehe auf einer Türschwelle, im Begriff, ein Zimmer zu betreten. Das ist ein kompliziertes Unternehmen. Erstens muß ich gegen die Atmosphäre ankämpfen, die mit einer Kraft von 1 Kilogramm auf jeden Quadratzentimeter meines Körpers drückt. Fer-

ner muß ich auf einem Brett zu landen versuchen, das mit einer Geschwindigkeit von 30 Kilometern in der Stunde um die Sonne fliegt; nur den Bruchteil einer Sekunde Verspätung, und das Brett ist bereits meilenweit entfernt. Und dieses Kunststück muß fertiggebracht werden, während ich an einem kugelförmigen Planeten hänge, mit dem Kopf nach außen in den Raum hinein, und ein Ätherwind von Gott weiß welcher Geschwindigkeit durch alle Poren meines Körpers bläst. Auch hat das Brett keine feste Substanz. Drauftreten heißt auf einen Fliegenschwarm treten. Werde ich nicht hindurchfallen? Nein, denn wenn ich es wage und drauftrete, so trifft mich eine der Fliegen und gibt mir einen Stoß nach oben, ich falle wieder und werde von einer anderen Fliege nach oben geworfen, und so geht es fort. Ich darf also hoffen, das Gesamtresultat werde sein, daß ich dauernd ungefähr auf gleicher Höhe bleibe. Sollte ich aber unglücklicherweise trotzdem durch den Fußboden hindurchfallen oder so heftig emporgestoßen werden, daß ich bis zur Decke fliege, so würde dieser Unfall keine Verletzung der Naturgesetze, sondern nur ein außerordentlich unwahrscheinliches Zusammentreffen von Zufällen sein. Aber dies sind nur einige von den geringeren Schwierigkeiten, die mich erwarten. Eigentlich müßte ich das Problem vierdimensional betrachten, denn es betrifft den Schnittpunkt meiner Weltlinie mit der des Bretts. Ferner würde es notwendig sein zu bestimmen, in welcher Richtung die Entropie der Welt zunimmt, um sicherzustellen, daß mein Überschreiten der Schwelle einen Eintritt und kein Hinausgehen bedeutet.
Wahrlich, es ist leichter, daß ein Kamel durch ein Nadelöhr geht denn daß ein Physiker eine Türschwelle überschreitet.‹ (Eddington 1988 / 120)
Oder abstrakt ausgedrückt: Die wissenschaftliche objektive Ordnung der Welt tut das, was jede anständige Weltordnung – egal ob objektiv oder subjektiv, egal ob vom Menschen oder von einer Amöbe – tun muß, um zu einer Ordnung zu kommen: sie verdichtet die unendliche Mannigfaltigkeit der Realität zu Einheiten und Zusammenhängen gemäß dem Maßstab dieser Ordnung. Und es ist nicht mehr als logisch, daß eine solche Verdichtung, deren Maßstab der objektive der Berechenbarkeit ist und nicht der subjektive unserer Wahrnehmungsfähigkeit, eine Realität ergibt, in der wir Subjekte nicht leben können.
Bloß, wenn wir nicht einmal im ›Objektiven‹ mittels dieser Sinn-

gebung der Welt leben können, wo sie doch brilliert, und im ›Subjektiven‹, wo wir sie nicht stringent anwenden können, auch nicht, wie läßt sich dann mittels dieser Sinngebung überhaupt leben? Überhaupt nicht. Was kontrafaktisch ist. Aber man muß das Problem in den Dimensionen dieser Ausweglosigkeit gesehen haben, bevor man ermessen kann, wie wahrhaft genial und wahrhaft gigantisch in ihren Dimensionen die Lösung ist, die die Menschen der westlichen Kultur hier gefunden haben. Um sie aus dem Dunkel der Verdrängung ans Licht zu holen, fragen wir am besten unsere Kinder, deren mimetische Erkenntnisfähigkeit (noch) (manchmal) sie in solchen Dingen sehr hellsichtig macht. Die konziseste Antwort, die ich kenne, stammt von einem Mädchen, die auf jene Piagetschen Fragen aus einer anderen Welt geduldig antwortete und den Erwachsenen erklärte, was Sache ist. Sie hat das so zusammengefaßt:
›Papa macht die Erde, die Sonne und den Mond.‹[1]

Der Traum

Wenn auch die wissenschaftliche Ordnung der Welt keine Ordnung ist, mittels derer es sich in dieser Welt als Mensch leben läßt, so ist sie doch eine Ordnung, mittels derer sich eine Welt bauen läßt, die diese Ordnung repräsentiert und in der sich dann als Mensch leben läßt. Denn in jeder Maschine und in jedem Maschinenprodukt fällt die Existenzform von Materie mit der Form zusammen, in der sie als beispielhaftes Exemplar jener allgemeinen Regeln faßbar wird, über die sich die wissenschaftliche Ordnung der Welt konstituiert. Und insofern jedes so Gemachte nur zustande kommt als das Endresultat einer anfänglichen menschlichen Absicht, läßt sich in einer aus Artefakten aufgebauten Umwelt jene prinzipielle Bedeutungsoffenheit der natürlichen Umwelt, mit der der seiner Erfahrungsfähigkeit beraubte Mensch nicht umgehen kann, reduzieren zu einer geschlossenen Welt des eindeutig Gemeinten. Eine Ampel ist eine Ampel ist eine Ampel

1 Piaget beurteilt dieses Stadium des sogenannten Artifizialismus so: ›Eine solche Fabel steht offensichtlich als Symbol für das, was die jüngeren Kinder nur fühlen: die Welt ist von ihren Eltern gemacht worden.‹ (1981 / 258)

ist eine Ampel. Ein Fußgängerüberweg ist ein Fußgängerüberweg ist ein Fußgängerüberweg. Eine Delete-Taste ist eine Delete-Taste ist ... Und notfalls, falls das für jemanden noch nicht eindeutig genug ist, kann man noch ein Schild ›Fußgängerüberweg‹ dazu aufstellen, oder ›Delete‹ auf die Delete-Taste schreiben. Die Erkennungs- und Gebrauchsanweisung wird in dieser Art von Nische gleich mitgeliefert. Und die Erfahrung der Welt, die einst ein offenes Abenteuer war, verwandelt sich in dieser Kunstwelt zum Exerzierplatz der Informationsverarbeitung: wer am schnellsten und effektivsten all jene Signalerkennungsmuster, Verarbeitungs- und Reaktionsregeln verknüpft und gespeichert hat, dem steht die Welt zur Verfügung – sofern man denn unter Welt die Summe jener Signale und Regeln versteht.

Freilich muß, damit es funktioniert, die Welt erst einmal in eine gemachte verwandelt werden. Jener Keim von Herrschaft, der im Labor durch den Zugriff des Experiments Materie in die Form zurechtstutzte, in der sie manipulierbar wird, muß im 1 : 1 Maßstab auf die Erde übertragen werden. Und mehr als das. Denn wenn die Ordnung der Berechenbarkeit ihre Gültigkeit nur etabliert über einen konkreten Eingriff, der die Eigenstruktur des Erkenntnisobjekts verletzt und seinen Zusammenhang mit der Welt als zu vernachlässigende Randbedingungen außer Kraft setzt, so wird ihr in diesem Programm der Vermenschlichung ihrer selbst eine zusätzliche Bürde aufgezwungen: jene im Experiment hergestellte Existenzform von Materie muß so umgewandelt werden, daß die ›Eigenkräfte der Natur‹, die sogenannten Naturgesetze, sich jetzt im Selbstlauf gegenseitig dazu zwingen, nur noch zu einem vom Menschen gesetzten Zweck wirksam zu werden.

Der Gegensatz zwischen dem Gemachten und dem ohne unser Zutun Gewordenen ergänzt sich in diesem Unternehmen mit dem Gegensatz zwischen der Ordnung des Berechenbaren und der Ordnung des Konkreten zu der gegensätzlichen Ordnung zweier nicht mehr kompatiblen Welten. Und so wird durch diese Verbindung aus dem, was sonst als relative Wahrheit verschiedener Ordnungen durchaus auf einer Erde Platz hätte, ein existentieller Kampf um Alleinherrschaft, in der die eine Ordnung die andere nicht dulden kann, weil jede Ordnung ihre Gültigkeit gewinnt, insofern sie die Gültigkeit der anderen außer Kraft setzt. Die Ordnung der Berechenbarkeit kann jene natürlich sich ergebende Ordnung der Dinge nicht dulden, weil sie nur als eine, die diesen Zusammenhang außer Kraft setzt, wahr wird, und in dieser ihrer Wahrheit nur lebbar wird, wenn sie die Welt in eine gemachte verwandelt, in der ihre Prinzipien allein nach Maßgabe menschlicher Zwecke in Erscheinung treten und wirksam werden. Und das Ökosystem Erde kann diese Ordnung einer künstlichen Realität nicht dulden, weil dieses Artifizielle nicht auf eine anthropozentrische Ergänzung des sich ohne unser Zutun Reproduzierenden abzielt, sondern auf seine anthropozentrische Rekonstruktion mittels der Ordnung der Berechenbarkeit nach Maßgabe menschlicher Zweck-und Zielsetzungen. Konsequenterweise erscheint denn auch jene Ordnung des ohne unser Zutun Gewordenen in unserer Kultur immer weniger als positive, als willkommene Voraussetzung und Ergänzung, sondern rein negativ, als Störung von Ordnung:

Nicht als Regen, der wunderbarerweise ohne unser Zutun vom Himmel fällt, sondern als Überschwemmungskatastrophe, die die regulierten Flüsse über die Betonränder treten läßt und das ungeschützte Brach- und Bergland wegschwemmt; nicht als jene freundliche Macht, die macht, daß jede zerstörte Pflanzendecke wieder nachwächst und so nicht nur eßbare Pflanzen, sondern auch eßbare Tiere ohne unser Zutun wieder zurückbringt, sondern als jene aggressive Hartnäckigkeit der Unkräuter, die unsere Monokulturen überwuchern; nicht als willkommene Lernfähigkeit unseres Körpers, der nach einmaliger Begegnung schädliche Viren zu erkennen weiß, sondern als jene nicht vorhersagbare Mutationsfähigkeit der Insekten und Viren, die gegen unsere Gifte resistent werden; nicht als jenes verläßliche Wirken, das das, dem keine erhaltende Aufmerksamkeit mehr zugewandt wird, in fruchtbaren Humus zerfallen läßt, sondern als jene gefährliche Unvollkommenheit alles Seienden, die Haarrisse zuwege bringt dort, wo sie unsere KKW's in die Luft sprengen; nicht als Grundlage des menschlichen Behütetseins, daß die Naturkräfte es jedes Jahr wieder fertigbringen, die Sonne scheinen zu lassen, sondern als jene zusätzliche Gefährdung, daß man jetzt auch noch beim Profitmachen an die Atmosphäre des Planeten und an mögliche Ozonlöcher denken muß.

Wessen Ordnung hier freilich gestört wird, die Ordnung des sich ohne unser Zutun reproduzierenden, oder die Ordnung unseres Gemachten, das kann man so oder so sehen.

Mit vollem Recht läßt sich z. B. sagen, daß all jene Erscheinungsformen einer global wirksamen ökologischen Krise vor allem eins beweisen: Daß wir inzwischen die Macht haben, die Ordnung unseres Planeten, so wie sie sich ohne unser Zutun ergibt, global zu beeinflussen und in andere Zustände zu zwingen. Und die Macht, ein Objekt in einen anderen Ordnungszustand hineinzuzwingen, ist die grundlegende Bedingung, die naturwissenschaftliche Erkenntnis des anderen als einem potentiell Manipulierbaren möglich macht. Und da wir diese Macht inzwischen offensichtlich jetzt auch über den Planeten als ganzen besitzen, erschließt sich der Menschheit zum ersten Mal die Erde als ein Objekt, das in der Gesamtheit ihres Wirkungsgefüges im Sinne menschlicher Zielsetzungen umgestaltet werden kann. Wir brauchen nur zuzugreifen. Richtig ist natürlich auch eine Darstellung, in der solche Dinge wie Ozonlöcher oder Treibhauseffekte nicht als Störungen der natürlichen Ordnung gesehen werden, sondern lediglich als eine andere Manifestation dieser Ordnung. Und der Wandel in der Erscheinungsform bewiese dann nicht die Macht unseres menschlichen Zugriffs, sondern im Gegenteil die kreative Gültigkeit der planetaren Ordnung gegenüber unserem Tun. Denn schließlich stirbt nicht die Erde am Ozonloch, und nicht die Erde verhungert (essen Erden?), wenn wir die Böden vergiften, sondern wir. Und selbst ein globaler GAU vernichtet nicht die Erde, sondern lediglich die Lebensformen, wie sie bisher auf der Erde möglich waren. Und wer sind wir, daß wir sagen könnten, in welcher Existenzform die Erde ›mehr‹ Erde ist als sonst – als glühender Feuerball? Als schwarzes Loch? Zur Zeit der Dinosaurier? Mit Menschen oder ohne Menschen?
Wie auch immer man aber die Sache sieht, bleibt doch ein Faktum unstrittig: die beiden Ordnungen – die des Menschen und die des ohne sein Zutun Gewordenen –, die vorher kompatibel waren, befinden sich jetzt im Kriegszustand, aus dem es nur zwei Auswege gibt: entweder sie finden zu einer friedlichen Koexistenz zurück, oder die eine Ordnung ›stört‹ die andere nicht nur, sondern unterwirft ihre Funktion als ganze, en detail und en gros, den eigenen Zielsetzungen.
Und das hieße vom Ökosystem Erde aus gesehen: der Planet reagiert auf unsere Ordnung des Artifiziellen so, daß er seine Ordnung des Werdens als ganze – von den Regelkreisen des Mikrokosmos angefangen, über die sich letztlich auch die globalen

Wirkungszusammenhänge, die auf dieses Kleinste zurückwirken, ordnen – so ändert, daß in ihr für das ›System Mensch‹ kein Platz mehr ist.
Und von der Ordnung des Artifizellen aus gesehen: Dem Machen gelingt es, auch jene globalen Regelkreisläufe, die mittels der Gesetzlichkeiten des Mikrokosmos wirksam werden und die als ›Ökokrise‹ und als ›Restrisiko technischer Großprojekte‹ zunehmend die Zweck-und Zielsetzung der Ordnung des Gemachten als dem Menschen dienliches ad absurdum führen, ganz in diese Ordnung einzubinden und sie allein im Sinne der menschlichen Zielsetzung wirksam werden zu lassen:
Papa macht die Sonne und den Mond und die Erde.
Etwas Geringeres aber wäre einer Sinngebung der Welt auch gar nicht würdig und adäquat gewesen.
Denn nur die Sinngebung taugt etwas, die imstande ist, die ganze, und immer wieder neu die ganze Welt in eine geordnete Welt der Bedeutung für uns zu verwandeln. Das bleibt gültig, ob diese Verwandlung als psychische Interpretationsleistung des Wahrgenommenen geschieht, oder ob diese Verwandlung des konkreten Zugriffs und der konkreten Umwandlung alles Seienden bedarf, um eine für uns bewohnbare Welt der Bedeutung zu ergeben. Daß nie mit letzter Sicherheit beweisbar ist, daß eine Sinngebung das in dieser Absolutheit kann, ist kein Gegenargument. Denn die Wahrheit einer Sinngebung beweist sich nicht allein an dem, was ist, sondern vor allem auch an dem, was durch sie möglich wird. Für die Ordnung der Berechenbarkeit alles Seienden bedeutet das:
Nur insofern sich uns durch sie die lückenlose Umwandlung der Welt in eine durch und durch gemachte als ein Projekt erschließt, das prinzipiell durchführbar ist, erfüllt die Ordnung das Kriterium, das sie zur Sinngebung tauglich macht. Die Ordnung des Gemachten muß in diesem Sinne absolut gültig werden können, um überhaupt als Sinngebung gültig zu sein. Und nicht nur in diesem Sinne.
Insofern unsere Ordnung der Welt auch immer zugleich Abwehr eines Weltbezugs ist, hat diese Abwehr nur Bestand, wenn sie ohne Fehl und ohne Lücke ist. Im Gegensatz aber zum Abwehrsystem des Autismus, das seine Leistung als rein psychische vollbringen kann, weil hier auf jede Welt und auf jedes Subjekt-Sein verzichtet wird, kann die Ordnung der Berechenbarkeit als eine

objektive Ordnung, die in der Welt doch für Subjekte gültig sein soll, diese Abwehrleistung nur vollbringen, wenn sie die Gegenordnung als real gültig verwirklicht.
Erst wenn es nichts mehr zu erfahren gibt in dieser Welt, das etwas anderes wäre als die auf menschliche Dimensionen zugeschnittene Verkörperung dieser Ordnung, erst dann hört Erfahrungsfähigkeit auf, jenes latente Bedrohungspotential darzustellen, das den Erfolg des ganzen Unternehmens in Frage stellt. Und erst dann kann man sich in dieser Ordnung sicher fühlen, wenn sie die Welt bis ins Kleinste als Verkörperung dieser Ordnung rekonstituiert hat, weil sie erst dann in ihrer Funktion als Gegenordnung lückenlos geworden ist.
Solange aber noch ein Rest Natur sich diesem großtechnischen Projektzugriff entzieht, ja solange sogar noch die ohne unser Zutun ablaufenden Wirkungszusammenhänge der Natur die Ziel- und Zwecksetzungen unserer schon verwirklichten Ordnung ad absurdum führen, und das, was uns Menschen nutzen sollte, so unterlaufen, daß es zu unserem Schaden gereicht, solange bleibt Natur, wie sie selbst ohne unser Zutun geworden ist und wird, jenes absolut andere Prinzip, das es zu unterwerfen gilt, soll unsere Ordnung des Gemachten, soll jene künstliche Realität, mittels derer wir leben können, Bestand haben.
Und beweisen es nicht die letzten Überschwemmungen, daß ohne eine vollständige Flußregulierung jährlich Menschenleben gefährdet sind? Und muß nicht die giftresistente Nutzpflanze und das genmanipulierende Schädlingsbekämpfungsmittel erzeugt werden, um jenen Kreislauf von Anfälligkeit der Nutzpflanzen und Resistentwerden der Schädlinge zu unterbrechen? Wenn wir nicht helfend eingreifen würden, was meinen Sie, wie schnell dann die Pflanzen verkümmern würden! Und daß wir lernen, Pflanzen ohne Boden in computergesteuerten Gewächshäusern unabhängig vom Klima anzubauen, ist nicht mehr als notwendige Vorsorge, wenn man bedenkt, daß die Böden ihre Fruchtbarkeit verlieren und als Baugrund für unsere Städte benötigt werden. Von einer möglichen Klimakatastrophe ganz zu schweigen! Da können wir nur hoffen, daß die Wissenschaftler rechtzeitig lernen, die Wirkungsweise unserer Atmosphäre zu steuern. Und ihnen dankbar sein, daß sie rechtzeitig Genbanken angelegt haben, so daß wir nach diesem Versagen der natürlich gegebenen Regelsteuerung Material haben, die Evolution selbst in

die Hand zu nehmen – die Erde ist ein feindlicher Planet, und die Existenz des Lebens und seine Zukunft hängen davon ab, daß wir dieser Herausforderung gewachsen sind – damals wie heute:

Armeni: 1578	›Ich lache über die, denen das Natürliche über alles geht.‹ (1982 / 141)
Cardano: 1575	›Die Betrachtung der Natur führt uns zur Annahme und zum Begriff der künstlichen Schöpfung.‹ (1982 / 168)
Jantsch: 1979	›Als integraler Aspekt der soziokulturellen Evolution hat der Mensch die Möglichkeit und die Aufgabe, in seinem Bereich – das heißt auf dem Planeten Erde – evolutionäre Verantwortung zu übernehmen. Mit anderen Worten, er ist zum Systemmanagement auf allen Ebenen aufgerufen.‹ (1979 / 356)
Hofstadter: 1981	›It's just that human designers will speed up the evolutionary process...‹ (1981 / 88)
Fredkin ... leans back laughing: 1979	›Today we have to be humans and gods because we're worrying about everything in the universe...‹ (1979 / 352 f.)
Miedaner: 1981	›And however crude an engineered machine is in comparison with the human body, it represents a higher act than simple biological reproduction, for it is at least the result of a thought process.‹ (1981 / 113 f.)
Bacon: 1612	›Here ›nature takes orders from man and works under his authority‹. In this way ›human knowledge and human power meet as one.‹ (1980 / 170 f.)

Genau hier aber, an dieser Frage der Macht, verkehrt sich der Traum von der Herrschaft des Gemachten zum Alptraum.

Denn nur das, was nicht gemacht zu werden braucht, ist mächtig. Das vergessen zu haben, ja es bei Strafe des eigenen Untergangs nicht wahrhaben zu dürfen, ist das geheime Trauma eines Treibens, das unsere Realität konstituiert. Hier soll nur gelten, was gemacht, genauer, was von seinen Vertretern gemäß den Prinzipien ihrer Ordnung gemacht werden kann. Das andere ist das Fremde, ist die Bedrohung schlechthin: Gott, wo die eigene Ohnmacht zur Wahrnehmung zwingt; Objekt, an dessen Stärke die Kraft des Eroberers sich lustvoll zur Schau stellt; gesichtsloses Material, das als bezwungenes allein die Macht und den Glanz unseres Könnens reflektiert; Abfall, lästiger, Alltagskram, wo es einverleibt wurde.

Aber der behauene Stein verwittert, die gerodete Fläche wächst zu, die Axt, die nicht benutzt wird, rostet. Wo Gemachtes nicht mehr gemacht wird, da fällt es übergangslos jener anderen Ordnung anheim, die ohne unser Zutun wird. Und was dort ohne unser Zutun unaufhörlich eine Welt schafft, das läßt hier ohne unser Zutun unaufhörlich unsere Welt des Gemachten vergehen. Darauf kann eine Ordnung der Welt sich nicht gründen, auf dem, was so vergänglich ist, das zeigt nur deine eigene Ohnmacht, daß Gemachtes nur ist, wo es immer wieder neu gemacht wird. Nur das gilt, was Tatsachen schafft, nur da beweist sich Herrschaft, wo sie das Patt des Bewahrens bezwingt und wächst. Wo aber Machen selber zum Gegenstand des Machens wird, wo im automatischen Machen Gemachtes sich selbst macht, da ist ein Anfang, mit dem sich siegen läßt. Und wo das Machen nicht nur die Form des Gewordenen ändert, sondern das Gemachte von Grund auf, aus den gesichtslosesten kleinsten Bausteinen der Materie zusammenfügt, da scheint der Sieg nah. Denn erst dann kannst du aufatmen und dich zurücklehnen und dich mit Wohlbehagen sicher fühlen in deinem Werk, wenn du alles, was ist, gemacht hast. Dann ist die Welt nicht mehr größer als deine Vorstellungskraft, und du brauchst dich vor ihr nicht mehr zu fürchten.

Wo aber viele Steine behauen werden, verwittern viele Steine, wo viele Flächen gerodet werden, wird Wüste. Wo vieles zu Bausteinen zusammengefügt wird, verwittert viel Zusammengefügtes, wo viel Neues gemacht wird, da hat die Ordnung des Werdens viel Neues, mit dem sie ohne unser Zutun werden lassen kann. Wo viele Äxte benutzt werden, verschleißen viele Äxte, wo nur noch Maschinen machen, verschleißt auch das Machen.

Und wo alles, was ist, gemacht worden ist, das Gemachte und das Machen selbst, ist alles vergänglich, und die Ordnung dessen, was ohne unser Zutun wird, fügt sich hier lückenlos zum Verfall unserer Welt. Denn das ist die Dummheit des Machens, daß es mit jedem Gemachten zugleich mehr Vergängliches schafft und seine eigene Ohnmacht wachsen läßt in dem Maße, in dem es meint, sie zu bezwingen.

Wie aber kann einer sich sicher fühlen, wenn der Feind im eigenen Haus sitzt? Wie seine Macht beweisen, wenn jeder Beweis sich gegen ihn kehrt?

Da wird Verrat schon die tägliche Geste, die im Erhalten täglich eingedenk wird dieses Sachverhalts. Da darf nichts mehr alt werden, und die Welt muß sich restlos einteilen lassen in neu Gemachtes und Abfall.

Das ist die Zeit, wo die Macher Mißtrauen beschleicht vor ihrer eigenen Herkunft. Denn wie kann jenes Gemachte meine Macht stärken, wenn ich nicht weiß, wie ich meine Gedanken gedacht und meine Hände bewegt habe, die es gemacht haben? Denn mächtig macht das, was gemacht werden kann, nur den Macher. Kann aber der Macher sich selbst nicht machen und weiß nichts von seinem Tun, ist er dann nicht ohnmächtiger Spielball fremder Mächte, und sein ganzes Werk ein Nichts?

Das ist die Zeit, wo die Macher ihren eigenen Maschinen mehr vertrauen als sich selbst. Und so wie sie einst in ihren Anfängen meinten, durch demütige Anbetung sich eine Teilhabe an der Macht zu erschleichen, so opfern sie jetzt ihr menschliches Prinzip dem des von ihnen Gemachten in blinder Gier nach seinem Sieg. Der aber wäre erst wahrhaft mächtig, dem es gelänge, sich selbst dem stumpfen Dasein zu entreißen und sein Sein zu rechtfertigen als machbares. Dann entstände, glänzend, klickend, surrend, ein Ebenbild, das mächtiger noch ist als sein Schöpfer, weil ihm endlich alles, auch es selbst und sein menschliches Urbild, zum gesichtslosen Stoff zerfällt, der Macht nur gewinnt und Leben, weil es beliebte, mit ihm gemacht zu haben.

Nicht aber länger das treibt sie um, wenn wir immer geschäftiger und immer zahlreicher und immer rationeller an ihrer Welt bauen und mit jedem Werk, das wir hinzufügen, die Aufgabe vergrößern. Denn wo das eigene Sein so fremd ist, da gilt auch der eigene Wunsch nicht mehr, und wo die Aufgabe immer größer wird, da bleibt dem Einzelnen nur noch die Ohnmacht. Da wird auch für die Macher Macht zum Fremdwort von früher, und vom menschlichen Wünschen bleibt übrig bloß ein triebhafter Rest. Dem aber können sie nicht entkommen, und ihn suchen sie immer wieder, und ihr eigenes Treiben ist ihnen nicht mehr als die Umwelt einem gehetzten Tier.

Und so wie im Wild mit jedem Schritt zur Rettung die Sehnsucht nach Aufgabe wächst, weil auch das dieser nie endenden Flucht ein Ende bereiten würde, so verkehrt sich dem Macher der Traum vom Endsieg zum Traum der Erlösung. Denn erst dann, wenn sie auch sich selbst so restlos überflüssig gemacht haben, daß ihr mechanisches Ebenbild die Aufgabe des Machens restlos übernimmt, erst dann kann der Macher ein Ende absehen und jenen letzten Rest beseitigen, der noch die alte Ordnung des ohne unser Zutun Werdenden am Leben erhält: sich selbst. Und in der Sehnsucht nach diesem letzten Akt erscheint dem Macher die Vision von einer einmaligen Erfüllung:

Einzig an diesem Punkt kann er jener uralten tabuisierten Verlokkung nach Hingabe ans andere endlich, zum ersten Mal, und bis zum tödlichen Höhepunkt folgen, weil hier das andere die eigene Ordnung, und erst die eigene Hingabe es ist, die jene Ordnung als endgültig gültige verwirklicht. Und so verbindet sich dem Macher die Erlösung von seiner selbst gestellten Fron mit der verbotenen Lust der Hingabe und dem Triumph, sein eigenes Ich und seine menschlichen Absichten als ewig einzig gültige zu setzen, zu einem globalen Paroxysmus der Erfüllung in seinem eigenen Tod.

Da aber, wo einer sich mit seinem Schicksal schon so ganz abgefunden hat, daß für ihn auch sein eigener Untergang als trivialer Baustein jener planetaren Evolution des Machens die blendende Faszination der Enderlösung eingebüßt hat, da erscheint, schüchtern noch und zaghaft, ein noch viel kühnerer Wunsch:

FREDKIN:
1979

›... now with AI coming along, if it were a slightly better human, then we'd disappear. But it's not going to be a slightly better human. It's going to be a completely, a totally different thing, which leaves us our niche... And you know what? ...

We won't have to worry about carrying the

> burden of the universe on our shoulders as we do today ... The fact is, I think we'll be enormously happier once our niche has limits to it. We can enjoy life as human beings without worrying about it ... we only had to be humans ... I think that will be a great thing.‹ (1979 / 352 f.)

Sollte es tatsächlich wahr sein, daß auch die Macher, trotz ihres planetaren Schutzwalls aus großtechnischer Naturbeherrschung und Overkillkapazität, trotz ihres sadistischen Zerstörungskriegs, trotz ihrer die Erde erschütternden Anstrengung, Macht und Größe zu demonstrieren, nichts anderes sind als bloße Menschen wie du und ich, die nichts sehnlicher wünschen, als das zu sein, was sie eh schon immer hätten sein können – bloße Menschen nämlich?

›But the point has never been more neatly made than by a Polynesian Islander, interrupted one afternoon at his siesta by an investigator from an international agency. The conversation reported by the investigator went along these lines.

›Why are you lazing on the beach like this when you might be fishing?‹

›Oh! I took a big enough catch this morning to last me at least three days.‹

›But if you went out fishing again you could catch more fish.‹

›And why should I do that?‹

›So you could sell the surplus.‹

›And what would be the point of that?‹

›Well, than you could buy more up-to-date equipment and catch still more fish.‹

›And what would be the point of *that*?‹

›So that you could build a fine house for yourself and your family.‹

›Why?‹

›Well, for one thing, you would be able to afford a swimming pool and relax in the sun and swim when you felt like it.‹

›And what do you think I'm doing in this very moment?‹ (Clarke et al. 1975 / 202)

Und sollte es tatsächlich wahr sein, daß die ganze Schau nur deswegen abgezogen wird, weil die Macher auf der anderen Seite vor nichts so sehr Angst haben, wie davor, das zu sein, was sie eh schon sind – bloße Menschen nämlich?

MINSKY: 1984 ›To be sure, not everyone remembers such experiences as frightening ... No matter, such readers are just the ones who have found ways to transform – what did Freud call it? – to sublimate such problems into constructive thinking about thinking.‹ (1984 / 186)

MCCORDUCK: 1979 ›I've said again and again here that the impulse to make artificial intelligence has always been central to our species.‹ (1979 / 345)

NIETZSCHE: 1888 ›... Nicht mehr ›Ursache und Wirkung‹, sondern das beständig Schöpferische; nicht mehr Wille der Erhaltung, sondern der Macht; nicht mehr die demütige Wendung ›es ist alles *subjektiv*‹, sondern ›es ist auch *unser* Werk!‹ (1959 / 162)

HOFSTADTER: 1985 ›Wir sprechen offensichtlich über die Mechanisierung der Kreativität ... das mechanische Substrat der Kreativität ist vielleicht verborgen, aber es existiert.‹ (1985 / 717)

FREDKIN: 1979 ›Until now, biological evolution has taken place in a single mode, a sort of genetic-message relay race ... Humans stand at the end of this biological relay race, but they aren't the end of evolution altogether. Artificial intelligence is the next step ...‹ (1979 / 345 f.)

HOFSTADTER: 1981 ›It's just that human designers will speed up the evolutionary process by aiming explicitly at the goal of creating intelligence, which is something nature just stumbled on.‹ (1981 / 88)

JANTSCH: 1979	›In der Selbsttranszendenz können wir nicht nur über uns selbst als Individuen, sondern auch über die Menschheit hinausgelangen. Die Faszination, die die Evolution der Menschheit ausübt, verblaßt gegenüber der Faszination einer universalen Evolution, deren integraler Aspekt wir selbst sind.‹ (1979 / 414)
NIETZSCHE: 1888	›Kurz gesagt, es handelt sich vielleicht bei der ganzen Entwicklung des Geistes um den Leib: es ist die *fühlbar* werdende *Geschichte*, daß ein *höherer Leib sich bildet* ... Unsere Gier nach Erkenntnis der Natur ist ein Mittel, wodurch der Leib sich vervollkommen will. ... Zuletzt handelt es sich gar nicht um den Menschen: er soll überwunden werden.‹ (1959 / 160)
JANTSCH: 1979	›Dieses Gefühl des Eingebettetseins in eine universale zusammenhängende Dynamik sollte uns nicht nur die Furcht vor dem eigenen biologischen Tod nehmen, sondern auch jene Furcht, die das 'Überleben der Gattung' als höchsten Wert verteidigt. ... In einem visionären Zukunftsroman *Childhood's End* hat Arthur C. Clarke das Aufgehen des Menschengeistes in einem universalen Geist geschildert. Die physische Menschheit und der ganze Planet fielen in Clarks Vision der Zerstörung anheim – doch was tat das schon? Der Geist der Menscheit bedurfte dieser Formen nur in der Phase der Kindheit. Mit der Fähigkeit zur Selbstreflexion sind wir der Geist eines seiner selbst sich bewußt werdenden Universums geworden – ob als einzige Wesen oder in Gesellschaft anderer, ist dabei nicht so wichtig.‹ (1979 / 414 f.)

Hofstadter: 1985 ›Und endlich war ich freudig erregt durch das Wissen, daß diese enorm komplizierte Maschine in ihrem Inneren lange Züge von Symbolen nach gewissen Regeln hin und her rangierte und daß diese langen Züge von Symbolen den Gedanken in meinem Kopf vergleichbar waren.‹ (1985 / 664)

Schott: 1608 ›... die Automaten ... sind ... der Triumph der Kunst über die Natur, ... eine zweite Schöpfung (alter creatio), die in der Nachahmung der göttlichen Schöpfung Gottes Pläne offenbart.‹ (1982 / 193)

Wahrlich, zu fürchten sind die, die einen inneren Krieg so nach außen tragen.

Teil 3
Die Verwirklichung

Das Projekt der Mechanisierung allen Tuns

Menschliche Arbeit freilich war in dem Modell dieser Sinngebung nicht vorgesehen. Vielmehr beruht die Plausibilität des Entwurfs der Umwandlung der Welt in eine durch und durch gemachte auf dem Vermögen, daß auch ›das Machen gemacht‹, oder, in gängigeren Worten ausgedrückt, daß Arbeit durch die Automatisierung der Produktion abgeschafft werden kann.

Zum einen, weil sich rein zweckgerichtet argumentieren läßt, daß ohne die Automatisierung des Machens das Projekt der ›Umwandlung der Welt in eine gemachte‹ gar nicht machbar ist. Solch gigantische Arbeitsleistung läßt sich aus menschlicher Arbeit allein gar nicht herauspressen. Die Ordnung der gemachten Welt ist die Ordnung des maschinell Gemachten, und umgekehrt ist die maschinelle Produktion, die Maschine, der Automat, jenes Glanzstück der Ordnung, an dem das Herz ihrer Anhänger hängt.

Denn erst im Automaten, in dem Materie ohne unser Zutun rein nach der Ordnung der Berechenbarkeit und allein nach unseren Absichten wirksam wird, beweist sich diese Ordnung ganz und ohne Wenn und Aber als eine an sich und zugleich für uns gültige. Produkte haben an diesem Gültigkeitsbeweis nur teil und repräsentieren diese Ordnung, wenn sie so von Maschinen gemacht wurden.

Für menschliches Machen ist in dieser Ordnung – so oder so – kein Platz.

Bloß, diese Ordnung muß halt erst noch gemacht werden. Die Maschinen müssen erst gemacht werden, die dann die Produkte machen sollen. Die Gesetze müssen erst gefunden werden, mittels derer sich die Maschinen bauen lassen, die dann die Produkte machen sollen. Und die Maschinen müssen erst gemacht werden, die die Maschinen machen, die … und die Gesetze müssen erst gefunden werden, mittels derer sich die Maschinen machen lassen, mittels derer sich die Gesetze finden lassen … Und die

Funktionsweise dessen, was ohne unser Zutun wird, muß erst erforscht werden, damit wir die Gesetze finden können, mittels derer wir die Maschinen machen müssen, die dann das nach unserem Gusto machen, was vorher ohne unser Zutun und nach eigenem Willen wurde ... Und auf all jene Funktionszusammenhänge, die als unvorhergesehene Nebenwirkungen und als Folgeerscheinungen des so komplex gewordenen Machens über uns hereinbrechen, müssen wir reagieren und ihre Wirkungen zunichte machen oder durch anderes Machen im Sinne unserer ursprünglichen Absicht ausgleichen ... Und die Gesetze müssen erst gefunden werden, die ... und die Maschinen, die ... und die Maschinen, die die Maschinen, die ...

Woraus logisch folgt, daß nichts mehr Arbeit macht, als jenes Projekt, die Arbeit abzuschaffen, im Kontext dieser Sinngebung. Oder genauer gesagt: Um die menschliche Arbeit abzuschaffen, wird den Menschen eine unmenschliche Anstrengung in einem bis dahin unbekanntem Ausmaß und in einer bis dahin unbekannten Qualität abverlangt.

Wobei die Adjektive ›menschlich‹ und ›unmenschlich‹ hier sowohl im emphatisch-wertenden wie im rein logischen Sinn zutreffen.

Das handwerkliche Tun der alten Art ist menschlich strukturiert, weil die Art der Tätigkeit auf die Struktur und die Fähigkeiten des menschlichen Körpers hin orientiert ist. Werkzeuge sind hier eine Ergänzung des menschlichen Körpers, sie fügen sich in seine natürlich gegebenen Bewegungsabläufe mit ein und werden in ihrer Struktur von dieser Anforderung gestaltet. Der Faustkeil schmiegt sich in die Hand, die Axt erlaubt eine weit ausholende schwingend-rhythmische Bewegung, die runde Form der Tongefäße ahmt die runde Form der Hand und ihre runde Bewegung nach.

Das neue Tun mit Maschinen ist im Projekt der Automatisierung unmenschlich strukturiert, weil die Art der vom Menschen auszuführenden Tätigkeit auf die Struktur und die Fähigkeiten des effizientesten Maschineneinsatzes hin orientiert ist. Die Menschen sind hier eine Ergänzung des effizient maschinell Machbaren, sie besorgen immer das, was die Maschinen noch nicht können, und auf solche Weise, daß die effiziente Arbeitsleistung der Maschine gewährleistet ist.

Diese Gewichtung ergibt sich logisch aus dem Ziel der Automatisierung der Produktion oder der ›Abschaffung der Arbeit‹. Es

machte hier ja gar keinen Sinn, Maschinen so zu entwerfen, daß sie sich als Ergänzung in einen vom menschlichen Körper und Geist dominierten Arbeitsablauf einfügen, weil eben dieses menschlich dominierte Tun ja abgeschafft werden soll. Nachgerade absurd wäre es, wollte man den Produktionsvorgang auf die Anfordernisse einer Entität hin strukturieren, die letztlich aus dem Produktionsvorgang verschwinden soll.
Sinnvoll dagegen ist es, den Produktionsvorgang von Anfang an an der Struktur derer zu orientieren, die die Produktion einmal alleine ausführen sollen – den Maschinen. Deren Beschaffenheit wiederum – denkt man den Menschen, der ja überflüssig werden soll, weg – baut auf zwei immanenten Kriterien auf: der Berechenbarkeit des verwendeten Materials und des angestrebten Vorgangs im Rahmen des gesetzten Zwecks und der Maximierung der Effizienz des Mittel-Einsatzes für den gesetzten Zweck. Dies vorausgesetzt ist es rational, den Aufbau der mechanischen Produktion konsequent im Sinne dieser Kriterien zu vollziehen, auch da, wo wir es noch nicht mit einem vollautomatischen System, sondern noch mit einem Mensch-Maschine-System zu tun haben. Denn rational ist es gleichfalls, mit der Automatisierung nicht zu warten, bis wir sie als geschlossenes System entworfen haben, sondern all das, was maschinell gemacht werden kann, auch sofort maschinell zu machen: Die Ersetzung des Menschen durch die Maschine ist ein viel zu komplizierter Vorgang, als daß sie sich als einmalige Übergabe bewältigen ließe. Sie orientiert sich notgedrungen an dem schrittweisen Aufbau unserer Fähigkeit zur mechanischen Produktion. Was wiederum logisch impliziert, daß während dieser Zeit für den Menschen immer nur der Rest bleibt. Während des Aufbauprozesses der automatischen Produktion wird menschliche Arbeit zum Lückenbüßer unseres technisch-wissenschaftlichen Unvermögens.
Ganze Berufszweige verschwinden, weil die Maschinerie jetzt einen Teil ihrer Arbeit auf ihre Weise ausführen kann, während andere Tätigkeiten ganz neu entstehen, weil die Maschinerie jetzt gewisse menschliche Zuarbeiten verlangt, ohne die sie ihr neues automatisches Tun noch nicht ausführen kann. Und werden ihrerseits wieder überflüssig gemacht, während andererseits durch dieses Überflüssigmachen wieder ganz neue Berufszweige entstehen, die dieses Überflüssigmachen möglich machen. Wo früher ein Weber war oder ein Schmied, da war dann eine Bandarbeite-

rin oder ein Akkordarbeiter, und wo heute der Mensch am Fließband steht, da steht morgen die Werkzeugmaschine, und es werden menschliche Arbeitskräfte gebraucht, die Werkzeugmaschinen programmieren können.
Was aber auch immer neu geschaffen wird und was verschwindet, eines bleibt sich gleich. Menschliche Arbeit verliert ihren ganzheitlichen Sinn und wird bloßes Bruchstück eines Größeren, Rädchen in einem Funktionszusammenhang, dem sie sich bis in die Struktur ihrer jeweiligen Tätigkeit zu fügen hat. Denn all diese Tätigkeiten werden nicht geschaffen, weil Menschen sich das so wünschen, weil sie diese neue Art von Arbeit als eine befriedigendere Form der Selbstverwirklichung erträumt und erfunden haben, und all diese alten Tätigkeiten werden nicht abgeschafft, weil Menschen sie nicht mehr als eine Form der Selbstverwirklichung akzeptierten, sondern all das geschieht, weil der Aufbau der automatischen Produktion diese ›neue‹ spezielle Art menschlicher Tätigkeit für seine Verwirklichung brauchte. Und morgen eine andere brauchen wird. Und all das, was dann nachher, zusätzlich, an diesen Arbeitsplätzen noch gebastelt wird, sei es der ergonomische Bildschirm oder sei es Kraft durch fröhliche Hintergrundmusik oder sei es das wöchentlich dynamisch lokkere Teamgespräch, all diese Retuschen können jene grundsätzliche Negation menschlicher Interessen, die dieser Arbeitsplatzschaffung inhärent ist, nicht rückgängig machen.
Daß diese Retuschen auf der anderen Seite überhaupt notwendig werden, weil ohne sie offenbar die Arbeit für diese Maschinerie so schnell krank macht, daß die Menschen ihre Ersatzfunktion nicht mehr funktional im Sinne des Ganzen ausfüllen können, das wiederum deutet darauf hin, daß zwischen der Maschinerie, wie sie hier aufgebaut wird, und dem Menschen, der noch in ihr arbeiten muß, ein Strukturkonflikt besteht.
Am deutlichsten läßt sich das an zwei Extrempunkten demonstrieren – dort, wo es noch nicht um Werkzeug oder Maschine, sondern um die Wahl zwischen zwei Werkzeugen geht, von denen das eine der Struktur des Menschen angemessen und das andere effizienter im Sinne des Zweck-Mittel-Verhaltens ist, und dort, wo menschliche Tätigkeit schon so geschrumpft und reduziert ist, daß sie im Gefühl des ausführenden Menschen schon der Tätigkeit eines Automaten gleicht, von dem sie morgen ersetzt werden soll.

›Als die Kaiserin Maria Theresia 1752 anordnete, daß die Bäume ›nicht mehr nach der alten verderblichen Gewohnheit mit der Hacken, sondern mit der Sag nahe an der Wurzen‹ gefällt werden sollten, begründete sie die Weisung vor allem damit, daß beim Axthieb der Holzabfall zu groß sei. ... Holzsparen – manchmal auch Holz- und Zeitsparen – ist das Leitmotiv der Verordnungen zur Durchsetzung der Säge. ... Aber noch um 1800 war die Säge in den Alpenwäldern kaum in Gebrauch. ... Die an die schlanke Axt gewöhnten Holzknechte verachteten die plumpe Säge als ein ›Schinderblech‹. Selbst die Holzfäller des amerikanischen Westens, die von europäischen Traditionen unbelastet waren, bevorzugten im 19. Jahrhundert noch lange die Axt. ... Der zunächst so unvernünftig wirkende Widerstand erweist sich, näher besehen, als wohlbegründet. Der Holzspareffekt der Säge trat nur dann ein, wenn man die Bäume möglichst weit unten absägte. Dazu mußte man sich jedoch hinknien; die gesamte Körpermotorik wurde gegenüber dem Axthieb verändert ... die Arbeit verlor jenen gleichmäßigen schwungvollen, dem eigenen Körper angepaßten Rhythmus, den der Axthieb besitzt.‹ (Radkau et al. 1987 / 11 f.)

Aber effizienter war die Säge eben ... Und nach der gleichen Logik, nach der das eigentliche Tun, der Arbeitsvorgang, wie er vom Menschen ausgeführt wird, gegenüber dem Maßstab der Effizienz des Zweck-Mittel-Einsatzes bei der Bewertung nicht mit in Betracht gezogen wurde, nach der gleichen Effizienzlogik, nach der die Art des Tuns irrelevant ist und allein das Ergebnis zählt, wurde denn auch die Mechanisierung der Produktion aufgebaut. Bis hin zu jenen aufs extremste reduzierten Arbeitsabläufen, in denen, wie es so schön heißt, die Fließbandarbeiterinnen nur noch die Automaten ›bedienen‹ müssen. Z. B. so:

›Ein Arbeitsvorgang von ihr dauert 9 Sekunden: einen Fuß in die Hand nehmen, eine Strebe mit der Pinzette greifen, die Strebe an den Fuß schweißen. Den gleichen Vorgang mit der zweiten Strebe und anschließend den fertigen Fuß in den Kasten legen. Um das auszuhalten, hat Frau Heinrich im Laufe der Akkordjahre ihre Bewegungen innerhalb der Möglichkeiten des Akkords ausgedehnt, sie hat ein paar Bewegungen hinzuerfunden und schafft trotzdem noch den Akkord. Mit den Händen nimmt sie nicht nur das Material auf und schweißt es unter der Elektrode zusammen, sondern wenn man ihr zuguckt, sieht das so aus: Frau

Heinrich breitet die Arme aus wie im Flug, dann zieht sie sie wieder ein und nimmt dabei, als käme sie rein zufällig daran vorbei, das zu schweißende Material in beide Hände und wippt, während sie es aufnimmt, mit dem Körper nach und tritt mit dem Fuß drei- bis viermal auf das Fußpedal und schweißt dann erst das erste Teil an. Dann wieder Ausbreiten der Arme, das Frau Heinrich als Schwungholen für ihren Akkord nutzbar macht, sonst bliebe das Schwungholen eine überflüssige Bewegung, und Frau Heinrich könnte sie sich nicht leisten. Mit den Füßen macht sie es genauso. Sie hat bei einem Arbeitsvorgang 2 Schweißstellen. ...Frau Heinrich macht sich auch hier ein paar dazu. Während sie das Material aufnimmt, noch bevor sie es unter die Elektrode legt, tritt sie mit dem Fuß drei- bis viermal auf das Fußpedal, dann erst schweißt sie richtig. Diese Bewegungen hat Frau Heinrich gegen den unmenschlichen Akkord entwickelt.‹ (Herzog 1977 / 23)

Allerdings machte das, was für Frau Heinrich so überlebensnotwendig erscheint und was die Holzknechte so zäh an ihrer Axt festhalten ließ, die Schnörkel, die Variation, der Rhythmus in der Bewegung, beim Aufbau einer automatischen Produktion gar keinen Sinn. Nach welchem Kriterium sollte man einem Automaten ›überflüssige‹ Bewegungen hinzukonstruieren? Wenn eine Maschine nicht so effizient ist, wie sie sein könnte, weil ihr Hebel einen zusätzlichen Schlenker macht, dann bringt das niemand etwas, auch der Frau Heinrich nicht.

Bringen würde es der Frau Heinrich etwas, wenn sie selbst nicht so effizient sein müßte. Aber dann wäre wiederum die Maschine nicht so effizient. Und wenn man anfängt, die Produktion an den Bedürfnissen einer Frau Heinrich auszurichten, wo käme man da hin? Dann könnte man nicht mit voller Kraft das Projekt der Automatisierung allen Machens verfolgen, weil sich dann das maschinelle Machen an jener menschlichen Form der Arbeitsverrichtung orientieren müßte. Dann wäre man eventuell noch bei jener Axt stehengeblieben, von der die Holzfäller nicht lassen wollten! Und was wäre dann aus jener Sinngebung geworden, die doch die Welt in eine gemachte verwandeln muß? So kann über den Bedürfnissen einer Frau Heinrich die ganze Ordnung eines Weltbildes ins Stolpern geraten. Weswegen diese Bedürfnisse in diesem Weltbild denn auch übergangen werden.

Wohl aber kann dieses Weltbild Frau Heinrich trösten. Denn ihre Arbeit soll, wie man das anständigerweise von einer solchen Arbeit auch nur erwarten kann, demnächst abgeschafft werden. Frau Heinrich soll von einem Werkzeugautomaten ersetzt werden. Warum das bei einer 9-Sekunden-Arbeit allerdings noch nicht früher geschah, ist aufschlußreich. Es stellt sich nämlich heraus, daß, um Frau Heinrich dergestalt zu ›mechanisieren‹, nicht nur die Maschine, an der Frau Heinrich arbeitete, sondern auch die ganze Bandeinrichtung und das Design des Produkts geändert werden mußten:

Da, wo Frau Heinrich leicht hingreifen kann, kommt der Werkzeugautomat nur mit Mühe hin. Und wo es Frau Heinrich nichts ausmacht, ob das Werkstück 2 mm weiter links liegt oder auch mal umgekehrt ankommt, da schweißt der Automat gnadenlos daneben. Auch wird er mit Variationen im Material, mit Fehlern nicht fertig. Da, wo Frau Heinrich eben dann doppelt schweißt oder ein zusätzliches Bändchen anbringt oder sich sonst was einfallen läßt, da liefert der Automat Ausschuß. Kurz, der Werkzeugautomat braucht eine Produktionsumgebung, die noch genauer vorhersagbar ist, als die von Frau Heinrich es ohnehin schon ist. Eben nicht nur einfach, sondern berechenbar. Als eine solche berechenbare Umgebung allerdings kann sie dann auch wieder wesentlich komplexer sein als die Produktionsumgebung von Frau Heinrich. Und in ihr allerdings funktioniert der Werkzeugautomat dann ungleich effizienter als Frau Heinrich.

Während Frau Heinrich wiederum, sollte sie in dieser berechenbaren Umgebung statt des Werkzeugautomaten funktionieren, unter dieser Anstrengung der Anpassung endgültig zusammenbrechen würde. Denn hier fehlen jene Lücken, jene Unregelmäßigkeiten im Material, die ihr die Anpassung an diese Welt der Berechenbarkeit bisher ertragbar machten. Und wo ein Automat sich ›anstrengen‹ muß, wo es eines zusätzlichen Programms bedarf, damit er die Schweißnaht nicht genau immer in die Mitte setzt, da muß Frau Heinrich sich unmenschlich anstrengen und schafft es doch nicht, so genau zu sein. Und wo die Variation im Material die Arbeit für sie leichter macht, weil sie jetzt etwas denken und ihre Bewegungen etwas variieren darf, da muß aus einer simplen Maschine zuvor mit Milliardenaufwand ein ›intelligenter‹ Werkzeugautomat mit Mustererkennungs- und Expertenprogramm für Schweißnähte gemacht werden, bevor er diese Arbeit so immer noch nicht übernehmen kann, weil die unsortierte Anlieferung der Werkstücke in Kästen ihn überfordert. Während

Frau Heinrich wiederum, säße sie in jenem System, das ihr millisekundengenau das Werkstück in die Hände legt, nicht nur selbst zusammenbrechen, sondern auch das System zum Zusammenbruch bringen würde, weil sie diese Regelmäßigkeit, in der der Automat brilliert, nicht aushält und nicht ausführen kann. Von der erforderlichen Geschwindigkeit der Arbeitsvorgänge ganz zu schweigen.

Es scheint, daß der menschlichen Art zu tun jene gleiche, schlampige, irritierende, nie aufhörende Unregelmäßigkeit innewohnt, die auch in natürlich gewordenen Dingen macht, daß das Zeug, so wie wir es vorfinden, nicht berechenbar ist. Was auch weiter nicht verwunderlich ist, denn schließlich ist auch Frau Heinrich etwas natürlich Gewordenes und nicht etwas maschinell Gemachtes.

Was aber nützt uns die Allgemeingültigkeit der Gesetze der Berechenbarkeit allen Seins, wenn dann doch kein einer Kristall dem anderen, kein Blatt an einem Baum dem anderen, keine eine Handbewegung der anderen gleicht, weil irgendein dummer Umstand bewirkt, daß da so viele andere Nebenwirkungen und Randbedingungen mithineinfummeln, daß in concreto doch wieder alles verschieden ist? So wie wir diese Gesetze nur finden, wenn wir durch Zurichtung des Materials diese individuelle Verschiedenheit vernichten, so können wir diese Gesetze in der Mechanisierung nur für uns wirksam werden lassen, wenn wir Material und Einwirkungen verwenden, die in ihrem Sinne uniformiert worden sind. Besonders schön verdeutlichen lassen sich diese erforderliche Zurichtung des Materials und die sich parallel dazu ergebende Möglichkeit der Mechanisierung dort, wo es sich um einen Stoff handelt, der früher gerade aufgrund seiner natürlich gewachsenen Formeigenschaften verwendet wurde: dem Holz.

›Bisher ließ sich der Werkstoff Holz nur bedingt der industriellen Formgestaltung unterordenen und unterwarf sich nur mit Einschränkung dem ›Gesetz der Serie‹: der Möglichkeit, einen Fertigungsprozeß beliebig oft und mit gleichbleibenden Ergebnissen zu wiederholen. Deshalb gilt auch für die Möbelindustrie: je gestaltloser und uniformer das Material, desto rationellere Verarbeitungsmöglichkeiten können angewendet werden. ... Wird Holz zum Industrierohstoff, so verliert es seine Makrostruktur und damit einen Großteil seiner natürlichen Eigenschaften. Nur bestimmte Eigenschaften seiner Mikrostruktur werden noch ge-

nutzt ... Wurde die Holzverarbeitung bis dahin von Erfahrungswissen und von handwerklichen Produktionsweisen dominiert, so beruhen die neuen Holzwerkstoffe ebenso wie der Holzleimbau auf Ergebnissen wissenschaftlicher Forschung und Entwicklungen der chemischen Industrie. ... Dabei ist das Entwicklungspotential noch nicht erschöpft. Die heutige Forschung verfolgt das Ziel, ›den gesamten Baum – Stamm, Geäst, Rinde und Wurzeln – zu einer einzigen Fasermasse zu reduzieren und aus diesem Rohmaterial Platten und Formteile zu fertigen, die nicht nur völlig kontrollierbare Eigenschaften haben, sondern auch während der Verarbeitung mit jedem gewünschten Adjektiv versehen werden können.‹ ... Von einer japanischen Firma wurde sogar bereits ein ›künstliches Buchenholz‹ auf rein chemischem Wege entwikkelt, das von den ›Schwächen des Naturholzes‹ frei sein soll ... Die Holzwerkstoffe werden in dem am höchsten automatisierten Industriezweig innerhalb der Holzbranche produziert. ... Dabei wurde die gesamte Produktionsweise tiefgreifend verändert. Genügte für den zimmermannsgemäßen Abbund – Verbindungen nur aus Holz – der Schnürboden – geweißter Boden, auf dem die Teile einer Zimmermannskonstruktion maßgenau aufgezeichnet werden –, so benötigt man für die Leimbauweise hydraulische Pressen in klimatisierten Fertigungsräumen. Reichte für Bretter ein Sägegatter und die Lufttrocknung im Stapel aus, so sind für Spanplatten große Industrieanlagen mit Hackern, Zerspannern, Trocknern, Sichtern, Beleimungs- und Streustationen, Heißpressen, Schleifstraßen und Aufteilaggregaten in einem weitgehend selbsttätig gesteuerten Prozeßablauf erforderlich. ... Bei der heutigen Faserplattenherstellung werden zerkleinerte Holzstücke unter Dampfzusatz zwischen gerieften Stahlscheiben zerfasert, und nach Zugabe von Bindemitteln ... in die breiige Masse erfolgt die großflächige Formung auf einer Langsiebmaschine. Die vorgeformten, auf Rohlänge zugeschnittenen Faservliese werden dann mit Kreismessern besäumt. Die so zugerichteten Vliese gelangen in die geheizte Etagenpresse und werden unter einem Druck von rd. 5000 t gepreßt. Um die inneren Spannungen auszugleichen und Verwerfungen zu verhindern, kommen die Platten für 24 Std. in einen Klimaraum ...
Im Vergleich dazu vollzog sich der technologische Wandel in der Holzbe- und verarbeitung bis in die letzten Jahre nur zögernd; die natürlichen Eigenschaften des Holzes hemmen eine umfas-

sende Automatisierung des Bearbeitungsprozesses. Der inhomogene und ›individuelle‹ Aufbau der Holzkörpers setzt der Maschine Grenzen; die Kontrolle und Steuerung wichtiger Operationen bleibt nach wie vor dem Auge und der Hand des Menschen vorbehalten. Selbst im Sägewerk mit seinen computerisierten Meß- und Steuervorrichtungen und mechanischen Förderanlagen kann auf den qualifizierten Sägewerker nicht verzichtet werden. In jeder Phase des Sägevorgangs ist noch immer die Erfahrung und das Urteilsvermögen des Sägewerkers entscheidend für die optimale Ausnutzung der Stämme. Wird z. B. ein Stamm an die Blockbandsäge herangeführt, so durchläuft der Holzblock in jeder Stufe der Bearbeitung ein Datenmeßsystem, das jeweils die vom Computer errechneten zweckmäßigsten Schnittmöglichkeiten anzeigt. Der Sägewerker sitzt an seinem Steuerpult und muß seinen Einschnittplan immer wieder revidieren, um ihn der zunehmend sichtbar werdenden, mit jedem Schnitt wechselnden Innenstruktur anzupassen. ... Je mehr sich allerdings der Mechanisierungsgrad erhöht, desto mehr wird der ›Faktor Mensch‹ als eliminierende Schwachstelle empfunden. ... Um bei sinkendem Baumdurchmesser die Produktion gleichzuhalten oder zu steigern, soll die Geschwindigkeit der Arbeitsvorgänge erhöht werden; dem sind jedoch Grenzen gesetzt, solange die Steuerung durch Menschen geschieht. Daher gilt in der Sägeindustrie die Parole: ›Kein Fortschritt ohne EDV‹.‹
Denn: ›Ein allgemeines Problem seit dem Übergang von der Handarbeit zur Mechanisierung ist die erhöhte Unfallgefahr in den Betrieben. ... Eine Untersuchung stellte schon 1970 fest: ›Es gibt viele Stellen in Hochleistungssägewerken, in denen das Ergebnis dadurch begrenzt wird, daß die Grenze der menschlichen Leistungsfähigkeit erreicht ist.« (Radkau et al. 1987 / Auszug 229-254)

Womit wir wieder bei Frau Heinrich und ihrer Ersetzung durch den Werkzeugautomaten wären. Oder abstrakt ausgedrückt: Das Ziel der automatisierten Produktion ist logisch identisch mit der Verwandlung des gesamten Produktionsprozesses in einen berechenbaren. Das schließt auf die Dauer die Verwendung von natürlich gewachsenem Material ebenso aus wie die Verwendung von natürlich gegebenen Einwirkungsweisen, wie sie in der menschlichen Arbeitsweise präsent sind, da beide natürlich gewordenen ›Materialformen‹, die statische und die dynamische, nur in individueller, also nicht berechenbarer Form existieren. Erst in der lückenlosen Verbindung von ›Kunst‹-Stoff und maschinellen Einwirkungsformen kann die Automatisierung ihr Potential entfalten.

Im Gegensatz aber zum Material kann man die komplexe menschliche Arbeitsfähigkeit nicht einfach durch den Reißwolf drehen, um sie uniform zu machen. Und man kann auch nicht, wie beim Produkt, einfach ihr Design so ändern, daß sie hinterher maschinenkompatibel ist. Statt ihrer menschlichen Verkörperung ist es der Arbeitsprozeß, dessen komplexe, nicht berechenbare Makrostruktur solange in einzelne Teilstücke zerlegt wird, bis diese simplen Mikroprozesse entweder von Maschinen übernommen werden können oder mit der Verarbeitungsweise der Maschinen kompatibel werden.

Und da, wo vorher 1 Mensch mit wenigen Werkzeugen 1 Produkt aus der von der Natur umsonst erzeugten Makrostruktur organischen Materials herstellte, da steht jetzt eine Vielzahl von verschiedensten Maschinen, die in dem Prozeß der Aufbereitung des Materials und in der Herstellung des Produkts jeweils einen Mikroprozeß übernehmen, und deren Gesamteinwirkung sorgfältig aufeinander abgestimmt werden muß. Und für die Koordination und Integration der einzelnen Arbeitsschritte, die in der handwerklichen Produktion sozusagen gratis mitlief, ist jetzt ein eigener Arbeitszweig nötig geworden: ›das Büro‹ oder die Steuerung und Verwaltung der Produktion.

Ganz zu schweigen davon, daß sowohl die Herstellung der Maschinen wie die Uniformierung des Materials wie die neue Verarbeitungsart mit dem künstlich hergestellten Material nur möglich wurden als Resultat extensiver erfolgreicher wissenschaftlicher Forschung. Analog zur Koordination der einzelnen Arbeitsschritte ist aus dem Wissenserwerb, der in der handwerklichen Produktion als Aufbau von Erfahrungswissen und Geschicklichkeit dem praktischen Tun immanent war, ein eigenständiger Arbeitszweig geworden, mit den theoretischen Wissenschaften auf der einen Seite und der ingenieursmäßigen Verwertung des dort erworbenen abstrakten Wissens auf der anderen Seite. Wobei die Koordination des ganzen, der sogenannte Wissenstransfer, mit steigender Komplexität der beiden Seiten wiederum selbst zu einem eigenständigen Arbeitsbereich wird.

Ganz zu schweigen davon, daß das, was ein einzelner Mensch

einfach dadurch fertig bringt, daß er ißt und schläft – nämlich Energie zu produzieren –, bei den Maschinen natürlich komplizierter ist. Hier bedarf es einer eigenständigen Energiewirtschaft mit ständig steigendem Output ...

Und ganz zu schweigen davon, daß wir es jetzt ja auch noch mit den unbeabsichtigten Nebenwirkungen zu tun bekommen, die die Mechanisierung der Produktion mit sich bringt, und deren nicht tolerierbare Folgewirkungen durch jede Menge Arbeit wieder beseitigt werden müssen:

›Von der Papier- und Zellstoffindustrie, einem der energieintensivsten Industriezweige, geht eine erhebliche Umweltbelastung aus, sowohl durch Gewässerverschmutzung als auch durch Luftverunreinigung. ... Die Gewässerverschmutzung, ein traditionelles Problem der Papierherstellung, wurde durch den Übergang zur Zellstoffindustrie stark erhöht ... Durch Filter- und Kläranlagen und durch Aufarbeitung kann diese Art der Umweltbelastung auf einen kleinen Bruchteil vermindert werden. Ein schwieriger zu lösendes Problem ist dagegen die Luftverunreinigung, die durch den im Produktionsprozeß verwendeten Schwefel bewirkt wird.‹ (Radkau et al. 1987 / 232)

Jetzt brauchen wir auch noch eine Umweltindustrie und da, wo man früher direkt aus dem Bach trinken konnte, der die Sägemühle antrieb, da brauchen wir jetzt eine ›Wasseraufbereitungsindustrie‹, während das mit dem Schwefel in der Luft und mit dem Waldsterben in eine Problemdimension hineinwächst, die nach einem technischen Management des Systems ›Erde‹ zu verlangen scheint.

Abstrakt zusammengefaßt: Die Komplexität, die vorher als menschliche Geschicklichkeit dem handwerklichen Tun immanent war, hat sich jetzt verlagert auf eine exponentiell anwachsende Komplexität der materiellen Produktionsmittel auf der einen Seite und auf eine exponentiell anwachsende Komplexität einer stark arbeitsteilig organisierten Produktion von Produkten und Wissen auf der anderen Seite, sowie auf eine exponentiell anwachsende komplexe Koordination des Ganzen. Anstatt Arbeit abzuschaffen, haben wir, so scheint es, uns durch die Automatisierung der Arbeit zunächst jede Menge Arbeit gemacht. Arbeit, die natürlich ihrerseits irgendwann, möglichst bald, automatisiert werden soll ...

Innerhalb dieses ganzen wuchernden komplexen Komplexes allerdings ist die einzelne Arbeitsleistung, also das, was 1 Mensch tun muß, ganz entscheidend weniger komplex geworden. Nicht nur wegen der berühmten ›Trennung von Kopf- und Handarbeit‹, sondern weil diese Trennung ja nur funktioniert, wenn die Handarbeit so simpel geworden ist, daß man dazu den Kopf (fast) nicht mehr braucht. Erst in dieser Form aber stellt sie einen Mikroprozeß dar, der in den berechenbaren Prozeß der mechanischen Verarbeitung integrierbar ist. Während auf der anderen Seite die Kopfarbeit dazu tendiert, zur bloßen Befolgung von starren Regeln zu degenerieren, weil anders die Koordination eines so komplexen Gebildes nicht zu leisten ist.

Umgekehrt läßt sich das Ganze auch über das charakterisieren, was ausgeschlossen wird. Dort ergänzt sich nämlich die unendliche, nicht berechenbare Vielfalt des ohne unser Zutun gewordenen Materials mit der unendlichen, nicht berechenbaren Vielfalt des menschlichen Tuns, in dem – auch unter größter Anstrengung – kein Handgriff dem anderen gleicht, zu einer Produktionsweise, die hier unter dem Allgemeinbegriff ›handwerkliche‹ zusammengefaßt wird. In ihr ist die natürlich gegebene Irregularität menschlichen Tuns kein Handikap, sondern im Gegenteil, die Fähigkeit zu irregulärem Tun, als leichte Lust an der Vielfalt, der Anfang zu einem Tun, in dem sich die je individuelle Verschiedenheit des Materials und die je individuelle Verschiedenheit des menschlichen Tuns zu einem Vorgang treffen, an dessen Ende nicht nur ein einmaliges Produkt steht, sondern auch eine einmalige menschliche Art, mit diesem Material umzugehen.

Charakteristisch für jenen sich anschließenden Prozeß, in der jene besondere Erfahrung im Umgang mit diesem besonderen Stück und jene besondere Geschicklichkeit, die dabei erworben wurde, Schicht um Schicht überlagert werden, durch andere Erfahrungen mit anderen Materialstücken, alle verschieden und doch wieder ähnlich, und in dem sich diese verschiedenen Schichten miteinander verbinden und verschmelzen zu einem Wissen und zu einer Geschicklichkeit, die zusammen den Meister machen, charakteristisch für jenen Prozeß des Aufbaus handwerklichen Könnens ist, daß er seine Zeit braucht. Und diese Zeit immer wieder neu bei jedem neuen Menschen braucht. Er unterliegt damit tendenziell einem völlig anderen Ideal als der Aufbau der mechanischen Produktion. Nicht, daß in möglichst wenig Zeit und mit möglichst wenig Arbeit möglichst viel standardisiert produziert wird, ist hier das Ziel, sondern daß die je individuelle Fähigkeit zu produzieren sich ebenso als Kunst entfaltet wie die Fähigkeit, Kunstvolles zu produzieren. Egal, wieviel Zeit es braucht, egal, wie wenig hinterher de facto produziert wurde, und vor allem egal, wieviel Arbeit es machte. Denn die befriedigende Entwicklung des Arbeitsvorgangs selbst ist hier ebensosehr kulturelles Ziel und Ziel der Selbstverwirklichung wie das Produkt des Arbeitsvorgangs. Schon allein deshalb, weil ein Großteil des Arbeitsvorgangs die Differenzierung der körperlichen Geschicklichkeit und den Erwerb von Erfahrungswissen ebensosehr voraussetzt, wie er beides fördert. Der produktive Kern der handwerklichen Produktion ist nicht die Entwicklung des Instruments, nicht die Entwicklung der ›Effizienz‹, sondern die Entwicklung des individuellen menschlichen Könnens und Wissens aus langjähriger, von Generation zu Generation tradierter Erfahrung.

›... until the eighteenth century, all societies were primarily oriented toward improvement in the use of tools and were little concerned with the tools themselves. ... The deficiency of the tool was to be compensated for by the skill of the worker. Professional know-how, the expert eye were what counted ... everything varied from man to man according to his gifts ... The search for the ›finished‹, for perfection in use, for ingenuity of application, took the place of a search for new tools which would have permitted men to simplify their work, but also would have involved giving up the pursuit of real skill.‹ (Ellul 1964 / 69 f.)

Auf dieses Ziel eröffnet sich die positive Entfaltung jener Rudimente, wie sie im Beharren der Holzknechte auf der Verwendung der Axt, im Kampf der Frau Heinrich um das Einschmuggeln zusätzlicher Bewegungen geschildert wurden. Denn was dort nur negativ, als das Verlangen nach einem dem Körper angemessenen Arbeitsrhythmus, zum Ausdruck kommt, das wird hier in der Differenzierung der körpereigenen Geschicklichkeit und des Erfahrungswissens zur produktiven Blüte gebracht.

In der mechanisierten Produktion hingegen ist Können aus Erfahrung dort, wo sie noch nicht ganz darauf verzichten kann, weil sie es noch mit so unberechenbarem Material wie einem ganzen Baumstamm, oder noch mit einem so immer noch unberechenbaren Vorgang wie dem 9-Sekunden-Arbeitstakt der Frau Heinrich zu tun hat, nicht Kern der Produktivität, sondern im Gegenteil Hemmschuh des effektiven Maschineneinsatzes. Konsequenter-

weise ist es denn auch Ziel der Automatisierung, jene Arbeitsvorgänge, in denen noch handwerkliches Können und Wissen aus Erfahrung vonnöten sind, zu eliminieren.
Oder produktiv ausgedrückt: Ziel der Automatisierung ist es, alle bisher auf Erfahrung beruhenden Arbeitsgänge berechenbar zu machen.
Die traditionelle Art, dies zu tun, bestand darin, daß man den komplexen Vorgang, der nicht berechnet werden kann, in eine Abfolge einfacher, in die maschinelle Produktion integrierbarer Funktionen verwandelt. Aber eben die Anwesenheit von Frau Heinrich zeugt davon, daß das nicht ausreicht. Deswegen ›... die Parole: ›Kein Fortschritt ohne EDV‹.‹ (Rakau et al. 1987 / 242)
Oder genauer gesagt: Die moderne Art Arbeitsvorgänge, die bisher auf Erfahrungskenntnissen beruhten, berechenbar zu machen, besteht darin, daß man die Menge dessen, was berechenbar ist, ausweitet. Und ›mehr‹ berechnen kann man natürlich mittels des gleichen Mittels, das es einem in der Produktion erlaubt, ›mehr‹ Produkte herzustellen: durch die Mechanisierung des Machens dort und durch die Mechanisierung des ›Rechnens‹ hier. Wobei berechenbar alles ist, was als formales System beschrieben werden kann. Und ein formales System wiederum läßt sich beschreiben durch die Menge der verwendeten Symbole (z. B. Zahlen) und die Menge der verwendeten Transformationsregeln (z. B. Rechenregeln). Gelingt einem die Mechanisierung des ›Rechnens‹, so hat man eine symbolverarbeitende Maschine erfunden: den Computer.
Was aber sind in diesem Zusammenhang Symbole? Daß ein Computer mit einem Symbol der animistischen Weltsicht nichts anfangen kann, ist evident. Ebenso evident dürfte sein, daß ein Computer zwar problemlos die Symbolfolge FHJUIT in die Symbolfolge FTK:_ verwandeln kann, daß aber das wiederum uns nichts bringt.
Soll die Symbolverarbeitungskapazität des Computers die Menge des Berechenbaren mit Nutzen vergrößern, so müssen die Symbole für Eigenschaften der realen Welt stehen, und die Regeln mit Erfolg etwas darüber aussagen, wie diese Eigenschaften aufeinander wirken: Computer werden erst da effektiv, wo die Welt schon eine prinzipiell berechenbare ist. Weil Computer sich aber ungleich mehr Symbole merken können als ein Mensch, und ungleich leichter, und diese Masse ungleich schneller verarbeiten

können, erweitern sie die Menge des tatsächlich Berechenbaren ganz beträchtlich.
Um das in seiner ganzen Tragweite zu verstehen, muß man sich daran erinnern, daß die Erforschung der Berechenbarkeit der Welt und der Aufbau der Mechanisierung erfolgreich werden durch eine Folge zweier gegenläufiger Schritte. Der erste ist eine äußerst drastische Komplexitätsreduktion der existierenden Wirkungszusammenhänge. Im zweiten Schritt jedoch müssen diese so gefundenen Einheiten durch explizite Angabe ihrer Interaktion wieder zusammengesetzt werden. Wenn ich aber 2 Variablen habe, die aufeinander einwirken, und woanders noch mal 2, und ich diese beiden Systeme zusammenbringe, dann ergibt das nach den Gesetzen der Kombinatorik nicht 4, sondern im allerschlimmsten Fall 4 x 3 x 2 = 24 Einwirkungsmöglichkeiten aufeinander. Mit anderen Worten: Tendenziell wächst die Menge des zu Berechnenden mit der Menge der Variablen (bzw. mit der Menge der berücksichtigten ›Interaktionen‹) exponentiell. Je besser die Reduzierung von Arbeitsvorgängen auf mechanisierbare Einheiten gelingt, desto komplexer ist die nachher entstandene Technik, die sich aus der expliziten Kombination dieser Einheiten ergibt. Und je komplizierter ein technisches System, desto größer wird die Menge dessen, was es bei seiner Verwirklichung zu berechnen gibt, während umgekehrt die Bedienung manch komplizierter technischer Geräte ohne die Rechenleistung des Computers unmöglich wäre. Und heute gibt es schon ganze Forschungszweige, die ohne Computer nicht existent wären, weil sie so große Datenmengen zu verarbeiten haben, daß menschliche Rechenkraft allein hier nicht zu Rande käme. Während es trotz rasanter Fortschritte in der Computerhardware immer noch so ist, daß die beste Strategie in einem Schachspiel zwar prinzipiell, aber real nicht zu berechnen ist – selbst der modernste Hochleistungscomputer käme nicht zum Zuge, weil er auf unabsehbare Zeit damit beschäftigt wäre, den ersten ›besten‹ Gegenzug auszurechnen.
Umgekehrt eröffnet diese effizientere Symbolverarbeitungskapazität neue Möglichkeiten der Berechenbarkeit dort, wo bisher noch nicht an die Berechnung von Vorgängen gedacht wurde, weil diese zu kompliziert erschienen. Und ganz besonders verlockend erscheinen diese Möglichkeiten dann, wenn es sich um Tätigkeiten handelt, die ohnehin mit der Verarbeitung von Sym-

bolen beschäftigt sind; also nicht wie in der Produktion mit der Verarbeitung von Materie, sondern mit der Verarbeitung von Schriftlichem und von Zahlen, wie in der Verwaltung und Koordination der Produktion. Womit wir bei der zweiten Automatisierungswelle wären, die diesmal nicht die ›Handarbeit‹, sondern die ›Kopfarbeit‹ betrifft. Genauer gesagt: Jene Kopfarbeit, wie sie durch die weitgehende Automatisierung der Handarbeit notwendig wurde.

In dieser Mechanisierung der Symbolverarbeitung allerdings stößt der ›Fortschritt durch EDV‹ auf ein Hindernis. Arbeitsintensiv und kostspielig, aber erfolgreich ging die Sache da, wo es sich um die Mechanisierung des Rechnens im landläufigen Sinne handelte, oder wo Symbolverarbeitungsprozesse vom Computer übernommen werden sollten, die – mittels Formular und Karteikarte etwa – in ihrem Ablauf und in der Bedeutung der verwendeten Symbole schon als eine Reihe formaler Regeln und Definitionen standardisiert worden waren.

Erfolglos hingegen war die Mechanisierung ausgerechnet bei jenen Symbolen, die von den Menschen gewöhnlicherweise am meisten gebraucht werden: den Worten. Es stellte sich nämlich heraus, daß Worte nicht nur nicht wie die Symbole einer Theorie sich auf eine genau definierbare Eigenschaft der Materie beziehen, sondern daß menschliche Worte darüber hinaus jeden Versuch scheitern lassen, eine solche umfassende Eigenschaftsliste ihrer Wortbedeutung aufzustellen. Selbst dann nicht, wenn man Mehrfachbedeutungen und Ausnahmen in der Liste in Kauf nimmt. In der Geschichte der Linguistik haben sich ganze Bücherwände voller Worte angesammelt, in denen eben dies versucht wird. ›Junggeselle‹ z. B. ist ein Wort, an dessen umfassender Definition sich ganze Linguistengenerationen versucht haben. Und wo doch immer wieder ein Professor eine neue Wortbedeutung fand, die die ganzen vorherigen Versuche über den Haufen warf. ›Baum‹ z. B. ist auch so ein Wort. An der Liste der Klassifikationsmerkmale, die eindeutig einen Baum von einem Strauch unterscheiden, scheiden sich die Geister der Botaniker. Diese letzteren übrigens haben zusammen mit den Zoologen eine eigene Wissenschaft erfunden, mittels derer sie das, was die Natur so unordentlich durcheinander wachsen läßt, in eine wohldefinierte Ordnung bringen wollen: die Wissenschaft von der Klassifikation der Arten und Unterarten. Und es läßt sich schon aus der Tatsache, daß dafür eine eigene Wissenschaft notwendig ist und daß diese Wissenschaft ihr Ziel – die vollständige Klassifikation alles Lebendigen – immer noch nicht erreicht hat, schließen, daß offensichtlich nicht nur die menschliche Sprache, sondern auch die Welt, so wie wir sie vorfinden, die Eigenschaft hat, nicht eindeutig wohldefinierbar zu sein.

Dem trägt das menschliche Wort offensichtlich Rechnung. Oder vielmehr, es trägt diesem Umstand eben genau nicht ›Rechnung‹, weil dieser Form der Allgemeinheit trotz aller Verschiedenheit, der Verschiedenheit trotz aller Allgemeinheit eben nicht mit den Mitteln des ›Rechnens‹ beizukommen ist. Das Paradox, daß jeder weiß, was ein Baum ist, und doch keiner genau sagen kann, was ein Baum ist, lösen wir Menschen anders. Aber genau das macht der Mechanisierung der Symbolverarbeitung dort, wo sie menschliche Worte verarbeiten soll, solche Schwierigkeiten.

Denn wie soll man die Regeln finden, nach denen Symbole sinnvoll zu kombinieren sind, wenn diese Symbole plötzlich etwas ganz anderes bedeuten können als vorher? Und diese vorherige Bedeutung sowieso auch schon nicht klar war? Dann befindet man sich in der Lage eines Mannes, der einem genau sagen kann, mit welchem Wumm eine Masse x unten aufkommt, wenn man sie von der Höhe y fallen läßt, bloß plötzlich ist es so, daß die Masse die zusätzliche Eigenschaft ›Taube-sein‹ hat und davonfliegt. Oder in der Lage eines Mannes, der die Rechenregeln für ganze Zahlen aufstellen will, bloß kann er nicht sagen, was ganze Zahlen sind, weil sie ihm unter der Hand immer zu etwas anderem werden.

Dann wird jedes einzelne Wort zu einer ganzen Welt, weil ›das einzelne Wort richtig verwenden können‹ heißt, über dieses Ding Bescheid wissen, insofern es Teil einer vom Menschen erlebten und gestalteten, erforschten und geschichtlichen Welt ist. In der Bedeutung eines menschlichen Wortes ist die Beziehung dieses gemeinten Dings zum Menschen und die Beziehung dieses gemeinten Dings zu allen anderen Dingen in der Welt, soweit wir Menschen davon wissen, immer implizit mit gesetzt. Die Bedeutung eines Wortes ist relativ, nicht nur, weil das Wort hinweist auf einen Gegenstand, sondern weil die Bedeutung sich ergibt aus der Menge jener je schon menschlich interpretierten Bedeutungen, die dieser Gegenstand innerhalb der Welt hat.

Wenn wir ›Baum‹ sagen, dann meinen wir nicht nur, sondern

auch diese besondere Wuchsgestalt im Gegensatz zu anderen Pflanzen, jenen einzelnen Baum, der uns durch die Jahreszeiten begleitet, weil er vor unserem Fenster steht, jene Masse Rohstoff, gemessen in so-und-so viel Klafter, jene Reihe biologischer Merkmale, jene Apfelbaumwiese unserer Kindheit, jenen Lebensraum für Vögel und Insekten, jenen einen, von dem wir runtergefallen sind, ›Die Bäume Westeuropas und ihre Früchte‹ aus dem Biologieunterricht, daß Bäume einmal heilig waren, und ob wohl jene alte Eiche so ein heiliger Baum war und was wohl jene meinten, wenn sie ›Baum‹ sagten, denen die Bäume damals heilig waren, und was wohl der Präsident des Weltwährungsfonds meint, wenn er ›Baum‹ sagt? Oder der Nachbar von nebenan, der immer mit dem Walkman durch die Gegend joggt?

Wenn wir ›Baum‹ sagen, dann bezieht sich dieses Wort auf die Gesamtheit unserer Erfahrungen mit Bäumen. Auf die Gesamtheit der historisch von Menschen gemachten Erfahrungen mit Bäumen und auf die Gesamtheit jener Erfahrungen, die jeder einzelne Mensch mit Bäumen gemacht hat. Wenn ich ›Baum‹ sage, dann bezieht sich dieses Wort auf die Gesamtheit meiner Erfahrungen mit Bäumen und auf jene Gesamtheit von Menschen gemachten Erfahrungen mit Bäumen, soweit ich von ihr weiß. Und auf die Gesamtheit jener potentiellen Erfahrungen mit Bäumen, die ich noch machen werde. Und auf die Gesamtheit jener potentiellen Erfahrungen, die die Menschen noch mit Bäumen machen werden.

Und in diesen Erfahrungen ist enthalten die Erfahrung meiner selbst, wie es sich anfühlt, dieses oder jenes zu tun, wie es für mich ist, wenn dieses oder jenes geschieht. Wie rissige Borke sich unter den Händen anfühlt, wenn man hinaufklettert, wie die glatte Rinde einer Buche, wie unreife Äpfel schmecken und Harz riecht und was großer Schatten unter einem Baum ist und staubige Hitze in einem Klassenzimmer, wenn man von Bäumen redet. Daß man Bäume anfassen kann und Präsidenten nur aus Bildern kennt und …

Und in jenen Erfahrungen ist enthalten die Gesamtheit all meiner Erfahrungen mit den Dingen, auf die all die anderen hier gebrauchten Worte hinweisen, und die Gesamtheit der Erfahrungen, die andere Menschen mit diesen Dingen gemacht haben und machen werden, und … kurz: Die Worte der menschlichen Sprache beziehen sich auf die Welt, so wie sie vom Menschen erfahren wird. Und jedes einzelne Wort bezieht sich tendenziell auf die ganze Welt, so wie sie vom Menschen erfahren wird, weil diese Erfahrung ein Kontinuum ist: das des menschlichen Lebens. Gegenüber jenem individuellen, offenen, lebendigen, sich ständig wandelnden Kontinuum menschlicher Erfahrung erscheinen Worte oder Symbole oder andere Formen der verallgemeinernden Darstellung von Einzelheiten immer notwendig abstrakt, statisch und hoffnungslos einseitig da, wo die Sache immer unendlich vielseitig ist. Aber eben gerade dadurch, daß sie einzelne Gestalten, Züge, Eigenschaften der Erfahrung betonen und gegenüber den anderen hervorheben, helfen sie uns, dieses fortlaufende Kontinuum zu differenzieren zu einer komplizierten Verwobenheit von Einzelheiten.

Es ist aber diese Fähigkeit, innerhalb des Kontinuums der eigenen Erfahrung zu differenzieren nach Strukturen, Einzelheiten und deren Zusammenspiel, die Voraussetzung dafür, daß Erfahrungsfähigkeit für uns aus einem bloßen Ergriffensein, aus einem bloßen ›Anfall‹ von Gefühl sich wandelt zu einem Medium der Erkenntnis der Welt und unserer selbst. Wenn ein Wort für uns erst wahr wird, wenn wir das von ihm Gemeinte selbst erfahren haben, so bildet auf der anderen Seite dieses Wort ein Medium, das diese Erfahrung verdeutlichend hervorhebt und differenzierter werden läßt. Und wenn Worte uns auf bestimmte Aspekte des Erfahrbaren hinweisen, so ist es auf der anderen Seite die durch diese Hilfestellung erworbene Differenzierungsfähigkeit in der Erfahrung, an dem die wahre Verwendung der Worte, ihre Interpretation sich messen lassen muß.

Indem so jeder Einzelne die Worte der menschlichen Sprache nur lernt, wenn er sie auf seine eigene Erfahrung der Welt bezieht, ist es so auch immer wieder jeder Einzelne, der die Interpretation der Welt durch diese Worte anhand seiner Erfahrung überprüft und ihnen anhand seiner Erfahrung ihre wahre (und manchmal neue) Bedeutung gibt. Kognitive Autonomie entfaltet sich in dieser prinzipiellen Strukturdifferenz zwischen Symbol und Erfahrung, die macht, daß jede Erfahrung einer Sache immer größer ist und weiter als das, was das Wort bezeichnen mag, und daß ein Wort immer mehr meinen kann als das, was einer an Bedeutung jetzt mit diesem Wort verbindet. Und indem wir beides in dieser strukturellen Unterschiedlichkeit mit anderen zusammen und für uns selbst immer wieder aufeinander beziehen, wird beides reicher und differenzierter: unser stummes Wissen aus Erfahrung und unser beredtes Wissen, mit dem wir jenem impliziten Wissen Ausdruck geben, sei es durch Worte, Bilder, Gesten oder Töne oder sei es durch die Schaffung eines Symbols im animistischen Sinne, in dessen Ausdruck sich eine ganze Weltsicht kristallisieren soll. In der prinzipiellen Offenheit menschlicher Symbolbedeutung findet die prinzipielle Offenheit menschlicher Erfahrung einer Welt, die selbst nicht eindeutig definierbar und für individuelle Interpretationen offen ist, ihr adäquates Darstellungs- und Reflexionsmedium.

Aber eben diese Uneindeutigkeit und Einmaligkeit jedes menschlichen Symbols, jeder menschlichen Wahrnehmungsfähigkeit, jeder menschlichen Art, handgreiflich oder begreifend zu tun, und jeder natürlich vorkommenden Existenzform ›der Dinge‹ sind dem Vorhaben der Berechenbarkeit der Welt ein ständiges Hindernis. Und wenn bisher dieses Hindernis erfolgreich dadurch überwunden wurde, daß das Material und die Einwirkungsweise auf dieses Material durch das Zusammenspiel von Kunststoff und Mechanisierung uniformiert wurden, so spricht alles dafür, die gleiche Methode jetzt auch auf die Wahrnehmungsfähigkeit der Welt und die Symboldefinition auszudehnen. Womit wir bei der Ersetzung der menschlichen Wahrnehmung durch die verschiedensten Formen von Meßverfahren und Meßinstrumenten wären und bei der Definition von Symbolen, deren Bedeutung sich nicht auf die menschliche Erfahrung dieser Welt, sondern auf die Spannbreite der von einem spezifischen Meßinstrument erzielbaren Werte oder auf die exakt definierbare Bedeutung innerhalb eines expliziten Regelsystems bezieht.

Aber eben das ist in der Wissenschaft ja schon Standardpraxis. Der Erfolg z. B. der physikalischen Theorien fängt mit dieser gelungenen Mechanisierung der Wahrnehmung an. Was ein Meßinstrument – z. B. eine Waage – wahrnimmt, das ist in der Zeit und von Meßinstrument zu Meßinstrument invariabel und genau. Oder genauer gesagt: es ist für Menschen unvorstellbar präzise und unvorstellbar invariant. Demgegenüber scheint die Wahrnehmungsfähigkeit des Menschen ein ungeheuer grobes Ding zu sein.

Sie ist aber so grob und schlecht, nicht nur, weil sie weniger kann als eine Präzisionswaage, sondern auch und vor allem deswegen, weil sie wesentlich mehr kann. In unsere Wahrnehmung von Ge-

wicht geht immer die Gesamtheit aller anderen wahrnehmbaren Umstände mit ein: daß wir uns heute springlebendig fühlen und uns alles ›leicht‹ vorkommt, daß wir heute traurig sind und die Sorgen auf uns lasten, daß wir morgen eine Erkältung bekommen werden, daß es der Sammlertraum unseres Lebens ist, den wir da kiloschwer nach Hause schleppen, oder jene endlosen Kisten, die wir im Lager auf Regale stapeln sollen ... Und wider alle Waagenlogik fühlt sich ein Sack Federn anders an als eine Kugel Blei, ein warmes Brot anders als ein kalter Stein ... menschliche Wahrnehmung ist, auch wenn wir uns aufs Gewicht konzentrieren, immer eine Interpretation, die nach Abwägung aller implizit und explizit wahrgenommenen Umstände vorgenommen wurde.
Demgegenüber wiederum nun stellt sich die Wahrnehmungsfähigkeit einer Präzisionswaage als ein ungeheuer blindes und dummes Ding dar. Und es trifft den Kern der Sache, wenn man sagt: sie ist so präzise, weil sie so blind und borniert ist. Nähme sie nämlich außer dem ›reinen‹ Gewicht noch etwas anderes wahr, so würde sie so ungenau wie die menschliche Wahrnehmung auch ist. Und sie ist um so präziser, je blinder sie ist. Eine Waage, die außer dem Gewicht auch noch den Rost an ihrem Gelenk ›wahrnimmt‹, wird ungenau.
Was also die Wahrnehmung von Meßinstrumenten ganz allgemein so eindeutig und damit interpretationsfrei macht, ist ihr bis auf eine genaue eindimensionale Blindheit geschrumpftes Verhältnis zur Umwelt. Wenn jeder Stein noch auf eine Vielzahl von Eigenschaften der Umwelt reagiert, und das, was er jetzt ist, immer das Resultat einer Kombination von Reaktionen ist, so besteht zwischen der Reaktion eines guten Meßinstruments und dem, auf das es reagiert, ein 1 : 1 Verhältnis, in dem auch noch der letzte Grad von Freiheit, der in einer Kombination von Reaktionen steckt, verschwunden ist. Die Beziehung, die zwischen Meßinstrument und Umwelt besteht, ist der Prototyp eines naturwissenschaftlichen Gesetzes, in dem die Wahrnehmung auf eine eindimensionale Reaktion reduziert wurde, die bloßes Beispiel jener allgemeinen Regel ist, die sich in ihr verkörpert. Oder andersherum formuliert: Erst da wird Wahrnehmung von einer Interpretation zur reinen Beobachtung, wo Beobachtung zu einer eindimensionalen Reaktion wird, die bloßes Beispiel einer allgemeinen Regel ist. Deswegen nimmt auch jede Waage von der ganzen Welt immer nur das gleiche wahr, während jeder Stein uns in

seinem Aussehen seine individuelle Geschichte dessen erzählt, was er wahrgenommen hat. Und deswegen taugt der Umfang der Reaktion von Steinen auch nicht als Grundlage einer eindeutigen Symboldefinition, während der Umfang der Reaktion von Waagen dafür geeignet ist. Waagen nehmen ›Gewicht‹ wahr, und was sie uns liefern, wenn wir sie die Welt wahrnehmen lassen, ist eine Unmasse einzelner Gewichtsdaten – Daten als konkrete Instanzen jenes eindimensionalen Wahrnehmungsranges, der ein Meßinstrument (oder ersatzweise ein wohldefiniertes objektives Meßverfahren) und das darauf definierte Symbol charakterisiert.
Aus jener Datenmasse freilich läßt sich ›die Welt‹ noch nicht wieder rekonstruieren. Gedacht war das Ganze denn auch in der Perspektive, daß jenem einen eindimensionalen Wahrnehmungsmodus nach und nach all die anderen Wahrnehmungsmodi einzeln und wohldefiniert wieder hinzugefügt werden sollten, die im natürlich gegebenen multivariablen Wahrnehmungsmodus offenbar präsent sind, und daß die implizite Interpretation natürlicher Wahrnehmung ersetzt wird durch die explizite Funktionsverbindung der Daten. Aber schon eine kurze Selbstbesinnung auf das, was wir mit allen unseren Sinnen wahrnehmen, wenn wir einen Gegenstand in der Hand halten – nämlich nicht nur den Gegenstand, sondern auch uns selbst, wie wir den Gegenstand halten – macht deutlich, daß diese Auflösung der Welt in Daten und ihre anschließende Rekonstruktion ein Unternehmen ist, das Generationen von Menschen beschäftigen kann.
Aber eben nicht nur menschliche Generationen. Denn bevor die Welt rekonstruiert wird, muß sie erst einmal aufgelöst werden in Einzeldaten. Muß das, was wir sozusagen einfach so als ganzes, fix und fertig, wahrnehmen, jener Baum, jener Stein etwa, verwandelt werden in eine Vielzahl von eindimensionalen Wahrnehmungsmodi, die uns nicht direkt, sondern nur über ihre symbolische Darstellung – die Daten – zugänglich sind. Und das ergibt nicht nur einfach Daten, das ergibt jede Menge, das ergibt eine unmenschliche Unmenge von Daten und jede Menge, eine unmenschliche Menge von expliziten Verbindungsfunktionen. Die nur noch verarbeitet werden können, wenn wir ihre Verarbeitung mechanisieren.
Denn, um die Sache anschaulich zu machen, welcher Mensch kann aus einer Beobachtung Schlüsse ziehen, die sich ungefähr so darstellt: (t-10 (1/2, 7, 18, 0,23, 28, ...)) (t-9 (1/4, 6, 0, ...)) ...

und das vielleicht dichtgedrängt 2 Seiten lang? Wobei diese Darstellung noch stark vermenschlicht ist. Soll ein Computer damit arbeiten, muß er sie erst in einen 0 / 1-Code übersetzen, auf dessen Darstellung hier aus Platzgründen verzichtet wird. Aber auch wenn man die Darstellung noch menschlicher macht, versagt menschliche Interpretationskunst.
Die Auflösung einer simultanen und über die Gesamtgestalt des Gemeinten in der Zeit vernetzten Wahrnehmung in eine lange Reihe einzelner Merkmale löst für die menschliche Art, die Welt zu sehen, auch das Objekt der Wahrnehmung in ein wirres Durcheinander von Einzelheiten auf. Die Beschreibung eines Menschen etwa derart ›Nase 5,27 cm lang, Augen 2,78 cm auseinanderstehend, Schädelumfang 52,04 cm, Höhe Hals 15,07 cm, Augenfarbe: blau-grau, Augenlänge...‹ fügt sich für einen Menschen nur sehr schwer mehr zu einem anschaulichen Bild des so Beschriebenen. Und ginge man gar so weit, die Länge jedes Knochens und den Umfang jedes Muskels und die relative Lage all dieser Angaben zueinander anzugeben, geriete das Ganze zu einem Verwirrspiel von Daten, hinter denen der Mensch verschwindet. Ein Computer freilich könnte mit Hilfe dieser Angaben und einer Programmiersprache, die sie jeweils weiter aufschlüsselt in die genaue Lageangabe einer Menge von Pixelpunkten, den Menschen nachzeichnen. Und je genauer diese Angaben werden, je größer die Flut der einzelnen Daten, desto besser geriete die Zeichnung, desto problemloser wäre es für den Computer, sich mittels dieser Beschreibung ›den Menschen vorzustellen‹, wenn man das einmal aus Vergleichsgründen so vermenschlicht ausdrücken will. Dem Menschen freilich wäre das, was er sich vorstellen soll, wohl eher so nahezubringen: ›ein großer Hagerer mit stechenden blauen Augen und einer kühn gespannten Nase ...‹. Eine Beschreibung, die nun wiederum dem Computer überhaupt nichts sagen würde.
Analog zur Produktion, in der die Umwandlung der menschlichen Tätigkeit in eine berechenbare diese zu einem komplexen Zusammenspiel einzelner Mikroprozesse werden ließ, das von einem einzelnen nicht mehr zu durchschauen ist, macht hier die Umwandlung der menschlichen Wahrnehmung und Bedeutungszuweisung aus einem anschaulichen, für Menschen leicht zu begreifenden Vorgang ein System, mit dessen Verarbeitung Menschen überfordert sind. Was für den Maßstab der Berechenbar-

keit ›leicht‹ und was für den Menschen ›leicht‹ ist, ist jeweils etwas diametral Verschiedenes.
Das Problem ist bloß, daß sie in der Sägeindustrie von diesem Fortschritt immer noch nicht das haben, was sie gerne hätten: die Uniformierung der Wahrnehmung eines Baumstammanschnittes inklusive der mechanischen Interpretation der so gewonnenen Daten. Oder, up to date ausgedrückt: ein Expertenprogramm, das den Sägemeister ersetzt.
Daß das so ist wiederum, das hat seine Ursache in eben jenem Umstand, der die mechanisierte Wahrnehmung von Meßinstrumenten so präzise macht: ihrer eindimensionalen Blindheit. Denn wie weit, wie multidimensional man auch immer diese Wahrnehmungsweise durch Addition verschiedenster eindeutiger Wahrnehmungsdimensionen macht, so bleibt sie doch notwendig blind gegenüber dem, was an Wahrnehmung in ihr nicht vorgesehen war. Uniformierte Wahrnehmung bildet ein geschlossenes System, das von der Welt nur das wahrnimmt, was es – um es salopp auszudrücken – eh schon weiß. Prinzipiell jedenfalls, wenn auch nicht in der konkreten Ausprägung als dieses Datum hier.
Und das bedeutet auf der anderen Seite: der uniformierten Wahrnehmung und der auf sie aufbauenden uniformierten Symboldefinition und formalisierbarer Symbolverarbeitung ist wirklich Neues genauso wenig zugänglich wie die Einmaligkeit eines Gegenstandes. Sie ›sieht‹ das, was naturwissenschaftliche Forschung für uns erst mühsam konstruieren muß – das Ding als bloßes Beispiel allgemeiner Regeln – direkt und ohne Umschweife nur so. Und scheitert so kläglich immer dort, wo sie es mit Dingen zu tun hat, die mehr sind als bloßes Beispiel. Z. B. mit Baumstämmen, so wie sie gewachsen sind. Denn was sie dort nicht wahrnimmt und was trotzdem wirkt, das zerstört als ›Störfall‹ den Realitätsbezug dieser Wahrnehmung. Die Eindeutigkeit der Symboldefinition bleibt zwar bestehen, aber jetzt konstituiert sich aus diesen Daten und ihrer expliziten Interpretation nicht mehr das Ding, wie es da steht, sondern ein bloß gedachtes Ding, das es in Wirklichkeit gar nicht gibt. Und auf solcher ›Einbildung‹ läßt sich natürlich ebensowenig ein erfolgreicher Praxisbezug gründen wie auf einer Fata Morgana – das Gefäß, das Wasser schöpfen will, zerbricht am Fels. Oder, um am Beispiel zu bleiben, das Expertenprogramm, das von diesem Knubbel am Ende jener Astgabel von dieser Eiche von jenem Hang an diesem Ort, der wie kein

anderer ist, nichts wissen kann, läßt die Säge daneben schneiden. Und es bringt auch nichts, wenn man dem Programm auch noch diese spezielle Konfiguration einspeist, weil es nämlich höchst wahrscheinlich ist, daß sie in tausend Jahren nicht wieder auftaucht. Ganz zu schweigen davon, daß das Programm unter der Last der vielen Möglichkeiten und der vielen Einzelheiten, die es prophylaktisch registrieren muß, um sie dann nachher mittels der Anwendung vieler Regeln wieder als unwichtig zu ›vergessen‹, anfinge – ähnlich dem idealen Schachprogramm – bis in alle Ewigkeit zu rechnen, und das, wo es doch die Arbeitsgeschwindigkeit vergrößern soll! Wobei ein Schachspiel, das muß man sich dazu vergegenwärtigen, ganz im Gegensatz zum Baumstamm auf wohldefinierten Regeln und wohldefinierten Einheiten beruht.

Uniformierte Wahrnehmung und die auf ihr aufbauende mechanisierte Symbolverabeitung greift nur dort, wo sich die Welt im Sinne eines geschlossenen Systems verhält und sich darauf beschränkt, bloßes Beispiel der dort vorgesehenen Möglichkeiten zu sein. Aber eben darum – um die Verwandlung von Materie in ein bloßes Beispiel der allgemeinen Regeln – bemühte man sich ja in der Wissenschaft von Anfang an. Jedes Experiment funktioniert genau darüber, daß man die Existenzform von Materie tendenziell auf die Eigenschaften beschränkt, die mittels der uniformierten Wahrnehmung – insbesondere den Meßinstrumenten – wahrnehmbar sind. Und erst der Erfolg dieses Bemühens um diese doppelte Standardisierung machte die Mechanisierung des Machens möglich.

Wenn man jetzt die ganze Produktion ›verwissenschaftlichen‹, und nicht nur das Machen, sondern auch Wahrnehmung und Denken mechanisieren will, so setzt der Erfolg des letzteren den Erfolg des ersteren voraus. Und die Mechanisierung der Symbolverarbeitung wiederum wird nur erfolgreich sein, wenn sie sich auf diese dreifache Uniformierung stützen kann: die Uniformierung des Materials, die Uniformierung des Machens und die Uniformierung der Wahrnehmung, die die Voraussetzung für eine eindeutige Symboldefinition ist.

All das muß als Umgebung geschaffen worden sein, bevor der bis an die menschliche Erträglichkeitsgrenze reduzierte Arbeitsvorgang der Frau Heinrich endlich durch jenen Werkzeugautomaten, von dem am Anfang dieses Kapitels die Rede war, ausgeführt werden kann.

Und es läßt sich an diesem Verhältnis von Umfang der Vorleistung und Umfang der Automatisierbarkeit erkennen, daß sich beim Aufbau der automatischen Produktion offenbar in gigantischem Maßstab etwas wiederholt, was in der wissenschaftlichen Erkenntnismethode in kleinerer Ausgabe immer schon gegeben war:

daß sie erfolgreich ist, nicht, weil sie sich der Welt anpaßt und diese richtig reflektiert, sondern daß sie erfolgreich ist, weil sie Mittel und Wege findet, die Welt so umzuwandeln, daß diese zu der Erkenntnismethode paßt.

Erkenntnis ist hier nicht die Fähigkeit, das Wachstum jenes Baumes an der Ecke vorauszusagen, sondern die Macht, Baumgene gentechnisch so zu manipulieren, daß sie in einer künstlichen computergesteuerten Umgebung so wachsen, daß ihr Wachstum und ihre Struktur prognostizierbar werden. Das Machen mechanisieren zu können bedeutet hier nicht, daß es jetzt Maschinen mit der kunstfertigen Geschicklichkeit von Handwerksmeistern gibt, oder auch bloß welche mit der Geschicklichkeit der Frau Heinrich, sondern daß das Machen in einen Vorgang verwandelt wurde, der so nur mittels Maschinen ausführbar ist und an dessen Ende ein Produkt steht, das in seiner Struktur völlig anders ist als das handwerkliche. Und Symbolverarbeitung mechanisieren zu können, das heißt nicht, daß die menschliche Art, Symbolen Bedeutung zu geben und mit dieser Bedeutung umzugehen, jetzt auch von Maschinen ausgeführt werden kann, sondern das impliziert, daß die menschliche Art der Symbolschaffung und -anwendung ersetzt wird durch eine Form der Symboldefinition und -verarbeitung, die maschinenkompatibel ist.

Hat man aber all das zusammen, dann eröffnet sich zum ersten Mal – zumindest in der Theorie – jene Möglichkeit der vollständigen Automatisierung, die uns seit Beginn der Industrialisierung als erreichbares Nahziel vorgegaukelt wurde.

Denn auf der einen Seite schließt die Gentechnik jene Lücke in der Mechanisierung, die durch die Verwendung organischen Materials notwendig offen blieb und die die Verwendung menschlicher Arbeitsleistung erforderlich machte. Dann könnten auch die Sägewerke den Fortschritt durch die EDV ganz für sich nutzen, nicht, weil Baumstämme und Baumstammbewertung jetzt berechenbar sind, sondern weil die Gentechnik berechenbare Zellwucherungen mit dem Namen ›Holz‹ liefert, die die Anwesenheit

eines Sägemeisters überflüssig machen. Auf der anderen Seite macht die Anwendung uniformierter Wahrnehmung und formalisierbarer Symbolverarbeitung im und auf den Produktionsprozeß selbst vom Prinzip her jene Trennung rückgängig, die bisher der Mechanisierung des Machens inhärent war: die Trennung des Arbeitsvorgangs in eindeutig deterministisch ablaufende Wirkungsketten, die mechanisiert werden konnten, und in nicht mechanisierbare mehrdeutige probabilistisch strukturierte Wirkungsräume, in der der n 1-te Arbeitsvorgang von der Beurteilung der Wirkung abhängt, die der n-te Arbeitsvorgang auf das Produkt gehabt hat. Wobei charakteristisch ist, daß die jeweilige Wirkung nicht eindeutig vorhersagbar, sondern nur als eine von einer Menge möglicher Wirkungen wahrscheinlich ist. Deswegen ja die immer wiederkehrende Notwendigkeit zur Beurteilung der tatsächlich stattgefundenen Wirkung, und deswegen auch die Notwendigkeit der Anwesenheit eines beurteilenden Menschen.
Man kann diese Trennung auch als Trennung von Hand- und Kopfarbeit bezeichnen, allerdings nur, wenn man die gängige Bedeutung des Begriffs etwas verändert.
Denn wirklich ohne Hand arbeitet auch kein ›Kopfarbeiter‹, und wirklich ›ohne Kopf‹ arbeiten nur die Maschinen, die die Ausführung der eindeutigen Wirkungskette übernommen haben, während Menschen genau noch da notwendig waren, wo der jeweilige Arbeitsvorgang eine Beurteilung des aktuellen status quo, und somit also ›Kopfarbeit‹ voraussetzte. Selbst wenn diese Kopfarbeit nur darin bestand, daß man ein Werkstück, das falsch herum liegt, auf die richtige Seite dreht oder daß man beim Schweißen eine unregelmäßige Kante durch eine extra Schweißnaht sichert. Gemessen am Potential des menschlichen Kopfes allerdings ist diese ›Kopfarbeit‹ ungeheuer stupide, und insofern trifft die gängige Bedeutungszuweisung doch etwas Wahres, wenn sie hochmütig so tut, als brauche Frau Heinrich zu ihrer Arbeit gar keinen Kopf, wo es doch eben dieser Kopf ist, der ihre Anwesenheit im Produktionsprozeß noch notwendig macht, und nicht ihre, gemessen an den Maschinen, ohnehin nur stümperhafte Fähigkeit zur schnellen repetitiven Handarbeit.
Wenn jetzt Frau Heinrich ersetzt werden kann, so deswegen, weil jetzt in bestimmtem Umfang die iterative Anwendung von Hand- und Kopfarbeit von Maschinen übernommen werden kann. Zum ersten Mal können Maschinen in einer auf sie zugeschnittenen

Umgebung das, was bisher nur Menschen konnten: die Wirkung eines Arbeitsschrittes – sei er nun materieller oder symbolischer Art – wahrnehmen, diese Beobachtung im Hinblick auf das zu erreichende Endresultat mit Hilfe eines Computerprogramms interpretieren und aufgrund dieser Interpretation eine erfolgreiche neue Handlungsstrategie entwerfen, deren Wirkung wieder beobachtet werden kann... und diesen ganzen iterativen Prozeß symbolisch darstellen und ihn anderen mitteilen.
Und mit dieser Reintegration von Kopf- und Handarbeit in der Maschine selbst wird in der Tat ein Großteil jener Arbeitsvorgänge, die bisher nur mittels der Erfahrungsfähigkeit des Menschen – wenn man diesen aufs äußerste reduzierten Anwendungsbereich unserer Fähigkeit, uns angleichend an immer neue Strukturen, immer Neues erkennen zu können, mit dem gleichen Namen benennen will wie ihr entwickeltes Potential – zu bewältigen waren, so konstruierbar, daß sie der durchgängigen Mechanisierung zugänglich werden.
Wobei die einschränkende Bedingung sich aus der Struktur der Wahrnehmungs- und Symbolverarbeitungskapazität der Maschinen ergibt. Da diese ein geschlossenes System ist, greift sie nur in einer Umwelt, die ihrerseits ein geschlossenes System ist: Die durchgängige Mechanisierung allen Tuns ist nur möglich in einer Welt, die ihrerseits durch und durch berechenbar ist.
Oder negativ formuliert: Im Ideal der lückenlosen Automation, das hier zum ersten Mal wenigstens theoretisch denkbar und nicht nur wünschbar wird, verbindet sich das Ideal der reinen Zweck-Mittel-Effizienz mit der Anforderung der Berechenbarkeit allen Tuns zu einem System, in dem für menschliches Tun kein Platz mehr ist.
Nicht für jene ungenaue, langsame, schlampige Art zu tun, in der kein Handgriff dem anderen wirklich gleicht; nicht für jene chaotische, synästhetische und unpräzise Wahrnehmungsweise des Menschen, die nicht einmal die Interpretation präzise von der Beobachtung trennen kann; nicht für jene unlogische, provisorische und ständig changierende Art, Symbolen Bedeutung zu geben, die auch noch von Mensch zu Mensch verschieden ist; ganz zu schweigen von der irritierenden, gefühlsbeladenen menschlichen Art, diese Symbole im Denkprozeß anzuwenden; und ganz zu schweigen von jener zeitaufwendigen menschlichen Art zu lernen, in der all diese Ungenauigkeiten und Ungereimtheiten

aufeinandergehäuft und in Verbindung gebracht werden, um dann eine bloß einmalige, nicht reproduzierbare Art der Geschicklichkeit zu ergeben.

Verwunderlich ist das allerdings nicht. Denn als berechenbarer theoretisch konzipierbar wird der Produktionsprozeß in seiner Gesamtheit ja hier nicht deswegen, weil jetzt die menschliche Tätigkeit als berechenbares Element in seinen Prozeß mit eingeschlossen ist, sondern weil jene menschliche Art zu tun, jene menschliche Art, wahrzunehmen und zu denken und zu symbolisieren, endgültig aus ihm ausgeschlossen werden konnten. Und wenn man das Ziel hat, menschliche Arbeit abzuschaffen, kann man sich hinterher nicht beklagen, wenn die Wunscherfüllung einem ein System liefert, dessen Struktur mit der alten gegebenen menschlichen Art zu tun inkompatibel ist. Der Mensch und seine menschliche Art und Weise wird in so einer durchtechnisierten Umgebung genausogut zum ›Störfall‹ wie natürliches Material oder die natürlichen Alterungsprozesse künstlichen Materials, weil all das Beispiele einer Realität sind, die sich unserer Kontrolle des Berechenbaren entziehen.

Das Problem ist bloß, daß wir von diesem Ideal einer berechenbaren Welt natürlich noch unübersehbar weit entfernt sind, und somit der ganze Prozeß auf unübersehbar lange Zeit immer noch die Arbeit von Menschen braucht. Und bedenkt man die ungeheure Vorleistung, die erbracht werden mußte, bevor jener Mikroprozeß, in dem die Arbeit von Frau Heinrich früher nötig war, vollständig automatisiert werden konnte, so muß man weniger die vollständige Abschaffung der Arbeit, sondern im Gegenteil befürchten, daß jetzt die Arbeit erst richtig anfängt.

Und richtig ist trotz der fortschreitenden Automatisierung ›Frau Heinrich‹ nicht aus dem Produktionsprozeß verschwunden. Vielmehr finden wir sie – vorzugsweise in einem asiatischen Land mit Billiglöhnen und ohne Arbeitsschutz und nicht älter als 25 (länger hält das keine durch) – in der Chipproduktion wieder. Dort allerdings sind ihre zulässigen Bewegungsspielräume auf Millimeterbruchteile geschrumpft. Und während sie mit einer Lupe in einer Mikrowelt arbeitet, die zwar von Menschen, aber nicht für Menschen gemacht wurde, sitzt der Sägemeister, dessen Interpretation der richtigen Schneidetechnik von einem Expertenprogramm übernommen wurde, das das Wissen der Gentechnik besitzt, jetzt in einem Raum und überwacht eine Vielzahl von Kontroll- und

Anzeigeinstrumenten. Jederzeit zu einer totalen Aufmerksamkeit verpflichtet und doch tagelang gezwungen, bloß passiv auf seinem Stuhl zu sitzen. Eine Situation übrigens, die auf alltägliche Weise sich jenen Umweltbedingungen nähert, die in den Experimenten der sensorischen Deprivation so zerstörerische Auswirkungen auf den Menschen hatte. Und während so die Abschaffung der Arbeit fortschreitet, können die reichsten Länder der Erde es sich nicht mehr leisten, daß ihre Bewohner in ihrem Bio-Rhythmus von ›nachts schlafen und tags wachen‹ leben, weil ›die modernen Maschinen das nicht mehr erlauben‹. Und das, obwohl unbezweifelbar feststeht, daß Schichtarbeit krank macht.

Aber diese totale Negation des menschlichen Arbeitsrhythmus ist nur logisch innerhalb eines Systems, das sich die Abschaffung der *menschlichen* Arbeit zum Ziel setzt. Denn während des Aufbauprozesses der Mechanisierung muß menschliches Tun notwendig so umstrukturiert werden, daß es in den als berechenbar konzipierten Prozeß sich einfügt. Einfügen tut es sich aber nur, wenn es aufhört, menschlich zu sein und anfängt, unmenschlich zu werden – der Struktur nach wie dem Empfinden nach. Das ist bei der ersten Mechanisierungswelle nicht anders als bei der zweiten, die wir jetzt im Zuge der Idee der symbolverarbeitenden Maschinen erleben. Und logischerweise wird die erforderliche Arbeitsleistung des Menschen um so unmenschlicher, je fortgeschrittener der Automatisierungsgrad der Produktion ist. Denn dann werden allmählich jene Lücken kleiner, in denen in Bruchstücken menschlich strukturiertes Tun noch Platz hatte, weil das Material und das Tun selbst in einer größeren Spannbreite noch nicht der Mechanisierung zugänglich war. Während durch die angestrebte Reintegration von Hand- und Kopfarbeit in der Maschine selbst den Menschen eine doppelte Anpassungsleistung an dieses materialisierte System der Berechenbarkeit abgefordert wird. Nämlich nicht nur in der körperlichen Arbeit die Anpassung des körperlichen Tuns an den Takt der Maschine, sondern auch in der geistigen Arbeit die Anpassung des Denkens, seiner Darstellung und der Kommunikation an die mechanische Symbolverarbeitungsstruktur.

Je unmenschlicher aber die Arbeit ist, desto dringlicher wird die Aufgabe, Arbeit durch Automatisierung abzuschaffen. Desto mehr Kräfte müssen für dieses Ziel mobilisiert werden. Desto eher muß unmenschliche Anstrengung in Kauf genommen wer-

den, um diesen Entwicklungsprozeß in Gang zu halten. Je erfolgreicher aber die Entwicklung der Automatisierung ist, desto unmenschlicher wird die Arbeitsleistung, die Menschen dafür abgefordert wird, desto ...
Aber menschliche Arbeit war ja freilich in dem Modell dieser Sinngebung auch nicht vorgesehen.

Aufbau als Zerstörung, Zerstörung als Aufbau – die sich selbst begründende Entwicklungslogik unserer Nische

Wie hätte man menschliche Arbeit aber auch zulassen können in einem Weltbild, das sich über die Abwehr von Erfahrungsfähigkeit konstituiert?
Wo doch jene alte Art zu Tun als Hinwendung zum Gegenstand und zum eigenen Tun mit allen Sinnen Erfahrungsfähigkeit voraussetzt und die Fähigkeit dazu fördert.
Ein Umstand übrigens, den man sich in der Therapie – also da, wo die, die mit ihrer Fähigkeit zu erfahren so wenig zurechtkommen, daß sie das soziale Gefüge stören, so weit repariert werden sollen, daß sie normal verdrängen können – zunutze macht. Dort benutzt man nämlich die Urformen menschlicher Arbeit – Stein- und Holzbearbeitung, Töpfern, Weben, Gärtnern – als Heilmittel. Was aber zur Reparatur, als unumgängliches Zugeständnis an die biologische Herkunft des Menschen, ähnlich wie die Arbeit der Frauen mit Kindern, durchaus zugelassen ist, darf deshalb noch lange nicht als gesellschaftlich anerkannter Wert den Alltag bestimmen.
Man kann das auch so ausdrücken, daß man sagt: In unserer Gesellschaft ist die Qualität des Arbeitsvorgangs selbst notwendig ein kulturell negierter Wert, weil die kulturelle Wertschätzung des menschlichen Tuns als Vorgang selbst zu den grundlegendsten Medien gehört, mit dem sich in einer Gesellschaft die Differenzierung von Erfahrungsfähigkeit tradieren läßt.
Undenkbar wäre es in unserer Gesellschaft z. B., daß eine neue Art zu produzieren deswegen nicht eingeführt wird, weil der neue Arbeitsprozeß Erfahrungsfähigkeit weniger fördert und fordert als der alte. Und wie gar, wenn man mit der neuen Art mehr

produzieren kann als mit der alten! Eben dies aber war das Kriterium, aufgrund dessen in der alten Handwerkertradition manch neue Verfahren abgelehnt wurden, weil sie die Geschicklichkeit des Machens beeinträchtigten, und so den Arbeitsprozeß nicht differenzierten, sondern vergröberten. Und völlig unvorstellbar ist in unserer Gesellschaft eine Definition von Reichtum, die sich nicht an der bloßen Menge der erzeugten Güter mißt, sondern im Gegenteil daran, daß eine Kultur die Freiheit gewonnen hat, den Erzeugungsprozeß der Güter selbst immer befriedigender zu gestalten, selbst wenn diese neue Art zu tun implizierte, daß man mengenmäßig weniger herstellen kann.

Wir wissen zu wenig über die sogenannten primitiven Kulturen, um mit Sicherheit sagen zu können, ob das, was von uns als religiöse Eingebundenheit des alltäglichen Tuns, als Dominanz des Rituals über die Funktionalität des Arbeitsvorgangs beschrieben worden ist, nicht exakt Ausdruck und Ergebnis solch einer kulturellen Wertschätzung und Vorrangstellung des Arbeitsvorgangs selbst gegenüber dem bloßen Resultat ist. Sicher aber ist, daß sich erst in diesem Horizont des Religiösen der volle Sinn dieser anderen Art, Reichtum zu definieren, offenbart. Denn insofern jedes Tun auch Ausdruck des Verhältnisses des Menschen zur Welt ist, macht es Sinn, die in ihm angelegte Differenzierung der Erfahrungsfähigkeit nicht einfach an der bloßen Geschicklichkeit zu messen, sondern daran, inwiefern sie das Verständnis der ganzen Welt reflektiert und diese Art zu verstehen in ihr aufgehoben ist. Und richtig finden wir diese extreme Interpretation des Arbeitsvorgangs selbst als eine Form der Meditation, die zur Erkenntnis führt, auch im Zen-Buddhismus und im Taoismus wieder, und das, obwohl beide innerhalb einer Gesellschaft existierten, in der Arbeit sonst den Status eines Menschen radikal disqualifizierte. Bezeichnenderweise wird denn auch im Taoismus diese Auslegung als ›die Weise der Alten‹ angesprochen und verweist damit auf einen Ursprung, in dem diese Interpretation nicht nur Religion, sondern auch Alltag gewesen sein mag.

Umgekehrt ist für den Ausschluß menschlicher Erfahrungsfähigkeit aus dem gesellschaftlichen Raum die Zerstörung jenes kulturellen Transmissionsmediums ›menschliche Arbeit‹ unabdingbar, weil es am Leben erhält, was um der subjektiven Wahrheit des Weltbildes willen nicht zugelassen werden darf:

Im schrittweisen Aufbau der mechanischen Produktion vollzieht sich zugleich die schrittweise Zerstörung dieser menschlichen Entwicklungsmöglichkeit und schafft durch diese doppelte Leistung ein Realitätsprinzip, in dem die ›Abschaffung der Arbeit‹ als humanes Ziel rational begründbar ist.

Diesem Prozeß läuft die ideologische Abwertung von Erfahrungsfähigkeit als Mittel der Erkenntnis parallel. Und geht ihr – historisch gesehen – voraus.

Federführend in diesem Unternehmen ist natürlich die Etablierung der wissenschaftlichen Erkenntnismethode, die ja immer zugleich auch als Methode zur Abwehr von Erfahrung beschrieben werden kann, als die in unserer Gesellschaft einzig gültigen.

Da diese Methode jedoch keine ist, mit der sich unmittelbar als Mensch leben ließe, sondern im Gegenteil die strikte Anwendung von ›Variablenisolation im Experiment‹ und ›Beschränkung der zulässigen Daten auf das intersubjektiv beobachtbare‹ im Alltag alltägliches Leben unmöglich machen würde, bleibt die erkenntnistheoretisch und psychologisch produktive Anwendung der Methode notwendig einer kleinen Elite vorbehalten, die ›forscht‹, der also das neue Weltbild als die aktive Entdeckung neuer Welten zugänglich ist, die das Vergessen der Erfahrung leicht macht. Während der Rest der Menschheit notwendig mit der bloßen Diskriminierung menschlicher Wahrnehmungsfähigkeit und dem bloßen Glauben an die Wissenschaft vorlieb nehmen muß.

In dieser Überzeugungsarbeit allerdings spielt der Einsatz wissenschaftlicher Erkenntnisse eine systematische Rolle.

Da Wissenschaft die Welt erkennt, insofern sie eine manipulierbare ist, gilt der bedenkenlose praktische Umsatz dieser Manipulationsmöglichkeiten seit jeher als jene wirkungsvollste Demonstration der Macht dieser Erkenntnis, die ein für allemal in der Lage ist, andere Interpretationsmöglichkeiten der Wirklichkeit und Erkenntnismethoden des Seienden für null und nichtig zu erklären. Die Frage, ob es denn zulässig sei, jenes Andere so schrankenlos zu manipulieren und ihm jedes Recht auf Selbstbestimmung, auf eine eigene Interpretation seines Daseins und der Welt zu nehmen, taucht gar nicht auf, weil uns eben jene praktische Demonstration, daß wir das andere manipulieren können, als Beweis dafür gilt, daß sich die Existenz des anderen darin erschöpft, Objekt von Manipulationen zu sein – seien es die naturgegebenen oder seien es die von unserem Willen gesteuerten. Und erst wenn jenes andere ein Mensch ist und die inhärente

Schizophrenie unseres Weltbildes zum Tragen kommt, fällt uns manchmal auf, daß die Interpretation der Welt als durch und durch manipulierbare nicht nur deswegen wahr ist, weil sie zutrifft, sondern vor allem auch deswegen, weil sie systematisch etwas übersieht: jene jeweilige Interpretation der Welt durch das andere, die solange gültig und real und der Erkenntnis durch Erfahrung zugänglich bleibt, bis man das andere durch Anwendung von schierem Zwang zum bloßen Objekt gemacht hat, für dessen Erkenntnis allerdings dann allein die Wissenschaft zuständig ist.

Logisch ist diese Ausschließung des Subjekts von diesem alleinigen Gültigkeitsanspruch wissenschaftlicher Erkenntnis natürlich nicht, und konsequenterweise hat es in der Geschichte unserer Zivilisation immer wieder Konstellationen gegeben, in denen einer durch ein bestimmtes Merkmal definierten Gruppe von Menschen wissenschaftlich korrekt das Recht abgesprochen wurde, Recht zu haben.

Zuvörderst wäre hier die Kategorie der ›Irren‹ zu nennen, die zeitgleich mit der Etablierung der wissenschaftlichen Erkenntnismethode entstand. Und es erhellt den Gang der Dinge durchaus, wenn man weiß, daß nicht nur in der Sowjetunion Dissidenten ins Irrenhaus gesperrt wurden, sondern daß die ersten durch polizeiliche Zwangsinternierung gefüllten Irrenhäuser der Geschichte, die im 17. Jahrhundert erfunden wurden, durcheinander angefüllt waren mit sogenannten Arbeitsscheuen und Herumtreibern und mit dem, was wir heute als ›echte Verrückte‹ bezeichnen würden, weil nämlich die Scheu oder das individuelle Unvermögen, sich in jene gerade neu erfundene Art von Arbeitsvorgang einzufügen, ebenso wie das bloße Pech, dort keinen Platz zu finden, zu Recht in dieser Gesellschaft als ein Merkmal galt, das die angestrebte Normalität sprengte.

Wobei die Grenzen zu anderen Formen der Entmündigung natürlich fließend sind, und hier durchaus auch jene Hausfrauen zu nennen wären, die nicht zu Recht so depressiv sind, weil ihr Leben so erbärmlich ist, sondern weil sie ›krank‹ sind, oder jene Wilden, die eine naturhistorisch überholte Art zu denken verkörperten, oder jene Stufe, wo wir alle im ›kindlichen Animismus‹ verfangen sind, oder jene Zeiten, in denen die Biologen die Menschen in minderwertige und höherwertige Rassen einstuften, wobei die Interpretation der Welt durch die ersteren als jene quantité

négligeable galt, die man bei Verwendung des Materials nicht zu berücksichtigen brauchte.
Sieht man die Sache in diesem losen Überblick, so gibt es eigentlich keinen unter uns, der nicht irgendwann einmal unter dieses Verdikt gefallen wäre, daß seine Interpretation der Welt gar nicht recht haben kann, weil sie bloßes Resultat physikalisch-chemischer oder evolutionärer Vorgänge in seinem Körper ist, die mit der ›wahren‹ Welt nichts zu tun haben. Und der logische Schluß daraus wäre wiederum, daß ein gewöhnlicher Mensch gewöhnlicherweise gar nicht recht haben kann. Was wiederum gar nicht so falsch wäre.
Denn wenn Erfahrung, wenn die natürlich gegebene Art des Menschen, die Welt wahrzunehmen, prinzipiell nicht zur wahren Erkenntnis dieser Welt, sondern nur in die Irre führen kann, wir auf der anderen Seite aber gar nicht anders können, als unseren Alltag mit diesem defizitären Wahrnehmungssystem zu bewältigen, so folgt daraus, daß ein gewöhnlicher Mensch gar nicht die Grundlage hat, die ihn dazu berechtigte, Urteile über diese Welt zu fällen. Diese Grundlage hat nur die Wissenschaft, und ein gewöhnlicher Mensch kann froh sein, daß er sie hat, weil er nämlich sonst womöglich so in seinem Wahn befangen wäre, daß er glaubt, seine Erfahrung der Welt gäbe ihm das Recht, Urteile über diese Welt abzugeben. Und wenn er auch selbst nicht zu dieser wissenschaftlichen Erkenntnis seines prinzipiellen Unvermögens kommen kann, so geben uns doch die wissenschaftlichen Erkenntnisse Mittel an die Hand, diesen Glauben an die Richtigkeit der eigenen Erfahrung dieser Welt zu erschüttern und durch einen Glauben an die Richtigkeit der wissenschaftlichen Erkenntnisse zu ersetzen.
Wissenschaft entlarvt die uns allen gemeinsame menschliche Wahrnehmung der Welt als bloß subjektive Täuschung, als bloßes Resultat der Konstruktion unserer Sinnesorgane.
Wobei die Strategie dieser Beweisführung seit der Verwendung der Keplerschen Erkenntnisse im wesentlichen die gleiche geblieben ist: Dem Betrachter wird nicht nur demonstriert, daß er sich in seiner Wahrnehmung notwendig irrt, sondern im Akt dieser Demonstration zugleich auch immer, daß man im Gegensatz zu ihm die Funktionsgesetzlichkeit dieser notwendig irrenden Wahrnehmung kennt. Und während man als gewöhnlicher Mensch Objekt dieser Funktionsgesetzlichkeiten der eigenen

Wahrnehmungsfähigkeit ist, ist man als Wissenschaftler über diese Täuschungen erhaben, weil man mittels wissenschaftlicher Erkenntnis ihr Konstitutionsprinzip durchschaut hat.
So perfekt wie mit den Erkenntnissen von Kepler allerdings, das muß man zugeben, konnte diese Entlarvung bisher nicht mehr inszeniert werden. Das liegt zum einen daran, daß die optische Täuschung, die Kepler als solche entlarvte, nicht künstlich inszeniert, sondern natürlich gegeben war. Von der Erde aus gesehen sieht es für uns so aus, als ob die Sonne über den Himmel wandert und nicht umgekehrt. Und unbeschadet der Tatsache, daß andere Kulturen, die ihr Weltbild durchaus auf Erfahrung gründeten, trotz diesem Augenschein zu Raumvorstellungen kamen, in denen die Erde ein Planet unter vielen Planeten im Weltraum ist und durchaus nicht das Zentrum, um das sich alles dreht, unbeschadet dieser Tatsache also fallen wir in unserer alltäglichen Wahrnehmung auf diese Täuschung herein. Und im Gegensatz zu anderen optischen Täuschungen, die wir gewöhnlich dadurch korrigieren, daß wir die Wahrnehmung des Phänomens durch Anfassen und durch aktives Erkunden des Raumes ergänzen, ist solch eine Korrektur in diesem Fall unmöglich. Und um die ganze Sache perfekt zu machen, war diese falsche Raumvorstellung von Erde und Sonne ein zentraler Bestandteil jenes alten europäischen religiösen Weltbildes, das durch das wissenschaftliche abgelöst werden sollte, so daß ein Gegenargument etwa derart, daß es letztlich egal sei, was sich um was dreht, weil der Effekt für uns Menschen auf der Erde – Tag und Nacht und die Jahreszeiten – der gleiche sei, gar nicht denkbar wurde.
Wenn aber Erfahrung in einem so zentralen Teil so tief irren kann, wie kann sie da noch sicher sein, daß es ihr mit allen anderen Wahrnehmungen nicht auch so geht? Die Verunsicherung ging tief, weil sie auch in diesem umfassenden Sinn gemeint war. Falsch war nicht diese eine durch Erfahrung gewonnene Interpretation der Welt, sondern dieser eine Irrtum sollte demonstrieren, daß alle Erkenntnisse, die mittels Erfahrung zu gewinnen sind, prinzipiell nicht die Welt, sondern bloß die Konstitutionsbedingungen der Erfahrung reflektieren.
In der Folgezeit wurden denn auch die Grundelemente dieser das Vertrauen in die Wahrheit der eigenen Wahrnehmung erschütternden Erfahrung immer wieder inszeniert. Denn die Renaissance konnte an ihrem Ende nicht nur auf die Keplerschen Er-

kenntnisse zurückgreifen, sondern auch auf die Entdeckung der mathematischen Regeln der Perspektivkonstruktion in der 2-dimensionalen Darstellung. Und damit erschloß sich der Gesellschaft das weite Gebiet der Kunst der Täuschung menschlicher Raumwahrnehmung, die im Barock als Trompe-l'œil-Malereien Mode wurden. Jener Kunst, Gemälde und Architektur so zu verbinden, daß für den Betrachter durch den optischen Sinn allein nicht unterscheidbar war, was richtiger Raum und was nur vorgetäuschter Raum, was Sinnestäuschung und was echt war – optische Raumwahrnehmung als eine Illusion, die beliebig hervorgerufen und zum Verschwinden gebracht werden kann.
Und heute ist es so, daß bereits unseren Kindern mit Kinderbüchern wie ›Meine Augen‹ (Lanners et al. 1976) die Begrenztheit menschlicher optischer Wahrnehmungsfähigkeit (Blinder Fleck, Täuschungen der Perspektivwahrnehmung, Verzerrung der Größenwahrnehmung durch Gestaltdominanz etc.) – als Allgemeinwissen nahegebracht wird, bevor sie noch überhaupt die Möglichkeiten menschlichen Sehens bewußt erfahren und entwickelt hätten.
Während wiederum die Anhänger der Künstlichen Intelligenz von den Bildern des M. C. Escher, die mathematisch exakt konstruierte optische Täuschungen zum Zentralthema haben, so fasziniert sind, daß sie seine Kunst zu einem der Sinnbilder ihres Weltbildes erkoren haben. Oder, um es mit Hofstadter zu sagen: ›Schließlich aber merkte ich, daß Gödel, Escher und Bach nur Schatten waren, die eine zentrale feste Essenz in verschiedene Richtungen warf. Ich versuchte, diesen zentralen Kern zu rekonstruieren, und so entstand dieses Buch.‹ (1985 / 32) – ›Gödel, Escher, Bach - ein endlos geflochtenes Band‹ nämlich.
In den Kinderbüchern allerdings wird das Geheimnis der optischen Täuschungen noch weniger kryptisch umschrieben: ›Was ist geschehen? Immer wenn wir etwas sehen, denken wir es uns so, wie wir es verstehen. Und so entstehen Gerüchte! Probiere es selbst.‹ (Lanners et al. 1976 / 37)
Und die Botschaft dessen, was man da erfahren soll, wenn man es denn selbst probiert, ist seit Kepler immer die gleiche geblieben: Die menschliche Wahrnehmung ist in ihrer Gesamtheit – gleich den optischen Täuschungen – eine Illusion, ein bloßes Resultat ihrer eigenen Funktionsgesetzlichkeit, das beliebig hervorgerufen und wieder zunichte gemacht werden kann, weil die Wissenschaft

– allen voran die Mathematik – die Funktionsgesetze dieser Illusionserzeugung erkannt hat.
Der schwache Punkt in dieser Beweisführung ist nur: sie hat sie nicht erkannt. Nicht einmal die Funktionsgesetze der bloß optischen Wahrnehmung, geschweige denn die Funktionsgesetze der gesamten menschlichen Wahrnehmungsfähigkeit.
Alles was wir bei der optischen Wahrnehmung z. B. wirklich kennen, sind ein paar Tricks, mit denen Menschen dazu gebracht werden können, selbsttätig für sich die Illusion eines Raumes oder eines Größenunterschiedes dort als Wahrnehmung hin zu projizieren, wo ›in Wahrheit‹ nur Striche auf dem Papier oder Punkte mit unterschiedlichen Grauwerten auf dem Monitor sind. Aber wie wir das machen, wie wir es fertigbringen, aus jenen 2-dimensionalen ungeordneten Daten die geordnete Illusion von Raum und Gestalt zu erzeugen, das wissen wir nicht, obwohl wir es offensichtlich doch können.
Wüßten wir hingegen tatsächlich, wie Raum- und Gestaltwahrnehmung zu erzeugen sind, dann wären Computer ein gutes Stück weiter auf jenem endlosen Weg zur Künstlichen Intelligenz, weil sie dann nämlich mit jenen Fernsehbildern, die wir so problemlos auf ihren Monitor schicken können, auch etwas anfangen könnten.
So aber gehört ›Bild- und Mustererkennung‹ zu den Gebieten der Grundlagenforschung, und die Wissenschaftler dort sind schon stolz und feiern es als Erfolg, wenn ihr Computer ein A auf weißem Grund auch dann erkennen kann, wenn es links oben einen Schnörkel oder rechts unten eine Lücke in der Linie hat. Oder wenn das Programm aus einer schwarz-weißen Konturenzeichnung kohärente Gestalten herausfindet und nicht die Endlinie vom Tisch mit der Anfangslinie vom Fußboden und der Kurve der Hand zu einem Ding verbindet, das nicht existiert. Ganz zu schweigen davon, daß die Gestaltwahrnehmung die Voraussetzung jeglicher Raumwahrnehmung ist, denn wo sich in der Wahrnehmung das Wahrgenommene nicht zu differenten Gestalten kristallisiert, da existiert kein Raum, der den Zusammenhang zwischen den Gestalten bilden könnte. Und ganz zu schweigen davon, daß man wissen muß, daß eine Hand normalerweise kleiner ist als ein Baum, um in der Wahrnehmung von einer großen Hand vor einem kleinen Baum einen Raum zu sehen, in dem der Baum sehr viel weiter weg ist als die Hand. Könnte ein

Computer all das und sogar auch all das auch noch bei immer neuen Bildern, so wäre den Erfindern nicht nur der Nobelpreis sicher, sondern so wäre das eine wissenschaftliche Revolution!
Sieht man die Sache so, dann wird offenbar, daß wir offensichtlich nicht deswegen Opfer optischer Täuschungen sind, weil unsere Wahrnehmungsfähigkeit so stümperhaft ist, sondern weil sie nachgerade Wunderbar-Komplexes leistet: einen Raum zu sehen dort, wo keiner ist, oder eine Gestalt dort, wo nur Bruchstücke davon vorhanden sind. Oder aber eben – und normalerweise eben – auch dort, wo ein Raum oder eine Gestalt tatsächlich da sind.
Und vollends wunderbar wird die Sache dann, wenn man bedenkt, daß wir es normalerweise nicht mit einem statischen Bild zu tun haben, sondern mit beweglichen Bildern, in denen die Gestalten ihre Gestalt durch Bewegung laufend ändern. Und daß sich der Ausschnitt aus dem Raum, den wir sehen, permanent ändert, weil wir uns in dem Raum bewegen, und daß es genau genommen nicht ein Bild, sondern zwei dynamisch sich ändernde Bildausschnitte sind, die wir sehen, und daß wir in der Lage sind, diese unvorstellbare Unmenge von Informationen so schnell aufeinander und auf die Position unseres eigenen Körpers zu beziehen, daß aus diesen in der Zeit verteilten Einzelwahrnehmungen ein kontinuierlicher Raum wird, in dem wir uns ganz selbstverständlich sicher bewegen können.
Könnte ein Roboter all das, würde es den Erfolg dieser Leistung schmälern, wenn er die Dinge auch so sieht, daß die Sonne sich um die Erde dreht, wo doch diese falsche Interpretation nicht im mindesten die Kenntnis jenes Raumes verfälscht, in dem er sich bewegen muß? Natürlich nicht. Es würde im Gegenteil belegen, daß er richtig sieht; richtig in Bezug auf den Raum, den er sehen muß, um in ihm zu wohnen. Denn die Vorstellung, daß wir mit dem Kopf nach unten hängen oder daß wir auf einer Kanonenkugel durch den Weltraum sausen oder daß wir in Wahrheit durchsichtig sind, weil zwischen den Atomen so unendlich viel Platz ist wie zwischen den Sternen, ist, so richtig sie auch prinzipiell sein mag, in bezug auf ein Leben mit unserem Körper auf dieser Erde falsch. Handelten wir nach den Wahrnehmungen der Wissenschaft, oder handelte der Roboter nach der Wahrnehmung der Wissenschaft, unser Handeln und sein Handeln gerieten zu einer tödlichen Absurdität, die dem Handelnden das Leben kostete. Woraus sich umgekehrt schließen läßt: unsere menschliche Art,

die Welt wahrzunehmen, konstruiert aus den vielen möglichen Räumen der Welt exakt jenen Raum, in dem wir leben können. Und bei jenen optischen Illusionen, die unser Leben dort bedrohen könnten, wie die Täuschung eines Raumes, wo keiner ist, oder das Knicken eines Stockes unter Wasser, wo er doch gerade bleibt, ist menschliche Wahrnehmung sich selbst das beste Hilfsmittel: indem sie nämlich nicht auf einem Sinn, sondern auf der intelligenten Kombination von fünf Sinnen beruht. Daß der Stock gerade ist und nicht krumm, wissen wir aus der Erfahrung des Tastsinns, und ganz im Gegensatz zum wissenschaftlichen Weltbild schließen wir aus dem Trugschluß des optischen Sinnes nicht, daß menschliche Wahrnehmungsfähigkeit defizitär ist, sondern daß es Intelligenz braucht, um sie anzuwenden. Und Intelligenz braucht und Konzentration auf die Sensibilität ihrer Sinne, um sie zu entwickeln. Wäre dem nicht so, und müßten wir nicht Wahrnehmen mit Intelligenz lernen, so wäre unsere Wahrnehmungsfähigkeit nicht jenes prinzipiell offene System, das offen ist für die Wahrnehmung von völlig Neuem. Aber eben auch deswegen offen für Irrtum und Korrektur des Irrtums.
Wie aber kann das angehen, daß die gleichen optischen Illusionen einmal als Beleg für das prinzipiell Defizitäre unseres Wahrnehmungssystems verwendet werden, und einmal als Beleg für die ans Wunderbare grenzende Leistung desselben?
Das geht deswegen, weil im Kontext des Weltbildes der Berechenbarkeit die Fehlerhaftigkeit menschlicher Wahrnehmung das einzige ist, was von dem gesamten Potential menschlicher Erfahrungsfähigkeit noch wahrgenommen werden darf. Alles übrige ist Leistung der Wissenschaft, und um die Überlebensnotwendigkeit von Wissenschaft rational einsichtig zu machen, ist eben jener Verweis auf die prinzipielle Fehlerhaftigkeit menschlicher Wahrnehmung vonnöten. Erst zusammengenommen ergänzen sie sich zu einer geschlossenen Ordnung, deren Elemente sich gegenseitig selbst begründen – Wissenschaft disqualifiziert menschliche Erfahrung als Erkenntnismethode, während wiederum die so des Irrtums überführte uns gar keinen anderen Ausweg läßt, als unsere Rettung in der Entwicklung der Wissenschaft zu suchen, die wiederum in der Etablierung dieser sich selbst begründenden Ordnung perfekt ergänzt wird durch jene praktische Umsetzung der manipulativen Macht über Materie, die wissenschaftliche Erkenntnis zugänglich macht.

Denn wie kann eine Erkenntnisform nicht wahr sein, die auf der einen Seite die Macht verleiht, das andere beliebig nach dem eigenen Willen zu zwingen, und die auf der anderen Seite uns so durchgängig die Fehlerhaftigkeit unserer eigenen Wahrnehmung beweist?
Und die darüber hinaus auch noch die Macht hat, uns diese Kombination am eigenen Leib erleben zu lassen? Wie kann eine Erkenntnisform nicht wahr sein, die auf der einen Seite die Macht hat, uns durch die Einnahme von Pillen willkürlich glücklich oder ängstlich zu machen, und die auf der anderen Seite uns damit schlagend beweist, daß unser Angstgefühl nichts anderes signalisiert, als daß hier bestimmte chemisch-physikalische Vorgänge stattgefunden haben? So und hier verwandelt sich das, was wir früher als reiches Potential der Erkenntnis empfanden, unsere gesamte Fähigkeit zur Erfahrung, in ein einziges Manko unserer selbst, das uns manipulierbar macht.
In der gesellschaftlichen Etablierung der wissenschaftlichen Erkenntnismethode etabliert sich zugleich die gesellschaftliche Abwertung von Erfahrungsfähigkeit als Medium der Erkenntnis und schafft durch diese doppelte Leistung ein Realitätsprinzip, in dem diese Bewertung als wahre rational begründbar ist. Ergänzt wird dieser Ausschluß des kognitiven Potentials menschlicher Erfahrungsfähigkeit durch den Ausschluß ihres alltäglichen Vermittlungsmediums, der menschlichen Arbeit, wie er sich durch den Aufbau der mechanischen Produktion konstituiert.
Freilich ist menschliche Erfahrungsfähigkeit nur da maschinell ersetzbar, wo die Umwelt eine künstlich produzierte und berechenbare ist. Und das wiederum impliziert: Wo die Umwelt eine künstlich produzierte und berechenbare ist, da schließt sie nicht nur menschliche Arbeit als Medium der Differenzierung von Erfahrungsfähigkeit aus, sondern da taugt auch Erfahrungsfähigkeit als Medium der Erkenntnis nichts. Nicht, weil man einen Werkzeugautomaten und seine Umgebung oder eine chemische Fabrik nicht genau so gut erfahren kann wie einen Baum, und nicht, weil auch der Baum in seiner Eigenschaft als chemische Fabrik zur Zustandsumwandlung von Materie durch Erfahrung nicht erkennbar wird.
Aber im Unterschied zur chemischen Fabrik brauchen wir von den betreffenden chemischen Gesetzen nichts zu wissen, damit der Baum erfolgreich dieser seiner Funktion als chemischer Fa-

brik nachgeht. Was zur Folge hat, daß wir auch erfolgreich mit dem Baum umgehen können, ohne von diesen chemischen Gesetzen zu wissen.

Wohingegen der Daseinszweck einer chemischen Fabrik die von uns nach unserer Zweckmaßgabe in Gang gesetzte Zustandsumwandlung von Materie ist, und die einzig erfolgreiche Art, diese Zustandsumwandlung funktionstüchtig zu halten und mit der chemischen Fabrik umzugehen, die Kenntnis der dort angewandten chemischen Gesetze voraussetzt. Und die sind inzwischen die Ergebnisse einer langen Reihe von Theoriebildung und Experiment, deren Gesamtzusammenhang so komplex ist, daß nicht einmal mehr ein ausgebildeter Chemiker alle Spezialgebiete überblicken kann. Ganz zu schweigen davon, daß der ganze Prozeß vielleicht schon von einem Computersystem mit einer Vielzahl von Sensoren und einer Vielzahl von Programmen gesteuert wird, von denen es wiederum so ist, daß nicht einmal ein Computerexperte mehr den genauen Wirkungszusammenhang überblicken kann, weil die Anzahl der möglichen Interaktionen zu groß geworden ist. Ganz zu schweigen davon, daß allein schon die Anzahl der Daten, die von den Sensoren geliefert werden, so groß ist, daß sie die Aufnahmefähigkeit des Menschen übersteigt.

Aber wenn man Erkenntnis so aufbaut, daß Dinge und Zusammenhänge, die uns in unserer Wahrnehmung schon fix und fertig als Gestalt erscheinen, in lauter Einzelteile und deren Zusammenhänge aufgeteilt werden, und so, daß die menschliche Wahrnehmung dieser Einzelteile durch uniformierte Wahrnehmungssysteme ersetzt wird, die sich qualitativ von der menschlichen Wahrnehmung unterscheiden, dann ist es nur logisch, daß die künstliche Realität, die man allein nach Maßgabe dieser Erkenntnis aufbaut, der Erkenntnis durch Erfahrungsfähigkeit nicht zugänglich ist. Oder genauer gesagt: Der Erfahrung zugänglich ist diese künstliche Realität, insofern sie Ausdruck einer spezifischen Haltung zur Welt ist – unserer Identifizierung mit dem Weltbild der Berechenbarkeit allen Seins –, aber nicht der Erkenntnis durch Erfahrung zugänglich sind die formalen Gesetze, nach Maßgabe derer diese künstliche Realität konstruiert wurde und deren Kenntnis notwendig ist, um sie funktionstüchtig zu halten und um erfolgreich mit ihr umzugehen.

Erst so aber, in dieser Verzahnung von durchgängiger Ohnmacht kognitiver und praktischer Erfahrungsfähigkeit und durchgängiger Macht der wissenschaftlichen Erkenntnis und ihrer Praxis, ergänzt sich die Erfahrung dieser Welt zu der Überzeugung, daß unser Zeitalter das Zeitalter der Vernunft ist. Denn ist es nicht einfach ein Gebot der Rationalität, sich der wissenschaftlichen Erkenntnis der Welt anzuvertrauen, wo die private Erkenntnisfähigkeit so defizitär ist? Und beweist uns der Fortschritt der wissenschaftlichen Erkenntnis, indem er jeden Tag die Macht der Manipulation vergrößert, nicht jeden Tag aufs neue, wie beschränkt die menschliche Erfahrung und in welchem Ausmaß sie bloßer Spiegel ihrer genetisch-chemisch-physikalischen Konstitution ist? Und zeigt uns zugleich, indem er uns jeden Tag mehr Macht der Manipulation gibt, jeden Tag aufs neue, wie klug es war, sich dieser Erkenntnis anzuvertrauen? Und wie dumm die menschliche Erfahrungsfähigkeit ist, wo sie doch dieser Welt des technisch Machbaren so hilflos gegenübersteht?

Ist es da nicht einfach ein Gebot der Rationalität, sich der wissenschaftlichen Erkenntnis der Welt anzuvertrauen, auch wenn es manchem schwerfiel, jene anthropozentrische Ausnahmestellung, in der jeder Mensch glaubte, einfach so für sich ein Recht auf Wahrheit zu haben, aufzugeben. Aber wir stammen nun mal eben von den Tieren ab, und menschlich werden wir nicht dadurch, daß wir das verleugnen, sondern daß wir den harten Tatsachen des Tierisch-Beschränkten in uns ins Gesicht sehen.

Nicht Wunschdenken und Projektion und Identifizierung, sondern Triebunterdrückung und die Disziplin, das Realitätsprinzip anzuerkennen und vor allem, es zu erkennen, macht die menschliche Zivilisation aus.

Denn wo kämen wir denn hin, wenn wir die Wissenschaft nicht hätten, dann forderte schon der tägliche Kampf ums Überleben den Einsatz aller Kräfte (so wie bei den Steinzeitmenschen!), dann steckten wir auf ewig in dieser Arbeitsfron fest, die die Entfaltung unserer menschlichen Fähigkeiten Tag für Tag verhindert. So aber sind wir die erste Zivilisation, die nicht nur träumt, sondern die den Traum vom Schlaraffenland für alle wahrmacht. Und das alles, weil wir so vernünftig sind. So vernünftig, uns der Arbeitsdisziplin zu unterwerfen, die der Aufbau der automatischen Produktion erfordert, so vernünftig, nicht auf die Lockungen unserer ›Triebe‹ zu hören, so vernünftig, uns der Interpretation der Welt durch die Rationalität zu unterwerfen – und was wäre rationaler als die Rationalität der Berechenbarkeit?

Wenn es so weit ist, wenn alles, was wir auf der gesellschaftlichen Ebene tun, uns völlig rational erscheint, und das Irrationale nur noch in den Individuen aufgrund ihrer biologischen Herkunft und individuellen Fehlerhaftigkeit haust, dann hat sich das Weltbild der Berechenbarkeit als Struktur einer gesellschaftlichen Nische etabliert, weil es zunehmend gelingt, aus dieser verobjektivierten Struktur alles auszuschließen, an was Erfahrungsfähigkeit sich entwickeln könnte.

In diesem gesellschaftlichen Abseits, ohne kulturell tradierte Sprache, ohne Recht, ohne kulturell tradierte handgreifliche und geistige Möglichkeiten, an denen sie wachsen könnte und an denen sie ein Vorbild hätte, verkommt Erfahrungsfähigkeit aus objektiven Gründen notwendig zu dem, zu was sie aus subjektiven Gründen dort notwendig verkommen muß, wo einer sein Subjekt-Sein über die Identifikation mit diesem Weltbild aufbaut. Und in der objektiven Struktur des Nischenaufbaus wiederholt sich so exakt die Struktur der psychischen Ordnung, immer zugleich Gegenordnung, Aufbau und Abwehr zu sein.

Wobei dem autozentrischen Charakter durchaus nicht nur jene introvertierte Form der Erfahrungsabwehr, die im Autismus bis zum Extrem entwickelt wurde, zur Verfügung steht, sondern auch ihr extrovertiertes Gegenstück, das im Sadismus vorgeführt wird – die Konzentration nicht nur auf die Auslöschung des eigenen Fühlens, sondern die Konzentration auf die Auslöschung des eigenen Fühlens in der Zerstörung des anderem, das einem zum Fühlen bringt.

Kollektiv läßt sich natürlich diese Abwehr ganz anders inszenieren als bloß privat und individuell. So wie ja auch die Entwicklung von Erfahrungsfähigkeit als Anliegen einer Gesellschaft zu ganz anderen Ergebnissen führt, als wenn bloß jeder einzelne für sich immer wieder von vorne damit anfängt. Und unschwer läßt sich aus dem Vorhergesagten erkennen, daß jener introvertierte Part der Erfahrungsabwehr, der Vernichtung durch Verdrängung, gemeinsam von der Etablierung der wissenschaftlichen Erkenntnismethode und dem Aufbau der mechanisierten Produktion übernommen wird, während der extrovertierte Part, die Vernichtung durch Zurichtung und Zerstörung des anderen, vor allem die Domäne des Machens ist, jener Verwandlung der Welt in eine durch und durch gemachte. Denn das Faktum, daß hier nicht nur etwas, sondern überwältigend viel produziert wird, sollte nicht verschleiern, daß eben dadurch genauso viel und viel mehr noch vernichtet wird: Die Verwandlung der Welt in eine nach den Regeln der Berechenbarkeit gemachte zerstört die Welt, wie sie ohne unser Zutun wurde und wird – jene nicht berechenbare Welt des Einmaligen, in der die je individuelle Erfahrungsfähigkeit des Menschen sich finden kann. Und zerstört aufgrund der nicht mitbedachten Nebenwirkungen, ob sie sich nun als schleichende Verseuchung oder als plötzliche Katastrophe ereignen, notwendig immer mehr, als sie in ›Gemachtes‹, in wirklich Berechenbares verwandelt.

Allen Formen der Erfahrungsabwehr jedoch, der introvertierten und der extrovertierten, der psychisch-individuellen und der kollektiv-tätlichen ist gemeinsam, daß sie dazu neigen, aus der zielgerichteten Verdrängung einzelner Erfahrungen abzurutschen in einen sich selbst verstärkenden Regreß, der erst in jenem Extrem halt machen kann, wo unspezifisch Erfahrungsfähigkeit überhaupt und alles, was sie notwendig machen oder provozieren könnte, zu jenem Feindlichen gehört, das es zu verdrängen oder zu vernichten gilt. Und wenn die psychische Erfahrungsabwehr sich so radikalisiert aus inzwischen wohlbekannten psychischen Ursachen, so rutscht die kollektiv-verobjektivierte aus Gründen ihrer objektiven Struktur notwendig ins Extreme ab.

Zum einen repräsentiert unsere Welt des Gemachten ein biologisch falsches Weltbild, dessen Nische nur Bestand hat, wenn sie nach innen und nach außen expandiert. Um ihre Funktionen aufrechtzuerhalten, muß sie immer mehr natürlich Gegebenes in Gemachtes verwandeln; und wenn es früher sauberes Wasser und Fische und Schwimmen als Geschenk der Natur gab, so haben wir das heute, weil wir es mit Wasseraufbereitungs- und Fischaufzuchtsanlagen und Schwimmbädern mit Wasserumwälzungs- und Desinfektionsanlagen *machen*. Und um das zu machen, brauchen wir eine Energieproduktion, die nicht ganz unerheblich dazu beiträgt, daß wir sauberes Wasser nun selbst machen müssen und daß es saubere Luft und wilde Wälder nicht mehr gratis gibt. So daß wir eben nun auch Freizeitparks *machen* müssen und morgen das technisch-produzierte Ozonschild – die Erde als Produkt der Industrie und Wissenschaft.

Aber diesem so Gemachten ist ein Strukturfehler inhärent. Um wirklich die Welt auf Dauer in eine gemachte zu verwandeln, müßte jenes technische Machen, jene ›alter creatio‹, zu jener permanenten Neu-Schöpfung alles Seienden fähig sein, das die prima creatio auszeichnet. So aber wird aus dem, was früher als das dauernde Werden der Welt ohne unser Zutun die Sicherheit unserer Existenz garantierte, in zunehmendem Maße jener Faktor, der die Sicherheit unserer gemachten Welt bedroht, sobald wir aufhören, sie zu machen, und sie als Produkt voraussetzen wollen. ›Natur‹ ist nicht jene freundliche Macht, die macht, daß jede zerstörte Pflanzendecke wieder nachwächst, und so nicht nur eßbare Pflanzen, sondern auch eßbare Tiere wiederbringt, sondern jene aggressive Gewalt der Unkräuter, die unsere Monokulturen überwuchern; nicht jenes verläßliche Wirken, das all das, dem keine erhaltende Aufmerksamkeit mehr geschenkt wird, in fruchtbaren Humus zerfallen läßt, sondern jene gefährliche Unvollkommenheit alles Seienden, die Haarrisse dort zuwege bringt, wo sie unsere Atomkraftwerke in die Luft sprengen können; nicht jene Grundlage menschlichen Aufgehobenseins, die mit jedem Tod wieder neues Leben schafft, sondern jene zerstörerische Kraft, die unser Gemachtes zerstört und ihr Werden an seine Stelle setzt.

Und wenn man am Anfang noch von einem positiven Aufbau, von einer produktiven Verwirklichung eines Weltbildes sprechen konnte, das der Welt etwas hinzufügte, weil es lebbare Alternativen gab, so verschwindet diese Freiheit der Wahl mit zunehmender Macht und Größe der Verwirklichung, bis es schließlich, wie heute nur noch, oder vielmehr immer wieder, ums bloße ›Überleben‹ geht. Darum, daß uns das Öl aus der Kohle-Energiekrise rettet, die unser System mit dem Kollaps bedroht. Darum, daß uns das Atom vor jenem Kollaps rettet, der uns durch die Erschöpfung der natürlichen Öl-Ressourcen droht. Darum, daß uns gentechnisch manipulierte Bakterien vor der Ölkatastrophe bewahren, die das Leben in den Meeren zerstört. Darum, daß uns das Klimamanagement vor dem Treibhauseffekt bewahrt, der durch unseren Energieverbrauch mitverursacht wird. Darum, daß uns die intelligenten Computer vor der ›Informationsflut‹ retten, die die Verwaltung und Organisation dieser ganzen Systeme mit sich bringt.

Der Nischenaufbau im Modus der Ordnung der Berechenbarkeit setzt selbst Prozesse in Gang, die die Existenz der Nische gefährden. Um dieser Gefährdung zu begegnen, wird es nötig, immer mehr Prozesse, die bisher ohne unser Zutun abliefen, in berechenbare und kontrollierbare, kurz, in gemachte zu verwandeln. Aber eben jene Verwandlung der Welt in eine nach der Ordnung der Berechenbarkeit gemachte setzt selbst Prozesse in Gang, die die Existenz dieser gemachten Welt als ganze gefährden. Um dieser Gefährdung wiederum zu begegnen...

Jetzt ist es nicht nur rational, daß wir den Aufbau der automatischen Produktion mit allen Mitteln betreiben müssen, nicht nur rational, sich allein der wissenschaftlichen Erkenntnis der Welt anzuvertrauen, sondern jetzt ist es auch rational, daß wir, wie Jantsch es im Dialog ausdrückte, ›zum Systemmanagement auf allen Ebenen aufgerufen sind‹ (1979 / 356), oder, wie Fredkin im Dialog beklagte, ›daß wir uns um alles auf der Welt kümmern, daß wir Gott und Mensch zugleich sein müssen‹. (1979 / 352)

Wie könnte es auch nicht rational sein, wo doch sonst unser Überleben als Art gefährdet ist?

Um aber ›Systemmanagement auf allen Ebenen‹ betreiben zu können, müssen wir mit allen verfügbaren Kräften den Aufbau der automatischen Produktion und die wissenschaftliche Erforschung der Welt vorantreiben, und dort, wo wir uns früher vielleicht noch Skrupel leisten konnten, da es ja nur um ›Befreiung‹ und ›Erkenntnisfortschritt‹ ging, da gilt es jetzt, den Mut zur Risikobereitschaft zu fassen, weil anders sonst das größte Risiko – der Untergang aller – nicht zu vermeiden ist.

Was zählen, wo es so ums Ganze geht, die Wünsche einer Frau Heinrich? Oder der Umstand, daß Tier- und Pflanzenarten ausgerottet werden? Oder die berechneten Wahrscheinlichkeiten internationaler Katastrophen? Wo doch andererseits, eben da es ums Ganze geht, der endgültige Sieg zum ersten Mal möglich scheint? Möglich ist er freilich nur, wenn tatsächlich alles der Logik der Berechenbarkeit sich fügt. Und wenn am Anfang die Erfindung der wissenschaftlichen Erkenntnismethode jener wirklich geniale Einfall war, der aus der Ohnmacht und der Armut einer bloß psychischen Störung eine Lebensweise machte, der die Macht und der Reichtum einer ganzen Welt zur Verfügung stand – sie brauchte nur zuzugreifen! –, so wird jetzt die Alleingültigkeit der Wissenschaft zu jenem Tabu, dessen Verletzung den Tod bringt. Und zwar nicht den ›bloß‹ psychischen Untergang, wie der Zusammenbruch der Erfahrungsabwehr beim Autisten oder Sadisten, sondern den ganz realen physischen Tod. Aber schließlich haben wir ja auch, anders als ein gewöhnlicher Autist und Sadist,

unsere Erfahrungsabwehr nicht als bloß psychische Leistung, sondern als Konstruktion einer realen Welt aufgebaut.
Und das impliziert auf der anderen Seite: Je extensiver und je intensiver unsere Nische des Gemachten reale Gültigkeit gewinnt, desto wirksamer wird dieser extrovertierte Vollzug der Ordnung auch in seiner introvertierten Funktion: der gesellschaftlichen Abwehr, der gesellschaftlichen Negation von Erfahrungsfähigkeit.
Über die Zeit gelangen immer mehr Leute an jenen Extrempunkt psychischer Verarmung, wie er in der individuellen Akzeptanz von Drogenkonsum seine Vollendung erfährt. Dieser Bereitschaft, sich selbst wie ein Objekt zu manipulieren, weil man denn anders mit sich selbst nicht fertig wird, entspricht in der extrovertierten Form die instinktive Flucht in die Gewaltanwendung nach außen – die Bereitschaft, unmittelbar den anderen unter allen Umständen und mit allen Mitteln wie ein Objekt zu manipulieren. Und so wie der Drogenkonsument schließlich nicht mehr ein bestimmtes Gefühl mit seiner Droge manipuliert, sondern die Droge gegen ›alles‹ und fürs Leben überhaupt braucht, so gibt es in der extrovertierten Abwehr das Muster der diffusen Gewaltbereitschaft: Dort, wo Gewalt nicht mehr zielgerichtet gegen ein Objekt eingesetzt wird, sondern sich diffus an allem entzünden kann, weil man mit sich selbst so wenig zurechtkommt, daß man in der Tat ›vor allem‹ auf der Hut sein muß.
Zur Verbreitung dieser extrovertierten extremen Form der Erfahrungsabwehr gibt es keine Zahlen. Zum einen, weil sie statistisch nur schwer von anderen Formen der Gewaltanwendung zu trennen ist, zum anderen, weil sie nicht als eigenständiger Indikator in der statistischen Erfassung unserer Gesellschaft auftaucht. Charakteristisch für diffuse Gewaltanwendung sind Vorkommnisse wie diese:
›Manchmal genügt eine falsche Bemerkung, ein schiefer Blick, um das Gewaltpotential ... zur Explosion zu bringen. Als an der Kramer Junior High School ein 15-jähriger mit einem Gewehr erwischt wurde, bot Schulsprecher Charles Seigle folgende Erklärung an: ›Die Art, wie ein anderer ihn anschaute, ärgerte den Schüler‹ – worauf der nach Hause eilte, um seine Kanone zu holen.‹ (Spiegel 6.3. 1989 / 179)
Ganz allgemein sinken die Hemmschwelle gegenüber Gewaltanwendung mit bewußt in Kauf genommenen tödlichen Folgen und das Alter, in dem tödliche Gewalt angewendet wird.

›Für Dr.George Benjamin, Chirurg an Washingtons General Hospital, markiert die Zahl der Schußwunden den Unterschied zwischen Krieg und Frieden: ›Bei Zivilisten ist eine Schußwunde pro Patient das Normale.‹ Das war einmal. ›Jetzt ... haben wir hier Leute mit sieben oder acht Schußwunden.« (Spiegel 6.3.1989 / 179)

Ausnahmefälle? Immerhin häuften sich die Ausnahmefälle Anfang 89 in Washington so, daß der Bürgermeister eine generelle nächtliche Ausgangssperre für Jugendliche unter 18 Jahren beschloß. Bloße Reaktion von Ghetto- und Slumbewohnern? ›Die Frankfurter Bestandsaufnahme, unterlegt durch Schilderungen betroffener Schüler, macht deutlich, daß aggressives und kriminelles Verhalten in Hauptschulen und Gymnasien gleichermaßen zum Alltag gehören. Brutalität, stellte Rothenberger fest, sei ›nicht schichtenspezifisch‹.‹ (Spiegel 18.2.1991 / 91)

Wenn es so weit mit uns gekommen ist (und auch schon um etliches vorher), dann braucht die wissenschaftliche Methode Erfahrung nicht mehr als Erkenntnismethode zu diskriminieren, dann diskriminiert die Form, in der diese Fähigkeit in dieser Gesellschaft jeweils in den Individuen existent ist, diese Fähigkeit von selbst. Und was sich vorher als ein Streit verschiedener Erkenntnismethoden darstellen ließ, das präsentiert sich jetzt als objektiver Stand der Dinge so, daß wir tatsächlich nur noch die wissenschaftliche Methode haben, um diese Welt zu erkennen, und nur noch jene Handlungsalternative, die Welt in eine gemachte zu verwandeln, um in ihr zu leben, weil Fühlen tatsächlich jenes Irrational-Unkontrollierbare geworden ist, das die Welt mit Krieg, Gewalt und Terror überzieht.

In so einer Welt erscheint die Welt des Machens, die sich am Ideal der Berechenbarkeit orientiert, und die Welt des technisch Machbaren, die wir ihm verdanken, als das einzig Sichere, als jene Zuflucht, in der allein sich gemeinsam leben läßt, weil es allein hier Regeln gibt, die allen gemeinsam sind und an die alle sich halten müssen. Und gegenüber der feindlich-aggressiven inneren und äußeren Natur wird jene Nische des Gemachten zum alleinigen Hort der Ordnung und der Sinngebung.

Wie aber kann einer sich in dieser Welt des Gemachten und des Machbaren sicher fühlen, wenn es auch hier in jedem Moment um Sieg oder Untergang geht?

Und wenn man sich nicht einmal in der Welt des Gemachten

sicher fühlen kann, wie kann man sich dann überhaupt sicher fühlen?

Da wird Machen zur soldatischen Pflicht, und was vorher eine Zuflucht war, wird zum Angriff, weil nur durch die permanente Vorwärtsverteidigung, durch die permanente Eroberung dessen, was noch nicht manipulierbar ist, das zu erhalten ist, was gestern Bestand hatte. Denn hinter jenem Versagen der Alleingültigkeit der Ordnung der Berechenbarkeit lauert jetzt nicht nur der physische Tod, dem als Restrisiko noch vernünftig zu begegnen wäre, sondern jedes Versagen steht stellvertretend für den Zusammenbruch der Erfahrungsabwehr und beschwört jene Panik der Extremerfahrung herauf, die dem psychischen Untergang vorausgeht. Wenn aber so Handeln von Panik bestimmt wird, dann verliert auch das Handeln jedes vernünftige Maß, und auch der G (rößte) A (nzunehmende) U (nfall) verspricht dann noch mehr Sicherheit als jenes Undenkbare, das geschähe, würden wir anfangen, der Macht unseres technischen Machens mit Mißtrauen zu begegnen.

Wenn jener innere Zirkel von zunehmender Stärke der Erfahrungsabwehr und zunehmender Bedrohung durch die Fähigkeit zur Erfahrung in jenem gesellschaftlichen Außen, in dem der Einzelne zu Recht Zuflucht sucht, weil dort die Ordnung unseres Weltbildes als real gültige sich etabliert, nicht auf Sicherheit, sondern auf einen äußeren Zirkel von zunehmender Macht des Gemachten und zunehmender Bedrohung durch das Gemachte stößt, der den inneren exakt parallelisiert, dann kommen zu den ganzen ›rationalen‹ Gründen, die uns das Machen als einzigen Ausweg einsichtig machen, die ganzen ›irrationalen‹ Gründe mit durchschlagender Überzeugungskraft dazu. Und wenn einer so sich in der Ordnung seines Weltbildes doppelt bedroht sieht, innen mit dem Rücken zur Wand und außen mit den Füßen vor dem Abgrund steht, dann wird ihm all das, was nicht in diese Ordnung hineinpaßt, egal ob es jenes Fühlen von innen oder jenes natürlich gewachsene Ding von außen ist, zu jenem einen Feind, den er – koste es, was es wolle – vernichten muß, weil er nur so überleben kann.

Und jene Mittel, die einst zur Etablierung unseres Weltbildes taugten, werden jetzt jedes einzelne für sich zu jenen Mitteln, von deren bedenkenlosem expansivem Einsatz die Existenz unserer Welt abhängt. Da müssen wir nicht das Material standardisieren, damit wir es in der automatischen Produktion verwenden können, sondern erst, wenn aller Stoff künstlich gemachter ist, können wir sicher sein, daß er keine Eigenschaften hat, die unser Tun sabotieren. Da müssen wir nicht die Qualität menschlicher Arbeit negieren, damit sie der automatischen Produktion kompatibel ist, sondern erst, wenn auch subjektives Tun restlos berechenbar geworden ist, verliert es jene unberechenbare Undurchschaubarkeit, die es jetzt so bedrohlich macht. Da müssen wir nicht menschliche Wahrnehmung und Erfahrungsfähigkeit diskriminieren und von ihr nur das wahrnehmen, was manipulierbar ist, um die Alleingültigkeit der Wissenschaft zu beweisen, sondern nur, wenn auch ›das Fühlen‹ des Menschen restlos so zugerichtet ist, daß die wissenschaftliche Erkenntnis es fassen kann, können wir aufatmen. Da müssen wir nicht bedenkenlos die theoretischen Manipulationsmöglichkeiten praktisch umsetzen, um die Macht wissenschaftlicher Erkenntnis zu demonstrieren, sondern nur, wenn uns wissenschaftliche Erkenntnis immer mehr jene reale Macht gibt, haben wir eine Chance.

Was schadet es da, daß es ›Nebenwirkungen‹ und Unfälle gibt, besser eine von uns zerstörte Natur, als eine, die ohne unser Zutun abläuft, besser ein menschliches Tun, das schon so mächtig ist, daß die Natur global mit Nebenwirkungen reagieren muß, als ein menschliches Tun, das so ohnmächtig ist, daß es keine Spuren hinterläßt:

Die Aggressivität des Machens in unserer heutigen Gesellschaft erklärt sich nicht nur daraus, daß das Gemachte hier nicht das natürlich Gewordene ergänzen, sondern ersetzen soll, und nicht nur daraus, daß die Verwandlung der Welt in eine gemachte jener tätliche Teil der Erfahrungsabwehr ist, der kollektiv inszeniert werden kann, sondern zum großen Teil auch daraus, daß diese kollektiv inszenierte Abwehr an einem Punkt angelangt ist, an dem sie nicht mehr als zielgerichtete, sondern nur noch als präventive ihre Wirkung tut und als präventive wirken muß, soll sie Bestand haben. Und da ist bloße Zerstörung dort, wo wir noch nicht manipulieren können, durchaus jene produktive Alternative, deren Effektivität wir aus dem privaten Erleben kennen. In dieser Logik ist selbst ein Öltankerunfall oder ein Chemieunfall wie Seveso oder ein Atomunfall wie Tschernobyl etwas, das uns positiv bestätigt: Erstens, weil es zeigt, wieviel wir zerstören könnten, wenn wir nur wollten, und zweitens, weil es demonstriert, daß auch die Seevögel nur überleben können, weil wir ihnen die Federn waschen, die Inder nur, weil wir ihnen Entschädigung zahlen, und die Russen nur, weil wir ihnen amerikanische Knochenmarktransplantationsspezialisten schicken. Wo käme die Schöpfung hin, wenn es uns Menschen nicht gäbe!

Zu was für einem Trauma des Ich-Verlusts aber muß in so einer Welt jene Erfahrung notwendig geraten, die wir als Kinder manchmal nicht umhin kommen zu machen: die der Identifizierung mit dem anderen. Wenn es so, wie die Erfahrung uns zeigt, nur die Alternative gibt, globaler Täter oder mit der Welt Opfer zu sein, und nur die Wahl, so bedenkenlos tätlich zu werden oder durch seine Bedenken unterzugehen, wie sollte da nicht die Welt des Machens und die Welt der Wissenschaft als jener einzig wirklich gangbare Weg erscheinen, der uns allein aus all dem, was wir fürchten, herausheIfen können muß? Je extensiver und je intensiver wir aber diese Verwandlung der Welt in eine gemachte vorantreiben, je mehr wir mit Leib und Seele, mit Verstand und Gefühl in diesem Tun involviert sind, desto mehr gelingt es uns, die Welt in eine zu verwandeln, in der tatsächlich nur noch jene Alternativen gültig sind, die die Ordnung der Berechenbarkeit uns eröffnet, und in der wir – immer zugleich auf Gedeih und auf Verderb – ihrer expansiven Logik ausgeliefert sind:

Jenem dynamischem Aufbau der wissenschaftlichen Erkenntnis der Welt und der technischen Macht, die sie uns gewahr werden läßt, und jener dynamischen Zerstörung innerer und äußerer Natur, die sie vor allem als Zerstörung des Subjektiven nicht wahrhaben will.

Die Grundkomponenten unserer Macht – ein historischer Überblick

Das Realitätstüchtigste an der expansiven Entwicklungslogik unseres Weltbildes jedoch ist:

Das Rezept, mittels dessen wir hier im Abendland unser Weltbild als eine sich selbst verstärkende, real gültige Ordnung etablieren konnten, läßt sich – zwecks Etablierung dieser Ordnung – auch anderswo wiederholen.

Und wie in einem Zeitraffer finden wir in der Geschichte der Begegnung unserer Kultur mit den sogenannten Primitiven all jene Vorgehensweisen zusammengedrängt, die sich bei uns über die Jahrhunderte hinweg und teilweise als das Anliegen unterschiedlicher Bewegungen verteilten. Denn das wissenschaftliche Weltbild hatte es ja bei uns nicht mehr direkt mit jenen alten ›animistischen Religionen‹ zu tun, die sich über die Differenzierung der Erfahrungsfähigkeit tradierten. Die effektive Vernichtung dieser Haltung zur Welt als artikulierte Weltanschauung und Erkenntnismethode war bei uns eine Vorleistung des Christentums, das sich – als eine Religion des Glaubens und der bedingungslosen Unterordnung unter die Repräsentanten Gottes – ebensowenig wie wir die Existenz einer Haltung zur Welt erlauben konnte, in der der ›Zugang zu Gott‹, der Zugang zur Wahrheit eine Sache der Erfahrung jedes einzelnen war.

Vergißt man hingegen bei uns die Länge der Zeit und konzentriert sich nur auf die abstrakten Elemente der Gebrauchsanweisung, so parallelisieren sich die Vorgänge bei uns und der Sieg der Zivilisation über die Primitiven dort auf erhellende Weise.

Gebraucht wird:

1. Die gesellschaftliche Negation der Qualität des Arbeitsvorgangs selbst und die Ausrichtung der Struktur der Arbeit am Aufbau der automatischen Produktion.
2. Die gesellschaftliche Negation von Erfahrungsfähigkeit als Mittel der Erkenntnis.
3. Die Demonstration der Macht wissenschaftlicher Erkenntnis.

Ad 1: Gesellschaftliche Negation der Qualität des Arbeitsvorgangs selbst und Ausrichtung der Struktur der Arbeit am Aufbau der automatischen Produktion.

Dieser Programmpunkt ist in seinen Anfängen identisch mit der Zerstörung der traditionellen bewährten Subsistenzmethoden. Denn ohne Not, ohne den erzwungenen Zusammenbruch der alten Art zu produzieren, die oft jahrhundertelang in der gleichen Form das Volk ernährte, ohne die Gefahr, ansonsten zu verhungern, fügen die Leute sich nicht in jenen neuen Arbeitszwang.

Das war bei uns nicht anders, wo die Weber nicht freiwillig in die Fabriken gingen, sondern wo die ArbeiterInnen und Kinder in den neuen Webfabriken sich zum einen aus jenem Personenkreis rekrutierten, der durch die Landreform im Zuge der Umstellung auf großflächige Wollproduktion ihren Lebensunterhalt als Landpächter verloren hatte, und zum anderen aus jenen Handwebern, die mit der Effektivität der Maschine nicht mithalten konnten.

Und das ist in der Dritten Welt nicht anders, wo die Anziehungskraft der Elendsviertel der großen Städte nicht deswegen so groß ist, weil dort das Leben so attraktiv ist, sondern weil das Land nicht mehr dazu dient, daß dort die Bevölkerung ihre Lebensmittel produziert, sondern dazu, daß dort ein Bruchteil der ehemaligen Bevölkerung mit modernen Methoden die Exportartikel für uns herstellt.

Ad 2: Gesellschaftliche Negation von Erfahrungsfähigkeit als Mittel der Erkenntnis.

Dieser Punkt ist zum einen identisch mit der Vernichtung von Wissen. Und wie vernichtet man am besten ein Wissen, das nicht in Buchform überliefert und festgehalten wird? Indem man die Kultur zerstört, mittels derer dieses Wissen tradiert wird, und in dieser Kultur bevorzugt jene Institutionen oder Einrichtungen, die die Tradierung der Erkenntnismethoden zum Ziel haben. Und wie vernichtet man am besten eine Kultur? Indem man ihr die materielle Lebensgrundlage entzieht (siehe oben), indem man die Leute tötet, die die Kultur tradieren und / oder die Tradierung insgesamt unter Strafe stellt, indem man den Leuten den Status eines Subjekts abspricht und sie zum Sacheigentum des Eroberers und Besitzers erklärt, indem man Völkermord begeht.

Wobei für die erste Methode sich nicht nur jenes langfristige Vorgehen der Umstrukturierung der Produktion von Punkt 1 empfiehlt, sondern durchaus auch schneller wirkende Mittel gang und gäbe waren: Die Vertreibung des betreffenden Volkes aus seinen ursprünglichen fruchtbaren Stammesgebieten in unfruchtbare ›Reservate‹. Das haben wir nicht nur exemplarisch in Amerika und Australien vorexerziert, sondern die Methode kannte auch schon Karl der Große, der seine Unterwerfung und Zwangschristianisierung der Sachsen nicht nur damit anfing, daß er 4500 Aufständische hinrichten ließ, sondern auch damit beendete, daß er die Sachsen in andere Reichsteile zwangsumsiedelte.

Die zweite Methode stellt sich – unter Nichtbeachtung der zeitlichen und räumlichen Differenzen – einhellig so dar:

›Die zahllosen Rituale und Zeremonien, in die indianisches Leben förmlich eingebettet war – hierzu gehören vor allem auch die vielen rituellen und zeremoniellen Tänze – ... sind sowohl von

den frühen europäischen als auch späteren amerikanischen Kommentatoren über Jahrhunderte hinweg in seltener Einmütigkeit als dämonische Infernalien betrachtet worden.... Die Abhaltung wurde durchgehend vom 16. bis weit ins 20. Jahrhundert hinein gesetzlich verboten und mit harschen strafgesetzlichen Sanktionen belegt. Noch bis 1951 wurde etwa in Kanada nach dem sogenannten ›Pottlach-Gesetz‹ jede Person, die an solchen Tanzzeremonien teilnahm oder an den Vorbereitungen hierzu beteiligt war, mit Gefängnis zwischen zwei und sechs Monaten bestraft. So hartnäckig sind derartige Vorurteile besonders bei Wissenschaftlern, daß ... im Dezember 1972 eine Pressekampagne mit dem Ziel gestartet wurde, sämtliche derartigen Rituale wieder strikt zu verbieten und Zuwiderhandlungen unter drakonische Strafandrohung zu stellen. Mediziner und Psychiater unterstützten diese Forderung. Am 20. Februar 1973 veröffentlichte die Zeitung *The Province* ein Interview mit dem Sprecher der kanadischen Vereinigung forensischer Psychologen. Dort heißt es: ›Die Gefahr solcher Zeremonien besteht darin, daß Aggressionen und Feindseligkeiten von den Beteiligten leicht Besitz ergreifen können ... das Ganze wird dämonisch und satanisch. Bis zum Zusammenbruch jeglicher Moral ist es nur ein kleiner Schritt.«
(Stammel 1986 / 93 f.)

Oder so:

›Olaf setzte ... die Christianisierung in Norwegen fort. Diejenigen, die sich taufen ließen, wurden in die Freundschaft des Königs aufgenommen, diejenigen, die sie ablehnten, wurden verstümmelt, geblendet oder hingerichtet. Heidnische Tempel und Gebetsplätze wurden rücksichtslos dem Edboden gleichgemacht.‹ (Magnusson et al. 1986 / 39) (Olaf Haraldson um 1000, genannt auch Olaf der Kühne, wurde übrigens später heiliggesprochen.)

Oder so:

›König Karl XI ... befahl, auf allen Lappenmärkten Thing zu halten. Die Samen sollten sich – bei strenger Bestrafung der Weigerung – mit ihren Zaubertrommeln dort einfinden. ... Bei den Trommeln handelte es sich um kleine Kunstwerke, Ovale von Holz, mit Tierhaut überzogen und kunstvollen Griffen versehen. Die glattgeschabte pergamentartige Haut war mit Symbolen und Zeichen versehen, den einzigen zuverlässigen Quellen über das Leben der Samen in den alten Zeiten. Diese Trommeln wurden verbrannt. Wurde ruchbar, daß ein kunstfertiger Noijde sich Ersatz beschafft hatte, dann wurde er festgenommen und öffentlich ausgepeitscht. Und wenn er auch dann unbeugsam blieb, hatte er sein Leben verwirkt. Im Jahre 1686 verurteilte das Schwedische Hofgericht den Samen Lars Nilsson aus diesem Grund zum Tode!‹ (Schwede 1973 / 97)

Was die dritte Methode anbetrifft, so sei hier nur kurz auf das Verhältnis der ›zivilisierten‹ Welt zu Afrika verwiesen, in dem gleich die Bewohner eines ganzen Kontinents zu Sachwerten deklariert wurden.

Natürlich kann man die Methoden auch kombinieren, z. B. so:

›Dieses System war so wirksam, daß das Indianerland schnell von 560 000 auf 210 000 Quadratkilometer zusammenschrumpfte. ... Um den ›Fortschritt‹ der Indianer weiter zu beschleunigen, nahm man ihnen mit Gewalt die Kinder weg und steckte sie in auswärtige Schulen. Ihnen wurde das Haar geschnitten und der Gebrauch ihrer Sprache, das Tragen ihrer eigenen Bekleidung und die Pflege ihres Brauchtums verboten. Sie erhielten englische Namen und mußten sich dem Religionsunterricht bestimmter christlicher Sekten unterziehen. Mit dem Zerbröckeln des Indianerlandes ging ein weiterer Rückgang der indianischen Bevölkerung einher, bis im Jahr 1923 kaum noch 220 000 Indianer in den Vereinigten Staaten lebten.‹ (Waters 1980 / 305)

Oder aber eben direkter Völkermord. Z. B. so:

›Tasmanier, die im 19. Jahrhundert von europäischen Einwanderern ausgerotteten Bewohner Tasmaniens, vermutlich die früheste Bevölkerung Australiens und Tasmaniens ...‹ (Fischer Lexikon 1981)

›Die Ona oder Selkma auf Feuerland, die 1880 noch 4 000-5 000 Köpfe zählten, (wurden) nach Menschenjagden der weißen Viehzüchter völlig ausgerottet ...‹ (Fischer Lexikon 1981)

Aborigines: ›Those of the southeast, today all but extinct, ...‹ (Campbell 1983 / 134)

Und konkret sah das dann z. B. so aus:

›Im Jahr 1814 warf das Territorium Indiana für einen Indianerskalp eine Prämie von 50 Dollar aus. In Colorado wurde ein Gesetz beantragt, das Belohnungen bewilligen sollte ›für die Vernichtung von Indianern und Stinktieren‹. Um 1876 war in Deadwood im Territorium Dakota der Preis für Skalps auf 200 Dollar gestiegen. In Oregon wurde eine Prämie für Indianer und Coyoten ausgesetzt. Die Indianer wurden mit Hunden aufgespürt und ihre Quellen vergiftet. Die Frauen wurden mit dem Gewehrkolben erschlagen, und den Kindern zerschmetterte man an Baumstämmen den Kopf, um die Ausgaben für Blei und Pulver zu sparen.‹ (Waters 1980 / 289)

Wobei wir uns dieses extreme Vorgehen auch deswegen leisten konnten, weil wir damals in Europa in einer Phase der Entwicklung angekommen waren, in der heute die Länder der Dritten Welt stecken: der Bevölkerungsexplosion, die in Europa im 18. und 19. Jahrhundert ihren Anfang nahm. Und erst nach und nach begreifen wir wieder, daß Nullwachstum der Bevölkerung nicht nur bei uns heute, sondern auch in der Antike und in der gesamten primitiven Welt ein kulturell erzeugtes Verhalten ist und war. Woraus sich umgekehrt schließen läßt, daß die durch die Zerstörung einer Kultur hervorgerufene materielle und psychische Verelendung ein Faktor ist, der trotz der hohen Kindersterblichkeit und trotz der niedrigen Lebenserwartung unkontrollierte Vermehrung fördert. Eine These, deren faktische Möglichkeit sich durch die Parallelität von Elend und Bevölkerungswachsum in den Ländern der Dritten Welt unschwer belegen läßt.

Fügt man zu dieser absichtlich inszenierten Primitivierung auf der anderen Seite das Wertmuster einer neuen Kultur hinzu, in dem unkontrollierte Vermehrung idealisiert wird, so haben wir exakt die Faktoren, die über die Zeit dazu führen, daß wir nachher so viele Menschen geworden sind, daß uns gar nichts anderes übrigbleibt, als auf der Erde zur herrschenden Rasse zu werden, und wir so wieder einen guten Grund mehr haben, der das Vorgehen unseres Weltbildes als rationales einsichtig macht.

Bei uns etablierte sich damals diese Struktur durch die lange Zeit der Hexenverfolgung, in der die letzten Reste volkstümlichen Wissens und Brauchtums um Empfängnisverhütung und Abtreibung zerstört wurden, und durch die Umstellung der Agrarwirtschaft von einer Subsistenzwirtschaft, derern Surplus abgeschöpft wird, in eine landwirtschaftliche Produktion, die der ›neuen Art zu produzieren‹ zuarbeitet. Wobei natürlich die so hervorgerufene Bevölkerungsexplosion die durch die Umstrukturierung der Produktionsweise verursachte materielle Verelendung ganz erheblich verstärkte. Was wiederum die Bereitschaft der Leute, sich in den neuen Arbeitszwang zu fügen, die ›Akzeptanz‹ der neuen Technik, nicht unerheblich vergrößerte. ›Betrachten wir Europa

allein, wo die Weltbevölkerungsexplosion ihren Ausgang nimmt, indem (zwischen 1820 und 1920) knapp 35 Millionen Menschen aus Europa als Eroberer und Siedler nicht nur ihre Fortpflanzungsmoral weltweit verbreiten, sondern auch die vorgefundenen Geburtenkontrollverfahren genauso radikal ausrotten, wie es denjenigen ihrer mittelalterlichen Vorfahren erging, so ersehen wir, daß der entscheidende Durchbruch des Wachstums ... in die zweite Hälfte des 18. Jahrhunderts fällt. Ebenso wie das Mittelalter haben auch die nichteuropäischen Gesellschaften bis zur Ankunft der Europäer mit Hilfe von Verhütung, Schwangerschaftsunterbrechung und Infantizid etc. ihre Bevölkerung stabil gehalten.‹ (Heinsohn et al. 1987 / 163)
In den Entwicklungsländern läuft dieser Prozeß der Zerstörung der alten Kultur zwecks und mittels der Etablierung der neuen mit den beiden sichtbaren Begleitfaktoren – Bevölkerungsexplosion und materielles Elend – nicht nur schneller, sondern auch drastischer, und damit deutlich erkennbarer ab. Nehmen wir Ozeanien, das zuletzt kolonialisiert wurde, als Beispiel:
›Vor der Ankunft europäischer Siedler und Missionare steigt die Bevölkerung in zwei Jahrtausenden (200 v.u.Z. bis 1800 u.Z.) von ca. 1 auf 2,5 Millionen. Die Ausrottung von Ureinwohnern erreicht mit 200 000 zwischen 1788 und 1838 allein in Australien in der ersten Hälfte des 19. Jahrhunderts ihren Höhepunkt. Gleichzeitig setzt sich das neuzeitlich-europäische Fortpflanzungsverhalten durch und bringt in nur 125 Jahren eine Verzehnfachung der Einwohnerschaft.‹ Heinsohn et al. 1987 / 164)
Nur daß damals für diese Menschenflut durch Eroberung fremder Länder und durch Ausrottung oder Dezimierung der sogenannten Ureinwohner Platz geschaffen werden konnte, während heutzutage den Entwicklungsländern dieses Ventil nicht offensteht und sie auf ihren Menschenmassen und auf ihrem Elend gleichermaßen sitzenbleiben.
Ad 3: Demonstration der Macht wissenschaftlicher Erkenntnis. Die Macht kommt, wie nicht nur Mao wußte, aus den Gewehrläufen. Oder abstrakter formuliert: Der Unterschied zwischen einer Demonstration der Macht und einer Demonstration der Richtigkeit von Erkenntnis liegt darin, daß die letzere den anderen in seinem Irrtum, in seiner spezifischen subjektiven Interpretation der Welt weiter leben läßt. Und das impliziert: Beschränkt sich eine Erkenntnis auf die Demonstration ihrer Richtigkeit, so

bleibt sie ohnmächtig, sie greift in den Lauf und das Leben der Dinge und Menschen nicht ein, es sei denn, das andere, dem die Richtigkeit der Erkenntnis demonstriert wird, akzeptiert aus freien Stücken deren Wahrheit und ändert deswegen sein Leben. Erkenntnis bleibt in ihrer Überzeugungsarbeit gewaltfrei.

Das Gefühl für diese Differenz von Wahrheit und Macht ist uns heute nicht ohne Grund verlorengegangen. Denn im Unterschied zu diesem Ideal der Gewaltfreiheit darf sich wissenschaftliche Erkenntnis erst Erkenntnis nennen, wenn sie demonstriert hat, daß sie in die Existenz des anderen so eingreifen kann, daß das andere völlig ihrer Gewalt unterliegt. Erkenntnis ist die Macht, den anderen prototypisch im Experiment so zu manipulieren, daß man sein Verhalten exakt prognostizieren kann. Alles andere ist keine Erkenntnis, sondern bloß eine Interpretation, die ihre gültige Wahrheit eben noch durch jenen Beweis der Macht zu erbringen hätte.

In dieser Konstellation ist die Konzeption einer Erkenntnis, die trotz ihrer Wahrheit ohnmächtig bleibt, nicht einmal mehr denkbar, und umgekehrt müssen wir uns nicht wundern, wenn in unserer Gesellschaft gilt, daß der, der Macht hat, auch Recht hat.

Denn die Überlegenheit unseres Weltbildes, die Einzigartigkeit unserer Erkenntnismethode, begründen wir ja nicht zuletzt mit dem Umstand, daß sie uns die Macht verleiht, all jene anderen Kulturen nicht nur im geistigen Wettstreit, sondern physisch zu besiegen. Jene haben bloß subjektive Einbildungen, wir aber die wahre Erkenntnis des Faktischen, was man schon daran ersieht, daß der Geistertanz der Medizinmänner nicht das Gewehr, sondern das Gewehr die Medizinmänner vernichtet. Und nahtlos vebindet sich mit dieser kriegerischen Form der technischen Machtdemonstration jene andere, die wir unter dem Adjektiv ›friedlich‹ einordnen. Denn schließlich wurden beide Formen mit ihrer jeweiligen gigantischen Verfügungsgewalt übers andere nur möglich aufgrund eines Erkenntnisbegriffs, der Erkenntnis systematisch auf den die Eigenstruktur des anderen verletzenden Eingriff aufbaut und ihren Erfolg daran mißt, daß dieser Eingriff mit genau vorhersagbaren Reaktionen wiederholbar wird.

Wenn so auch friedliches technisches Machen in seinem Ursprung durchaus einen kriegerischen aggressiven Charakter hat, so verwischt sich die Unterscheidung zwischen kriegerisch und friedlich, produktiv und zerstörerisch vollends, wenn man nicht

nur das in Betracht zieht, was wir mit dieser technischen Produktion absichtlich produzieren wollten, sondern auch das, was wir mit ihr unabsichtlich immer mitproduzieren: sämtliche Nebenwirkungen und Umweltunverträglichkeiten, die jetzt in zunehmendem Maße nicht nur anderes Leben vernichten, sondern auch unser eigenes bedrohen. Und wie muß sich dieser aggressive Charakter technischer Produktion erst ausmachen im Erleben einer animistischen Weltsicht, in der der Einzelne sich mit dieser Erde identifiziert als seinem anderen Ich. Da ergänzt sich die Gewehrkugel, die den eigenen Leib zerfetzt, und unsere technische Produktion, die den Leib der Erde zerfetzt, durchaus kohärent zu einer einzigen eindeutigen Botschaft. Und auch umgekehrt, von unserer Warte aus, macht die Eindeutigkeit dieser Botschaft Sinn, denn es ist in beiden Fällen die gleiche Form der Erkenntnis, die uns jeweils hier nicht nur ›die Wahrheit‹, sondern auch die Macht verleiht, dieser Wahrheit reale Gültigkeit zu verschaffen. Im Begriff der manipulativen Macht verschwindet der Unterschied zwischen Krieg und Frieden, zwischen Produktion und Vernichtung. Und wissenschaftliche Erkenntnis ist manipulative Macht.
So macht es denn auch nicht nur logischen, sondern auch praktischen Sinn, wenn andere Völker nach erfolgreicher Identifizierung mit unserem Weltbild in der Teilhabe an der so zu Verfügung stehenden Macht nicht wählerisch sind, und der Aufbau einer starken Armee oft noch vor dem Aufbau einer Industrie Priorität gewinnt. Die Macht, da hat der Große Vorsitzende Mao in einem von ihm wohl nicht mitgemeinten doppelten Sinne eben recht, kommt aus den Gewehrläufen. Oder, wie es Jacques Ellul ausdrückte: ›Not only were the machines the means their conquerors had used to subdue them, but the machines represented the possible means for liberations from these conquerors.‹ (Ellul 1964 / 118) Macht ist eben machtblockneutral einsetzbar.
Nicht neutral hingegen ist diese technische Machtdemonstration wissenschaftlicher Erkenntnis in jeder ihrer Formen gegenüber dem Wahrheitsanspruch anderer Erkenntnisformen. Denn zu der realen Ohnmacht kommt die psychische, daß technisch Gemachtes der Erkenntnis durch Erfahrung nicht zugänglich ist. Und in dieser doppelten ›doppelten‹ Funktion ergänzt sich die Demonstration der Macht wissenschaftlicher Erkenntnis aufs beste mit jenen Methoden, mit denen die gesellschaftliche Negation von Erfahrungsfähigkeit als Mittel der Erkenntnis gerade und vor al-

lem in den Ländern der Dritten Welt gegenüber den Primitiven erfolgreich durchgesetzt wurde – der Prozeß der Verwirklichung unseres Weltbildes nimmt weltweit seinen Lauf.

Die objektive Macht unserer Nische

›Während dieser Sekunde werden in der Bundesrepublik 20 Quadratmeter Kulturboden verbetoniert, asphaltiert, unfruchtbar gemacht. 60.000 ha pro Jahr, eine Fläche von der Größe des Bodensees.‹ (Keller 1983 / 200)

›Unser gegenwärtiges Problem rührt daher, daß es nur noch wenig Land gibt, wo der Mensch nicht eingegriffen hat. Nach Brower ist nur noch ein Zehntel des Landes auf der ganzen Welt wirklich unberührt.‹ (Taylor 1971 / 328)

Diese beiden Extreme – eine lückenlos vom Menschen zugebaute Landschaft und eine Landschaft, in der ›die Natur‹ selbstbestimmt die Gestaltung sowohl der Landschaft selbst wie deren Besiedlung durch pflanzliche und tierische Lebewesen vornimmt – bilden den oberen und unteren Grenzwert einer Skala, auf der sich ablesen läßt, wie weit wir in unserem Programm der Umwandlung der Erde in eine gemachte zur Zeit gekommen sind. Zwischen diesen beiden Extremen gibt es gleitende Übergänge von einer reinen unberührten Wildnis zu einer Zurichtung der Landschaft, die mit den Lebensformen der sie umgebenden Wildnis kompatibel ist, hin zu einer Form des Machens, die die ökologischen Zusammenhänge der Wildnis nachhaltig stört und zerstört, bis eben zu jenem Extrem einer Landschaft, in der nur noch jenes Gemachte existiert, und Wildnis oder selbstbestimmte Natur völlig verschwunden ist. Der Umschlagspunkt von einer mit der Wildnis kompatiblen Form des Machens hin zu einer inkompatiblen läßt sich am eindeutigsten am Artensterben festmachen: Immer dann, wenn durch unser Tun die natürliche Rate des Artensterbens erhöht wird, ist dieses Tun inkompatibel. Das Kriterium hat zwar den Nachteil, daß es die zum Teil schwerwiegende Beeinträchtigung selbstbestimmten natürlichen Lebens nicht berücksichtigt, andererseits hat es den Vorteil, unstrittig zu sein – wenn einer durch menschliches Tun so malträtiert wird, daß seine ganze Art ausstirbt, dann darf man wohl mit Recht von einer ökologischen Unverträglichkeit dieses Tuns sprechen. Als Indiz für das

Ausmaß einer lückenlos zugebauten Landschaft bietet sich zweckmäßigerweise das Ausmaß der Verstädterung an. Zwar existiert auch hier noch ›Natur‹ in Pflanzkübeln oder in Parks oder in Form von Ratten und Tauben etwa, aber die Artenvielfalt, die in einer städtischen Umgebung existieren kann, ist gegenüber der Wildnis so dramatisch reduziert, daß es gerechtfertigt erscheint, ›Stadt‹ als Kriterium für jenen Extremwert der Skala zu benennen.
Qualitativ muß man hinzufügen, daß Wildnis nicht gleich Wildnis ist. Existierten unberührte Gebiete nur noch an den Polarzonen und in den extremen Trockengebieten, so ergäbe zwar auch das noch einen nennenswerten Prozentsatz an ›Wildnis‹, aber keinen, der im Sinne der Erhaltung der Artenvielfalt als Rechtfertigung herangezogen werden könnte. Umgekehrt ist es heute schon so, daß in den gemäßigten fruchtbaren Zonen der Industrieländer keine Wildnis mehr existiert, sich also heute schon mit Recht davon sprechen läßt, daß wir großflächig ganze Lebensräume zerstört haben. Und nimmt man es mit der extensiven Ausdehnung unserer Welt des Gemachten genau, so gibt es im strikten Sinne eines vom Menschen unberührten Lebensraumes auch heute schon keine Wildnis mehr. Wenn DDT sich ebenso in den Körpern von Pinguinen wie von Amerikanern ansammelt, dann ist das nur ein Beispiel unter vielen, daß die von uns produzierten Gifte sich inzwischen um und auf dem ganzen Erdball verteilt haben.
Zum Extremwert der Skala ›Stadt‹.
Ein paar Daten von 1980: ›Zwischen 1800 und 1950 vermehrte sich die Weltbevölkerung auf das 2,6-fache. In dem gleichen Zeitraum stieg die Zahl der Menschen, die in Siedlungen von 20 000 oder mehr Einwohnern lebten von 22 Millionen auf mehr als 500 Millionen an, ein Anstieg auf das 23-fache. Die Einwohnerzahlen von großen Industriestädten (100 000 oder mehr Einwohner) ... stiegen noch schneller an, sie vermehrten sich auf das 35fache. ... Im Jahr 1950 lebten 29 Prozent der Weltbevölkerung in Städten. Der Anteil der städtischen Bevölkerung stieg auf 39 Prozent im Jahr 1975.‹ (Global 2000 / 519)
Und eine Angabe für die Industrieländer allein: 1970 betrug der Anteil der städtischen Bevölkerung in den USA 69,8 Prozent. (UN 1971)
Und die neuesten weltweiten Daten: 1985 lebten fast 2 Milliarden Menschen in Ballungszentren – dreimal mehr als 1950. (Spiegel 30.5.1988)

Um diese seit dem Beginn der Industrialisierung ständig wachsende extreme Zone bildet sich ›...ringförmig eine weniger dicht besiedelte Wohngegend, die wir Suburbia nennen, und um diese wiederum ein ländlicher Bezirk, in welchem vorwiegend Wochenendler und wohlhabende Pendler wohnen und für den der Begriff Exurbia geprägt wurde. ... Die Schwierigkeiten fangen dann an, wenn die Exurbia der einen Stadt mit der Exurbia der anderen Stadt zusammenwächst.‹ (Taylor 1971 / 281) Dann nämlich wird die Landschaft durch Zersiedelung in so kleinflächige Areale aufgeteilt, daß sie rein größenmäßig für viele ökologische Nischenformen nicht mehr hinreichend ist. Auch diese Form der Zersiedelung ist expansiv. Für die BRD läßt sich folgende Zahl von 1984 nennen: ›Durch andere Nutzungsansprüche (Siedlung, Gewerbe, Verkehr) werden Tag für Tag 120 Hektar beansprucht.‹ (Bölsche 1984 / 183)

Zwischen diesen auf diese Weise durch Be- und Zersiedelung okkupierten Gegenden erstreckt sich die landwirtschaftliche Zone, die sich durch drei Begriffe charakterisieren läßt: Monokultur – massive chemische Düngung – massiver Herbizid- und Insektizideinsatz – massiver Maschineneinsatz.

›Auf landwirtschaftlich genutzten Flächen ist eine abnehmende Artenvielfalt infolge des Ausfalls der Begleitflora inklusive der an der Begleitflora lebenden Begleitfauna (cirka 1200 Arten in der BRD) infolge vereinfachter Fruchtfolgen (unter Ausfall bestimmter Kulturfruchtarten) durch Monokulturen ohne Zwischenfrucht und durch Vergrößerung der Schläge festzustellen. ...

Diese Maßnahmen vermindern die Lebensmöglichkeiten von wildlebenden Pflanzen- und Tierarten auf landwirtschaftlich genutzten Flächen sehr erheblich ... Neben den Veränderungen auf den direkt landwirtschaftlich genutzten Flächen sind die landwirtschaftlich bedingten Veränderungen in den Randbereichen der landwirtschaftlich genutzten Flächen besonders problematisch, weil natürliche und naturnahe Restflächen ... oft entfernt werden, wenn sie der rationellen Bewirtschaftung entgegenstehen oder durch die neuen technischen Möglichkeiten mit verhältnismäßig geringen Kosten kultiviert werden können.

Dadurch werden die Lebensstätten von wildlebenden Pflanzen und Tieren außerhalb der landwirtschaftlich genutzten Flächen immer mehr reduziert ...Durch die intensive mechanische Bodenbearbeitung kann die Makrofauna des Bodeninnern, zum Beispiel die Regenwürmer, und die Makrofauna der Bodenoberfläche (hierzu gehört ein großer Teil der fast 1000 Nützlingsarten der Acker-Ökosysteme) und die Mikroflora und Mikrofauna des Bodens beeinträchtigt werden. Außerdem können Bodenstrukturschäden durch Bodenpressung infolge des Einsatzes schwerer Maschinen ... entstehen. Besonders gravierend sind Erosionsschäden ...‹ (Bölsche 1984 / 172)

Hinzu kommt eine schwere Schädigung dieser Flora und Fauna durch den notwendig gewordenen massiven Chemieeinsatz:

›Eine Ertragssteigerung um 50% mußte nach Berechnungen des Bayrischen Bauernverbandes mit einem Mehr an Düngeaufwand um 350% erkauft werden. Der Düngemittelboom wiederum zog ein Mehr an Ausgaben für Pflanzenbehandlungsmittel von 1350% nach sich. ›An die Stelle von gesunden Fruchtfolgen‹, urteilt Boden-Professor Schröder, ›sind ausgedehnte Spritzfolgen getreten‹ – und damit schwere ökologische Schäden. Denn die mineralisch gedüngten und zum Teil überdüngten, wasserreichen wie fäulnisanfälligen Pflanzen müssen häufig mit chemischen Halmverkürzern stabilisiert oder mit Pilzvernichtungsmitteln (Fungiziden) gegen Schimmelbefall geschützt werden. Gegen die unerwünschten, aber kräftig mitgedüngten Wildkräuter werden Herbizide versprüht.

Die Unkrautgifte wiederum beeinträchtigen, ebenso wie die Fungizide, die übrige Bodenflora unter Umständen so sehr, daß sich deren Anfälligkeit gegenüber Pflanzenkrankheiten und Schädlingsbefall erhöht. Und weil beim Einsatz von Pflanzenbehandlungsmitteln gegen Schädlinge ›in der Regel ... die natürlichen Feinde gleich mitvernichtet werden‹, und inzwischen fast 400 Insektenarten gegen Gifte resistent sind, dreht die Chemie-Spirale sich unablässig weiter ...

Zu den langfristig vielleicht dramatischsten ... Folgen des permanenten Chemikalieneinsatzes ... zählen die Auswirkungen auf die bodenbildenden Mikroorganismen. Pflanzenschutzmittel stehen in dringendem Verdacht, die Kommunikation unter den Kleinstlebewesen zu stören, die sich ... mit chemischen Signalen verständigen. ... Allein ein reges Bodenleben aber garantiert, was Agrarwissenschaftler die ›Gare‹ nennen: die begehrte Krümelstruktur gesunder Böden, die für ... Erosionsschutz sorgt und zudem verhindert, daß Äcker verschlämmen oder allzuviele Nährstoffe vom Regen ausgewaschen werden.‹ (Bölsche 1984 / 36f.)

›Die Bodenerosion durch Wind und Wasser zieht einen Rattenschwanz übler Folgen nach sich. So läßt die Ausschwemmung von Phosphatdünger aus den Böden Flüsse und Bäche umkippen ... Auf den erosionsgeschädigten Agrarflächen wird der Dung- und Humusschwund in der Regel durch vermehrte Gaben von Mineraldünger ersetzt. Auf diese Weise aber bildet sich ... ein ›wahrer Teufelskreis‹: Verlust an Bodenstabilität löst Bodenabtrag aus, Bodenabtrag führt zu exzessiver Mineraldüngung, exzessive Mineraldüngung verursacht weiter Verluste an Bodenstabilität...‹ (Bölsche 1984 / 40) ›In den USA verliere ›ein Drittel der landwirtschaftlichen Fläche ihre bebaubare Schicht schneller, als sich die Böden natürlich bilden können‹, warnt die OECD.‹ (Bölsche 1984 / 18)

Eine Landwirtschaft aber, die auf diese Weise die Böden vernichtet, von denen alle Pflanzen und Tiere leben, kann man kaum als ökologisch verträglich bezeichnen, und so muß man die landwirtschaftlich genutzte Fläche in den Industrieländern zu jener Stadtzone hinzurechnen, wenn man eine Vorstellung von der aktuellen Expansion jener gemachten Welt gewinnen will, die das natürlich Gewachsene ersetzen soll und zu ihr inkompatibel ist.

Für die BRD ergibt sich insgesamt, ›daß wir den mit Abstand größten Teil des uns zur Verfügung stehenden Bodens für die höchstens zwei Dutzend Arten reserviert haben, die wir in der BRD als ›nützlich‹ ansehen. Alle übrigen 50 000 bis 100 000 Arten aber, die es bei uns sonst noch gibt, sind auf die 2 bis höchstens 3 Prozent Bodenanteile zurückgedrängt, die sich noch im Naturzustand befinden. Und diese ›naturbelassenen‹ Areale bilden dabei keineswegs etwa eine zusammenhängende Fläche. Sie sind in Abertausende kleine Fetzchen zerrissen, die weit voneinander entfernt sind.‹ (Ditfurth 1985 / 136)

Nimmt man diese Expansion des Gemachten zusammen, so kommt man (ohne die Mikrofauna und -flora des Bodens, die man nicht mitzählen kann, weil man sie noch nicht exakt kennt) zu einem exponentiellen Anstieg der Aussterberate der Arten, der sich so ausnimmt:

Zustand vor unserer Zivilisation: ›In jedem Jahrhundert starb – im statistischen Durchschnitt – eine Tier- oder Pflanzenart aus, und in demselben Zeitraum gelang es der Evolution jeweils auch, (mindestens) eine neue Art hervorzubringen. ...

Seit etwa hundert Jahren aber ist diese Aussterberate nun drastisch angestiegen, und zwar mit zunehmender Geschwindigkeit. Um 1900 betrug sie bereits eine Art pro Jahr. Heute ist sie auf das ungeheure Tempo von einer Art pro Tag angewachsen.‹ (Ditfurth 1985 / 132)

Unsere Welt der Maschinen *anstelle* jener Welt des Lebendigen? Genau das.

Unsere Welt des durch und durch nach unserem Willen Manipulierten anstelle jener Welt des selbstbestimmt nach eigenem Willen Wachsenden. Unsere Welt des Systemmanagements auf allen Ebenen anstelle des sich ohne unser Zutun reproduzierenden und entwickelnden Ökosystems. Und es paßt exakt in diese Entwicklungslogik, wenn ein besorgter Biologe unter dem schrillen deutschen Buchtitel ›Helft den Pflanzen bevor es zu spät ist‹ (Originaltitel: Plant Extinction. A Global Crisis) sich diese Hilfe so vorstellt: ›Eine praktische und wirksame Methode, Pflanzen vor dem Aussterben zu bewahren, ist eine Genbank, eine Art Tiefkühlspeicher, der Samen, aber auch Pollen am Leben erhält.‹ (Koopowitz et al. 1985 / 172) Und nach einem technisch-wirtschaftlichen Exkurs über die rationellste Art, Genbanken zu führen (›So wäre es etwa möglich, sie arktischen oder antarktischen Forschungsstationen anzugliedern, wo ohne Energieaufwand Temperaturen unter dem Gefrierpunkt beibehalten werden können und die Sammlungen nicht durch Stromausfälle bedroht sind. Zumindestens theoretisch praktizierbar sind auch Genbanken im Weltraum ...‹ Koopowitz et al. 1985 / 200), macht er deutlich, in welcher Form Pflanzen in Zukunft auf der Erde existieren dürfen:

›In nächster Zukunft wird die Analyse der DNA in den Chromosomen einer Pflanze zur Routine werden. Die Sequenz von chemischen Stoffen, aus denen Chromosomen bestehen, wird bekannt sein und in einem Computer gespeichert werden. Vielleicht wird die endgültige Genbank nur mehr die Datenauslese eines Computers sein. Die Gene und die Chromosomen könnten dann wieder zusammengesetzt und in ein Pflanzen-›Ei‹ implantiert werden, dessen Kern man vorher entfernt hat. So könnte man die gewünschte Spezies schaffen. Zu weit hergeholt? Nein, wahrscheinlich nur ein bis zwei Jahrzehnte entfernt.‹ (Koopowitz et al. 1985 / 200)

Wäre die Biologie damals bei Hitler schon so weit gewesen, dann hätten wir die Juden nicht einfach vernichtet, sondern zuvor ihre

Gene in einer Genbank gespeichert, und das ganze im Glanz unserer Humanität als Rettung der Juden vor dem Aussterben verkauft. Zu weit hergeholt? Nein, denn in unserer Welt der saturierten und verfestigten Objektwahrnehmung alles Nichtmenschlichen ist der Rekurs auf den Menschen, die gedankliche Vertauschung des angeblichen Objekts mit einem Subjekt, notwendig, um deutlich zu machen, daß unsere Art des Machens Mord ist – und zwar nicht nur da, wo es ›einfach‹ zerstört, sondern gerade und insbesondere auch da, worauf es aufbaut: Mord an der selbstbestimmten Existenz jedes Lebewesens, von der wir – soweit es um unsere eigene geht – noch sehr wohl wissen, daß sie den Kern unseres Wesens ausmacht und nicht jenes andere, das sich als Chromosomensequenz auf einem Computer abspeichern läßt.

Und doppelt ›Nein‹, denn nicht nur ist es so, daß die Ausnahmestellung des Menschen in unserem Weltbild logisch nicht zu halten ist, sondern auch ist es so, daß in der Geschichte unseres Weltbildes immer wieder diese Ausnahmestellung gegenüber einzelnen Menschengruppen aufgehoben wurde. Zuletzt eben exemplarisch an den Juden: An ihnen wurde als Untermenschen vollzogen, was wir sonst nur am Nicht-Menschlichen, an ›der Natur‹ vollziehen.

Nur in dieser Form aber, in der ›Natürliches‹ exakt nur in der Weise existiert, in der wir es ihm erlauben zu existieren, hat es in unserer Welt des Gemachten Platz. Existierte es noch auf andere Weise, nicht als Beton, sondern als unbehauener Stein, nicht als Preßspanplatte, sondern als gewachsenes Holz, wie könnten wir dann mit ihm rechnen, wo es doch im Laufe seiner Existenz so viele Eigenschaften offenbart, mit denen wir nicht rechnen konnten? Und wenn ebenso das Material nicht berechenbar gemacht werden könnte, was geschähe dann mit der manipulativen Macht unserer Erkenntnis, auf der doch die Macht unserer expansiven Nische des Gemachten beruht? Oder, wie es Rudolf Bayr konzise zusammengefaßt hat: ›...kaum eine Generation ist es her, daß man Zerstörung als Arbeit entdeckt hat ... Zerstörer, die mittels Aufbaues, mittels dieses perfidesten Mittels zerstören ...‹ (1983 / 202)

Oder aber eben Aufbauer, Macher, die mittels Zerstörung, mittels dieses genialsten Mittels unsere Nische aufbauen ...

Definiert man als natürliche Umwelt einer Spezies nicht objektbezogen die Natur um die Spezies herum, sondern subjektbezogen jenen Umweltbereich, der in der Erfahrung der Mitglieder dieser Spezies im Laufe ihres Lebens dominant ist, so kann man aufgrund der oben angeführten Zahlen sagen, daß für die Mitglieder der Industriegesellschaften die Welt des Gemachten mittlerweile zur natürlichen Umwelt geworden ist. Hier, in bezug auf jenen Erlebensbereich, wie er sich im Raum und in der Zeit für ein Individuum als Alltag entfaltet, gilt das schon, was global noch aussteht: die gesamte Welt ist eine in den verschiedensten Intensitätsgraden gemachte.

Das Verhältnis von ›erster Natur‹ und ›zweiter Natur‹, von jener wilden selbstbestimmten Natur und jener gesellschaftlichen Nische, in der eine bestimmte Interpretation der Welt für jene Gesellschaft Realität gewinnt, hat sich bei uns zum ersten Mal in der Geschichte der Menschheit umgekehrt. Während früher Wildnis unermeßlich groß war, und Zivilisation gegenüber jener Unendlichkeit der Erde verschwindend klein, und so das Erleben der Wirklichkeit der Nische trotz ihrer primären Erfahrung in der Kindheit insgesamt gesehen immer sekundär, bloß Realität aus zweiter Hand war, hat heute bei uns die künstliche Realität der Nische zu Recht den Status einer primär gültigen Wirklichkeit. Und Wildnis, jenes historisch Primäre, ist zu jener Ausnahme geworden, das die meisten gar nicht mehr aus eigenem Erleben, sondern nur noch aus den bunten Bildberichten der Illustrierten und des Fernsehens kennen.

Während so unsere Nische eine historisch einmalige objektive Macht gewonnen hat, ist es auf der anderen Seite so, daß sie eben aufgrund dieser objektiven Macht das Entwicklungspotential der Menschheit auf historisch einmalige Weise beschneidet.

Zum einen, weil wir dabei sind, die Wirklichkeit unserer Nische zur praktisch irreversiblen zu machen. Nicht, weil unsere Kultur nicht untergehen oder unser Weltbild nicht aufgegeben werden könnte, sondern weil die, die es nach uns anders machen wollten, auf Jahrhunderte, ja Jahrtausende hinaus an jener Stein und Gift gewordenen Wirklichkeit unseres Weltbildes zu tragen haben werden. Bis aus allem Beton und Teer wieder Boden, und bis aus allem malträtierten Boden wieder fruchtbarer Boden geworden ist, bis aus allen Flüssen anstatt Schiffahrts- und Abwasserkanälen wieder welche geworden sind, die sich frei ihren Lauf suchen, bis all jene synthetischen Gifte, die wir in die Welt gesetzt haben, wieder verschwunden sind, bis ... die Welt wieder in einem Zustand ist, in dem unsere Zivilisation so versunken ist, wie alle anderen untergegangenen Zivilisationen vorher, nämlich bis auf ein paar überwucherte Steine *spurlos*, bis dahin ist es so unendlich weit, daß so ein Zustand als unerreichbar erscheint. Und de facto auch jetzt schon im strengen Sinne unerreichbar ist. Denn jene ausgerotteten Arten und jene ausgerotteten Völker bringt keine Macht des Menschen je wieder zurück.

Zum anderen läuft unsere Kultur Gefahr, sich durch die objektive Macht ihrer Nische von jenem subjektiven Entwicklungspotential der Menschheit abzuschotten, das als je individuelle Fähigkeit zur Transzendenz von Ordnungen Kulturen nicht nur objektiv, sondern auch subjektiv reversibel hielt.

Denn trotz aller realen Ohnmacht eines bloß individuellen Ordnungsentwurfs und trotz des Umstandes, daß das Leben jedes Einzelnen notwendig und oft bei Strafe des Untergangs den Regeln unterworfen ist, die in seiner Gesellschaft gültig sind, ist es jene Fähigkeit zum prinzipiell Neuen, die jeden Einzelnen immer mehr sein läßt als das, was in der Ordnung der Gesellschaft möglich ist, weil sie ihn mit jenem prinzipiell offenen Entwicklungshorizont der Menschheit verbindet, gegenüber dem jede Zivilisation und jede Erkenntnis notwendig eine bloß beschränkt gültige ist.

Bisher lagen die Dinge so, daß dieses subjektive Außen, das die Wahrheit von Weltbildern relativiert, ergänzt wurde durch das objektive Außen der Wildnis, deren Übergewicht gegenüber der gesellschaftlichen Nische auch hier deren Gültigkeit ins rechte Licht des bloß Relativen und Vergänglichen rückte. In einer in diesem alten Sinne objektiv absolut mächtigeren Wildnis ist jedes Weltbild nur so viel wert, wie der Einzelne es sich als für sich subjektiv wahres angeeignet hat. Und umgekehrt bot die Übermacht der Wildnis jenen weltbildneutralen Boden, jene andere Realität, von der aus gesehen der Einzelne jenes individuelle Mehr zur Reife bringen konnte, das die Ordnung seiner Gesellschaft und die Realität der Nische transzendierte.

Wenn nun eine gesellschaftliche Nische jenes objektive Außen so weit verdrängt, daß es im normalen Erleben eines Mitglieds dieser Gesellschaft gar nicht mehr existent ist, so nimmt sie jenem subjektiven Außen das objektive Gegenstück und beläßt der Fähigkeit zur Transzendenz von gültigen Weltbildern allein die rein subjektive Vorstellungskraft des Einzelnen, die es nun gegenüber der zur primären Realität gewordenen Nische durchzusetzen gilt, die den Status einer objektiv alleingültigen Wirklichkeit angenommen hat. Oder weniger abstrakt ausgedrückt: Wenn die ganze Welt als Gemachte nur mehr die Ordnung eines Weltbildes widerspiegelt, dann wird es einfach verdammt schwer, sich überhaupt noch eine andere Interpretation der Welt vorzustellen als die, die in dieser gemachten Welt präsent ist. Und wenn man sich denn eine andere vorstellen kann, dann steht nicht eine Interpretation gegen eine andere, dann steht die neue Interpretation, die bloß eine gedachte ist, gegen die alte Interpretation, die in einem Ausmaß verwirklicht wurde, daß sie zu *der* Wirklichkeit geworden ist. Und was zuvor als offener Entwicklungshorizont der Menschheit auch objektiv in der Wirklichkeit präsent war, insofern Wildnis eine Wirklichkeit repräsentiert, die frei von allen menschlichen Interpretationen und deswegen offen für alle denkbaren ist, das ist jetzt nur mehr gegenwärtig als subjektive Fähigkeit, sich die Welt auch anders auszudenken als sie ist. Das Entwicklungspotential der Menschheit außerhalb der gültigen Ordnung wird zu einer bloßen Funktion der Fähigkeit zur Phantasie, gegenüber der die zur primären Realität gewordene Nische ihr Machtwort spricht.

Um so bedeutsamer wird vor diesem Hintergrund die Frage, wie das Subjekt dieses gesellschaftlichen Prozesses – jeder einzelne Mensch für sich und jeder neue Mensch wieder neu – sich diese Ordnung anders denn als Abwehr, nämlich als Zuwendung zur Welt und potentiell zur ganzen Welt aneignet. Denn nicht nur objektiv, sondern auch subjektiv alleingültig – eben allmächtig –, wird ein Weltbild erst dann, wenn es dreierlei erfüllt:

– die negative Vorgabe, daß die einzige Alternative zu ihm der psychische Untergang im Chaos ist,
– die objektive Vorgabe, daß es im Erleben der Menschen zur ›ersten Natur‹ geworden ist, und
– die positive Vorgabe, daß die Subjekte sich diese objektive Macht individuell aneignen können und über diese Identifizierung zu einem – an welchem Maßstab auch immer gemessenen – erfüllten Leben kommen.

Erst die gesammelte Überzeugungskraft von absoluter Negation von anderem und absoluter Attraktion dieses einen bringt die

Menschen dazu, sich mit einer Sinngebung so zu verbinden, daß sie bereit sind, für sie oder mit ihr in den Tod zu gehen.

Fachidioten – die Macht der Wissenschaft und der Verlust der praktischen und psychischen Autonomie

Die positiven Seiten unseres Weltbildes, das sind ohne Zweifel jene zwei Elemente, auf die wir allenthalben unseren Stolz gründen:

– das Wissen, das wir uns mittels der objektiven Erkenntnismethode erarbeitet haben, und
– die manipulative Macht, die uns dieses Wissen gibt.

Was das Wissen betrifft, so lautet die einfache Antwort auf die Frage nach der subjektiven Aneignung, daß eine individuelle Aneignung dieses kollektiv erworbenen Wissens nicht möglich ist. Dynamisch formuliert: Zwar ist es richtig, daß wir kollektiv, insgesamt gesehen immer mehr Wissen erwerben, aber individuell, von der einzelnen Person aus gesehen, wird der Anteil an Wissen, den wir als Einzelne uns von diesem kollektiven Wissen aneignen können, immer kleiner. Daß das so ist wiederum, das hat seine Ursache in der Struktur des wissenschaftlichen Wissens selbst.

Wissenschaftliches Erkennen basiert zum einen auf der theoretischen und praktischen Möglichkeit der Problemreduktion, zum anderen darauf, daß die so drastisch reduzierten Zusammenhänge dargestellt werden können als berechenbare Reaktionswirkungen von eindeutig definierten Variablen aufeinander.

Daraus folgt zum ersten, daß die Dinge, die uns in unserer Wahrnehmung als ein Ding erscheinen – eine Tomate, ein Baum etc. –, aufgespalten werden in eine potentiell unendliche Anzahl von Mikrostrukturen. Denn jede so gefundene Mikrostruktur, sagen wir eine Zelle der Tomate, kann natürlich ihrerseits wieder reduziert werden auf das Problem der Erkenntnis spezifischer Moleküle, und die Moleküle wiederum …

Daraus folgt zum zweiten, daß die Ignoranz gegenüber dem de facto gegebenen Zusammenhang dieser so hergestellten Mikrostrukturen bewußt in Kauf genommen wird. Denn könnten die Mikrostrukturen nicht de facto im Experiment isoliert werden von ihrem Zusammenhang untereinander, so fände die Wissenschaft nie zu jener begrenzten Anzahl eindeutig definierter Variablen, aufgrund derer erst die Berechenbarkeit von Zusammenhängen möglich wird. Was man aber de facto außer Kraft setzt, kann man natürlich auch nicht erkennen, und um den ›Gesamtzusammenhang‹ zu erkennen, muß man ihn erst einmal de facto hinsichtlich aller wirksam werdenden Variablen außer Kraft gesetzt haben. Ganz zu schweigen davon, daß jede dieser Variablen natürlich ihrerseits wieder – wie ein Atom z. B. – sich als komplex erweisen, und so die Genauigkeit der Erklärung auf einem hohen Level in Abhängigkeit geraten kann von einer zunehmenden Tiefe der Zerlegung in immer kleinere Mikrostrukturen.

Daraus folgt zum dritten, daß die multidimensionale Wahrnehmung des Menschen, die immer schon auch Interpretation ist, langfristig ersetzt werden muß durch die strikt eindimensionale Wahrnehmung einer Vielzahl von verschiedenen Meßinstrumenten.

Daraus folgt zum vierten, daß dort, wo über die so stattgefundene Zerlegung in wohldefinierte Variablen ein Zusammenhang als berechenbarer rekonstruiert wurde, diese Rekonstruktion in unserer menschlichen Wahrnehmung nicht als jene Einheit erscheint, in der das natürliche Ding uns erscheint – eben z. B. eine Tomate –, sondern als eine Vielzahl von einzelnen chemischen, physikalischen und biologischen Daten und als eine Vielzahl von explizit angegebenen Zusammenhängen zwischen diesen Daten. Ganz zu schweigen davon, daß wir die Bedeutung der ›Daten‹ und Zusammenhänge nur verstehen, wenn wir die Bedeutung der auf die Reaktion der verschiedensten Meßinstrumente hin definierten Variablen und die Bedeutung jener als bekannt vorausgesetzten chemischen, physikalischen und biologischen Gesetzmäßigkeiten kennen, die bei dieser spezifischen Rekonstruktion angewandt wurden.

Umgekehrt ausgedrückt: Wenn wir mittels unserer gegebenen menschlichen Wahrnehmungsweise die Welt um uns herum ›einfach so‹, als ganze wahrnehmen, so liegt das zum einen daran, daß in unserer Wahrnehmung die Vielzahl mikro- und makrokosmischer Strukturen sozusagen automatisch zu Einheiten verdichtet werden, die für uns wichtig sind, und zum anderen vor allem daran, daß wir immer integrativ zuerst das Ganze und dann die Einzelheiten vor dem Hintergrund und in der Ordnung dieses Ganzen sehen. Also zuerst den Baum und dann die Blätter an diesem Baum und die Äste und den Stamm, zuerst das Blatt und dann die Rippen an diesem Blatt, zuerst die einzelne Rippe und dann die Farbveränderungen in ihrem Verlauf, zuerst ... Wir nehmen nicht, wie die wissenschaftliche Erkenntnis, zuerst die Einzelheiten und fügen dann diese Vielzahl mit Hilfe eines explizit angegebenen Zusammenhangs zu einem Ganzen zusammen, sondern wir haben die Gestalt des Ganzen in unserer Wahrnehmung der Einzelheiten immer implizit gegenwärtig. Nur deswegen ersticken wir bei unserer gewöhnlichen Wahrnehmungsweise der Welt nicht in einer Vielzahl von Einzelinformationen und einer Vielzahl von Einzelinformationen über den Zusammenhang dieser Einzelinformationen, sondern haben ganz selbstverständlich den Raum und die Einzelheiten in ihm als integratives Ganzes in ihrem Zusammenhang gegenwärtig. Und nur deswegen führt die kumulative Anhäufung von Erfahrungswissen nicht dazu, daß wir für jede Entscheidung immer länger brauchen, weil wir immer mehr zu bedenken haben, sondern kann das gesamte Erfahrungswissen eines Lebens so problemlos in jedem neuen Moment aktiv gegenwärtig sein, weil Erfahrung insgesamt dazu tendiert, auf diese implizite Weise integrativ zu sein: Jede neue Erfahrung, die wir machen, machen wir vor dem Hintergrund und mittels unserer gesamten Erfahrung dieser Welt, wie auch jede neue Erfahrung ihrerseits dazu führen kann, daß uns unsere gesamte frühere Erfahrung in einem neuen Licht erscheint und eine andere Bedeutung annimmt.

Während umgekehrt das Vorgehen der wissenschaftlichen Erkenntnis auf uns genau diesen Effekt der Desinformation und Handlungslähmung durch Informationsüberflutung hat: Es überfordert, je genauer es wird, schon bei ganz kleinen Einheiten der menschlichen Wahrnehmung das, was man einmal ganz technisch ›menschliche Datenverarbeitungskapazität‹ nennen könnte. Und wie nun gar, wenn es darum geht, die ganze Welt wissenschaftlich zu erkennen. Das ist ein Unternehmen, das nur als arbeitsteiliges in Angriff genommen werden kann.

Und das nur deswegen als arbeitsteiliges funktioniert, weil hier Erkenntnis nicht an der menschlichen Art und Weise wahrzunehmen orientiert ist. Denn nur weil hier der Maßstab von wahr und falsch nicht die je individuell verschiedene subjektive Erfahrung dieser Welt ist und nicht die je individuelle Integration dieser Erfahrung zu einer sinnvollen Welt, sondern die gegenüber dieser individuellen Erfahrung indifferente objektive Berechenbarkeit des Phänomens, kann Erkenntnis sich auf die Ignoranz des Zusammenhangs einlassen und trotzdem sicher sein, daß all diese Einzelerkenntnisse von der Art sind, daß sie dann, wenn sie als Teilstück eines größeren, zu rekonstruierenden Zusammenhangs verwendet werden sollen, auch zusammenpassen. Und daß sie, wenigstens der gedachten Perspektive nach, irgendwann in der Erkenntnis der ganzen Welt als berechenbarer kulminieren.

Die praktische Entwicklung der Wissenschaft wird freilich bis heute nicht von jenem Idealziel der Zusammenfügung aller Einzelerkenntnisse dominiert, sondern von jener gegenläufigen Tendenz, die der Zusammenfügung notwendig vorausgeht: Der Zerlegung in viele Einzelprobleme, die sich ihrerseits als wieder so komplex erweisen, daß sie wiederum zwecks genauerer Erkenntnis zerlegt werden müssen in so und so viele Teilprobleme, die sich wiederum ... Und wenn zu Beginn der wissenschaftlichen Erkenntnis dieser Welt ein Einzelner noch ein sogenanntes Universalgenie sein konnte, und es für Descartes z. B. ganz selbstverständlich war, daß er mit der gleichen Autorität über die Physiologie des menschlichen Körpers, über die Mathematik und über die Psychologie Aussagen machen konnte, so ist es heute so, daß sich der Zusammenhang zwischen Problemreduktion und strukturbedingter Informationskomplexität wissenschaftlichen Wissens als Tendenz zur zunehmenden Aufspaltung der Wissenschaft in einzelne Fachgebiete und der Aufspaltung dieser in einzelne Spezialdisziplinen manifestiert. Kein Chemiker, kein Psychologe, kein Biologe oder Physiker ist heute noch in der Lage, fundiert auch nur über die ganze Breite seiner Disziplin Bescheid zu wissen, ganz zu schweigen davon, daß er natürlich – wie jeder andere Laie auch – nicht in der Lage ist, sich das Wissen jener anderen Fachbereiche anzueignen: Die Kluft zwischen dem kollektiven Wissen, über das unsere Gesellschaft insgesamt verfügt, und dem individuellen Wissen, das ein Einzelner sich zugänglich machen kann, wird immer größer, während die Entwicklung des kollektiven Wissens das Wissen um die Zusammenhänge und das Denken in diesen Zusammenhängen systematisch vernachlässigen muß zugunsten jenem Wissen über Spezialgebiete. Bis ein Wissen über Zusammenhänge, nimmt man wissenschaftliches Denken in seinem Methodikanspruch ernst, schließlich überhaupt nicht mehr möglich wird.

Denn über jene größeren, ›interdisziplinären‹ Zusammenhänge im strengen wissenschaftlichen Sinn fundierte Theorien entwerfen, das kann ja nur einer wagen, der sich auf das Wissen um gesicherte Erkenntnisse der Spezialdisziplinen stützen kann. Das aber kann er zum einen nicht, weil hier die individuelle Aneignungsfähigkeit jene Grenzen setzt, die sein wissenschaftliches Urteil auf den Bereich seiner Spezialdisziplin beschränken. Und das kann er zum anderen nicht, weil auch ›das Wissen‹ in jenen Spezialgebieten gar nicht so gesichert ist, wie es dem Laien gerne glauben gemacht wird. Vor allem nicht in jenen Gebieten der Humanwissenschaften, die auf den systematischen Einsatz von Problemreduktion am Objekt und Experiment verzichten müssen. Und auch nicht in jenen Wissenschaften des Lebendigen, wo jener Einsatz zwar erlaubt ist, aber im allgemeinen eben doch das zerstört, was man erforschen will. Und selbst nicht in jenen harten Wissenschaften, die es tatsächlich nur mit Objekten im engen Sinn zu tun haben.

Überlegungen über so große komplexe Gesamtzusammenhänge, wie sie hier in dieser Arbeit vorgetragen wurden, über ›die Gesellschaft‹ und ›den Menschen‹, ernten denn auch regelmäßig den Vorwurf, sie seien unwissenschaftlich, sie gingen nicht von einer gesicherten Datenlage aus, sie hätten das Ergebnis Y in jenem Spezialgebiet X nicht berücksichtigt, ihre Thesen seien nicht systematisch im Sinne von einer eindeutigen Ursache-Folge-Wirkung, die beliebig wiederholt und überprüft werden kann, etc.

Und all diese Vorwürfe sind dann, wenn man – nach wissenschaftlichen Kriterien zu Recht – hermeneutisches Verstehen als unwissenschaftliche Methode verwirft, ganz sicherlich berechtigt. Beschränkt man sein Denken aber auf jene Gebiete, in denen all diese Voraussetzungen gesicherter wissenschaftlicher Erkenntnis herstellbar sind, so schließt man alle größeren Zusammenhänge und gar jenen globalen unseres gegenwärtigen menschlichen Tuns aus dem Bereich dessen aus, was jetzt oder in naher oder ferner Zukunft auf korrektem wissenschaftlichen Wege verstanden werden kann.

Je ausschließlicher aber Wissenschaft nach ihren Erkenntniskriterien vorgeht und auf allen Gebieten als führende Methode anerkannt wird, desto schneller produziert sie jene Flut von arbeitsteiligem Spezialwissen, gegenüber dem der Versuch einer Erkenntnis globaler Zusammenhänge notwendig als übermenschliche Anstrengung oder als ›bloße Spekulation‹ erscheinen muß. Und wissenschaftliches Denken, das doch mit dem Anspruch der Aufklärung aufgetreten ist, den Menschen aus seiner selbstverschuldeten Unmündigkeit zu befreien, endet in einer aus strukturimmanenten Gründen hervorgerufenen Denkunfähigkeit gegenüber globalen Zusammenhängen, die eben die Unmündigkeit, die doch abgeschafft werden sollte, notwendig zur Folge hat. Denn wie könnten wir mündig, in der Verantwortung für die Folgen unseres Tuns handeln, wenn die Erkenntnismethode, die einzig zu wahren Erkenntnissen führen kann, impliziert, daß wir die Auswirkungen der Orientierung der Gesellschaft an dieser Erkenntnismethode heute und morgen und übermorgen notwendig gar nicht erkennen können?

Im Gegensatz zur gewöhnlichen Unmündigkeit kommt diese hier jedoch nicht deshalb zustande, weil wir so wenig wissen, sondern weil wir auf eine bestimmte Art und Weise fürchterlich viel und immer mehr wissen, nämlich, wie es einmal pointiert formuliert wurde, so:

Wir wissen immer mehr über immer weniger, und schließlich wissen wir alles über nichts. Wobei man noch hinzufügen muß, daß dieses ›alles‹ ein kollektives Wissen sein wird, und der Einzelne nur einen unendlich kleinen Bruchteil, nämlich nichts, von jenem ›alles‹ wird wissen können, das wir über das Nichts wissen werden.

Nun wäre ja weder die steigende Differenz zwischen individuellem und kollektiven wissenschaftlichem Wissen noch dessen Ignoranz gegenüber größeren Zusammenhängen von Belang, wenn dieses Wissen rein zusätzliches Wissen wäre. Denn früher wußten wir ja von all dem auch nichts, und kamen trotzdem zurecht.

Wissenschaftliches Wissen ist aber in unserer Gesellschaft jenes Wissen, das auf allen Ebenen das Wissen der Erfahrung ersetzen soll – sowohl auf jener geistigen Ebene der Erkenntnis der Welt und unserer selbst wie auf jener praktischen Ebene des Umgangs mit dieser Welt via Nischenaufbau. Und so ist die zweite Frage, die man stellen muß, will man die sozialen Auswirkungen dieser spezifischen Struktur wissenschaftlichen Wissens verstehen, die, ob bei dieser Ersetzung nur Wissen gewonnen wurde, oder ob auch Wissen verloren ging. Mit anderen Worten: Wußten wir damals etwas, was wir heute nicht mehr wissen, und von welcher Art war dieses Wissen?

Wie sah z. B. das durchschnittliche Erfahrungswissen über Pflanzen in einer primitiven Jäger- und Sammlergesellschaft oder in einer mit Gartenbau aus, das durch das Spezialwissen der Biologie ersetzt werden soll?

Man erhält eine ziemlich gute Charakterisierung von dem Umfang und der Art dieses Wissens, wenn man all das zusammennimmt, was ein in seinem Gebiet spezialisierter Biologe über Pflanzen alles nicht weiß, weil es nicht in sein Spezialgebiet fällt oder überhaupt kein Spezialgebiet irgendeiner Disziplin ist. Durchaus nicht ungewöhnlich ist es z. B., daß ausgebildete Biologen etwa die Namen der einheimischen Flora nicht kennen, weil das zu Recht als ein Spezialgebiet angesehen wird, dessen Wissen für die Qualifikation auf dem Gebiet der Gentechnik etwa irrelevant ist. Und selbst Botaniker deren Spezialgebiet Pflanzenbestimmung und -klassifikation ist, können durchaus keine Ahnung davon haben, was wo in ihrer unmittelbaren Umgebung wächst, weil dieses Gebiet nicht jenes ist, auf dem sie Kartier- und Erfassungsarbeit leisten. Nicht zu reden davon, daß sie nichts davon wissen müssen, welche Pflanze wie giftig wirkt, weil das wiederum ein Spezialgebiet der Medizin, Abteilung Toxikologie ist, und nichts davon, welche Tiere von welchen Pflanzen leben, weil dieses Wissen als Teilwissen jener Wissenschaftler aufbewahrt wird, die sich mit jeweils einer Tierart beschäftigen, und nichts davon, welche Pflanzen eßbar sind, weil das Gegenstand überhaupt keiner Spezialdisziplin ist, und nichts davon, was Pflanzen für Menschen allgemein bedeuten, weil das wiederum – wenn überhaupt – Gegenstand der Psychologie, Ethnologie, Sozialpsychologie, Ökonomie, Soziologie und noch etlicher anderer Disziplinen mehr wäre. Und üblich ist es durchaus auch, daß Biologen von ihrer wissenschaftlichen Ausbildung her mit der Aufgabe, einen Garten anzulegen und zu pflegen, der sie ernährt, oder all jene Pflanzen zu sammeln, die sie ernähren könnten, hoffnungslos überfordert wären.

Eine Durchschnittsfrau in einer primitiven Gesellschaft hingegen wußte all dies und darüber hinaus wußte sie natürlich noch sehr viel mehr. Sie wußte z. B., wie man welche Pflanzen behandelt, damit sie gut schmecken, sie kannte die Pflanzen, aus denen man Körbe flechten konnte und die, aus deren Fasern sich Stoffe herstellen ließen, sie wußte, welche Pflanze was wie färbt, und sie kannte all diese Dinge natürlich nicht nur abstrakt, sondern konnte tatsächlich kochen, flechten, weben, färben ...

Wissenschaftliches Wissen ist nicht nur radikal struktur-, sondern auch radikal bereichsdifferent. Wenn man den Zielbereich wissenschaftlichen Wissens idealerweise damit charakterisieren kann, daß es hier um jenes Wissen geht, das die Dinge dieser Welt enthüllt als welche, wie sie nach eindeutigen Funktionsregeln eindeutig manipulierbar werden, so umfaßt der Zielbereich von Erfahrungswissen idealerweise jenes Wissen über die Welt und uns selbst, das uns zu einem autonomen Umgang mit dieser Welt und mit uns selbst befähigt. Und es kann diesen Bereich umfassen, weil Erfahrungswissen die Aneignung der Welt sowohl auf der erkenntnistheoretischen wie auf der praktischen Ebene im Horizont der Fähigkeiten des Einzelnen interpretiert.

Auf der erkenntnistheoretischen Ebene am konsequentesten, weil hier nur das als wahr gilt, was der Einzelne für sich als wahr zu erfahren in der Lage ist. Nicht jene allgemeinen Glaubensregeln und Gottesvorstellungen sind es, die in animistischen Sinnzuweisungen die Lebenspraxis des einzelnen primär bestimmen, sondern jene Sinnzuweisung, wie er sie in seiner Initialvision dieser Weltinterpretation als für sich gültige erfahren hat. Und die erkenntnistheoretischen Überzeugungen buddhistischer Philosophie sind nicht ›an sich‹ wahr oder werden für den Einzelnen wahr, weil er sie sich intellektuell angeeignet hat, sondern werden erst wahr, insofern der Einzelne zu einem geworden ist, der sie als für sich wahre unmittelbar erfahren kann. Außerhalb der Relation dieser beiden Pole einer subjektiven Ordnung – Subjektkonstitution und Ordnung der Welt – von Wahrheit zu sprechen, macht in dieser Denkweise keinen Sinn, weil es hier keinen objektiven Maßstab der Ordnung gibt, der als überindividuell gültiger anerkannt würde und auf den sich dann Wahrheit auch überindividuell gültig beziehen könnte.

Auf der praktischen Ebene manifestiert sich diese Orientierung am Einzelnen zunächst rein technisch so, daß die Werkzeuge und Arbeitsvorgänge auf die autonome Beherrschung durch den einzelnen zugeschnitten und an der Struktur der individuellen körperlichen Geschicklichkeit ausgerichtet sind. ›Werkzeuge‹ wie

etwa eine Kriegsgaleere oder jene Zug- und Hebevorrichtungen, wie sie beim Bau von Pyramiden eingesetzt wurden, die jeweils nur durch die in der Konstruktion des Werkzeugs explizit vorausbedachte Zusammenwirkung von vielen einzelnen manövriert werden können, sind die absolute Ausnahme. Typischerweise wurden sie auch nicht im eigentlichen Produktionsprozeß eingesetzt, sondern zum Ruhm und zum Erhalt der Machtelite der sogenannten Hochzivilisationen. Und zu Recht identifiziert Mumford in seinem Buch ›Mythos der Maschinen‹ in jenen Konstruktionen die ersten Maschinen der Welt, die erfunden wurden. Denn bei allen Maschinen, seien es jene alten oder unsere neuen, wird die Funktion des Einzelnen durch die Konstruktion der Maschinerie bestimmt, während in der Werkzeugkonstruktion die Funktionsmöglichkeiten des Einzelnen bestimmende Vorgabe sind.
Freilich reduziert diese strukturelle Ausrichtung der Werkzeuge die Kraft der damit möglichen Aneignung und Zurichtung der Welt tendenziell auf jene 0,2 PS, über die der Mensch von sich aus verfügt – eben Hand- und nicht Maschinenarbeit. Auf der anderen Seite eröffnet sich ihr durch diese Reduktion die Entfaltung all jener Möglichkeiten, die der menschlichen Art zu sein, wahrzunehmen und zu tun inhärent sind: die leichte Lust an der Vielfalt, die Fähigkeit zur Wahrnehmung des je Besonderen und das Vergnügen daran, die Fähigkeit zur ständigen impliziten Verknüpfung und Reinterpretation alles Wissens. Die Reduktion der Aneignung der Welt auf den Horizont der Fähigkeiten eines Einzelnen wird so identisch mit der maximalen Entwicklung jener individuellen Fähigkeiten, die dem Einzelnen eine autonome praktische Aneignung ›der Welt‹, einen autonomen praktischen Umgang mit der Welt erlauben. Reduktion der Verfügungsgewalt auf das individuell Machbare und Fähigkeit zur Autonomie sind jeweils die negative und die positive Seite des gleichen Vorgangs. Und das nicht nur, was die praktische Ebene der Aneignung betrifft.
Vielmehr finden wir die gleiche Relation auf der erkenntnistheoretischen Ebene in ihrer konsequentesten Form wieder. Indem nur das als wahr gilt, was vom Einzelnen auch unmittelbar so für sich erfahrbar wird, ist unmittelbar nicht nur mit gegeben, daß die Erkenntnis der Wahrheit im emphatischen Sinne etwas ist, das der Einzelne in seiner Gesamtheit sich aneignen kann, sondern umgekehrt ist die Erkenntnis der Wahrheit in ihrer Gesamtheit etwas, was nur dem Einzelnen möglich ist. Eine arbeitsteilige

Erkenntnis der Wahrheit, wie sie der naturwissenschaftlichen Erkenntnisbegriff impliziert, ist in dieser Denktradition eine widersinnige Konstruktion.

Auf der anderen Seite ist dem Einzelnen hier Wahrheit nur zugänglich, insofern er selbst ein anderer wird. Und dieses ›anders werden‹ ist weder in der buddhistischen noch in der animistischen Tradition ein magischer, von außen geschenkter Vorgang, sondern das Ergebnis einer langen, intensiven und disziplinierten Schulung in dem Vermögen, mit unserer Fähigkeit zur Wahrnehmung, zur Sensibilität und zur Erkenntnis umzugehen. Am Ziel steht dann nicht nur die Erkenntnis, sondern am Ziel, das dadurch genausogut ein Anfang wird, steht dann ebenso die individuelle praktische vollkommene Verfügungsgewalt über die eigenen Mittel des Erkennens – über die Organisation der menschlichen Wahrnehmung. Da wir aber mit allen Sinnen, mit unserem ganzen körperlichen Dasein erkennen, impliziert dieser Erkenntnisbegriff tendenziell die individuelle vollkommene Verfügungsgewalt über den eigenen Körper. Wobei Verfügungsgewalt hier, wo es um das eigene Dasein geht, nicht Macht meint, sondern die Ausbildung der in ihm angelegten Fähigkeiten.

Nach außen manifestiert sich das dann in solchen für westliche Augen besonders auffälligen Geschicklichkeiten wie die etwa, die eigene Schmerzwahrnehmung ›ein- oder auszuschalten‹ oder somatische Prozesse psychisch zu beeinflussen. Während von innen her gesehen, folgt man der eigenen Interpretation dieser subjektiven Erkenntnistheorien, solche Fähigkeiten bloße Nebenwirkungen jener subjektiven Beherrschung unserer Fähigkeit zur Wahrnehmung sind, deren negativer Schaueffekt nach außen bei weitem ihren erkenntnistheoretischen Wert übersteigt.

Einer, der in einem solchen Sinne die Wahrheit erkannt hat, ist dann zugleich einer, der in einem ganz spezifischen Sinne frei und autonom ist. Nicht, weil er als physisches Wesen nicht mehr dieser Beschränkung des Körpers unterläge und nicht, weil er so viel Macht über anderes hätte, daß er alles bestimmen könnte, sondern deswegen, weil er gelernt hat, mit seinem physisch-psychischen Dasein unter allen Umständen umzugehen. Die Identifikation der Erkenntnis mit dem individuell Erfahrbaren wird so identisch mit der maximalen Entwicklung jener individuellen Fähigkeit zu erfahren – individuelle Autonomie und Reduktion aufs individuell Machbare sind hier streng deckungsgleich.

An diesem Ideal des autonomen Umgangs orientierten sich alle Gesellschaften mit handwerklicher Produktion bei der Entwicklung ihres Wissens und ihrer praktischen Aneignung der Welt, selbst dann, wenn beim praktischen Tun die Absolutheit des Vorbildes nicht immer einzuhalten war.
Diese Orientierung schließt nicht aus, daß diese Art des Wissens nicht über eine lange Tradition hinweg erworben wurde – jenes individuelle Wissen einer archaischen Sammlerin über Pflanzen und über den Umgang mit ihnen, das oben geschildert wurde, ist z. B. mit Sicherheit das Ergebnis einer langen kumulativen Reihe von Erfahrungen von vielen. Und sie schließt nicht aus, daß die Aneignung dieses Wissens und die Ausübung des damit verbundenen Könnens nicht auch, was den praktischen Umgang mit dieser Welt betrifft, arbeitsteilig organisiert werden kann. Aber die Arbeitsteilung ist hier nicht die Voraussetzung, die den Wissenserwerb und die Tätigkeit überhaupt möglich macht, sondern eine bloß zusätzliche Möglichkeit, wie diese Aneignung und Ausübung *auch* organisiert werden können.
Generell kann man sagen, daß das Ausmaß der benötigten Arbeitsteilung rein technisch gesehen von dem Ausmaß abhängt, in der die Gesellschaft das Ergebnis einer spezifischen Tätigkeit – sagen wir Weben – benötigt. Das ist logischerweise dort größer, wo einer nicht nur für sich webt und kocht und sammelt und jagt, sondern das noch für andere tun muß, die von alledem nichts tun, sondern ›verwalten‹ oder ›Krieg führen‹ oder ›herrschen‹, also dort, wo eine hierarchische Gliederung eine relativ große Surplusproduktion erzwingt. Und ebenso generell läßt sich sagen, daß in der handwerklichen Produktion der Einsatz der Arbeitsteilung dort seine absolute Obergrenze hat, wo die Einheit der jeweiligen Arbeit so klein und unspezifiziert wird, daß das besondere Plus allen Erfahrungswissens, die ständig stattfindende implizite Verknüpfung und Verbindung allen Wissens mit allem neuen Wissen, mangels Diversifikation im erforderten Arbeitsgebiet nicht mehr als produktives Element zum Tragen kommt.
So orientierte sich selbst in einer so stark hierarchisch gegliederten Gesellschaft wie dem Mittelalter die Arbeitsteilung an jener Teilung der Arbeit, die auch dort, wo alles noch von einer Person erledigt wurde, als Ausübung jeweils differenter einheitlicher Tätigkeitsfelder empfunden wurde. Es gab die Zunft der Bäcker, der Weber, der Schmiede etc., aber eben nicht eine Zunft der ›Mehl-

ins-Wasser-Schütter‹ oder ähnlich kleiner Arbeitseinheiten, wie sie für die industrialisierte Arbeit kennzeichnend sind.
Zieht man die Luxusproduktion und die in den Städten nicht in Betracht, so erfolgte selbst dort noch die Subsistenzproduktion nach dem Schema jener uralten Arbeitsteilung zwischen Mann und Frau. Und das bedeutete konkret: Alles Wissen und alle Fähigkeiten, die einer brauchte, um hier auf dieser Erde sich am Leben zu halten, angefangen von der Hausmedizin bis zum Wissen, wann wo was gepflanzt, wie ein Webstuhl gezimmert oder wie eine Pflugschar hergestellt wurde, wurden im Erfahrungsumkreis des eigenen Lebens erworben und angewandt. Und selbst wenn der Mann nicht spinnen oder die Frau den Pflug nicht gerade führen konnte, so hieß das doch, daß ihr / ihm die Tätigkeit selbst und das Wissen um das Wie der Tätigkeit nicht so fremd waren, daß er / sie sie im Notfall im rudimentären nicht selbst hätte übernehmen können. Und geht man noch weiter, bis hinter das Christentum und hinter die anderen Hochzivilisationen zurück, so kann man zu jenen praktischen Fähigkeiten noch jenes geistige Wissen hinzufügen, das der Einzelne sich in seiner Erfahrung des Weltbildes seiner Kultur erwarb. Alltagskultur, nicht wie sie in Geschichtsbüchern, wohl aber inzwischen als Überbleibsel alter Alltagskunst in Museen steht, das waren jene Fähigkeiten und das waren jene Wissensbereiche, die jeden in der Gesellschaft zum autonomen praktischen und geistigen Umgang mit dieser Welt und mit sich selbst befähigten. Und Alltagsgesellschaft, das war jenes gemeinsame Tun, in dem dieses Wissen und diese Fähigkeit kulturell entwickelt und weitergereicht wurden.
Ersetzt eine Gesellschaft die Orientierung an diesem Erfahrungswissen durch eine ausschließliche Orientierung an jenem Wissen, wie es uns durch die Konzeption der Berechenbarkeit allen Seins zugänglich wird, so hat das zum einen zur Folge, daß die Beschränkung des Wissens und der Aneignung der Welt auf den Horizont der Fähigkeiten des Einzelnen aufgehoben wird. Was ihr hier an Wissen und an Aneignungsfähigkeit jetzt zugänglich wird, das ist von einer ungeahnten Fülle und übertrifft jene Macht der individuellen Aneignungsfähigkeit aufs Phantastischste.
Auf der anderen Seite wird jenes alte Erfahrungswissen nicht mehr tradiert, und der Einzelne verliert jene individuelle Macht der Autonomie, die ihm durch die Aneignung dieses alten Wis-

sens zugänglich wurde. Für diesen Autonomieverlust bietet ihm das, was er sich vom neuen Wissen aneignen kann, weder auf der geistigen noch auf der praktischen Ebene einen Ersatz. Orientiert sich der Nischenaufbau ausschließlich am Modus eines Wissens, das den Horizont des einzelnen notwendig überschreitet, so wird in der praktischen Umsetzung dieses Wissens die zunehmenden Spezialisierung der Tätigkeiten ebenso zu jener strukturellen Voraussetzung des Erfolgs wie beim eigentlichen Wissenserwerb. Analysiert man Gesellschaftsstrukturen in den sozialen Kategorien von Macht und Ohnmacht, so ist diese Ersetzung identisch mit der Etablierung eines zunehmenden unaufhebbaren Machtgefälles zwischen dem einzelnen und der Gesellschaft. Nicht nur ist es also so, daß wir kollektiv immer mehr wissen, während der Einzelne immer weniger von jenem kollektiven Wissen wissen kann, sondern es ist auch so, daß unsere Gesellschaft insgesamt mit Hilfe dieses Wissens immmer mächtiger wird, während der Einzelne in dem, was ihn selbst zu einem autonomen Umgang mit dieser Welt befähigte, immer unwissender und deswegen immer ohnmächtiger wird. Im Volksmund wird so eine Kombination von Nicht-Können aufgrund von Nicht-Wissen gewöhnlich mit dem Adjektiv ›dumm‹ belegt. Was diese spezifische, sozial erzeugte Dummheit auf der praktischen Ebene des Umgangs mit der Welt bedeutet, das soll an einem Beispiel demonstriert werden.

1902 brach unter dem Lager einer Eskimofamilie das Eis auf, und sie verloren fast all ihren Besitz – ›Comocks Messer, Speere und Harpunen, alle Felle, die Steinlampen und fast alle Hunde ... sie hatten keine Jagdgeräte mehr, keine Steinlampe, um sich Trinkwasser zu schmelzen, keine Nahrungsmittel, keine Ersatzkleidung.‹ (Lopez 1987 / 224) Sie retteten sich auf eine unbewohnte Insel, und ein paar Jahre später war das geschehen, was Barry Lopez, der die Episode erzählt, in bezug auf den Mann der Familie so zusammenfaßt: ›Er stellte seine gesamte materielle Kultur wieder her, fast aus dem Nichts, indem er improvisierte und, wenn nötig, erfand.‹ (1987 / 224) Unnötig auszumalen, daß eine Familie unserer Gesellschaft weder das Wissen noch das Können hätte, um auch nur in irgendeiner Wildnis – sei es die noch existente arktische oder die nicht mehr existente mitteleuropäische – überleben und leben zu können. Nun brauchen wir das ja aber auch nicht zu können, weil wir uns eine sehr mächtige Nische

aufgebaut haben. Überträgt man aber die Bedingungen, die die Fähigkeit zum autonomen Leben exemplarisch testen, auf unsere Nische als Umwelt, stellt sich also eine Familie vor, die sich plötzlich allein in einer voll intakten Großstadt befindet (vielleicht hat sie wunderbarerweise den Angriff mit jener wunderbaren Neutronenbome überlebt?), so stellt sich heraus, daß sie hier sich noch schlechter stünde als in der Wildnis. Denn bevor sie sich auch nur ein Bruchteil jenes Wissens angeeignet hätte, das nötig ist, um zu wissen, wie man all jene chemischen und atomaren Werke sicher abstellt, wären sie ihr schon längst um die Ohren geflogen. Gar nicht zu reden davon, daß eine Familie prinzipiell damit überfordert wäre, sich jenes Spezialwissen anzueignen und auszuüben, das nötig wäre, um den Mechanismus Großstadt und den Mechanismus unserer Produktion in Gang zu halten.
Von all jenem anderen Wissen und jenem anderen Können aber, das ihr das Überleben in der Wildnis möglich machen würde, weiß unsere Familie auch nichts. Und daraus folgt:
In bezug auf jenen Wissensbereich, der dem Einzelnen den praktischen autonomen Umgang mit seiner Umwelt möglich macht – sei diese Umwelt nun künstlicher oder natürlicher Art –, sind wir heute von einer Ignoranz, die geschichtlich einmalig ist.
Vom Umfang her einmalig, insofern wir in einer weder-noch Position sind: Weder haben wir jenes Wissen, das uns zum autonomen Umgang mit der Wildnis befähigte, noch haben wir jenes Wissen, das uns zum autonomen Umgang mit unserer gesellschaftlichen Nische befähigte. Und man braucht gar nicht zu jenen extremen Bedingungen des Beispiels greifen, um sich das Ausmaß der Ignoranz zu vergegenwärtigen, die wir in bezug auf all jene gemachten Dinge haben, ohne die wir nicht leben können, die wir aber trotzdem nicht selbst machen können. Wer kann denn schon das: Flachs anbauen, aus Flachs Fasern machen, aus Fasern Fäden spinnen, Spinnräder bauen, Webstühle bauen, aus Fäden Tuch weben, aus Tuch Kleider schneidern? Oder, wer kann denn schon das: Baumwolle anbauen, Schiffe bauen, die die Baumwolle transportieren, Eisen gewinnen und zu Schiffsteilen formen, navigieren, Strom herstellen, automatische Spinn- und Webfabriken bauen, Straßen bauen, Teer herstellen, Formaldehyd und andere Chemikalien zur Stabilisierung der Baumwolle produzieren, Werkzeugautomaten konzipieren und herstellen, Expertenprogramme entwerfen, Chips herstellen ... bis endlich

das vollautomatisch produzierte T-Shirt angezogen werden kann?
Selbst aber wenn einer all das könnte, was er zum autonomen praktischen Umgang mit der Welt können muß, als z. B. Flachs anbauen, aus Flachs Fasern machen, etc., etc., wo könnte er in unserer Welt des Gemachten die Fähigkeiten noch praktisch umsetzen?
Je komplizierter, je technisch vollkommener aber die Maschinerie wird, mit der wir die Bedarfsdinge unseres täglichen Lebens herstellen, und je mächtiger und weltumspannender unsere Nische des Gemachten wird, desto ignoranter wird der Einzelne notwendig gegenüber jenen Prozessen, deren Podukte sein Leben möglich machen, und desto unausweichlich abhängiger wird er von diesen technischen Prozessen. Und desto ignoranter wird er gegenüber jenen Produkten, die er im Alltag gebraucht. Wir sind von lauter gemachten Dingen umgeben, deren genaues Funktionieren uns ein Geheimnis ist. Wer kann denn schon seine Waschmaschine reparieren, sein Telefon, seinen Fernseher, seinen Rasierapparat, seinen Staubsauger, seine Küchenmaschine, seine Zentralheizung, sein Auto, seinen Computer? Oder gar die Ersatzteile herstellen? Selbst ein Professor für Künstliche Intelligenz kann seinen Computer nicht wieder ganz machen, wenn der einen Fehler in der Hardware hat.
Zwar kann in unserer Gesellschaft immer irgendeiner jeweils etwas von all diesen Dingen, aber der Anteil, den ein Einzelner von diesem kollektiven Wissen und Können wissen und können kann, wird immer kleiner. Letztlich steht der Einzelne unserer Nische des Gemachten mit dem gleichen völligen Unverständnis gegenüber, mit dem jene Primitiven aus den Sozialkundebüchern nach unserer Interpretation einst der Natur gegenüberstanden.
Wir haben jene Grenze zum Nicht-Wissen, die früher als Grenze zwischen der Gesellschaft und den Reproduktionsgesetzen der Natur verlief, in unsere Gesellschaft hereingeholt und sie als Grenze zwischen dem Einzelnen und der Reproduktion der Gesellschaft und ihrer Nische etabliert. Während aber der Primitive sich trotz diesem Nicht-Wissen autonom verhalten konnte, weil die Natur sich auch ohne unser Zutun – und am besten ohne unser Zutun – reproduziert, reproduziert sich unsere Nische nur mit unserem Zutun, das auf dem Wissen um jene Prozesse, die wir da in Gang halten wollen, beruht. Würden wir aufhören, als Räd-

chen in dieser Maschinerie zu funktionieren, und anfangen, unsere Nische als naturwüchsig gegebene vorauszusetzen, so wie der Primitive die Natur voraussetzen muß und kann, so würde jene Nische, auf deren Vorhandensein wir unser autonomes Handeln aufbauen wollten, mit tödlichem Getöse zusammenbrechen.

Individuelle Ohnmacht gewinnt in diesem Zusammenhang eine neue zivilisatorische Bedeutung. Sie meint nicht mehr einfach, daß etwas anderes stärker ist als ich, daß ich z. B. notwendig dem Tod unterworfen bin oder daß ich von der Existenz eines Dings abhängig bin, sondern sie bezeichnet eine Situation des Einzelnen, die zugleich permanent und unhaltbar ist: Daß sein Leben von Prozessen abhängt, von denen er einerseits notwendig nichts wissen kann, von denen er aber andererseits notwendig alles wissen muß, weil sie nur durch die permanente praktische Umsetzung dieses Wissens in Gang gehalten werden können.

Kollektiv lebbar wird dieses Paradox durch die strikte Einbindung und Orientierung der Fähigkeiten und des Tuns des Einzelnen in den gesellschaftlichen Prozeß der Aneignung der Natur und der Reproduktion der Nische. Der Einzelne selbst aber ist zum Überleben ebenso unfähig geworden, wie auch sein Beitrag zum Überleben aller nicht ins Gewicht fällt. Nicht die Gesellschaft braucht ihn, seine Fähigkeiten und sein Wissen, um zu leben und zu gedeihen, sondern er braucht die Gesellschaft, um überhaupt leben zu können, während er für die Gesellschaft jederzeit durch einen anderen ersetzbar wäre. Unsere kollektive Macht über die Welt haben wir durch den Verlust unserer Macht zur praktischen Autonomie in der Welt erkauft. Noch nie, selbst da nicht, wo wir noch angeblich nackt auf Bäumen hockten, war der Einzelne so ohnmächtig wie heute.

Und war so hilflos den Mächten seiner Nische und den Mächten der Natur ausgeliefert. Denn jene kollektive Macht über die Natur hat ja nur dann Bestand, wenn es ihr gelingt, alle jene Nebenwirkungen, deren Macht der Störung und Zerstörung mit zunehmender Macht des menschlichen Eingriffs größer wird, dadurch aufzufangen, daß sie diese Prozesse ihrerseits unter Kontrolle bringt. Versagt diese Expansion des Machens, dann kehrt sich unsere Macht über die Natur um in eine Macht der Natur über uns, die vorher in diesem Ausmaß nicht gegeben war. Wenn früher ein Erdbeben die Macht hatte, ein paar Zelte zum Einsturz zu bringen, so hat es heute die Macht, ganze Städte über den Köpfen von Millionen einstürzen zu lassen. Oder die Macht einen GAU zu verursachen. Wenn früher die Störung des ökologischen Gleichgewichts im Höchstfall die Existenz der störenden Kleingruppe von Menschen zerstörte, so gefährdet heute, weil wir die Macht haben, das Gleichgewicht global zu stören, die Störung die Existenz der ganzen Menschheit. Und wenn früher die Folgen einer Warmzeit mit dem flexiblen Rückzug aus den nach und nach überschwemmten Küstengebieten beantwortet werden konnten, so hätte heute die von uns ausgelöste Erwärmung der Erde eine internationale Katastrophe unvorstellbaren Ausmaßes zur Folge.

Nicht nur die Verfügungsgewalt, sondern auch die Folgen eines Zusammenbruchs dieser Verfügungsgewalt haben Ausmaße angenommen, gegenüber denen der Bereich, den ein Einzelner mit seinen Fähigkeiten beeinflussen und gestalten kann, zu einem bedeutungslosen Nichts zusammenschrumpft.

Dieser praktischen Ohnnmacht steht ein privates Erleben dieser Welt zur Seite, das von einer zunehmenden Tendenz zur psychischen Verelendung gekennzeichnet ist. Beides aber – die Erfahrung der Ohnmacht im Umgang mit der Welt und jene im Umgang mit sich selbst – sind zwei Prozesse, die sich jeweils im Negativen wie im Positiven ergänzen. Wenn es auf der einen Seite einer stark entwickelten Autonomie im Umgang mit sich selbst bedarf, um die Erfahrung der realen praktischen Ohnmacht zu verkraften, so ist es auf der anderen Seite so, daß der Hilflosigkeit im Umgang mit dem eigenen Fühlen durch die positive Erfahrung der Autonomie im Umgang mit der Welt geholfen werden kann. Trifft sich aber beides so im Negativen, so gibt die Erfahrung der realen Ohnmacht dem inneren Gefühl des Ausgeliefertseins und Überwältigt-Werdens recht und verstärkt jene Flucht in den regressiven Zirkel der Abwehr von Erfahrung überhaupt, der langfristig das akute Gefühl der Ohnmacht zu einem Gefühl der permanenten Bedrohung und Überforderung von innen und von außen stabilisiert.

Nicht nur kommt der Einzelne im Umgang mit der Welt nicht mehr zurecht, hätte er nur sich selbst und seine Fähigkeiten, sondern es ist auch so, daß er zunehmend mit sich selbst als fühlendem Wesen nicht mehr zurecht kommt. Zum Verlust der praktischen Autonomie gesellt sich der Verlust der psychischen Autonomie.

Aber was macht das schon, solange der Einzelne in seiner gesellschaftlichen Funktion noch funktioniert? Typisch für diese Kombination von gesellschaftlicher Funktionstüchtigkeit und individueller Funktionsuntüchtigkeit ist folgender Befund:
›Jeder zwanzigste Berufstätige hat wahrscheinlich Alkoholprobleme, und bei den Managern gehört sogar jeder zwölfte zum Trinkerkollektiv.‹ (Mayer-List 1989 / 35) ›Man muß sich‹, wie die Autorin ganz richtig bemerkt, ›vergegenwärtigen: Für einen erfolgreichen Mann, dessen Leistungen die Umwelt trotz Alkohol bewundert, der Hunderte von Menschen dirigiert und über Millionenbeträge bestimmt, ist es ein schwerer Schritt, zugeben zu müssen, daß er sein eigenes Leben nicht mehr im Griff hat und dringend die Hilfe von Psychologen braucht.‹ (1989 / 35)
Anschaulicher als mit diesem Beispiel, in dem die Kluft zwischen kollektiver Macht und individueller Ohnmacht, zwischen der kollektiv verliehenen Verfügungsgewalt über Menschen und Material und der individuellen Unfähigkeit, über seine eigenen psychischen Fähigkeiten zu verfügen, mitten durch einen Menschen hindurchgeht, läßt sich die Sache, um die es geht, nicht vergegenwärtigen. Wobei zu den typischen Elementen durchaus hinzugehört, daß der Mann, der dergestalt sein eigenes Leben nicht mehr im Griff hat, Hilfe bei einem Psychologen finden soll. Denn so umfassend unfähig zum autonomen Umgang mit dieser Welt und mit uns selbst sind wir in dieser Gesellschaft nicht geworden, weil wir alle durchgängig nur so wenig wissen, sondern weil wir auf eine ganz besondere Art ganz extrem viel und von dieser Art immer mehr wissen.
Die erfolgreiche Etablierung der wissenschaftlichen Erkenntnismethode in den Reproduktionsmethoden der gesellschaftlichen Nische macht aus allen Gesellschaftsmitgliedern zugleich Wissensspezialisten und notorisch Unwissende. Und wenn in der Umgangssprache die Unfähigkeit eines Menschen aufgrund seiner Unwissenheit mit dem zusammenfassenden Adjektiv ›dumm‹ belegt wird, so hat der Volksmund für diese spezifische Kombination von umfassender Dummheit aufgrund von Wissen ein Wort geschaffen, das es in seiner Exaktheit wert ist, als soziologischer Begriff verwendet zu werden. Er spricht von Fachidioten dort, wo der Wissensumfang eines Menschen ganz und gar nur mit diesem gesellschaftlich vorgegebenen Muster an gefördertem und negiertem Wissen zusammenfällt und keine darüber hinaus-

gehenden Elemente enthält, die aufgrund einer privaten Zusatzanstrengung wenigstens ausgleichend wirken können. Die erfolgreiche Aneignung eines Teils des gesellschaftlichen Wissens ergänzt sich hier übergangslos mit der erfolgreichen Primitivierung von Erfahrungsfähigkeit und der nur rudimentären Entwicklung jener Fähigkeiten, die über die Differenzierung von Erfahrungsfähigkeit und Erfahrungswissen zugänglich werden. Erst der Umfang dieses Erfolgs auf beiden Seiten rechtfertigt nicht nur die Kombination von ›Fach‹ und ›Idiot‹, sondern auch die harsche Steigerung von ›dumm‹ auf ›Idiot‹.
Brillante zivilisatorische Höchstleistungen auf dem Gebiet der technisch-wissenschaftlichen Entwicklung und ein im exakten Sinn des Wortes primitives Niveau in der Gestaltungsfähigkeit des Umgangs mit uns selbst und mit der Welt, eine phantastisch gesteigerte kollektive Macht und eine umfassende strukturbedingte individuelle Ohnmacht, das sind die Grundstrukturen, deren immanente Gegensätzlichkeit die Dynamik der Entwicklung unserer Gesellschaft bestimmen.

Der Hunger nach Macht und die Fetischisierung der Produktwelt

Wenn aber einer dann, wenn er nur sich selbst und seine Fähigkeiten hat, so hilflos ist, wenn einer so, wie er sich als von Natur aus Gewordener vorfindet, mit einem menschlichen Körper zum Tun und Träumen und Denken und Fühlen, nicht nur ohnmächtig ist in dieser Welt, sondern auch mit seinem eigenen Sein nicht zurecht kommt, dann braucht er dringend eines, um zu überleben: Macht.
Und zwar nicht einfach die funktionale Teilhabe an einer kollektiven Macht, oder die Versicherung, daß die Macht der gesellschaftlichen Nische ihn schützt, sondern allein die private Aneignung grenzenloser, schrankenloser Macht über anderes kann dieses strukturell etablierte invididuelle Versagen kompensieren und die Welt bewohnbar machen. Bewohnbar nicht, weil man in ihr aufgrund der Beherrschung der eigenen Fähigkeiten einen Platz zum Leben hat, sondern weil das notorische Defizit des eigenen Seins kompensiert wird durch die Verfügungsgewalt über anderes.
Es macht die Stabilität unserer Gesellschaft aus, daß sie ihren

Mitgliedern diese private Aneignung grenzenloser Verfügungsgewalt über anderes nicht nur begründet versprechen kann, sondern daß sie das Versprechen auf einem Gebiet auch schon wahr gemacht hat: Die manipulative Macht über Materie ist, im Gegensatz zu jenem Wissen, auf dem sie beruht, der individuellen Aneignung zugänglich. Um manipulative Macht über Materie zu haben, muß man nämlich heutzutage nichts wissen und nichts können, jene Macht kann man heutzutage einfach kaufen.

Man muß nicht wissen, wie ein Auto gebaut wird und auf welchen physikalisch-chemischen Erkenntnissen dieses Bauen-Können beruht, um über jene Macht zu verfügen, die uns dieses Wissen in Form eines Autos zur Verfügung stellt. Man muß nicht wissen, wie Fernsehapparate gebaut werden und die Theorie der Schallwellen und Elektronenstrahlen beherrschen, um auf Knopfdruck Bilder und Sprache hervorzaubern zu können. Man muß keine Gewehre, Bomben und Raketen bauen und ihre Wirkung berechnen können, um ihre tödliche Wirkung nach persönlichem Belieben einsetzen zu können.

Dieses Auseinanderdriften zwischen dem Wissen, das eine Verfügungsgewalt über Materie möglich macht, und der Verfügungsgewalt selbst bis hin zu einer absoluten Trennung von beiden ist neu in der Geschichte der Menschheit. Soweit wir sonst zurückdenken können und je weiter wir zurückdenken, bildete das Wissen um einen Vorgang der Materiebeeinflussung und das Wissen und Können, diesen Vorgang auszuführen, jene untrennbare Einheit, die nur dem die Verfügungsgewalt gab, der um das ganze Wie mit seinem ganzen körperlich und geistigem Dasein Bescheid wußte. Nicht allein der Besitz eines Hammers gibt einem die Macht, Eisen herzustellen und zu gestalten, sondern erst das Wissen und das Können, wie man mit diesem Hammer und Feuer und eisenhaltigem Gestein umgeht. Nicht allein der Besitz von Farbe gibt einem die Macht, Bilder zu produzieren, sondern erst das Wissen und das Können, mit der Farbe umzugehen. Nicht allein der Besitz eines Bogens gibt einem die Macht, auf Entfernung zu töten, sondern erst das Wissen und das Können, mit diesem Bogen umzugehen, plus dem Wissen, wo am anderen jene Stellen sind, über die er durch einen Pfeil tödlich verletzt werden kann. Um aber mit dem Gewehr jemanden zu töten, bedarf es schon sehr viel weniger körperlichen Könnens, und auch muß man nur noch in einem äußerst vagen Sinne um jene Stellen wissen, über die der andere tödlich verletzbar ist. Um mit einer Bombe jemanden zu töten, muß man nur noch wissen, wo dieser Jemand sich ungefähr aufhält und wo der Zünder sitzt und sonst nichts. Und das Wissen, das ein General benötigt, um mit ferngelenkten, sich selbst steuernden Raketen jemanden zu töten, tendiert gegen Null: er muß nur noch auf einen Knopf drücken können.

Erst im Automaten also, wo es uns gelungen ist, die Kräfte der Natur selbsttätig so aufeinander wirken zu lassen, daß sie nur noch und ganz von alleine zu dem von uns gesetzten Zweck wirksam werden, ist die Trennung zwischen Verfügungsgewalt und Wissen absolut. Hier gehorcht Materie aufs Wort, oder, wenn sie noch nicht so ›intelligent‹ ist, auf die Betätigung des An / Aus-Schalters, und nur noch das, nämlich wo sie an- oder auszuschalten ist, müssen wir wissen, um uns die Verfügungsgewalt anzueignen.

Für alle Werkzeuge der handwerklichen Produktion ist es hingegen charakteristisch, daß sie ohne unser Zutun überhaupt nicht wirksam werden. Und auch mit unserem Zutun, also auch dann, wenn wir sie benutzen, ist an ihnen kein Stück, das ohne unser Zutun nach Maßgabe seiner eigenen Kraft- und Gegenkraftentfaltung etwas bewirken würde. Werkzeuge werden nur aktiv wirksam, insofern sie aktiv von uns benutzt werden, deswegen hängt hier die Verfügungsgewalt, die sie eröffnen, auch ganz von unserem Wissen darum ab.

In allen anderen technischen Geräten hingegen, die noch nicht ganz Automat, aber eben auch nicht mehr bloß Handwerkszeug sind, steckt ein Teil, in dem Materie automatisch, eben ohne unser Zutun, aktiv nach Maßgabe unserer Zwecke wirksam wird, und in dessen Funktion wir, damit sie funktioniert, genauso wenig eingreifen müssen wie in die Funktion eines Automaten. Im Gewehr ist das z. B. der Vorgang der Explosion, im Auto das Laufen des Motors. Typischerweise ist es dieser automatische Teil in jedem technischen Gerät, dem die gewaltige Differenz in der Verfügungsgewalt zum bloß handwerklichen Gerät zu verdanken ist, und typischerweise müssen wir, um dieses technische Gerät zu bedienen, von dem Wissen, das die Konstruktion dieses automatischen Teils möglich machte, nichts wissen.

Umgekehrt bedeutet das, daß zwar auch all diese technischen Geräte nur mit unserem Zutun wirksam werden, daß aber unser Zutun in ihrer Gesamtwirkung den weitaus geringeren und vor

allem nicht den wesentlichen Anteil ausmacht. Nicht die drehende Handbewegung von links nach rechts und nicht das sanfte Senken des Fußes ist bezeichnend für die Wirkung eines Autos und für die Verfügungsgewalt über Materie, die sich durch diese menschlichen Bewegungen auslösen läßt, und nicht der kurze Druck auf den Abzugshebel für die, die ein Gewehr einem gibt. Kennzeichnend für Art und Ausmaß der Verfügungsgewalt ist der automatische Teil am technischen Gerät, und kennzeichnend ist infolgedessen auch, daß wir im Schnitt um so weniger wissen und können müssen, um uns die Verfügungsgewalt eines technischen Gerätes anzueignen, je automatischer es funktioniert. Zu Recht hat sich deswegen für den Umgang mit Maschinen ein Verb eingebürgert, das dieser bloß dienenden Rolle des menschlichen Tuns Rechnung trägt: Im Unterschied zu einem Hammer oder einer Nadel, die man *benutzt*, werden Maschinen *bedient*.
Oder *beherrscht*. Automaten werden sogar *kommandiert*, *oder man gibt* ihnen PRINT-DELETE- oder FUNKTION's-*Befehle*. Und über große technische Systeme üben die betreffenden Wissenschaftler und Techniker die *Kontrolle* aus.
Ob man so eine herrschende oder dienende Funktion ausübt, das kommt ganz darauf an, ob der geringe Anteil des menschlichen Tuns an der Gesamtwirkung betont werden soll, oder der Umstand, daß mit einem bloßen Knopfdruck ein Mensch sich die Verfügungsgewalt über diese Gesamtwirkung aneignen kann. Bei uns z. B. bedienen gewöhnlicherweise Frauen die Waschmaschinen und Küchengeräte, während ein Rennfahrer seine Maschine beherrscht und ein Bomberpilot beim Tiefflug schon mal bedauerlicherweise die Kontrolle über sein Flugzeug verliert. Während das einem Informatiker offensichtlich nicht mehr passieren kann, bei dem stürzt höchstens das System ab, während er selbst beim Debugging die Befehlsgewalt behält. Aber abgesehen von der geschlechtsspezifischen Rollenverteilung, in der die Frauen, die in unserer Gesellschaft die notwendigen und doch tabuisierten animistischen Seelenreste vertreten, naturgemäß nicht herrschen, sondern höchstens dienen können, liegt dem Bedienen und dem Beherrschen die gleiche Struktur zugrunde:
In jedem technischen Gerät steht dem Einzelnen ein Stück jener gewaltigen manipulativen Macht über Materie, die uns durch die wissenschaftliche Erkenntnis der Welt zugänglich wurde, zur privaten Verfügung, ohne daß der Einzelne zur Ausübung dieser

Verfügungsgewalt von diesem Wissen, das die Verfügungsgewalt möglich machte, etwas wissen muß.

Und wenn es einfach komisch wirkt, würde man sagen: ›einer bedient die Nähnadel‹, oder; ›einer verliert die Kontrolle über sein Messer‹, oder ›einer beherrscht seinen Hammer‹, so machen diese Verbverwendungen aus dem Bedeutungsumkreis der reinen Macht in bezug auf Maschinen durchaus Sinn. Denn diese Macht, Verfügungsgewalt über Materie auf den bloß eigenen Wunsch und Willen hin in Gang zu setzen, ohne etwas über jene Prozesse zu wissen, die diese Verfügungsgewalt ausmachen, und ohne sie selbst ausüben zu können, eine solche Macht, die nichts wissen und nichts können muß und trotzdem auf bloßen Wunsch hin gemacht bekommt, eine solche absolute reine Macht hatten früher nur Könige und Kaiser. Und die hatten sie, weil sie Macht über Menschen hatten, die über das benötigte Wissen und Können verfügten, so daß sie selbst es sich leisten konnten, gegenüber all dem ignorant zu bleiben, was als Mühe der Arbeit, als Anpassung an die eigene Körperstruktur, als Einfühlung ins Material den reinen Machtgeschmack geschmälert hätte, und es trotzdem erreichten, in die Geschichtsbücher einzugehen als ›König Ramses, der die Pyramiden erbaute‹ oder ähnliches. Der Tendenz nach ist diese Form der reinen Macht eine gottähnliche, und ihre Perfektion erreicht sie dort, wo auf das bloße Wort hin Materie das tut, was sie tun soll – und Gott sprach: ›es werde Licht‹, und es ward Licht.

Oder aber eben der Mensch sprach ›stop‹, und der Wecker hört auf zu klingeln (Braun Voice Control), er drückt auf die Taste, und es macht Bilder, er wünscht sich, ›möge meine Kraft vervielfältigt werden‹, und es gibt ihm 140 PS oder eine Atombombe ... In unserem Ideal von der vollautomatischen Produktion, der wir ›nur noch‹ zu befehlen brauchen, gewinnt dieser infantile größenwahnsinnige Traum der absoluten reinen Macht gesellschaftsbestimmende Kraft. Und in unserer Bewunderung und unserer Sucht nach Kraftmaschinen aller Art, die irgendeine Sache noch schneller, mit noch mehr Gewalt, mit noch mehr Zerstörungskraft können, nimmt der Traum akut tödliche Ausmaße an. Während er in jenen Warenhauskatalogen, die den durchtechnisierten Haushalt propagieren, in dem selbst die Schuhe nicht mehr von Hand poliert oder die Gurken nicht mehr von Hand geschnitten werden dürfen, eher zur Parodie verkommt, weil bei der Frau, die mehr auf Dienst an als auf Identifikation mit der Macht konditioniert wurde, sich das rechte Machtgefühl nicht, hingegen eher die Erkenntnis einstellt, daß der ganze Dienst an den Maschinen per saldo mehr Arbeit macht, als wenn man das Ganze gleich selber macht.

Umgekehrt bedeutet das aber auch: Nur dann wirkt die private Aneignung manipulativer Macht über Materie durch das Bedienen-Können technischen Geräts parodistisch, wenn einer dieses Gefühl der absoluten Kontrolle, der reinen Macht über anderes nicht braucht. Denn freilich ist es lächerlich, sich beim Aufheulen des Motors als Herr über die Welt zu fühlen, wenn man noch nicht einmal den Motor bauen kann und einem die chronische Bronchitis aufgrund der Luftverschmutzung in den Lungen sitzt. Oder einfach bodenlos dumm, sich mit der vielfachen Overkillkapazität der Atombomben als Herr über Leben und Tod auf der ganzen Erde zu fühlen, wenn man bloß zerstören, aber noch nicht einmal die Atombomben wieder aufbauen, geschweige denn auch nur eine einzige Küchenschabe wieder zum Leben erwecken kann.

Aber für den, der diese Macht existentiell notwendig braucht, ist es bitterer Ernst. Und jene Defizite in der Verfügungsgewalt sind ihm nicht Anlaß, die Macht zu hinterfragen, sondern nötigen ihn dazu, das wenige, über das er verfügt, so aggressiv-extensiv wie möglich anzuwenden, um das Fehlen der völligen Kontrolle durch die Wucht der Gewalt und Masse wenigstens etwas wieder wettzumachen. Und dann hört das Unterfangen auch auf, für andere bloß lächerlich zu sein.

Dann kommt zum Tragen, daß unsere Gesellschaft ihre große Errungenschaft, reine Macht wissend und Wissen mächtig gemacht zu haben, in der Aneignungsform dieser Macht wieder rückgängig gemacht hat. In der privaten Verfügungsgewalt über Maschinen wird die absolute Macht der Gottkönige in ihrer ganzen Ignoranz als tragendes Lebensgefühl für alle lebbar. Jeder, der es nötig hat, kann hier heute zugreifen und in unserer Gesellschaft haben das notwendig viele nötig.

Die private Aneignung dieser Verfügungsgewalt über Materie muß all das kompensatorisch wettmachen, was als Verlust der psychischen und praktischen Autonomie das menschliche Sein so unerträglich macht. Über diese Aneignung reagiert sich projektiv alles ab, was in anderen Bereichen unserer Ordnung nicht befriedigt werden kann, weil dieser Bereich der manipulativen Macht über Materie das einzige *positive* Element unserer Ordnung ist, das der Einzelne sich aneignen kann. In der Inszenierung dieser Aneignung, dem Konsum, macht der Einzelne aus dem gültigen Weltbild seiner Gesellschaft die Ordnung der Welt, wie sie für ihn subjektiv gültig werden kann. Nicht über die subjektive Aneignung der Interpretation, sondern über die subjektive Aneignung der Produkte, die die Ordnung der Interpretation repräsentieren, konstituiert sich für ihn der Sinn der Welt. Und Produkt in diesem Sinne ist tendenziell alles Gemachte, vorzugsweise alles maschinell Gemachte, und idealerweise eine Maschine oder ein Automat selbst, weil hier die reine Macht der Verfügungsgewalt nicht bloß als Resultat vor einem steht, als eine Welt des Schlaraffenlandes, in dem nur noch die Dinge so existieren, wie es unsere Bedürfnisbefriedigung ihnen erlaubt, sondern weil hier die absolute Kontrolle als aktiv ausgeübte direkt erfahrbar und auf Wunsch verfügbar wird.

Das heißt aber auch: Erst als gemachte macht die Welt so für den je Einzelnen Sinn. Er hat von jener ›reinen Erkenntnis‹ irgendeines Wissenschaftlers in irgendeiner Wissenschaftsabteilung in irgendeinem vielstöckigen Institut irgendwo auf der Welt nichts als die beruhigende Versicherung, daß er in seinem Glauben an jene Erkenntnisform richtig liegt. Was er aber berechtigterweise braucht, ist nicht ein bloßer Glaube an eine Ordnung der Welt, sondern eine Umsetzung, die diese Ordnung für ihn lebbar und wahr macht. Und wenn schon die wissenschaftliche Erkenntnis eine ist, die erst dann richtig gültig wird, wenn sie zumindest im Experiment die Welt erfolgreich so umwandelt, wie sie der Theorie nach sein sollte, so gilt diese Identifikation von Wahrheit mit der erfolgreichen materiellen Umgestaltung der Welt im Sinne dieser Wahrheit in diesem Zusammenhang erst recht. Nicht als theoretische, sondern erst als praktisch angewandte werden die wissenschaftlichen Erkenntnisse zu subjektiv wahren, weil erst dann aus dieser nur gedachten Ordnung der Welt, die einem unzugänglich ist, jene reale Ordnung wird, die erfahrbar ist und die das mannigfaltige Chaos der Welt in eine geordnete Welt der Bedeutung für einen selbst verwandelt.

Und wenn es auch wahr ist, daß es keinen objektiven Zwang gibt, der uns dazu verpflichtet, all das zu machen, was uns die Wissenschaft als Machbares eröffnet, so ist es ebenso wahr, daß es einen

subjektiven Zwang zu dieser Umsetzung gibt, der innerhalb unseres Weltbildes genauso wirksam wirkt wie ein objektiver: das Bedürfnis, Sinn zu machen.
Damit aber wird die materielle Ebene, die in anderen Kulturen eine der bloß körperlichen Bedürfnisbefriedigung ist, zum Träger eines existentiellen mentalen Bedürfnisses, das im Gegensatz zu jenen bloß körperlichen wirklich endlos und maßlos ist, weil hier nicht die Sättigung, sondern die Aktivität selbst befriedigt.
Und was objektiv so geschildert wurde, daß das Weltbild der Berechenbarkeit als Ordnung eines objektiven Maßstabs für uns nur lebbar wird, wenn wir die Welt in eine nach seiner Maßgabe und zugleich nach Maßgabe unserer biologischen Bedürfnisse gemachte verwandeln, so läßt sich der gleiche Prozeß von der subjektiven Seite her so erklären, daß erst die Verwandlung der Welt in eine gemachte uns die Welt als sinnvolle, als eine nach der Ordnung unseres Weltbildes geordnete zugänglich macht. Und wenn die objektive Struktur des Prozesses durch die Inkompatibilität von ökologischer Ordnung und Ordnung der Berechenbarkeit in die Flucht nach vorn getrieben wird, so ist auf der subjektiven Seite diese Maßlosigkeit, dieses Bedürfnis, die ganze Erde und nach der Erde das ganze Sonnensystem unter Kontrolle zu bringen, eine Sache, die in der Natur des Bedürfnisses, das hier so befriedigt werden soll, selbst liegt. Sinn-machen der Welt für mich geht immer aufs Ganze und immer wieder neu aufs Ganze, sonst machte es keinen Sinn - als positive Verwirklichung einer Ordnung ebenso wie als Abwehr tabuisierter Ordnungen.
Erst vor dem Hintergrund dieser Einbindung der Struktur wissenschaftlicher Erkenntnis in den subjektiven weltbildkonstituierenden Bedeutungshorizont wird die traumwandlerische Sicherheit verständlich, mit der unsere Wissenschaft sich aus dem Potential dessen, was erforscht werden könnte, das aussucht, was die Macht des Gemachten und Machbaren am nachhaltigsten zu verstärken verspricht. Und das fertigbringt, nicht trotz der Entscheidungsfreiheit der Wissenschaftler, sondern aufgrund der Entscheidungsfreiheit der Wissenschaftler und auch ohne, daß man die Subventionsmacht von Militär und Wirtschaft mit ins Spiel bringt. Und nur wenn man diese subjektive Bedeutungszuweisung als primären Erklärungsfaktor heranzieht, verlieren viele der mit Milliardenaufwand vorangetriebenen Forschungsziele ihre Absurdität. Denn was könnte z. B. absurder sein als das Ziel,

einen Vorgang, den wir Menschen schon immer und mit Vergnügen aufgrund unserer Biologie ausführen können, künstlich nachahmen zu wollen? Und das auch noch zu einer Zeit, wo es von den Produkten dieses Vorganges eh schon viel zu viele auf der Welt gibt? Eben das aber ist eines der Prestigeobjekte der Medizin und Biologie, die mit künstlicher Befruchtung, Implantation von Embryos, Leihmutterschaft und künstlicher Gebärmutter mit aller Gewalt versuchen, die biologische Fähigkeit zum Kinder-Machen-Können nicht nur wissenschaftlich zu erkennen, sondern wissenschaftlich machbar zu machen.

Für einen freilich, für den die Welt nur als gemachte Sinn macht, muß diese Aufgabe sinnvollerweise mit zu den zentralen gehören, und der Streit geht nicht um das ›ob‹, sondern um das ›wie‹ dieser künstlichen Erzeugung von Menschen – soll die krude Biologie Vorrang haben oder die Erzeugung von künstlicher Intelligenz? Oder dürfen wir schon vom ›Biocomputer‹ träumen? Nirgendwo wird die primäre Rolle der Verfügungsgewalt über Materie gegenüber der bloß sekundären Rolle des Wissens um die Gesetzmäßigkeiten der Materie so deutlich wie in diesen neuesten Forschungsdisziplinen der Gen-Technik und der Künstlichen Intelligenz, in denen nicht mehr die Welt, wie sie natürlich geworden ist und wird, Gegenstand der Forschung ist, sondern die noch nicht existierende nach Maßgabe unseres Wissens und unserer Bedürfnisse konstruierte künstliche Welt, die jene natürlich gewordene ersetzen soll.

Völlig traumtänzerisch aber wäre es, vor dem Hintergrund einer solchen Forschung zu hoffen, daß nicht all das, was durch diese Erkenntnisse machbar wird, auch tatsächlich gemacht wird. Wo doch die Kausalkette umgekehrt so ist, daß hier nicht das Ziel der formalen Erkenntnis der Welt das möglich Machbare eröffnet, sondern so, daß hier das Ziel des künstlich Machbaren den Horizont und die Richtung der möglichen formalen Erkenntnis dominiert.

Unser Weltbild wirkt so, wenn es erfolgreich ist, immer auf doppelte Weise realitätsstiftend. Einmal wie jedes Weltbild auch, indem es eine für uns gültige Ordnung der Welt enthüllt, in bezug auf die wir uns sinnvoll verhalten können. Und einmal in der historisch einmaligen Weise, indem es diese Leistung nur erbringen kann, wenn die Dinge dieser Welt tatsächlich handgreiflich so umgestaltet werden, daß sie nur noch diese Ordnung repräsentieren, weil sie ganz und gar Produkt dieser Ordnung sind. Und wenn andere Kulturen ihre Interpretation der Welt hauptsächlich auf der geistigen Ebene vollzogen, als eine bestimmte Art, die Welt zu erfahren und in dieser Erfahrung zu erkennen, und die Gestaltung von Dingen im Modus dieser Ordnung eine bloß sekundäre symbolische Hilfsfunktion innehatte, so hat sich dieses Verhältnis bei uns direkt umgekehrt. Unsere Ordnung wird erst wirklich wahr als künstliche Realität, die anstelle der natürlichen tritt.

Eine Ordnung freilich, die nur dann wahr und wirklich ist, insofern man im Besitz von gemachten Dingen ist, die diese Ordnung verkörpern, entspricht genau dem, was wir in bezug auf das gleiche Phänomen bei primitiven Kulturen mit dem Wort Fetischisierung bezeichnet haben – eine Identifizierung der Produkte einer Ordnung mit dieser Ordnung selbst, die so weit geht, daß der Verlust der Produkte mit dem Verlust der Ordnung gleichzusetzen ist. Und es tut der Identität der Phänomene keinen Abbruch, daß die Macht des primitiven Fetisches eine ›bloß eingebildete‹ war, während die Macht unserer modernen Fetische eine real wirksame ist. Im Gegenteil ist die Unfähigkeit, zwischen Macht und Wahrheit zu unterscheiden, ein typisches Kennzeichen der Fetischisierung, in der die Interpretation eben nicht als geistige erfolgen kann, sondern der konkreten Macht und des Besitzes von Dingen bedarf, um wirklich zu werden.

Umgekehrt folgt daraus, daß eine Gesellschaft, die ihr Weltbild an einer Ordnung der Welt ausrichtet, deren Erkenntnis dem Einzelnen notwendig nicht zugänglich ist, gar nicht anders kann, als umfassend auf die Fetischisierung der Produkte dieser Ordnung zurückzufallen, um lebbar zu werden. Im Gegensatz zu den Primitiven ist die Fetischisierung hier kein mögliches, sondern ein notwendiges Element unserer Ordnung, und keine Randerscheinung, sondern das tragende Medium unserer Sinngebung, von dessen objektiver und subjektiver Funktionstüchtigkeit die Stabilität unseres Weltbildes abhängt.

Objektiv, das bedeutet: Unsere Gesellschaft muß für jeden Einzelnen genügend materielle Produkte bereitstellen, um diese Fetischfunktion des Gemachten erfüllen zu können. Genügend ist in diesem Zusammenhang aber nie genug, weil das Bedürfnis nach einer sinnvoll geordneten Welt berechtigterweise die ganze Welt und die ganze Welt immer wieder neu meint. Die Steigerung

der Produktivität, der wirtschaftlichen Wachstumsrate wird hier zu jenem Selbstzweck, der keiner Begründung bedarf, weil er als konstituierendes Element unserer Ordnung erst jene Problemstellungen eröffnet, die innerhalb unserer Gesellschaft noch zur Entscheidung anstünden.
Subjektiv, das bedeutet: Der Einzelne muß in der Lage sein, die Erfüllung all seiner Bedürfnisse und die Lösung all seiner Probleme auf diese eine Ebene der Aneignung materieller Produkte zu projizieren: Er muß dem ›Konsumwahn‹ verfallen können.
Das ist gar nicht so einfach, wie es sich anhört. Denn dem Konsumwahn zu verfallen ist keine gesellschaftlich anerkannte respektable Lebensform. Zwar gehört die Diagnose, daß wir dem Konsumwahn verfallen sind, oder – respektabler formuliert – daß ›gewisse Dinge zur Lebensqualtität des modernen Menschen gehören, auf die er nicht mehr verzichten kann‹, zu jenen seltenen Fällen, in denen die Gesellschaftswissenschaftler sich in ihrem Urteil einig sind. Aber das wird allgemein beklagt und nicht als gesellschaftsstabilisierende Tugend begrüßt. Und so sind es vorzugsweise immer die ›armen Massen‹, die solchermaßen zum Verzicht unfähig sind, während man selbst sich mit einem Kleinwagen als Zweitwagen für die Frau bescheidet und das elektronisch gesicherte Ambiente zu Hause nicht Konsum, sondern Lebensstil ist. Oder anders gesagt: Geld verleiht dem Konsum eine gewisse kulturelle Tünche, während bei den armen Massen das Bedürfnis nach der Aneignung von gemachten Dingen und der immer neuen Aneignung von immer neuen gemachten Dingen sozusagen nackt, in seiner ganzen Erbärmlichkeit zu Tage tritt. Fragt man aber jeden Einzelnen, so befriedigt er natürlich nicht seinen Konsumwahn oder eignet sich mit seinem Auto die Macht der Verfügungsgewalt an, oder sichert sich durch den Besitz immer neuer Fetische sein Leben, sondern er befriedigt einfach seine materiellen Bedürfnisse.
Auf der anderen Seite dürfen die Leute aber auch nicht nicht dem Konsumwahn verfallen. Als renitente Jugendliche offen zum Konsumverzicht aufforderten und sich kein Auto kauften und keine Stereo-Video-Fernsehanlage und nicht jeweils die neueste Mode anzogen, sondern sich mit zwei Hemden im Sommer und zwei Pullovern im Winter begnügten, und selbst die Haare sich nicht mehr schneiden ließen, da galt dieser Verzicht plötzlich als staatsgefährdend und höchst abstoßend.

Sieht man genauer hin, so kann unsere Gesellschaft auch gar nicht anders, als hier so zwiespältig zu reagieren. Denn man kann schlecht in der Ordnung eines Weltbildes etwas offen befriedigen, was es in der Ordnung des Weltbildes nicht geben soll: eine subjektive Sinngebung der Welt. Und dann auch noch eine so irrationale wie die der Fetischisierung von Produkten, wo doch unser Weltbild sich an der objektivsten, rationalsten Ordnung orientiert, die es gibt. Auf der anderen Seite ist es natürlich auch richtig, daß die Stabilität unserer Ordnung gefährdet ist, wenn die Leute auf diese subjektive Form der Aneignung der Ordnung, die ihnen als einzige zugänglich ist, verzichten.

Will einer sich aber diese unsere objektive Ordnung über die Fetischisierung der Produkte dieser Ordnung subjektiv zu eigen machen, weil sie für ihn erst so zu einer wirklich lebbaren Ordnung wird, so kommt nicht nur die Gesellschaft, sondern auch jeder Einzelne in eine unhaltbare Situation.

Entweder vollzieht er die Fetischisierung bewußt, rückt also die subjektive Bedeutung jener ›objektiven‹ Ordnung der Berechenbarkeit in den Focus seiner Aufmerksamkeit, dann verliert für ihn jene Ordnung eben das, was sie als eine Ordnung der Abwehr von Erfahrungsfähigkeit so faszinierend macht: daß sie nicht gültig ist aufgrund ihrer subjektiven Bedeutung für ihn, sondern gültig und wahr ist anstelle einer subjektiven Sinngebung der Welt. Verzichtet er aber auf die Fetischisierung jener Produkte, dann bleibt jene Ordnung zwar die strikt objektiv gültige, bloß er hat nichts davon, weil es nicht das an sich gültige dieser Ordnung ist, sondern die Form, in der dieses ›an sich‹ subjektiv wahr wird, die diese objektive Ordnung für ihn als subjektive Haltung zur Welt wahr und lebbar macht.

In dieser klassisch auswegslosen Lage jedes neurotischen Konflikts, in der man auf der einen Seite mit seinem ganzen Herzen etwas will, was man auf der anderen Seite mit seinem ganzen Herzen nicht wollen wollen darf, und in der man auf der einen Seite um den Erhalt unserer Ordnung willen in vollen Zügen etwas tun soll, was man auf der anderen Seite um den Erhalt dieser Ordnung willen nicht tun sollen soll, tut unsere Gesellschaft und tut jeder Einzelne das, was jeder Neurotiker hier auch täte – wir tun, und wir verdrängen zugleich, daß wir tun.

Und so kommt es denn, daß wir auf der einen Seite überlebensgroß auf allen Plakatwänden, unübersehbar in jeder Zeitschrift

und auf jeder Verpackung stehen haben, daß wir die Produkte dieser Ordnung nicht kaufen, weil wir unsere materiellen körperlichen Bedürfnisse befriedigen, sondern weil ›Reifen Leute machen‹, weil das und das Auto die ›außergewöhnliche Art ist, seinen Erfolg zu zeigen‹, weil Getränke nicht einfach den Durst löschen, sondern ›Power‹ oder ›Glück und Lebensfreude‹ geben, weil Essen nicht einfach satt macht, sondern weil ›dabei sein alles ist‹, weil Duftstoffe nicht riechen, sondern ›den Mann machen‹, oder ›das Unmögliche möglich machen‹, weil eine Flugreise gar verspricht, daß sie ›alle Sorgen vergessen läßt‹ und weil Zigarettenrauchen ›Freiheit und Abenteuer‹ bringt.
Daß wir diese Botschaft aber auf der anderen Seite, trotz des Milliardenaufwandes der in ihre schreiende allgegenwärtige Verkündung gesteckt wird, nicht ernst nehmen. Daß wir sie nicht ernst nehmen, obwohl jeder Manager ganz selbstverständlich voraussetzt und zu Recht voraussetzt, daß er sein neues Produkt nur verkaufen kann, wenn es auf solche Weise ein Image gewonnen hat, das mit dem eigentlichen materiellen Konsum meistens so gut wie nichts zu tun hat. Offiziell befriedigen wir alle zusammen nur unsere materiellen körperlichen Bedürfnisse, und die sind – wer hätte das gedacht – unendlich groß.
Tatsächlich aber kaufen wir nicht materielle Güter, wir kaufen materielle Güter, insofern sie für uns zum projektiven Träger irgendeines positiven Lebensgefühls und irgendeines seelisch erstrebenswerten Zustandes geworden sind und insofern wir uns durch diesen Akt der Aneignung selbst die Ordnung unseres Weltbildes aneignen und für uns wahr machen. Und diese projektiv und kompensatorisch über die Aneignung materieller Güter befriedigten seelischen Bedürfnisse sind unendlich groß.
Und mit sicherem Instinkt greifen die Werbeleute denn auch immer zu dem, was aktuell an solchen Bedürfnissen vordringlich geworden ist. Das wachsende Unbehagen an der Vergiftung unserer Umwelt und damit unserer selbst z. B. findet seinen Niederschlag in der zunehmenden Verwendung des Begriffs ›Natur‹ als positivem Werbeträger. Computer versprechen so nicht mehr Technik, sondern vor dem Hintergrund eines Baumes ›den neuen Frieden mit der Natur‹, Seife bringt gar ›die große Frische der Natur‹, Beton bringt ›die Ruhe der Natur‹, und Chemieunternehmen drucken ihre Werbetexte auf die Bilder unberührter Naturszenen.

Das ist die rein kompensatorische Seite der Fetischisierung der Produkte, in der über das Image befriedigt werden soll, was durch subjektives und objektives Versagen verlustig ging. Während jene Werbung, die jeweils die neuesten High-Tech-Erfindungen in den Gegenständen des privaten Konsums vermarktet – keine Uhren, sondern ›Bordinstrumente mit Digital- und Analogtechnik am Handgelenk‹, keine Kamera, sondern ›Kreativ-Software vollprogammiert eingebaut‹, keine Autos, sondern ›lupenreine Hochleistungstriebwerke mit On-Bord-Diagnose‹ – die reale Seite der Fetischisierung anspricht, die jenem subjektiven Bedürfnis nach individueller Aneignung der Verfügungsgewalt entspricht.

Allerdings sollte man jenes Moment nicht unterschätzen, das auch in der rein kompensatorischen Befriedigung über das bloß Kompensatorische hinausgeht. Eine ›Frische der Natur‹, die kein Geschenk der Natur um uns herum ist, sondern die man sich immer dann kaufen oder die man immer dann wegschmeißen kann, wann man will, läßt auch Natur als etwas erscheinen, das völlig der je subjektiven Verfügungsgewalt unterliegt. Und in dieser Funktion wird diese Ersatzbefriedigung verstärkt durch die tatsächliche Verfügungsgewalt, die uns durch technische Produkte zugänglich wird. Einem, der – um es im modernen Deutsch zu sagen – auf Konsum voll abfährt, kann die Welt so durchaus als eine erscheinen, die er nach seinem Willen inszenieren und an- und abschalten kann. Und das Defizit jeglicher kompensatorischer Befriedigung, daß sie als bloßer Ersatz immer auch notwendig frustrierend ist, kann so durchaus aufgewogen werden durch jenes Gefühl der Macht und der Kontrolle, die man über jene Ersatzobjekte hat. Während hingegen echte Frische der Natur nach ihrem Willen in eiskalten Regen umschlagen kann, oder echtes Glück in echtes Unglück, wenn das, was uns so glücklich machte, nicht mehr ist, ohne daß wir in beiden Fällen die Macht hätten, das eine oder das andere herbeizuzwingen.

Wenn man einmal so weit ist, dann macht es gerade die Macht dieser Fetischisierung aus, daß keiner sie offiziell ernst nehmen darf. Denn richteten wir unsere volle Aufmerksamkeit auf diese kompensatorische Befriedigung und sollten im Ernst glauben, daß das Trinken von Coca-Cola etwa jugendlich und frisch macht, dann würden wir anfangen, dem realen Vorgang selbst jene Aufmerksamkeit zu widmen, die wir ihm jetzt entziehen können, weil es ja ›bloß‹ Konsum ist. Und dann zerschellte natürlich unsere Projektion von Jugend an der schäbigen kleinen Realität, die sie tragen soll. Oder richteten wir im gesellschaftlich anerkannten Ernst unsere volle Aufmerksamkeit auf jenes Machtgefühl, das sich über die Benutzung technischen Geräts Befriedigung verschafft, so erschräke vielleicht manch einer vor sich selbst und vor jener aggressiven Zerstörungswut, die hier zutage tritt.

Weil es ja aber im Ernst keiner glaubt, weil im Ernst sich keiner ernst nimmt mit seinen dort ausgelebten Träumen, können wir dem realen Vorgang selbst jene Nichtbeachtung schenken, dem er verfallen muß, damit wir hemmungslos dabei träumen können. Und hemmungslos das heißt: ohne irgendwelche korrigierenden, zur Verantwortung für das eigene Tun führenden Rückmeldungen durch die reale Wunschbefriedigung, die aus der bloß blinden egozentrischen Sehnsucht eine reale Interaktion zwischen dem Menschen und der Welt macht, die uns nicht nur lehrt zu sehen, was unser Wunsch für andere bedeutet, sondern auch jene Aspekte des Wunsches offenbart, die unweigerlich zu ihm gehören, die wir aber in unserer Traumphantasie beiseite drängten. Und weil diese Traumwelt kollektiv inszeniert wird, und weil es alle tun und die Verwandlung der Welt in eine gemachte uns immer neuen Stoff zum Träumen gibt, sind wir in dieser Irrealität, die wir über die Aneignung realer Produkte ausleben, gut aufgehoben.

Denn real sind wir alle ganz rationale Leute, die vernünftige Entscheidungen über die Ankurbelung des Wirtschaftswachstums und die Steigerung des technischen Fortschritts treffen, der, wie wir alle wissen, nicht aufzuhalten ist, und den wir schon deswegen brauchen, damit auch die unterernährten und verhungernden Völker in der Dritten Welt sich einmal satt essen werden können.

Und sonntags gehen wir in die Vergnügungsparks, in die Einkaufs- und Freizeitzentren, in denen jene einsamen kleinen Träume der totalen Verfügungsgewalt und Wunscherfüllung in die Dimension einer kollektiven Wirklichkeit aufgeblasen wurden.

Und in denen wie nirgend sonst so deutlich zum Vorschein kommt, wie primitiv wir selbst und wie primitiv unsere Träume sind. Denn wenn unser Glück es will, daß wir in der Aneignung des technisch Gemachten uns die Verfügungsgewalt aneignen können, die der Ordnung der Berechenbarkeit allen Seins dann zufällt, wenn sie erfolgreich ist, so will es unser Unglück, daß die Verfügungsgewalt, die wir ausüben können, sich nicht in dieser bloßen Aneignung erschöpft. Bevor wir die Produkte konsumieren, müssen wir die Produkte nicht nur herstellen, sondern auch gestalten. Und wie wir sie gestalten und was wir für Produkte herstellen, diese Entscheidung kann uns kein Wissen der Berechenbarkeit abnehmen, diese Entscheidung ist eine, die wir allein auf der Grundlage jener so verachteten subjektiven Erfahrung dieser Welt treffen müssen. Denn in diese subjektive Art, die Welt zu erfahren, müssen jene Produkte ja hineinpassen, und die Bedürfnisse, die sich aus dieser Erfahrung der Welt ergeben, sollen jene Produkte – und sei es auf bloß kompensatorische Art – ja befriedigen. Und so kommt es denn, daß wir auf der einen Seite dieses immense, in der Geschichte der Menscheit völlig neue und einmalige wissenschaftliche Wissen haben, und mit diesem Wissen nichts Besseres anzufangen wissen, als etwa Stunde um Stunde Gewaltszenen über einen Bildschirm flimmern zu lassen, einmal als Zeichentrick und einmal ›in echt‹. Daß unsere Kaufhäuser von Waren überquellen, und sich unter ihnen nicht ein Gefäß befindet, das die ausgewogene Schönheit eines alten steinzeitlichen Tontopfes hätte. Und daß selbst da, wo wir unter dem Einsatz von Milliarden hemmungslos pur träumen können – in den sogenannten Fantasy-Parks –, wir auf die abgegriffenen Mythen des Vortechnischen zurückgreifen müssen - Schneewittchen mit den Zwergen in einer Grotte (Hessen/BRD) oder ein Michelangeloautomat, der unaufhörlich den letzten Pinselstrich am Zeigefinger des Schöpfers malt (Orlando/Florida) –, und selbst nichts Besseres beizutragen haben als einen Roboter-Tarzan, der gellend durch einen Plastikdschungel schwingt, oder Grace Kelly, die im Regen singt (Orlando/Florida). Und natürlich Mickey Mouse. Oder, wie John Fire Lame Deer es formuliert hat:

›Vielleicht war es auch gut so, daß sie uns Indianern das Land weggenommen haben. Bedenken wir doch, auf was ihr sonst alles verzichten müßtet:

Auf die Motels mit den Neonschildern, die Leihhäuser, den Waffenladen ›Rock Hunter's Paradise‹, die Trophäenwerkstatt ›Horned Trophies Taxidermist Studio‹, auf die Unzahl Geschenkbuden, das ›Genuine Indian Crafts Center‹ mit seinen original indianischen Perlenarbeiten aus Taiwan und Hongkong, die gemütlich beleuchtete Sitting-Bull-Höhle, den Andenkenladen ›Shrine of Democracy‹, vollgestopft mit den Keramikköpfen der Präsidenten Roosevelt, Lincoln, Jefferson und Washington, schließlich das ›Fun-House‹ – ›wer einmal da war, wird wiederkommen‹ – den ›Bucket of Blood Saloon‹, den Zoo mit den lebensgroßen Dinosauriern aus grünem Zement, die Go-Go-Girls und Hurenhäuser, die Reptilläden, wo sie die Schlangen nicht füttern, weil das zuviel Umstände bereiten würde. Wenn sie sterben, bekommt man ein neues Tier umsonst.

Man stelle sich vor: Wenn dieses ganze Land noch uns gehören würde, gäbe es das alles nicht. Es gäbe nur Bäume, Gras und Tiere, die frei rumliefen.‹ (1981 / 22 f.)

Man stelle sich vor, das gäbe es alles nicht (!):

›Auf einem 113 Quadratmeter weitem Areal liegen drei Vergnügungsparks, 13 Hotelburgen mit 9500 Zimmern, 576 Ferienhäuser, unzählige Restaurants, Boutiquen und Ramschläden verstreut. 28 000 Angestellte sorgen vor und hinter den Kulissen für gute Laune der 25 Millionen Besucher, die jährlich von der größten Touristenattraktion der Neuzeit angelockt werden sollen.‹ Allein ›20 000 bis 25 000 Premierengäste drängten und schoben sich durch die Hollywood-Imitation‹ (Spiegel 8. 5. 1989 / 247) (Zum Vergleich: Nach Disney-Land kommen jährlich 10 Millionen).

Oder das gäbe es alles nicht:

4500 Kampfflugzeuge, 50 Lance-Raketen, 328 Tomahawk Cruise Missiles, 2916 AGM-86 Cruise Missiles, 450 Minuteman II Raketen, 527 Minuteman III Raketen, 24 Peace-Keeper MX-Raketen ... (Auszug aus der Liste der taktischen und strategischen Atomstreitkräfte der USA).

Denn zu jener Fetischisierung und zu ihrer kollektiven Inszenierung gehört natürlich die Potenzierung und Aneignung der bloßen Macht, der kruden Macht der bloßen Zerstörungsgewalt ebenso hinzu, wie die Aneignung von Glück und Erfolg über einen implantierten Gummibusen, oder die Aneignung der Befehlsgewalt über das Tragen einer ›Commanders-Watch‹ am Handgelenk. Und im Gegensatz zu den rein kompensatorischen Befriedigungen ist Macht etwas, was uns die Aneignung des technischen Geräts tatsächlich geben kann, sie ist jene zentrale Achse, auf die der Erfolg der Fetischisierung der Produktwelt und die Ordnung unseres Weltbildes insgesamt aufbauen. Sie kompen-

siert den Verlust der praktischen und psychischen Autonomie und sie ist zentrales Element jener Erfahrung, über die sich die Identifikation mit unserem Weltbild, die Subjektkonstitution im Modus unserer Ordnung konstituieren: vor der tabuisierten identifizierenden Wahrnehmung des anderen schützt am nachhaltigsten die Macht der tätlichen Zerstörung des anderen, über die Ausübung dieser Macht übt sich die Funktionswahrnehmung des anderen ein, und dieser Status des anderen, als ein Objekt, das völlig unserer Verfügungsgewalt zu unterstehen hat, zementiert am nachhaltigsten die Tabuisierung animistischer Sichtweisen, weil hier die Erfahrung der Identifikation mit dem anderen tatsächlich nur noch als Untergang und Zerstörung jeglicher Subjektivität erlebt werden kann. Subjekt-Sein heißt immer Täter sein, heißt grenzenlos mächtig sein könnnen, und es wäre ein Wunder, wenn wir diesen Traum von absoluter Macht, der allein uns erst ein sicheres Leben garantiert, nur als Einzelne und nicht auch als Volk träumen würden.
Und solange wir absolute Macht im Sinne einer erfolgreichen Kontrolle alles Existierenden noch nicht haben, solange Natur noch als äußerer Feind die Ordnung unserer Nische bedroht und die manipulative Kontrolle des Subjektiven so im argen liegt, solange brauchen wir notwendig auch noch die bloße Macht der Zerstörung. Und brauchen sie um so dringender, je mehr wir uns so von irgend etwas und von irgend jemandem auf irgendeine Weise bedroht fühlen.
Und so kommt es denn, daß wir nicht nur so klug geworden sind, Fernsehapparate zu bauen, und so dumm geworden sind, damit nur Dallas oder Bud Spencer zu glotzen, nicht nur so klug geworden sind, die ganze Erde umgestalten zu können, und so unglaublich primitiv geworden sind, daraus nur Stadtslums oder Fantasy-Parks zu machen, sondern daß wir auch so klug geworden sind, Atombomben bauen zu können, und so dumm geworden sind, sie auch tatsächlich zu bauen und anzuwenden. So klug geworden, SDI zu entwerfen, und so dumm geworden, daß wir selbst im Bau unserer Machtmittel nicht mehr zwischen Science-fiction-Traumwelt und realer Welt mit realen Folgen unterscheiden können, daß wir nicht Atombomben und Giftgaslager und biologische Kampfstoffe und intelligente Raketen horten, sondern Fetische der Macht anhäufen, und daß wir über ihren Bau und ihre Aneignung unseren Traum der absoluten Verfügungsgewalt ge-

nauso hemmungslos träumen, wie wir über die Produktion und die Aneignung von immer neuen Moden unseren Traum von Glück, Schönheit und Erfolg ausleben. Im Unterschied jedoch zum Glücksversprechen der neuen Kleider ist das Zerstörungspotential der Machtmittel real. Was aber zählt der reale Vorgang der Konsumtion gegenüber jener Fetischisierung, deren Träger er nur ist? Notwendig nichts, denn gegenüber jenen von jeder Realitätsbeschränkung freien Wunscherfüllung der Träume kann die reale Wunscherfüllung nur erbärmlich wirken, gleich wie mächtig sie im Realen auch schon sein mag.

Diese Irrealität der realen Folgen der Produkte, die Träger dieser Traumwelt sind, gegenüber der als Realität empfundenen Ebene der Fetischisierung ist dort ungefährlich, wo die realen Wirkungen der Produkte real nicht zu Buche schlagen. Wenn diese Produkte aber reale Zerstörungskraft haben, dann geraten wir in die Situation eines Mannes, der denkt, er führe am Simulator einen Formel-I-Wagen auf einer Rennstrecke, und tatsächlich eine alte Kiste auf einer belebten Straße steuert. Und in seiner Traumwelt die reale Wirkung des realen Produkts primär als Bestätigung erfährt, daß seine Traumwelt echt ist. Denn schließlich, wenn er dort leiblich auf den Gashebel drückt, fährt der Wagen hier im Simulator schneller. Und je mächtiger die reale Wirkung dort ist, desto besser läßt sich hier am Simulator träumen, weil es jetzt jenes computergesteuerte intelligente Sicherheitsnetz gibt, das automatisch verhindert, daß der Wagen aus der Kurve fliegt, wenn man den Over-drive einschaltet und tatsächlich noch schneller fährt. Der Traum, die Fetischisierungsebene, wird so zu einer abgehobenen, in sich geschlossenen Wirklichkeit, die immer ausschließlicher unser Handeln bestimmt, nicht weil wir sie so ernst nehmen, sondern weil keiner sie wirklich ernst nimmt und sie sich gerade deswegen so ungehemmt von jeder Reflexion und ungehemmt von jedem Realitätsbezug entfalten kann. Wirklich wirklich und real, also ausschlaggebend für unser Handeln, weil sich hier eine geordnete Welt der Bedeutung für uns konstituiert, scheint dann in unserer Welt nicht einmal mehr die Realität der künstlichen Nische zu sein, sondern nur noch jene Traumwelt der Fetischisierung, die wir über die Schaffung und Aneignung jener künstlichen Realität ausleben.

Solange, bis einer oder bis der Computer tatsächlich und nicht nur in unseren Wunschträumen auf den roten Knopf drückt.

Und natürlich hat auf den ersten und den zweiten und auch auf den dritten Blick das eine, sprich die objektive Wissenschaft, die formale, so realitätstüchtige Erkenntnis dieser Welt, mit dem anderen, sprich mit dieser atemberaubenden Primitivität, Aggressivität und Irrationalität, mit ›der schlechten Verwendung der technischen Mittel‹, nichts zu tun, und ganz glaubwürdig klingt es, wenn man die ganze Schuld in der menschlichen Natur sucht, also in dem, wie ich bin, oder wie du bist, und so die ganze Schlechtigkeit der Welt eine Folge unserer angeborenen individuellen Mißratenheit ist, während die Wissenschaft als objektive emotionsfreie Erkenntnis den hehren Hort der Zuflucht darstellt. Und man muß schon eine sehr lange Geschichte erzählen, bis sich das eine zum anderen und das viele zu einem Bild unserer Gesellschaft zusammenfügt, in dem genau die rationale Wissenschaft, wie wir sie haben wollen, die irrationalen Produkte hervorbringt, die wir angeblich nicht haben wollen, weil beides Ausdruck ein und desselben Verhältnisses ist, das wir gegenüber uns und gegenüber der Welt entwickelt haben. Und ich wünschte, ich könnte die Geschichte kürzer erzählen, denn wenn es etwas gibt, das uns bisher immer mal wieder hier und dort gerettet und das Leben menschlicher und den Blick freier gemacht hat, dann war es jene angeborene individuelle Mißratenheit, das, was ich bin und was du bist, insofern wir beide anderes und mehr sind als das, was in der Ordnung unseres Weltbildes vorgesehen ist.

Die Macht der Technik ist der Untergang technischer Macht – objektive und subjektive Krise unseres Weltbildes

Objektiv nennt man die negative Seite unserer technischen Macht, die Fähigkeit zum vielfachen Overkill. Subjektiv aber bedeutet es, daß wir zu dem, was die Stabilität und Existenz unserer Nische bedroht, eine weitere Front hinzugefügt haben. Denn die Fähigkeit zum vielfachen Overkill haben nicht nur wir, die haben auch die anderen. Und die anderen werden immer mehr – nicht mehr nur die Großmächte, sondern auch Staaten der Dritten Welt besitzen inzwischen Atombomben. Was wiederum nach sich zieht, daß die Ordnung unserer Nische jetzt nicht nur gefährdet

ist aufgrund der nicht berechenbaren Rück- und Nebenwirkungen, sondern auch existentiell unmittelbar gefährdet ist durch ihre eigenen Mittel der Macht.
Flüchten wir aber vor dieser dreifachen Gefährdung in das, was uns die Stabilität garantiert, den fetischisierten Konsum der Produkte dieser Ordnung, dann verstärken wir langfristig all jene Prozesse, die die Existenz unserer Ordnung so nachhaltig in Frage stellen. Und irgendwann gerät dieser sich in allen seinen Teilordnungen gegenseitig selbst verstärkende Prozeß der Verwandlung der Welt in eine durch und durch gemachte an einen Punkt, wo die schiere Quantität in eine neue Qualität des Prozesses umschlägt: Eben jene technischen Prozesse selbst, in denen wir uns so sicher aufgehoben fühlten, weil sie durch und durch berechenbar sind, werden für uns undurchschaubar und geraten außer Kontrolle, weil sie zu komplex geworden sind. Und das führt dann zu so schönen absurden Existenzfragen wie ›Ist die moderne Technik noch beherrschbar?‹, in der das, was doch nun wirklich und wahrhaftig ganz allein durch unser bewußtes Tun entsteht – die Technik –, sich als naturwüchsiger Prozeß darstellt, der uns zu überwältigen droht.
Und der uns auch tatsächlich physisch zu Abertausenden überwältigt. Wir lassen ja großtechnische Anlagen wir Bhopal, Harrisburg oder Tschernobyl nicht aus Spaß in die Luft fliegen, sondern sie fliegen in die Luft, weil wir die dort ablaufenden Prozesse tatsächlich nicht mehr kontrollieren konnten.
Auf der anderen Seite wird in dieser Darstellung natürlich vergessen, daß diese unbeherrschbaren Prozesse gar nicht existierten, hätten wir sie uns nicht ausgedacht, real verwirklicht und in Gang gesetzt. Und so ist es natürlich Unsinn, von nicht beherrschbaren Techniken zu sprechen, weil es ein einfaches und vor allem völlig müheloses Mittel zu ihrer Beherrschung gibt: wir brauchen sie bloß nicht zu bauen. Aber eben das, der Verzicht auf Technikentwicklung und -anwendung, ist innerhalb der Ordnung unseres Weltbildes weder denkbar noch vorstellbar. Im Gegenteil ist die expansive Ausweitung der realen Verfügungsgewalt das Rückgrat unseres Weltbildes. Wenn wir aus diesem Prozeß aussteigen und ihn zurückdrehen wollen, so können wir das nur, wenn wir ein anderes Verhältnis zur Welt und zu uns selbst gefunden haben, kurz, wenn wir andere Menschen geworden sind. Innerhalb unseres Weltbildes und der ihm eigenen Subjektkonstitution jedoch

gehört Technikentwicklung zu jenen Elementen, die als ordnungskonstituierende Momente selbst nicht zur Disposition stehen, und auf die wir bei Strafe des psychischen Untergangs nicht verzichten können. Und so macht es denn doch wieder einen wahren Sinn, wenn sich uns Technikentwicklung als naturwüchsiger Prozeß darstellt, weil uns dann, wenn wir nur innerhalb der Ordnung unseres Weltbildes leben und denken können, Technikentwicklung tatsächlich als jene Existenzvoraussetzung erscheint, der wir tatsächlich so auf Gedeih und Verderb ausgeliefert sind wie sonst nur den Naturgewalten. Und in diesem Zusammenhang ist die moderne Technik dann auch tatsächlich nicht mehr beherrschbar.

Daß das wiederum so ist, ist eine logische Folge der Struktur der Technik. Oder genauer formuliert: Es ist eine logische Folge der Struktur des Wahrheitsbegriffs wissenschaftlicher Erkenntnis. Denn berechenbar wird Materie nur, wenn ihre Eigenschaften und Wirkungszusammenhänge tatsächlich auf die reduziert werden können, die die Theorie berücksichtigt. Und die Theorie kann nur Eigenschaften und Wirkungszusammenhänge berücksichtigen, die sie als explizite, von anderen relevanten Wirkungszusammenhängen isolierte Variablen definieren und messen und tatsächlich isolieren kann.

All diesen wissenschaftlich konstruierten Prozessen jedoch ist gemein, daß sie dann, wenn das theoretische Modell in einen tatsächlichen Vorgang umgesetzt wird, nie wirklich *wirklich* wahr sind. Denn selbst unter Laborbedingungen ist die erforderliche tatsächliche Variablenisolation selten rein herzustellen. Experimentelle Ergebnisse unterliegen so auch bei größter Sorgfalt im Normalfall einer gewissen Schwankungsbreite um den prognostizierten Idealwert, die man toleriert, weil man um die Unvollkommenheit alles Irdischen weiß. Vor allem unwahr werden die wissenschaftlichen Rekonstruktionen jedoch dann, wenn der Prozeß öfter wiederholt wird, ohne daß vor jeder Wiederholung die Arbeit der tatsächlichen Variablenisolation neu geleistet wird. Denn dann hat der Ablauf des rekonstruierten Prozesses Auswirkungen auf die Materie, mittels derer der Prozeß abläuft, die, weil sie im mathematisch strengen Sinne komplex ablaufen, prinzipiell nicht berechenbar sind und die den Prozeßverlauf selbst ganz wesentlich stören und beeinflussen können. Man muß das einmal so in der abstrakten Sprache der methodologischen Reflexion formuliert haben, bevor deutlich wird, daß jede praktische Anwendung wissenschaftlicher Erkenntnisse, jede Technik, notwendig in dieses schwarze Loch der Nicht-Berechenbarkeit, der Nicht-Kontrollierbarkeit läuft.

In jedem Motor, der anfängt zu stottern, weil irgendwas undicht ist, in jedem Kassettenrecorder, der nicht mehr spielt, weil der Gummiriemen, der die Kraft überträgt, ausgeleiert ist, passiert eben das: der tatsächliche Ablauf des Prozesses hat Rückwirkungen auf den Prozeß selbst, die den Ablauf des Prozesses erheblich verändern. Gewöhnlich läuft das unter dem Namen ›natürlicher Verschleiß‹ und verbirgt so mit dem Alltagswort das theoretische Skandalon, daß diese Rückwirkungen nicht nur de facto, sondern prinzipiell in ihren Wirkungen nicht berechenbar sind, weil es sich hier um Vorgänge handelt, die sich innerhalb jenes gesamten Wirkungssystems ›Erde‹ abspielen, in dem jede Ursache zugleich auch Wirkung ist, und nicht innerhalb der isolierten Laborbedingungen.

Denn wie sollte man berechnen können, wie feucht es nächstes Jahr in Frankfurt speziell innerhalb dieser vier Quadratmeter wird, und wie überprüfen, wie dick in Bruchteilen von Millimetern die Farbe auf diesem Eisenstück und wie stabil und dicht das Material selbst an dieser Stelle ist, damit man vorhersagen kann, wann wo etwas anfängt zu rosten? Oder damit man vorhersagen kann, wann wo ein Betonmantel anfängt, Haarrisse zu bekommen, ein Keilriemen anfängt auszuleiern? Wir wissen nur, daß alles dem Verschleiß unterliegt, und bei vielen Dingen wissen wir, welche Verschleißwirkungen im allgemeinen möglich sind, aber wir können das Wann und Wo des Verschleißes nicht als genaues Wirkungsgefüge für genau definierte Einzelteile prognostizieren.

Die prinzipielle Nicht-Berechenbarkeit des Verschleißverlaufs bei technischen Prozessen ist so lange unerheblich, solange die durch den Verschleiß hervorgerufenen Prozeßveränderungen den von der Technik in Gang gesetzten Prozeß einfach zum Stillstand bringen, ihn sozusagen in seiner Gesamtheit ungeschehen machen. Solange also der Motor einfach stehenbleibt oder das Eisen einfach erkaltet, wenn der Blasebalg aussetzt.

Anders fängt die Sache schon an auszusehen, wenn beim Auto etwa die Bremsen auf einer abschüssigen Stelle versagen. Dann verändert sich der Prozeß zwar nicht qualitativ, aber er hört auch nicht einfach auf, sondern er läuft für einen gewissen Zeitraum als unkontrollierbarer weiter.

Und völlig anders wird die Sachlage dann, wenn die Verschleißwirkung auf den technischen Prozeß so einwirkt, daß das in Gang gesetzte Geschehen nicht nur als unkontrollierbares weiterläuft, sondern auch so, daß dieser nicht steuerbare Zweitprozeß gegenüber dem Primärprozeß in seiner Qualität drastisch verändert wird. Dann verläuft die Kette der Verschleißwirkungen im übertragenen wie oft auch im wörtlichen Sinne explosiv, weil eine im Verhältnis zum Gesamtprozeß minimale Variablenänderung – ein Haarriß in einer Dichtung z. B. – über eine Kette von Folgewirkungen den Gesamtprozeß qualitativ verändert – aus einem Atomkraftwerk, das Strom produziert, wird z. B. eine Art Atombombe, die explodiert.

Allgemein kann man sagen, daß die Wahrscheinlichkeit einer explosiven Verschleißwirkungskette um so größer ist,

- je mehr Variablen in einem technischen Prozeß interagieren, weil der Interaktionsprozeß als Transmitter wirkt, der die Verschleißwirkung in einem Teil sukzessive als Folgewirkung über den ganzen Prozeß verteilen kann,
- je enger gekoppelt die Interaktion der Variablen ist, und / oder dann,
- wenn es in einem technischen Prozeß Funktionen gibt, die bei minimalen Schwankungen in den Umgebungsbedingungen mit maximalen Prozeßänderungen reagieren.

In solchen Systemen wächst sich die Nicht-Berechenbarkeit der Verschleißwirkung zu einer ernsthaften Gefahr aus, der gewöhnlich mit einer Reihe von sogenannten Sicherheitsmaßnahmen begegnet wird, die dann in Kraft treten sollen, wenn eine bestimmte, allgemein zu erwartende Verschleißwirkung an einem bestimmten Teil auftritt, deren Wirkungen man unter Annahme dieser Voraussetzung – z. B. ›Eintritt eines Risses in der Dichtung A‹ – vorhersagen kann und die dann durch die Wirkungen der Sicherheitsmaßnahmen neutralisiert werden soll.

Damit das funktioniert, müssen folgende Bedingungen erfüllt sein:

1. Man muß alle möglichen Verschleißformen und ihre Auswirkungen auf alle anderen Teile des Prozesses kennen, sowie

alle möglichen Auswirkungen aller möglichen Kombinationen von Verschleißwirkungen.

2. Man muß alle möglichen Verschleißformen der anvisierten Sicherheitsmaßnahmen und ihre möglichen Auswirkungen auf alle anderen Teile des Prozesses (Primärprozeß plus qualitativ veränderter Sekundärprozeß plus den Prozeß der Sicherheitsmaßnahme selbst) kennen sowie alle jetzt möglichen Auswirkungen aller jetzt möglichen Kombinationen von Verschleißwirkungen, da bei einem Versagen des Sicherheitssystems aufgrund von Verschleißwirkungen mit Sicherheit die unkontrollierbaren qualitativ veränderten Reaktionen des ursprünglichen Prozesses ablaufen, und somit Sicherheitssystem plus Primärsystem in ihrer Gesamtheit von dem explosiven Verschleißwirkungsverlaufs des Primärsystems gekennzeichnet sind.

Oder kürzer: Das Sicherheitssystem selbst darf nicht versagen. Was technisch nicht machbar ist, da jedes technische System (und jedes Ding auf Erden) der nicht berechenbaren Verschleißwirkung unterliegt. Oder das Funktionieren des Sicherheitssystems muß seinerseits durch ein Sicherheitssystem Nr. 2 abgesichert werden, das wiederum seinerseits ...

Woraus logisch folgt, daß technische Anlagen, die nach diesem Prinzip funktionieren, früher oder später, mit Sicherheit jedoch immer in die Katastrophe führen. Hier ist Technik aus strukturimmanenten Gründen in ihrem Betrieb im relevanten Sinn des Wortes nicht mehr kontrollierbar, weil hier die prinzipielle Unkontrollierbarkeit jeder technischen, in ihrem Ablauf wiederholten Funktion nicht mehr durch die praktische Irrelevanz der Folgen aufgehoben wird. Sehr viele unserer großtechnischen Fabrikanlagen – prototypisch die Atomkraftwerke – sind technische Prozesse, deren Verschleißwirkungskette im oben definierten Sinne explosiv verläuft.

Aber das ist noch nicht die ganze Geschichte. Denn zu jener Unkontrollierbarkeit aufgrund der Nicht-Berechenbarkeit der Verschleißwirkungen und ihrem explosiven Verlauf muß man noch jene Unkontrollierbarkeit hinzurechnen, die entsteht, wenn die Rekonstruktion eines Prozesses so komplex wird, daß all seine möglichen Interaktionen und damit der Prozeß selbst nicht mehr durchschaubar werden. Vorzugsweise ist das bei großen Computersystemen der Fall, die ja in der Software nichts anderes darstellen als einen solchen Interaktionsprozeß aus explizit definierten Variablen und Symbolen. Und besonders relevant wird diese Art der Nicht-Beherrschbarkeit dann, wenn ein komplizierter technischer Prozeß abläuft mit Hilfe eines computergesteuerten Überwachungs-, Regelungs- und Sicherheitssystems. Das führt dann zu so paradoxen Situationen, daß der Mann am Überwachungspult nicht weiß, ob die rote Warnlampe brennt, weil sie das signalisiert, was sie anzeigen soll ›gefährlicher Druckverlust in Teil A aufgrund von Haarrissen‹; oder ob sie brennt, weil irgendeine unvorhergesehene Interaktion im Computersystem den Alarm auslöste, obwohl in Teil A alles in Ordnung ist; oder ob sie brennt, weil im technischen Bereich der Kontroll- und Anzeigetafeln etwas falsch läuft; oder ob sie etwa nicht brennt, weil schlicht eine Stromverbindung durchgebrannt ist, obwohl in Teil A mitnichten etwas noch in Ordnung wäre, oder ob ...

Aber auch ohne diese Kombination hat die Komplexität unserer technischen Großanlagen einen Stand erreicht, an dem wir eines nicht mehr haben können: Die Kenntnis aller möglichen Verschleißformen und ihrer Auswirkungen auf den Primärprozeß. Ohne diese Kenntnis aber macht die Konzeption eines Sicherheitssystems schon gar keinen sicheren Sinn mehr. Dementsprechend geht es heute schon nicht mehr darum, die Technik zu beherrschen, sondern darum, das sogenannte Restrisiko, also die Summe dieser bekannten und unbekannten, nicht vorhersagbaren, unkontrollierbaren Prozesse im technischen Prozeß durch eine Reihe von Hilfsmaßnahmen wenigstens zu verringern. Ob aber das Restrisiko durch diese Maßnahmen wirklich gering geworden ist oder ob es nicht einfach bloß etwas weniger riesengroß gemacht wurde, das läßt sich natürlich bei einem Prozeß, der durch Unbekannte bestimmt wird, nicht angeben. Die Wirkung der Hilfsmaßnahmen ist nur komparativ, aber nicht absolut einschätzbar.

Aber das ist noch nicht die ganze Geschichte. Denn in Wahrheit haben wir es bei unseren technischen Anlagen und Produkten nicht mit einem technischen System zu tun, sondern mit einem Gesamtsystem, in dem technisches System und das System Mensch interagieren. Und der Mensch ist, das hat er mit den Verschleißwirkungen gemein, ein nicht berechenbares Wirkungsgefüge. Zu den nicht vorhersagbaren Verschleißwirkungen und den nicht vorhersagbaren Wirkungen eines Systems, das aufgrund seiner Komplexität nicht mehr voll durchschaubar ist, kommen also die nicht vorhersagbaren Einwirkungen des Menschen hinzu, die natürlich ihrerseits wieder in ihren Auswirkungen nicht vorhersagbar sein können.

Das ist z. B. dann der berühmte Schraubenschlüssel, den ein Wartungsteam so genial hat liegenlassen, daß im Endeffekt es fast zum schlimmsten aller nicht denkbaren Unfälle gekommen wäre, oder das sind ganz banal jene Millionen Todesopfer, die der Autoverkehr jährlich ›mit sich bringt‹.

Im Gegensatz zu der notwendigen Fehlerhaftigkeit und Unkontrollierbarkeit der technischen Systeme, die gern verschwiegen wird, wird die notwendige Fehlerhaftigkeit des Menschen um so lieber in den Vordergrund gerückt. Nicht die technischen Systeme versagen, sondern der Mensch versagt, und das in einem solchen Umfang, daß selbst da, wo unstrittig das technische System versagte, man sich plötzlich auf die Verursacherrolle des Menschen besinnt, und es auch dort nicht die Technik war, die in die Katastrophe führte, sondern der Mensch, der die Technik hätte besser konstruieren sollen.

Man kann aber von einem Menschen und auch nicht von einem Wissenschaftler verlangen, was nicht möglich ist: Prinzipiell nicht Berechenbares berechenbar zu machen. Das aber eben müßte getan werden, wollte man jenes Gesamtsystem, mit dem wir es hier zu tun haben, sicher machen. Und es ist, wie oben dargelegt wurde, durchaus nicht nur das System Mensch, das hier der Beherrschbarkeit im Wege ist.

Woraus sich umgekehrt schließen läßt, daß wir eine wirklich beherrschbare Technik nur bekommen, wenn wir aufhören, diese nicht ausschließbare Fehlerhaftigkeit ausschließen zu wollen, und anfangen, sie als notwendiges Element von vorneherein in die Konstruktion unserer Technik mit einzubeziehen. Was zumindest bedeuten würde, daß wir auf technische Prozesse, die aufgrund ihrer Komplexität undurchschaubar werden, ebenso verzichten wie auf solche, deren Verschleißwirkungskette explosiver Art ist. Bezieht man die Bedingungen, die eine explosive Verschleißwirkungskette wahrscheinlich machen, mit ein, so läßt sich das ungeheure Ausmaß der Komplexitätsreduktion in allen technischen Prozessen erahnen, das insgesamt nötig wäre, um jene Minimalkriterien einer beherrschbaren Technik zu erfüllen. Fehlerfreundlich aber im positiven Sinne würde Technik erst, wenn auch das Ge-

samtsystem Technik und Mensch auf jene nicht vermeidbaren Bedienungsfehler des Menschen so reagierte, daß zumindest tödliche Auswirkungen die absolute Ausnahme werden.
Im Moment freilich unterliegt unsere Technikgestaltung der umgekehrten Entwicklungslogik. Sie ist so angelegt, daß immer kleinere Nachlässigkeiten des Menschen immer größere Schäden verursachen. Oder, wie Jürgen Dahl das in bezug auf eine Ölkatastrophe im Skagerrak formuliert: ›. . .bemerkenswert ist aber doch etwas anderes: nämlich das Mengenverhältnis von 1 Kapitän zu, sagen wir vorsichtshalber: 200 000 toten Seevögeln. . . . Das beklemmende Mißverhältnis zwischen der Winzigkeit des Verursachers und der Größe des von ihm angerichteten Unheils ist die Lehre aus jenem Vorfall am Skagerrak, und vieles spricht für die Vermutung, daß dies das genaue Muster für mancherlei künftige Unbill darstellt.‹ (1984 / 9 f.) Die Verantwortung, die so ein einzelner Mensch als Tankerkapitän oder als Wache in dem Kontrollraum einer großen Fabrik zu tragen hat, ist nicht mehr menschlich tragbar. Selbst dann nicht und gerade auch dann nicht, wenn es nicht auch die Technik war, die versagte, sondern bloß man selbst. Wie soll man sich denn fühlen, wenn man durch *einen* Augenblick der Nachlässigkeit, durch *eine* falsche Reaktion schuld wird am Artensterben in einer ganzen Meeresregion, schuld wird daran, daß Tausende von Menschen qualvoll vergiftet werden, schuld wird daran, daß in ganz Europa die Krebsrate drastisch ansteigt und die Bewohner ganzer Städte ihre Heimat verlieren?
Aber das ist noch nicht die ganze Geschichte. Denn in Wahrheit haben wir es nicht nur mit dem System Technik und Mensch zu tun, sondern mit dem Gesamtsystem Technik und Mensch und Erde. Und wenn das System Technik nur in Interaktion mit dem System Mensch funktioniert, so funktioniert auch dieses Gesamtsystem nur in Interaktion mit dem System Erde. Und auch hier haben wir, wie bei den technischen Prozessen selbst, jenen Punkt schon lange überschritten, in dem die Summe unserer nicht berechenbaren Einwirkungen aufgrund ihrer praktischen Irrelevanz vernachlässigt werden könnte. Unsere Welt des Gemachten hat auf mannigfache Weise die Macht, den Reproduktionsprozeß des Systems Erde qualitativ zu verändern. Von diesem Prozeß aber und von den möglichen Auswirkungen unserer Einwirkungen haben wir schlichtweg keine Ahnung. Zwar kommen manche

unserer Einwirkungen in Form von todbringenden Nebenwirkungen zu uns zurück, aber alle wissen, daß das nur ein winziger Bruchteil all jener Wirkungen ist, die wir in Gang gesetzt haben und in Gang setzen.

Sieht man so nicht, willkürlich auswählend, nur einen Teil des Systems Technik, sondern bezeichnet als Gesamtsystem Technik all das, was durch Interaktion miteinander verbunden ist, so wird schon das Verdikt von der Nicht-Beherrschbarkeit der Technik zu einem Euphemismus. Denn bei den von uns gemachten technischen Prozessen im engen Sinn wissen wir wenigstens noch ungefähr, über welche Prozesse wir notwendig nichts wissen können, die allermeisten Prozesse jedoch, die wir im Gesamtsystem Erde beeinflussen, können wir uns noch nicht einmal vorstellen. Und hier, in bezug auf das Gesamtsystem Technik / Mensch / Erde, funktioniert auch jenes mühelose Mittel nicht mehr, das Technik zwar nicht im Betrieb, aber im Prinzip sonst überall sofort beherrschbar machte: das Abschalten. Denn selbst wenn wir jetzt sofort im radikalen Sinne aufhören würden, so würden jene Prozesse, die wir im Ökosystem in Gang gesetzt haben, noch weiterlaufen, ohne daß wir mit Sicherheit sagen könnten, daß wir wenigstens jetzt vor einem radikalen Zusammenbruch in dieser oder jener Form sicher wären. Es wäre bloß sehr viel wahrscheinlicher im Gegensatz zu jetzt, wo das radikale Umkippen bisher zu unserem Vorteil funktionierender Prozesse in welche mit zerstörerischer Qualität immer wahrscheinlicher wird.

Aber auch das ist immer noch nicht die ganze Geschichte. Denn zwischen der einzelnen technischen Großanlage und der Gesamtheit unserer Technik in Interaktion mit dem System Erde steht jenes System, mit dem wir die einzelnen, in sich oft komplexundurchschaubaren und unkontrollierbaren technischen Prozesse so steuern und zusammenbringen, daß sie insgesamt eine geordnete Produktion von Konsumgütern und deren geordneten Verkauf hervorbringen. Also jene Normalwelt von Produktion, Verwaltung und Konsumtion, in der wir uns im Alltag bewegen. Eine Produktion jedoch, die sich am Idealziel der Automation orientiert und die zudem noch jene Last der Fetischisierung des Immer mehr, Immer größer, Immer schneller tragen muß, kann gar nicht anders, als diesen ganzen Prozeß in einen in sich immer komplexeren zu verwandeln, getreu eben jener logischen Struktur, die jede berechenbare Rekonstruktion eines natürlich ablaufenden Prozesses für uns notwendig komplexer macht als das Urbild.

Irgendwann aber wird in dieser Fülle der einzelnen Prozesse, die es über den expliziten Informationsaustausch der Ergebnisse miteinander zu verbinden gilt, über der Fülle der einzelnen Daten, deren Verbindung explizit vorgenommen werden muß, dieser Prozeß der Verbindung selbst zu jenem Engpaß, der den Prozeß der realen Produktion behindert: das Problem der Informationsüberflutung ist geboren.

Und die maschinelle Datenverarbeitung wurde erfunden, um diese Informationsflut unter Kontrolle zu bringen. Damit aber die maschinelle Datenverarbeitung ihren immensen Geschwindigkeitsvorteil, den sie gegenüber der menschlichen hat, entfalten kann, muß die Informationsverarbeitung erst eine Form erhalten, die maschinenkompatibel ist. Und das setzt vor allem voraus, daß die Art, wie wir als Menschen wahrnehmen, und die darauf gründende Symbolerschaffung nach und nach abgelöst wird von einer Fülle von objektiv, möglichst eindeutig definierten Symbolen und einer Fülle von explizit definierten Regeln der Interpretation dieser Symbole.

Und die Welt, die wir dann danach so wahrnehmen, ist nicht mehr die ursprüngliche Welt der menschlichen Erfahrung, gesättigt mit immanenten Bedeutungen für uns, die wir schon erschlossen haben und die es noch zu erschließen gilt, sondern eine Welt der objektiven Daten und der Fakten, die zu uns in keinem Bezug mehr stehen, und eine Welt der Interpretationen, zu deren Gültigkeit unsere Erfahrung der Welt nichts beitragen und über die sie kein Urteil fällen kann. Sieht man die Sache so, nicht als eine logische Voraussetzung, die naturwissenschaftliches Erkennen und maschinelle Datenverarbeitung erst möglich macht, sondern als eine Darstellung und Beschreibung der Welt, die – wie jede Darstellung – gewisse Aspekte des Dargestellten betont und gewisse Aspekte vergißt, kann man leichter die subjektive Bedeutung verstehen, die diese konstruierte Form der Wahrnehmung und Beschreibung gewinnen kann. Denn was auch immer von dieser Welt auf diese Weise beschrieben wird, eines taucht in dieser Beschreibung immer und konsequent nicht auf:

Das, was macht, daß die Dinge dieser Welt und ich ganz persönlich uns nicht gleichgültig gegenüberstehen, weil ›die Dinge‹ die

Macht haben, meinen Zustand zu verändern, daß sie mich froh oder traurig, weiser oder dümmer, ängstlich oder sicher machen können, daß sie mich betreffen, weil sie mich betroffen machen können, daß jedes Ding der Welt ein unbekanntes Potential der Bedeutung in sich trägt, die es für mich und die ich auch umgekehrt für ›das Ding‹ haben kann. Die Welt der Daten, Fakten und der Interpretationen, die mit Hilfe expliziter Regeln getroffen wurden, entsteht, indem sie diese lebendige und je ganz persönliche Verbundenheit des Menschen mit der Welt verleugnet. Und so schafft sie nicht nur jene objektive Welt, auf deren Anerkenntnis und Erkenntnis unsere Gesellschaft so stolz ist, sondern schafft so vor allem auch einen Blick auf die Welt, der es uns erlaubt, die Welt wahrzunehmen, ohne sie zu erleben. Eine Welt, in der die Dinge nicht mehr die Macht haben, mich betroffen zu machen, eine Welt, in der ich nicht mehr darum bangen muß, daß die Dinge dieser Welt mir als Erfahrung auf und in den Leib rücken, mich als persönlichkeitsdesintegrierende Erfahrung treffen könnten. Das Ideal der objektiven Wahrnehmung, der objektiven Erkenntnis ist seinem subjektiven Ursprung nach die Sehnsucht nach einer idealen, vollständig gelungenen Erfahrungsabwehr.

Sieht man die Sache so, dann müssen wir nicht die Welt in eine Welt der Daten und Fakten verwandeln, damit wir sie wissenschaftlich erkennen können und damit maschinelle Datenverarbeitung möglich wird, sondern wir brauchen umgekehrt diese objektiven Gründe dringend, um unser subjektives Bedürfnis, die Welt als eine solche wahrzunehmen, als einen objektiven Sachzwang, als eine Notwendigkeit ›an sich‹ rationalisieren zu können. Denn ganz gelingt ja die Erfahrungsabwehr durch den objektiven Blick nur, wenn auch effektiv verdrängt wird, daß objektive Erkenntnis ein subjektives Bedürfnis ist. Zu dieser Verdrängung braucht es objektive Sachzwänge für die subjektive Herzenssache, und wie gut, daß wir diese in Form der wissenschaftlichen Erkenntnis und der maschinellen Datenverarbeitung schon erfunden haben.

Allerdings kann es angesichts dieser Sachlage nicht verwundern, daß sich uns ausnahmslos alles in Form von Daten, Fakten und objektiv vollzogenen Interpretationen darstellen soll, auch da, wo von wissenschaftlicher Erkenntnis oder maschineller Datenverarbeitung nicht die Rede sein kann. Die Darstellungsform selbst ist

zu einem Ziel an sich geworden, das Ordnung und Sicherheit auch da verspricht, wo sie sich in einer bloß äußerlichen Nachahmung des Habitus des Originals erschöpft und wo von eindeutiger Symboldefinition oder maschineller Ersetzung der menschlichen Wahrnehmung nicht die Rede sein kann.
Wir registrieren und wir messen unterschiedslos alles: Die Zahl der Badegäste, die Zahl der Toten in Abessinien, den Besuch des Papstes auf einer Bergspitze, die Cäsiumwerte in Johannisbeeren aus Bayern, den aktuellen Dollarstand, die jährlichen Verkehrstoten, den Umsatz im Einzelhandel, die noch verbliebenen Wale, den Fastenaufenthalt des Bundeskanzlers, den Schwefeldioxydgehalt in der Luft von Los Angeles am 27.4.88, den Ausnahmezustand in Palästina, den Stau an der österreichischen Grenze, den Vulkanausbruch in XY, die Anzahl der durchschnittlichen Begattungen eines Mäusepaares, den neuesten Weltrekord im Laufen, die Anzahl der wissenschaftlichen Neuerscheinungen, den neuesten Mord, den neuesten Rekord im Biertrinken, ...
Wir sagen, wir sind informiert: jeden Tag, jede Stunde in den Nachrichten, jeden Abend im Fernsehen, jeden Morgen in Form von in- und ausländischen Tageszeitungen, jede Woche in Form der Wochenmagazine und der Fachpresse, jeden Monat mit Hilfe der Buchneuerscheinungen, und rückwärts mit Hilfe der gesammelten Informationen jedes Tages, jeder Woche, jeden Monats ... und von früher aufgrund der Informationen, die wir in der Schule gelernt haben, als da z. B. wären die Daten der Kreuzzüge, die chemischen Daten der Hormonumwandlung unter Streß, die großen Meisterwerke der deutschen Literatur, das Grundgesetz, die Flüsse Europas, die Daten der ›Welt‹-kriege in Europa, die Definition der Kreuzblütler, die Daten der Eroberung Amerikas, das Reiz-Reaktionsschema bei Eiderenten, das Masse-Energie-Erhaltungsgesetz, den Algorithmus fürs Wurzelziehen, ...
Was diesen ganzen Wust und Wirrwarr an Informationen jedoch verbindet, das ist, daß ihn systematisch nichts und vor allem systematisch nichts mit uns verbindet. Und das impliziert wiederum: Mit all diesen Daten und Informationen und Expertisen kann keiner praktisch etwas anfangen. Selbst da nicht, wo sie als Daten über die Vergiftung unserer Nahrung uns unübersehbar selbst betreffen. Denn wer kann sie schon fundiert vor dem Hintergrund des jeweiligen wissenschaftlichen Gebiets beurteilen? Und selbst wenn das einer könnte, so kann er doch nicht jeden

Salat zum Chemiker schicken und dessen Daten mit den Daten der anderen Eßwaren im Computer hochrechnen, bevor er entscheidet, ob er ihn essen kann oder nicht. Und da das Leben schließlich weiter geht, und jeden Tag neue Daten über neue Umweltgifte auftauchen und verschwinden und in Statistiken wiedergeboren werden, und man schließlich nicht nicht atmen und nicht trinken und nicht essen kann, etabliert sich auch hier, wo die subjektive Bedeutung der Information so unmittelbar deutlich und alarmierend ist, jene Distanziertheit gegenüber der Botschaft, die überall dort zu Recht auftaucht, wo die Botschaft weder kognitiv noch praktisch in unsere Erfahrung der Welt, in jenen Umkreis, der die Bedeutung der Welt für uns entziffert und die Welt handhabbar macht, zu integrieren ist. Dann wirkt schon die bloße Tatsache, daß neue Meßverfahren für die Vergiftung entwickelt werden, zu Recht beruhigend und erscheint zu Recht als realitätstüchtiges Verhalten, weil es zwar nicht die Bedrohung abschafft, aber einen Blick auf die Bedrohung schafft, die uns ermöglicht, sie wahrzunehmen ohne sie zu erleben. Die Darstellungsform ist die Botschaft und deren Gehalt, daß dies eine Welt an sich und nicht für uns ist.

Weil die Welt hier aber nicht für uns ist, können wir in dieser Welt der Daten und Informationen auch nicht leben. Dazu braucht es immer ein Doppeltes: Eine Welt, die wir wahrnehmen können, ohne sie zu erfahren, und in der doch zugleich die Bedeutung der Dinge unmittelbar für uns deutlich ist – eben jene Nische des Gemachten, in der jedem die Bedeutung für uns so klar und eindeutig anzusehen ist, daß die Wahrnehmung zur bloßen Signalwahrnehmung schrumpfen kann. Ein Stuhl ist ein Stuhl ist ein Stuhl. Auf einen Stuhl kann man sich setzen, und auch das nur auf eine bestimmte Weise. Ein Bürgersteig ist ein Bürgersteig ist ein Bürgersteig. Er ist zum drauf Gehen da. Nicht aber sollte man auf einen Bürgersteig sich hinkauern und jenen regennassen Fetzen von Papier bewundern, der, durchsichtig geworden, nur noch die Schwärze seiner zufälligen Buchstaben dem Asphalt anschmiegt. Eine Coca-Cola-Büchse ist eine Coca-Cola-Büchse. Coca-Cola trinken macht lebensfroh. Turnschuhe von Adidas tragen macht stark, bei roten Ampeln muß man halten, als moderne Frau muß man Aspirin nehmen, und beim Computerspiel muß man das Monster töten, sonst bekommt man den Schlüssel nicht. Ein Schlüssel ist ein Schlüssel ist ein Schlüssel. Er ist zum

Aufschließen und Zuschließen da. Ein Busen ist ein Busen ist ein Busen. Er ist ein erotisches Signal. Nicht aber sollte man ihn nehmen und mit der Person dahinter reden. Und nicht sollte man den Schlüssel nehmen und rote Tupfer darauf malen und ihn an einen Baum hängen. Die Welt ist eine Ansammlung von Signalen und Regeln, und wenn man sie alle kennt, kann man sich sicher in ihr bewegen, ohne daß man von der Welt mehr wahrnimmt als eben jene Signale, die jene Regel abrufen.

Was aber, wenn es immer mehr Signale und Regeln gibt? Wenn unsere Nische des Gemachten selbst immer komplexer wird? Und wenn sie nicht nur komplexer wird, sondern wenn sie sich in dieser anwachsenden Komplexität ständig und immer schneller wandelt?

›Langfristige tiefgreifende Strukturveränderungen aufgrund technischer Basisinnovationen‹ nennt man in der Sprache der Ökonomie jenen Umstand, daß die Welt der Oma noch ganz anders aussah als die Welt der Enkel. Daß in unserer schnellebigen Zeit die Welt heute schon ganz anders aussieht als da, wo wir noch Kinder waren. Daß es den Beruf, den wir mit 20 hatten, nicht mehr gibt, wenn wir 40 sind. Daß wir zu einer lebenslangen Lerngesellschaft werden müssen, weil immer mehr technische Innovationen und Basisinnovationen auftauchen und durcheinanderpurzeln, und daß wir den Anschluß nicht verlieren dürfen, weil sonst die Kinder klüger sind als die Eltern, und aufgeschlossen bleiben müssen für alles Neue. Und das Neue ist immer das, was woanders schon erfunden wurde und vor unserer Nase angewendet wird, und je schneller so insgesamt der technisch induzierte Wandel und der technische Fortschritt fortschreiten, und je mächtiger so unsere Nische wird, desto mehr sind wir eigentlich immer im Rückstand, und desto eher geht es schon gar nicht mehr darum, sich das Neueste anzueignen, sondern darum, aus diesem Prozeß des immer schnelleren Wandels nicht ganz herauszufallen.

Wenn dieser Prozeß der Orientierung in der Nische so viel Anstrengung erfordert, daß er im Erleben zum Primären wird, oder wenn er gar als einer empfunden wird, der nicht mehr zu leisten ist, dann hat die Tendenz zur ständigen Komplexitätssteigerung, die technisch-wissenschaftlichen Prozessen eigen ist, und die parallellaufende Tendenz des Kontrollverlustes den innersten Kern unserer Subjektkonstitution erfaßt. Dann können wir sie nicht

mehr übersehen, oder unsere Angst durch die kulturtypischen Mechanismen verdrängen, weil eben die Voraussetzung für diese Verdrängungsmechanismen selbst brüchig geworden ist.
Denn nur dann, wenn der Vollzug dieser autozentrischen Wahrnehmung mühelos abläuft, wenn man jedes einzelne Signal sofort so sicher erkennt und um jede damit verknüpfte Regel sofort so sicher weiß, daß weder das Erkennen noch das Wissen einer bewußten Anstrengung bedarf, nur dann, wenn sie so halbautomatisch abläuft wie jene kleinen Verrichtungen des täglichen Lebens, die man tun kann, ohne an sie zu denken, nur dann bildet das Leben in unserer Nische jene sichere Basis, die es uns erlaubt, in ihrem Vollzug hemmungslos zu träumen. Versagt die Orientierungsleistung auch hier, dann gerät die Ordnung unseres Weltbilds in eine durch die Struktur der Ordnung selbst hervorgerufene Krise, nicht, weil sie objektiv unwahr wird, oder – genauer gesagt –, weil objektiv die Grenzen dieser Ordnung immer deutlicher werden, sondern weil die objektiv zutage tretende Begrenztheit unserer Ordnung Auswirkungen auf die Struktur der Nische hat, die die subjektive Aneignung dieser Ordnung, das Erleben dieser Ordnung als subjektiv wahrer, vereiteln. Dann wird unsere Nische so komplex, dann entwickelt sie eine solche ständige Fülle und neue Überfülle von Signalen und Regeln, daß hier das, was rein technisch die menschliche Fähigkeit zur Datenverarbeitung genannt wurde, tendenziell überfordert wird.
Wenn wir aber diese Signale und Regeln nicht mehr überschauen, wenn wir sie nicht mehr sicher und selbstverständlich kennen und erkennen, dann bricht die ganze desorganisierende Darstellung der Welt als eine Ansammlung von Daten und Informationen über uns herein, als eine Ansammlung von potentiellen Signalen, die es potentiell zu beachten gilt. Wenn wir die Signale unserer Nische nicht eindeutig erkennen, wie können wir dann unterscheiden, was ein Signal ist, das uns angeht, und was ein bloßes Datum, eine bloße Information ist, die uns nicht angeht?
Und wenn sich so die eindeutigen Grenzen zwischen Signal und Information und Datum verwischen, dann verschwindet der beruhigende Effekt der Disidentifikation, der durch die Darstellung der Welt als Sammelsurium von Informationen und Daten erreicht wird, hinter der tiefen Beunruhigung, die der durch diese Darstellungsweise verursachte drohende Orientierungsverlust hervorruft. Und schon gar nicht mehr taugt so eine Nische, in der

wir nicht nur Signale und Regeln, sondern immer komplexere und neue Signale und Regeln, nicht nur immer neue Signale und Regeln, sondern neue Signale und Regeln und Informationen und Daten in einem für uns ununterscheidbaren und unüberblickbaren Durcheinander haben, als selbstverständlich vorausgesetzter Hintergrund, der den Fetischisierungsprozeß, jenen Prozeß, über den wir uns die Ordnung unserer Welt als subjektiv wahre aneignen, zu tragen in der Lage ist.

Flüchten wir aber vor dieser subjektiven, dieser individuellen Seite der Überforderung und des Versagens unserer Ordnung in jenes Heilmittel, das bisher immer geholfen hat, die kollektive Erweiterung der Macht unserer Nische, so bricht das gleiche Problem doppelt und dreifach und vierfach über uns herein, eben als jene ganze Geschichte der prinzipiellen und faktischen Nicht-Beherrschbarkeit unserer Technik, wie sie bisher erzählt wurde: Die technischen Prozesse, egal unter welchem weiten oder engen Blickwinkel wir sie auch fassen, sind insgesamt so komplex geworden, daß wir die Orientierung, und mit der Orientierung die Kontrolle, und mit der Kontrolle jede Möglichkeit einer vernünftige Handlungsstrategie zu verlieren drohen.

Das, wo wir uns am sichersten fühlten, wo wir uns im Gegensatz zur Welt des Werdens eine Welt der absoluten Beherrschung schufen, ist das geworden, was sich der Beherrschung und unserer Methode der Beherrschung entzieht. Und zwar paradoxerweise umso mehr und umso eher entzieht, je mehr wir mit unserer Methode der berechnenden Beherrschung allen Seins Erfolg haben.

Denn es hilft uns in diesem Versagen nicht, daß wir schließlich Maschinen erfunden haben, die die Daten, die wir nicht mehr alle erfassen und interpretieren und verarbeiten können, für uns erfassen und interpretieren und verarbeiten sollen. Vielmehr macht die massive Integration symbolverarbeitender Maschinen in die Produktion und Verwaltung dieses Kontrollversagen um ein gut Teil wahrscheinlicher und fügt so der langen Geschichte der Unkontrollierbarkeit unserer Technik noch einen neuen Abschnitt hinzu.

Zwar ist es richtig, daß der systematische Einsatz von Computersystemen die Effizienz des gesamten Produktionsprozesses durch eine entscheidende Ausweitung der Automatisierung entscheidend verbessert. Und es ist auch richtig, daß die Kontrolle und

Steuerung vieler komplexer technischer Prozesse – und damit ihre Verwirklichung – erst durch den Einsatz von Computern möglich wird.

Aber eben dieser ihr praktischer Einsatz setzt die Bedingung außer Kraft, unter denen mechanisierte Symbolverarbeitung erfolgreich ist: daß die Daten ein in sich geschlossenes System sind oder sich auf ein geschlossenes System beziehen. Jede Technik ist als verwirklichte nicht mehr jenes geschlossene, berechenbare System der Theorie, sondern aufgrund der Interaktion mit dem offenen System Welt tendenziell selbst ein offenes, prinzipiell nicht berechenbares System. Der mechanischen Symbolverarbeitung jedoch ist aufgrund ihres notwendig geschlossenen Realitätsmodells diese offene Wirkungskette zwischen Technik und Welt nicht zugänglich, sie funktioniert, insofern Technik jenem Ideal der Theorie und / oder der im Computermodell implementierten Abweichungen entspricht, und nur dann. Da aber Technik aus den vielen genannten Gründen sich im realen Einsatz mit Sicherheit nicht immer so verhält, wie sie sich verhalten soll, ist der erfolgreiche Einsatz von Computersystemen davon abhängig, daß ihre Leistung durchgängig der Kontrolle des Menschen untersteht, der dann eingreift, wenn Realitätsmodell und Realität, wenn das, was der Computer ›denkt‹, was sein soll, und was tatsächlich ist, nicht äquivalent sind.

Und genau das, was den Einsatz von Computern so notwendig und profitabel macht – daß sie die Effizienz und die Schnelligkeit des Ablaufs von formalen Prozessen wesentlich beschleunigen, und so manche Prozesse erstmals realisierbar machen – reflektiert sich in dieser notwendigen menschlichen Kontrolle als wachsende Kluft zwischen der Schnelligkeit der automatisierten Abläufe und der Schnelligkeit, mit der Menschen fähig sind, solche Abläufe zwecks Kontrolle nachzuvollziehen und zu überblicken.

Hinzu kommt, daß die Komplexität des Gesamtsystems insgesamt drastisch steigt. Zum einen, weil wir es jetzt mit zwei komplexen Systemen zu tun haben – dem primären System der Produktion und dem sekundären Steuerungs- und Datenverarbeitungssystem. Letzteres aber unterliegt als real in der Welt ablaufender technischer Prozeß selbst den nicht berechenbaren Verschleißwirkungen und bedarf schon und auch aus diesem Grund der ständigen menschlichen Kontrolle. Zum zweiten wird diese Ersetzung bisher vom Menschen erbrachter Steuerungs- und

Symbolverarbeitungsleistungen nur möglich durch eine stringente Formalisierung des Gesamtvorgangs. In dieser Form aber, in der bisher implizit verbundene Vorgänge durch eine Reihe explizit definierter Variablen und Verbindungsregeln ersetzt werden, ist der Vorgang insgesamt für Menschen prinzipiell schwerer zu durchschauen. Seine Komplexität steigt subjektiv drastisch an, auch wenn er ›objektiv‹ nicht komplexer geworden sein mag.
Von eben diesem so immer mehr überforderten subjektiven menschlichen Vermögen, die Abläufe des ganzen Vorgangs – die im Produktionsprozeß und die im Computersystem – so zu überblikken, daß begründete Urteile über ihre Richtigkeit mit der Geschwindigkeit gefällt werden können, die einen korrigierenden menschlichen Eingriff noch möglich macht, bevor es zu spät ist, hängt weiterhin die Sicherheit des ganzen technischen Systems ab.
Und mit der so notwendig nicht eliminierbaren Anwesenheit des Menschen im technischen System ist auch die notwendig nicht eliminierbare Fehlerhaftigkeit des menschlichen Tuns nicht auszuschalten. Im Gegenteil wird ihre unheilstiftende Fähigkeit vergrößert, je komplexer das Gesamtsystem ist, je undurchschaubarer die möglichen Interaktionen sind, und je schneller die Vorgänge im System ablaufen.
Das sogenannte Restrisiko steigt mit zunehmender Integration von Computersystemen in den Produktionsprozeß überproportional zur stattfindenden Risikoaddition:
Zum steigenden Restrisiko aufgrund der Verschleißwirkungsketten im komplexer werdenden technischen System kommt nicht nur das Restrisiko aufgrund der Verschleißwirkungsketten im steuernden Computersystem und nicht nur das Restrisiko aufgrund der Undurchschaubarkeit der Computersysteme und nicht nur das Restrisiko aufgrund der Fehlerhaftigkeit menschlichen Tuns, sondern vor allem wird die mögliche Interaktion all dieser Fehlerquellen, die sich gegenseitig in ihren Auswirkungen verstärken können, wirksam.
Insgesamt ergibt sich so trotz der vermehrten Kontrollfähigkeit durch den Einsatz von Computersystemen eine erhebliche Steigerung der Unkontrollierbarkeit des Gesamtsystems gerade aufgrund des Einsatzes von Computersystemen.
Und doch können wir innerhalb unserer Wirklichkeit nicht anders handeln als eben so paradox:
Denn machten wir nicht diesen Anfang zur maschinellen Daten-

verarbeitung, der eben notwendig jene neuen Umstände mit sich bringt, die das Übel, das sie heilen sollen, noch verschlimmern, so könnten wir nicht hoffen, daß der Einsatz dieser Maschinen irgendwann später jene tatsächliche Hilfe bringt, die wir so dringend brauchen. Und hätten wir diese Hoffnung nicht, dann könnten wir nicht einmal davon träumen, daß wir all diese komplexen Prozesse, die wir da in Gang gesetzt haben und die wir noch entwickeln werden und entwickeln müssen, je beherrschen können. Inklusive jener komplexen Prozesse natürlich, die durch die reine Rechengeschwindigkeit der Computer selbst erst berechenbar wurden, und inklusive jener komplexen Prozesse, wie sie in den Computern, in der ›Datenverarbeitung‹ selbst, ablaufen.
Und so wächst die Wahrscheinlichkeit, daß wir in der Organisation, Kontrolle und Verwaltung dieser komplexen Prozesse versagen in dem Maße, in dem wir uns darum bemühen, eben die Organisation, Kontrolle und Verwaltung dieser Prozesse zu beherrschen. Technik hat ein Janusgesicht, und jeder Schritt hin zu einer größeren Beherrschung, sei es die primäre manipulative Beherrschung von Materie oder sei es die sekundäre Beherrschung jener technischen Prozesse, mit der wir die Natur beherrschen, entpuppt sich zugleich als ein Schritt hin zu einer größeren Unbeherrschbarkeit der technischen Prozesse selbst.
Wenn so die Verunsicherung in der subjektiven, individuellen Aneignung der Ordnung verstärkt wird durch den zunehmenden, objektiven, kollektiven Kontrollverlust in der gesellschaftlichen Ausübung unserer Macht, und diese objektive Unsicherheit, diese drohende Unbeherrschbarkeit der technischen Prozesse selbst und des Systems Technik / Erde wiederum verstärkt wird durch die Überforderung und Verunsicherung in der subjektiven Aneignung der Ordnung, dann blenden schließlich objektives und subjektives, kollektives und individuelles Versagen im Erleben ineinander über zum drohenden Verlust der Ordnung unseres Weltbildes überhaupt.
Dann befindet sich die Ordnung unseres Weltbildes in einer objektiven und subjektiven Krise, dann steht mit der Ordnung unserer Kultur für uns die ganze Ordnung der Welt in Frage, dann löst sich jener Hintergrund auf, vor dem Ordnung möglich war. Wobei die subjektive Seite als eine tiefe Sinnkrise zutage tritt und erlebt wird, und die objektive Seite durch die Folgen der Nicht-Beherrschbarkeit des Gesamtsystems Technik / Mensch / Erde

die biologischen Fundamente jeglichen Lebens, und damit auch das Leben unserer menschlichen Gesellschaft, erschüttert.
Versagen, oder auch nur nachlassen in der Anstrengung der Beherrschung aber dürfen wir gerade in dieser Zeit der Krise nicht. Unsere Nische des Gemachten existiert und erhält sich nur in dem Maße und nur insofern, indem wir jene technischen Prozesse jeden Tag, jede Stunde, jede Minute, jede Sekunde durch unserer Hände und Köpfe Arbeit im rechten Gang halten. Insofern wir sie organisieren, sie kontrollieren, ihnen zuarbeiten, insofern wir generell alle Lücken im automatischen Prozeß ausfüllen, von der handgreiflichen Zureichung zum Maschinentakt bis zur Entscheidung, wann, wo, wie welche Fabrik gebaut und betrieben wird. Unsere Macht existiert nur, insofern wir sie uns jeden Tag neu erarbeiten und ausüben. Das ist die andere, die mühselige Seite der gigantischen Verfügungsgewalt, die uns Wissenschaft und Technik in die Hände gelegt haben: wer nur mit Macht leben kann, der muß die Macht auch ausüben, wer nur mit Herrschaft leben kann, der muß auch herrschen, ganz egal wie mühselig dieses Herrschen und dieses Machtausüben sein mag, und ganz egal, ob er sich durchs Herrschen überfordert fühlt.
Und wir sind überfordert. Ganz objektiv und notwendig überfordert, weil wir, um zu herrschen, technische Prozesse benutzen, die aus prinzipiellen Gründen nicht beherrschbar sind. Weil wir uns in eine Größenordnung der manipulativen Macht hineinbegeben haben, die uns die Beherrschung und Kontrolle eines Gesamtsystems abverlangt, von dessen Funktionieren wir fast keine Ahnung haben – dem Gesamtsystem Mensch / Technik / Erde. Und weil wir doch, Tag für Tag, Stunde für Stunde, Minute für Minute Entscheidungen treffen und Handlungen begehen müssen, von denen wir wissen, daß sie dieses Gesamtsystem beeinflussen – wir wissen nur nicht, wie.
Das ist jener Zustand, den der Computerexperte Fredkin im Dialog zutreffend so umschreibt:
›Today we have to be humans and gods because we're worrying about everything in the universe ..., we ... (are) carrying the burden of the universe on our shoulders ...‹ (1979 / 352 f.)
Freilich ist das eine Bürde, die nicht einmal ein Gott tragen könnte, denn wie sollte einer die Verantwortung für ein Leben tragen können, in dem er auf der einen Seite ständig entscheiden und handeln muß, in dem er aber auf der anderen Seite gar nicht

wissen kann, was für Folgen seine Entscheidungen haben, in dem er aber andererseits wiederum genau weiß, daß seine Entscheidungen weltumspannende und tödliche Folgen haben können?
Innerhalb eines solchen Systems von Verantwortung zu sprechen, verliert seinen Sinn, weil sinnvollerweise nur da verantwortlich entschieden werden kann, wo einer die Folgen seines Handelns überblicken kann. Und sei es nur soweit, daß er weiß, daß er sich mit diesem Tun in eine Situation begibt, deren Folgen er nicht mehr abschätzen kann, und daß er dann aus diesem Grund von dieser Handlung jenseits allem Verantwortbaren absieht. In einem System aber, wo es nicht einmal mehr diese letzte Option gibt, wird Entscheiden zum reinen Glücksspiel, weil sich das ganze System jenseits des Verantwortbaren befindet.
Und doch sind wir verantwortlich. Wir sind schuld, wenn durch unsere Unterschrift ein Projekt besiegelt wird, das dann als GAU Millionen Menschen das Leben kostet, wenn durch unseren Einsatz von Pflanzenschutzmitteln die Muttermilch mit DDT verseucht wird, wenn durch unsere Wahlentscheidung für ›die Partei des Wirtschaftswachstums‹ dein Kind an Leukämie stirbt, wenn durch unsere Kaufentscheidung die Krebsrate in Argentinien ansteigt und der Wald in Europa stirbt. Wir sind schuld, wenn durch irgendeine Entscheidung, der wir es in unserer Unwissenheit gar nicht ansehen konnten, endgültig der ökologische Notstand über uns hereinbricht.
Und ich bin schuld, wenn durch meine Fehlinterpretation der präventive Gegenschlag gestartet wird, wenn durch meine Nachlässigkeit Tausende qualvoll an Gift zugrunde gehen, wenn durch meine nur Sekundenbruchteile dauernde Unaufmerksamkeit der Krieg mit Flammen und Gift über einen Stadtteil hereinbricht, weil ich die Kontrolle über einen Tanklastzug verlor.
Rein logisch läßt sich so ein System jenseits des Verantwortbaren charakterisieren als eines, in dem jeder Versuch, eine gültige Ordnung für unseren Handlungsbereich zu finden, aufgrund der Undurchschaubarkeit des Systems scheitern muß. Und in dem darüber hinaus die zugänglichen Ordnungsbruchstücke mit absoluter Genauigkeit eingehalten werden müssen, weil jede kleinste Abweichung von der Regel den Untergang zur Folge haben kann. Ein Erleben der Wirklichkeit aber, in dem keine Ordnung erkennbar ist und in dem zugleich das Überleben von der Einhaltung dieser unbekannten Regeln abhängt, das ist jene Extremsitua-

tion, wie sie am Beispiel der autistischen Kinder beschrieben wurde; hier droht nicht der Verlust einer Ordnung, hier droht der Verlust jeglicher Ordnung und damit der Verlust der Existenz.

Wenn so die Extremsituation zu einem Potential wird, in das das Erleben des Alltags immer öfter einzubrechen droht, dann wird oft jegliche Ordnung recht und begierig ergriffen, die nur irgendwie diesen Ordnungsverlust einzudämmen verspricht und die die Welt wieder zurechtstutzt auf das Überschaubare von früher, das man noch als Ordnung erkannte und erleben konnte. Die das Chaos zumindestens draußen vor der eigenen Haustür läßt und es den anderen zuschiebt, und am besten das Chaos mit allem Fremden und am allerbesten mit dem Fremden identifiziert, den man vernichten, und wenn schon nicht vernichten, so zumindest abschieben und aussperren kann, so daß zwar der Rest der Welt, aber nicht das eigene Haus untergeht.

Aber diese rückwärts gewandten Ordnungen, diese aggressive Verteidigung eines schon längst Untergegangenen können eine Sinnkrise nicht beheben oder eine Kultur retten, sondern höchstens die Krise temporär verdrängen helfen. Und schon gar nicht können sie eine Kultur wie die unsrige retten, die zur Existenzerhaltung darauf angewiesen ist, daß wir uns mit der ständigen Eroberung des Neuen, mit der ständigen expansiven Vorwärtsverteidigung unserer Nische des Gemachten – kurz mit dem ständigen technischen Wandel und Fortschritt – identifizieren.

Ausschlaggebend hingegen wird in solchen Zeiten einer umfassenden Krise jener kulturell trivialisierte und kulturell negierte Erfahrungsraum, jenes Wilde und Unzivilisierte an jedem Menschen, das macht, daß jeder Einzelne immer mehr ist als das, was an gesellschaftlichen Entwicklungsmöglichkeiten in seiner Kultur für den Menschen vorgesehen war, das, was jeden einzelnen Menschen zu einem macht, der das Entwicklungspotential der ganzen Menschheit und nicht nur das seiner Kultur in sich trägt. Genau das, was in Zeiten der Gültigkeit einer Ordnung störend verhinderte, daß der Einzelne ganz identisch wurde mit der kulturell vorgegebenen Subjektkonstitution, jener inkompatible Rest, das wird dann, wenn die Ordnung des gültigen Weltbildes zusammenbricht, zu jenem Fundament, von dessen Erleben ausgehend der Einzelne eine Ordnung der Welt wieder herstellen kann.

Die Inuits haben ein Wort für jene Berggipfel, die auch in den

Kälteperioden der Erde eisfrei bleiben, weil sie so hoch und so spitz sind: sie nennen sie Nunataks. Auf diesen Nunataks überlebten in den Eiszeiten verschiedenste Samen und Sporen der Pflanzen aus der Warmzeit, und diese Nunataks bildeten bei Rückgang des Eises die Zentren der Wiederbesiedelung durch Pflanzen. Der trivialisierte und negierte Erfahrungsraum in jedem Menschen, das sind jene Nunataks, in denen das Entwicklungspotential der ganzen Menschheit zur Zeiten gültiger kultureller Ordnungen überlebt, und jene Nunataks des menschlichen Entwicklungspotentials gewinnen an Entwicklungsraum, wenn die gültige kulturelle Ordnung brüchig wird. Indem der Einzelne sich auf dieses Mehr in ihm besinnt und die dort angelegte Erfahrung der Welt ernst nimmt und sich auf diese Erfahrung einläßt, tut er das, was jeweils immer nur er selbst, und keine Kultur und keine Gesellschaft kann: eine neue Ordnung, eine neue Bedeutung der Welt für ihn, eine neue Wahrnehmungsweise der Welt erschaffen.

Was aber, wenn der kulturell negierte Erfahrungsraum die Erfahrungsfähigkeit des Menschen selbst ist? Und wenn Erfahrungsfähigkeit nicht nur negiert, sondern aktiv negiert wird, ja wenn jenes Sicheinlassen auf die eigene Erfahrung des anderen hin bis zur identifizierenden Wahrnehmung nicht mit einem, sondern mit dem zentralen Tabu der Kultur belegt ist? Verschwinden einer solchen Kultur nicht jene Nunataks des menschlichen Entwicklungspotentials aus dem Feld des Wahrnehmbaren, weil sie den einzigen Zugang, den es zu ihnen gibt, das Vertrauen in die eigene Erfahrungsfähigkeit als Medium der Erkenntnis, tabuisiert und damit verloren hat?

Und wenn nun eine solche Kultur in eine objektive und subjektive Krise gerät, wenn sie objektiv und subjektiv, kollektiv und individuell an die Grenzen ihrer Ordnung stößt und wenn sie zudem die einzig herrschende Kultur auf Erden geworden ist, mit einer Nische die weltweit zur primären Realität zu werden droht, was dann?

Dann gibt es zwei Möglichkeiten.

Entweder rettet uns die noch bestehende Unvollkommenheit unserer Ordnung, retten uns jene Relikte von Erfahrungsfähigkeit und -wissen, die unsere Ordnung noch zulassen mußte, weil sie ihre Funktion noch nicht ersetzen konnte. Und rettet uns unter diesen Relikten vor allem die inhärente Schizophrenie unseres

Weltbildes, jener Leib-Seele-Konflikt, jener Umstand, daß wir die funktionelle Wahrnehmung des anderen am menschlichen Subjekt nur im Geiste, aber nicht de facto, und auch im Geiste nicht ganz vollziehen können, dort nicht, wo wir unsere Kinder erst zu Subjekten machen müssen, bevor sie welche werden können, die alles andere zum Objekt machen.

Dann wird die Entwicklung des Vertrauens in die eigene Erfahrungsfähigkeit und ihre Herausbildung zu jenem zentralen Thema des Aufstandes gegen das gültige Weltbild unserer Kultur. Angefangen bei jenen stümperhaften Versuchen, über LSD und Hasch eine andere Sicht der Welt zu erfahren, bis hin zu jener neuen volkstümlichen Esoterik-Welle, sei es nun Zen oder tantrischer Buddhismus oder Sufis oder Indien oder die neuen Schamanen oder Yoga oder Meditation oder Tao oder irgend etwas anderes der Art, in der mit zielsicherem Instinkt all jene Philosophien und Religionen herausgesucht worden sind, in denen die Entwicklung der eigenen Erfahrungsfähigkeit in immer neuen Variationen als der Weg zur Wahrheit entfaltet wird.

Wobei wir bei diesem Unternehmen nicht vergessen sollten: Was den autonomen Umgang mit unseren fünf Sinnen, mit unserer Wahrnehmungs- und Erfahrungsfähigkeit betrifft, sind wir die ersten Primitiven der Menschheitsgeschichte. Und zwei sehr verschiedene Dinge können sein, was uns einer lehren will und was wir imstande sind, aus dieser Lehre zu machen. Wenn wir aber nicht anfangen zu machen, dann kann schon gar nichts daraus werden, und nicht das Primitive, Verquere des Anfangs ist falsch, sondern falsch würde es erst, wenn wir dabei stehen blieben – der Weg ist das Ziel.

Oder, wie Jeremy Rifkin für sich die Alternative formuliert hat: ›Wenn das menschliche Bewußtsein von Natur aus auf Herrschaft hin angelegt ist, dann ist die Welt von der Bombe und der Gentechnik nur zu befreien, indem man sie vom menschlichen Geist befreit. ... Dies ist die schleichende Angst, die allen anderen Ängsten zugrunde liegt ... Was sollen wir tun, wenn das Denken, dem diese beiden folgenreichsten Technologien der Menschheit entsprungen sind, nicht einfach Unglücksfälle der Geschichte sind, sondern im Gegenteil höchster Ausdruck des Bewußtseins unseres Geschlechtes?

Um diesen schrecklichen Gedanken verwerfen zu können, müßten wir willens sein, eine andere Erkenntnisweise in Betracht zu

ziehen: eine Erkenntnis, die nicht darauf angelegt ist, die Umwelt zu beherrschen, sondern sich in sie einzufühlen.‹ (1987 / 106)
Feministinnen haben das in ihrem Bezugssystem so formuliert: ›Auf die Frage: Was können wir für eine bessere Welt tun? Was können wir tun, um glücklich zu werden? würde eine Frau niemals antworten: Ich muß meine Gewalttätigkeit und die Gewalttätigkeit anderer Frauen unter Kontrolle bekommen. Die Gedanken einer Frau, die nach Glück sucht, würden um eine neue Wahrnehmung ihrer selbst kreisen, und sie würde die Freiheit und das Glück in sich finden.‹ (Delay 1988 /125) Dort: ›Wir sind die Felsen, wir sind die Erde, wir sind Bäume, Flüsse, wir sind der Wind, wir halten die Vögel, wir sind Kühe, Maultiere, wir sind Pferde, wir sind geballtes Leben, Materie. Wir sind Fleisch, wir atmen, wir sind Körper: Wir sprechen.‹ (Griffin 1988 / 176)
Und dann entsteht nach und nach in diesem ganzen Kunterbunt eine andere Wahrnehmungsweise der Welt und unserer selbst, ein anderes Weltbild, in dem wir die Bäume nicht nur retten, weil sie den Sauerstoff produzieren, den wir brauchen, und wir sie ansonsten fröhlichen Herzens umbrächten, wenn wir nur die Fabriken hätten, die den notwendigen Sauerstoff für uns produzierten, sondern in dem wir auf einer Welt mit lebendigen Bäumen bestehen, weil Bäume mit zu jenem Du, zu jenem potentiellen und ehemaligen Ich-Selbst gehören, das zusammen mit uns in seiner Verschiedenheit ein Leben ist. Dann wird aus jener allgemeinen Angst, aus jenem allgemeinen Unbehagen ein gezieltes, wird aus ihm Technikmißtrauen und offene Technikablehnung, weil Technik und Wissenschaft für uns nicht mehr die Ordnung der Welt bilden, sondern ein Drittes, von dem vor allem anderen eines im Jetzt dominierend ist: Daß über seine Herrschaft die Vergewaltigung und der Mord an jener lebendigen Welt vollzogen wird, von der wir ein Teil sind. Und völlig offen muß angesichts dieser aktuellen Form der Dominanz notwendig bleiben, welche Rolle Technik und Wissenschaft in jenem anderen Weltbild, das es noch zu entwickeln gilt, zukommen soll, dann, wenn wir gemeinsam wieder zum Frieden mit uns selbst und mit der Erde gefunden haben sollten.
Dann, wenn wir, wie Andrée Collard in ihrem Buch ›The Rape of the Wild‹ das Problem formuliert, Leben gemeinsam nicht mehr ›...als Kampf ums Überleben, als ein Problem, das gelöst werden muß...‹ begreifen, sondern ›...als eine Erfahrung, die zu leben

ist‹. (1988 / 164) Auch jetzt, und nicht erst dann, weil es dieses Dann nur geben wird, wenn wir jetzt damit anfangen, unsere Erfahrung der Welt wieder bewußt zu leben, anstatt sie unbewußt zu verdrängen.

Was aber, wenn einem die Identifikation mit diesem Weltbild so gut geglückt ist, daß ihm Erfahrungsfähigkeit ganz und gar und ausschließlich zu jenem Nicht-Ding geworden ist, zu jenem Unvorstellbaren, dessen Existenz er nicht wahrhaben darf, weil schon hinter der Anerkenntnis der Abwehr die Panik der Extremerfahrung lauert? Wenn einer so ganz und gar zu jenem Subjekt geworden ist, wie es in unserem Weltbild als Entwicklungsmöglichkeit gefördert wird, daß er sich als Wahrnehmung der Welt nichts mehr anderes vorstellen kann als eben den Vollzug der funktionalen Objektwahrnehmung am anderen? Wenn ihm sein ganzes Erleben der Welt auf jene autozentrische Perspektive geschrumpft ist, in der Gefühl entweder Frust oder Lust ist, eben jener endokrine Drüsenanfall, dem man stattgeben kann dort, wo er in die herrschenden Lebensmuster hineinpaßt, und den man als Nervenkrankheit, als Stoffwechselstörung bekämpfen und normalisieren muß dort, wo er das herrschende Lebensmuster stört? Wenn einer, wenn er diese Muster der Abwehr von Erfahrungsfähigkeit aufgeben sollte, nur noch Angst, panische Angst hat vor der Angst, die dann auftauchen würde?

Und wenn so einer dann jene objektive und subjektive Krisensituation erlebt, in der ihm die Ordnung unseres Weltbildes, die einzige Ordnung, die ihm noch zugänglich ist, subjektiv als wahre entgleitet und objektiv in ihrer Gültigkeit aufs äußerste bedroht ist? In der sich die eigenen Mittel der Macht und der Ordnung und der Sicherheit gegen ihn wenden, und er doch keine anderen Mittel der Macht und der Ordnung und der Sicherheit hat als diese? In der er um den Erhalt der Ordnung willen verantwortlich entscheiden muß, und doch nicht verantwortlich entscheiden kann? In der ihm schließlich jeder Kontrollverlust, jeder Orientierungsverlust, gleich wo und gleich durch was, als der drohende Verlust der ganzen Ordnung erscheint, und gleichwohl Kontrollverlust und Orientierungsverlust nicht zu vermeiden sind? Was ist, wenn einem in unserer Ordnung und durch unsere Ordnung der Verlust jeglicher Ordnung droht und er diese Ordnung doch nicht verlassen kann, weil ihm der Zugang zu jenen Nunataks des menschlichen Entwicklungspotentials

durch die gelungene Identifikation mit unserer Ordnung verloren ging?
So einer ist dann ganz und gar in unserer Ordnung gefangen, er ist auf Gedeih und Verderb an sie gekettet, und er geht unter, wenn diese Ordnung, wie jede Ordnung, die sich als ausschließlich wahre setzen will, an ihre Grenzen stößt und untergeht, weil keine eine Ordnung den Reichtum unserer Welt erfassen kann. So einer ist in einer objektiven und subjektiven Krise unserer Ordnung in einer wahrhaft ausweglosen und verzweifelten, in einer existentiellen Not.
Aus tiefer Not ruf ich zu DIR, oh HERR?
Genau das. In so einer Lage kann einer sich selbst nicht mehr helfen, und die Lage ist so verzweifelt, weil er die Fähigkeit, sich selbst zu helfen, verloren hat. In so einer Lage kann nur noch ein Gott helfen. Und das heißt umgekehrt: In so einer Lage gibt einer das hin, was sonst kein Tier und kein Mensch bei Strafe des Untergangs hergeben kann, und was sonst, würde es ihm gewaltsam genommen, von jedem Menschen und von jedem Tier als Untergang erlebt wird:
die Fähigkeit und das Recht zu einer autonomen Orientierung in der Welt, die Fähigkeit und das Recht, aus eigener Kraft die Welt nach Maßgabe des eigenen Erlebens der Welt in eine geordnete zu verwandeln, die Fähigkeit und das Recht, für sich selbst nach Maßgabe seines eigenen Daseins zwischen wahr und falsch, zwischen oben und unten, zwischen wichtig und unwichtig zu unterscheiden. In so einer Lage gibt einer seine kognitive Autonomie hin, weil sie mit ihren Fähigkeiten am Ende ist, und akzeptiert blindlings jede Fähigkeit von etwas anderem als Richter über sich, solange sie nur seine Ordnung, die einzige Ordnung der Welt, verkörpert und ihm jene Last abzunehmen verspricht, unter der er zusammenbricht: die der Orientierung in der Welt.
Freilich kann das kein anderer Mensch. Das kann immer nur ein Gott. Denn nur etwas Allgegenwärtiges, etwas Allwissendes, etwas Allmächtiges kann so einen schützen und für ihn jene Fähigkeit zur immer wieder neuen Orientierung in der Welt ersetzen, der sich selbst so, bis in den innersten Kern jedes Lebendigen hinein, aufgegeben hat. Was aber wäre in einer Ordnung der Berechenbarkeit ein Gott? Was wäre, wenn wir uns an jene alten religiösen Interpretationen erinnern, wonach jeder Gott die Welt, die er geschaffen hat und über die er herrscht, in sich repräsen-

tiert, was wäre eine solche schöpferische und lenkende reine Repräsentation unserer Ordnung?
Natürlich die intelligente (die übermenschlich intelligente) Maschine.
Und die frohe Botschaft der Künstlichen Intelligenz ist mitnichten, daß es diese intelligente Maschine gibt, ihre Botschaft ist noch heilsversprechender: Wir selbst sind es, die diese Maschine bauen. Der Gott, der herrschend anstelle unserer selbst die Ordnung unserer Welt herstellt, ist ein Produkt unseres Geistes. So daß am Ende jenes Opfer der kognitiven Autonomie nichts anderes ist, als jener Super-Super-Trick der Nachfahren des listenreichen Odysseus, mit dem wir den ›zahllosen Tricks der Evolution‹ (Minsky 1988 / 17) endgültig und ein für allemal Paroli bieten. Und unsere endgültige Hingabe ist nichts anderes als die Vorbereitung für den letzten Endsieg. Während es eine rein persönliche Geschmackssache ist, ob man sich das Ganze wie Jantsch oder Nietzsche so vorstellt, daß unser körperlicher Leib und die ganze Erde als eine ›Phase der Kindheit‹ (Jantsch 1979 / 414f.) der Vernichtung anheimfällt und wir – ganz Schöpfer und nicht mehr Geschöpf, ganz Übermensch und nicht mehr Mensch – in jenem neuen Weltgeist aufgehen, oder ob man, wie Fredkin, der körperlichen Existenz eine Nische einräumt, in der wir, ungestört und wohlgelenkt und wohlversorgt durch die denkenden Maschinen, unsere Träume der Fetischisierung über die immer neue Aneignung der für uns immer neu erzeugten Produktwelt träumen können.

Teil 4
Die neuen Apostel
oder
Die End-(er-)lösung

Künstliche Intelligenz – Wissenschaft als Religion der Erlösung

Wie immer, wenn man eine wirklich geniale Lösung für ein wirklich vertracktes Problem gefunden hat, erscheint einem hinterher die Lösung so offensichtlich vor aller Augen naheliegend, daß man sich gar nicht mehr richtig vorstellen kann, wieso man vorher so verzweifelt war.

Denn ist die Ursache unserer jetzigen Misere nicht die, daß wir die Daten gar nicht alle erfassen und im Überblick zusammenfassen können, die wir erfassen und zusammenfassen müßten, um verantwortlich entscheiden zu können? Und wer sollte das anstelle unserer können, wenn nicht die intelligente Maschine mit ihrer bewiesenen mirakulösen Datenerfassungs- und -verarbeitungskapazität, die sie jetzt, weil sie ja intelligent ist, verbinden kann mit ihrer Fähigkeit zur richtigen Dateninterpretation? Oder wie Michie und Johnston es ausdrücken: ›The world is sliding precariously to desaster. This conclusion follows from any sober analysis of the state of the planet. ... The height of irony is that much of the blame ist laid specifically on mankind's systematic efforts to find solutions to its problems – that is, on technology. ... The problems laid at its door range from the social upheavals caused by technical change, unemployment, pollution and the threat of nuclear extinction, to alienation and the loss of job satisfaction and fulfilment. To these can be added the very real possibility that the complexitiy induced by technology is to blame for the intractability of our economic malaise, and the substantial danger that technical systems are getting so complicated that soon their human operators will lack the knowledge and understandig to control them. In the face of this array of problems, we ask from where might answers come? Could inanimate creatures of technology possibly produce solutions to the problems it has spawned, and to myriad others that afflict humanity? Could machines themselves conceive solutions that have eluded human minds? The message of this book is that in principle they can, and that in the world of tomorrow they will.‹ (1984 / 11)

Intelligente Maschinen werden für uns all jene Daten erfassen und zusammenfassen und interpretieren, ohne deren Verarbeitung wir jetzt notwendig im ungewissen bleiben müssen, ob der Fluß wirklich so verseucht ist, daß es Auswirkungen auf uns haben könnte. Intelligente Maschinen werden unsere komplexen technischen Anlagen Tag und Nacht und kritische Stelle um kritische Stelle lückenlos überwachen und Alarm schlagen und Gegenmaßnahmen in Gang setzen, so daß wir wieder ruhig neben ihnen wohnen können. Intelligente Maschinen werden für uns global deckend die Zusammensetzung der Atmosphäre messen, so daß wir auch hier endlich eine gesicherte Grundlage bekommen und auch dieses Phänomen einer geordneten Kontrolle zugeführt werden kann. Und nicht zuletzt haben intelligente Maschinen schließlich die Frau Heinrich ersetzt, so daß uns manche Mühe und Plage wohl fortan erspart bleiben mag, auch die, folgt man Fredkins, der eigenen Emotionalität: ›People are in anguish today, even in primitive societies; they're in anguish because of the emotional burden they have to bear. Things can be helped by creating a society that poses fewer such problems, and by helping people to be able to deal with the problems. The point is that artificial intelligence can help to run society in ways that are more beneficial for everyone.‹ (1979 / 352)

Intelligente Maschinen, persönliche tragbare Berater, werden für uns die komplexen Signale und Regeln der Nische vorsortieren und interpretieren, so daß wir auch hier nur das Expertensystem fragen müssen, ob wir im Recht oder im Unrecht sind, ob wir alle Steuervorteile genutzt haben, wie unser vollautomatischer Mikrowellenherd funktioniert, ob wir morgen lieber nicht unsere Liebste anrufen sollen, weil wir in einem bioenergetischen Tief sind, ob unser IQ und unsere Begabung uns für jenen Posten qualifiziert, ob wir wirklich glücklich sind oder ob bloß die chemische Zusammensetzung unseres Blutes trügerisch die Gefühlszentren beeinflußt.

Und steht nicht unsere Wissenschaft inzwischen aufgrund der

dem wissenschaftlichen Erklärungsmodell immanenten Anstieg der Eigenkomplexität genau vor dem gleichen Problem der defizitären menschlichen Datenerfassungs- und -verarbeitungskapazität? Wo es doch schon so ist, daß einer in seinem Spezialfach gar nicht mehr alles an Neupublikationen und Neuergebnissen überblicken und erfassen kann, was er alles überblicken und erfassen müsste, um vor diesem geordneten Hintergrund zu neuen Entdeckungen kommen zu können. Ganz zu schweigen von all den Problemen, die nur interdisziplinär, und das heißt im Moment gar nicht gelöst werden können! Wenn hier auch die intelligenten Maschinen vor- und zuarbeiten und zusammenfassen könnten, wie um Quantensprünge größer würde dann notwendig unser Wissen um und unsere Kontrolle über all jene Prozesse werden, die jetzt unserem Erfassungshorizont zu entgleiten drohen oder sogar völlig jenseits seiner Kapazität liegen? Und was könnten dann mit diesem neuen Wissen die intelligenten Maschinen überall und auf allen Ebenen für uns nach unseren Wünschen leisten! Alles, sagen Feigenbaum und McCorduck:

›For we shall argue that the new wealth of nations has its source not in land, or in labour, or in capital alone, but in *knowledge*.‹ (1983 / 16) ›As everybody knows, knowledge is power. Machines that can amplify human knowledge will amplify every dimension of power.‹ (1983 / 8) ›This isn't to say that the traditional forms of wealth will be unimportant. Humans must eat, and they use up energy, and they like manufactured goods. But in the *control* of all these processes will reside a new form of power which will consist of facts, skills, codified experience, large amounts of easily obtained data, all accesible in fast powerful ways to anybody who wants it – scholar, manager, policymakers, professional or ordinary citizen. And it will be for sale.‹ (1983 / 14)

Was so viel heißt wie: Jeder kann sich diese neue Form der Macht individuell aneignen, kann die Ordnung und die gewaltige Verfügungsgewalt dieser Macht zu einer für sich subjektiv wahr erlebbaren machen, indem er sich die Orientierungsfähigkeit in der Welt und die Kontrolle über die Welt, die er selbst als autonome Fähigkeit verloren hat, in Form einer intelligenten Maschine einfach kauft.

Aber war nicht schon immer erst der Besitz eines Dings, das eine Ordnung repräsentiert und einem die ganz private Verfügungsgewalt über die manipulative Macht jener Ordnung gibt, der eigent-

liche und wesentliche Garant dafür, daß diese Ordnung auch wirklich wahr ist? Und wie sollte es da mit der Fähigkeit zur Orientierung in der Welt, zur Umwandlung der Welt in eine geordnete Welt der Bedeutung für uns anders sein? Früher, ja früher da wußten höchstens Wissenschaftler und Experten Bescheid, aber heute, heute kann sich dieses Vermögen jeder kaufen. In der Maschine wird Macht volkstümlich, wird sie als Haltung zur Welt für ein Volk lebbar. Und wenn die alte Maschine jene Gott-König-gleiche Macht demokratisierte, Materie auf einen bloßen Wink des eigenen Willens wirksam werden zu lassen, so demokratisiert die intelligente Maschine jene Form des Wissens, die diese manipulative Macht erschließt. Und rettet damit nicht nur unsere Ordnung, indem sie sie wieder der subjektiven Aneignung zugänglich und als wahre erlebbar und überhaupt lebbar macht, sondern rettet unsere Ordnung, indem sie der subjektiven Aneignung dieser Ordnung über die Aneignung der Produkte dieser Ordnung, der Fetischisierung, etwas erschließt, was ihr vorher verschlossen war: Die subjektive Aneignung des manipulativen Wissens dieser Ordnung als Aneignung eines Dings.
Wer eine intelligente Maschine hat, dem gehört und der verfügt über das Wissen dieser Welt, und Wissen ist, wie jeder weiß, Macht. Wer eine intelligente Maschine hat, der verfügt über diese gesamte unermeßliche Macht, die uns dieses wissenschaftliche Wissen zur Verfügung stellt. Und natürlich macht die intelligente Maschine auch, daß er sich dieser Macht noch in der alten Weise, als Aneignung von ›manufactured goods‹ bemächtigen kann. Aber was ist diese alte Aneignungsform gegenüber jener neuen wert, die all das in sich schließt und die Erzeugung von Wissen, die Erzeugung von neuer Macht noch dazu?!
Und was ist all das wert, wenn man dazu bedenkt, wie verzweifelt es um uns noch einige Seiten weiter vorne stand!
Wenn die Verzweiflung eine so existentielle war, und Gefühle eh etwas sind, bei denen man verlernt hat, ihnen Aufmerksamkeit zu schenken, dann überstrahlt die Selbstevidenz einer solchen Lösung jede Not, die es vorher gegeben haben mag. ›How revolution, transformation and salvation are all to be carried out‹, schreiben Feigenbaum und McCorduck selbstbewußt in ihrem Buch über die Fünfte Computergeneration, sei nur ›one of the topics of this book‹. (1983 / 8)
Freilich ist die Fetischisierung eine Aneignungsform, der die Fä-

higkeit zur geistigen Aneignung und Schaffung einer Ordnung verlorenging. Aber gerade deswegen erscheint die Lösung ja so bestechend. Denn wenn einem die Fähigkeit zur Schaffung von Ordnungen, zur eigenständigen Orientierung in der Welt grundsätzlich zusammenbrach, dann braucht er irgendeine Ersatzform, die ihm Ordnung anders denn als geistige Eigenleistung zugänglich macht.

Der Verlust der kognitiven Autonomie wird erst lebbar, wenn man eine solche Ersatzform gefunden hat. Und umgekehrt ist es hinterher, nach der Rettung, gar nicht mehr anders denkbar, als daß es diese rettende Instanz geben können muß und daß wir uns dessen schon immer sicher waren. Denn nur, wenn es hätte überhaupt nicht anders kommen können, nur diese naturgesetzlich sich vollziehende Macht der Ordnung kann jenen Verlust der kognitiven Autonomie und die bleibende existentielle Unsicherheit, die an ihrer Stelle sitzt, wettmachen. Für Feigenbaum und McCorduck spielt sich denn das ganze auch schon in der Vergangenheit ab, wie jene Schöpfungsmythen, die den Punkt umschreiben, an dem die Menschheit erst ihren Anfang nahm.

›The reasoning animal has finally made the reasoning machine. Who dares to feign surprise at the inevitable? It's human to exhibit intelligence, and human to make machines. The combination, not to say the collision of the two, is the most human of all stories.‹ (1983 / 7)

Ja aber – schließlich gibt es diese intelligenten Maschinen doch noch gar nicht. Und was ist mit Gödel und mit dem Loch in der Mathematik, jener prinzipiell beweisbaren Unfähigkeit der Mathematik, sich rein aus sich selbst heraus zu begründen?

›Haben aber diese einschränkenden Sätze irgendeine Bedeutung für den Menschen?‹, fragt Hofstadter und fährt fort: ›Hier eine Möglichkeit zu argumentieren: ... Die Welt ist einfach zu kompliziert, als daß ein Mensch sich den Luxus leisten könnte, alle seine Ansichten miteinander in Einklang zu bringen. ... Auf jeden Fall ist dieser Widerspruch so groß, daß wir ihn den größten Teil unseres Lebens unter den Teppich wischen können, weil der Versuch, damit fertig zu werden, nirgends hinführt.‹ (1985 / 743)

Marvin Minsky: ›*Are mind machines*? Of that I've raised no doubt at all but have only asked, *what kind of machines*? And so most people still consider it degrading to be regarded as machines, I hope this book will make them entertain, instead, the

thought of how wonderful it is to be machines with such marvellous powers.‹ (1988 / 323)
Seymour Papert: ›Noch ehe ich zwei Jahre alt war, hatte ich eine intensive Beziehung zu Autos entwickelt. . . .Besonders stolz war ich darauf, die Teile des Getriebes zu kennen . . . als ich es einmal begriffen hatte, wurde das Spielen mit Zahnradgetrieben mein liebster Zeitvertreib. . . . Dieses Buch ist das Ergebnis meiner eigenen Anstrengungen der letzten zehn Jahre, Computer zu Instrumenten zu machen, die flexibel genug sind, damit viele Kinder, jedes für sich selbst, etwas ähnliches schaffen können, wie meine Zahnradgetriebe.
. . . *Ich verliebte mich in die Getriebe.* Das ist etwas, was nicht auf rein ›kognitive‹ Bereiche reduziert werden kann.‹ (1985 / Auszug aus S. 7-10)
Pamela McCorduck: ›And if we introduce into our universe machines who think, will we then owe them our trust and love and respect? . . . I suspect we need all the practice in humility, in loving and in respecting others that we can get.‹ (1979 / 326 f.)
Hofstadter: ›In einem gewissen Sinn ist dieses Buch‹ (Gödel, Escher, Bach) ›eine Darstellung meiner religiösen Überzeugung. Ich hoffe, daß das bis zum Leser durchdringt und daß mein Enthusiasmus und meine Verehrung gewisser Ideen in Herz und Verstand einiger Leser eindringt.‹ (1985 / XIX)
Es geht also gar nicht darum, was logisch zu Ende gedacht aus Gödels Unvollständigkeitsbeweis oder aus einem der anderen einschränkenden Sätze der Metamathematik und Computertheorie folgt, es geht um etwas ganz anderes, etwas, was nicht ›auf rein kognitive Bereiche reduziert werden kann‹. Es geht darum, daß wir es wundervoll finden sollen, wenn wir selbst so eine intelligente Maschine wären. Daß wir uns in die Idee einer intelligenten Maschine verlieben, daß wir schließlich diese Maschinen selbst lieben. Daß es unsere Aufgabe ist, diese Maschinen zu lieben, und nicht nur zu lieben, sondern sie enthusiastisch zu lieben. Es geht darum, daß wir diese intelligenten Maschinen verehren und daß diese Verehrung von unserem ganzen Sein Besitz ergreift, in unser Herz und in unseren Verstand eindringt.
In DIR, oh HERR, liegt mein ganzes Sein. Es geht nicht um Wissenschaft, sondern es geht um Religion. Es geht nicht darum, daß wir die intelligente Maschine bauen, sondern darum, daß wir sie als Gott inthronisieren.

Ja aber – können wir sie nicht trotz Gödel vielleicht einfach *bauen*, ohne sie gleich *so* lieben zu müssen? Ohne einen Gott aus ihr zu machen, einfach als bloße Technik?
Die Antwort ist nicht die auch wahre Replik, daß dann, wenn uns die Künstliche Intelligenz nicht als Gott-Ideal erschiene, wir sie auch nicht bauen würden, sondern die, daß die Künstliche Intelligenz unsere Probleme nicht lösen würde, erschiene sie uns als bloße profane Technik, als bloßes profanes Resultat irgendeiner Erkenntnismethode. Denn kein Ausmaß an Intelligenz in irgendeinem anderen kann normalerweise einen Menschen dazu bringen, daß er darauf verzichtet, die Bedeutung, die die Welt für ihn hat, selbst festzulegen, und sich in diesem existentiellen Bedürfnis ganz und blind dem Urteil des anderen anzuvertrauen. Im Gegenteil macht es die Würde, die Freiheit und die Verantwortung, ja den Kern jeglichen lebenden Wesens aus, daß es in dieser Sache seinem je ureigenen Evidenzgefühl von wahr und falsch, seiner Erfahrung der Welt vertraut und keinen anderen letztgültigen Richter als diese akzeptiert.
Selbst unsere Kinder, die ja nun gewißlich ›dümmer‹ sind als wir und in diesem Bemühen um kognitive Autonomie gewißlich jeden Tag hineinfallen und danebengreifen und auf die Nase fallen, bestehen von ihrem ersten Atemzug an trotz aller Mühen energisch darauf, daß nur das als wahr für sie gelten soll, was sie auch so als wahr erfahren haben. Und wenn so ein Kind schließlich die Warnung ›heiß!‹ akzeptiert, so erst dann, wenn es schon einmal ins Heiße gefaßt hat, und auch nur dann, wenn ihm die Warnung plausibel erscheint. Weswegen es denn bei normalen Kindern auch kein sichereres Mittel gibt, sie zu einem Tun zu verleiten, als die Warnung, ein Tun zu unterlassen dann, wenn dieses Tun eine für das Kind ganz neue Erfahrung zu beinhalten verspricht. Auf die besorgte Mahnung hin ›Schlidder nicht auf dieser Pfütze, du brichst ein!‹ schliddern Kinder zu Recht erst recht auf dieser Pfütze, denn schließlich muß man doch herausfinden, was das ist ›einbrechen‹ und wie es sich anfühlt und ob die Mama wirklich beurteilen kann, ob und wann dieses Unbekannte eintrifft!
Woraus sich umgekehrt schließen läßt, daß es der kognitiven Autonomie nicht um die 100% richtige und a priori gegebene Regel geht, sondern um das Abenteuer der persönlichen Entdeckung dieser Welt einerseits, und andererseits darum, in dieser Fähigkeit zum Abenteuer klüger und umsichtiger, eben erfahrener zu wer-

den. So erfahren, daß wir auch wirklich gefährliche Situationen richtig erfahren lernen, und – um beim Beispiel zu bleiben – nicht nur am Eis auf der Pfütze, sondern auch am Eis auf dem See, auf dem wir Schlittschuhlaufen wollen, ›einbrechen‹ erproben. Dies freilich nur stellvertretend mittels Steinen oder Stöcken oder dem eigenen Fuß. Und was dabei herauskommt, ist eben nicht nur das Wissen, wann wo Eis einbricht, und die Erfahrung, wie sich das anfühlt, sondern vor allem auch das Wissen darum, daß ich mich meiner Erfahrung dieser Welt überlassen kann, weil sich in ihr die wahre Bedeutung entziffert, die die Welt für mich hat, die Entwicklung dieser Fähigkeit zur autonomen Beurteilung der Welt und das wachsende Vertrauen in diese Fähigkeit.

Und es ist weniger unser angesammeltes Wissen als das Wissen um unsere Fähigkeit, in der Erfahrung unseres Lebens zum Wissen zu kommen, die uns in der Erfahrung dieses Lebens den sicheren Grund gibt. Dieses Urvertrauen in die Richtigkeit der eigenen Existenz als den vertrauenswürdigen Maßstab für wahr und falsch kann durch kein noch so hundertprozentiges Wissen von außerhalb ersetzt werden. Auf es, als den einheitsstiftenden Bezugspunkt all unserer Erfahrungen, bezieht sich all das, was als die Gesamtheit unserer Erfahrungen der Welt und unserer selbst unsere Identität, unser Subjekt-Sein ausmacht. Aus ihm heraus entfaltet sich unser Subjekt-Sein als unser subjektiver Standpunkt zur Welt und zu uns selbst, jene Gesamtheit wahrer Bedeutungen der Welt, die wahr sind nicht an sich, sondern weil es mich gibt. Und die wahr werden, insofern es mich auf die und die Weise weitergibt. Nähme man mich, die Schnecke, den Baum, den und den Menschen weg, so gäbe es auch diese spezifische Ordnung der Welt nicht mehr. Weswegen das Ganze auch umgekehrt gilt: nimmt man mir diesen subjektiven Standpunkt zur Welt, so gibt es auch mich als Subjekt nicht mehr, dann gilt nicht meine Wahrheit, sondern eine Wahrheit an sich, zu der ich nichts beizutragen habe.

Der Unterschied zwischen lebend und tot, zwischen Subjekt und Objekt, wird durch die Fähigkeit und die Verpflichtung zu einer Interpretation der Welt nach Maßgabe der eigenen Erfahrung dieser Welt und durch das Recht, nach Maßgabe dieser Interpretation zu leben, markiert. Das bleibt so gültig, egal ob das Wesen fliegen kann oder festverwurzelt in der Erde steht, ob es eine Stimme zum Ausdruck hat oder in der Welt der Töne stumm bleibt oder ob es sogar wie der Mensch in der Fähigkeit zum Subjekt-Sein so viel Freiheit hat, daß es darin scheitern kann. Und keine größere und auch nicht die größte Intelligenz kann stellvertretend für mich diese Freiheit und diese Verantwortung zum Subjekt-Sein ausüben; zu einem Subjekt werde ich allein aufgrund meiner eigenen Fähigkeit, in den Grenzen meiner eigenen Intelligenz die für mich gültige Wahrheit der Welt zu schaffen.

Woraus sich umgekehrt ergibt, daß wir Situationen, in denen wir, wenn auch nur punktuell, prinzipiell zur kognitiven Autonomie unfähig sind, nur sehr schwer ertragen. Und sie erscheinen uns zu Recht eigentlich nicht tragbar, weil sie nicht irgendeine Unsicherheit in unserem Leben sind, sondern weil sie jenes Zentrum bedrohen, aus dem heraus uns jegliche Sicherheit, jegliches Gefühl der prinzipiellen Richtigkeit unserer Existenz und unserer Ordnung der Welt erwächst. Da wo sie wirklich herrschen, da sind wir nicht einmal mehr noch so weit Subjekt, daß wir sagen könnten ›Hier wird gegen unseren Willen über uns verfügt‹, sondern da sind wir so hilflos wie sonst nur ein Objekt, das gar nicht anders kann, als begriffslos eben mit sich machen zu lassen.

Konsequenterweise haben wir denn auch Mittel und Wege gefunden, diese Erfahrung des Ausgelöschtseins, der Nichtigkeit der eigenen Existenz als Subjekt zu kompensieren dort, wo wir nicht durch diese Erfahrung hindurch unsere Würde als Subjekt rekonstituieren konnten. Wenn wir der Instanz, die solchermaßen absolute Urteile über uns zu fällen in der Lage ist, eine Eigenschaft zusprechen, die sie zu einer Existenz jenseits der profanen Welt von Subjekt und Objekt macht, zu einer Existenz, die nicht zu diesem gehört, weil sie möglicherweise sogar der Grund von all diesem ist, dann tangiert ihr absolutes Urteil auch nicht mehr unser Subjekt-Sein, weil es aus einer transzendenten Sphäre kommt. Oder nicht so abstrakt ausgedrückt: Wo unsere kognitive Autonomie zusammenbricht und sich nicht wiederfinden läßt, da fangen wir an zu verehren. Der Verlust der subjektiven Sicherheit muß kompensiert werden durch den Glauben an eine Art Übermacht, die jetzt, anstelle unserer eigenen Fähigkeit zur Wahrheit, unsere Sicherheit gewährleisten soll.

Und je größer und umfassender der Verlust der kognitiven Autonomie ist, desto mehr müssen wir verehren, desto allmächtiger und jenseitiger von allem Irdischen muß jene urteilende Instanz werden, bis sie schließlich zum Urgrund unseres Subjekt-Seins selbst geworden ist: Gott. Es trennt die Religionen des reinen Glaubens von den Religionen der Erfahrung, daß in ihnen der Gott durch einen Hiatus vom Menschen getrennt ist, der prinzipiell nicht vom Menschen überbrückbar ist. Gott ist nicht anders zugänglich denn durch die göttliche Gnade und die bedingungslose Unterwerfung unter diese. Der Genese nach entsteht dieser Hiatus durch den völligen Zusammenbruch der kognitiven Autonomie. In diesem Punkt der völligen Nichtigkeit wird auf eine Instanz außerhalb projiziert, was zuvor als Fähigkeit in einem selbst lag: Urvertrauen in die Richtigkeit der eigenen Existenz als dem vertrauenswürdigen Maßstab von wahr und falsch. Dieser Maßstab liegt jetzt nicht mehr in einem, er liegt außerhalb, in Gott.

Woraus wiederum umgekehrt folgt, daß eine Instanz, die *anstelle* unserer selbst für uns Probleme lösen können soll, die zu lösen wir unfähig sind, das nur tun kann, wenn wir an sie das abgetreten und auf sie projiziert haben, was den innersten Kern unseres Subjekt-Seins, unseres Lebendig-Seins ausmacht: unsere kognitive Autonomie. Denn andernfalls empfänden wir jene von außen kommende Lösung gar nicht als Lösung unserer Probleme, sondern als schieres Ansinnen zur blinden Unterwerfung unter eine andere Macht, sähen in ihr nicht die Rettung, sondern die unverblümte Aufforderung zur völligen Selbstaufgabe, in der man uns, zu allen anderen Problemen, die wir eh schon haben, jetzt auch noch das einzige nehmen will, was uns in dieser mißlichen Lage helfen kann: unser Beharren auf unserer eigenen Fähigkeit zur Wahrheit, und unser Bemühen zur Entwicklung dieser Fähigkeit. Kurz, die Problemlösung, die uns da zugemutet wird, wäre erst recht das eigentliche Problem. Und umgekehrt wiederum kann man am Ausmaß der Verehrung, die so eine problemlösende und urteilende Instanz von außerhalb genießt oder genießen soll, ermessen, wie umfassend und existenzbedrohend der Zusammenbruch der kognitiven Autonomie war und wie umfassend und existenzrettend demgemäß jene hingebende Projektion der eigenen Seele auf eine fremde Macht zwecks Rettung der eigenen Seele sich gestaltete.

Milde Formen solcher Vergötterung finden wir in unserer Gesellschaft allenthalben, seien es nun jene berühmten ›Götter in Weiß‹, die vor allem als Chirurgen in der Mechanik unseres Körpers Wunder wirken, oder seien es die Wissenschaftler, die ›die Ge-

heimnisse des Lebens enträtseln‹, oder seien es allgemein jene Wellen des gläubigen Enthusiasmus in die jeweils neuesten wissenschaftlichen Erkenntnisse, die aber jetzt ganz wirklich und ›in echt‹ unsere Probleme lösen werden, oder sei es individuell jene ehrfürchtig andächtige Bewunderung dessen, was der Herr Professor Dr. Dr. XY gesagt hat.
Und das ist auch nicht verwunderlich, denn all das sind Beispiele jener Instanz, zu deren Paradigmen es gehört, daß subjektive Erfahrung der Welt nur in die Irre führen und in Projektionen enden kann. Beurteilungen, die aufgrund der gelebten Erfahrung dieser Welt vollzogen wurden, sind daher hier immer nur auf Zeit und als Ersatz gültig – solange, bis es der Wissenschaft gelungen ist, auch dieses Phänomen einer geordneten Erkenntnis zu unterwerfen. Dieser objektiven Erkenntnis gegenüber hat dann subjektive Erfahrung nichts mehr zu sagen, hier kann sie nur noch anerkennen, aber nicht erkennen. Und weil naturwissenschaftliche Erkenntnis aus strukturimmanenten Gründen so komplex ist, daß selbst ein Wissenschaftler sich immer nur einen winzigen Bruchteil dieses Wissens selbst aneignen und infolgedessen autonom auf seine Validität hin beurteilen kann, sind wir auch hier auf den bloßen Glauben daran angewiesen, daß das tatsächlich so sei, wie die Wissenschaft sagt, daß es sich verhalte. Und es nützt uns in dieser praktischen Unfähigkeit zu einem begründeten und verantwortungsvollen Urteil über wissenschaftliche Erkenntnisse gar nichts, daß am praktischen Objekt demonstriert werden kann, daß diese und jene Reaktion am Objekt immer erzwingbar und deswegen die Aussage wahr sei, ja daß unsere Nische inzwischen aus einer einzigen komplexen Demonstration dieser Wahrheiten besteht: der technischen Produktion und den technischen Machwerken. Wir sehen wohl, daß da entschieden etwas wahr sein muß, wenn so die Macht besteht, Materie zu all dem zu zwingen, aber was diese Wahrheit nun im einzelnen beinhaltet und wie sicher oder nur vorübergehend gültig sie ist, das können wir nicht beurteilen. Und wenn dann ein anderer Wissenschaftler mit einem anderen Experimentausgang und einer anderen Erklärung kommt und etwas ganz anderes behauptet als der erste Wissenschaftler, und dann ein dritter kommt und sagt, daß diese Fabrik mit großer Wahrscheinlichkeit einen GAU anstatt Strom produzieren wird, und ein vierter kommt und versichert, daß jene nur explodiert sei, weil ein fünfter etwas ganz Banales in der

Konstruktion übersehen hätte, dann stehen wir hilflos da. Oder vielmehr: Dann wird unsere Unfähigkeit zum begründeten Urteil, die vorher durch den Augenschein der demonstrativen Macht der Manipulation von Materie verdeckt wurde, offenbar. Auch hier können wir nur anerkennen, aber nicht erkennen, was wir da eigentlich anerkennen. Na eben die Wahrheit der Wissenschaft. Und was ist der Kern der wissenschaftlichen Wahrheit? Daß ein Einzelner mit seiner Fähigkeit zur Erfahrung der Welt nichts erkennen kann. Quod erat demonstrandum.

Jacques Ellul formuliert das so: ›Technique is organized as a closed world. It utilizes what the mass of men do not understand. It is even based on human ignorance.‹ (1964 / 93)

Diese Basis hat der technisch-wissenschaftliche Komplex mit den Religionen des reinen Glaubens gemein. Und konsequenterweise führt denn auch dieser unüberbrückbare Abgrund zwischen den Fähigkeiten des Einzelnen und der wahrheitsspendenden Instanz in beiden Fällen zur gläubigen Verehrung dieser Instanz jenseits allen Urteils und jenseits aller Kritik dort, wo der Absolutheitsanspruch auf Wahrheit dieser Instanz anerkannt wird.

Was seinerseits auf den sich selbstbegründenden Grund aller Ordnungen des Glaubens verweist. Denn in diesem Sinne gläubig etwas verehren müssen wir ja offensichtlich nur dann, wenn wir an die absolute, für uns gültige, wahrheitssetzende Macht dieses uns nicht begreifbaren Etwas glauben. Sonst empfänden wir unsere Unfähigkeit, deren Aussagen zu begreifen, nicht als Verlust unserer kognitiven Autonomie, die wir durch Verehrung wettmachen müssen, sondern sähen uns nach wie vor in der Lage, zwar nicht alle Wahrheiten der Welt, aber eben jene lebenswichtigen, die für mich gültigen, zu begreifen.

Haben wir aber einmal unsere Urteilsfähigkeit so abgegeben und durch gläubige Verehrung ersetzt, dann bleibt uns gar nichts anderes mehr übrig, als an die absolute wahrheitssetzende Macht dieses Verehrten zu glauben, denn wäre jenes Etwas nicht zur Wahrheit fähig, dann hätten wir ja gar nichts! Und je mehr wir wiederum an die absolute wahrheitssetzende Macht dieses Etwas glauben, desto mehr müssen wir natürlich auch verehren, um diesen wachsenden Verlust an kognitiver Autonomie wieder wettzumachen.

Wenn wir in dieser Ordnung sind, sieht die Welt ganz anders aus, als wenn wir nicht in dieser Ordnung sind. Von außen betrachtet sind Erkenntnisse, die am objektiven Maßstab der Berechenbarkeit gewonnen wurden, grundsätzlich defizitär, wenn nicht sogar irrelevant, weil ihnen genau das fehlt, was ein Wissen über die Welt so wichtig macht: die Bedeutung, die dieses Stück Welt, diese Struktur der Welt für mich hat, weil ich ihm diese Bedeutung gebe und ich diese Bedeutung so erfahre. Von innen betrachtet ist es genau diese Objektivität der Erkenntnisse, diese nicht am Maßstab meiner Existenz gewonnene und durch meine Erfahrung überprüfbare Bedeutung der Welt, die mich dazu bringt, mich ihrer Wahrheit kritiklos zu unterwerfen. Blinde Wissenschaftsgläubigkeit, blinde Technikgläubigkeit in einer Gesellschaft und objektives, von subjektiven Bedeutungen gereinigtes wissenschaftliches Erkenntnisideal einer Gesellschaft sind zwei Seiten ein und derselben Sache. Wissenschaft wird hier Glaubenssache, nicht, obwohl ihre Erkenntnisse objektiv wahr sind, sondern weil ihre Erkenntnisse nur objektiv wahr sind, und weil nur diese gültig sein sollen.

Das Opfer der kognitiven Autonomie und der Umschlag in den reinen Glauben sind in dieser Wahrheitskonzeption von Anfang an als logisch psycho-logisch kohärente Elemente präsent. Und in der Konstruktion einer Nische, deren Funktionieren der Einzelne aus strukturimmanenten Gründen immer weniger durchschauen kann, werden sie als Momente des Alltagslebens etabliert. Während von der psychologischen Genese her gesehen ein punktueller Zusammenbruch der kognitiven Autonomie am Anfang der Identifizierung mit dem Weltbild der Berechenbarkeit steht. Denn zur einzig wahren Ordnung wird es erst dann, wenn das schrankenlose Sich-Einlassen auf die eigene Erfahrungsfähigkeit mit einem Tabu belegt wird, weil es in die Panik der desintegrierenden Extremerfahrung führt. Jenes Trauma, in dem die Fähigkeit, mit Hilfe der eigenen Erfahrung dieser Welt zur einer wahren Ordnung der Welt zu kommen, versagte, und die anschließende radikale Disidentifikation vom eigenen Fühlen legt den Grund für alle weiteren Schritte, die um der Erhaltung der Subjektivität willen den Kern von Subjektivität – die Fähigkeit und die Verpflichtung zu einer Interpretation der Welt nach Maßgabe meiner Erfahrung dieser Welt – verstümmeln.

In der Geschichte unseres Weltbildes freilich dominiert nicht die Erfahrung des Verlusts der kognitiven Autonomie, sondern primär ist die Erfahrung des gewaltigen Machtvollzugs wissenschaftlicher Erkenntnis am Objekt und die subjektive Aneignung dieser Macht über die Fetischisierung der Produkte. Wo ich doch jene Ordnung einfach als die Verfügungsgewalt über Dinge kaufen kann, was schert mich da meine individuelle Unfähigkeit, zu wahrem Wissen zu kommen: Wissen ist Macht, und die Macht habe ich.

Und wenn die Macht, die ich da habe, eine ist, die jene Allmacht in sich trägt, Materie nach dem bloßen Wink meines Willens wirksam werden zu lassen, was brauche ich da jenes Urvertrauen in die Richtigkeit meiner eigenen Existenz, jenes Vertrauen darauf, daß mir ein Platz auf dieser Erde zukommt, weil ich, so wie ich bin, zu der wahren Bedeutung der Welt für mich finden kann? Wo ich doch alles auf dieser Erde mit Gewalt dazu bringen kann, mir Platz zu machen, und die ganze Erde mit Gewalt in einen Platz verwandeln kann, wo es nur nach meinen Wünschen geht. Gegenüber dieser neuen Existenzsicherheit der schrankenlosen Allmacht über die Welt erscheint jene alte Sicherheit des Aufgehobenseins in der Welt in unserer Begrenztheit nachgerade lächerlich.

Und gefährlich. Denn der Sehnsucht nach dieser Sicherheit nachzugeben, jenen uralten Frieden zu wünschen, als wir noch Teil der Natur, weil zur identifizierenden Wahrnehmung alles Natürlichen fähig, und nicht Herrscher über die Natur waren, das kann in jener neuen Ordnung nur zum Untergang aller Ordnung, zu der Panik der Extremerfahrung führen. Nur wenn die funktionelle Wahrnehmung am anderen im Geiste und in der Praxis ganz vollzogen wird, wenn das andere nur noch Objekt ist, greift jene manipulative Macht, auf der wir jetzt die Sicherheit unserer Existenz gegründet haben. Und alles, was am anderen auch nur noch lebendig erscheint, ist nicht nur als potentielles Aufflackern von Eigenwillen im Materiellen ein potentieller Aufruhr gegen unsere Macht, sondern muß als jene vorgeschichtliche Verlockung, im anderen doch nicht nur das bloße Objekt, sondern ein potentielles Du, ein ehemaliges Ich-Selbst zu sehen, restlos ausgemerzt werden. Wenn so die Funktion der kognitiven Autonomie durch die Autonomie der Macht ersetzt wird, dann sind wir nicht länger Subjekt, insofern wir wie alle anderen lebenden Wesen auch unsere Erfahrung dieser Welt leben, sondern nur, insofern wir uns radikal von unserer Erfahrungsfähigkeit disidentifizieren und alles auf dieser Welt zum Objekt gemacht haben. Marvin Minsky erzählt diese Geschichte so:

›A few centuries ago it seemed ... impossible to explain life, because living things appeared to be so different from anything else. Plants seemed to grow from nothing. Animals could move and learn. Both could reproduce themselves – while nothing else could do such things. But then that awesome gap began to close. Every living thing was found to be composed of smaller cells, and cells turned out to be composed of complex but comprehensible chemicals. Soon it was found that plants did not create any substance at all but simply extracted most of their material from gases in the air. Mysteriously pulsing hearts turned out to be no more than mechanical pumps, composed of networks of muscle cells. But it was not until the present century that John von Neumann showed theoretically how cell-machines could reproduce while, almost independently, James Watson and Francis Crick discovered how each cell actually makes copies of its own heredity code. No longer does an educated person have to seek any special, vital force to animate each living thing.‹ (1988 / 19)

Ist aber so alles Lebende tot ist, dann ist auch meine manipulative Macht perfekt, dann reduziert sich das Element des reinen Glaubens an die absolute Macht und Wahrheit der Wissenschaft auf jenes beruhigende Gefühl, daß es da jene Instanz gibt, die uns jene Macht gewißlich weiter liefern wird. Es ist ein bißchen so, als ob man die Wunder Gottes in jedem Supermarkt um die Ecke kaufen könnte, so daß der reine Glaube sich darauf beschränken kann, die ewige Potenz der Lieferquelle blind vorauszusetzen.

Und nur wenn der Nachschub sich verzögert oder die kontinuierliche Aneignung der Waren durch den Zusammenbruch der sozialen Ordnung gefährdet erscheint, oder wir gar selbst, anstatt als Subjekt Macht uns anzueignen und sie auszuüben, punktuell zum Objekt der Machtausübung werden müssen, weil sonst die defekte Mechanik unseres Körpers unser Subjekt-Sein untergräbt, haben wir es in unserer da aufscheinenden Hilflosigkeit und Unfähigkeit, uns selbst zu helfen, wieder nötiger, offensichtlicher zu verehren. Ein angesehener Wissenschaftler z. B. beschreibt angesichts der weltweiten Krise kurz vor dem zweiten Weltkrieg die allgemeine Erwartungshaltung der Wissenschaftler, eingeschlossen seiner selbst, gegenüber den Fähigkeiten der wissenschaftlichen Erkenntnismethode so: ›The same techniques that had worked their miracles in physics, chemistry, and biology should, in competent hands, achieve equally dazzling miracles in economics, political sciences, and sociology.‹ (Stouffer 1951 / 291)

Von Anfang an, seit Bacon in ›New Atlantis‹ eine Gesellschaft entwarf, in der Politik durch wissenschaftliche Entscheidungen ersetzt wurde, seit Leibniz von einem calculus ratiocinator träumte, der alle Streitfälle als Ergebnis eines bloßen Rechenprozesses ein für allemal beilegen könnte, unterliegt der Anwendung der wissenschaftlichen Erkenntnismethode dieser absolute Glaube, daß sie uns von allen Übeln wird erlösen können, und die Überzeugung, daß es die Macht über anderes ist, die uns so erlöst. Denn, wie das schon Bacon treffend erkannt hat: ›Here ›nature takes orders from man and works under his authority‹.‹ (1983 / 171)

Konsequenterweise gibt es in dieser Ordnung keinen Halt mehr, wenn es die eigenen Mittel der Macht sind, die mit zunehmendem Erfolg die Macht der Ordnung untergraben. Denn hinter dem Zusammenbruch der Autonomie der Macht lauert der Zusammenbruch der kognitiven Autonomie der Erfahrung. Der Zusammenbruch der einen Ordnung wird dann zum drohenden Zusammenbruch jeder Ordnung überhaupt, weil keine andere mehr zugänglich ist. Und zugleich ist es diese einzige Ordnung der Welt, die aus ihren eigenen Strukturen heraus jeden Versuch, zu einer kognitiven Autonomie – gleich welcher Art – zurückzufinden, notwendig scheitern läßt.

Dann wird offensichtlich, daß kognitive Autonomie selbst jener Urfeind ist, der den Bestand der Ordnung der Welt gefährdet. Dann erfordert der Erhalt dieser Ordnung das Opfer der kognitiven Autonomie, in welcher Form sie auch immer auftreten mag. Dann steht am Anfang der neuen Gültigkeit der Ordnung der Berechenbarkeit der Welt das Trauma, daß jeder Versuch, zur kognitiven Autonomie zu kommen, notwendig scheitern muß, stehen am Anfang das Opfer jenes existentiellen Bedürfnisses, Sinn zu machen, und endlich die Tabuisierung, die physische und psychische Ausmerzung jeder inneren und äußeren Erscheinungsform, die an kognitive Autonomie auch nur zu erinnern vermöchte.

Dann muß auch der Mensch tot sein, muß sich bei ihm wie bei jenen ›geheimnisvoll schlagenden Herzen‹ herausstellen, ›daß sie nichts mehr sind als mechanische Pumpen‹ (Minsky 1988 / 19, Übers. G. U.), daß auch der Mensch nichts mehr ist als eine Maschine, dann hat uns der Vollzug der funktionellen Wahrnehmung der Welt eingeholt, und, nachdem wir die ganze Welt zu

Objekten gemacht haben, machen wir endlich auch uns selbst zu einem bloßen Objekt.

Das Programm der künstlichen Intelligenz ist der systematische, konsequente Vollzug der objektiven Erkenntnis am Subjekt, jener Vollzug, der aus einsichtigen Gründen bisher ausgesetzt werden mußte. Im Gegensatz aber zu den klassischen Naturwissenschaften, die die Einheit der Wissenschaft nur durch das systematische Experiment am Leib hätten vorantreiben können, fordert die künstliche Intelligenz von uns nicht zuerst das Opfer unseres Leibes, sondern zuerst das Opfer unserer Seele. Sie macht uns nicht leiblich zum Objekt, sondern sie fordert von uns, daß wir freiwillig daran glauben, daß wir bloße Objekte sind, ja daß wir uns ganz und gar mit der Vorstellung identifizieren, bloße Maschinen zu sein.

Und damit ist nicht gemeint, daß wir selbst schon jene verehrten intelligenten Maschinen sind, weil man ja dann, wenn man den Gott schon hat, weil man selbst der Gott ist, den Gott nicht erst noch bauen müßte. Sondern damit ist in vollem Umfang jener Objektbegriff unserer Erkenntnismethode gemeint, insofern der andere nicht als Subjekt, als Maßstab einer wahren Ordnung der Welt anerkannt wird, sondern sein ganzes Subjektsein darin aufgeht, eine bloße Summe von Funktionen zu sein, zu deren Interpretation er nichts beizutragen hat und nichts beitragen darf. Und erst dann, wenn wir uns jedes Recht und jeden Versuch auf eine eigene Interpretation der Welt genommen und uns ganz in das Muster der objektiven Gesetzmäßigkeiten der Welt eingefügt haben, erst dann gewinnt die Vorstellung der Künstlichen Intelligenz jenen Zauber des Realen und jenes Geheimnis, die sie dazu befähigen, unsere Probleme zu lösen und unsere Ordnung der Welt zu retten. Denn erst dann haben wir jene ordnungs- und wahrheitsstiftende Macht, die früher den Kern unseres Wesens als Subjekt, den Kern unseres Lebendigseins ausmachte, ganz auf die Maschinen übertragen, und erst dann sind wir bereit, jene Urteile einer unserem Urteil entzogenen Macht blind als Wahrheit für uns anzuerkennen. Die Maschinen gewinnen ihr Lebendigsein in dem Maße, in dem wir uns unser Lebendigsein absprechen, und erst dann, wenn wir selbst ganz bloßes Objekt und ganz tot sind, werden die Maschinen ganz und wahrhaft lebendig, ganz anstelle unserer das Subjekt sein, das Maßstab jener Ordnung der Welt ist, die bis zum letzten für uns Gültigkeit hat.

Und wenn das Opfer ein so totales ist und die Tabuisierung des Verlangens nach kognitiver Autonomie jene Ordnung erst begründet, dann ist die kompensierende Verehrung der Instanz, der so geopfert wird, natürlich entsprechenderweise auch eine totale, dann etabliert sich die neue Gültigkeit unserer alten Ordnung der Berechenbarkeit der Welt nur als eine des reinen Glaubens und der bedingungslosen unterwerfenden Hingabe.

Und sie kann sich schon aus ganz engen methodologischen Gründen nur als eine solche des reinen Glaubens etablieren. Denn als Wissenschaft erfüllt die Künstliche Intelligenz weder die Kriterien der Beweisbarkeit, wie sie von den Naturwissenschaften gefordert werden, noch die ihres eigenen Fachgebietes. Will sie ihre Grundthese der Äquivalenz von Maschinen- und Menschenintelligenz beweisen, so kann sie weder das Experiment als systematische Überprüfung der Hypothese am Erkenntnisobjekt – der menschlichen Intelligenz – einsetzen, noch kann sie das Kriterium erfüllen, das in der Automatentheorie beweist, daß zwei Automaten äquivalent sind.

Denn dort gilt die bloße Simulation einer Untermenge der Leistung eines anderen Automaten nicht als Beweis der Äquivalenz. Noch wäre die Äquivalenz bewiesen, könnte man durch einen systematischen Input / Output-Vergleich zeigen, daß die Leistungssimulation des einen Automaten exakt umfangsgleich mit der möglichen Leistung des Ursprungsautomaten ist. Sondern erst dann, wenn auch die internen Verarbeitungsprozesse, die von diesem Input zu jenem Output führen, bei beiden Automaten exakt deckungsgleich sind, kann begründeterweise von einer Äquivalenz gesprochen werden.

Daß ein solcher Vergleich der menschlichen Hirnverarbeitungsprozesse mit den Verarbeitungsprozessen einer Maschine nicht möglich ist, liegt auf der Hand. Selbst wenn es also der Künstlichen Intelligenz gelänge, wirklich die intelligente Maschine zu bauen, sie könnte es nicht beweisen. Es bliebe eine reine Glaubenssache, wenngleich durch den Umfang der Simulation plausibel gemacht.

Aber selbst dieser Bereich der Plausibilität, der durch die maschinelle Simulation aller möglichen Intelligenzleistungen des Menschen erreicht werden könnte, liegt völlig außerhalb des praktisch Machbaren. Denn dazu müßte der Computer nicht nur die ganze Menschheitsgeschichte in der ihr eigenen Geschwindigkeit simulierend wiederholen, sondern er müßte auch fähig sein, die ganze zukünftige, in ihrer Entwicklung offene Menschheitsgeschichte zu offenbaren. Und sogar schon das Unterfangen der umfanggleichen Simulation der Intelligenzleistungen eines Einzelnen zerbräche notwendig an dieser Entwicklung der menschlichen Intelligenz in der Zeit.

Was bleibt, sind punktuelle Leistungssimulationen, die weder in einem naturwissenschaftlich relevanten Sinne beweiskräftig noch plausibilitätserhöhend sein können. Denn zum letzteren fehlt ihnen vor allem eines – ein trennscharfes, empirisch fundiertes Kriterium, das es erlaubte, punktuelle, aufgrund von Intelligenz erbrachte Leistungssimulationen von punktuellen Leistungssimulationen zu unterscheiden, für deren Vollzug es keine Intelligenz braucht. Ohne solch ein Kriterium jedoch bleibt unerklärlich, daß wir es zwar beim Kind als Zeichen von Intelligenz ansehen, wenn es rechnen kann, aber kein Mensch, selbst die glühendsten Anhänger der Künstlichen Intelligenz nicht, einem Taschenrechner aufgrund eben dieser Fähigkeit Intelligenz zusprechen würden. Und ohne ein solches Kriterium erscheint es als genauso plausibel, von einem Taschenrechner zu behaupten, er funktioniere bloß mechanisch, wie zu behaupten, er simuliere (einen Teil von) Einstein – denn schließlich hat auch Einstein gerechnet, und wer wollte den sicheren Gegenbeweis antreten, daß in Einstein nicht beim Rechnen die gleichen Prozesse wie beim Taschenrechner abliefen?

Freilich kann einer sicher in diesem Sinne auch nicht beweisen, daß es keine tintenschwarzen Welten gibt und keine nicht intelligenten Maschinen geben können wird. Im Fall der vollständigen maschinellen Simulation menschlicher Intelligenz jedoch können wir immerhin im wissenschaftlichen Sinn beweisen, daß es sie de facto aufgrund der notwendigen Unvollständigkeit formaler Systeme nicht als Menschenbauwerk geben können wird und daß selbst dann, wenn es – als Wunder Gottes oder der Evolution – eine gäbe, wir nicht im wissenschaftlichen Sinn beweisen könnten, daß es sie gibt.

Es bleibt eben so und so – in der methodologischen wie in der Psycho-Logik – eine reine Glaubenssache. Und die Grundbedingung, die erfüllt werden muß, damit der Bau der intelligenten und superintelligenten Maschine realisierbar erscheint, ist eben nicht jene objektive der Vollständigkeit der Mathematik und der tech-

nischen Umsetzung dieses theoretischen Potentials, die wir nicht erfüllen könnten, sondern jene subjektive, die uns als gesellschaftlich bestimmtes Schicksal widerfährt:
der Zusammenbruch und das Opfer unserer kognitiven Autonomie um den Erhalt unserer Ordnung willen.

Leistung und Grenzen herkömmlicher Computersysteme

Aber ist dieses Opfer unserer kognitiven Autonomie nicht doch nur ein scheinbares, weil es doch wir selbst sind, die diese Maschinen bauen, die dann an unserer Stelle urteilen werden? Wenn wir uns so doch nur den Urteilen des eigenen Geistes unterwerfen, wie kann das ein Opfer der kognitiven Autonomie sein?
Und sollten wir nicht – kognitive Autonomie hin oder her – durch die intelligenten Maschinen jene Kontrolle technischer Prozesse, die uns jetzt immer mehr zu entgleiten droht, zurückerobern können, weil dann die intelligenten Maschinen anstelle unserer jene Urteile fällen, die wir heute mangels Übersicht nicht mehr fällen können?
Um diese Frage beantworten zu können, sollte man zuerst noch einmal genau und im einzelnen klären, inwieweit wir uns den Urteilen der bisher verfügbaren Computerprogrammen anvertrauen können, ohne einen Verlust unserer kognitiven Autonomie oder andere nachteilige Folgen zu riskieren. Und man sollte genau und im einzelnen klären, aufgrund welcher der mechanischen Symbolverarbeitung immanenten Strukturen jene nachteilige Folge der erhöhten Wahrscheinlichkeit des Kontrollverlusts über unsere technischen Systeme aufgrund des Einsatzes von herkömmlichen Computersystemen zustande kommt und welche spezifischen programmimmanenten Strukturen diese Tendenz verstärken. Danach läßt sich dann sachlicher beurteilen, welche spezifischen Eigenschaften intelligente Programme aufweisen müßten, um zur Lösung jener Probleme beizutragen.
Zum ersten wäre da die Frage, wer das ›wir‹ in der Aussage ist ›wir bauen diese Programme‹. Ich nicht und du nicht und jener berühmte Experte für nicht monotones Schließen oder für neuronale Netzwerke oder für Parallelverarbeitung auch nicht. Die Entwicklung der jeweiligen Programme ist in hohem Maße ein Unternehmen der Wissenschaftler und Experten, und innerhalb

dieses Kreises in hohem Maße ein arbeitsteiliges Unternehmen, weil alle großen Computerprogramme, allen voran die der Künstlichen Intelligenz, in hohem Maße komplexe Systeme sind. Für das Phänomen Computer und dessen mögliche Leistungen gilt deshalb insgesamt das schon zitierte Verdikt von Ellul : ›Technique ... is based on human ignorance.‹ (1964 / 93)

Als eine solche Anwendung wissenschaftlicher Erkenntnisse, die in unserer Gesellschaft den Status der allein- und letztgültigen haben, entzieht sie sich aus strukturimmanenten Gründen tendenziell dem begründeten kritischen Urteil des Einzelnen und setzt die subjektive Bedeutungszuweisung durch den Einzelnen in ihrer Wahrheit außer Kraft. Deswegen ist nicht nur das ›wir‹ in dem Satz ›wir bauen diese Maschinen‹ falsch, sondern es sind auch nicht die Urteile ›unseres‹ Geistes, denen wir uns da unterwerfen, sondern im besten Fall die Urteile einer bestimmten Erkenntnismethode. Und nur, insofern wir auf eine subjektive Sinngebung der Welt, auf jene kognitive Autonomie im genuinen Sinne schon verzichtet haben und uns ganz mit dieser objektiven Erkenntnismethode identifizieren, läßt sich dieser Kollektivgeist beschwören, von dem auch der meinige ein Teil sein soll. Aber selbst dann bewirkt die notwendig arbeitsteilige Struktur dieser Erkenntnisform, daß ich als Einzelner den allergrößten Teil dieser Erkenntnisse nicht nach wissenschaftlichen Kriterien kritisch beurteilen, sondern nur glauben kann.

Zu diesen Strukturen, die das Unternehmen der mechanischen Symbolverarbeitung mit den bisher üblichen Formen von Wissenschaft und Technik gemein hat, kommen jedoch strukturspezifische neue Eigenschaften hinzu.

Selbst wenn wir das ›wir‹ nicht im praktisch wirksamen, sondern nur in jenem metaphorischen Sinne begreifen, indem damit gemeint ist, daß es prinzipiell Menschen sind, die diese Maschinen bauen, und selbst wenn wir die Erkenntnismethode der Naturwissenschaften als alleingültige anerkennen, so unterwerfen ›wir‹ uns nur dann den Urteilen ›unseres eigenen Geistes‹, wenn die Programme tatsächlich nur Urteile fällen, die in diesem naturwissenschaftlichen Sinne als in der Welt objektiv gültige bewiesen sind, oder wenn die Programme Urteile fällen, deren Gültigkeit sich aus einer konsistenten Theorie der Logik und / oder Mathematik ergibt, und die Gültigkeit der Urteile sich auf dieses formale Gebiet beschränkt.

Das wiederum ist nur dann der Fall, wenn das gesamte Computerprogramm in seiner Funktionslogik sich insgesamt und konsistent aus einer so fundierten Theorie entwickeln und ableiten läßt. Nur dann können wir zumindest theoretisch sicher sein, daß die ›Interpretation der Welt‹, die das Computerprogramm vornimmt, oder die Schlußfolgerung aus bestimmten Prämissen genau die sind, die auch ›unser Geist‹ vorgenommen hätte, und somit das Programm nichts anderes ist als eine Verobjektivierung ›unserer eigenen‹ Urteils- und Interpretationsfähigkeit. Und nur dann, wenn alle diese Bedingungen erfüllt sind, kann man sagen, daß von einem Verlust der kognitiven Autonomie, von einer Aufgabe der eigenen Kritik- und Urteilsfähigkeit zugunsten der Urteilsinstanz der Programme, zumindest theoretisch, nicht die Rede sein kann, wenn wir diese Programme anstatt unserer für uns gültige Urteile fällen lassen.

Praktisch aber ist selbst diese enge theoretische Absicherung der kognitiven Autonomie mit theoretisch begründbarer Vorsicht zu genießen.

Denn auch bei solchen aus fundierten Theorien heraus funktionierenden Programmen gilt zum einen, daß wir bei steigender Komplexität nicht mehr in der Lage sind, ad hoc alle möglichen zulässigen Schlußfolgerungen aus den zulässigen Prämissen und Schlußfolgerungsregeln zu überblicken, weil die schiere Menge an Daten und Verknüpfungsregeln, die da auf einmal und so schnell verarbeitet werden müßten, unsere menschliche Datenverarbeitungskapazität übersteigt. Oder wie Alan Turing das ausdrückte: ›...the assumption that as soon as a fact is presented to a mind all consequences of the fact spring into the mind simultaneously ... is false.‹ (1964 / 22) Deswegen ja eben ist die maschinelle Datenverarbeitung so nützlich, weil sie in diesem Schluß auf alle möglichen Konsequenzen wesentlich schneller ist als wir. Und deswegen ist auch der Computer für einen großen Teil der modernen naturwissenschaftlichen Forschung unentbehrlich, weil die dem wissenschaftlichen Erklärungsmodell strukturimmanente Komplexität hier in einem Bereich angelangt ist, der die Datenverarbeitungskapazität des Menschen tendenziell überfordert. Wie aber sollen wir bei einem bestimmten Output sicher sein, ob das ein im Sinne des Systems logisch konsistenter Schluß ist und damit ein ›Urteil unseres Geistes‹, den wir nur übersehen haben, oder ob das ein unzulässiger Schluß ist und damit kein ›Urteil unseres Geistes‹, der zustande kam aufgrund eines Programmier- oder Bedienungsfehlers, oder ob das ein unzulässiger Schluß ist, der zustande kam aufgrund einer Verschleißwirkung in der Hardware, ohne die ganze Schnelligkeit der maschinellen Datenverarbeitung wieder zunichte zu machen, weil wir jetzt doch alles im Kopf nachprüfen müssen? Und wenn man dann noch bedenkt, daß es ja nur metaphorisch ›ein Kopf‹, ›ein Geist‹ ist, tatsächlich aber viele Köpfe sind, die jeweils den Teil, über den sie genau Bescheid wissen, nachprüfen müssen, wird das Problem noch deutlicher:

Wollen wir die praktischen Vorteile der Maschine durchgängig benutzen, so können wir nicht sicher sein, daß sie tatsächlich so urteilt, wie auch wir geurteilt hätten. Folglich verlieren wir unsere kognitive Autonomie, wenn wir das Programm als gültige Urteilsinstanz anerkennen. Bestehen wir aber auf unserer kognitiven Autonomie und wollen sicher sein, daß die Maschine tatsächlich so urteilt, wie auch wir geurteilt hätten, so müssen wir die Urteile der Maschine selber nachprüfen können. Und dann können wir die praktischen Vorteile der Maschine nicht durchgängig nutzen. Oder wie Norbert Wiener das Problem schon 1960 herausgearbeitet hat:

›Das wirklich intelligente Begreifen des Funktionierens‹ (einer Maschine) ›kann der Erledigung der Aufgabe, die ihr ursprünglich gestellt war, weit nachhinken... Das bedeutet auch, daß Maschinen zwar theoretisch der menschlichen Kritik unterliegen, die Kritik aber nicht wirksam wird, weil sie zu spät kommt und nicht mehr relevant ist.‹ (1960 / 1355)

Genau diese zeitliche Verzögerung der menschlichen Kritik können wir uns beim Einsatz urteilender Programme in der realen Welt jedoch oft nicht leisten.

Denn wenn ein aus einer fundierten naturwissenschaftlichen Theorie heraus entwickeltes Programm Urteile fällt, die sich auf Vorgänge in der realen Welt beziehen, dann sind diese Urteile ja nur dann wahr, wenn in der gemeinten Realität tatsächlich nur die Eigenschaften wirksam werden, die in die Formulierung der Theorie mit eingegangen sind. Von dieser Identität des im Programm verkörperten Realitätsmodells mit der tatsächlichen Realität kann aber beim praktischen Einsatz technischer Systeme nicht mit Sicherheit ausgegangen werden. Zwar funktionieren alle technischen Systeme nur, weil diese Identität hergestellt wurde, aber

eben ihr praktischer Einsatz stellt sie in jenen großen Zusammenhang ›Welt‹, der diese Identität in Form der prinzipiell unberechenbaren Verschleißwirkungen oder anderer unvorhersehbarer Umstände zunichte macht. Deswegen können wir hier schon gar nicht davon ausgehen, daß das Programm ›die Urteile unseres Geistes ausführt‹, und getrost unsere Urteilsfähigkeit an die Urteilsinstanz der Programme abgeben, vielmehr ist es umgekehrt so, daß wir das Programm nur einsetzen können, wenn die Leistungen des Programms der ständigen Aufsicht eines Menschen unterliegen, der sie fundiert in bezug auf die möglichen Inkompatibilitäten von Realitätsmodell und Realität überwachen kann. Und der notfalls in der Lage ist, die Leistungen des Programms und die darüber hinaus erforderlichen Leistungen in der erforderlichen Schnelligkeit zu übernehmen. Wenn es also, um ein Beispiel zu nennen, nicht nur automatische Lande- und Steuerungssysteme beim Flugzeug gibt, sondern auch einen Piloten, der sie außer Kraft setzen und ersetzen kann, weil er sieht, daß auf der Landebahn ein Riesenloch ist.
Zusammenfassend läßt sich also sagen: Zwar ist theoretisch richtig, daß Programme, die aus einer fundierten naturwissenschaftlichen Theorie heraus entwickelt wurden, nur die Urteile fällen, die jener Geist, von dem wir unter bestimmten Bedingungen metaphorisch als ›dem unsrigen‹ sprechen können, auch fällen würde, und somit bei einer Verlagerung der Urteilsinstanz vom Menschen auf die Programme nicht von einem Verlust der kognitiven Autonomie gesprochen werden kann. Praktisch aber führt diese Verlagerung der Urteilsinstanz auf die Programme nicht nur zum Verlust der kognitiven Autonomie, sondern früher oder später auch zum Kontrollverlust über das technische System. Aus fundierten Theorien heraus entwickelte Programme sind also nicht nur nicht in der Lage, die Kontrollfunktion auszuüben, die wir nicht mehr ausüben können, sondern sie können nur dann erfolgreich angewandt werden, wenn die Urteils- und Kontrollfähigkeit des Menschen über die Leistung des Programms auch und gerade in der Praxis durchgängig gewährleistet ist.
›*Aber die meisten gegenwärtig verfügbaren Programme, vor allem die umfangreichsten und wichtigsten unter ihnen, sind in diesem Sinne nicht theoretisch fundiert.*‹ (Weizenbaum 1977 / 305)
Und das heißt: Weder ist die Gültigkeit der Interpretationen, die sie anbieten, im naturwissenschaftlichen Sinn objektiv bewiesen,

noch ist die Konsistenz der Schlußfolgerungen, die sie ziehen, als logisch gültige ableitbar aus dem Entwurf einer konsistenten Theorie. Selbst wenn man also die Urteile der wissenschaftlichen Erkenntnismethode als die allein- und letztgültigen anerkennt und ›seinen Geist‹ ganz mit dieser Erkenntnismethode identifiziert, fallen die Urteile und Schlußfolgerungen dieser Programme nicht in jene Klasse des beweisbar objektiv Wahren. Und damit gibt es jenes metaphorische ›wir‹ nicht mehr, mit dem sich bei theoretisch fundierten Programmen die Identität ihres Urteils mit den Urteilen ›unseres Geistes‹ zumindest theoretisch und allgemein dann aufzeigen läßt, wenn wir ›unseren Geist‹ ganz mit der objektiven Erkenntnismethode identifizieren.
Die Urteile und Schlußfolgerungen dieser Programme sind ›bloß subjektiv‹ in jenem abwertenden Sinn, in dem das Wort normalerweise bei uns gebraucht wird, bloße Meinungen, bloße Gedankenexperimente, bloße bewährte Alltagsregeln oder auch bloße Hirngespinste, die mit objektiver Wahrheit überhaupt nichts zu tun zu haben brauchen. Daß diese ›Subjektivität‹ jetzt verobjektiviert wurde und als Schlußfolgerungsmechanismus eines Programms vervielfältigbar ist, ändert kein Jota an dieser prinzipiellen Beliebigkeit der Urteile gegenüber dem Konzept der objektiv beweisbaren Gültigkeit. Denn wenn es auch aus guten Gründen zweifelhaft ist, ob jede Leistung der sogenannten Symbolverarbeitung auf dem Computer simulierbar ist, so ist doch unzweifelhaft wahr, daß es kein Problem bereitet, reinen Schwachsinn zu simulieren. Und die Tatsache, daß der Schwachsinn, um dergestalt objektivierbar zu werden, in der Struktur der Programmiersprache formuliert werden und sich der Logik ihrer Verknüpfungsregeln unterwerfen muß, ändert nichts daran, daß er in bezug auf inhaltliche Gültigkeit und Konsistenz der Argumentation, die über diese Programmformulierung ausgedrückt wird, Schwachsinn bleibt. Wohl aber nimmt diese Objektivierung den subjektiven Meinungen jenen Hintergrund, der auch dem subjektivsten Schwachsinn noch Sinn verleiht: daß sie Ausdruck eines spezifischen Menschen sind, Ausdruck von seinem Erleben der Welt, seiner Haltung zur Welt. Daß sie ein Element jener großen einheitsstiftenden Ordnung sind, die wir unsere Identität nennen. Und daß subjektive Meinungen aus diesem Grund nie bloß beliebig, bloß falsch oder bloß eingebildet sind, weil sie, wie objektiv falsch oder blödsinnig auch immer, eine Wahrheit über uns aussa-

gen, über jene Ordnung der Welt, die wir als für uns wahre selbst schaffen. Und die wir deswegen auch immer in jedem Augenblick auf ihre jetzige punktuelle oder globale Wahrheit im Kontext unseres gesamten Erlebens und unseres gesamten Wissens neu überprüfen und korrigieren können. Denn wenn auch subjektive Meinungen zunächst bloß für das Subjekt gültig sind, das sie als wahre empfindet, so haben sie doch den immensen Vorteil, daß dieser unmittelbare und dauernde Rückbezug auf die wahrheitssetzende Instanz sie flexibel und offen für jede Neuheit, für jede Kontextänderung und für jeden Austausch mit anderen Subjekten macht. Pointiert ausgedrückt: Subjektive Meinungen eines Menschen haben es nicht nötig, einzig gültig, exakt definiert und objektiv wahr zu sein, weil sie – als lebendige – sich ständig ändern und neu anpassen und vor allem Neues erfinden können.

Die Verobjektivierung im Programm jedoch nimmt den subjektiven Meinungen all diese Vorzüge, die ihnen als Ausdruck einer lebendigen Person zukommen. Und sie nimmt sie ihnen, ohne daß sie den subjektiven Meinungen dafür die objektive Gültigkeit naturwissenschaftlicher Erkenntnisse aufgrund einer systematischen Überprüfung aller Aussagen im Experiment oder die formale Gültigkeit einer konsistent aus ihren Prämissen hergeleiteten Theorie geben könnte. Für subjektive Meinungen, die in Programmen verobjektiviert wurden, gibt es so keinen Maßstab der Beurteilung mehr, der sie als Teil einer Ordnung aufzeigte, die ihre je eigenen Kriterien der Konsistenz und Wahrheit aufstellt. Weder den subjektiven Maßstab einer Person noch den Maßstab der objektiven Ordnung der Berechenbarkeit allen Seins. Und weil sie so immer nur starre Bruchstücke ohne jeden Zusammenhang sind, gibt es bei ihnen auch nicht jenes Phänomen des begründeten Vertrauensvorschusses, das einzelne Urteile dann genießen, wenn sie aus einem Zusammenhang stammen, dem wir insgesamt vertrauen. Entweder weil ›der Zusammenhang‹ eine Person ist, von der wir uns in unserer Haltung und unserem Erleben der Welt verstanden und anerkannt wissen und die wir ihrerseits in ihrer Haltung zur Welt verstehen und schätzen, oder weil der Zusammenhang jener der wissenschaftlichen Erkenntnismethode ist, von der sich ja doch begründet sagen läßt, daß sie die Welt innerhalb gewisser Komplexitätsgrenzen richtig erkennen kann, insofern die Welt eine manipulierbare ist.

In Programmen verobjektivierte subjektive Meinungen haben zu

Recht weder an dieser objektiven noch an dieser subjektiven Autorität teil, in ihnen gibt es nichts, was einen Menschen ohne genaue Prüfung jedes einzelnen Urteils und der Prüfung jedes Kontextes, in dem dieses Urteil gültig sein soll, auch nur zu der Annahme berechtigte, sie seien ein Urteil ›seines Geistes‹, mit welcher Art zu erkennen er auch immer diesen seinen Geist identifizieren mag.

Mit welchen Mitteln aber definieren wir den Kontext und stellen die Gültigkeit des Urteils innerhalb dieses Kontextes fest?

In Programmen, die theoretisch fundiert sind, liefert uns die naturwissenschaftliche Theorie, auf der das Programm basiert, eine exakte Definition der Bedingungen, die in der Realität gültig sein müssen, damit die Urteile des Programms gültig sind. Solch ein naturwissenschaftlich exaktes Realitätsmodell gibt es jedoch in nicht theoretisch fundierten Programmen nicht, eben weil für die Sache, um die es hier geht, eine solch fundierte Theorie nicht vorliegt. Bei der Beurteilung der Gültigkeit und der Definition des Kontextes sind wir deswegen weitgehend auf unsere ›normalen‹ subjektiven Fähigkeiten zum Urteil über die Welt angewiesen. Aus unserem subjektiven Verständnis der Schlußfolgerungsregeln des Programms und der Welt heraus werden wir schließen müssen, in welcher Art von Kontext diese Art zu schließen und das über diese Verknüpfungsstruktur implementierte Realitätsmodell gültig werden. Diesen subjektiven Fähigkeiten jedoch ist inhärent, daß die Kriterien der Urteilsfindung uns weitgehend nur implizit, als sogenanntes stummes Wissen, nicht aber als eine Liste expliziter Definitionen und Regeln gegenwärtig sind. Beim Menschen wird diese synergistische Vagheit menschlichen Wissens und menschlicher Wissensfindung ausgeglichen durch die Fähigkeit zum Erkennen von prinzipiell Neuem, die es ihm möglich macht, jedes Urteil immer wieder vor einem prinzipiell offenen Horizont neu zu überdenken. Geht diese Erkenntnisfähigkeit zum Neuen jedoch verloren, weil subjektive Urteilsfähigkeit durch das geschlossene Regelwerk eines Programms ersetzt wird, so reicht die bisherige Vagheit der Definition des Kontextes nicht mehr hin. Sie muß – wie die Urteilsfindung selbst – ersetzt werden durch eine exakte umfassende und explizite Beschreibung.

Das aber ist in vielen Fällen, vor allem jedoch dort, wo es nicht um Programme geht, die bloß versuchen, noch nicht systematisierte Schlußfolgerungen aus naturwissenschaftlichem sicherem

Wissen im Programm als exakte zu modellieren, äußerst schwierig oder gar nicht möglich. Denn hier verweist ›Kontext‹ auf Einheiten in der Welt, die als systematische – als eine exakt definierte Menge aus eindeutig isolierbaren Variablen und ihrem Wirkungsgefüge – noch nicht erkannt worden sind. Ohne eine solche exakte Spezifizierung der Bedingungen, die in der Realität gültig sein müssen, damit die Urteile des Programms gelten, bleibt jedoch auch das über die Schlußfolgerungsregeln des Programms verkörperte Realitätsmodell – bei aller inneren Exaktheit, die es haben mag – notwendig ein vages, das die Möglichkeit des Irrtums aufgrund einer von der Definition nicht erfaßten und deshalb nicht erkannten Kontextänderung prinzipiell mit einschließt.

Zusammenfassend läßt sich deshalb feststellen:

Bei theoretisch nicht fundierten Programmen gilt schon auf der rein theoretischen Ebene das, was bei Programmen, die sich aus einer fundierten Theorie herleiten unter der Bedingung der Gültigkeit unseres Weltbildes, erst in der Praxis gültig wird: Theoretisch nicht fundierte Programme sind nicht nur nicht in der Lage, die kritische Urteilsfähigkeit des Menschen zu ersetzen, sondern sie gewinnen umgekehrt erst ihre Gültigkeit, wenn diese kritische Urteilsfähigkeit des Menschen über die Leistung des Programms durchgängig gewährleistet ist.

Daß das so ist, das impliziert freilich nicht, daß solche Programme nicht ökonomisch vorteilhaft eingesetzt werden könnten. Denn auch theoretisch fundierte Programme unterliegen in ihrem vernünftigen praktischen Einsatz dieser Beschränkung. Und es gibt in unserer extrem arbeitsteilig organisierten Gesellschaft viele Prozesse, die zwar nicht im naturwissenschaftlichen Sinne objektiv wahr sind, die jedoch soweit aus bloßer ›Routine‹ im Rahmen eines stark restringierten weitgehend starren Kontextes bestehen, daß die Mechanisierung der symbolverarbeitenden Leistung möglich wird und profitabel wirkt.

Allerdings muß bei diesen Programmen das Kriterium der Durchschaubarkeit strikter und umfassender angewandt werden. Bei theoretisch fundierten Programmen reicht es nach einer Prüfphase aus, daß der Benutzer das Leistungsvermögen des Programms als abstraktes Modell kennt, ohne sich auf dessen Realisierungsart im Programm einlassen zu müssen, weil das Programm konsistent nach Maßgabe dieses aus einer gültigen Theo-

rie ableitbaren Modells entwickelt wurde. Man muß z. B. nicht wissen, wie die Grundrechenarten zu programmieren sind, man muß nur wissen, daß dieser Taschenrechner die Grundrechenarten ausführt und was das ist, um vernünftig mit ihm umgehen und Bedienungs- oder Gerätefehler ausmachen zu können.
Diese Teilung in exakte Theorie und Programm und die theoretisch-empirische Absicherung der Identität von beidem ist bei theoretisch nicht fundierten Programmen nicht gegeben. Hier ist, lose gesprochen, das Programm die einzige Theorie, die wir haben, weil es eine logische oder exakte empirisch geprüfte Rekonstruktion des Vorgangs nicht gibt. Dementsprechend ist das Wie des Programmablaufs für das Verständnis der Leistung des Programms zentral. Es gibt z. B. keine Theorie ›des besten Autokaufs‹. Benutzen wir eines der sogenannten Expertenprogramme, um uns hier beraten zu lassen, so sind wir zur Beurteilung darauf angewiesen, daß uns entweder die Schlußfolgerungsregeln des Programms selbst einsichtig sind oder daß uns das Programm eine Zusammenfassung seiner Art zu schließen gibt. Und natürlich darauf, daß diese Zusammenfassung richtig und vollständig ist.
Und da die Urteile dieser Programme nicht objektiv wahr im Sinne der Naturwissenschaften sind, kann diese objektive Gültigkeit nicht – wie sonst im Rahmen unseres Weltbildes – herangezogen werden, um die kritiklose Akzeptanz dieser Urteile durch den ›Nicht-Fachmann‹ zu rechtfertigen. Beim praktischen Einsatz solcher Programme sollte deshalb jeder, der nur irgendwie von ihrem Urteil tangiert wird, die Möglichkeit und das Recht auf Verständnis haben.
Das Problem ist bloß: Alle Programme, die im oben geschilderten Sinne nicht theoretisch fundiert sind, werden aus strukturimmanenten Gründen in der Praxis in ihrem inneren Ablauf undurchschaubar dann, wenn sie anfangen, auch nur einigermaßen komplex zu werden. Und: Alle Programme dieser Art, die auch nur einigermaßen etwas leisten, sind komplex. ›Was jedoch viel wichtiger ist, ist der Umstand, daß fast alle großen Computerprogramme, die Tag für Tag in der Industrie, der Administration und den Universitäten zum Einsatz kommen, auch dazu gehören.‹ (Weizenbaum 1977 / 306) ›Ich spreche jetzt ein Geheimnis aus, das immer noch eine Art offenes Geheimnis ist, obgleich ich selbst es schon oft verraten habe, nämlich daß viele der größeren

Computersysteme, die in der Welt tatsächlich funktionieren, undurchschaubar sind. Ich meine damit diejenigen, die im Militär, im Staat oder in der Wirtschaft schon lange genutzt werden. Ich meine nicht, daß niemand etwas davon versteht. Aber ganz und gar durchschauen kann man sie nicht mehr.
Sind sich die Computerwissenschaftler darüber einig?
Auf jeden Fall ist noch nie einer gekommen, wann immer ich das gesagt oder geschrieben habe, der gesagt hätte: ›Das ist doch Unsinn!‹ Zum Beispiel war da eine Tagung ... unter den geladenen Gästen befand sich alles, was Rang und Namen hatte in der Hamburger Computerwelt. Als ich nun nach meiner Aussage, daß diese Systeme undurchschaubar seien, fragte, ob jemand da sei, der das bestreiten wolle, erhob sich im Hörsaal keine einzige Hand. Als ich aber im umgekehrten Sinne die Frage wiederholte, nämlich, ob das, was ich gesagt hätte, wahr sei, hoben alle die Hand.
Das ist gewiß ein Beweis dafür, daß die Fachleute sich dieser erschreckenden Tatsache bewußt sind.‹ (Weizenbaum 1977 / 305)
Daß das so ist wiederum, das ist in dem gleichen Umstand begründet, der es notwendig macht, daß gerade diese theoretisch nicht fundierten Programme in extremen Maße durchschaubar sein sollten, wenn ihren Urteilen Allgemeingültigkeit zukommen soll.
Denn in Programmen, die nicht stringent aus einer fundierten Theorie heraus entwickelt werden, gibt es kein theoretisches Verfahren, mit dem sich sicher prognostizieren ließe, daß aufgrund der Logik der Programmstruktur diese und jene punktuelle Änderung notwendig diese und jene Auswirkungen auf den Schlußfolgerungsmechanismus des Programms haben wird, eben weil sie nicht konsistent nach Maßgabe einer Theorie konstruiert werden, die diese Prognose zuließe. Und so bleibt ohne genaue Kenntnis der Verarbeitungsfolge offen, ob dieser eine richtige Output zustande kam aufgrund einer abstrusen Verknüpfungskette, die bei einem anderen Input zu fatalen Fehlern führt, oder ob der inneren Verknüpfungskette selbst zu trauen ist als einer in der Zeit und über die mögliche Bandbreite des Inputs konsistenten.
Das kann hier jeweils nur empirisch, en detail, bestimmt werden. Die Art und Anzahl der möglichen Interaktionen – und damit der möglichen Urteile – ist hier eine theoretisch unbestimmte Menge,

die sich jeweils nur entweder durch eine exakte Analyse der Interaktionsverknüpfungen oder durch ein Durchspielen aller möglichen Inputs ermitteln läßt.
Programme solcher Art können deswegen nicht mehr konstruiert werden im eigentlichen Sinn des Wortes, sie werden, wie Weizenbaum das ausdrückt, geschrieben, indem ›... ihre Bauweise Faustregeln folgt, Strategemen, die unter den meisten vorhersehbaren Umständen zu ›funktionieren‹ scheinen‹ (1977 / 305) Und die dann, wenn sie in dieser oder jener bestimmten Konstellation falsch funktionieren, durch eine in bezug auf die Gesamtauswirkungen ähnlich vage zusätzliche ad-hoc-Regel wieder auf den richtigen Kurs gebracht werden. Wobei natürlich das Hinzufügen dieser neuen Regeln wiederum Auswirkungen auf die Menge und die Art der möglichen Interaktionen im Programm hat, die ihrerseits wieder nicht theoretisch prognostizierbar, sondern nur empirisch überprüfbar sind.
Was dann passiert, wenn ein auf diese Weise geschriebenes Programm so komplex wird, wie es notwendig werden muß, wenn es auch nur annähernd das leisten können kann, was es leisten können soll, das analysiert Marvin Minsky:
›Wenn die Leistungsfähigkeit eines Programms durch eine Evolution teilweise verstandener Einzelteile und Verbindungsstücke wächst, verliert der Programmierer nach und nach die inneren Details aus dem Auge, reduziert seine Fähigkeit, das Verhalten des Computers zu prognostizieren, setzt auf seine Hoffnung statt auf sein Wissen und beobachtet die Ergebnisse, als sei das Programm ein Individuum, dessen Repertoire möglicher Verhaltensweisen nicht bestimmbar ist. Das gilt bereits für einige Großprogramme ... die Tendenz wird immer deutlicher ... große heuristische Programme werden von verschiedenen Programmierern entwickelt und modifiziert, die sie an unterschiedlichen Testaufgaben prüfen und die von verschiedenen (entfernt gelegenen) Bedienungspulten aus und unabhängig voneinander Informationen eingeben. Das Programm wird immer leistungsfähiger, aber keiner der Programmierer wird es überhaupt verstehen.‹ (1967 / 120)
Und Hofstadter geht sogar so weit zu sagen:
›Man kennt die Folgen des Befehls an den Computer nicht; deshalb kann sein Verhalten verblüffend und überraschend und unvorhersagbar sein, wie das eines Menschen.‹ (1985 / 329)
Wenn bisherige technische Systeme undurchschaubar und damit

unkontrollierbar wurden aufgrund des Zusammenwirkens von Komplexität und prinzipiell unberechenbarer Verschleißwirkungsketten, und Programme, die aus fundierten Theorien abgeleitet werden, in der Praxis undurchschaubar werden aufgrund ihrer Komplexität, so werden Computersysteme dieser nicht theoretisch fundierten Art undurchschaubar aufgrund ihrer eigenen Struktur. Hier impliziert der Satz ›wir bauen diese Systeme‹ nicht nur nicht die Aussage ›deswegen begreifen wir sie auch‹, sondern das Verhältnis läßt sich direkt umgekehrt darstellen: Je mehr wir diese Systeme bauen, desto weniger begreifen wir sie, bis wir sie schließlich gar nicht mehr begreifen, und das Ansinnen, das komplexe Programm, das da abläuft, in seinem Ablauf verstehen zu wollen, seinerseits zur Aufgabe eines eigenen Forschungsvorhabens würde, das aber seinerseits wieder nur als arbeitsteiliges durchgeführt werden könnte, weil die schiere Menge der Daten und Verknüpfungsregeln die Datenverarbeitungskapazität des Einzelnen übersteigt und wir somit auch hier wieder keine Instanz hätten, die das Programm wirklich überblickend und zusammenfassend begreift; weder eine menschliche noch eine logische, da diese Programme ja eben deswegen so undurchschaubar werden, weil sie nicht als eine Menge logisch sicher ableitbarer Schlußfolgerungen aus bestimmten Prämissen, sondern als eine Menge von ad-hoc-Regeln konstruiert wurden.

Wie aber soll ein Nicht-Fachmann diese Computerprogramme verstehen, um sie kritisch so zu beurteilen, wie er sie beurteilen müßte, um die Gültigkeit ihrer Schlußfolgerungen abzusichern, wenn schon die Computerfachleute selber, die diese Programme schreiben, sie nicht mehr ganz in ihrem inneren Ablauf verstehen? Indem er auf ein Verständnis der Programmlogik und der über die Programmlogik implementierte inhaltliche Schlußfolgerungsweise überhaupt verzichtet und jedes einzelne Urteil, das das Programm aufgrund eines bestimmten Inputs fällt, unabhängig vom jetzt notwendigerweise unbekannten Realitätsmodell des Programms auf seine Gültigkeit im je spezifischen Kontext hin überprüft. Und das eben tun in der Praxis die Computerfachleute selbst auch. Das Verständnis der inneren Ablauflogik wird ersetzt durch einen Test der gesamten Input-Outputmenge innerhalb des Kontextes, in dem das Programm funktionieren soll, und der möglichst genauen Definition des Kontextes, innerhalb dessen die Urteile des Programms Gültigkeit haben.

Aber eben diese Definition des Kontextes, der exakten Bedingungen der Gültigkeit, bereitete ja schon Schwierigkeiten dort, wo noch ein Verständnis der Schlußfolgerungskette des Programms möglich war. Geht nun auch noch dieses Verständnis des im Programm verkörperten Realitätsmodells verloren, und kennt man im Einzelnen die Prämissen nicht mehr, die das Programm als gültig voraussetzt, um von A auf C und nicht auf Q zu schließen, weil das Programm zu einer undurchschaubaren black box geworden ist, so wird die Definition der Gültigkeitsbedingungen zu einer reinen ›trial-and-error‹-Sache. Und der gesunde Menschenverstand sagt uns, daß überall dort, wo die Urteile der Programme sich nicht auf einen systematisch erkannten oder klar abgrenzbaren starren Kontext, sondern auf Einheiten der prinzipiell offenen Welt beziehen, jenes trial-and-error-Verständnis nie endgültig gültig zum Abschluß kommen kann.
Selbst wenn man jedoch von den Schwierigkeiten der exakten Beschreibung der Gültigkeitsbedingungen absieht, und selbst wenn der Test der gesamten Input-Output-Menge erfolgreich durchgeführt wurde, haben solche undurchschaubaren Programme einen entscheidenden Nachteil.
Hier kann schon die kleinste Änderung in den Parametern oder in der Struktur den ganzen Input-Output-Test in seinem Ergebnis hinfällig machen, weil keiner die Auswirkungen voraussehen kann, die diese Änderung, und sei sie auch noch so minimal, insgesamt auf die Leistung des Programms haben wird. Es sei denn, er veranstaltet einen neuen umfassenden Input-Output-Test innerhalb eines genau festgelegten Kontextes.
Im Unterschied zu theoretisch fundierten Programmen, die innerhalb der Grenzen ihres Realitätsmodells relativ flexibel Kontexänderungen anpaßbar sind, sind deshalb solche undurchschaubaren Programme auf die einmal getestete Leistung und die dort festgelegten Rahmenbedingungen starr fixiert. Das wirkt sich natürlich vor allem dort hinderlich aus, wo diese Programme wirklich wirksam werden sollen: in ihrem praktischen Einsatz. Minimale Kontextänderungen stellen die Gültigkeit der Leistung des ganzen Programms in Frage und machen es unbrauchbar. Das Programm, mit dessen Hilfe die Space-Shuttle gestartet wird, ist z. B. trotz allen naturwissenschaftlich fundierten Theorien, die ohne Zweifel mit in das Programm eingeflossen sind, und die zumindest die umfassende Definition der kontextuellen Gültig-

keitsbedingungen möglich machten, ein solches undurchschaubares und damit unflexibles Ding. Als es zu einem vorgesehenen Starttermin regnete, mußte der Start deswegen verschoben werden, weil in den eingegebenen und ausgetesteten Umweltbedingungen der Faktor ›Regen‹ nicht vorgesehen war. Keiner aber wagte es, das Programm bezüglich dieses Parameters zu erweitern, weil die möglichen Folgen dieser Änderung auf die Gültigkeit der anderen Urteile des Programms nicht übersehbar waren.
Viel fataler jedoch als dieser Nachteil der Starrheit wirkt sich im praktischen Einsatz solcher Systeme der Umstand aus, daß aus praktischen und/oder prinzipiellen Gründen der Test der gesamten möglichen Input-Menge nicht immer möglich ist. Das ist prinzipiell bei allen Programmen der Fall, die direkt Daten mechanisierter Wahrnehmungsinstrumente verarbeiten. Ein Programm z. B., das das Bild auf einem Radarschirm nach feindlichen Raketen absucht, ›weiß‹ zwar, welche Datenkonfiguration als Rakete zu werten ist, aber es ist nicht dagegen gefeit, daß in der realen Welt irgend etwas von den Programmentwicklern nicht Mitbedachtes exakt die Konfiguration ›Rakete‹ auslöst oder daß nicht vorhergesehene Konfigurationen auftauchen, die gleichwohl im Programm Interaktionen triggern, die dann natürlich zu absurden Schlußfolgerungen führen. Hier ist die Inputmenge eine prinzipiell nicht auflistbare und deswegen auch nicht testbare, weil sich auch die Wahrnehmung mechanisierter Wahrnehmungsinstrumente auf jenes System Welt hin öffnet, das prinzipiell nicht vorhersagbar, weil prinzipiell offen ist. Und praktisch ist das meistens dann der Fall, wenn die extreme Starrheit dieser undurchschaubaren Programme gegenüber Kontextänderungen dadurch wettgemacht werden soll, daß die Programme Elemente enthalten, die auf eine Reihe möglicher, aber nicht realer Kontexte richtig reagieren können sollen. Weil diese Kontexte aber nur mögliche sind, bloße Gedankenkonstrukte, kann das richtige Funktionieren des Programms hier nur als Reaktion des Programms auf dieses Gedankenkonstrukt, nicht aber als Reaktion des Programms auf die reale Situation getestet werden. Wie aber, wenn wir Menschen in dieser gedanklichen Vorausschau dieser Situation ein wesentliches Element übersehen haben? Dann ist natürlich der ganze Test nichts wert.
Programme dieser Art sind deshalb genau genommen immer in der Testphase. Vor allem dann, wenn ihre Gültigkeit aus mehr als einem Grund nicht umfassend geprüft werden konnte.

Und das bedeutet: Hier muß nicht nur wie bei theoretisch fundierten Programmen im praktischen Einsatz überwacht werden, ob das Realitätsmodell des Programms mit der gegebenen Realität übereinstimmt und ob Bedienungsfehler vorliegen, sondern hier müßte genau genommen immer jedes einzelne Urteil immer wieder, unabhängig von der ja ohnehin nicht bekannten Schlußfolgerungskette des Programms und unabhängig von der oft ohnehin nur vagen Kontextdefinition, auf seine Gültigkeit hin im jeweiligen offenen Gesamtkontext überprüft werden. Wie bitter notwendig aber diese Einzelfallüberprüfung ist, ermißt man vielleicht besser dann, wenn man sich daran erinnert, daß das Raketenerkennungs- und -abwehrsystem der Amerikaner schon den aufgehenden Mond und fliegende Wildgansschwärme mit feindlichen russischen Rakten verwechselt hat. Man stelle sich vor, es hätte damals keinen Menschen gegeben, der auf einer kritischen Nachprüfung der Sache mit seinen eigenen bescheidenen Mitteln bestanden hätte!

Diese Notwendigkeit zur ständigen Nachprüfung jedes einzelnen Urteils mindert natürlich den praktischen Einsatzwert dieser Programme so erheblich, daß auf den praktischen Einsatz dieser Programme am besten gleich verzichtet werden sollte. Denn wenn man eh jede Entscheidung des Programms noch einmal selbst nachprüfen muß, ginge es da nicht schneller und billiger, gleich selbst zu entscheiden?

Setzt man diese Programme trotzdem praktisch ein, dann liegt es deswegen auch nahe, daß man ›in der Hitze des Gefechts‹ irgendwann trotz dieser erheblichen Unsicherheit über die Richtigkeit des Urteils des Programms auf die Nachprüfung verzichtet. Und dann geschehen eben solche Dinge wie die, daß das elektronische Seekriegssystem ›Aegis‹ der Amerikaner im Juli 88 ein vollbesetztes Passagierflugzeug abschoß, weil es erst das Flugzeug und dann die von seinen Funksprüchen ausgelöste Kursänderung des Flugzeugs als Angriff eines Feindes interpretierte. Denn, wie der amerikanische Konteradmiral a. D. Carrol feststellt:

›Aegis ist nie richtig getestet worden. Es kann auch gar nicht voll getestet werden, weil niemand in einer Übung die vielen hundert Ziele darstellen, geschweige denn bekämpfen kann, mit denen das System angeblich fertig wird. ...

Spiegel: Sie halten eine solche Tragödie also auch künftig für möglich?

Carrol: Das kann sich schon morgen wiederholen.‹ (Spiegel 11.7.1988 / 115)
All das, was bisher gesagt wurde, bezog sich auf die Funktion und den Einsatz jeweils einzelner Computersysteme. Was aber passiert, wenn an vielen Stellen in unserer arbeitsteiligen aufeinander bezogenen Gesellschaft Computersysteme eingesetzt werden?
Zunächst einmal ist festzuhalten, daß jede Vernetzung, egal, ob die Computer nun direkt on-line untereinander verbunden sind oder ob ein Computer auf andere Weise als Input einen Output hat, der von einem anderen Computer erzeugt oder mit beeinflußt wurde, aus vielen getrennten Systemen ein großes interagierendes System macht. Und jeder nicht bemerkte Bedienungsfehler, jeder Fehler aufgrund einer Verschleißwirkung, eines Programmfehlers oder einer nicht bemerkten Differenz zwischen Realitätsmodell und Realität, zwischen gültigem Urteil und getroffenem Urteil kann sich über die Vernetzung im ganzen System auswirken. Jede Vernetzung potenziert die Risiken, die den einzelnen Systemen inhärent sind, um ein unbekanntes Vielfaches. Auch schon dieses ganz Banale, daß die Schnelligkeit der maschinellen Datenverarbeitungskapazität die theoretisch mögliche menschliche Kritik der Maschinenleistung praktisch viel zu spät kommen läßt. Wenn man auf diese Weise theoretisch nicht fundierte Programme zusammenschließt und diesen ›Verbund‹ auch noch benutzen, anstatt bloß kontrollieren will, so läßt sich mit Sicherheit nur noch eines sagen: früher oder später, aber gewiß wird so ein System außer Kontrolle geraten und völlig abstruse Leistungen produzieren.
Das fatale aber ist, daß diese Abstrusität der Gesamtleistung lange Zeit unbemerkt bleiben kann, weil es für die Beurteilung der Leistung des Gesamtsystems keine urteilende Instanz gibt, und oft auch von den Beteiligten nicht einmal wahrgenommen wird, daß sie es jetzt mit einem Gesamtsystem zu tun haben, dessen Leistung, im Unterschied zu der Leistung der einzelnen Systeme, nie getestet wurde. Jeder kontrolliert so im besten Fall immer nur die Leistung seines Computers – subjektive Irrtümer natürlich vorbehalten. Wenn aber jeder immer seine Inputdaten als gegeben hinnimmt, kann der Fall eintreten, daß die Leistung jedes einzelnen Computers im Sinn der Kontrolle des einzelnen Programms sich ganz richtig ausnimmt, während das System insgesamt schon lange in einem Verarbeitungsmodus ist, der hauptsächlich durch

selbstinduzierte Prozesse bestimmt wird, und der mit der Realität, die ja schließlich über diese Symbolmenge dargestellt werden soll, nichts mehr zu tun hat. Und der, schlimmer noch, durch diese selbstinduzierten Prozesse in der Realität Dinge in Gang setzt, die dort das wahr machen, was zunächst nur ein ›Programmfehler‹ war.

Um es an einem extremen Beispiel deutlich zu machen: Wenn aufgrund eines Programmirrtums Amerika Atomraketen in Feindesland schickt, dann haben wir den Atomkrieg und dann ›stimmt‹ die Interpretation des Programms wieder, und wenn es hinterher noch Menschen gäbe, dann könnten sie ehrlich der Meinung sein, daß ihre Computer alles richtig gemacht haben.

Dieses von den beteiligten Menschen unbemerkte Abdriften des Gesamtsystems in eine durch den Programmablauf selbst induzierte Irrealität oder selbst geschaffene künstliche Realität ist um so wahrscheinlicher, wenn es sich um einen Zusammenschluß von Programmen handelt, denen kein klar definiertes Realitätsmodell und infolgedessen auch keine exakte kontextuelle Beschreibung der Gültigkeitsbedingungen zugrunde liegt. Und natürlich dann, wenn dieses Risiko der Vagheit der Gültigkeitsbedingungen noch verstärkt wird durch die Undurchschaubarkeit des Programms selbst und einen nur unvollständig vollzogenen Input-Output-Test.

Denn wenn der Kontext A-1, innerhalb dessen das Programm funktioniert, nur vage beschrieben ist, und je vager die Beschreibung ist, desto wahrscheinlicher wird es, daß eine Änderung des Kontextes in A-2, die die Gültigkeit der Urteile des Programms außer Kraft setzt, vom Einzelnen nicht bemerkt wird, weil sowohl Kontext A-1 wie Kontext A-2 mit der vagen Beschreibung kompatibel sind. Infolgedessen scheint man sich auf die Urteile des Programms aus gutem Grund wie bisher verlassen zu können, und es gibt keinen Anlaß, auf die Vorteile der Computerverarbeitung zu verzichten und jedes einzelne Urteil selbst nachzuprüfen. Wenn aber das nächste Programm in der Kette den Output des ersten Programms als gültige Inputmenge hat oder wenn der Output des ersten Programms mit seinen Entscheidungen den Kontext beeinflußt, innerhalb dessen die Urteile des zweiten Programms gültig sind, dann wird dieses inzwischen objektiv falsche Urteil weitergereicht, ohne daß es jemand merken muß.

Ein geradezu klassisches und formal besonders schönes Beispiel

für so ein zunächst unbemerktes Abdriften in die Irrealität haben wir in den Prozessen, die 1987 zum Börsenkrach in New York führten. Denn hier handelte es sich um eine Menge von identischen oder fast identischen Programmen, die darüber vernetzt waren, daß ihre Urteile sich alle auf die gleichen kontextuellen Gültigkeitsbedingungen bezogen: Börsendaten. Wie aber entstehen Börsendaten, wie das Auf und Ab der Notierungen? Das schien für den Einsatz dieser Programme unerheblich zu sein, weil das ohnehin niemand genau, sondern nur sehr vage weiß – eben als eine Summe individueller Entscheidungen über die Profitaussichten der Unternehmen, die sich u. a. in der Notierung ihrer Aktien an der Börse niederschlagen. Alle diese Programme automatisierten den Interpretationsprozeß, der zu dem spekulationsorientierten An- und Verkauf von Aktien und Wertpapieren führte. Und alle diese Programme funktionierten ganz zur Zufriedenheit ihrer Benutzer. Das Problem war bloß, daß diese Programme getestet worden waren an Börsendaten, die allein aufgrund menschlicher Entscheidungsprozesse entstanden waren. Durch ihren Einsatz jedoch veränderten sie diesen Entstehungsprozeß und sei es nur schon dadurch, daß die Schnelligkeit der Entscheidungsprozesse sich drastisch vergrößerte und daß jetzt anstelle einer Vielzahl variabler, oft auch erratischer Entscheidungsprozesse eine Vielzahl identischer trat. Das aber fiel niemandem auf, weil der Kontext, innerhalb dessen die Programme als gültig eingesetzt wurden, eben nur die vage Beschreibung ›Börsendaten‹ war. Und Börsendaten waren es zweifellos ja auch weiterhin, die die Programme verarbeiteten. Und so kam es denn dazu, daß diese Programme durch ihren eigenen Einsatz eben die Kontextbedingungen außer Kraft setzten, aufgrund derer sie gültig waren, ohne daß das jemand bemerkte, und in einen durch die Vernetzung der Programmabläufe selbst induzierten Interpretationsablauf gerieten, der mit der Realität, die sich in Börsendaten eigentlich reflektieren soll, nichts mehr zu tun hatte.
Der natürlich aber andererseits eine Realität von Wertpapiernotierungen schuf, die ganz real zu Verlusten und Gewinnen führte.
Dieses Beispiel ist noch insofern harmlos, als es sich um einen klar abgegrenzten Bereich, um fast identische durchschaubare Programme und um einen gemeinsamen Kontext der Gültigkeit handelt. Was aber passiert, wenn wir im Ernst anfangen, Ent-

scheidungen über reale technische und gesellschaftliche Abläufe in unserer Gesellschaft Computerprogrammen zu übertragen, und diese Systeme sich mehr und mehr vernetzen, das ist gerade dann, wenn man sich über die immanente Struktur von Computersystemen und über die Grenzen ihres Leistungsvermögens Klarheit verschafft hat, in seiner Undurchschaubarkeit und Erratik gar nicht mehr auszudenken. Ein solches monströses Gesamtsystem entzöge sich nicht nur mit Sicherheit unserer Kontrolle, sondern finge auch mit Sicherheit an, ein durch den Programmablauf selbst induziertes ›Eigenleben‹ zu führen und in der Realität zu verwirklichen, das mit der ursprünglichen Leistung, die dieses System erbringen und veranlassen sollte, nichts mehr zu tun hätte.
Und wenn man dazu noch bedenkt, daß uns die Anhänger der Künstlichen Intelligenz den massiven Einsatz von Computersystemen anstelle des Menschen gerade dort als Heilmittel empfehlen, wo wir ohnehin schon massive Probleme mit der Kontrolle haben – bei der Beherrschung unserer zunehmend unkontrollierbar werdenden technischen Großsysteme –, wird deutlich, wie entscheidend anders als die herkömmlichen Computersysteme die Programme der Künstlichen Intelligenz sein müssen, um das einzulösen, was hier versprochen wird. Denn sonst führt uns diese Kombination von zunehmender Unkontrollierbarkeit herkömmlicher technischer Systeme mit der drastisch wachsenden Unkontrollierbarkeit vernetzter Computersysteme und ihrem Hang zum selbstinduzierten ›Eigenleben‹ nicht nur direkt und sicher zum Verlust der kognitiven Autonomie, sondern auch direkt und sicher in die Apokalypse.

Grundstrukturen der Systeme Künstlicher Intelligenz
oder
Nur ein Gott kann uns retten

Wie anders sind also die Systeme der Künstlichen Intelligenz, damit sie diesen circulus vitiosus der Entwicklung unserer technischen Macht in den Zusammenbruch durchbrechen können, damit für ihren Einsatz nicht mehr gelten soll, was bisher beim Einsatz aller bisher entwickelten Computersysteme gültig war?

Was setzt die große Beschränkung bisheriger Computersysteme außer Kraft, die ihren erfolgreichen praktischen Einsatz davon abhängig macht, daß ihre Leistung durchgängig unserer kritischen Urteilsfähigkeit untersteht, und diese also keinesfalls ersetzen kann? Und welche ganz besondere Qualität kommt ihnen zu, daß ihr massiver vernetzter Einsatz nicht nur nicht zum Verlust der kognitiven Autonomie und in die Apokalypse, sondern sogar in die Erlösung von allem Übel führt?

– Die Programme der Künstlichen Intelligenz werden vor allem keine naturwissenschaftlich fundierten Programme sein.

Denn das gesamte ›Wie‹ der menschlichen Fähigkeit zur Erkenntnis ist ein Gebiet, auf dem die Naturwissenschaft kaum gesicherte und auch kaum ungesicherte Erkenntnisse vorzuweisen hat. Und dieser Mangel an Erkenntnis ist nicht zufällig, sondern hat wissenschaftsimmanente Gründe. Die Fähigkeit zum Wahrnehmen und Erkennen und ihre Entwicklung in der Zeit gehört zu jenen hoch komplexen Erkenntnisobjekten, bei denen die dringend notwendige systematische Problemreduktion am Objekt zum Verlust eben jener Fähigkeit führt, die man untersuchen will. Und sie ist zudem die Fähigkeit eines Objekts, das als Subjekt nicht dem systematischen Experiment unterworfen werden darf.

– Die Programme der Künstlichen Intelligenz werden des weiteren keine bloßen Realisationen mathematischer oder logischer Verfahren sein.

Denn eben darum geht es ja, daß die Computer nicht nur wie bisher ›nur‹ rechnen und ›nur‹ logisch schließen können.

– Die Programme der Künstlichen Intelligenz werden mit Sicherheit in ihrem inneren Ablauf undurchschaubar sein.

Denn ganz unabhängig davon, was man vom bloßen Input-Output-Vergleich punktueller Leistungen als Ersatz des Experiments halten mag, so kann er mit Sicherheit eines nicht leisten: Er bietet keinen konsistenten Maßstab der Entwicklung für die Programme, der die theoretische Durchschaubarkeit der Programmkonstruktion gewährleistete, weil er nichts aussagt über jene Menge an möglichen differenten Programmkonstruktionen, mit denen sich exakt die gleiche getestete Input-Outputmenge erzielen läßt. Ohne eine solche theoretische Bestimmbarkeit aller möglichen Interaktionen aber sind die Programme auf ad-hoc-Konstruktionen angewiesen, die sie schon heute in den Bereich der Undurchschaubarkeit geführt haben.

– Ein Test der gesamten möglichen Input-Output-Menge wird bei den Programmen der Künstlichen Intelligenz nicht möglich sein.

Denn ›intelligente Programme‹ sollen ja gerade dort weiterhelfen, wo der Input aus praktischen oder prinzipiellen Gründen keine endlich auflistbare Menge ist, die sich mit Hilfe eines bloßen Such-und Erkennungsverfahrens mit dem richtigen Output verbinden ließe, und dort, wo es kein allgemein gültiges Verfahren gibt, das es erlaubte, eine bestimmte prinzipiell unendliche Inputmenge, wie z. B. die ganzen Zahlen, durch einen Algorithmus zu verarbeiten, dessen Formulierung im Programm eindeutig, präzise und endlich ist. Und vollends dann, wenn intelligente Programme jene Fähigkeit zur Entdeckung von Neuem simulieren können sollen, wird an einen umfassenden Test der Input-Outputmenge nicht mehr zu denken sein. Und daraus folgt:

– Die kontextuellen Gültigkeitsbedingungen werden bei Programmen der Künstlichen Intelligenz nicht eindeutig definierbar sein.

Denn hier öffnet sich ›Kontext‹ auf Einheiten der realen Welt, die notwendig in ihren Eigenschaften offen ist.
Eben das aber sind all die Charakteristika, die beim praktischen Einsatz bisheriger Computersysteme früher oder später aber mit Sicherheit dazu führen würden, daß das Gesamtsystem in eine vom System selbst induzierte Irrealität abdriftet, die von den Benutzern nicht oder zu spät erkannt wird. Das also kann es nicht sein, es muß noch etwas hinzukommen. Und das tut es denn auch.

– Die Programme der Künstlichen Intelligenz werden für uns völlig unverständlich sein, und insofern wir sie überhaupt auch nur etwas begreifen, werden wir feststellen, daß sie völlig andere Wertmaßstäbe haben als wir. Aus diesem Grund wird die Äquivalenz von Maschinen- und Menscheninteligenz auch im Sinne eines punktuellen Input-Output-Vergleichs nicht bewiesen werden können.

Hofstadter formuliert das so: ›Ich glaube, daß jedes AI-Programm – wenn überhaupt verständlich - uns recht fremdartig vorkäme.‹ (1985 / 724)
Und der Roboterspezialist Moravec spezifiziert:
›I expect, however, that by the time the robots are ready for them‹ (intelligente Programme) ›superb intellectual capabilities will be available for wholesale purchase from the traditional artificial intelligence industry, which will have been pursuing its top-down strategy in parallel with the bottom-up evolution of robots. ... The combination will create beings that in some ways resemble us, but in other ways are like nothing the world has seen before.‹ (1988 / 50) ›Our present memories and interests, having lost their relevance, will at best end up in a dusty archive, perhaps to be consulted once in a long while by a historian.‹ (1988 / 121) ›The ultimate consequences are unknown, though many intermediate steps are not only predictable but have already been taken. Today, our machines are simple creations, requiring the parental care and hovering attention of any newborn, hardly worth of the word ›intelligent‹. But within the next century they will mature into entities as complex as ourselves, and eventually into something transcendending everything we know...‹ (1988 / 1)
Denn, so meint auch Hofstadter:
›Die Vorstellung, daß der ›Körper‹, dem ein AI-Programm innewohnt, es nicht entscheidend beeinflußt, ist beinahe unmöglich. Wenn es also nicht eine erstaunlich getreue Wiedergabe des menschlichen Körpers besäße (und warum sollte es?), hätte es wahrscheinlich völlig andere Ansichten, was wichtig, was interessant ist, usw... Aus diesem Grund wird es uns schwerfallen zu entscheiden, wann und ob wir es tatsächlich mit einem AI-Programm zu tun haben, oder einfach mit einem ›ungewöhnlichen‹ Programm.‹ (1985 / 724)
Wie aber sollen wir mit so etwas Unbegreiflichem, unsere Intelligenz und unsere Urteilskraft Transzendierendem, unsere tendenziell immer unkontrollierbarer werdenden technischen Systeme unter Kontrolle bringen? Wo wir doch diese intelligenten Systeme schon gar nicht kontrollieren werden können, da wir sie dazu ja schließlich erst einmal verstehen müßten? Und wie sollen wir hier merken, wann das Gesamtsystem in die selbstinduzierte Irrealität abdriftet, wo wir doch hier noch nicht einmal die einzelnen Urteile eines einzelnen Systems verstehen? Und wie, wenn in

diesem Gesamtsystem anstatt lauter intelligenter Systeme ein bloß ›ungewöhnliches‹ ist, da es uns ja so ›schwerfallen‹ wird, das zu unterscheiden? Oder uns dieser Irrtum auch bloß bei dem isolierten Programm unterlief, das unsere Atomkraftwerke kontrollieren soll?

Und hatte die Künstliche Intelligenz nicht auch versprochen, daß sie auch unsere sozialen und psychischen Probleme für uns lösen wird, Probleme, bei denen wir, im Gegensatz zu den technischen, noch nicht einmal genau sagen können, wie das Problem entsteht? Wie aber wird das aussehen, wenn für uns unverständliche ›fremdartige‹ Programme, die unsere Interessen und Werte nicht teilen, anstelle unserer selbst unsere uns unverständlichen psychischen und sozialen Probleme lösen?

Auf all diese gewißlich schwierigen und gewißlich praktisch relevanten Fragen haben die Anhänger der Künstlichen Intelligenz eine ganz einfache Antwort bereit:

Die unbegreiflichen, unsere Intelligenz transzendierenden und unser Wert- und Interessensystem nicht teilenden Systeme der Künstlichen Intelligenz sollen uns helfen und unsere Probleme lösen können, weil sie für uns unbegreiflich sind, weil sie unsere Intelligenz transzendieren und weil sie unser Wert- und Interessensystem nicht teilen.

Denn in der ganzen Argumentation für die Sache der Künstlichen Intelligenz wird die Unkontrollierbarkeit, Undurchschaubarkeit und Unprognostizierbarkeit von Programmen nicht erwähnt und geschildert, um vor einer Benutzung dieser Computersysteme zu warnen, sondern diese Eigenschaften werden systematisch als Beweis dafür herangezogen, daß die Programme anfangen, wirklich intelligent zu werden.

Wenn Turing, wie schon im vorigen Kapitel zitiert, feststellt, daß ›the assumption that as soon as a fact is presented to a mind all consequences of that fact spring into the mind simultaneously ... is false‹ (1964 / 22), dann tut er das nicht, um wie Wiener davor zu warnen, daß die menschliche Kritik eines Computerprogramms angesichts der Schnelligkeit des Schlußfolgerungsvollzugs der Maschine in der Praxis unwirksam werden kann, weil sie zu spät kommt, sondern er benutzt diese Differenz zwischen Menschen und Computern in der Verarbeitungsschnelligkeit von Daten und formalen Regeln als ein stichhaltiges Argument gegen die von ihm aufgelisteten Einwände, wieso Maschinen nicht intelligent sein könnten. Vor allem geht es ihm um den Einwand, daß ein Computer ›... has no pretensions to originate anything. It can do whatever we know how to order it to perform.‹ (Turing 1964 / 20f.) Und um die, wie er sagt ›... better variant of the objection ... that a machine can never ›take us by surprise‹.‹ (1964 / 21) Maschinen können im Gegenteil, sagt Turing, intelligent sein, weil sie jetzt schon die Fähigkeit haben, uns zu überraschen. Und er erklärt auch, warum:

›Machines take me by surprise with great frequency. This is largely because I do not do sufficient calculation to decide what to expect them to do ...‹ (Turing 1964 / 21)

Wenn Minsky, wie ebenfalls im vorherigen Kapitel zitiert, elaboriert und kenntnisreich schildert, wie und wieso komplexe große Programme notwendig undurchschaubar werden, je mehr sie leisten sollen, so tut er das nicht, um vor den nicht prognostizierbaren, aber sicher eintretenden Fehlurteilen dieser Programme im praktischen Einsatz zu warnen, sondern er benutzt diese notwendige Undurchschaubarkeit, um Turings Argument noch zu verstärken. Also: Je weniger wir das Verhalten der Maschine prognostizieren können, desto wahrscheinlicher wird es, daß sie Intelligenz verkörpern kann. Und nicht nur ist es heute so, daß uns die Maschinen überraschen, weil wir die Konsequenzen aus den von uns aufgestellten Regeln nicht umfassend genug und nicht schnell genug im Kopf ziehen können, sondern es gibt gar keinen mehr, der all diese Schlußfolgerungen aus all diesen aufgestellten Regeln noch ziehen könnte. ›Das Programm wird immer leistungsfähiger, aber keiner der Programmierer wird es überhaupt verstehen. (Natürlich läuft das nicht immer erfolgreich ab – die Interaktionen können eine Verschlechterung bewirken, und möglicherweise ist niemand in der Lage, die Sache wieder in Ordnung zu bringen.) Damit sind wir auf das eigentliche Problem gestoßen, das in der Aussage enthalten ist: ›Er tut nur das, was ihm sein Programmierer gesagt hat.‹ Den einen Programmierer gibt es gar nicht.‹ (1967 / 120)

Und wenn Hofstadter, wie zitiert, versichert: ›Man kennt die Folgen des Befehls an den Computer nicht ...‹ (1985 / 329), dann tut er das nicht, um ein abschließendes Urteil über die prinzipielle Unkontrollierbarkeit und Erratik dieser Systeme zu fällen, das ihren praktischen Einsatz ein für allemal ausschließt, sondern er tut das, um ein für allemal klarzustellen, daß diese Systeme der

Intelligenz fähig sind, weil sie angefangen haben, kreativ zu sein. Denn Kreativität läßt sich für ihn von ihrer logischen Genese her so erklären: ›...wenn Programme für ihren Schöpfer aufhören transparent zu sein, dann hat man einen ersten Schritt in Richtung Kreativität getan.‹ (1985 / 717) Und deswegen ist ›...die oben genannte Weisheit‹ (– Computer können nur das tun, was wir ihnen zu befehlen wissen –) ›etwas in die Binsen gegangen.‹ (1985 / 329)

Kreativ aber, da hat Hofstadter völlig recht, müssen die Programme der Künstlichen Intelligenz zum mindesten werden, wenn sie denn je all das verrichten können sollen, was uns von ihren Schöpfern versprochen worden ist.

Denn die große Beschränkung aller bisherigen Computersysteme ist eben ihre Unfähigkeit zum Umgang mit prinzipiell Neuem. Computer, wie wir sie kennen, unterliegen immer noch jener von Turing angegriffenen Form der Leistungsbeschränkung, wie sie schon 1842 angesichts des ersten Entwurfs eines Computers von Lady Mary Caroline Lovelace formuliert wurde: ›The Analytical Engine has no pretensions to *originate* anything. It can do *whatever we know how to order it* to perform.‹ (1964 / 20f.) Und damit ist nicht gemeint, daß wir dem Computer etwa die Addition jeder möglichen Zahlenpaare einzeln vorgeben müßten, damit er addieren kann, sondern daß sich die Leistung des Computers darauf beschränkt, wie Turing das in anderem Zusammenhang ausdrückt, ›... in the mere working out of consequences from data and general principles.‹ (1964 / 22)

Weil sie immer nur das tun können, was durch die Abarbeitung der prozessualen Schlußfolgerungsregeln in Kombination mit den eingegebenen Daten erreichbar ist, wird ihr Urteil immer dort falsch, wo die Welt größer ist als das im Programm verkörperte Realitätsmodell. Und die reale Welt ist immer größer als jedes nur denk- und spezifizierbare Realitätsmodell. Die Simulation dieser Fähigkeit zum kreativen Umgang mit prinzipiell Neuem ist die Minimalleistung, die erbracht werden muß, sollen Computersysteme im Ernst je anstelle unserer die Kontrolle übernehmen können, anstatt wie bisher selbst Systeme zu sein, die der durchgängigen menschlichen Kontrolle bedürfen. Ohne sie bleiben alle anderen weitergehenden Versprechungen bis hin zu jener Maximalleistung, daß die intelligenten Computer uns von allem Übel werden erlösen können, notwendig bloße Träumereien.

Theoretisch gibt es zwei Möglichkeiten, wie diese Minimalleistung erbracht werden könnte.
Kreativität, die Fähigkeit zum Umgang mit prinzipiell Neuem, wäre mit der für den Computer typischen Form der Leistungsgenerierung dann vereinbar, wenn es gelänge, einen allgemeinen und endlichen Algorithmus zu finden, mit dem sich jene prinzipiell unendliche Menge kreativer Leistungen produzieren ließe als bloße Folgengenerierung jener in dem endlichen Algorithmus festgehaltenen allgemeingültigen Prinzipien und der jeweiligen Eingabedaten.
Oder Kreativität wäre theoretisch denkbar dann als Leistung im Computer zu verwirklichen, wenn dem Computer eine völlig andere Form der Leistungsgenerierung zugrunde läge.
Was aber hat die Undurchschaubarkeit eines Programmes mit diesen beiden möglichen Formen der Computerkreativität zu tun?
Was die Suche nach der und die Diskussion um die Existenz eines solchen Wunderalgorithmus betrifft, so läßt sich doch wohl kaum die eigene Ignoranz gegenüber den Schlußfolgerungsketten in einem Programm als Beweis dafür anführen, daß diesen implementierten Verknüpfungsmöglichkeiten die Fähigkeit zukommt, mit prinzipiell Neuem kreativ umzugehen. Denn wenn ich etwas nicht kenne, dann kann ich doch erst recht überhaupt keine Aussagen, weder so noch so, über dieses unbekannte Etwas machen. Wohl hindert mich diese Ignoranz nicht, auf dieses Unbekannte irgendwie einzuwirken. Aber die Tatsache, daß ich nicht mehr weiß, was ich mit diesem Befehl dem Computer eigentlich befehle, kann doch nicht als Argument dafür herangezogen werden, daß ich aufgrund dieser Ignoranz weiß, wie ich dem Computer befehlen kann, kreativ zu sein. Wo ich doch noch nicht einmal dann, wenn ich noch weiß, was ich mit diesem Befehl dem Computer befehle zu tun, wüßte, wie ich dem Computer befehlen könnte, kreativ zu sein. Nach dieser Logik müßte ja auch meine Waschmaschine kreativ werden dann, wenn ich zu beschränkt bin zu begreifen, was in der Gebrauchsanleitung steht, und ich deshalb nicht weiß, was ich ihr befehle zu tun, wenn ich auf den linken Knopf drücke.
Und die Tatsache, daß man, wie Hofstadter es ausdrückt, ›die Folgen des Befehls an den Computer nicht kennt‹, daß ich also nicht weiß, was ich meiner Waschmaschine eigentlich befehle,

wenn ich auf diesen Knopf drücke, kann doch auch nicht als Beweis dafür herangezogen werden, daß meiner Waschmaschine jetzt wunderbarerweise eine andere Form der Leistungsgenerierung zugrunde liegt, daß sie also jetzt mehr tun kann, als ich ihr zu befehlen weiß. Natürlich kann sie immer noch nur das tun, was ich ihr befehle zu tun; nicht sie ist plötzlich intelligent und kreativ geworden, sondern ich bin so beschränkt geworden, daß ich nicht mehr verstehe, was ich befehle; nicht sie hat die Fähigkeit zum Umgang mit Neuem gewonnen, sondern ich habe bloß die Fähigkeit verloren, die Folgen meiner Einwirkungen auf die Maschine zu überblicken.

Und doch hat schon Turing diesen damals nur temporären Verlust des Verständnisses des Handlungsablaufs in der Maschine als Beweis dafür herangezogen, daß die Maschine kreativ sein kann. Nicht, weil die Maschine mehr könnte, als die in den allgemeinen Prinzipien logisch implizierten Schlußfolgerungen abzuarbeiten, sondern weil er selbst nicht ›genügend Kalkulationen anstellt‹, damit er sie in ihrem Ablauf richtig antizipieren kann. Und für Minsky und vollends für Hofstadter ist dieser endgültige Verlust der kritischen Urteilsfähigkeit über den Schlußfolgerungsablauf der Maschine jener ursächliche Umstand, der für sie die Kreativität und Intelligenz der Maschine zu einer nicht mehr bezweifelbaren Tatsache macht. So sehr und so ausschließlich, daß für Hofstadter und Moravec es schließlich selbst-evident ist, daß wirkliche AI-Programme, mit jenen ›superb intellektuellen Fähigkeiten‹, nicht nur in ihrem inneren Ablauf, sondern insgesamt, in jedem Urteil uns unverständlich und völlig fremd werden vorkommen müssen.

Wenn eine scheinbar absurde Argumentation über Jahrzehnte hinweg und bei den verschiedensten Leuten sich so stringent wiederholt, dann kann man nicht einfach davon ausgehen, daß hier ein bloßer Irrtum vorliegt, daß hier einer einfach etwas übersehen hat, sondern dann muß man annehmen, daß diese Argumentation einer Psycho-Logik entspringt, die sie für die Leute, die sie als logisch überzeugende vorbringen, tatsächlich als logisch richtige erscheinen läßt. In welcher Psycho-Logik aber könnte das Ausmaß meiner Ignoranz gegenüber einem anderen ein gültiger Beweis für das Ausmaß der Intelligenz des anderen sein? In welcher Psycho-Logik ruft der Verlust meiner Fähigkeit, die Folgen meiner Handlung an einem anderen zu überblicken, der Verlust meiner kritischen Urteilsfähigkeit über den anderen, nicht Mißtrauen und Angst, sondern Vertrauen und maßlose Bewunderung des anderen aus? Und in welcher Logik machte es Sinn zu sagen, daß die Fähigkeit des anderen, die Wahrheit zu erkennen, ein Produkt meiner Unfähigkeit ist, selbst zur wahren Erkenntnis zu gelangen?

Allein und ausschließlich in der Psycho-Logik des reinen Glaubens. Nur dort, wo wir unsere eigene Fähigkeit, zu einer wahren Beurteilung der Welt zu kommen, unsere kognitive Autonomie, aufgegeben und sie auf eine andere Instanz projiziert haben. Denn nicht nur werden wir dadurch notwendig ignorant, sondern nur durch diese Aufgabe und Projektion des Aufgegebenen koppelt sich unsere Ignoranz mit der blinden Anerkennung und Verehrung jener Instanz, auf die projiziert wurde, als der vor allem und einzig zur Wahrheit fähigen. Und erst wenn einer so weit ist, dann wird ihm die Undurchschaubarkeit der verehrten Instanz zum beweisenden Argument für deren überragende Erkenntnisfähigkeit. Denn schließlich ist es nur natürlich, daß der rein menschliche Verstand Gottes Ratschluß nicht begreifen kann, könnte er ihn begreifen, so wäre der Ratschluß ja schon wieder bloß menschlich und damit nicht geeignet, den Verlust der kognitiven Autonomie zu kompensieren.

Subjektiv, von der Ordnung ihres Weltbildes aus gesehen also, haben die Anhänger der Künstlichen Intelligenz völlig recht, wenn ihnen die wachsende Undurchschaubarkeit von Computerprogrammen zum Maßstab deren wachsender Intelligenz wird. Denn schließlich ist ja auch die allererste Leistung, die erbracht werden muß, damit je ein solch ›intelligenter‹ Computer anstelle unserer unsere Probleme wird lösen können, keine technische, sondern eine seelische: Wir müssen unser Bemühen, im Modus und nach Maßgabe unserer eigenen subjektiven Erkenntnisfähigkeit zu leben, unser existentielles Bedürfnis, eine Ordnung der Welt uns anzueignen und subjektiv als wahre zu erleben, aufgegeben haben. Denn erst dann, wenn wir mit unseren eigenen Fähigkeiten so völlig am Ende und völlig hilflos sind, sind wir bereit, das, was früher den Kern unseres Lebendig-Seins ausmachte, unsere kognitive Autonomie, an eine andere Instanz abzutreten. Und erst dann haben wir eine Chance, daß uns subjektiv jener Gott in der Maschine ersteht, der all das anstelle unserer lösen können soll, woran wir versagen. Und an dessen erlösende, all-

mächtige Kraft wir dann logischerweise um so mehr glauben können, je über-menschlicher und unbegreiflicher er uns erscheint, weil wir um so umfassender und endgültiger unser Vertrauen in uns selbst verloren haben.
Einen solchen Gott aber werden wir zum allermindesten nötig haben, soll die Ordnung unseres Weltbildes gerettet werden können. Das gilt nicht nur subjektiv, sondern das wird subjektiv so dringlich gültig, weil es subjektiv und objektiv wahr ist.
Denn wenn gesagt wird, daß intelligente Maschinen fähig sein werden, unsere dringlichsten Probleme zu lösen, dann heißt das auf der rein technischen Ebene ja nichts anderes, als daß den Computern zugemutet wird, sie sollten eine perfekte Technik inszenieren. Eine Technik, die nicht mit zunehmender Macht der technischen Systeme mit dem zunehmend fataler sich auswirkenden Kontrollverlust über diese technischen Systeme zu kämpfen hätte. Der es also gelänge, die für uns prinzipiell unberechenbaren Verschleißwirkungsketten in den Griff zu bekommen. Verschleißwirkungsketten aber sind das Ergebnis der Interaktion zwischen dem System Welt / Universum und dem jeweiligen technischen System. Eine perfekte Technik also kann es erst dort geben, wo uns tatsächlich die ganze Welt bis hinunter zum allerkleinsten Atombruchteil berechenbar geworden wäre, und erst in einer so durch und durch berechenbaren Welt stieße technische Macht nicht auf die ihr inhärente Grenze, daß das technische System selbst aufgrund seiner eigenen Komplexität und seiner eigenen Macht für uns zu jenem unberechenbaren und unkontrollierbaren Faktor wird, der in die Katastrophe und in den Untergang unserer Ordnung der Welt führt.
Die ganzen Wirkungszusammenhänge der Welt zu berechnen und zu kontrollieren aber, das ist keine Aufgabe, die menschliche Intelligenz noch lösen könnte. Daran muß sie, wie man allenthalben sieht, versagen. Für einen, dem die Ordnung der Berechenbarkeit allen Seins zur einzig wahren geworden ist, ist es so durchaus logisch, wenn ihm nicht ›die Technik‹, sondern der Mensch als das eigentlich fehlerhafte System erscheint, weil es ihm nicht gelingt, die Technik fehlerfrei zu konzipieren. Genauso, wie es für ihn auf der subjektiven Seite durchaus logisch ist, wenn ihm sein gescheiterter Versuch, sich diese Ordnung als subjektiv wahre anzueignen, nicht dazu bringt, diese Ordnung als für ihn gültige zu verwerfen, sondern er im Gegenteil sein Be-

dürfnis nach kognitiver Autonomie als jenen Fehler im System ansieht, der die Gültigkeit der einzig wahren Ordnung bedroht. Und logisch konsequent ist es daher auch, wenn alle Anhänger der Künstlichen Intelligenz wie selbstverständlich voraussetzen, daß es nicht nur intelligente, sondern superintelligente Maschinen geben wird. Denn aus jenem tödlichen Dilemma, in dem eben die eigenen Mittel der Macht und der Gültigkeit die Macht und die Gültigkeit der Ordnung subjektiv und objektiv untergraben, kann uns nur etwas retten, was jenseits unserer Fähigkeit zum Begreifen steht – eben ein Gott. Hofstadter: ›... Superintelligenz, wenn wir jemals die Stufe menschlicher Intelligenz erreichen werden,‹ (wird) ›sicher das nächste Ziel sein ... – nicht nur für uns, sondern auch für die Kollegen AI-Programme, die ebenso neugierig auf AI und Superintelligenz sind.‹ (1985 / 724) Feigenbaum/McCorduck: ›You know ... there's no such thing as a machine that's as smart as a human. ... There was no moment you could put your finger on when the machine was just *as* smart *as* the human. For a while it isn't as smart, and then suddenly it is smarter.‹ (1983 / 41) ›When a machine ... can make inferences more deeply then we can (because it is not limited, as we are, by our evolutionary legacy of about four items that we can attend to simultaneously), what will happen? ‹ (1983 / 237) ›...who can say how universal access to machine intelligence – faster, deeper, better than human intelligence – will change ... the whole intellectual and sociological development of mankind?‹ (1983 / 236) Moravec: ›But within the next century they‹ (our machines) ›will mature into entities as complex as ourselves, and eventually into something transcendending everything we know – in whom we can pride when they refer to themselves as our descendants.‹ (1988 / 1)
Ohne diese Voraussetzung einer allfähigen, allmächtigen Superintelligenz fielen die ganzen Versprechungen der Erlösung und Errettung ins Leere. Denn wie sollte etwas, das nur so intelligent ist wie wir, jene Probleme, die wir nicht lösen können, lösen können? Ohne die Lösung jener für uns unlösbaren Probleme jedoch bricht die Ordnung unseres Weltbildes, die sich über die Verwandlung der Welt in eine gemachte konstituiert, zusammen. Woraus zusammenfassend folgt, daß jene Instanz, die *anstelle* unserer unsere Probleme lösen können soll, aus objektiven und aus subjektiven Gründen nur ein Gott in seiner ganzen unbegreiflichen Allmacht sein kann.

Die End-(er-)lösung: Das wissenschaftliche Paradies auf Erden fängt mit der Apokalypse an

Wie aber macht man einen solchen Gott? Nicht nur einen, an den man subjektiv glaubt, sondern einen, der reale Macht hat? Nicht nur einen, einen unter vielen, der reale Macht hat, sondern EINEN, der allmächtig ist? Nicht nur einen, der allmächtig ist, sondern einen, der so jenseits von Macht oder Ohnmacht, von Glaube oder Nicht-Glaube, so bedingungslos und unhinterfragbar wirklich ist, daß seine Ordnung, die Ordnung der Berechenbarkeit, eben die objektiv naturgesetzlich gültige Wahrheit ist?

In Indien, dem Land der vielen Götter, das früher wie kaum ein anderes die unterschiedlichsten Götter ansammelte und integrierte und neu schuf, liegt über dem Entstehungsprozeß eines Gottes kein Denktabu. Dort gab es durchaus ein Bewußtsein dafür, daß jeder Gott und jedes Symbol eines Gottes einmal anfängt als bloß profanes Menschenwerk – als eine simple Statue aus Holz oder als einfacher Computer. Was diesem Gott und dem Prinzip, das er verkörpert, die übermenschliche Macht gibt, das ist der immer wieder sich erneuernde und sich vervielfältigende Vorgang der Verehrung von vielen: Je mehr verehren und je öfter der Akt der Verehrung vollzogen wird, desto mächtiger der Gott.

Und wenn in bestimmten Auslegungen diese Statue durch diese vielen Akte der Übertragung dann ganz reale Macht bekommt, so liegt Wahrheit in dieser Interpretation. Denn was für viele Menschen wahr ist, das wird wahr, kraft des Vermögens menschlicher Gesellschaften, sekundäre – gesellschaftliche – Wirklichkeiten aufzubauen im Modus ihres gültigen Weltbildes. Und für einen, der in dieser Gesellschaft aufwächst, ist diese sekundäre Wirklichkeit der gesellschaftlichen Nische zunächst primär. An ihr Menschenbild gleicht er sich an, ihre Kategorien verdeutlichen sein Erleben und geben seiner Entwicklung Richtung und Sinn, und was ihrer gesellschaftlichen Negation verfällt, das bleibt auch bei ihm nur dumpf und vorbewußt.

Oder wie Feigenbaum und McCorduck es ausdrücken:

›... by and by she began to sense that there was a larger truth waiting there. *Intelligence* was a political term, defined by whoever was in charge.‹ (1983 / 45)

Es geht nicht um Intelligenz – es geht um Macht. Um die Macht,

die Konstitutionsbedingungen jenes Weltbildes, in dem die Künstliche Intelligenz als die Enderlösung all unserer menschlichen Probleme erscheint, als sozial tradierbare umfassend zu verankern. Wenn alle das so sehen, dann ist das die Wirklichkeit, ganz einfach deswegen, weil es keinen menschlichen Maßstab mehr gibt, gemessen an dem das anders sein könnte.
Im Unterschied aber zu den bisherigen Religionen des reinen Glaubens muß diese hier als an sich seiende Wirklichkeit konstituieren, was dort offen als Glaube über den letzten Sinn der Wirklichkeit herrschen durfte. Und wenn man dort wenigstens die Wahl der Verdammnis hatte, so darf es hier nicht einmal eine Erinnerung daran geben, daß es je eine Wahl hätte geben können.
Konsequenterweise gehen auch alle Anhänger der Künstlichen Intelligenz stillschweigend und implizit davon aus, daß diese bereits Wirklichkeit ist. Oder wie Marvin Minsky das sagt: ›*Are minds machines*? Of that I have raised no doubt at all ...‹ (1988 / 323). Da kann es keinen Irrtum mehr geben. Wer irrt, das sind die Einzelnen, die das noch nicht so sehen. Jene, von denen Feigenbaum und McCorduck sagen, daß sie von sich selbst sagen: ›I don't believe in the existence of artificial intelligence.‹ (1983 / 43) Als ob Künstliche Intelligenz etwas wäre, woran man glauben könnte oder nicht, und nicht die eine wahre Wirklichkeit. ›It was a curious turn of phrase, ›don't believe in AI‹, as if AI were a matter of mystical faith , not susceptible of empirical proof. ... The very phrase ›believe in‹ suggested dogma, doctrine, one might or might not, according to catechism.‹ (Feigenbaum et al. 1983 / 42) Wo die Wirklichkeit der Künstlichen Intelligenz doch umgekehrt so aussieht ›...it works whether you believe in it or not.‹ (Feigenbaum et al. 1983 / 43) Und es in Wahrheit die Ungläubigen sind, die in einem reaktionären Glaubensdogma befangen sind: ›No amount of intelligent behavior on the part of computers was going to persuade the disbelievers.‹ (Feigenbaum et al. 1983 / 43)
Zwar ist es richtig, daß einer begeistert sein muß, daß alle Menschen, ja alle Kleinkinder schon, wie Papert das sagt, die Maschinen ›lieben‹ (1985 / 9) müssen, daß, um Hofstadter zu paraphrasieren, ›Enthusiasmus‹ und ›Verehrung gewisser Ideen in Herz und Verstand‹ der Leute ›einsickern‹ müssen (1985 / XIX), aber das muß alles nur geschehen zu unserem Besten. Schließlich geht es darum, so Papert, ›wie Computer Träger schlagkräftiger Ideen

und Keime eines Kulturwandels werden können, wie sie Menschen helfen können, neue Beziehungen zu Wissen aufzubauen, die über alle traditionellen Grenzen hinweggehen, die heute die Geisteswissenschaften von den Naturwissenschaften und die Kenntnis des eigenen Ichs von allen beiden trennen‹ (1985 / 12); es geht darum, so Michie und Johnston, daß ›we can foresee the day when poverty, hunger, disease and political strife have been tamed through the use of new knowledge, the product of computers ... and the doors of human imagination will be opened as never before.‹ (1984 / 12);, und darum, so Feigenbaum und McCorduck, ›How revolution, transformation and salvation are all to be carried out ...‹ (1983 / 8); ja sogar ums ewige Leben geht es: ›It is easy to imagine human thought freed from bondage to a mortal body – belief in afterlife is common‹, sagt Moravec, ›But‹, so versichert er uns, ›it is not necessary to adopt a mystical or religious stance to accept the possibility. Computers provide a model for even the most ardent mechanist.‹ (1988 / 4) Und, was ein Glück, daß letztlich diese Erlösung in nichts anderem besteht, als, so Hofstadter, darin, ›that human designers will speed up the evolutionary process by aiming explicitly at the goal of creating intelligence ...‹ (1981 / 88), so daß wir uns auch hierin, wie Feigenbaum und McCorduck uns beruhigend versichern, ganz sicher fühlen können: ›In the end we have no choice. We can decide *when* we shall participate, not *if*.‹ (1983 / 293)
Und welcher Mensch wollte es unternehmen, sich gegen die Naturgesetzlichkeiten zu stellen? Untergehen oder teilnehmen, untergehen oder aktiv teilnehmen, untergehen oder die ganze Kraft in diese Entwicklung legen, eine andere Alternative gibt es für die Völker dieser Erde nicht, und vor dieser Alternative wird jedes Argument nichtig. Michie und Johnston: ›But it is important that ... philosophical considerations, interesting as they are, do not confuse our commitment urgently to seek to exploit the beneficial potential of the new technology. With it, our future looks brighter than we can imagine. Without it, we may have no future at all.‹ (1984 / 13) Im Unterschied aber zu der bisherigen blinden Evolution ist dies eine, die sich im Bewußtsein um ihre notwendige Entwicklung selbst beschleunigen kann, im Unterschied also zum bisherigen Überlebenskampf reicht bloßes naturwissenschaftliches Wissen nicht hin. Hier bedarf es einer Vision des im Schöpfungsplan angelegten Endzieles, und der gewinnt, der zu-

erst sich kompromißlos dieser Vision verschreibt. Die anderen aber, die, die es jetzt noch nicht begriffen haben, die noch zögern, die Ungläubigen, das sind die Völker, über die die Evolution als eine Sackgasse der Entwicklung schon hinweggeschritten ist. Moravec:

›Until now we have been shaped by the invisible hand of Darwinian evolution, a powerful process that learns from the past but is blind to the future. Perhaps by accident it has engineered us into a position where we can supply just a little of the vision it lacks ... and can, if we choose, use our vision to guide the watchmaker's hand.‹ (1988 / 158)

Wer aber sollte im Ernst etwas anderes wählen, wo doch die Alternative, Feigenbaum und McCorduck sagen das ganz klar, so aussieht:

›Where there is no vision, the people perish.‹ (1983 / 200) Wenn es so steht, wenn der naturgesetzlich unabänderliche Gang der Evolution und die paradiesische Enderlösung, wenn die Drohung der höllischen Verdammnis aller Ungläubigen mit dem tatsächlichen Untergang hier und jetzt zusammenfällt, dann gibt es keinen Zweifel, vor dieser Alternative wird jeder Zweifel aus rational einsichtigen Gründen tödlich falsch, und weil es diese Alternative nur gibt, wenn man in sich selbst jeden Zweifel und jede Möglichkeit des Zweifelns ausgerottet hat, wird jeder Zweifel und das, was Zweifel hervorrufen könnte – das Bemühen und das Bedürfnis nach kognitiver Autonomie – aus psychologisch und rational einsichtigen Gründen zur Häresie.

Alle Ordnungen des reinen Glauben stützen sich in ihrer Verwirklichung mit bestem Wissen und Gewissen auf den Versuch, eine möglichst umfassende Tabuisierung jener subjektiven Erkenntnisfähigkeit, in der ganz richtig der Teufel als der Untergang jeder Ordnung des reinen Glaubens wurzelt, zuwege zu bringen. Das ist dort, wo die Ordnung der Berechenbarkeit ihre Gültigkeit als eine Ordnung des reinen Glaubens etablieren will, nicht anders als bei jeder anderen reinen Glaubensreligion auch. Und wenn es bisher so war, daß der Zusammenbruch der kognitiven Autonomie ein unbeabsichtigtes Produkt der existentiellen Krise unserer Ordnung war, so hängt die Existenz dieser Ordnung fortan davon ab, daß dieser Zusammenbruch aktiv betrieben und durchgesetzt wird.

Am Anfang jener ›Wissensexplosion‹ durch die intelligenten

Computer, am Anfang jener ›Wissensgesellschaft‹, die sich durch das Wissen der intelligenten Computer begründen soll, am Anfang jener ›worldwide religious renaissance, characterized not by a belief in a supernational god, but rather by awe and humility in the presence of the collective human spirit and its wisdom‹ (Feigenbaum et al. 1983 / 240), die Feigenbaum und McCorduck hier so treffend beschreiben, steht die umfassende Tabuisierung jeder kritischen Vernunft, die jene ›ehrfürchtige Scheu‹ und jene ›Demut‹ vor jenem in den Computern objektivierten ›kollektiven menschlichem Geist‹ als Resultat der akzeptierten Ohnmacht der Erkenntnisfähigkeit des Einzelnen erst hervorruft.
›Once we recognize that *ordinary* thinking, too, requires censors to suppress ineffectual mental processes, then ... absurd results of reasoning must be tabooed as thoroughly as social mistakes and insanities!‹ sagt Minsky (1988 / 278) und meint natürlich, daß diese Tabuisierung bestimmter Denkprozesse keine politische Angelegenheit, sondern eine biologisch bedingte Notwendigkeit aufgrund unserer Gehirnfunktion ist.
Wenn aber bei den bisherigen Religionen des reinen Glaubens das Paradies wenigstens im Jenseits war, so daß dort immerhin das Alltagsleben auf der Erde auch nach unvollkommenen irdischen Maßstäben vonstatten gehen konnte, so muß nun das Paradies hier auf Erden errichtet werden. Kognitive Autonomie muß nicht nur in bezug auf die Dinge des Himmels, sondern in den täglichen Verrichtungen des Alltags als Maßstab des Urteils außer Kraft gesetzt werden. Und da stehen die Chancen gar nicht so schlecht.
Setzt man – wie hier für unsere Kultur konstitutiv – die Alleingültigkeit der Ordnung der Berechenbarkeit voraus, so ist es sogar so, daß die Ordnung der Berechenbarkeit im Gegensatz zu den alten Religionen des reinen Glaubens die erste ist, die die objektiven Voraussetzungen dafür mit sich bringt, daß dieses Unternehmen der Tabuisierung der kognitiven Autonomie nicht beim immerwährenden Versuch steckenbleiben muß, sondern konsequent bis zum endgültigen Erfolg durchgeführt werden kann. Denn vor dem Zeitalter der Aufklärung stellte die Erfahrungsfähigkeit des Einzelnen ja jenes einzige Medium dar, mit dem eine wahre Erkenntnis der profanen Welt zugänglich wurde. Eine ernsthafte gesellschaftliche Negation oder gar Tabuisierung dieses subjektiven Zugangs zur Welt wäre daher gerade im Alltag gar

nicht möglich gewesen. Im täglichen Leben und Überleben war im Gegenteil eine Differenzierung der Erfahrungsfähigkeit, wie sie von der handwerklich organisierten Arbeit gefördert und gefordert wird, unabdingbar. Das Erkenntnistabu mußte sich also notwendig auf jene nicht profane Ebene beschränken, in der es explizit um Sinnzuweisung und Sinn des Lebens ging.
Für die Ordnung unseres Weltbildes hingegen ist die Disidentifikation von der eigenen Erfahrungsfähigkeit konstitutiv. Und sie kann dies sein, weil wir in der wissenschaftlichen Erkenntnismethode einen Zugang zur Welt haben, der uns zugleich das Wissen um die Welt und die Macht in der Welt gibt, mit dieser Disidentifikation zu leben. Durch die konkrete Umsetzung dieses Wissens bauen wir unsere expansive Nische des Gemachten auf, in der es zum Leben Erfahrungsfähigkeit ebensowenig braucht, wie zur Erkenntnis ihrer Konstruktionsprinzipien. Und wenn wir jetzt schließlich – wie es innerhalb dieses Weltbildes sich als objektives Faktum repräsentiert – die denkende Maschine erfunden haben, dann können wir die Maschinen nicht nur wie bisher ›für uns arbeiten‹, sondern auch ›für uns denken lassen‹, und dann braucht es das menschliche Subjekt in dieser seiner letzten Funktion für den Erhalt unserer Ordnung auch nicht mehr.
Wir haben den Prozeß dann so weit verobjektiviert, daß er sich auch ohne alles Subjektive und was an Seelischem, Geistigem oder Fleischlichem damit zusammenhängen mag, verwirklichen ließe. Rein objektiv gesehen sind dann Menschen für die Ordnung der Berechenbarkeit und ihre Verwirklichung durch die Verwandlung der Welt in eine gemachte nicht mehr notwendig. Und wo nicht Gott, sondern Gott als Naturgesetz waltet, da kann es auch das nicht geben, was in den alten Religionen des reinen Glauben die letzte Hoffnung des Schlechten und des Bösen war: Gnade und Barmherzigkeit. Dann wird Besessenheit und lückenlose Konsequenz in der Durchführung zur rationalen Grundlage des neuen Realitätsprinzips. Feigenbaum und McCorduck gehen sogar soweit, daß sie es Weisheit nennen. ›One part of wisdom is the ability to recognize when you have a good thing. Another part of wisdom is to recognize a bad thing and abandon it without a backward glance. Still a third part of wisdom is to summon the will, perhaps even give over to the obsession, to carry the good thing through to its fulfilment, regardless of obstacles.‹ (1983 / 151)

Was wiederum impliziert: Alles was an Subjektivem in diese Ordnung nicht hineinpaßt, kann und soll um deren Erhalt willen abgeschafft werden. Nicht nur der Ideologie, dem Ideal nach, sondern konkret als konstitutives Moment der realen materiellen Verwirklichung dieser Ordnung auf dieser Welt. Der Philosoph Daniel C. Dennet hat diese Grundvoraussetzung, die der neuen Gültigkeit der alten Ordnung der Berechenbarkeit die Macht zur Realität gibt, aus seiner Sicht so zusammengefaßt: ›Wir müssen uns unseren Respekt vor dem Lebendigen abgewöhnen.‹ (1989 o. S.) Und Marvin Minsky hat das offensichtlich schon geschafft. Für ihn ist das menschliche Gehirn eine bloße ›meat-machine‹ (1979 / 70), eine Maschine nicht aus lebendigem, sondern aus totem Fleisch. Und mit schon geschlachtetem, mit totem Fleisch, das weiß ja nun jeder, kann man nun wirklich machen, was man will – wenn man nur könnte.

Denn nur bisher war wissenschaftliches Wissen identisch mit realer Macht zur Manipulation. Wenn der Stein nicht ›glauben‹ wollte, daß wir aus ihm Eisen machen können, dann machten wir eben Eisen aus dem Stein, ganz egal, was der ›glaubte‹ oder ›nicht glaubte‹. Genau diese Macht aber, den anderen gegen seinen Willen im Sinne der eigenen Absicht zwingen zu können, auf der die Durchschlagskraft der wissenschaftlichen Erkenntnis der Welt beruht, kommt dem neuen Gott unserer Ordnung, der intelligenten Maschine, nicht mehr zu. Denn selbst wenn wir fähig sind, den intelligenten Computer zu bauen, so gibt uns dieses Wissen noch lange nicht und mitnichten die Macht, die Gedanken eines anderen Menschen so zu zwingen, daß er diese unsere Tat so sieht wie wir. Wir kennen kein chemisches Mittel, keine Gehirnoperation, keine Psychotherapie, die ihn mit Sicherheit das so sehen ließe, unbeschadet der Tatsache, wie er das sehen will. Unser intelligenter Computer steht sozusagen vor diesem Stück der alten biologisch erzeugten Intelligenz wie vor einem störrischen Dinosaurier und kann ihn bei all seiner Intelligenz und bei all dem Wissen, das die Schaffung dieser Maschinenintelligenz voraussetzte und mit sich brächte, nicht zwingen. Und in all seiner Macht und seiner Intelligenz und seinem Wissen bleibt er doch so lange ohnmächtig und dumm, bis ihm dieses Stück Biologie in seiner biologisch begrenzten Erkenntnisfähigkeit aus freien Stücken da glaubt, daß er intelligent und mächtig und wissend ist, und sich seine Entscheidungen von ihm abnehmen läßt und sein Urteil akzeptiert.

Im Gegensatz zu ihrer bisherigen Gültigkeitsbedingung der konkreten Macht ist die ersehnte Allmacht der Ordnung der Berechenbarkeit deshalb hier – wie die Allmacht jeder bisherigen Religion des reinen Glaubens – allein und direkt eine Funktion der freiwillig eingesehenen und eingestandenen Ohnmacht des Subjekts.
Was freilich die psychische Situation des Einzelnen betrifft, so ließe sich die Erringung der lückenlosen Erkenntnis der Welt und des Menschen durch die objektiven Wissenschaften nicht von jener Situation unterscheiden, in der die lückenlose Despotie einer Religion des reinen Glaubens herrscht. Weswegen das Ganze eben auch in dieser Verschmelzung von Religion und Wissenschaft funktioniert: Wo die Ordnung der Berechenbarkeit objektiv notwendig voller Lücken bleiben muß, da läßt sich ihre lükkenlose Gültigkeit doch durchsetzen als eine des reinen Glaubens an ihre absolute Gültigkeit, ohne daß die Logik der Argumentation auch nur um ein Jota geändert werden müßte.
Freilich kann unter diesen neuen Gültigkeitsbedingungen keine Rede davon sein, daß die erforderte Aufgabe der kognitiven Autonomie kompensiert würde durch eine individuelle Aneignung dieser neuen Macht. Eben weil die neue Allmacht der Ordnung der Berechenbarkeit keine reale Macht hat, hätte sie keine Macht mehr, wenn der Einzelne nicht ganz und gar ohnmächtig wäre. Feigenbaums Glaube, daß diese neue Macht noch so zum Verkauf anstünde wie die alte, wird denn auch von der Mehrzahl der Anhänger der Künstlichen Intelligenz nicht geteilt. Im Gegenteil beantworten jene zukunftsfrohen Wissenschaftler, die den Endsieg nahe sehen, die von McCorduck gestellte Frage ›Will an intelligent artifact grasp power over us?‹ (1979 / 327) affirmativ.
Wobei die Sache sich ihnen natürlich nicht als Diktatur und Unterwerfung darstellt, so wenig, wie wir in unserer Gesellschaft davon reden würden, daß wir eine Diktatur über alle Tiere ausüben oder einen Krieg der Unterwerfung gegen alle Pflanzen führen. Nicht, weil wir nicht Tiere und Pflanzen selbstverständlich als etwas behandeln, das sich unserem Willen zu fügen hat und ansonsten dort umgebracht werden kann, wo wir es nicht brauchen, und nicht, weil wir den Tieren und Pflanzen nicht selbstverständlich jedes Recht auf Selbstbestimmung absprechen, sondern deswegen, weil für uns Tiere und Pflanzen niederere Stufen der Evolution darstellen, denen man selbstverständlich

nicht die gleichen Rechte zusprechen kann wie der Krone der Schöpfung. Und die wiederum – also die jeweils höchste Verkörperung der Evolutionsstufen – hat selbstverständlich vor allem dieses eine Recht: ausnahmslos über alle niedrigeren Stufen der Evolution zu herrschen. Das einzige, was sich jetzt in dieser durch uns etablierten Beziehungslogik der Geschöpfe untereinander ändern soll ist eben das, daß jetzt auch wir Menschen jenem rechtlosen subintelligenten Rest zuzuschlagen sind, der dem Willen jener höchsten Intelligenz restlos unterworfen ist. Die Tabuisierung der kognitiven Autonomie wird im Weltbild der die Maschinenintelligenz Verehrenden nicht auf der intellektuellen Ebene vollzogen, als Meinungsterror, als das Verbot der kritischen Vernunft, sondern sie zielt umfassender und gründlicher auf den biologischen Träger von Intelligenz überhaupt. Auf dem Programm steht die genetische Abwertung der Rasse Mensch durch den neuen Übermenschen.

Jantsch nennt diese Art der Ausrottung jeglicher Möglichkeit der Selbstbestimmung des Menschen in der Sprache der Systemtheorie vornehm und dezent abstrakt ›Selbsttranszendenz der Systeme‹: ›Evolution (ist) das Ergebnis von Selbsttranszendenz auf allen Ebenen. ... In der Selbsttranszendenz können wir nicht nur über uns selbst als Individuen, sondern auch über die Menschheit hinausgelangen.‹ (1979 / 253) ›Dieses Gefühl des Eingebettetseins in eine universale zusammenhängende Dynamik sollte uns nicht nur die Furcht vor dem eigenen biologischen Tod nehmen, sondern auch jene Furcht, die ›das Überleben der Gattung‹ als höchsten Wert verteidigt.‹ (Jantsch 1979 / 414 f.)

Ein Experte der Künstlichen Intelligenz, Fredkin, präzisiert, in welchem Stadium jene ›universale zusammenhängende Dynamik‹ der ›Evolution‹ heute angekommen ist: ›Until now, biological evolution has taken place in a single mode, a sort of genetic-message relay race ... Humans stand at the end of this biological relay race, but they aren't the end of evolution altogether. Artificial intelligence is the next step in evolution, but it's a different step.‹ (1979 / 345 f.)

Und der Roboterexperte Moravec findet – wohl weil er auch die anschaulichste Arbeit in diesem Prozeß hat – die anschaulichsten Worte für jene alte Diktatur der neuen Krone der Schöpfung: ›Sooner or later our machines will become knowledgeable enough to handle their own maintenance, reproduction, and self-improvement without help. When this happens, the new genetic takeover will be complete. Our culture will then be able to evolve independently of human biology and its limitations, passing instead directly from generation to generation of ever more capable intelligent machinery. ...Unlashed from the plodding pace of biological evolution, the children of our minds will be free to grow to confront immense and fundamental challenges in the larger universe. We humans will benefit for a time from their labors, but sooner or later, like natural children, they will seek their own fortunes while we, their aged parents, silently fade away. ... What awaits us is ... a future which, from our present vantage point, is best described by the words ›postbiological‹ or even ›supernatural‹. It is a world, in which the human race has been swept away by the tide of cultural change, usurped by its own artificial progeny.‹ (1988 / 1)

Diese Prognose von Moravec erschien 1988, und es war Ende 1989, als folgende Frage als zweiseitige Annonce in einer renommierten politischen Wochenzeitschrift erschien:

›Warum stellt niemand den Menschen unter Naturschutz?‹ (Spiegel 28. 8. 89)

Wer da so fragte, das waren die Neuform-Reformhäuser, die in intuitiver Wahrnehmung ihrer eigenen Geschäftsinteressen auf diese Weise das Überleben ihrer Klientel sicherstellen wollten. In diesem Anliegen freilich, man kann es jetzt schon mit Sicherheit sagen, werden die Reformhäuser enttäuscht werden müssen.

Zwar ist es richtig, daß die neue absolute Gültigkeit der Ordnung der Berechenbarkeit der Welt jenes Handikap hat, daß sie uns nicht mit realer manipulativer Gewalt in ihre gläubige Verehrung hineinzwingen kann. Der Sieg, Macht oder Ohnmacht, Gültigkeit oder nicht Gültigkeit entscheidet sich durchaus allein auf der Ebene der Ideen und der Überzeugungen. Aber ein Blick in die Geschichte der Religionen des reinen Glaubens und der absoluten Allmacht eines Gottes lehrt uns, daß das durchaus nicht impliziert, daß die Kriegsmittel für diesen Sieg sich auf das reine Wort und die Kraft der Idee beschränken. In der Geschichte haben alle Religionen, die auf der Vorstellung eines allmächtigen Gottes basierten, jene dunkle Kehrseite, daß ihre Bekehrung das systematisch betriebene Verfahren des Mordes und des Totschlags aller Ungläubigen beinhaltete. Und das nicht dann, wenn sie noch nicht an der Macht waren, da, wo sie sich noch auf die Verkün-

dung des *Wortes* Gottes beschränken mußten, sondern dann, wenn sie in einer Gesellschaft die Macht errungen hatten.
Dieses Umkippen aus der internen psychischen Verdrängung in die externe physische Vernichtung des Nicht-Kompatiblen hat seine Ursache darin, daß aller kollektiver Glaube der Welt die Religionen des reinen Glaubens nicht von ihrer prinzipiellen Verletzbarkeit befreien kann. Ihre Kraft zur gesellschaftlichen Wirklichkeit beruht allein und ausschließlich auf der ständigen Wiederholung eines Paradoxons:
Der Akt der Aufgabe der kognitiven Autonomie und vor allem ihre Projektion auf eine Instanz außerhalb ist selbst ein Akt der kognitiven Autonomie.
Da kann uns kein Mensch und keine Situation der Welt hineinzwingen. Selbst die allerschlimmste Gehirnwäsche kann uns zusammenbrechen, aber nicht für uns in der Projektion der kognitiven Autonomie auf etwas anderes die Welt des reinen Glaubens und der völligen Selbstaufgabe entstehen lassen. Das können jeweils nur wir selbst. Und gerade dann, wenn wir nicht nur einen Teilaspekt einer gültigen Ordnung verifizieren, sondern eine ganze Ordnung als Haltung zur Welt für uns zur wahren machen, ist unsere Fähigkeit zur kognitiven Autonomie am reinsten und am intensivsten gefordert. Argumentiert man von der negativen Seite her, so läßt sich sogar sagen, daß sich durch nichts anderes unsere Fähigkeit und Freiheit zur Selbstbestimmung besser beweisen läßt, als durch diese unsere Fähigkeit, das Recht auf Selbstbestimmung ganz aufzugeben. Wäre kognitive Autonomie, die Fähigkeit, Ordnungen als für uns als wahre zu erkennen und zu schaffen, nicht der innerste Kern unseres Wesen, so wären wir wie die Tiere an ihre Ausübung gebunden, und hätten nicht auch die Macht, auf ihre Ausübung zu verzichten. So aber wird die Macht jener Ordnung des reinen Glaubens, die die Macht der kognitiven Autonomie nicht zulassen darf, nur möglich, weil wir diese Macht zur kognitiven Autonomie in ihrer negativen Möglichkeit zur Gänze ausüben.
Und weil das Leben ein kontinuierlicher Prozeß ist, das sich in jedem Moment sozusagen immer wieder neu entscheidet, zwingt uns die Welt des reinen Glaubens zur ständigen Wiederholung und Aktualisierung dieses tödlichen Widerspruchs. Die Aufgabe der kognitiven Autonomie und ihre Projektion auf die zu verehrende Instanz muß – das war auch jenen indischen Überlegungen

zum Entstehungsprozeß eines Gottes präsent – ständig wiederholt werden, soll der Gott seine Macht behalten. Weil aber so in dieser Welt immer und in jedem einzelnen Menschen und nicht zeitlich verteilt, sondern jeden Tag wieder neu, exakt das sein muß, was um der Gültigkeit der Ordnung genau nicht sein darf, gibt es für die Ordnungen des reinen Glaubens keinen Moment der Stabilisierung. Es kann hier keinen erreichten Endzustand der endgültigen Verdrängung geben, weil der Akt der Verdrängung genau die Ausübung jener Fähigkeit erforderlich macht, die verdrängt werden soll. Je mächtiger die Ordnungen des reinen Glaubens in der Wirklichkeit werden – je reiner und ausschließlicher und häufiger und intensiver der Akt der Aufgabe der kognitiven Autonomie vollzogen und damit kognitive Autonomie zugleich aktualisiert wird –, desto präsenter ist in jedem Menschen das gefordert, auf dessen restloser Tilgung doch die Gültigkeit der Ordnung sich aufbaut.

Metaphorisch ausgedrückt wächst die Macht des Teufels parallel zur Macht Gottes, und historisch gesehen ist es auch genau das, was allen Ordnungen des reinen Glaubens als Wirklichkeit entsteht. Der innere Konflikt wird auf Entitäten der Welt projiziert, und dort, im Realen, wird stellvertretend das ausgemerzt, was im Inneren nicht ausgemerzt werden kann und doch gerade dort nicht existieren darf.

Es ist aber eine Abwehr, die stellvertretend als kollektiver Prozeß in der realen Welt stattfinden soll, gegenüber einer erfolgreich im Inneren vollzogenen Abwehr immer notwendig schwächer und brüchiger als diese, unabhängig davon, mit welcher gesellschaftlichen Macht und Konsequenz sie vollzogen wird. Denn wenn eine im Inneren vollzogene Abwehr wirklich blind gegenüber den tabuisierten Aspekten machen kann, weil sie den Prozeß der Wahrnehmung der Welt beeinflußt, hat es eine im Realen vollzogene Abwehr mit der unendlich großen und unendlich mannigfaltigen Welt zu tun. Die Feinde Gottes sind deshalb unzählige, und vor allem wachsen sie nach wie die Köpfe einer Hydra. In jedem Wurm, der nach seinem eigenen Willen auf der Erde kriecht, in jedem Lebendigen schließlich manifestiert sich jenes tabuisierte Bedürfnis und jenes tabuisierte Recht, nach der je eigenen Wahrnehmung der Welt zu leben. Und schließlich kann auch der stellvertretend gegen alles Lebendige geführte Krieg nicht vernichten, was ursächlich in der eigenen Person als nicht tragbarer Widerspruch reproduziert wird. Letztlich sitzt der Feind im eigenen Fleisch, es ist die eigene notwendig sündige Existenz, die der Macht Gottes entgegensteht. Ein ungeheurer Haß auf alles Lebendig-Fleischliche und eine ungeheure Müdigkeit gegenüber allem Lebendigen legt sich deshalb schwer und lastend in der Welt des reinen Glaubens auf das Erdenleben. Das hier, das reale Leben, ist nur eine Prüfung Gottes, und erst im Tod finden wir die Erlösung.

Und oft genug ist damit ganz real und offen der absichtlich gesuchte Tod im Kampf gegen die Ungläubigen der Welt gemeint, der allein den direkten Weg zum Paradies eröffnen kann. Im Leben des Kriegshelden und Märtyrers, der so konsequent ist, daß er nicht nur das Inkompatible in der Welt, sondern radikal bis zum Opfer des eigenen Leibes auch das Inkompatible in sich selbst vernichtet, verdichten sich die Grundkomponenten der Ordnungen des reinen Glaubens zur Initialerfahrung. Eine Initialerfahrung aber ist gemeinhin eine, die am Anfang eines Lebens in der gültigen Ordnung steht. Und genau so wird vom absolut Gläubigen der Tod im Kampf gegen das Inkompatible auch erfahren. Nicht als Ende, sondern als Anfang seines eigentlichen Lebens im Paradies. Alles andere, das hier auf dieser Erde, da hat der Gläubige von seiner Warte aus völlig recht, ist nur ein belangloses Zwischenstadium, dem keine rechte Wahrheit zukommen kann, weil aufgrund ihrer Konstitutionslogik keine Ordnung des reinen Glaubens auf dieser lebendigen Erde eine Chance zur vollen Wahrheit hat.

Die Ordnungen des reinen Glaubens sind real nicht als umfassend gültige lebbar. Jedenfalls nicht für lebendige Menschen auf dieser lebendigen Erde.

Aber genau das ist es ja, auf was es hier ankommt.

Die Ordnung der Berechenbarkeit der Welt ist real nicht als umfassend gültige lebbar. Jedenfalls nicht mit lebendigen Menschen und mit einer lebendigen Erde.

Und während die Vollendung der alten reinen Glaubensordnungen nur in Ausnahmezuständen als solche erst im eigenen Tod gültig werdende ausgelebt wurden und das Paradies hier nur ein erträumter Zustand im Jenseits sein kann, muß unsere Ordnung das Paradies hier auf Erden errichten und die Vollendung als Element des Alltags etablieren. In der Vision der Künstlichen Intelligenz ergänzt sich der Absolutismus des reinen Glaubens,

der die eine göttliche Wahrheit kraft der Gnade Gottes zu repräsentieren vermeint, mit dem Absolutismus des wissenschaftlichen Erkenntnisideals, das die eine objektive Wahrheit ohne ein Gran Glaube oder Subjektivität zu besitzen vermeint, zu einem perfekten Verbund, innerhalb dessen es keinen Ausweg mehr vor der totalitären Radikalität beider Ansprüche gibt.
Hier verbindet sich jene religiöse Bereitschaft, stellvertretend im Realen zu vernichten, was im Inneren nicht auszumerzen ist, mit jener Doppelfunktion, die die Fähigkeit zur manipulativen Macht über Materie bisher schon zu erfüllen hatte: nicht nur eine neue Welt des Gemachten aufzubauen, sondern in diesem Aufbau jene alte Welt des ohne unser Zutun Werdenden zu vernichten. Hier verbindet sich der religiös bedingte Haß auf alles Lebendige mit jener Grundvoraussetzung der Macht unserer Ordnung der Berechenbarkeit: daß sie, erkenntnistheoretisch wie psychologisch, objektiv wie subjektiv gesehen, nur dort zum Zuge kommt, wo es ihr gelingt, das andere durch und durch zum Objekt zu machen. Hier verbindet sich die ungeheure reale Zerstörungsmacht, die wir aufgrund der wissenschaftlichen Erkenntnis der Welt haben, mit diesem doppelten Motiv zur Zerstörung. Und diese absolute Bereitschaft und reale Macht zur realen Vernichtung alles Inkompatiblen, zur Zerstörung der gesamten bisherigen Welt, treffen auf jenen real stattfindenden Prozeß des Aufbaus jener neuen, jener paradiesischen Welt des Gemachten, in dem zum ersten Mal die Zerstörung des Subjektiven real vollendet und rational und wissenschaftlich eingeplant werden kann, weil mit der Schaffung einer denkenden superintelligenten Maschine diese Ordnung der Welt auch ohne Menschen und ohne Lebendiges überhaupt sich fortpflanzen kann. Hier ist die Macht der Maschinen, ihre Fähigkeit zur ›Intelligenz‹, zur ›Fortführung der Evolution‹, nicht nur metaphorisch gesprochen direkt und ausschließlich eine Funktion unserer Ohnmacht, davon abhängig, daß wir uns ganz und gar zum Objekt machen. Hier ist nicht nur psychologisch gültig, daß die Maschinen ihr Lebendigsein in dem Maße gewinnen, in dem wir uns selbst unser Lebendigsein absprechen, und daß sie erst dann wahr- und wahrhaftig lebendig sind, wenn wir uns selbst und alles Biologische mit dazu wahr- und wahrhaft umgebracht haben, sondern hier wird diese psychologische Logik voll und ganz gültig als technologisch-wirtschaftliches Erfolgsprogramm, dessen Richtigkeit durch die Erkenntnisse der Wissenschaft abge-

sichert ist. Hier blendet jene Verwandlung der Welt in eine durch und durch gemachte, jener Prozeß der Zerstörung mittels Aufbaus, der von uns in immer größerem Maßstab betrieben wird, und der bisher hauptsächlich immer die *Anderen* betraf, nahtlos über in einen Prozeß der Zerstörung der ganzen lebendigen Welt einschließlich unserer selbst.

Und wer will hinterher, wenn wir alles vernichtet haben, noch sagen, ob wir auch die aufbauende Seite dieses Programms erfüllt haben oder ob jene Vorstellung einer ›Evolution der Maschinen, die die alte biologische ablöst‹, nichts anderes war als ein Werbetrick, ›another splendid gesture of human adaptivity‹ (1979 / 327), wie McCurdock das nennt, mit dem wir uns das Umkippen unserer technisch-wissenschaftlichen Welt des Machens in eine reine Ordnung der Zerstörung und der Katastrophen bis zum endgültigen Untergang erfolgreich verkauft haben als heldenhaften Kampf des Aufbaus und des Fortschritts?

Den Mord an der Menschheit und den Mord alles Lebendigen durch die Verwirklichung unserer Ordnung der Berechenbarkeit der Welt zu rechtfertigen und so zu interpretieren, daß er aktiv und offen als rationale Erlösungsstrategie offensiv betrieben werden kann, das ist die Funktion des Aufbaus der Künstlichen Intelligenz und Superintelligenz als Wissenschaft. Und es sind nicht die borniertesten und leichtgläubigsten unter ihren Anhängern, sondern die intelligentesten und sensibelsten, die diese Aufgabe in ihrer ganzen Tragweite begriffen und den Mut haben, sie in ihrer ganzen Tragweite zu vertreten.

So daß sich hinterher, kurz bevor er umgebracht wird, auf jeden Fall keiner beklagen kann und sagen, das hätte ja keiner wissen können, denn die Leute propagieren ganz frei und offen und deutlich, was Sache ist.

Die Computerisierung der Gesellschaft – der rationale Weg in die Apokalypse

Freilich wäre es hinterher, wenn die Leute noch etwas sagen könnten, wieder so, daß die meisten sagen würden, sie hätten von nichts gewußt. Und da hätten sie auf ihre Weise sogar recht. Denn was die Vision der Künstlichen Intelligenz so furchtbar überzeugend macht, das ist nicht nur das, daß sie, von der Logik

unseres Weltbildes aus gesehen, der kohärent richtige Weg zur Rettung ist, sondern das ist vor allem auch das, daß wir heute noch gar nicht an diesen Weg glauben müssen, daß wir heute es noch gar nicht ernst nehmen müssen, was da gesagt wird, um in den Sog jener Konsequenzen zu kommen, die notwendig ernst aus dem machen, was damals bloß ›gesagt‹ worden ist.
Bedenkt man es genau, so müssen wir eigentlich nichts weiter tun, als so rational und kurzsichtig wie bisher weiter zu entscheiden. Wir müssen eigentlich nichts weiter tun, als weiter jenen Gemeinplatz zu akzeptieren, daß man den technischen Fortschritt nicht aufhalten kann. Oder noch minimaler: daß ein Leben auf dieser Erde ohne die technisch-wissenschaftliche Produktionsweise nicht möglich ist. Wenn *wir* aber nicht die Effizienz unserer Produktion über den massiven Einsatz von Computersystemen und von gentechnischen Verfahren steigern, dann machen das die anderen. Und wenn das die anderen machen, dann gerät unser Land im internationalen Wettbewerb hoffnungslos in den Rückstand, dann schließen hier die Fabriken, und dann haben wir hier die Arbeitslosigkeit. Und ohne Fabriken und Arbeit, das ist ganz klar, haben wir hier auch nichts ›zu essen‹. Oder genauer gesagt, dann fällt das, was sich Lebensstandard nennt, hier ganz gewaltig im Niveau. Dann dreht sich sogar vielleicht das bisherige Machtgefälle um, und wir werden zu einem reinen Agrarland, so wie die Entwicklungsländer! Wird die Zukunft so aussehen: Europa nur noch ein Industriemuseum, die USA zum Rohstofflieferanten geschrumpft?
In den Ländern des Westens geht bereits das Wort von der ›Deindustrialisierung‹ um: Immer mehr Schlüsseltechnologien wandern nach Japan ab, immer weniger Produktionsstätten und Arbeitsplätze bleiben im Land. Europäer und Amerikaner sehen sich mit der unschönen Aussicht konfrontiert, in gar nicht mehr so ferner Zukunft Kolonien des japanischen Industrie-Imperiums zu werden.
Der ehemalige US-Außenminister Henry Kissinger warnt, Europa und Amerika stünden vor harten Abwehrschlachten: ›Der Selbsterhaltungstrieb der Demokratie kann es nicht zulassen, daß der Prozeß der Deindustrialisierung weiter fortschreitet.‹ (Spiegel 6. 11. 89 / 174)
Und da hat er auf seine Weise eben recht. Denn wer will heute schon in dieser Welt, bei dieser Umtauschrelation zwischen agra-

rischen Rohstoffen und Industriegütern, Agrarland sein? Abhängig von der Gnade der Industrieländer und darauf angewiesen, dort Baumwolle oder Kakao oder Kaffee anzupflanzen, wo früher die Leute ihr eigenes Essen anbauten, so daß dann jene Aussage, daß wir ohne Fabriken und Arbeit nichts zu essen haben, wörtlich – wie jetzt schon in den sogenannten Entwicklungsländern – wirklich zutrifft. Dann gehen wir tatsächlich, wie uns das die Anhänger der Künstlichen Intelligenz vorhergesagt haben, unter.

Also steigen wir natürlich in diesen Ausbau unserer technischen Macht ein – und nicht aus. Aber wenn wir das tun, dann schaffen wir Punkt für Punkt, im Negativen wie im Positiven, in unserer gesellschaftlichen Nische all jene Voraussetzungen, die es braucht, um aus dem, was bisher noch eine offensichtliche Ideologie der gläubigen Anhänger der Künstlichen Intelligenz ist, einen so konstitutiven Bestandteil unserer gesellschaftlichen Wirklichkeit zu machen, daß dieses Weltbild uns als unhinterfragbare Wirklichkeit schlechthin erscheinen wird. Oder andersherum gesagt: Wenn wir weiter wie bisher unsere technische Macht als weltbeherrschende Lebensform ausbauen, dann nehmen wir uns, durch diesen erneuten Einstieg, aller Voraussicht nach die letzte psychische und ökologische Chance, die wir jetzt noch haben, aus unserem Weltbild aussteigen zu können – wenn wir denn überhaupt noch eine haben.

Denn die Vorstellung, wir würden die Technisierung unserer Gesellschaft nicht weiter aktiv vorantreiben oder gar zurücknehmen, liegt schon jetzt so völlig außerhalb des Denkbaren, daß hier, in der nicht mehr der Reflexion zugänglichen Überzeugung, der Exzeß der technisch-wissenschaftlichen Produktionsweise sei eine conditio sine qua non der Menschheit, besorgte Kritiker der Technik und die, die in ihrem Einkommen unmittelbar von der Vermarktung der Technik profitieren, in geradezu rührender Weise übereinstimmen. Der Arbeitskreis ›Grenzen eines verantwortbaren Einsatzes von Informationstechnik‹ der Gesellschaft für Informatik z. B., der sich ›aus Informatikern, Natur-, Wirtschafts- und Sozialwissenschaftlern, Arbeitspsychologen und Theologen interdisziplinär zusammensetzt‹ (Rödinger et al. 1989 / 281), versichert in einem programmatischen Artikel gleich in der Einleitung: ›Wir wollen zu einer *Entwicklung* von Informationstechnik anregen, die eine gesellschaftliche Nutzung der Technik nach diskutierbaren Kriterien zuläßt.‹ (Herv. von mir) Und der Bundesverband der deutschen Industrie kommentiert unter der Überschrift ›Die technische Entwicklung ist ambivalent‹ die ›vielfältige Technikkritik‹ so: ›Diese Forderungen haben alle ihren Sinn. Vielleicht sollten wir daher besser von gesellschaftlichen Zielen oder Aufgaben sprechen. Unsinnig ist m. E. lediglich die prinzipielle Technikkritik, weil sie unserer Definition von Technik als Mittel der Existenzsicherung und Bedürfnisbefriedigung widerspricht.‹ (Detzer 1989 / 25)

Was sollte denn auch prinzipiell Schlechtes daran sein, wenn wir jetzt auch jene Bereiche mit riesigen Datenmengen und einer Vielzahl von Variablen (wie u. a. das Biologische) systematisch der wissenschaftlichen Erkenntnis zugänglich machen können? Oder was sollte prinzipiell denn schlecht daran sein, wenn es jetzt möglich werden wird, auch jenes Wissen und Können zu formalisieren und zu mechanisieren, das bisher der Erfahrungsfähigkeit des Menschen überlassen werden mußte, weil seine Formalisierung an der Anzahl der zu berücksichtigenden Daten und Variablen und an dem Umstand scheiterte, daß hier das Handeln sich nicht in deterministischen Abläufen vollzieht, sondern in Möglichkeitsräumen agiert, die eine laufende Beurteilung des jeweils tatsächlich erreichten Status quo notwendig machen?

Sieht man die Sache jedoch nicht so abstrakt und rein rational, sondern nimmt sie anschaulich, auch mit den Händen und dem ganzen Körper, mit allen Sinnen und auch emotional wahr, ergibt sich ein Bild jenseits dieser rationalen technisch-wissenschaftlichen Vollzugsrealität. Mit der Verwandlung von Technik in High-Tech startet unsere Gesellschaft eine massive Offensive, jene Lücken zu schließen, in denen sich das gesellschaftliche Wirkungsgefüge noch nicht restlos als Umsetzung technisch-wissenschaftlichen Wissens ergibt. Sei es jenes ganz banale winzige Alltagsstückchen, in dem der automatische Sensor im Braten jenes menschliche Wahrnehmungskönnen ersetzt, das aus der Farbe der Kruste, dem Geruch und dem Gefühl, wie sich der Braten unterm Löffel anfühlt, zu schließen wußte, wie gar er innen ist; sei es jenes Stück in einer größeren Dimension, wo aus der Tierhaltung und dem Pflanzenanbau, einem Können, das sich jahrtausendelang aufgebaut und generiert hat aus dem von Generation zu Generation vorgeführten Zusammenleben mit diesen Wesen, ein Gewerbe wird, in dem der Einzelne nur noch unwissender

Handlanger der Chemie- und Computerfirmen ist, der von der vollautomatischen Überwachungs- und Analyseanlage gesagt bekommt, wann er was und wo zu spritzen und zu gießen, zu füttern und an Medikamenten zuzugeben hat; oder sei es, daß jene vielen kleinen Akte der ›Symbolverarbeitung‹ im engeren Sinne, in denen bisher ein Mensch einem anderen Menschen einen Sachverhalt mittels Symbolen darstellte, und dieser andere dann daraus, aber auch aus seinem implizit gegenwärtigen Wissen um den Menschen, der hinter dieser Symboldarstellung lebt, und aus der jeweils offenen Wahrnehmung des Gesamtkontextes seine Schlüsse zog und ebenfalls in Symbolen darstellte, daß dieser Kontakt zwischen Menschen ersetzt wird durch eine mechanische Symbolverarbeitung, die nur mehr das kennt, was in den Symbolen explizit dargestellt wird, aber weder den Menschen noch die Gesamtsituation dahinter.

Der massive Einsatz von Computersystemen vollendet jedoch nicht nur diesen systematischen Ausschluß von Erfahrungsfähigkeit aus dem gesellschaftlichen Raum, sondern fügt darüber hinaus eine neue Wirkungsdimension hinzu. Rein technisch gesehen baut sie darauf auf, daß hier der menschliche Akt der Interpretation endgültig in ein Stück der in der Maschine objektiv gegebenen Wirklichkeit verwandelt wird und daß über diese Mechanisierung die Urteilsfällung aufgrund verobjektivierbarer Kriterien zu einem gewöhnlichen Alltagselement der Gesellschaft gemacht werden kann. Zwar ist dem wissenschaftlichen Ideal nach jede wissenschaftliche Erkenntnis schon immer keine Interpretation, sondern eine reine Feststellung des objektiv Gegebenen, die man genauso bedingungslos zu akzeptieren hat wie alle andere Faktizität auch, aber zwischen diesem Ideal der Gültigkeit jenseits allen Zweifels stand bisher immer noch der Umstand, daß es ja ein Mensch war, der dieses Urteil fällte. Und so bestand immer noch die Chance, daß der jeweilige Experte sich auf eine Wahrnehmung des Gegenstands besann, die in der bisherigen wissenschaftlichen Erkenntnis oder in den Möglichkeiten der wissenschaftlichen Erkenntnisart nicht gegeben war. Zwischen der absoluten Gültigkeit wissenschaftlicher Erkenntnisse und ihrem lückenlosen Vollzug standen die Dissidenten unter den Experten, die mit dem Gewicht ihrer gesellschaftlich legitimierten Autorität ›die Sache‹, und oft genug eine seit Jahren bedingungslos akzeptierte Sache, anders sahen, weil in ihrer langjährigen Erfahrung mit dem Gegenstand bisher übersehene Elemente der Wirklichkeit sich zu einer neuen Interpretationsart verdichteten. Und für die, die dem Ideal nach nicht anders können, als sich dem Urteil der superioren Erkenntnis bedingungslos zu unterwerfen, bestand die Möglichkeit, diesen temporären Verlust der kognitiven Autonomie dadurch abzumildern, daß man sich den Menschen, der über einen diese gültigen Urteile fällen sollte, nach allgemein menschlichen Kriterien des subjektiv begründeten Vertrauens in eine Person und nicht nur in die Gültigkeit des Fachverstandes aussuchte.

Die Entscheidungsfindung eines Computerprogramms jedoch, das Daten nach gesicherten wissenschaftlichen Erkenntnissen beurteilt, beinhaltet weder die eine strukturimmanente Subjektanbindung, die seine Gültigkeit von der nur subjektiv zu vollziehenden Urteilsfindung abhängig machte, noch läßt es jene andere systematische subjektive Wahl zu, die seine Gültigkeit von der Akzeptanz einer Person abhängig machte. Computerprogramme, die Daten interpretieren, werden zu jener außermenschlichen Urteilsinstanz, in der und gegenüber der das Subjekt nichts mehr zu sagen hat, weil hier die Urteilsfindung ohne Subjekt vollzogen wird. Akzeptiert man den Absolutheitsanspruch wissenschaftlicher Erkenntnis als für unsere Gesellschaft gültigen, so hat sie hier, mit der symbolverarbeitenden Maschine, das Mittel zur Verfügung, ihn rein, ohne störende menschliche Bedingtheiten, als Teil der objektiven technischen Gegebenheiten im gesellschaftlichen Alltag zu verankern.

Während zugleich die Vorteile der in der Maschine verobjektivierten Urteilsfindung – Konstanz, Verarbeitungsschnelligkeit und billige Reproduzierbarkeit des urteilenden Programms – dieses Zaubermittel, das bisher nur der Wissenschaft vorbehalten war, auch aus rein wirtschaftlichen Gründen zum Einsatz in der Wirtschaft und im privaten Haushalt geeignet machen, auch da, wo es sich gar nicht um die Umsetzung wissenschaftlicher Erkenntnisse, sondern bloß um die Verobjektivierung subjektiver Meinungen und reglementierter Bearbeitungsvorgänge handelt. Also bloß um die Verobjektivierung jener subjektiven Meinung, wann ein Braten gar ist oder wer unter welchen Umständen wie hoch kreditwürdig ist oder daß es wohl besser ist, gleich präventiv so viel zu spritzen oder daß es bei den und den Fehlermeldungen sich auszahlt, erst jene Überprüfung vorzunehmen, und ähnlich kleine und größere Bruchstücke mehr.

Je mehr aber der Einsatz solcher Systeme zur Voraussetzung des reibungslosen Funktionierens des wissenschaftlichen, technischen und privaten Alltags wird, desto erfolgreicher strukturieren wir unseren gesellschaftlichen Alltag so um, daß in ihm die Möglichkeit und die Notwendigkeit zu einer subjektiven Interpretation der Welt verschwindet. Und unabhängig davon, ob der Benutzer die in der Maschine verkörperten Entscheidungskriterien nachvollziehen kann oder nicht, unabhängig davon, ob die Maschine ›benutzerfreundlich‹ konzipiert ist und ihre Entscheidungskriterien offenlegt oder ob die Benutzung der Maschine zur reinen begriffslosen Zuarbeit am mechanisierten Entscheidungsprozeß wird, geht durch diese Verobjektivierung auf jeden Fall eines verloren:
Der prinzipiell offene Entscheidungshorizont des Menschen und seine Fähigkeit zur unbegrenzten Variabilität je nach Individuum und je nach Einzelfall. Durch die Verobjektivierung von Urteilsfindungen in jenem großen Maßstab, der auch und gerade sich der kleinsten Dinge annimmt, machen wir aus einem Alltag, der einmal vor unserer Zeit ganz das vielschichtig differente Resultat der nie ganz identischen Weltsichten der Einzelnen war, mehr und mehr einen standardisierten Vollzug, in dem Individualität notwendig nichts mehr zu sagen hat, weil der je individuelle Fall in den verobjektivierten Entscheidungskriterien notwendig nicht enthalten sein kann.
Nicht als jene private Macke, daß ›gar‹ für Tante Emma etwas ganz anderes bedeutet als für den Enkel Otto. Nicht als jenes Recht auf Individualität, mit dem die alte Dame vom zweiten Stock für sich in Anspruch nehmen kann, daß eine ›risikofreie Geldanlage‹ für sie etwas ganz anderes beinhaltet als für den Jungdynamiker von nebenan. Nicht als jene Fähigkeit zur offenen Wahrnehmung des Gegenstandes über die Merkmalskriterien hinaus, die jetzt noch manchmal Menschen dazu bringt, die gültigen Bearbeitungsregeln zu mißachten, weil hinter diesen Regeln ein Mensch steht, dessen Person und dessen Anliegen sich nicht auf eine Summe von Merkmalen reduzieren läßt. Und nicht als die Fähigkeit zur Kritik, in der das, was in der Gesellschaft an Interpretationen gültig ist, systematisch auf das eigene Erleben des Gemeinten zurückbezogen wird, und aus diesem alltäglichen Bemühen um Wahrhaftigkeit gegenüber dem eigenen Erleben eine Vorstellung von Wahrheit möglich wird, die stärker ist als jede Herrschaft.

Denn was bisher die Ordnungen von Weltbildern offen gehalten hat, was sie brüchig und widerspruchsvoll und in der Konsequenz ihrer Herrschaft so unvollkommen gemacht hat, das war ja nicht nur die gegenüber der Mannigfaltigkeit der Welt notwendige Begrenztheit jeder Ordnung, nicht nur ihre Machtlosigkeit, ihre Ordnung in der realen Welt als real gültige zu verwirklichen, sondern das war ursächlich jener Umstand, daß Weltbilder bisher nur gültig waren, insofern und in dem Maße, wie sie vom Einzelnen als subjektiv wahre sich angeeignet wurden. Wirklich existent war die Ordnung nur so, wie sie vom Einzelnen in seiner je differenten Identifizierung mit dieser Ordnung gelebt und durch dieses Leben verwirklicht wurde. In diesem Bruch zwischen der einen postulierten gültigen Ordnung und der mannigfaltigen Art und Weise, wie sie vom Einzelnen als wahre erlebt und gelebt wurde, siedelte alles, was bisher auf der subjektiven Seite die konsequente absolute Herrschaft einer Ordnung verhindert hat: die je individuelle Besonderheit jedes Menschen und seine Fähigkeit zur Kritik, insofern das eigene Erleben der Welt als jener Maßstab galt, an dem die Wahrheit der Ordnung sich zu messen hatte, und jene letzte Instanz war, von deren Urteil ihre Gültigkeit abhing.
Aber diese lebendige Fähigkeit zur Kritik, die als Fähigkeit und Verantwortung zur Selbstbestimmung die Würde alles Lebendigen ausmacht, und nicht bloß jene des Fachwissens und der widerstreitenden Theorie, erhält man nicht ›auf einen Schlag‹ und kann man nicht nur im Großen einfordern. Vielmehr erwächst sie einem nur, wenn man sie Tag für Tag, in jenen vielen kleinen unwesentlichen Dingen des Alltags, leben kann und aktiv lebt. Nicht nur als Überprüfung der Interpretationen und Entscheidungen von anderen, sondern als das eigene Finden und Verantworten von eigenen subjektiven Interpretationen und Entscheidungen. Und sei es nur jene so völlig banale, triviale Entscheidung, wann für einen selbst, heute und nicht immer, ein Braten gar ist, wann für einen selbst, heute und nicht immer, es dunkel genug ist, um die Lampe einzuschalten, wann für einen selbst, heute und nicht immer, das Wasser heiß genug ist. Es ist die Fähigkeit zur Aufmerksamkeit auf die eigene Erfahrung der Welt, die hier eingeübt und auf die hier vertraut werden muß, und diese Fähigkeit läßt sich nur im täglichen Leben, im sogenannten Trivialen gewinnen und aufbauen.

Im Negativen ist das übrigens allen Religionen des reinen Glaubens als Grundelement ihrer Überzeugungsarbeit gegenwärtig – man denke nur an die vielen kleinen und kleinsten Regeln, die das Alltagsleben in einem Kloster bestimmen. Der absolute Gehorsam gegen Gott, die gläubige Unterwerfung unter seinen Willen, siedelt von der Genese her in dem Verzicht auf Selbstbestimmung im Trivialen. Z. B. nicht dann ins Bett zu gehen, wenn man müde ist, sondern wenn die Klosterglocke läutet. Z. B. seine Kleider nicht in der Ordnung zu falten, die man sich selber ausdenkt, sondern in der vorgeschriebenen. Und es ist nicht die Zweckrationalität der Vorschriften oder ihre Bedeutung, sondern die tägliche Einhaltung der trivialsten Vorschriften um der Vorschrift willen, der täglich immer wiederkehrende Verzicht auf das Recht zur einer subjektiven Interpretation der Welt, und die täglich immer wiederkehrende Abschiebung der Verantwortung für unser Tun in der Welt auf jene oberste Instanz, die der Einübung in die gläubige Unterwerfung am dienlichsten ist. Auf diese Wirkung bauen auch all jene anderen Institutionen auf, die – wie z. B. die Armee – zu ihrem Funktionieren auf Gehorsam und Autoritätsgläubigkeit angewiesen sind.
Wenn einer so ein Leben lebt, in dem er täglich die Verantwortung für die Folgen seiner eigenen alltäglichen Verrichtungen nicht tragen muß, weil er von vorneherein die Verantwortung nach Maßgabe seines subjektiven Erlebens dafür nicht übernehmen darf, und die einzige Verantwortung, die er hat, in der Kontrolle darüber besteht, daß die Regeln nach den festgelegten – göttlichen oder objektiven – Kriterien ausgeführt werden, wie soll dann so einer in Fragen, die den Alltag seines Lebens und das anderer insgesamt betreffen, plötzlich Entscheidungen treffen und die Verantwortung dafür tragen können? Wie soll einer – um es anschaulich überspitzt auszudrücken –, der noch nicht einmal weiß, wann er selbst ins Bett zu gehen hat, damit er am nächsten Morgen munter ist, weil ihm auch dieses Detail von der regelsetzenden Instanz – dem Vorgesetzten oder dem Computer mit ›Biooptimierungsprogramm‹ – abgenommen wurde, wie soll so einer in Fragen verantwortlich entscheiden können, die das Leben der Menschheit insgesamt betreffen? So einer ist einfach und zu Recht subjektiv überfordert und überläßt als Überforderter notgedrungen die Entscheidung bedingungslos der regelsetzenden Instanz.

Wenn es sich aber nun, wie in unserer Gesellschaft, um Entscheidungen innerhalb eines Gesamtsystems handelt, das insgesamt jenseits von allem Verantwortbaren ist, weil die möglicherweise massenmörderischen Folgen einer Detailentscheidung aus objektiven Gründen nicht zu überblicken sind, und wir doch nicht anders können, als in diesem System um unseres Überlebens willen im Alltag unseres Berufes und in unserem Alltag als ›mündiger Bürger einer Demokratie‹ solche Entscheidungen zu treffen, dann ist man nicht nur subjektiv, dann ist man auch objektiv überfordert. Und jeder Schritt weiter in diesem expansiven Vollzug unserer technisch-wissenschaftlichen Macht zwingt den Einzelnen systematisch weiter in jene Position der individuellen Ohnmacht, Unwissenheit und blinden Unterwerfung hinein und verkleinert jene Basis, aus der kognitive Autonomie ihre Kraft schöpft, und vergrößert nicht nur die subjektive, sondern auch die objektive Überforderung, in diesem System noch Verantwortung zu übernehmen. So daß schließlich ›zwanglos‹, ganz von selbst, aus jenen verobjektivierten Entscheidungsfindungen, die jetzt angeblich noch unserer Kritik und Kontrolle unterstehen, jene geschlossene Herrschaft einer göttlichen Ordnung wird, die göttlicher noch ist, als es bisher jeder Gott sein konnte: bloß objektive Wirklichkeit, gegenüber der man gar nicht anders kann, als sie bedingungslos zu akzeptieren. Eine Wirklichkeit, deren Ordnung voll und ganz von den Maschinen garantiert wird, nicht, weil jetzt die Maschinen so superintelligent geworden sind, daß sie die Verantwortung für diese Garantie übernehmen könnten, sondern weil wir subjektiv und objektiv so unfähig zur Verantwortung geworden sind, daß wir nur noch als verantwortungslose, im blinden Gehorsam der absolut Gläubigen leben können.

Und das Ganze funktioniert, ohne daß von Selbstbestimmungsrecht oder Würde des Menschen oder gläubiger Maschinenverehrung oder Überwindung des Lebendigen die Rede zu sein braucht. Der Prozeß generiert sich – ganz im Einklang mit unserer Verabsolutierung der rechnenden Vernunft – ideologiefrei als eine Folge von jeweils technisch-rationalen Einzelschritten, bis wir schließlich tatsächlich zu Menschen geworden sind, die tatsächlich, bis ins Kleinste hinein, nur noch überleben können, wenn wir die Regeln dieses ganzen riesigen, uns undurchschaubaren technisch-wissenschaftlichen Apparats befolgen und ihn insgesamt in Gang halten, so daß es dann auch wiederum bloß völlig rational ist, wenn wir uns um des Überlebens willen bedingungslos auf den Vollzug der technisch-wissenschaftlichen Macht über alles Lebendige mit allen Konsequenzen, die er mit sich bringen mag, einlassen müssen. Schritt für Schritt. Im Negativen wie im Positiven. Im Zerstörerischen wie im Aufbauenden.

Die Verwissenschaftlichung des Alltags und der Verlust der kognitiven Autonomie

Die Computerisierung der Gesellschaft beschränkt sich trivialerweise nicht auf die negative Leistung, die letzten Reste von Erfahrungswissen und Erfahrungskönnen aus der Liste des gesellschaftlich zu Tradierenden zu streichen. Ihr geht es vordringlich ums Positiv-Aufbauende, um den Aufbau einer Nischenstruktur, in der Maschinen die erforderlichen symbolverarbeitenden Prozesse erbringen.

Damit aber die Maschine anstelle des Menschen die entsprechende Leistung erbringen kann, müssen Menschen lernen, die Maschine zu bedienen; damit es überhaupt diese Maschine gibt, die wir bedienen können, damit sie für uns die Leistung erbringen kann, muß der menschliche Arbeitsvorgang übersetzt werden in eine Interaktionsreihe explizit definierter Variablen und eindeutig definierter Gegenstandsmerkmale; damit der Arbeitsvorgang so formalisiert werden kann, muß das Wissen über die Welt, das in ihm enthalten ist, auf eben die gleiche Weise eindeutig und explizit definiert werden, und dieses Stück Welt, insofern es Objekt des mechanisierten Bearbeitungsvorganges ist, im Sinne dieser abstrakten Erklärung uniformiert werden.

Der Objektbereich der neuen Maschine aber ist eben nicht irgendein Stück der Welt, sondern es ist ein Material, das fähig ist, in sich auf die ganze Welt zu verweisen, und dessen jeweilige Qualität und Struktur sich aus dieser Verweisungsrelation ergibt: das Symbol. Damit Symbole mechanisch verarbeitet werden können, ist es also notwendig, daß die Symbolbedeutung uniformiert, daß die Beziehung zwischen Zeichen und Bezeichnetem eindeutig, explizit und objektiv festsetzbar definiert wird. Woraus umgekehrt zu schließen ist, daß die Computerisierung unserer Gesellschaft in allen ihren Teilstücken die kollektive systematische

Anstrengung voraussetzt, die Wirklichkeit (und letztlich die ganze Welt) und unseren Umgang mit ihr so umzuinterpretieren und umzugestalten, daß beides als jenes Netz aus formalisierbaren Zusammenhängen und eindeutig definierten Symbolen darstellbar und beherrschbar wird.

An eine Erfüllung dieser Aufgabe wäre natürlich nie zu denken, wenn nicht die Wissenschaft für diese Uniformierung schon ganz entscheidende Vorarbeiten geleistet hätte. Wissenschaft ist dort erfolgreich, wo ihr diese Umwandlung schon (temporär) gelungen ist. Was jetzt ansteht, das ist die Übertragung dieses handgreiflichen Interpretationsmodells auf die Alltagsstrukturen: Der Erfolg mechanischer Symbolverarbeitung hat die Verwissenschaftlichung des Alltags zur Voraussetzung und umgekehrt ist für die erfolgreiche Verwissenschaftlichung des Alltags der Einsatz mechanischer Symbolverarbeitung eine notwendige (wenn auch nicht hinreichende) Bedingung. Erst der Computer mit seinen weit über jedes menschliche Können hinausgehenden Fähigkeit, Daten sich exakt zu merken und formale Regeln auf diese Daten anzuwenden, läßt ihre Erfüllung zumindest als möglich *erscheinen*.

Daß die Menschen wiederum mit der ihnen eigenen Orientierungsfähigkeit in so einer Welt aus eindimensionalen Wahrnehmungsdaten und explizit formulierten Regeln des Zusammenhangs so schnell versagen, das liegt daran, daß die Welt, die hier in dieser Interpretation der Berechenbarkeit entsteht, für Menschen von Anfang an strenggenommen nicht wahrnehmbar ist und um so weniger wahrnehmbar wird, je pefekter die Welt in dieser Interpretationsart rekonstruiert wird. Es ist eine abstrakte Welt, nicht nur, weil es auch immer eine beschriebene und in dieser Beschreibung dem Ideal nach sich erschöpfende Welt ist, sondern von der Genese her deswegen, weil diese Beschreibung sich auf Elemente, auf Einheiten der Welt bezieht, wie wir sie mit unserer menschlichen sinnlichen Wahrnehmungsfähigkeit nicht wahrnehmen können. Nur Gewicht z. B., nicht *auch* Gewicht; nur Farbe einer bestimmten Wellenlänge, nicht *auch* diese Farbe; nur Wärmestrahlen und nicht *auch* Wärme, nur die Summe der relevanten Merkmale und nicht *auch* alles andere – inklusive der eigenen Gefühle – darumherum.

Wobei, das muß hier betont werden, die Wahrnehmung von ›auch Gewicht‹ oder ›auch Farbe‹ und schlichtweg die Wahrneh-

mung jedes durch die Worte unserer menschlichen Sprache Gemeinten nichts Unmittelbares, sondern das Ergebnis einer spezifischen Abstraktionsleistung ist. Daß Kleinkinder Gegenstände noch nicht allein nach der Farbe sortieren könnnen, weil ihnen die synästhetische Wahrnehmung des Dings noch so undifferenziert verschmolzen als Gesamteindruck gegenwärtig ist, daß ihnen große, rote, weiche Dinger eben anders aussehen als kleine, verkrotzelte, spitze, rote Dinger, ja daß selbst Erwachsene bei der handgreiflichen Abwägung, welches Ding schwerer ist, unwillkürlich die Augen schließen oder wegsehen, weil dieses körperliche Nicht-Wahrnehmen die geforderte Abstraktionsleistung erleichtert, das alles gehört zu den Grunderkenntnissen der Wahrnehmungspsychologie.
Weniger betont wird die Tatsache, daß diese geistige Abstraktionsleistung für uns nur weiterhin anschaulichen Sinn macht, weil dieses unendliche mannigfaltige ›auch‹, von dem wir da absehen, uns in doppelter Weise weiterhin gleichzeitig mit der Wahrnehmung der Abstraktion in unserer Gesamtwahrnehmung gegeben ist. Nur eben nicht als Gegenstand der focalen Wahrnehmung, sondern zum einen als jene implizit wahrgenommene Gesamtheit der Umgebung, einschließlich unserer selbst, in bezug auf die uns die Gestalt des focal Wahrgenommenen erst erscheinen kann und die als Orientierungshintergrund für die Einordnung des focal Wahrgenommenen in die Gesamtwahrnehmung unerläßlich ist. Und zum anderen ist uns dieses mannigfaltige ›auch‹, von dem wir absehen müssen, um zur Anschauung der Abstraktion ›rot‹ oder ›schwer‹ oder ›Baum‹ zu kommen, in eben dieser Anschauung der Abstraktion selbst gegeben. Denn ›rot‹ oder ›schwer‹ oder überhaupt jedes Wort der menschlichen Sprache ist ja selbst nicht etwas eindeutig Eindimensionales, sondern jeder durch ein Wort hervorgehobene Eindruck unserer Wahrnehmung setzt sich seinerseits zusammen aus einer Mannigfaltigkeit von Eindrücken oder Einzelwahrnehmungen, die ihrerseits wieder sich zusammensetzen aus einer Mannigfaltigkeit von Einzeleindrücken, die wiederum ihrerseits, ... ›schwer‹ z. B., aus dem Gefühl, wie der Gegenstand in der Handfläche ruht, wieviel die Finger halten müssen, wie er an den einzelnen Muskeln des Armes zerrt, wie an der Schulter, wie ..., sich zusammensetzen, und das Gefühl, wie ein Gegenstand in der Handfläche ruht, setzt sich zusammen aus den einzelnen Eindrücken, wie er wo auf

welche Nervenenden in der Hand drückt, wie ... und so weiter bis ins Unendliche.
Wie die unendlich mannigfaltigen Einzelheiten der Umgebung, zu der auch wir selbst gehören, sind auch diese im Gemeinten der Abstraktion enthaltenen nicht Gegenstand unserer focalen Wahrnehmung, wir sehen auch hier von den unendlich vielen Einzelheiten weg zu dem Gemeinten hin. Während wir aber von den Mannigfaltigkeiten der Umgebung absehen, um sie allein in ihrer Bedeutung als Hintergrund für die focale Wahrnehmung zu sehen, sehen wir von den Mannigfaltigkeiten des focal Wahrgenommenen ab, um sie allein in ihrer Bedeutung für die Wahrnehmung des Gemeinten zu sehen. Wir sehen also nicht jedes Blatt und jeden Stiel und die Bewegung jedes Blattes und jedes Rindenstückchens einzeln, wir sehen das alles und unendlich viel mehr, insofern es zusammengenommen jenes Gemeinte ›Baum‹ ergibt. Die Abstraktionsleistungen, wie sie den Worten der menschlichen Sprache inhärent sind, sind so immer das Ergebnis einer doppelten impliziten Interpretationsleistung im Wahrnehmungsvorgang selbst, in der die unendliche Mannigfaltigkeit der gesamten sinnlichen Wahrnehmung, die auch und immer die Wahrnehmung unserer subjektiven Gefühle und unserer subjektiven Befindlichkeit mit einschließt, so differenziert und gebündelt wird, daß als Gegenstand der focalen Wahrnehmung das gemeinte Abstrakte als Anschauung entsteht. Und jedes Wort der menschlichen Sprache ist nicht ›nur‹ ein Symbol für die je spezifische Abstraktion, sondern enthält – zusätzlich zu jener Kernbedeutung – als Bedeutungshof den Verweis auf jenes unendlich mannigfaltige ›auch‹, und setzt zur sinnvollen Verwendung das implizite Mitdenken jenes ›auch‹ voraus.
Das ist nicht nur bei Worten so, die sich auf die Wahrnehmung im Raum beziehen, sondern das ist auch so bei der Wahrnehmung von Vorgängen, die sich in der Zeit erstrecken. Wir nehmen nicht jede einzelne Bewegung eines Gehenden focal wahr, wir nehmen all diese einzelnen Bewegungen wahr, insofern daraus das Gesamtbild ›gehen‹ entsteht. Und für beides gültig ist auch, daß das Bemühen, die Einzelheiten einer solchen Wahrnehmungsgestalt nicht nur implizit, sondern bewußt focal, nicht nur gleichzeitig in bezug auf die gemeinte Gestalt, sondern nacheinander einzeln wahrzunehmen, die Wahrnehmung der gemeinten Gestalt zerstört. Wenn wir die Blätter eines Baumes alle wirklich nacheinan-

der einzeln ansehen, sehen wir den Baum nicht mehr, oder wir sehen, wie es in dem bekannten Sprichwort heißt, ›den Wald vor lauter Bäumen nicht mehr‹.

Von dieser focalen Konzentration auf die Wahrnehmung der gemeinten Gestalt hin aber – und weg von der Konzentration auf die explizite Wahrnehmung der Einzelheiten und ihrem prozessualen Nacheinander und Nebeneinander – ist auch abhängig, ob wir den Vorgang, der zu dieser Gestalt führt, überhaupt ausführen können. Am deutlichsten ist das bei Vorgängen, in denen wir die intendierte Wahrnehmungsgestalt selbst aktiv gestalten. Jeder, der schon einmal bewußt etwas Neues gelernt hat, z. B. eine neue Melodie spielen, weiß, daß die Zerlegung des Vorgangs in eine explizite Reihe nacheinander auszuführender Einzelheiten zwar zum Erlernen unabdingbar ist, daß man die Ausführung des Vorgangs jedoch erst wirklich beherrscht, wenn man sich von dieser Abfolge von Einzelheiten weg hin konzentrieren kann auf die Wahrnehmungsgestalt des Ganzen, und die Integration der Einzelheiten nicht mehr focal bewußt, sondern implizit im Hinblick auf die gewünschte Klanggestalt erfolgt, die im Mittelpunkt der Aufmerksamkeit steht. Das ist so auch dort, wo der Vorgang im Erkennen einer im Raum oder in der Zeit schon gegebenen Gestalt besteht. Eine bestimmte Pflanzenart kann man z. B. darüber erkennen lernen, daß man auf eine Reihe möglichst typischer Merkmale hingewiesen wird, wie Blütenart, Blattstand, Blattform ... etc. Aber wirklich sicher erkennen, und nicht jeweils immer nur mühselig in der Abarbeitung der einzelnen Merkmale sich das Erkennen zusammensuchen, lernt man eine Pflanze erst, wenn sie einem zu einer typischen Gestalt geworden ist, die man als solche direkt wahrnimmt, ohne daß man sich nacheinander auf die sogenannten relevanten Einzelheiten konzentriert, weil man gelernt hat, die Wahrnehmung der ganzen Mannigfaltigkeit der Pflanze implizit und zeitgleich zu bündeln in der focalen Wahrnehmung ihrer Gestalt.[1]

Während es wiederum für Wahrnehmungsgestalten, die man

1 Diese Reintegration der Einzelmerkmale zur Gestaltwahrnehmung ist in der Praxis der Klassifikation zwar existent, gilt aber in der Theorie weniger als nichts, eben weil Gestaltwahrnehmung sich nicht als Merkmalsbündel eindeutiger Kriterien beschreiben läßt (s. z. B. Kriterien wie Wuchsgestalt, Bewegung im Wind, Gestalt der Pflanzenansammlung aus der Ferne etc.).

nicht durch dieses bewußte Auffächern in Einzelheiten, sondern durch direktes Zeigen auf die Gestalt und Erleben der Gestalt sehen gelernt hat, typisch ist, daß man sich unfähig fühlt, Einzelheiten aufzuzählen, die es in bezug auf Prägnanz und Eindeutigkeit mit dem bloßen Hinweis auf die Wahrnehmungsgestalt aufnehmen können. So daß man auf die Frage ›Woran siehst du, daß der verkniffen-bösartig ist?‹ am liebsten mit etwas antwortet wie ›Weil er so aussieht wie Onkel Otto, wenn er mit der Tante Erna zusammen war‹. Und für jeden, der je aufmerksam den Onkel Otto in dieser Situation gesehen und erlebt hat, ist das durchaus zu Recht die erhellendste Erklärung, die es gibt. Prägnanter und klarer, als es die genaueste und längste Aufzählung von einzelnen Merkmalen je sein kann.

Denn die bewußte explizite Auffächerung einer Wahrnehmungsgestalt in Einzelheiten verschwindet nach dem direkten Erkennen der gemeinten Gestalt nicht nur deswegen, weil sie jetzt das geleistet hat, was durch sie erlernt werden kann: die Differenzierung eines bisher unspezifizierten Gesamteindruckes, so daß wir jetzt, wenn wir wollen, nicht nur ›Wiese‹ wahrnehmen können, mit Pflanzen, die alle irgendwie gleich aussehen, sondern eine Wiese mit Wiesenknopf und Schafgarbe, mit Dost und Lungenkraut, mit ... Sondern sie verschwindet auch deswegen, weil jetzt die weitere Differenzierung der Wahrnehmungsgestalten durch etwas anderes besser geleistet werden kann: durch die Versenkung in die unmittelbare Wahrnehmung aller Einzelheiten vor dem weiterhin präsenten Hintergrund der einmal erkannten Gestalt und in bezug auf diese. Und im Gegensatz zur expliziten Auffächerung typischer Merkmale, die notwendig endlich sein muß, weil uns sonst über der Aufzählung nicht nur die Welt verschwände, sondern auch der Gegenstand als ganzer nie erschiene, ist das, was wir dort in der Versenkung in die Wahrnehmung einer Gestalt sehen können, je länger wir hinschauen, um so unendlich differenzierter und reicher, ohne daß wir deswegen dieser Gestalt als implizitem vereinheitlichendem Bezugsgrund dieser unendlichen Fülle von Einzelheiten verlustig gingen.

Auch das ist nicht nur in der mehr passiven Gestaltwahrnehmung von Gegebenem so, sondern auch dort so, wo wir die gemeinte Gestalt des Vorgangs selbst erst schaffen. Wenn wir erst einmal mit unserem ganzen Körper begriffen haben, wie die gemeinte Gestalt aussehen soll, dann können wir uns in die Verfeinerung

der Ausführung vor dem Hintergrund der implizit gegenwärtig gebliebenen Gestalt unendlich lange und unendlich oft versenken. Bis es dann manchmal jene Sternstunden einer Ausführung gibt, in der einem fast alles als gelungen erscheint. Nicht, weil einem jetzt jedes Detail der Ausführung bewußt gegenwärtig wäre, sondern weil es einem umgekehrt gelungen ist, die focale Konzentration auf Details und ihre bewußte prozessuale Verknüpfung in der Konzentration aufs Gemeinte so zu vergessen, daß einem alles, auch das kleinste Fingerzucken, nur noch gegenwärtig ist als integratives Moment der intendierten Gesamtgestalt.
Der Detailreichtum der Wahrnehmung, der hier durch die implizite Bündelung der Gesamtwahrnehmung in der Gestalt zugänglich wird, läßt sich durch keine noch so explizite Beschreibung übersetzen. Wohl aber läßt sich durch den erklärenden Hinweis auf eine analoge Wahrnehmungsgestalt oder durch das direkte Zeigen des Gemeinten auf diesen Reichtum und *zugleich* auf die Methode verweisen, wie dieser Reichtum zugänglich wird. Denn der erklärende Hinweis auf ein solches in der Versenkung in die einzelne Wahrnehmungsgestalt gewonnenes Wissen ist ja zugleich auch immer die Aufforderung, eine spezifische geistige Leistung und Konzentrationsform nachzuvollziehen:
die Eindrücke unserer Wahrnehmung der Welt und unserer selbst nicht nur als die Abstraktionen zu sehen, als die wir sie bisher zu sehen gelernt haben, sondern sie auch immer wieder als Eindrücke mit einer grundsätzlich offenen Bedeutung wahrzunehmen, als, wie Polanyi das ausdrückt, ›the intimation of something hidden, which we may yet discover‹ (1983 / 22 f.) ... ›guided by sensing the presence of a hidden reality toward which our clues are pointing ...‹ (1983 / 24). Die ›ganze Welt‹ wird so immer wieder zum Ausdruck eines Gemeinten, dessen genaue Bedeutung wir entdecken können, wenn wir uns systematisch darauf konzentrieren, die ›Dinge‹, unsere ›Gefühle‹, als Medium der Wahrnehmung von jenem anderen zu sehen, das als noch unbekannte Wahrnehmungsgestalt erst die je spezifische Bedeutung der Einzelheiten konstituiert.
Und so, indem jede Abstraktionsleistung immer wieder eingebunden bleibt in die Konzentration auf die Fähigkeit zur offenen Medienwahrnehmung des sinnlichen Gesamteindrucks, weil die Abstraktionsleistung selbst nichts anderes ist als das Ergebnis eben jener Fähigkeit, auf eine spezifische Art und Weise in der

Verbindung von focaler und impliziter Wahrnehmung Neues wahrzunehmen, entwickelt sich für den Menschen die differenzierte Mannigfaltigkeit einer anschaulichen Welt, die er im ursprünglichen und übertragenen Sinn des Wortes gestalten kann, weil die mehr aktive Erfindung und Gestaltung von Vorgängen auf der gleichen Konzentrations- und Wahrnehmungsfähigkeit beruht wie die mehr passive Entdeckung von Wahrnehmungsgestalten im Gegebenen:
der Entwicklung der Wahrnehmungsfähigkeit selbst.
Das ist so, egal, ob es sich um eine weitere Differenzierung der Wahrnehmung von Gegebenem in Einzelheiten oder um eine weitere, ganz neue Zusammenfassung von Einzelheiten handelt, egal, ob es sich um die Wahrnehmung von Vorgängen handelt, die wir erst selbst gestalten, und egal, ob es sich um die Wahrnehmung von etwas handelt, das jenseits jenes äußeren Raumes und jener äußeren Zeit existiert – der Wahrnehmung unseres eigenen Erlebens und Begreifens der Welt. Die Entwicklung von Erfahrungsfähigkeit ist – so formal betrachtet – nichts anderes, als die Entwicklung der Wahrnehmungsfähigkeit mit der Betonung auf den reflexiven Bezug auf sich selbst, der das ganze ›Fühlen‹ als potentielles Medium der Wahrnehmung von einer noch versteckten Bedeutung der Welt mit einschließt und in seiner Bedeutung für die Wahrnehmung der Welt betont.
Und eine Welt und ein Erleben der Welt auf diese wörtliche und übertragene Art und Weise gestalten, in diesem Sinne ›in der Wahrnehmung‹, wie Goethe das nannte, ›theoretisieren‹, lernt man, indem man lernt, auf die richtige Art und Weise wegzusehen. Nämlich so, daß einem das, wovon man absieht, nicht tatsächlich weg ist, sondern im Gegenteil in seiner Bedeutung für die Wahrnehmung des Gemeinten zeitgleich mit diesem erst gegenwärtig wird. Als all die schon gefundene Bedeutung in dem, was man schon wahrzunehmen gelernt hat, und als all die noch versteckte Bedeutung von dem, was es noch in der Welt Neues wahrzunehmen geben mag.
Woraus im ganzen umgekehrt folgt, daß einem erst dann eine Abstraktion wirklich unanschaulich abstrakt wird, wenn man dieses Wegdenken im wörtlichen Sinne zu Ende denkt, und nicht den Kreis im Apfel und in der Kirsche und im Mond sieht, sondern jenes Gemeinte unabhängig von der Wahrnehmung und der ihr inhärenten Fähigkeiten zur Abstraktion zu definieren sucht.

Aber eben dieses Zu-Ende-Denken ist der Anfang aller Wissenschaft und der Anfang von jedem Bemühen, die Symboldefinition exakt und explizit und damit uniformierbar zu machen. Und das mit gutem Grund. Denn erst durch dieses Zu-Ende-Denken eröffnen sich einem ganz neue Welten mit ganz anderen Freiheitsgraden als das Anschaulich-Sinnliche.
Vornehmlich sind es ideelle Welten, die nicht durch das Imperfekte alles konkret Gegebenen behindert sind. Hier ist der gedachte Kreis wirklich nur der Kreis, und dieses perfekt der Definition entsprechend – eine Linie, die überall den gleichen Abstand vom Mittelpunkt hat. Und eine Linie hat hier wirklich keine Ausdehnung in die Breite, Punkte existieren als jener ideelle Schnittpunkt, der keine Fläche einnimmt, und ob ein Raum drei oder beliebig viele Dimensionen hat, das ist eine Frage der bloßen Definition. Darüberhinaus sind es von Grund auf einfachere Welten als die anschaulich-sinnliche, die hier entstehen. Hier ist schwer wirklich nur schwer, und lang wirklich nur lang, gemäß jeweils dem eindimensionalen Meßgerät, das wir hier im Sinne der zu Ende gedachten Abstraktion entwickelt haben, und nicht jenes vielfältig bezügliche, irritierend wechselnde ›schwer‹ oder ›lang‹ der menschlichen Wahrnehmung. Und zu guter Letzt ist es eine endliche Welt, die nicht wie die anschaulich-sinnliche sich in jeder Anschauung aus der unendlichen Mannigfaltigkeit gestaltet und zu ihr zurückführt, sondern eine Welt, die sich aus einer Reihe endlich aufzählbarer Elemente heraus konstituieren läßt, so daß man mit ihr rechnen kann. Vorausgesetzt natürlich, es gelingt einem, nicht nur die statischen Grunddefinitionen, sondern auch die Beziehung zwischen ihnen und die erlaubten anwendbaren Umwandlungsregeln als explizit-eindeutige zu definieren.
Aber eben diese focale Konzentration auf die Einzelteile und auf die prozessual erfolgende Abarbeitung ihrer Verbindung anstelle der impliziten zeitgleichen Vergegenwärtigung der Einzelteile in der Konzentration auf die Gestalt ist die Konzentrationsform, in der der menschlichen Wahrnehmungsweise die Fähigkeit zur Wahrnehmung der Gestalt verschwindet. Die Welten, die hier entstehen, sind so auf doppelte Weise abstrakte Welten. Einmal, weil sie auf Grundelementen aufbauen, die wir im strikten Sinn des Wortes nicht wahrnehmen können, und zum zweiten, weil sie aus diesen Grundelementen ›die Welt‹ in einer Art und Weise rekonstruieren, die für uns die Wahrnehmbarkeit von Gestalten auflöst.

So gesehen wird verständlich, wieso ein berühmter Logiker es einmal einen Glücksfall genannt hat, daß die hier erfundenen Verfahren in der realen Welt anwendbar sind und auf die reale Welt zutreffen. Inzwischen dürfte wohl deutlich genug gemacht worden sein, daß dieses Glück ein menschlich gemachtes und dementsprechend nur ein begrenzt gültiges ist. Es fängt da an, wo es gelingt, die definierten Variablen tatsächlich nach Maßgabe ihrer isoliert gedachten Einwirkungskraft zu isolieren, und es hört genaugenommen schon dort wieder auf, wo wir das nach Maßgabe der Theorie zugerichtete Stück Wirklichkeit tatsächlich in der Wirklichkeit funktionieren lassen: als jene prinzipiell nicht berechenbare Verschleißwirkung nämlich, die nach und nach unser gemachtes Glück der Identität beider Welten wieder außer Kraft setzt. Abgesehen von dieser Begrenztheit jedoch stößt der Versuch, dieses Glück gültig zu machen, auf eine andere Begrenztheit, die sich um so drastischer auswirkt, je umfassender wir uns anstrengen, die Gültigkeit auszudehnen und abzusichern:
Unsere geistige Fähigkeit, mit diesen abstrakten Welten umzugehen und in ihrem expliziten Modus von Daten- und Regelangabe den Überblick zu behalten, ist begrenzt. Wie es Feigenbaum ganz richtig formulierte, sind wir ›...limited... by our evolutionary legacy of about four items that we can attend to simultaneously...‹ (Feigenbaum et al. 1983 / 237). Im expliziten Modus wohlgemerkt. Weswegen gute Wissenschaftler denn auch welche sind, die sich in ihr Spezialgebiet so eingearbeitet haben, daß es ihnen zu einer so vertrauten Welt geworden ist, daß der explizite Regelvollzug und die explizite Datenwahrnehmung zumindest im Nachdenken über die Problemstellungen ersetzt werden kann durch die direkte Vorstellung des damit Gemeinten. Das ist dann zwar als implizite Verbindung vieler Einzelheiten nicht exakt, aber es liefert in jener unüberschaubaren Ansammlung von Einzelheiten den Überblick, den man braucht, um auf produktive Weise wieder exakt zu werden. Als typisch für diesen gelungenen Wahrnehmungsswitch selbst hier mag jene Anekdote eines Mathematikprofessors stehen, der von sich selbst sagte, er verrechne sich zwar häufiger als seine Studenten, aber dafür sehe er es einer Formel auch irgendwie an, wenn sie falsch sei. Aber daß direkte Gestaltwahrnehmung, wenn auch nicht als sinnliche Wahrnehmung, so doch als Fähigkeit zur direkten Vorstellung des Gemeinten, auch hier möglich ist, sollte nicht darüber hinwegtäu-

schen, daß sie gerade hier in diesen abstrakten Welten nicht sehr weit reicht. Es bedarf der Anstrengung eines Lebens, um sich in ein Spezialgebiet der Mathematik so einzuarbeiten, daß dessen Grundlagen einem auf diese Weise vertraut werden. Und was ist ein Spezialgebiet der Mathematik gegenüber der Welt, in deren unendlicher Mannigfaltigkeit wir uns schon als Kinder ganz vertraut bewegen! Ganz abgesehen davon, daß auch dieses ›irgendwie‹ konkret gerechnet werden will, soll es je Form und Gültigkeit gewinnen. Und eben dieses ›Rechnen‹ und die bloße Datenerfassung wird schon vom reinen erforderlichen Zeitaufwand her zu einer Aufgabe, die um so weniger zu bewältigen ist, je genauer wir versuchen, mit Hilfe dieser ideellen, einfachen, endlichen Welten die unendlich komplizierte konkrete Welt zu rekonstruieren.

Aber eben dieses ›Rechnen‹, die schnelle Verarbeitung formaler Regeln und Daten ist das, was die eigentliche Fähigkeit des Computers ausmacht. Und das nicht, obwohl hier alles im expliziten, eindeutig definierbaren Modus geschieht, sondern nur insofern jeder kleinste Schritt bis hinunter auf den 0/1-Code in diesem Sinn durchformalisiert wurde.

Wenn wir diese Vorleistung erbringen, dann kann der Computer etwas, was für uns unerläßlich ist, wenn wir die uns inhärente menschliche Begrenztheit, mit abstrakten Welten umgehen zu können, überwinden wollen: Der Computer faßt die expliziten Regeln und Daten, die wir aus schieren Mengengründen nicht mehr zu einer vorstellbaren Gestalt zusammenfassen können und die wir aus schieren Zeitgründen auf menschliche Art nicht mehr im expliziten prozessualen Modus abarbeiten können, mit Hilfe von expliziten Regeln so zusammen, daß sie für uns wieder einen vorstellbaren Gegenstand darstellen, mit dem wir umgehen können. Wenn man mitbedenkt, daß diese Zusammenfassung ja nicht nur als symbolisch dargestelltes Ergebnis erfolgen, sondern auch die Form einer graphischen Umsetzung annehmen kann, kann man die spezifische Leistung des Computers auch so zusammenfassen:

Der Computer kann das Abstrakte für uns anschaulich machen. Er gibt uns in jenen abstrakten Welten, in denen wir notwendig die Orientierung und damit den Grund jeder Fähigkeit zur Existenz verlieren, die Fähigkeit zur Orientierung wieder und macht es uns dadurch möglich, uns in dieser Welt und zu dieser Welt sinnvoll zu verhalten.

Freilich kann er das nur, wenn wir die abstrakten Welten noch abstrakter machen, als sie ohnehin schon sind. Zwischen der Darstellung eines Algorithmus, wie sie benötigt wird, um einem Menschen die Ausführung dieses Algorithmus beizubringen, und einer Darstellung des gleichen Algorithmus, wie sie benötigt wird, um einem Computer dessen Anwendung zu ermöglichen, liegen die ganzen Schritte der Übersetzung einer auf menschliches Verständnis zugeschnittenen abstrakten Sprache in die Sprache, die ein Computer letztlich ›versteht‹ – der Übersetzung alles implizit benötigten Wissens und aller expliziten Anweisungen in das prozedurale Nacheinander von 0/1-Kombinationen. Und die Tatsache, daß ein Großteil dieser Übersetzung inzwischen mechanisiert wurde und Computer heute direkt in höheren Programmiersprachen programmierbar sind, sollte nicht darüber hinwegtäuschen, daß diese Übersetzung ja erst stringent formalisiert werden mußte, bevor sie so als mechanisch geleistete zur Verfügung steht. In dieser Darstellungsform aber, in der Daten- und Regelverarbeitung für den Computer ausführbar wird, gerät sie für den Menschen vollends zu etwas, das nicht nur jeder Anschaulichkeit und Übersichtlichkeit entbehrt, sondern das so, in dieser Form, wirklich nur noch vom Computer bearbeitet werden kann. Das geschieht besonders eindrucksvoll dort, wo es sich nicht um die prozessuale Formalisierung eines schon definierten Algorithmus handelt, sondern um die Formalisierung eines Umgangs mit Daten und mit Regeln, der bisher noch auch nach Maßgabe des menschlichen Erfahrungswissens geschah. Dieser Versuch, kleine Bruchstücke sogenannter wissenschaftlicher Standardauswertungen stringent zu formalisieren, offenbart dann regelmäßig auf der menschlichen Seite ein Ausmaß an Vagheiten und an implizitem Wissen, das man auf einem so gesichert wissenschaftlichen Gebiet nicht vermutet hätte, und auf der schließlich erreichten Programmseite dann eine Darstellungs- und Vollzugsform, die selbst dem Wissenschaftler, der die gleiche Arbeit vorher selbst erledigte, den Detailablauf des Programms undurchschaubar werden läßt. Die spezifische Leistung des Computers läßt sich deshalb mit gleichem Recht so beschreiben:
Der Computer macht für uns das Abstrakte nur dann anschaulich und damit wieder handhabbar, wenn wir es zuvor in etwas so Unanschauliches verwandelt haben, daß wir es mit Sicherheit nicht mehr selbst unmittelbar gestalten können. Erst dann, wenn

wir systematisch die Welt in einer Form interpretieren, die uns mit Sicherheit die unmittelbare Orientierung in dieser interpretierten Welt unmöglich macht, erst dann und nur dann gibt uns der Computer die Fähigkeit zur Orientierung in der Welt als eine durch ihn vermittelte Leistung zurück.

In diesen beiden gegenteiligen Wirkungen läßt sich das Wesen und die Dialektik der Mensch-Maschine-Kommunikation zusammenfassen.

Ist man aber erst einmal aus irgendeinem Grund in die Dialektik dieser Mensch-Maschine-Kommunikation hineingeraten und auf sie angewiesen, dann ist man in einer Position, die in der Geschichte der Menschheit völlig neu ist.

Dann hat man jenen Teil der Wahrnehmungsleistung, die uns bisher als implizite zeitgleiche Verbindung der Einzelheiten hin zum Gemeinten die anschauliche Welt generierte, so umgewandelt, daß er von der Maschine übernommen werden kann und übernommen werden muß. Denn allein, nur mit den eigenen menschlichen Fähigkeiten, ist man in einer Welt der eindimensionalen Daten und der expliziten prozessualen Regeln nicht mehr zur Wahrnehmung einer Welt, mit der wir umgehen könnten, fähig. Und je mehr wir uns in dieser Position, in der sich uns eine geistig und praktisch handhabbare Welt auflöst, abmühen, die Voraussetzungen dafür zu schaffen, daß durch die Maschinenleistung uns diese handhabbare Welt wieder entsteht, desto mehr verwandeln wir die Welt in eine, deren direkte Wahrnehmung uns entgleitet.

Dann tritt an die Stelle der autonomen Fähigkeit zur direkten Wahrnehmung des Gestaltgegenstandes die individuelle Abhängigkeit von der in der Maschine verobjektivierten kollektiven Leistung der veranschaulichenden Interpretation einer abstrakten Daten- und Regelmenge.

Dann ist das gewöhnliche Objekt der Wahrnehmung nicht mehr jene gemeinte Gestalt als Schnittpunkt des impliziten simultanen Weg- und Zusammensehens aus der unendlichen Mannigfaltigkeit unseres Gesamtwahrnehmungseindrucks, sondern dann wird das gewöhnliche Objekt der Wahrnehmung die nach objektiven Kriterien vollzogene Interpretation der objektiv gewonnenen Daten, und diese, und nicht die menschliche Erfahrungsfähigkeit der Welt, wird semantische Bezugsgrundlage der verwendeten Symbole.

Und anstelle einer direkt für den einzelnen Menschen anschaulichen und direkt von einzelnen Menschen gestaltbaren Welt erhalten wir eine, die nur durch diese Mensch-Maschinen-Symbiose, durch dieses kollektive arbeitsteilige menschliche Bemühen, die Welt und die Vorgänge in ihr so aufzubereiten, daß sie der Maschinenverarbeitung zugänglich werden, für uns Menschen selbst wieder begreifbar und gestaltbar wird.
Das ist jetzt schon so, in diesem Extrem, der Stand in manchen Wissenschaftszweigen. Ohne den systematischen Einsatz von Computern in der Datenerfassung und -zusammenfassung z. B. wäre die ganze moderne Genforschung mit ihren Millionen von chemischen Kombinationsmöglichkeiten, die hier ausgetestet werden müssen, nicht denkbar. Dito die moderne Gehirnforschung, die mehr und mehr in vernetzten und sich selbst organisierenden Systemen denkt, und die ihre Thesen über den systematischen Computereinsatz generiert, weil eine Fülle von sich gegenseitig beeinflussenden Variablen im expliziten Modus für den Menschen etwas ist, das er in seinem Ergebnis ohne Rechenleistung des Computers nicht zu durchschauen und nicht zu errechnen vermag. Für Minsky ist das eigentliche Problem der Forschung denn auch schon nicht mehr der komplexe Forschungsgegenstand selbst, sondern der Umstand, daß wir noch nicht genug Wissen über den Bau von komplexen Maschinen, also über Computer haben, um effektiv mit Hilfe der Computer über jene komplexen Gegenstände Theorien aufzustellen. ›As for brain science, no one ever before tried to study machines with billion of working parts. ... The serious problems come from our having had so little experience with machines of such complexitiy that we are not yet prepared to *think effectively* about them.‹ (1986 / 288, Herv. G. U.)
Was wiederum ins Allgemeine übersetzt bedeutet: Um in dieser neuen Welt uns effektiv orientieren und verhalten zu können, müssen wir unsere Denk- und Kommunikationsstruktur an die Struktur der maschinellen Symbolverarbeitung anpassen. Nur wenn wir *effektiv* im Modus der Maschine denken können, erschließt sich uns die Leistung der Maschine. Das ist schon jetzt so in Teilgebieten der Wissenschaft und das wird dann, wenn wir in der ›Informationsgesellschaft‹ die Dynamik der Mensch-Maschine-Symbiose als bestimmendes Moment der Alltagsstrukturen installiert haben, auch dort die Voraussetzung für Orientierung und damit für jedes vernünftige Handeln sein.

Es nützt nichts, wenn wir ›Karlchen‹, der automatischen Zugauskunft in Frankfurt, sagen, daß die erste Ziffernfolge die ungefähre Abfahrtszeit meint. Für Karlchen ist das die Postleitzahl des Zielortes, und er schluckt nur die ersten vier Ziffern, da mögen wir tun was wir wollen. Es nützt nichts, wenn wir unserem Schriftverarbeitungsprogramm zeigen ›ungefähr so lang‹, es verarbeitet Länge nur als Ziffernfolge und das auch nur, wenn wir sie an der richtigen Stelle im Programmablauf einfügen. Es nützt nichts, wenn wir uns bei einem ›sprachverstehenden‹ Beratungsprogramm die zehnte semantische Variante von ›Wie teuer?‹ abringen, wenn die Frage nach dem Geld nicht vorgesehen ist. Und schon gar nichts nützt es natürlich, wenn wir in unserer normalen menschlichen Art hingehen und einfach sprechen und zeigen und gestikulieren.

Der Computer kann mit unserer menschlichen Form der Kommunikation, die sich auf unsere Fähigkeit zur Gestaltwahrnehmung vor dem Hintergrund und in unserer synergistischen offenen Wahrnehmungsweise der Welt bezieht, nichts anfangen, weil der Computer nur formale Realitätsmodelle und von diesen nur die jeweils einprogrammierten kennt. Allein und ausschließlich dieses jeweilige formale Realitätsmodell ist die Basis, in bezug auf die vom Computer gezogene Schlußfolgerungsregeln Sinn machen. Und nur wenn wir dieses formale Modell anstelle unserer menschlichen Erfahrung zur Bezugsgrundlage unserer symbolischen Kommunikation machen, kann Kommunikation hier erfolgreich sein.

Wenn wir also Buchstaben und Ziffern eintippen, anstatt zu sprechen oder zu zeigen oder zu gestikulieren, und unser Problem in eine spezifische Reihenfolge der Darlegung einpassen, oder wenn wir offene Fragen so umdenken, daß eines der implementierten Suchverfahren zum Ziel führen kann. Oder wenn wir Karlchen keine Postleitzahlen ausländischer Städte eingeben, weil er die nämlich als Kennziffern deutscher Städte mißversteht, oder wenn wir in die Datenbank unter ›Suche‹ nicht eingeben ›komischer Name mit Xyrl‹, weil dann nämlich das System nach einem Menschen mit dem Nachnamen ›Komischer‹ und den Vornamen ›Name, Mit, Xyrl‹ sucht. Und vor allem wenn wir nie und nimmer wie beim Umgang mit Menschen davon ausgehen, daß auch das, was wir nicht explizit in den zulässigen Zeichen mitgeteilt haben, gesehen und gefühlt und gehört und gerochen und mitgedacht, also verstanden und mitgewußt wird.

Dieser Anpassung unserer Problemstellung und Problemformulierung an ein vorgegebenes, endliches, formales Realitätsmodell, das unsere Kommunikationsmöglichkeit vom Inhalt und von der Form her auf prädeterminierte Schablonen reduziert, entgehen wir in der Benutzung von Computern nur, wenn wir eine um so drastischere Anpassungsleistung an die Struktur der mechanischen Symbolverarbeitung in unserer Kommunikationsform selbst in Kauf nehmen. Dann nämlich, wenn wir radikal auf all das verzichten, was für Menschen die Welt anschaulich und offen macht, und all das, was wir meinen, in der Syntax und den Symbolen einer formal exakt definierten Sprache ausdrücken – kurz und einfach: indem wir programmieren lernen. Aber dann haben wir uns zugleich auf eine Darstellungs- und Kommunikationsform eingelassen, die durch ihre Form selbst eine wesentliche Funktion menschlicher Sprache sabotiert: durch das hervorhebende Benennen einzelner Wahrnehmungsabstraktionen die Differenzierung in der unendlichen Mannigfaltigkeit der Wahrnehmung zu erleichtern, und durch diese fortschreitende Differenzierung die fortschreitende Orientierung in der gesamten benennbaren Welt zu ermöglichen. Mitteilungen in der Form von Programmiersprachen jedoch driften sehr schnell in einen Bereich ab, in dem sie vom Menschen nur noch unter großer Mühe und großem Zeitaufwand zu verstehen sind. Und wirklich große Programme, das haben uns die besten Informatiker unserer Welt versichert, können von keinem einzelnen mehr geschrieben, und das heißt auch von keinem mehr verstanden werden in dem, was die semantische Bezugsgrundlage einzelner Worte hier ausmacht: die Gesamtheit der Prozesse und Veränderungen, die dieses Wort hier in Gang setzt und bewirkt, und / oder auf die es hinweist – eben jene zwar immer noch explizite, aber in dieser Explizitheit für uns undurchschaubar gewordene Form der Symboldefinition, die Grundlage jeder mechanischen Symbolverarbeitung ist.

Formale Sprachen ergeben eine Sprache, die uns die Welt nicht wie die natürliche durch ihren Generierungsprozeß immer begreifbarer macht, sondern die uns selbst, je mehr wir uns in ihr mitteilen und die Welt benennen, in dem Gemeinten immer undurchschaubarer wird.

Zwischen diesen beiden Übeln

– der Reduzierung der Kommunikationsmöglichkeiten auf kleine prädeterminierte Schablonen, oder dem Undurchschaubar-Werden dessen, was man dem Computer mit einem bestimmten Befehl eigentlich zu tun befiehlt, dem Verlust des semantischen Verstehens in der benutzten Sprache selbst –

und diesen beiden Vorteilen

– der Chance zur einer schnellen Verbreitung von Computern im Alltag oder der Möglichkeit zur offenen ›Kommunikation‹ mit dem Computer –

schwankt notwendig das hin und her, was gemeinhin in der Literatur als das Problem der Mensch-Maschine-Kommunikation bezeichnet wird. Der Tatsache nämlich, daß die Kommunikationsstruktur von Menschen und Computern und der jeweilige Orientierungsmodus, auf den sie verweist, radikal different sind.
Und das, obgleich der These nach doch beide nichts anderes sind als symbolverarbeitende identische Systeme.
Freilich erklärt dieser Widerspruch zwischen Faktizität und Ideologie einen anderen. Den nämlich, daß uns auf der einen Seite der superintelligente Computer versprochen wird, der sogar die Probleme löst, an denen wir scheitern, so daß man doch gewißlich davon ausgehen können müßte, daß er das, was wir können, also z. B. mit unserer natürlichen Sprache umgehen, allemal können können müßte, daß aber auf der anderen Seite zugleich die Sorge laut wird, daß der ›heute vorhandene breite Computeranalphabetismus‹ (Haefner 1984 / 103) und die ›Mathematikphobie als Krankheit der heutigen Kultur‹ (Papert 1985 / 15 f.) diesen Weg ins goldene Computerzeitalter erschweren oder sogar verhindern können könnten. Nun macht es natürlich keinen Sinn, von einem Computeranalphabetismus zu reden, wenn der Symbolverarbeitungsmodus des Computers der gleiche wäre wie unserer. Wer mit seiner Mutter reden kann, der könnte dann auch mit dem Computer reden, und gewißlich sind wir noch nicht so weit, daß von einem weit verbreiteten Autismus der Menschen ausgegangen werden muß. Und Mathematikphobie war bisher eigentlich auch noch nicht ein Problem, was die Kommunikation zwischen *Menschen* verhinderte. Andererseits läßt sich eine radikale Differenz zwischen dem Symbolverarbeitungsmechanismus zweier Systeme immer so beseitigen, daß sich das eine System dem ande-

ren anpaßt. Und wenn – wie das offensichtlich der Fall ist – der Computer sich nicht unserem Modus anpassen kann, so können wir doch uns dem Modus des Computers anpassen. Dann wird im Endeffekt die These von der Identität der Systeme doch noch richtig, und dann macht es auch Sinn, davon zu reden, daß uns der Computeranalphabetismus und die Mathematikphobie – die Unfähigkeit oder die Weigerung, diese Anpassungsleistung zu erbringen – auf diesem Weg zur Identität behindert. Was sich wiederum aus dieser Sprache der Spekulation ins Konkrete einer bloß technologischen Entwicklung so übersetzen läßt:

Nicht indem die Computer lernen, wie Menschen zu sprechen, sondern indem die Menschen lernen, auf die eine oder die andere Weise ihre Denk-, Ausdrucks- und Darstellungsform an die Struktur der symbolverarbeitenden Maschine anzupassen, wird der Weg in die Computerisierung der Gesellschaft – wenn auch nicht deren Vollständigkeit – technisch realisierbar. Und welchen Weg zwischen den Anpassungsalternativen man auch immer im Einzelfall wählen wird, eines werden sie auf jeden Fall gemeinsam haben:

Sie erfordern und erzwingen eine Umorientierung in der Wahrnehmungs- und Orientierungsform des Menschen. Die Benutzung von Computern übt systematisch abstraktes prozessuales Denken ein dort, wo früher die Konzentration auf die sinnliche Gestaltwahrnehmung des Gemeinten stand. Und überall dort, wo ein Computer anstelle von Menschen eine Orientierungsleistung vollbringt, wird die Orientierung in der Welt dem Menschen nur zugänglich, wenn er seinerseits eben jene Vorleistung erbringt, seine Kommunikationsstruktur an die des Computers anzupassen. Innerhalb der gesellschaftlichen Nische wird so nach und nach anstelle der Fähigkeit zur Konzentration auf die offene Medienwahrnehmung des Gesamteindrucks all unserer Sinne die Fähigkeit zur abstrakten, prozessualen, zergliedernden Darstellung des Gemeinten nach Maßgabe vorgegebener Realitätsmodelle bzw. nach Maßgabe formaler Sprachen die elementare Voraussetzung, die dem Menschen eine Orientierung in der Welt ermöglicht. Erst so aber – als kollektive Anstrengung aller Menschen im Alltag, die nach und nach anstelle ihrer auf menschliche Erfahrung bezogenen Symbole und Handlungen zur Orientierung und Handlung in der Welt die uniformierten Symbole und expliziten Regeln des Computers setzen und sich dann anschließend zur je individuellen Orientierungs- und Handlungsleistung auf diese verobjektivierte kollektive Orientierungs- und Handlungsleistung im Computer beziehen und diese anstelle ihrer Erfahrung zur semantischen Bezugsgrundlage der verwendeten Worte machen –, gewinnt das Unternehmen der Uniformierung der Symbolbedeutung jene Größenordnung, die es bei seiner weltumspannenden Dimension gewinnen muß, soll es eine Chance auf Erfolg haben.

Freilich ist das trotz dieser Größenordnung kein Prozeß, der auf einen Schlag großartige Entdeckungen voraussetzte und vom Einzelnen auf einen Schlag großartige Leistungen erforderte. Wie alle Prozesse, die die Macht haben, die Art und Weise unseres Alltagsdaseins zu verändern, wirkt er, weil er im Kleinen und Kleinsten, in trivialen Bruchstücken, das aber nachhaltig immer wieder und in immer mehr kleinen Bruchstücken, die Verrichtungen des Alltags in seinem Sinne determiniert. Nicht die großen superintelligenten Computer, die jetzt plötzlich überall unter uns sind, machen die Wucht der Veränderung aus; es ist das kleine spezifische Expertensystem zur Überwachung von Pulsschlag, Herzfrequenz und Atemkapazität, das an die Stelle der direkten Wahrnehmung eines schwerkranken Patienten mit all unseren Sinnen die bloß visuelle Beobachtung der Systemergebnisse setzt, das kleine Schreibsystem, das an die Stelle des direkten räumlichen Umgangs mit Papier die formale Darstellung der gewünschten Raumaufteilung setzt, das triviale Computerauskunftssystem, das an die Stelle der direkten Kommunikation von Mensch zu Mensch die Anpassung an die Kommunikationsstruktur des Computers erzwingt, das ganz gebräuchliche Graphik- und Zeichnen-Programm, das an die Stelle der Konzentration auf die mediale Wahrnehmung und Integration unseres körperlichen Tuns im Sinne der gemeinten Kreisgestalt die Konzentration auf die abstrakte prozessuale Programmeingabe für ›Kreis‹ erfordert, es sind all diese kleinen Techniken, die mit vielen anderen lächerlichen Kleinigkeiten zusammen eine Welt schaffen, in der Mensch-Sein anfängt, davon abhängig zu werden, daß wir jene ganz spezifisch neue Organisation unserer Wahrnehmungs- und Symbolisierungsleistung uns angeeignet haben.

Und es ist genaugenommen auch gar nicht allein und erst die Integration des Computers in den Alltag, die das bewirken kann. Denn wo in unserer gesellschaftlichen Nische gibt es denn noch

die Aufforderung und die Anforderung einer offenen Medienwahrnehmung des Gesamteindrucks? Wir leben umgeben von lauter gemachten Dingen, in denen das, was sie sein sollen, so überdeutlich bemüht zum Ausdruck kommen muß, daß das, was man hier sehen und dann tun soll (und nichts anderes!) oft noch durch einen doppelten schriftlichen Hinweis nach dem Motto ›Achtung! Achtungsschild!‹ erhärtet wird. Und wo sehen wir denn noch direkt das ganze Objekt unserer Wahrnehmung mit all unseren Sinnen und zählen nicht nur den Pulsschlag und lesen die Körpertemperatur auf dem Thermometer ab, sehen noch auf das Wetter anstatt auf die Wetternachrichten, noch auf das Ding anstatt auf die Gebrauchsanweisung? Wann reden wir wirklich mit dem anderen Menschen und nicht bloß mit der Funktion, die der andere ausübt, und die, als winziges Bruchstück einer komplexen gesellschaftlichen Organisation, ganz und gar von dieser determiniert wird und mit der Persönlichkeit des anderen nichts zu tun hat? Wann gestalten wir denn noch etwas mit unserem Körper und üben nicht bloß Hilfsfunktionen an Maschinen aus, bei denen nicht primär unsere körperliche Bewegung, sondern primär der Mechanismus der Maschine die produzierte Gestalt strukturiert? Und wie viele von uns gehen denn überhaupt noch direkt mit Gegenständen um, und nicht bloß primär mit Gegenständen, die Zeichen für Gegenstände und Vorgänge sind, und so also nicht mehr mit der Welt, sondern immer bloß mit einer symbolischen Interpretation der Welt? Mit Briefen und Akten und schriftlichen Mitteilungen und Meßgeräten und Bildern und Filmen? In der Arbeit wie im Privaten. Ja selbst mit dem Hören ist es so weit gekommen, daß wir vorzugsweise nicht mehr die uninterpretierte Welt hören, sondern ein vorstrukturiertes Etwas in Form von überlauter Hintergrundmusik.
Wenn die massive Integration des Computers in die gesellschaftliche Organisation der Produktion und Reproduktion jetzt bewirkt, daß das gewöhnliche Objekt der Wahrnehmung im Alltag nicht mehr die gemeinte Gestalt als Ergebnis der Medienwahrnehmung unseres je individuellen, sinnlichen, offenen Gesamteindrucks ist, sondern die nach reproduzierbaren Kriterien vollzogene Interpretation eines Objekts, und die verwendeten Symbole sich primär nicht mehr auf die offene menschliche Erfahrung, sondern auf standardisierte Interpretationsregeln beziehen, dann kann der Computer das nur bewirken, weil er hier Prozesse

zu Ende führt und durch die Verobjektivierung der Prozesse in der Maschine festschreibt, die wir schon lange in Gang gesetzt haben. Wir leben schon lange in einer Welt, die sich immer ausschließlicher über die Organisation von objektiv definierbaren Daten, Signalen und damit verbundenen Regeln generiert, als über die Organisation der subjektiven Erfahrung im Umgang mit dieser Welt. Und das nicht nur aus jenem objektiven Grund, daß jede Mechanisierung der Produktion notwendig das, was in der Handarbeit als implizites Wissen um die Verbindung der einzelnen Prozesse im Erfahrungskönnen und -wissen des Einzelnen integriert war, explizit als Verwaltung und Organisation des mechanisierten Prozesses mittels Zeichen und Regeln erstellen muß. Sondern auch aus jenen subjektiven Gründen, die in der Struktur unseres Weltbildes liegen, das die Panik vor der Erfahrungsfähigkeit selbst durch die Sicherheit einer durch und durch gemachten Welt auszugleichen sucht, die sich in ihrer Gesamtheit darstellen und ordnen läßt als eine Summe von objektiven Daten und in ihrer Bedeutung eindeutigen Signalen. Konsequenterweise setzt sich denn im drohenden Computeranalphabetismus nur etwas fort, was jetzt schon als normale ›Geißel des Analphabetismus‹ für unsere Kultur typisch ist: der Tatsache, daß zum Überleben in unserer Nische, in unserer Kultur eine Fähigkeit vonnöten ist, die jahrtausendelang zum Überleben nicht und auch nicht zum Leben und auch nicht zum Weise-Werden vonnöten war – die Fähigkeit zum Umgang mit formalen Zeichensystemen. Der Chante Yeremei Aipin aus Westsibirien beschreibt diese radikale Differenz in dem, was in seiner alten Kultur und was in unserer zum Überleben (nicht zum Leben und nicht zum Weise-Werden) nötig ist, konzise am Beispiel jener, die heute weder das eine noch das andere haben – den Kindern, die die alte Kultur nur als zerstörte und die neue nur als Zerstörerin kennen. ›Was ist mit den Kindern geschehen? ... Sie haben es zu nichts gebracht. Die Familien, die ihre Ernährer verloren hatten, zogen in die Stadt. Dort gibt es niemanden, der den Jungen beibrachte, wie man Wild jagt, Fische fängt oder Rentiere weidet. Keinen, der ihnen zeigt, wie man ein Lasso macht, ein Fischernetz, einen Schlitten, ein Boot, wie man Häuser und Läden auf Pfählen baut. Sie haben nichts von dem gelernt, was ihre Väter von Kindesbeinen an können. ... Auch ›den großen Sprung von den schäbigen patriarchalischen Zeiten zum Sozialismus‹, den die Sozialwissenschaftler prophe-

zeiten, haben sie nicht geschafft. Sie sind weder Ölarbeiter noch Geologen, noch Bauarbeiter geworden. Warum? Weil viele nicht acht Jahre lang zur Schule gegangen sind und nun in der Stadt wie auf dem Land nutzlos herumhängen.‹ (Die Zeit 22. 9. 1989 / 88)
Und ohne Lesen, Schreiben und Rechnen bekommt man nicht nur keine Arbeit, sondern es kommt auch keine Orientierung in dieser Welt zustande, die Tag für Tag mit schriftlichen Hinweisen und Anweisungen und Aufforderungen durchsetzt ist, deren Befolgung erst die erfolgreiche Organisation unseres Lebens in dieser Nische möglich macht. Bis hinunter zu jenem trivialsten Faktum, dem Einkaufen mit Geld, zu dem man schließlich rechnen können muß. Können wir uns im Ernst noch eine Welt vorstellen, in der man nicht bis zehn zählen können mußte, um erfolgreich zu sein?
Oder umgekehrt – was machte der Computer in einer Welt, in der die Menschen sich vom Jagen, Fischen und Pflanzensammeln ernährten, für einen Sinn? Es gibt dort schlichtweg keinen Vorgang, der vom Computer übernommen werden könnte. Und wenn wiederum umgekehrt in unserer Welt sehr viele Vorgänge vom Computer übernommen werden können, ja wenn uns die Mechanisierung der Symbolverarbeitung als eine der Zukunftstechniken des Jahrhunderts erscheint, dann zeigt das nur, wie durchgängig und ausschließlich wir die Organisation unserer Gesellschaft und den Bezug unserer Gesellschaft zur Welt, die man heute Umwelt nennt, schon so strukturiert haben, daß uns beides als ein Vorgang erscheint, dessen Qualität sich in der Verarbeitung von Daten und Regeln erschöpft, die – wenn nicht heute, so doch morgen – sich formalisieren und schließlich mechanisieren lassen.
Wenn der Computer uns jetzt, in dieser Zeichenerkennung und Daten- und Regelverarbeitung, Arbeit abnimmt, wenn er jetzt nicht nur die Interpretation der Welt nach wissenschaftlichen Kriterien, sondern auch die Interpretation der Welt nach Maßgabe jener subjektiven, gesellschaftlich konformen Meinungen, wie sie in der autozentrischen Wahrnehmung zur Anwendung kommen, objektiviert und uns als fertiges an-sich-seiendes Fakt präsentiert, dann führt er damit eine Entwicklung zu Ende, die wir mit der Herrschaft unseres Weltbildes in Gang gesetzt haben, und er kann sie nur zu Ende führen, weil die Vollendung der Herrschaft unseres Weltbildes von Anfang an unser Ziel war.

Andererseits fängt der Computer durch diese Vollendung etwas grundsätzlich Neues an. Denn zuvor waren es ja immer noch Menschen, die solcherart über Daten, Zeichen und Regeln sich in der Welt orientierten und sich über ihre Verarbeitung die Welt organisierten. Der Einsatz von Computern setzt diese Begrenzung prinzipiell außer Kraft. Er erlaubt eine Darstellung und Organisation der Welt, die sich primär an der Datenverarbeitungskapazität des Computers orientiert. Und das heißt für das Subjekt:

Als Einzelner sind wir in dieser Welt der eindimensionalen Daten und expliziten Regeln nicht mehr zur Wahrnehmung einer Welt, mit der wir umgehen könnten, fähig. Dann leben wir in einer Welt, in der dem Einzelnen die Orientierung in der Welt nur möglich erscheint aufgrund dieser vorausgesetzten kollektiven arbeitsteiligen Anstrengung, die Welt und unseren Umgang mit ihr so umzuwandeln, daß beides der Maschinenverarbeitung zugänglich wird. Ohne diese Maschinen verliert der Einzelne in dieser Welt der Maschinen das, was den formalen Grund jedes Leben-Könnens, die formale Fähigkeit zur kognitiven Autonomie ausmacht: das je individuelle Vermögen, diese Welt in eine begreif- und gestaltbare, in eine für sich lebbare umzuwandeln. Und ohne diese individuelle Fähigkeit zur Orientierung in der Welt verliert natürlich auch jenes Recht und jene Verpflichtung, in der Gesamtheit des eigenen Daseins selbst Maßstab einer wahren Ordnung der Welt zu sein, jeden Grund, aus dem heraus es lebensfähig wäre.

Weil aber die in der Maschine verobjektivierte Orientierungsleistung nur als kollektiver arbeitsteiliger Prozeß zu generieren ist, steht der Einzelne gegenüber diesem verobjektivierten Teil der menschlichen Leistung insgesamt genau so unwissend und fremd und ohnmächtig gegenüber, wie sonst gegenüber jeder anderen Technik auch. Er selbst muß diesen ganzen Prozeß um seines Überlebens willen als funktionstüchtigen voraussetzen, aber er selbst könnte als Einzelner diesen Prozeß nicht eine Sekunde lang funktionstüchtig halten, so daß auch mit diesen Maschinen von einer individuellen Fähigkeit zur Orientierung in der Welt nicht die Rede sein kann.

Wenn eine Gesellschaft ihre Orientierung in der Welt primär über den Aufbau dieser Mensch-Maschine-Symbiose organisiert, dann schafft sie eine Welt, in der die Grenze zwischen Individuum und Kollektiv neu gezogen wird, weil beide zu etwas wesentlich anderem geworden sind. Die Fähigkeit zur Orientierung kann dann nur noch vom Kollektiv insgesamt ausgeübt werden, und das Subjekt im alten Sinne als die Instanz von Vernunft und Urteil löst sich auf. Vernünftig ist dann – wenn überhaupt – nur noch das Ganze und der Einzelne nur insofern er begriffs- und urteilsloser Teil dieses Funktionszusammenhanges ist. Dieser Übertragung einer konstitutiven Fähigkeit des Subjekts auf die in Maschinen verkörperte Organisation des Kollektivs entspricht auf der individuellen Seite eine radikale Veränderung in der Wahrnehmungsorganisation des Menschen. Die Rede vom drohenden Computeranalphabetismus, der das Vorhaben verhindern könnte, ist deshalb nicht falsch, weil sie nicht zutrifft, sondern weil der Begriff viel zu kurz greift. Es handelt sich um Größeres als um die Fähigkeit zur Übersetzung der anschaulichen Abstraktionen der Gestaltwahrnehmung in formale Schriftzeichen. Und es geht genau besehen auch um mehr als um die Vernichtung der Möglichkeit zur kognitiven Autonomie, und um mehr als um die Verwissenschaftlichung des Alltags und die Veränderung der Wahrnehmungsorganisation des Menschen:

Es geht um die gesellschaftlich induzierte Veränderung dessen, was es bedeutet, Mensch zu sein.

Denn von der individuellen Genese her ist ja jener Vorgang, in dem sich uns durch die aktive Erforschung der Welt eine begreifbare und gestaltbare Welt entfaltet, zugleich jener Vorgang, durch den und in dem sich uns unser Subjekt-Sein konstituiert und entfaltet. Und man kann die Form und Qualität dieses aktiven Bezugs zur Welt nicht entscheidend ändern, ohne daß sich zugleich die Genese und die Form der Subjektkonstitution, die uns durch diesen Bezug möglich wird, entscheidend verändert.

Oder wie Papert, der enthusiastische und klarsichtige Advokat dieser Veränderung, es ausdrückt: ›Dieses Buch handelt davon, wie Computer Träger schlagkräftiger Ideen und Keime eines Kulturwandels sein können, wie sie Menschen helfen können, neue Beziehungen zu Wissen aufzubauen, die über alle traditionellen Grenzen hinweggehen, die heute die Geistes- von den Naturwissenschaften und die Kenntnis des eigenen Ichs von allen beiden trennen. ... Es handelt davon, wie Computer eingesetzt werden können, um Standardannahmen der Entwicklungspsychologie und der Psychologie der Begabungen und Einstellungen in Frage zu stellen. ... Zu lernen, mit einem Computer zu kommunizieren, könnte andere Lernweisen verändern. ... Wenn diese Kommunikation stattfindet, lernen Kinder Mathematik wie eine lebendige Sprache. ... Die Idee, mit einem Computer ›Mathematik zu sprechen‹, kann zu der Betrachtungsweise verallgemeinert werden, daß Mathematik in ›Mathematikland‹ gelernt wird, das heißt in einem Kontext, der für das Lernen von Mathematik dasselbe ist wie Leben in Frankreich für Französischlernen.‹ (1985 / 12 ff.)

Wenn man bedenkt, daß Mathematik das Idealmodell abstrakten formalen Denkens ist, läßt sich die Sache nicht klarer ausdrücken: Es geht darum, eine Umgebung, ein ›Mathematikland‹, eine gesellschaftliche Nische zu schaffen, in der die Fähigkeit zur abstrakten prozessualen zergliedernden Darstellung des Gemeinten nach Maßgabe vorgegebener Realitätsmodelle, bzw. nach Maßgabe formaler Sprachen mit uniformierter Symbolbedeutung die elementare Voraussetzung wird, die dem Menschen eine Orientierung in dieser Welt ermöglicht. Denn nur, wenn die Interpretation der Welt im Modus objektiv definierter Symbole und expliziter Regeln anstelle der offenen und impliziten Gestaltwahrnehmung all unserer Sinne zum grundlegenden Moment der Alltagswahrnehmung geworden ist, werden wir ›Mathematik‹ so sprechen lernen, wie jetzt unsere natürliche Sprache, weil dann ›Mathematik-Sprechen‹ die gleiche Funktion erfüllt und sich auf die gleiche Weise generiert wie jetzt unsere natürliche Sprache: als adäquater Ausdruck und als adäquate Förderung der Art und Weise, wie sich uns in unserer Wahrnehmung der Welt eine handhabbare, eine begreifbare und gestaltbare Welt generiert.

Unterhalb des Niveaus dieser Anforderung ans Subjekt läßt sich die umfassende Computerisierung der Gesellschaft nicht in Angriff nehmen. Die Entwicklung hin zum umfassenden Einsatz von Computern wird nur machbar durch diese alltägliche menschliche Anstrengung der Umwandlung allen Seins, Tuns und Denkens an die den Maschinen zugängliche Verarbeitungsstruktur und durch die alltägliche Mimesis des Menschen im Tun und Denken an diese so umgewandelte Welt.

Und wenn es auf der einen Seite so ist, daß ›Materie‹ berechenbar wird, indem wir alles Natürliche, ohne unser Zutun Gewordene, vernichten und die Existenzformen der Materie unserer Theorie anpassen, so ist es auf der anderen Seite so, daß Menschen –

menschliche Wahrnehmung, menschliches Denken und menschlicher Ausdruck – berechenbar wird, indem die Menschen um ihres Überlebens willen in der Nische gezwungen sind, sich bis ins Kleinste an die Struktur des Formalen anzupassen.
Nur wenn wir wie Computer werden, werden die Computer wie Menschen, bloß eben bessere Menschen sein.

Die neue Subjektkonstitution: Wie ein Computer sein

›Zwei Hauptthemen – nämlich daß Kinder lernen können, Computer souverän zu benutzen, und daß das Erlernen des Computergebrauchs alle ihre anderen Lernprozesse verändern kann, haben mein Forschungsprogramm über Computer und Erziehung geformt‹, sagt Papert (1985 / 16), und er trifft damit den Kern der Sache.
Denn wenn es so ist, daß eine Interpretation in Termen von expliziten Regeln und uniformierten Symbolen zu einem festen und bestimmenden Teil jener Erfahrung wird, in der wir als Kinder lernen, unseren Bezug zur Welt und zu uns selbst herzustellen und zu gestalten, kann man davon ausgehen, daß dieser Bezug zur Welt so konstitutiver Teil unseres Subjekt-Seins geworden ist, daß wir ihn als Erwachsene als dominanten Teil der Ordnung unseres Weltbildes ebenso selbstverständlich voraussetzen, wie wir die Leistung dieser Interpretation, da sie ja ›kinderleicht‹ ist, als dominante in unserem alltäglichen Bezug zur Welt erbringen können. Oder, wie Papert die Sache andersherum formuliert:
›Zu den Kindern, die sich aufsässig gegenüber naturwissenschaftlicher und mathematischer Bildung zeigen, gehören viele, deren Umgebung relativ wenig ›mathematiksprechende‹ Erwachsene aufwies.‹ (1985 / 17)
Daß Papert aber in diesem Zusammenhang, in dem es ihm doch zumindest vordergründig bloß um positive Bildung und Entwicklungsmöglichkeiten der Persönlichkeit geht, ein Adjektiv des Widerstands gegen eine konkrete Unterdrückung, nämlich ›aufsässig‹ benutzt, das zeigt, daß ihm unbewußt deutlich gegenwärtig sein muß, daß es hier um viel mehr als bloß um Bildung und um Technik geht, und um viel Spezifischeres, als allgemein um ›die Entwicklungsmöglichkeiten der Menschen‹. In der Frage der

Computerisierung unserer Gesellschaft geht es um den Untergang oder den Fortbestand des herrschenden Weltbildes der Berechenbarkeit der Welt und den Untergang und Fortbestand all dessen, was mit der Gültigkeit dieses Weltbildes als das einer Gesellschaft impliziert ist. Objektiv wie subjektiv.
Objektiv, weil ohne die systematische Integration der mechanischen Symbolverarbeitung die weitere Aufrechterhaltung unserer technischen Herrschaft nicht möglich ist. Subjektiv, weil die Gültigkeit unserer Ordnung nach wie vor mit dem Vollzug des Tabus der identifizierenden Wahrnehmung des anderen anfängt und sich etabliert als radikale Disidentifikation von der eigenen Erfahrungsfähigkeit als einem Medium der Wahrnehmung.
Was aber wäre, rein formal betrachtet, als Methode besser geeignet, diese radikale Disidentifikation vom eigenen Fühlen als einem Zugang zur Welt zuwege zu bringen, und was wäre kompatibler mit dem Erkenntnisideal unseres herrschenden Weltbildes, als die systematische Konzentration auf die funktionale Objektwahrnehmung gegenüber der eigenen Art und Weise, wie wir die Welt und uns selbst wahrnehmen, gegenüber der eigenen Art und Weise, wie sich uns ein Gemeintes darstellt, ein Problem ergibt, gegenüber der eigenen Art und Weise, wie wir denken, gegenüber der Gesamtheit unseres Seins, nicht nur in der Wissenschaft, sondern auch im Alltag und von Kindheit an? Nichts natürlich, außer vielleicht jener Methode der radikalen, umfassenden Identifikation mit dem Formalen selbst, jener Identifikation des eigenen Seins mit der Maschine etwa, wie sie Joey geleistet hat. Was aber wird uns in der Anstrengung der alltäglichen Anpassung unserer Kommunikationsstruktur an die des Computers anderes abverlangt als eben dies – der systematische Vollzug der funktionalen Objektwahrnehmung gegenüber der Gesamtheit unseres Seins? Indem wir hier systematisch jedes Problem, jedes Gemeinte, jedes Gewollte, jede Wahrnehmung übersetzen müssen in die Termini und Regeln eines formalen Systems, sind wir systematisch dazu gezwungen, die eigene Wahrnehmung, das eigene Wollen, das eigene Meinen und Denken nicht einfach voraussetzen zu können als etwas, mit dem man tut und ist und denkt, sondern wir müssen uns selbst in dieser Gesamtheit zum Objekt nicht bloß der Selbstreflexion, sondern einer ganz spezifischen Form der Selbstreflexion machen. Eben jener, in der wir uns selbst nicht als Subjekt gegenwärtig sind, das sich selbst erfährt, sich in dieser Erfah-

rung seiner selbst und der Welt verliert und darin wiederfindet, sondern jener Selbstreflexion, in der wir uns als Objekt der formalen Analyse und der funktionalen Objektwahrnehmung sehen, und in der wir existieren, insofern sich unser Sein in diese formale Analyse übersetzen läßt.

›Meiner Ansicht nach‹, sagt Papert, ›hilft der Computer in zweierlei Hinsicht. Erstens: Der Computer erlaubt dem Kind – oder er zwingt es dazu –, intuitive Erwartungen zu äußern. Wenn die Intuition in ein Programm übersetzt wird, wird sie aufdringlicher und der Reflexion zugänglich. Zweitens: Informatische Ideen können als Material zum Ummodellieren intuitiven Wissens aufgenommen werden.‹ (1985 / 152) Und: ›Für mich ist hierbei am wichtigsten, daß Kinder bei diesen Experimenten eine Lehrzeit als Erkenntnistheoretiker durchmachen würden, das heißt, sie würden lernen, klar und deutlich über das Denken nachzudenken.‹ (1985 / 35)

Der Computer scheint so wie durch ein Wunder etwas als Teil der Alltagspraxis von Subjekten möglich zu machen, was bisher aus guten Gründen nur als wissenschaftliches Ideal und als Leistung von Spezialisten im Beruf existierte. Denn der konsequente Vollzug der funktionalen Objektwahrnehmung am Subjekt im Sinne der traditionellen wissenschaftlichen Erkenntnismethode konnte und kann nicht stattfinden, ohne daß das Subjekt im Experiment so drastisch zum Objekt gemacht wird, daß es als Subjekt, das die Welt in seinem Sinne begreift und gestaltet, ganz und gar verschwindet. Und das ist natürlich keine Umgangsweise mit Subjekten, die sich als Teil einer Alltagspraxis für Subjekte anempfehlen ließe.

Beschränkt man sich aber auf die rein geistig vollzogene funktionale Objektwahrnehmung am Subjekt, auf die systematisch betriebene formale Selbstreflexion, so tut sich eine andere Schwierigkeit auf. Zwar ist es richtig, daß der Gestaltswitch in der Wahrnehmung, der anstelle der Mediumwahrnehmung unserer eigenen Sinneseindrücke und unseres Denkens die Konzentration auf die formale Gestalt und auf den formalen Ablauf unserer Sinneseindrücke und unseres Denkens setzt, einen disidentifizierenden Effekt hat. In diesem Wahrnehmungsmodus erscheint uns das, was vorher ein Teil jener Ich-Identität war, in deren Modus wir die Welt wahrnehmen, jetzt eher als ein Stück der Welt denn als ein Stück von uns; es ist eben Objekt unserer Wahrnehmung, und nicht mehr Teil des Subjektes, das wahrnimmt und denkt. Aber insofern dieses Objekt der Wahrnehmung so primär Objekt unserer focalen, auf die formale Funktion hin konzentrierten Wahrnehmung bleibt, verlieren wir die Fähigkeit, mit ihm als Teil von uns selbst selbstverständlich umzugehen. Es ist die alte Geschichte mit dem Tausendfüßler, der die Fähigkeit zum Gehen verlor, als ihn einer fragte, wie er das denn mit seinen tausend Füßen mache. Über dem Versuch, dieses komplexe Geschehen analytisch zu zergliedern und als formal beschreibbaren Ablauf zu erklären, ging ihm notwendig die Konzentration auf die Bewegungsgestalt, und damit die implizite Wahrnehmung seiner selbst als Bedeutung für diese Gestalt, und damit die Fähigkeit zur Bewegung überhaupt verloren.

Wenn die Verschränkung von Theorie und Experiment am Subjekt zum Kontrollverlust über die aktiven Gestaltungsmöglichkeiten des Tuns führt, weil das so ›beobachtete‹ Subjekt notwendig ganz und gar Objekt wird, hat die rein formale Selbstreflexion – wenn auch weniger handgreiflich-irreversibel und aus anderen Gründen und auf anderem Wege – das gleiche Resultat. Ein Weltbezug jedoch, der als Teil einer Alltagspraxis für Subjekte tauglich sein will, muß eben jenes nahtlose Ineinandergreifen von aktivem Begreifen und Gestalten aufweisen, das hier in beiden Fällen abhanden kommt.

Will man aber dem formal identischen Ergebnis dieser beiden Alternativen und der ihnen inhärenten, einmal projizierten, einmal verinnerlichten Subjektspaltung in beobachtendes Subjekt und beobachtetes Subjekt-Objekt ausweichen, indem man sich mimetisch ganz ans Formale angleicht, sich ganz mit dem Formalen identifiziert, so daß einem anstatt des sinnlich-erfahrbaren Gesamteindrucks jetzt ›das Formale‹ in dieser oder jener Form selbst und ganz zum Medium der Wahrnehmung der Welt würde, so kommt einem eine lebbare Welt erst recht abhanden.

Zwar ist es richtig, daß wir zu so einer partiellen oder totalen mimetischen Angleichung fähig sind, und richtig ist auch, daß uns nur so, durch diese in die Identifikation umschlagende Konzentration aufs Formale, jene Fähigkeit zum Tun, die uns sonst durch die Konzentration auf die focale Wahrnehmung des Formalen verlorenging, jetzt als Fähigkeit zum Tun mittels des Formalen wieder zugänglich wird. Jeder, der irgendeine formale Sprache, sei es die der Mathematik, sei es eine Programmierspra-

che oder sei es irgendeine andere, sich über objektivierte Symbolbedeutungen und explizite Prozesse generierende Erklärung der Welt, ›sprechen‹ gelernt hat, kann mit diesem formalen System nur insoweit flüssig und produktiv umgehen, als er sich partiell und temporär mit ihm soweit identifiziert, daß es ihm zum Medium des Denkens und Erkennens wird und nicht mehr selbst der focalen Aufmerksamkeit bedarf. Polanyi nennt diese mimetische Angleichung ›indwelling‹ und verbindet sie ganz richtig auch damit, daß ein bestimmter Modus der Wahrnehmung – ständig oder temporär – Teil unserer Subjektkonstitution werden kann. ›We meet with another indication of the wide functions of indwelling when we find acceptance to moral teachings described as their *interiorization*. To interiorize is to identify ourselves with the teachings in question, by making them function as the proximal term of a tacit moral knowledge, as applied in practice. This establishes the tacit framework for our moral acts and judgments. And we can trace this kind of indwelling to logically similar acts in the practice of science. To rely on a theory for understanding nature is to interiorize it. For we are attending from the theory to things seen in its light, and are aware of the theory, while thus using it, in terms of the spectacle that it serves to explain.‹ (1983 / 17)
In welche Welt aber kämen wir, würden wir so, wie Jantsch sich das im Zitatendialog erträumt, ›ganz Geist‹ (formaler Geist natürlich), und wären das nicht nur temporär und partiell am Schreibtisch, wo wir mit Leben sonst kaum beschäftigt und gefordert sind? In jene unlebbare und unanschauliche abstrakte Welt der Physik, in der nicht Menschen oder Dinge, sondern Elektronen, Neutronen und – schlimmer noch – quantenphysikalische Wahrscheinlichkeitsgesetze, aber keine Dinge mehr existieren.
Die Ordnung der Berechenbarkeit der Welt ist so oder so keine Ordnung, die für uns unmittelbar, ohne vermittelnde Zwischenschritte, eine lebbare Alltagswelt oder auch nur eine Mini-Welt ergäbe, die sich als fester Teil des Alltags etablieren ließe.
Was hier im Alltag und für die Massen blieb, das war die funktionale Objektwahrnehmung am anderen als reine Machtausübung übers Objekt, das war eine Subjektkonstitution, die sich darauf gründete, das andere (nicht sich selbst) anschaulich zum Objekt des eigenen Willens zu machen, und was jenes formale Denken lieferte, das waren die Maschinenobjekte, über deren Benutzung

diese manipulative Macht am anderen gegeben und vervielfältigt wurde.
Aber jetzt hat uns das formale Denken mit dem Computer eine Maschine geliefert, die eben diese Probleme der Integration des formalen Denkens in den Lebensalltag der Subjekte anscheinend spielend und im Spiel selbst für die Kinder aus der Welt schafft. Und die das kann, weil sie nicht nur in der Lage ist, das Abstrakte für uns anschaulich zu machen, sondern weil sie uns das Abstrakte genau in dem Maße und in dem Umfang anschaulich macht, indem wir systematisch das, um was es geht, in Form von expliziten Regeln und eindeutig definierten Symbolen darstellen. Innerhalb dieser Mensch-Maschine-Kommunikation definiert sich die Beziehung zwischen abstraktem Denken und Anschaulichkeit, zwischen der Konzentration auf die formale Interpretation und der Fähigkeit zum gestaltenden Tun, der Identifikation mit dem Formalen und einer lebbaren Welt völlig neu.
Vor allem tut sich hier in dieser Beziehung eine Welt auf, in der wir nicht nur direkt und unmittelbar durch unsere Mimesis ans Formale leben können, sondern in der wir nur leben und die wir nur begreifen und gestalten können, insofern wir diese mimetische Angleichung ans Formale vollzogen haben und das Formale uns ganz zum Medium der Wahrnehmung der Welt und unserer selbst geworden ist.
Wenn früher die in ihrer Konsequenz zu Ende gedachte Abstraktion unweigerlich ins Unanschauliche führte, so wird hier jenes zu-Ende-gedachte abstrakte Denken zur Vorbedingung und zur Grundlage der neuen Anschaulichkeit. Und im Gegensatz zur realen Welt, in der die Vertiefung in die Konstruktion abstrakter Welten uns die Sache um so unanschaulicher macht, je weiter wir in dieser Konstruktion kommen, kann hier die Welt im Computer um so anschaulicher und genauer werden, je mehr wir uns en detail auf diesen Konstruktionsprozeß via analytische Zergliederung einlassen. Zwar mag das Programm selbst für uns in die Undurchschaubarkeit abdriften, aber die Welt im Bildschirm – sagen wir z. B. als gezeichnete, oder als Reaktionen eines sogenannten sprachverstehenden Programms –, die dieser undurchschaubare formale Prozeß für uns hervorzaubert, gewinnt an Konturen und an Genauigkeit, je ausführlicher die abstrakte Zergliederung im erzeugenden Programm ist. Es ist eine Welt-verkehrt, die hier in der Mensch-Maschine-Kommunikation sich

auftut, mit je eigenen Gesetzen, was die Anschaulichkeit und die Macht von Wort und Tun betrifft.

Gültig ist für die reale Welt, daß wir nicht nur, sondern *auch* den Kreis, nicht nur, sondern *auch* das Rot sehen, und das nur, insofern uns jene geistige Konzentration aufs Gemeinte, jenes Weg- und Zusammendenken in der Wahrnehmung gelang. In der Mensch-Maschine-Kommunikation jedoch wird jenes Zusammendenken der Einzelheiten zu einer anschaulichen Gestalt – sei es nun eine räumliche oder eine in der Zeit – vom Computer allein und ausschließlich nach Maßgabe unseres Programms übernommen. Und wenn so der Computer für uns ›Kreis‹ oder ›rot‹ anschaulich macht, dann sehen wir – jedenfalls bezogen auf das Auflösungsvermögen unserer Sinne – tatsächlich nur ›Kreis‹ und nur ›rot‹, direkt so, ohne jede geistige Anstrengung des Wegdenkens von der Mannigfaltigkeit und des Hindenkens auf die Gestalt. Im Gegensatz zur echten Welt, die immer mehr ist als alle Abstraktionen zusammen und keine Abstraktion rein ausprägt, baut sich die anschauliche Welt im Computer aus Abstraktionen auf und ist exakt identisch mit der Summe der Abstraktionen. Und nach Belieben können wir uns im Bildschirm eine Welt zusammenbasteln, die nach und nach weitere Abstraktionen hinzufügt oder wegnimmt. Indem der Computer so Abstraktes und Anschauliches unmittelbar im Verhältnis 1 zu 1 miteinander verbinden kann, macht er jene geistige Anstrengung des Weg- und Zusammendenkens in der Gestalt überflüssig. Das Wahrnehmen der Abstraktionen ist hier deswegen kinderleicht, so leicht, daß mit Hilfe des Computers Kinder wesentlich früher als sonst mit Abstraktionen umgehen lernen können. Was als geistige Anforderung bleibt, ist die Fähigkeit zur prozessualen expliziten Aufgliederung von Vorgängen. Aber auch hier gilt, was über die Veranschaulichung von statischen abstrakten Begriffen gesagt wurde. Der Computer ist die Maschine, die formale Vorgänge für uns anschaulich macht. Er tut genau das (und nicht mehr oder weniger), was wir ihm explizit zu tun befohlen haben. Und auch hier kann man eine 1 zu 1 Umsetzung dieser Veranschaulichung von Prozeduren erreichen, indem man z. B. jeden erlaubten Befehl umsetzt in eine graphische Bewegung auf dem Bildschirm, die eine Linie hinterläßt. Und wenn man am Anfang die Menge dieser Befehle klein hält, dann wird der Umgang mit dieser abstrakten prozeduralen Welt ein Kinderspiel. Denn was ist schon

der Umgang mit einer endlichen Welt, deren Regeln und Elemente man an seinen fünf Fingern abzählen kann, gegenüber dem Umgang mit einer prinzipiell offenen Welt, wie sie tagtäglich im Gesamteindruck all unserer Sinne auf uns hereinstürzt?
Für Papert, der seine Programmiersprache für Kinder – LOGO – nach den obigen Prinzipien konstruiert hat, hat sich denn das Verhältnis zwischen der alten anschaulichen, hochkomplexen, überquellenden und unendlichen Welt unserer Sinne und der neuen anschaulichen Welt im Computer auch schon umgedreht. Für ihn ist die Welt im Computer die, die wir handhaben können, während wir in jener natürlichen Welt und unserem Umgang mit ihr allenthalben auf, wie er es nennt, ›unverständliche Grenzen von Material und Menschen‹ (1985 / 124) stoßen:
›Viele Kinder stellen sich komplizierte Strukturen vor, die sie mit einem Bausatz errichten könnten, oder phantasieren darüber, ihre Freunde bei komplizierten Unternehmungen zu organisieren. Aber wenn sie versuchen, solche Projekte zu realisieren, stoßen sie bald auf die unverständlichen Grenzen von Material und Menschen. Da Computerprogramme im Prinzip dazu gebracht werden können, sich ganz nach Plan zu verhalten, können sie besser in komplizierte Systeme eingebracht werden. Dadurch gewinnen Kinder ein Gefühl für Komplexität.‹ (Papert 1985 / 124)
Freilich wäre es zu anderen Zeiten und in anderen Kulturen so gewesen, daß wir gelernt hätten, durch eine systematische Ausbildung unserer Fähigkeit zur Gestaltwahrnehmung, zur identifizierenden Wahrnehmung und zur Gestaltung unserer körperlichen Geschicklichkeit aus jenen ›Grenzen von Mensch und Material‹ unerschöpfbare Potentiale des schöpferischen Umgangs mit uns selbst und mit der unendlichen Mannigfaltigkeit der Welt zu machen.
Daß aber die Welt, so wie sie ohne unser Zutun wird, und wir selbst, mit den Fähigkeiten, mit denen wir geboren werden, von heutigen Menschen so selbstverständlich bloß als unverständliche Grenzen erfahren werden, ja daß Papert selbst das Material Welt jetzt schon nur noch in Form eines vorgeformten Bausatzes, als Gemachtes, und der gestalterische Umgang mit dieser gemachten Welt nur noch als Frustration der eigenen Hilf- und Verständnislosigkeit gegenwärtig ist, das erinnert daran, daß die offene Mediumwahrnehmung des Gesamteindrucks und das, wozu sie führen könnte, in unserer Gesellschaft auch vor der Erfindung des

Computers schon ein toter Ast der menschlichen Entwicklung war. Was dominierte und dominiert, ist der Verlust der praktischen und psychischen Autonomie und die Lehre, die dieses Scheitern uns gibt, daß nämlich die Mediumwahrnehmung unseres sinnlichen Gesamteindrucks zu nichts nützlich ist.
Arm und hilflos sind wir also schon in unserem Zugang zur Welt und zu uns selbst, bloß hatten wir bisher nichts, was wir anstelle dieser Armut und anstelle dieser Hilflosigkeit setzen konnten. Außer eben jener fetischisierten Aneignung der Produkte dieser Ordnung und der Traumwelt, die wir mit ihrem Besitz um uns herum anhäuften und auslebten. Heute aber, mit dem Computer, haben wir zum ersten Mal wieder einen realen Ausweg aus dieser Hilflosigkeit und Armut in eine tatsächlich handhabbare Welt hinein. In dieser Situation, in der wir mit unseren subjektiven Fähigkeiten so im Primitiven und in der Ohnmacht stecken, muß uns das, was uns jetzt durch den Computer zugänglich wird, auf jeden Fall als berauschender Reichtum erscheinen, ganz egal, wie armselig oder restringierend es auch erscheinen mag, hätte man noch den Maßstab eines anderen Zugangs zu einer anderen gestaltbaren Welt zum Vergleich.
›Ein Kind (und wahrscheinlich die meisten Erwachsenen) lebt in einer Welt, in der alles nur teilweise verstanden wird: gut genug vielleicht, aber niemals ganz. Für viele ist das vollständige Verstehen der Igelhandlungen‹ (anthropomorphe Bezeichnung für die vier Grundbefehle von LOGO – vorwärts/rückwärts/links/rechts – die jeweils ein Linienstück in die angegebene Richtung zeichnen) ›eine seltene, vielleicht einzigartige Erfahrung. Für manche ist es eine berauschende Erfahrung.‹ (Papert 1985 / 123) … ›In LOGO gibt der Begriff dem Kind Macht, und es erfährt, wie es ist, wenn die Mathematik ganzen Kulturen etwas ermöglicht, was vorher niemand tun konnte. … Man könnte sagen, *Mathe-Power* wird zu einem Lebensstil.‹ (Papert 1985 / 83)
Freilich ist das keine Macht in der realen Welt, sondern nur eine Macht in der vom Computer konstruierten Welt. Aber was für eine konstruierte Welt ist das, in der wir hier die Macht haben! Es ist eine Welt, in der die Ordnung der Berechenbarkeit zum ersten Mal wirklich das ist, was sie ihrem Ideal nach überall sein sollte – umfassend und ausschließlich gültig. Und eine Welt zugleich, in der die Ordnung der Berechenbarkeit zum erstenmal als zugängliches Erlebnis das wirklich einlöst, was sie sonst nur versprechen

kann – die umfassende restlose unmittelbare Kontrolle über eine Welt.
Der Computer, das ist jene Wundermaschine, die jenes Wunder schafft, daß hier zum ersten Mal das Anschauliche allein und ausschließlich Funktion des Abstrakten und Berechenbaren ist und allein und ausschließlich übers Abstrakte und Berechenbare generiert wird. Hier und nur hier und erst hier hat, wie Papert das ins Allgemeine weiterphantasiert, der Begriff Macht, hier und nur hier gehorcht die Welt aufs Wort. Hier und nur hier und erst hier fallen Begreifen, Gestalten und Macht der Kontrolle so in eins zusammen, daß jener alte Traum der gottköniggleichen Macht tatsächlich direkt realisierbar wird. Während in der realen Welt vor der realen ›Macht des Begriffs‹ immer die Mühe der Auseinandersetzung mit dem Material im Experiment und die Mühe der Zurichtung des Objekts nach Maßgabe des Berechenbaren steht, so daß in der realen Welt in der Durchsetzung der manipulativen Macht der wissenschaftlichen Erkenntnis sich nicht nur deren Macht, sondern sich allemal auch immer deren Ohnmacht und Armut offenbart angesichts der Vielfalt und Variabilität der Interaktionen des Lebendigen.
Wäre die Welt so, wie sie im Computer erscheint, dann könnten wir direkt mit der Ordnung der Berechenbarkeit leben, ohne jene Sisyphusarbeit der Verwandlung der Welt in eine gemachte leisten zu müssen, die uns in der realen Welt die Ordnung der Berechenbarkeit erst lebbar macht. Und wäre die Welt so wie die Welt im Computer, dann stünde zwischen der objektiven Erkenntnis des Subjekts und deren Vollzug nicht jener Leib, jenes lebendige Fleisch, das diese Art der Selbsterkenntnis unweigerlich als Zerstörung, als Ende allen Subjekt-Seins erfährt, und das doch durch seine materielle Existenz, wie jede andere Materie auch, jenen zerstörerischen Zugriff im Experiment erst nötig macht, will man die Gültigkeit der Ordnung der Berechenbarkeit erforschen und etablieren. Wäre die Welt so wie im Computer, dann wäre die notwendige Arbeit der Zerlegung in isolierte Variablen und isolierte Einzelprozesse und Einzelleistungen nicht auch immer Zerstörung einer lebendigen Funktion, nicht auch immer Mord an einem lebendigen Gesamtzusammenhang, sondern dann wäre diese Zergliederung von Anfang an rein produktive Konstruktion. Und im Gegensatz zur realen Welt, in der wir bei aller Arbeit am vorgefundenen Objekt letztlich nicht jene fundamen-

tale Abhängigkeit von der Existenz jener ohne unser Zutun entstandenen Objekte beseitigen können, weil auch die ausgefeilteste Macht der Manipulation davon abhängt, daß jene Objekte mit ihren je eigenen Wirkungszusammenhängen erst entstanden sein müssen, bevor wir sie im Sinne unseres Willens manipulieren können, ist die Existenz der möglichen Funktionen und Objekte im Computer ganz und gar abhängig davon, daß wir sie produzieren. Hier können wir nicht nur tote und lebendige Wirkungszusammenhänge manipulieren, sondern hier können wir Wirkungszusammenhänge neu schaffen. Und erst hier und auf diese Weise wird die Macht zur Manipulation mehr als die bloße Macht, den anderen zu zwingen, erst hier kann sie wirklich schöpferisch werden, und erst so wird sie wirklich allmächtig.

Oder wie Sherry Turkle den Erlebnis- und Lebenssinn dieser formalen Differenzen im Modus unseres Weltbildes zusammenfaßt:

›Computer gehören in eine andere Welt. Sie ermöglichen sowohl die Erfahrung, ›Leben‹ ein Ende zu setzen, als auch das Erlebnis, es wiederherzustellen.‹ (1984 / 32f.)

Aber weil die Welt im Computer ein Stück der realen Welt ist, ist der Computer in der realen Welt das ideale Medium, um mit dieser realen Welt umzugehen und trotzdem in einer anderen Welt zu leben. Und insofern immer mehr Prozesse in dieser realen Welt nur über die Steuerung im Computer zugänglich werden, wird die Orientierungsfähigkeit in dieser Welt-verkehrt des Computers und nicht die in der realen Welt, die Fähigkeit zum Umgang mit Computern, das, was Papert die Fähigkeit zum Mathematik-Sprechen nennt, und nicht die Fähigkeit zum Umgang mit der realen Welt, das, was sich in der Fähigkeit zum Sprechen natürlicher Sprachen reflektiert, zur primären Voraussetzung des Lebens in unserer Nische. Während jene alten Fähigkeiten den sekundären Status bloßer Hilfsfähigkeiten bekommen und ihr Erlernen, wie es dem Erlernen der animistischen Weltsicht schon geschehen ist, zu einer bloßen ontogenetischen Entwicklungsstufe verkommt. Und zu so einer Entwicklungsstufe verkommen kann und verkommen muß.

Denn ganz aufgeben können werden wir diese alte Welt und Fähigkeit zur anschaulichen Gestaltwahrnehmung, zum Umgang mit der Welt mit Hilfe der Mediumwahrnehmung, die uns den Umgang mit jener alten Welt ermöglichte, genausowenig wie die

animistische Weltsicht. Erst muß jemand ›Seele in uns hineinprojizieren‹, damit wir zu Subjekten werden können, die sich darüber konstituieren, daß sie alles andere zu Objekten machen, und bevor wir in der Welt-verkehrt des Computers als in unserer primären Welt verkehren, müssen wir immerhin auf die alte Weise lernen, mit unseren Fingern die Tasten des Computers drücken, mit unseren Beinen uns bewegen und mit unseren Mündern essen zu können, wenn es auch schon so ist, wie Moravec triumphierend verkündet, daß ›We are very near to the time, when virtually no essential human function, physical or mental, will lack an artificial counterpart.‹ (1988 / 2) ›Die Behauptung‹ jedoch, sagt Papert – oder hätte er nicht exakter sagen sollen ›Der Wunsch‹? –, ›man müsse eine alte Methode aufgeben, wenn man eine neue annehmen will, impliziert eine Theorie der menschlichen Psychologie, die mir naiv und durch nichts gestützt erscheint. Meiner Ansicht nach ist ein hervorstechendes Merkmal menschlicher Intelligenz die Fähigkeit, mit vielen Arten von Wissen, oft parallel, zu operieren, so daß etwas auf vielen Ebenen verstanden werden kann. Die Tatsache, daß ich mich auffordere, ›wie ein Computer zu denken‹, schließt meiner Erfahrung nach andere Erkenntnistheorien nicht aus. Es werden einfach neue Zugangswege zum Denken geöffnet.‹ (1985 / 161)
Daß wir es uns aber andererseits leisten können, auf die gesellschaftliche Entwicklung dieser ›anderen alten Erkenntnistheorien‹ ganz zu verzichten, und unter Entwicklung jetzt schon lange nicht mehr die Entwicklung der identifizierenden Wahrnehmung und zukünftig nicht mehr die Entwicklung der offenen Gestaltwahrnehmung der erfahrbaren Welt verstehen können, sondern die schnellstmögliche Überwindung dieser kindlichen Stadien, das liegt daran, daß wir nicht nur, wie Papert schreibt, neue Zugangswege zum Denken, sondern über dieses Denken neue und andere Zugangswege zur Welt gefunden haben als diese alten. Und zugleich ist natürlich dieser neue Zugang zur Welt jeweils das beste Mittel, um die Gültigkeit des alten in unserer gesellschaftlichen Nische so außer Kraft zu setzen, daß er zu einer bloß ontogenetischen Entwicklungsstufe verkommen muß. Das ist bei der Ordnung der Berechenbarkeit so, die sich – vom Inhalt wie von der Form des Erkenntnisprozesses her – wie nichts anderes dazu eignet, subjektive Sinngebung als in die Irre führend, und insbesondere die einfühlende Erkenntnis ins andere als tödlichen

Irrtum zu entlarven, und das ist beim Computer so, der sich – wie nichts anderes, was wir kennen – dazu eignet, formales Denken als dominantes Medium der Wahrnehmung der Welt dort zu etablieren, wo die Suche nach einem Zugang zur Welt existentiell dringlich und der einmal gefundene Zugang existenzkonstituierend ist:
im Alltag und in der Kindheit und vor allem im Alltag der Kindheit.
Und richtig ist es denn auch diese Leistung des Computers, die ihn für Papert zu einem zentralen Medium der Erziehung macht: ›Piaget unterscheidet zwischen ›konkretem‹ Denken und ›formalem‹ Denken. Das konkrete Denken ist bereits recht gut entwikkelt, wenn das Kind im Alter von sechs Jahren in die Grundschule eintritt, und es festigt sich in den folgenden Jahren. Formales Denken entwickelt sich nicht, ehe das Kind fast doppelt so alt ist, das heißt etwa im Alter von zwölf Jahren, und einige Forscher haben sogar unterstellt, daß viele Menschen überhaupt nicht zu vollständig formalem Denken kommen. Ich kann Piagets Unterscheidung nicht uneingeschränkt akzeptieren, aber ich glaube, sie kommt der Wirklichkeit nahe genug, um uns zu helfen zu verstehen, daß die Auswirkungen einer einzigen Neuerung auf die geistige Entwicklung qualitativ größer sein können, als die gesammelten quantitativen Auswirkungen von tausend anderen. Ganz einfach ausgedrückt: Ich vermute, daß der Computer das Formale konkretisieren (und persönlicher machen) kann. In diesem Licht gesehen, ist er nicht bloß ein weiteres leistungsfähiges Bildungsinstrument. Er ist insofern einzigartig, als er uns die Mittel an die Hand gibt, das anzusprechen, was Piaget und viele andere als das Hindernis ansehen, das beim Übergang vom kindlichen zum Erwachsenendenken überwunden wird. Ich glaube, er kann es uns ermöglichen, die Grenze zwischen konkret und formal zu verschieben. Wissen, das nur über formale Prozesse erreichbar war, kann jetzt konkret angegangen werden. Und der wahre Zauber gründet sich in der Tatsache, daß dieses Wissen gerade die Elemente beinhaltet, die man zum formalen Denken braucht.‹ (Papert 1985 / 28f.)
Wo aber hatten wir bisher noch Gelegenheit, wenn denn schon keine gesellschaftliche Unterstützung, in der Welt des Konkreten zu leben, wenn nicht im Trivialen des Alltags und in der Kindheit? Und wenn man dazu bedenkt, daß in unserer Kultur sich

den Erwachsenen offenbar so anerkannter- und gängigerweise die offene Mediumwahrnehmung der Welt reduziert hat auf das Erkennen der einmal erlernten Schablonen autozentrischer Wahrnehmung, so daß Papert ganz selbstverständlich unreflektiert formales Denken mit Erwachsenendenken und konkretes Denken mit kindlichem Denken gleichsetzen kann, obwohl doch so offensichtlich ist, daß es einst blühende, ökologisch stabile Kulturen gab, in denen eben diese Fähigkeiten des formalen Denkens zum Überleben und zum Leben und zum Weise-Werden so marginal waren, daß sie als kulturell geförderte nicht existierten, und die weisesten Leute nicht bis 100 zählen konnten, wenn man dazu weiter in die Zukunft denkt, in der sich uns eine Orientierung in der Alltagswelt und ein Zugriff auf das begriffliche und handgreifliche Gestalten nur mehr ergeben wird durch jene Anpassungsleistung an die auf formalem Denken aufbauende Struktur des Computers, was bleibt dann als Entwicklungsraum für diesen Zugang zur Welt noch anderes übrig, als jene schmale Zeit der Kindheit, in der man uns das konkrete Denken notgedrungen beließ, weil wir zum Formalen noch nicht fähig waren? Und die man uns jetzt auch noch nehmen kann, weil die Kommunikationsstruktur des Computers mit ihrer Welt-verkehrt es erlaubt, formales Denken wesentlich früher als bisher als festen Bestandteil des kindlichen Bezugs zur Welt zu verankern?
Wo aber in dieser Kinderwelt haben wir denn schon heute noch jenen Reichtum einer ohne unser Zutun gewordenen Welt mit ihrer unendlichen Irregularität und unendlichen Mannigfaltigkeit greifbar, sinnlich um uns, so daß wir ihn erfahren und handgreiflich und geistig gestalten könnten? Haben diese lebendige, ihrem potentiellen Sinn nach offene Welt um uns anstelle jener gemachten, fertigen und vorinterpretierten toten Welt aus Zimmern, Häusern, Straßen, Autos und technischen Geräten (und für die Armen Abbruchhäuser und Müllkippen) mit ihrer Seele und Phantasie tötenden überdeutlichen Eindeutigkeit an Bedeutung? Und wo haben wir noch greifbar, sinnlich Beispiele der handgreiflichen Gestaltung dieser gewordenen und werdenden Welt vor uns? Erfahren noch mit allen Sinnen, auch durchs eigene Mitarbeiten, wie in dieser lebendigen Welt Gemachtes gemacht wird, anstelle jener Umgebung aus technischen Geräten, in denen Machen unanschaulich im Inneren verborgen ist und mit denen man nicht macht, sondern die man ›bedient‹, weil sie für einen

machen? Wo haben wir in unserer Kultur in bezug auf die offene Mediumwahrnehmung des sinnlichen Gesamteindrucks und den geistigen und körperlichen Gestaltungsmöglichkeiten, die uns durch sie in der Welt zugänglich werden, noch jene Piagetsche Lernumgebung, die Papert selbst doch für so wichtig hält, daß er sagt:

›In vielen Fällen, in denen Piaget die langsamere Entwicklung eines bestimmten Konzepts mit seiner größeren Komplexität oder Formalität erklären würde, sehe ich den kritischen Faktor in der relativen Armut der Kultur an solchen Materialien, die das Konzept einfach und konkret machen würden.‹ (Papert 1985 / 15)

Dominant ist in unserer Kultur, geht man nach dem, was unsere Kinder damit alles verbinden, ein Material, das in seiner absoluten Armut an sinnlichen Erfahrungs- und Gestaltungsmöglichkeiten, die es bietet, schon selbst ein Symbol für die Primitivierung von Erfahrungsfähigkeit in unserer Kultur und für die Verarmung unserer gemachten Welt ist, mißt man Reichtum nicht am Ausmaß der Macht und des Bruttosozialprodukts, sondern daran, was dem Einzelnen im geistigen und handgreiflichen Sinne als Gestaltbares zugänglich ist.

›Kinder einer 7. Klasse‹, sagt Sabine Jörg, ›schrieben für mich auf, was ihnen zum Knopfdruck alles einfällt. Sie waren mit Begeisterung bei der Sache und kaum mehr zu bremsen – der Knopfdruck täuscht Allmacht vor.‹

›Wenn ich den Knopf einer Atombombe drücke, könnte ich theoretisch die ganze Welt in die Luft sprengen. Wenn ich einen Liftknopf drücke, geht die Tür zu und der Lift fährt los. Wenn ich auf einen Klingelknopf drücke, klingelt es irgendwo. Wenn ich auf einen Knopf drücke, höre ich Musik. Wenn ich einen Knopf drücke, kann ich mein Lieblingsgerät, den Fernseher, einschalten. Wenn ich einen Knopf drücke, betätige ich die Klospülung. Wenn ich einen Knopf drücke, betätige ich ein Radio, eine Kaffemaschine, einen Staubsauger, die Spülmaschine, die Waschmaschine, den Wäschetrockner, Computer, die Schreibmaschine, das Telefon, den Dosierspender unserer Nivea-Creme, meinen Fotoapparat, die Sprechanlage, Wecker, Toaster, Föhn, Rasierapparat, Brotmaschine.‹ ›Ich drücke einen Knopf – wo? Am Wekker, Radio, Walkman, Mixer, Zahnputzmaschine, Quirl, Kuli, an der Höhensonne, elektrischen Uhr, dem Toaster, Rasenmäher, der Saftmaschine, Eismaschine, Waschmaschine, TV, elektrischen

Grill, Kaffeemaschine, Espressomaschine, Wäschetrockner, Schweißmaschine (zum Tüten schweißen), automatischer Luftpumpe, Nähmaschine, Bügeleisen, Funkgeräte, Videoanlage, Ventilator, Föhn, Föhnhaube, Rasierapparat, automatische Hekkenschere, Brotmaschine, automatischer Fleischschneider, UV-Licht, Rechner, Kassettenrecorder, Zündung, Knöpfe im Auto, Knöpfe am Moped, Schreibmaschine, Computer, Staubsauger, Mikrowellenherd, Wasserhahn, Computerspiele, Munddusche, Knopf vom Haarspray, Knopf vom Deospray, Telefon mit Knöpfen, Fotoapparat.‹
Der Knopfdruck ist das ›Sesam öffne dich‹ dieser Technik-Welt. ... Zwischen der Handlung ›Knopfdruck‹ und dem Effekt, den diese Handlung hat, gibt es keine inhaltliche Verknüpfung. Der Knopfdruck ist bedeutungsneutral, das Tun auf ein sinnliches Minimum reduziert. ... Der Knopf ist kalt. Er ist im allgemeinen aus Plastik, rund oder eckig, geriffelt oder glatt. Auf Druck verändert er seine Position, rastet ein oder schnellt wieder vor. ... Und die Beziehungen, die Ursache und Wirkung miteinander verbinden, sind nicht nur verwickelt, sondern auch unanschaulich ... Unsere Kinder lernen, auf technische Gegebenheiten zu reagieren. Daß sie aktiv, eigen-mächtig, sich und die Welt verändern könnten, erleben sie viel zu selten. Sie sind damit beschäftigt, die Bedienung von Geräten zu meistern. Eine jahrtausendealte menschliche Grunderfahrung, das selbständige Tun, kommt abhanden.‹ (Jörg 1987 / Auszug S. 31-36)

Und es kommt nicht nur den Kindern abhanden, sondern es kommt den Kindern in dem Maß abhanden, in dem es den Erwachsenen nicht mehr gegenwärtig ist, bloß, den Kindern selbst und am Beispiel der Kinder fällt diese Tatsache noch auf, weil die Kinder das Bedürfnis nach praktischer und kognitiver Autonomie, nach einer Wahrheit und einer Gestaltbarkeit der Welt nach Maßgabe der eigenen Erfahrung der Welt noch untrennbar verbunden als existentielles Bedürfnis ihres Subjekt-Werdens äußern, während die Erwachsenen schon von der völligen Aufgabe ihrer Autonomie als Erlösung träumen.

In Anbetracht dieser Alltagswelt hat Papert ganz recht, wenn er in bezug auf die neuen Zugangswege zum Denken und zur Welt sagt ›Nichts wird dafür aufgegeben.‹ (1985 / 161). Denn wo so die eigene Erfahrungsfähigkeit zu keiner begrifflichen Ordnung der Welt mehr führt, kann sich so über Erfahrungsfähigkeit auch kein

Subjekt-Sein mehr konstituieren, und wo eine menschliche Fähigkeit so in einem sozialen Nichts verschwindet, daß sie nur mehr als phylogenetisch überwundene Entwicklungsstufe präsent sein darf, da ist sie im sozialen, kulturell entwickelten Raum nicht mehr vorhanden. Wo aber nichts mehr ist, kann auch nichts aufgegeben werden, wenn man das eine anstelle des anderen setzt, da kann man nur gewinnen.
Aber eben weil man jetzt auf eine bestimmte Art etwas gewinnen kann, wo man vorher nichts zu verlieren hatte, verliert man natürlich doch etwas: die existentielle Not und damit auch den bedenkenlosen Mut, trotz dieser Widrigkeiten in dieser Welt diese Welt für sich erfahrbar und nach Maßgabe der je eigenen subjektiven Erfahrung der Welt handgreiflich und geistig gestaltbar und begreifbar zu machen. Und weil es jetzt einen *Ausweg* gibt, wo uns vorher nichts anderes übrigblieb, als uns nach Maßgabe unserer Kräfte zu wehren, entzieht einem so diese gesellschaftliche Struktur den letzten (aber damit auch den stärksten) Grund, den es gibt, seine eigene Existenz als Maßstab für wahr und falsch zu nehmen und sein Subjekt-Sein auf einer kognitiven und praktischen Autonomie der Erfahrung und Erfahrungsfähigkeit aufzubauen: daß es in diesem Unternehmen ums Überleben und nicht bloß ums Leben geht.
Anstelle dieser zwingenden Not setzt die neue gesellschaftliche Struktur den Anreiz zu einer Subjektkonstitution, die sich systematisch auf jene anschauliche und gestaltbare und beherrschbare Welt im Computer bezieht, in der Begriffe ›Macht‹ haben, in der formales Denken die Voraussetzung dieser Macht zur Anschaulichkeit und Gestaltbarkeit, und in der das Machbare im Computer der Maßstab von wahr und falsch ist. Aber was macht das schon, daß wir hier nicht mehr selbst der Maßstab der gültigen Ordnung sind, wo doch jenes Versprechen winkt, daß wir hier absoluter Herr der gültigen Ordnung sein werden, und dort in jenem Alten nur Ohnmacht und das Scheitern jedes Versuchs zur Ordnung und Gestaltbarkeit warten. Und um so positiver muß dieser angebotene Entwicklungsweg wirken, als durch den systematischen Computereinsatz in unserer Gesellschaft die Macht zur Orientierung und zur Gestaltung in dieser Nische und die Macht, vermittels dieser Nische die reale Welt zu beherrschen, tatsächlich und immer mehr über jene ›computer-literacy‹, über jene Fähigkeit zum Umgang mit dieser Welt-verkehrt läuft, und

so hier das Kind im Spiel finden kann, was es finden muß, will es als Subjekt existieren können: eine Ordnung der Welt, die real in der Erwachsenenwelt und nicht nur phantasiert in der Kinderwelt gültig ist.
Wie aber hat man an dieser neuen Art von Gestaltbarkeit, an dieser Macht des Begriffs teil? So teil, daß sich einem über ›Mathe-Power‹ nicht nur der Computer als Teil der Welt, sondern über den Computer ein neuer Zugang zur Welt so erschließt, daß dieser neue Zugang jenes leisten kann, was der alte Zugang zur Welt über die Erfahrungsfähigkeit in unserer Nische immer weniger und schließlich gar nicht mehr leistet, nämlich tragfähiger Boden für die Entwicklung des eigenen Subjekt-Seins bis zum Erwachsenwerden zu sein?
Indem man sich mit dem Computer identifiziert. Mit Leib und Seele. Indem man den Modus, in dem die Maschine Symbole und Reize verarbeitet, internalisiert und ihn zum Medium der Wahrnehmung aller Dinge und seiner selbst macht. Indem man nicht nur sein Denken mit den in der symbolverarbeitenden Maschine möglichen Strukturen identifiziert und nur noch in jenen Strukturen ablaufen läßt, sondern indem man auch die Möglichkeiten seines Körpers darauf reduziert, was an Bewegung im Computer möglich ist. Indem man das tut, was jedes Kind tun muß, damit ihm eine Ordnung der Welt und vor allem eine bestimmte Ordnungsweise der Welt zugänglich wird, indem man sich mit dieser Haltung zur Welt, die diese Ordnungsweise produziert, identifiziert und ihre Sichtweise zu einem festen Bestandteil des eigenen Subjekt-Seins macht. Indem man wie eine Maschine wird, weil man sich mimetisch an die Struktur der Maschine angleicht.
›Diese Methode wird mit dem Ausdruck ›Spiel Igel‹ zusammengefaßt. Das Kind wird ermutigt, seinen Körper zu bewegen, wie sich der Igel auf dem Bildschirm bewegen muß, um das erwünschte Muster zu produzieren. ... Diese Methode (die den Rat, der als ›Spiel Igel‹ zusammengefaßt wird, beinhaltet) versucht, eine feste Beziehung zwischen persönlicher Handlung und der Schaffung formalen Wissens herzustellen.‹ (Papert 1985 / 67)
Wenn man früher also ein erwachsenes Subjekt wurde, indem man alles andere systematisch zum Objekt machte, so übt man sich in dieser neuen Welt ins Erwachsenendenken ein, indem man systematisch sich selbst als ein Objekt, als ein Computer-Objekt erlebt, das die Welt nicht mit den menschlichen Sinnen, sondern

nur im Rahmen jener Ordnungsstrukturen wahrnimmt und erklärt, die mit Hilfe der symbolverarbeitenden Maschine zugänglich werden.

›Bei dem Kind, das einen Kreis zeichnen will, könnte die eigene Körperbewegung etwa zu folgender Beschreibung führen: Wenn man im Kreis geht, macht man einen kleinen Schritt vorwärts und dreht sich ein wenig. Und das macht man immer wieder.‹ (Papert 1985 / 67)

Das ist ein Kreis. Ein Kreis ist nicht: OOOOOhhhh sagen, die Finger um einen glatten duftenden Apfel schließen und den Kreis nach und nach aufessen, von einem Erwachsenen vor Freude im Kreis herumgewirbelt werden, sich auf dem Absatz in einer kontinuierlichen Bewegung im Kreis herumdrehen, bis man hinfällt, mit dem Finger in der Erde und dem Stift in der Hand in einer kontinuierlichen runden Bewegung Kreise ziehen, einen roten hüpfenden räumlichen Kreis haben und mit ihm Ball spielen, über den runden Kopf einer Katze streicheln und die Rundheit des eigenen Kopfes fühlen, weil ein anderer drüberstreicht, immer um einen großen runden Baum herumlaufen und den anderen nie einholen und dann plötzlich mit ihm zusammenprallen, weil man jetzt andersrum gelaufen ist, sich rund und ganz fühlen, weil man so viel Rundes gemacht hat, und sagen ›das mag ich, das riecht so rund‹, oder sich eingesperrt und mutlos fühlen und sagen ›das bringt nichts, das führt immer nur im Kreis rum‹, oder ...

Von all dem bleibt nur: einen immer gleichlangen Schritt vorwärts machen, sich ein wenig, immer gleich wenig drehen, einen immer gleichlangen Schritt vorwärts machen, sich ein wenig, immer gleich wenig drehen, einen ... man ist eine Person, die nichts sieht, nichts hört, nichts riecht, nichts fühlt, die keinen Rhythmus der Bewegung kennt, in dem der ganze Körper schwingt, die nur vorwärts, rückwärts, links und rechts und das nur mit den Beinen und das auch nur jeweils einzeln nacheinander können darf. Aus diesen Stückchen, und immer nur aus diesen Stückchen, aus diesen immergleichen Bewegungen in endlosen Kombinationsvariationen setzt sich in LOGO die Welt zusammen.

Und es ist nur eine Welt, anstatt bloß ein winziger Teil der Welt und einer dazu, der die eigenen Möglichkeiten drastisch einschränkt, wenn wir Erfahrungsfähigkeit als Zugang zur Welt radikal aufgegeben und den Sprung in jene Welt-verkehrt als primäre Realität getan haben. Die positive Wirkung des Computers,

daß er uns in der Identifikation mit ihm den Zugang zu einer neuen gestaltbaren Welt eröffnet, hängt von jener negativen ab, daß wir jenen alten Zugang zur alten gestaltbaren Welt der Erfahrung in uns erfolgreich tabuisiert haben. So daß man wie Papert schließlich jene äußerste Verarmung unserer sinnlichen Möglichkeiten, die uns in der mimetischen Angleichung an die ›Erfahrungs‹-Welt eines ›Igels‹ widerfährt, nicht mehr als Verarmung unseres Erlebens erfährt, und auch nicht als Bereicherung unseres Wissens durch die Kenntnis formaler Welten, sondern aufrichtig und guten Gewissens direkt als Bereicherung unserer Erfahrungsfähigkeit und unseres körperlichen Daseins selbst wahrnimmt, weil für einen, dessen primär gültige Ordnung in der Welt die ihrem Wesen nach unkörperliche Ordnung formaler Systeme ist, die Verkörperung dieser Ordnung in einem ›Igel‹ tatsächlich und zu Recht als ›Bereicherung‹ unseres körperlichen Daseins empfunden werden kann:
›Und so mobilisiert das Arbeiten mit dem Igel das kindliche Geschick und die Freude an der Bewegung.‹ (Papert 1985 / 65)
Von einer Gleichberechtigung der ›alten und der neuen Zugangswege zum Denken‹, von einer Gleichberechtigung der Welt-verkehrt im Computer und der Welt der Erfahrung kann im Kontext dieser Subjekt-Konstitution und im Kontext unserer Gesellschaft, nicht die Rede sein.
Weil die beiden Welten aus rein logischen Gründen inkompatibel sind, weil immer genau das Verhalten und die Konzentrationsform, die in der einen Welt den Zugang zu dieser Welt eröffnet, in der anderen Welt den Zugang verschließt, können die beiden Welten nur in der Logik, aber nicht im Leben die gleiche Bedeutung haben. Und dieser notwendige Unterschied der subjektiven Bedeutung fällt vor allem hier ins Gewicht, wo es nicht darum geht, sich vor dem Hintergrund einer schon vollzogenen stabilen Subjektkonstitution neue und andere Welten auszudenken, sondern darum, jenen Zugang zur Welt zu finden, der einem eine Ordnung der Welt und damit eine Existenz als Subjekt erst erschließt. Und wenn die logische Inkompatibilität einer zweiten Ordnung für einen Erwachsenen ein reizvolles Spiel mit dem ›Was wäre wenn?!‹ ist, weil man eben *für sich* schon gefunden hat, was ist, so wird diese Inkompatibilität dort, wo man eben erst sich selbst und das, was ist, sucht, zu Recht als existenzgefährdender Widerspruch empfunden. Denn die Identität, die wir auf der

Identifizierung mit der einen Ordnung aufbauen, ist genau die Identität, mit der wir in der anderen Welt notwendig zugrunde gehen. Und wollen wir nicht buchstäblich schizophren werden und zwei verschiedene Identitäten wechselnd nebeneinanderleben, müssen wir uns für die eine oder andere Seite als dominante in der Subjektkonstitution entscheiden.

Daß wir uns aber für die eine Seite entscheiden, dafür tut unsere Kultur alles in ihrer Macht Stehende, und haben wir uns einmal entschieden, so setzt jede dieser Entscheidungen einen sich selbst verstärkenden Prozeß zugunsten der favorisierten Ordnung in Gang. Weil die Identifikation mit der Ordnung des Computers als Zugang zur Welt voraussetzt, daß wir Erfahrung als Zugang zur Welt aktiv negieren, macht hier in dieser Welt der Mangel an Entwicklung aus der Fähigkeit zur Erfahrung erst recht etwas, was uns nur noch kraft unserer Körperlichkeit widerfährt und dem wir aufgrund unserer Körperlichkeit ausgeliefert sind. Während wiederum die Welt im Computer nur in dem Maße an Anschaulichkeit und Reichtum gewinnt, in dem wir zuvor das Gemeinte aus der realen Welt in etwas Abstraktes, für uns notwendig immer unanschaulicher Werdendes verwandelt haben. So daß jene Bereiche, in denen wie in LOGO direkte Anschaulichkeit in der realen Welt und Anschaulich-Werden im Computer zusammenfallen und umstandslos zu übersetzen sind, sehr schnell verlassen werden müssen. Aber so, in einer Welt, die primär als direkte, ohne das Medium des Computers, unübersichtlich und unanschaulich ist, und mit einer Erfahrungsfähigkeit, die hier sowieso nichts mehr nützen kann, die uns bloß noch als ein störendes Erbe unserer phylogenetischen Entwicklung anhängt, wird die Disidentifikation von Erfahrungsfähigkeit über die Identifikation mit dem Computer um so notwendiger, während wiederum einem Subjekt-Sein, das sich so immer ausschließlicher über die Identifikation mit formalem Denken konstituiert, Erfahrungsfähigkeit notwendig immer drastischer verkümmert zu einem bloß phylogenetischen Rest, was natürlich wiederum ... Und die eigentliche Schwierigkeit in der ›kulturellen Integration der Computerpräsenz‹ (Papert 1985 / 161), das sieht Papert zu Recht so, wird es weniger sein, die Leute dazu zu bringen, sich mit dem Computer zu identifizieren, als sie davon abzuhalten, es in dem Prozeß dieser Identifikation zu weit zu treiben, und jeweils bei einer Stufe anzuhalten, die dem aktuellen Entwicklungsstand des mit der Computertechnik Machbaren entspricht: ›Aber die wahre Fähigkeit, mit Computern umzugehen, also die wahre ›computer literacy‹, bedeutet nicht nur einfach, daß man weiß, wie man Computer und informatorische Ideen benutzen kann. Es bedeutet, daß man weiß, wann Anwendung angemessen ist.‹ (Papert 1985 / 162)

Aber der gleiche sich selbst verstärkende Prozeß funktioniert natürlich auch umgekehrt. Identifizieren wir uns mit der Welt der Erfahrung, so wird jene Verarmung, die uns die Welt des Computers erst zugänglich macht, nicht positiv als Zugang, sondern negativ als Angriff auf unseren Zugang zur Welt empfunden. Und je reicher für uns die Welt der Erfahrung wird, je mehr uns ein Begreifen und Gestalten der Welt mittels unserer Erfahrungsfähigkeit als eine schöpferische Möglichkeit zu leben aufscheint, desto eher werden wir in der ›kulturellen Integration der Computerpräsenz‹, in dem weiteren Ausbau unserer Technik mit Hilfe des Computers, keine Bereicherung, sondern eine weitere Verarmung unserer Möglichkeiten zur Erfahrung und zur Gestaltung aufgrund unserer Erfahrung, und in der wachsenden Macht der Technik nicht die einzige Rettung, sondern die hauptsächliche Bedrohung der lebendigen Erde sehen. Allerdings müßte ein Kind im Kontext unserer weltbeherrschenden Nische schon zum Rebellen werden, schlüge es sich auf die Seite seiner Erfahrung der Welt und lehnte jene Mathe-Power und jene real-gesellschaftliche Macht ab.

Aber genau das ist es, was Papert für jene Übergangszeit, in der die Welt-verkehrt des Computers noch nicht so kulturell integriert ist, daß Kinder nahtlos in sie hineinwachsen können, befürchtet, wenn er auch für die Reaktion nicht das positive, realistische Wort ›Rebellentum‹ verwendet, sondern sie – ganz im Einklang mit unserem rationalistischen Weltbild, das jede andere Sicht der Dinge als Krankheit kompatibel macht – mit Worten aus dem Kanon der psychischen und physisch ausgelösten psychischen Erkrankungen beschreibt. Er nennt die Weigerung, sich mit dem Weltbild der Berechenbarkeit zu identifizieren, ›Mathematikphobie‹ und spricht von ›Gift‹ und ›Keimen‹ und ›Infektion‹, wenn es um die Ursachen dieser Erkrankung geht. Und wenn man bedenkt, daß Mathematik das Ideal dieses Weltbildes ist, und daß die Verwandlung der Welt in eine technisch gemachte jener Weg ist, wie dieses Weltbild sich realisiert, dann ist nicht nur der Name treffend, sondern dann ist auch Paperts pauschale Identifikation von Mathematikphobie und Technikfeindlichkeit berechtigt.

›Die Mathematikphobie als Krankheit der heutigen Kultur bewirkt bei vielen eine geistige Sperre, wenn sie etwas lernen sollen, das sie als ›Mathematik‹ erkennen ... Wir werden immer wieder sehen, daß die Auswirkungen der Mathematikphobie weit darüber hinausgehen, nur das Erlernen von Mathematik und Naturwissenschaften zu behindern. Sie stehen in Wechselwirkung mit anderen endemischen ›kulturellen Giften‹ ... und verderben das Bild, das Menschen sich von sich selbst als Lernende machen.‹ (Papert 1985 / 16) ›Viele kulturelle Barrieren hindern Kinder daran, sich technisches Wissen anzueignen. Die sichtbarsten unter diesen Barrieren sind die körperlich brutalen Auswirkungen von Deprivation und Isolation. Andere Barrieren sind mehr politischer Art. Viele Kinder, die in unseren Städten aufwachsen, sind umgeben von Schöpfungen der Technik, halten sie aber aus gutem Grund für das Eigentum ›der anderen‹; in vielen Fällen werden sie als Eigentum des sozialen Feindes angesehen. Wieder andere Hindernisse sind abstrakter, wenngleich letztendlich von der gleichen Art. Die meisten Zweige der hochentwickelten modernen Kultur Europas und der Vereinigten Staaten haben eine so tiefgreifende ›Mathematikphobie‹, daß viele privilegierte Kinder genauso wirksam (wenn auch etwas sanfter) davon abgehalten werden, sich technisches Wissen anzueignen.‹ (Papert 1985 / 12) ›Dadurch wird ein Teufelskreis aufgebaut. Denn eben diese Kinder werden eines Tages Eltern sein und nicht nur keine ›mathematischen Keime‹ weiterreichen, sondern beinahe sicher auch ihre Kinder mit den gegensätzlichen und geistig destruktiven Keimen der Mathematikphobie infizieren. Glücklicherweise genügt es, den Teufelskreis an einer Stelle zu unterbrechen, damit er für immer unterbrochen bleibt.‹ (Papert 1985 / 17f.) ›Dieses Buch handelt vom Ende einer Kultur, die Wissenschaft und Technik der Mehrheit des Volkes entfremdet hat.‹ (Papert 1985 / 12)

Und dieses Buch handelt vom Ende einer Kultur, in der der Bezug zur Welt, wie ihn Wissenschaft und Technik ermöglichen, tragende Säulen der Subjektkonstitution sind, und muß auch in diesem gegenteiligen Sinne Paperts Urteil und Paperts Befürchtungen recht geben. Denn ganz richtig ist es unsere eigene Ordnung der Berechenbarkeit der Welt, die nicht nur jene Elemente hervorbringt, die die objektive Macht und die Identifikation mit dieser Ordnung fördern, sondern die aufgrund ihrer eigenen Entwicklungslogik zunehmend auch jene Elemente produziert, die den Zusammenbruch dieser Ordnung und die Entfremdung von dieser Ordnung fördern.

Weswegen wir in unserer Kultur nicht nur Leute wie Moravec haben, die davon träumen, daß uns bald zugunsten der Herrschaft der Maschinen der biologisch umfassende Tod ereilt, sondern eben auch Leute, die der Primitivierung von Erfahrungsfähigkeit und Erfahrungsmöglichkeit ihren Hunger nach Körpererfahrung und Erfahrung überhaupt entgegensetzen, und sich in einem Kunterbunt von Alternativseminaren und Workshops auf Erfahrungsfähigkeit zurückbesinnen wollen. Und nicht nur Kids, die sich mit dem Computer identifizieren und über diese Identifikation ihren neuen Zugang zur Welt und zur Technik finden, sondern eben auch eine Kinderorganisation namens ›Peace Bird‹, die den Stand der Dinge so einschätzt:

›Nazmiye (15): In zehn Jahren lebe ich nicht mehr. Das mit der Umwelt ist schlimm, das ist wirklich katastrophal. Irgendwas wird bestimmt passieren, oder ich mache Selbstmord und kapituliere. Entweder bringt mich jemand um, oder ich bringe mich um. ...

Lisa (11): Das Ding wird in 10 Jahren bestimmt seine Wirkung zeigen ... Na das Ozonloch. Und vielleicht explodiert auch ein Kernkraftwerk ... irgend so ein Chemiewerk könnte auch explodieren. Oder Politiker sagen, sie wollen etwas ausprobieren, etwas, das nicht gefährlich ist, und dann schmeißen sie 'ne Atombombe. Dann geht die Welt auseinander und zerbricht.‹ (Spiegel 23. 10. 1989 / 272)

Wir sind eine Kultur in einer objektiven und subjektiven existentiellen Krise, die um eine Form der Neuidentifikation mit ihrem alten Weltbild oder um eine Neubesinnung auf andere Weltbilder ringt. Die Paradigmen und Weltanschauungen der Anhänger der Künstlichen Intelligenz sind das Vorbild, in dem die neue Gültigkeitsform unserer Ordnung subjektiv zu sich findet, während die Computerisierung der Gesellschaft in ihrer technisch-ökonomischen Eigenlogik uns den realen Weg in jenes ›Mathematikland‹ weist, in dem die Welt-verkehrt im Computer zur primären Realität (und alles andere zur vorgeschichtlichen Irr-) Realität geworden ist, weil wir dort unser Subjekt-Sein primär auf der Weltverkehrt im Computer gegründet haben werden.

Noch aber sind wir nicht in Mathematikland, und daß das Mathematikland bei vielen keine Begeisterung, sondern Phobie erweckt, das liegt nicht nur daran, daß wir heute, in unserer jetzigen Krise, noch eine Möglichkeit zur Wahl haben, weil es heute subjektiv und objektiv noch eine Chance gibt, aus unserem Weltbild auszusteigen. Sondern das liegt auch daran, daß diese neue Subjektkonstitution innerhalb der zukünftigen Nische unseres Weltbildes zur alten Subjektkonstitution in der bisherigen gesellschaftlichen Nische in einem nicht aufhebbaren unversöhnlichen Widerspruch steht.

Denn eine Sache ist es, in einer sicheren Nische des Gemachten sich darüber zum Subjekt zu machen, daß man alles andere zum Objekt macht, und eine andere Sache ist es, in einer Kultur, die den Computer auf allen Ebenen der Gesellschaft erfolgreich integriert hat, sich darüber zum Subjekt zu machen, daß man sich mit dem Computer identifiziert. Aber auf jeden Fall etwas völlig anderes ist es, sich in einer Kultur, die solchermaßen wie die unsere in der Krise steckt, vor dem noch präsenten Hintergrund einer Subjektkonstitution, die sich darüber generiert, daß sie alles andere handgreiflich zum beherrschbaren Objekt umformt, zum Subjekt zu machen, indem man sich selbst mit dem Inbegriff eines beherrschbaren Objekts – einer Maschine – identifiziert.

Die Identifikation mit dem Computer und die Gestaltbarkeit in der Welt-verkehrt, die sich dadurch auftut, kann nur dann als realer Weg ins Leben begangen werden, und wird nur dann nicht als Ansinnen der bloßen Subjektzerstörung erfahren, wenn unter den hier existierenden Strukturen vor allem eine als ausschließlich und umfassend gültig sich präsentiert: daß dem Objekt, um es berechenbar zu machen, keine Faser verletzt werden muß, weil die Existenz des Objekts ausschließlich eine Funktion der Berechenbarkeit ist. So daß dem Subjekt, wenn es sich denn mit der Ordnung dieser Maschinenwelt identifiziert, kraft der Eigengesetzlichkeit dieser Welt zugleich die absolute Unverletzbarkeit seiner Eigenstruktur und die absolute Beherrschbarkeit dieser Struktur versprochen und garantiert wird.

Das aber kann sonst keine Welt außer der Welt-verkehrt im Computer einem Lebewesen geben. Nicht nur, weil in der realen

Welt die Macht der Berechenbarkeit auf der systematischen Verletzung der Eigenstruktur der Dinge aufbaut, sondern auch, weil auf unserer Erde Leben und Tod, Entstehung von Eigenstrukturen und Zerstörung von Eigenstrukturen zwei Seiten ein und derselben Sache sind, die unserer menschlichen Macht prinzipiell entzogen ist. Hier sind wir alle verletzbar, weil wir alle sterblich sind, aber dort, in der Welt des Computers, in der Identifikation unserer selbst mit dem Formalen, sind wir der Schöpfer und der Beherrscher jener Kraft, die die ›Existenz‹ erst schafft – hier sind wir unsterblich. Wäre die Welt so wie im Computer, wäre das Konkrete tatsächlich allein und ausschließlich eine Funktion des Formalen, dann wäre dieser Traum von Unsterblichkeit und Allmacht einer menschlichen Ordnung kein Traum, sondern eine realistische Einschätzung der hier gegebenen Möglichkeiten. Wir brauchten dann bloß die ›Schöpferkraft‹ des Formalen so weit zu entwickeln, daß sie uns selbst – unsere Fähigkeit, diese Schöpferkraft zu entwickeln, unsere Intelligenz – schaffen kann, um Tod und Biologie und Geschöpf in uns zu überwinden und, wie Nietzsche sich das schon erträumte, ›ganz Schöpfer‹ zu werden. Aber für die, die ihr Selbst mit der Struktur der symbolverarbeitenden Maschine identifiziert haben und identifizieren werden, darf die Welt-verkehrt im Computer keine Traumwelt, sondern muß sie die reale, die einzig wirkliche Welt sein. Denn wäre diese Welt-verkehrt nicht real, so verlören sie nicht nur jene Chance zur Unsterblichkeit, sondern auch ihre sterbliche Existenz als Subjekt, das sich erst und vor allem im Bezug zu dieser Welt konstituierte. Es ist deshalb kein kindliches Phantasiespiel, sondern der Kern dessen, was für Sherry Turkle selbst die Welt im Computer bedeutet, wenn sie uns versichert: ›Computer gehören in eine andere Welt. Sie ermöglichen sowohl die Erfahrung, ›Leben‹ ein Ende zu setzen, als auch das Erlebnis, es wiederherzustellen.‹ (1986 / 32 f.) Und es ist kein exzentrischer Überschwang und keine Metapher, sondern die positive Offenbarung einer wahren Ordnung der Welt, die ihm durch die Identifikation mit dem Computer zugänglich wurde, wenn Moravec uns die Unsterblichkeit verspricht: ›It is easy to imagine human thought freed from bondage to a mortal body – belief in an afterlife is common. But it is not necessary to adopt a mystical or religious instance to accept the possibility. ... A computation in progress – what we can reasonably call a computer's thought process – can

be halted in midstep and transferred, as program and data read out of the machine's memory, into a physically different computer, there to resume as though nothing had happened. Imagine that a human mind might be freed from its brain in some analogous (if much more technically challenging) way.‹ (1988 / 4)
Wie aber macht man es, daß jene Welt im Computer nicht bloß eine Bildschirmwelt, sondern eine reale Welt wird? So daß jene Identifikation mit dem Computer nicht bloß eine psychische Erkrankung, ein bloßes Leben in einem Wahngebilde ist, sondern daß sie als realer Weg ins Leben begangen und als Grundstruktur der Subjektwerdung in einer Gesellschaft konzipiert werden kann?
Indem man eine gesellschaftliche Nische aufbaut, in der die Interaktion mit dem Computer systematisch anstelle der direkten Interaktion mit dem konkreten Material, mit der Welt tritt, und wir nicht mehr die Dinge bearbeiten und nicht mehr die Maschinen bedienen, die die Dinge bearbeiten, sondern mit dem Computer interagieren, um den ganzen Prozeß zu steuern, indem man eben das auch aus psycho-logischen Gründen tut, was wir schon heute als ›Selbsterhaltungstrieb der Demokratie‹ (Spiegel 6. 11. 89 / 174) aus rein rationalen Erwägungen, ›als Mittel zur Existenzsicherung und Bedürfnisbefriedigung der Menschen‹ (Detzer (BDI) 1989 / 25) mit aller Kraft tun: Die Computerisierung der Gesellschaft mit all dem, was sie an Uniformierung des Symbol- und Objektbereichs impliziert, vorantreiben.
Durch eine Produktion und Organisation der Gesellschaft, die sich systematisch über den Einsatz mechanischer Symbolverarbeitung strukturiert, schiebt sich in der gesellschaftlichen Nische vor den Umgang mit der Zurichtung der Dinge und vor dem Umgang mit einer nicht zugerichteten Welt, die es dann eh schon bald überhaupt nicht mehr geben wird, der Umgang mit der Bildschirmwelt, und diese, und nicht die reale Welt, wird in der Nische zu jener primären Realität, die für uns die Wirklichkeit konstituiert.
Weil aber dem Computer nur endliche Welten oder aus endlichen Algorithmen erzeugbare unendliche Welten zugänglich sind, setzt diese Nischenkonstruktion voraus, daß wir die ganze Welt in eine berechenbare verwandeln. Und nur dann kommen wir in diesem Unternehmen voran, wenn wir in äußerster Intensität etwas betreiben, was es in dieser Welt der Identifikation mit dem

Computer nicht geben darf, soll diese Welt eine für Subjekte real lebbare sein: die systematisch betriebene handgreifliche Verletzung der Eigenstruktur der Objekte als zentrale Methode der Erkenntnis, und die systematisch betriebene handgreifliche Zurichtung der Objekte nach Maßgabe der formalen Erkenntnis.
Die Ordnung der Computerwelt generiert sich durch diesen unversöhnlichen Widerspruch, daß sie nur durch ein Verhalten objektiv realitätstüchtig wird, das sie als subjektiv realitätstüchtige negiert. Von Anfang an baut deswegen die Verwirklichung dieser Ordnung darauf auf, daß jenes Verhalten, das es objektiv geben muß und das es subjektiv nicht geben darf, ebenso effektiv verdrängt wird, wie es effektiv ausgeführt wird. Von Anfang an ist deswegen diese Ordnung darauf angewiesen, Ideologie im schlechtesten Sinne des Wortes zu sein, in dem sie den schönen Schein einer unmittelbaren Gültigkeit der Welt-verkehrt anstelle jener wirklichen Praxis setzt, auf die sie doch nicht verzichten kann, will sie jenen schönen Schein produzieren. Und insofern Mathematik als der Inbegriff formaler Ordnungen gilt, die hier als direkt gültige und existenzbegründende vorgegaukelt werden, wird aus jener Wissenschaft ›im Elfenbeinturm‹, die einst bloß formale Welten jenseits des Anschaulichen und Realen zugänglich machte, in diesem Kontext unmittelbar und umstandslos der Inbegriff der hier geltenden Ideologie.
Weswegen denn auch umgekehrt die von Papert gefürchtete ›Mathematikphobie‹ die real angemessene Antwort auf jenen Anspruch ist, diese Ordnung der Computerwelt hier und jetzt zu verwirklichen. Wer so antwortet, sieht hinter jenem schönen Schein den Prozeß der Zurichtung der Welt, die ›dem Begriff‹ erst dann reale Macht gibt, wenn ihr alles Lebendige ausgetrieben wurde, und interpretiert in diesem Kontext die Aufforderung, sich an die Strukturen des Computers bis hin zur Identifikation anzugleichen, ganz richtig als das Ansinnen, seinerseits freiwillig das zu leisten, wozu keine ›Macht des Begriffs‹ ihn zwingen kann: Nicht nur Erfahrung als Bezug zur Welt aufzugeben, sondern auch auf sein Dasein als Subjekt, das selbst Maßstab einer wahren Ordnung der Welt ist oder zumindest kraft einer geliehenen Autonomie der Macht ordnungssetzend wirkt, zu verzichten und ganz und gar integrierbarer Teil jener Herrschaft des Formalen zu werden.
Denn ebenso wie die unmittelbare Macht des Begriffs bloß schö-

ner Schein ist, ist eine Subjektkonstitution, die sich durch Mimesis ans Formale im Bezug auf die Gestaltbarkeit in der Welt-verkehrt aufbaut, von Anfang an ein Trugbild. Der Maßstab von wahr und falsch ist hier nicht unsere Existenz in der Gesamtheit dessen, was wir darstellen und sind und fühlen und denken und machen und wahrnehmen können, sondern Maßstab von wahr und falsch ist hier die Struktur des formalen Systems. Und nur insofern wir unsere Fähigkeit zur Mimesis ans andere bis zum Exzeß ausüben und aufhören, wir selbst, und anfangen, jene formale Struktur zu werden, erschließt sich uns jene Gestaltbarkeit als Weg zu einer Ordnung der Welt.
Im Unterschied aber zu früher, wo radikale Mimesis ans andere notwendig temporärer Natur war, weil die Bedeutung jener anderen Weltsicht nicht nur in der Kenntnis einer anderen Ordnung, sondern vor allem auch darin bestand, was diese andere Weltsicht rückvermittelnd für uns selbst bedeutet, muß hier die Mimesis ans andere so fester Bestandteil unseres Wesens werden, daß wir vergessen, daß sie eine Mimesis ans andere ist. Nur wenn wir in der Illusion leben, daß wir unserem wahren Wesen nach direkt und unvermittelt die gleiche Struktur haben wie ein symbolverarbeitendes System, können wir unser Subjekt-Sein auf dieser Identität gründen, während jede Erinnerung daran, daß diese Identität von Computer und Mensch eine von uns gemachte ist, mit der Illusion der voraussetzungslosen Identität zugleich unsere Identität als ein Subjekt zerstört, dem sich in dieser Welt-verkehrt seine wahre Ordnung der Welt erschließt. Und wenn für die Kinder der Rat: ›Denk wie ein Computer‹ noch ausgesprochen werden muß, so ist es für die Erwachsenen selbstverständlich, daß sie im Grund ihres Wesens eine symbolverarbeitende Maschine sind. ›*Are minds machines*? Of that I have raised no doubt at all...‹ (Minsky 1986 / 323)
Trotz aller subjektiven Anstrengung der Angleichung ans andere jedoch ist und bleibt jene formale Struktur, wie sie sich in der symbolverarbeitenden Maschine verkörpert, und nicht unser Selbstbild aus Fleisch und Blut als ›meat-machine‹ der Maßstab von wahr und falsch. Das Formale ist nicht nur in der Welt-verkehrt im Computer Grund jeder Existenz, sondern es ist auch in dieser Identifikation mit dieser Welt Grund und Maßstab unserer Existenz. Und wahr ist etwas nicht in bezug auf unser körperliches Dasein als ›meat-machine‹, sondern wahr ist etwas, inso-

fern es in dieser formalen Welt gestaltet werden kann. Und diese Gestaltbarkeit im Computer ist der Bezugsgrund der verwendeten Worte, und nicht unser fleischlich-leibliches Dasein und der Modus, wie es die Welt erfährt.
Und das ist gut und elementar wichtig für diese Welt, die hier entstehen soll. Denn nur dann können wir ›Mathematik-Sprechen‹ wie eine natürliche Sprache sprechen, wenn sie uns jenes begriffliche Medium ist, das zwischen der gestaltbaren Welt und unserer Identität in dieser Welt vermittelt. Und insofern sich uns Gestaltbarkeit in dieser Welt als Resultat der Formalisierbarkeit ergibt und wir einen Zugang zu dieser Welt bekommen, insofern wir wie ein Computer sind, ist die Struktur der symbolverarbeitenden Maschine zu Recht jener Maßstab, an dem sich die Ordnung der Welt und die Sprache, die sich auf diese Ordnung bezieht, entwickelt. In dieser Welt sind wir existent, insofern wir kompatibler Teil dieser formalen Ordnung und ihrer spezifischen Art, die Mannigfaltigkeit dieser Welt zu Einheiten zu verdichten, sind, während jenes andere an uns zu jenem kulturell nicht existenten Un-Ding wird, für das es noch nicht einmal Worte, geschweige denn eine Möglichkeit gäbe, es zu leben.
Und weil von vorneherein im reibungslosen Hineinwachsen in diese Computerwelt kognitive Autonomie in keiner Form vorgesehen ist, spielt auch jenes Versprechen einer angeblich tatsächlichen Autonomie der Macht, der völligen Beherrschbarkeit der Welt-verkehrt im Computer anstelle der Unzugänglichkeit und Unkontrollierbarkeit der Welt der Erfahrung, in dieser Entwicklung nur eine marginale transitive Rolle. Nur in der Phase des Übergangs, in der den Kindern mit Erfahrung sich keine gestaltbare Welt ergibt und in der die Kinder noch nach einer autonom gestaltbaren Welt suchen, müssen die Programme im Unterschied zur Welt der Erfahrung übersichtlich gestaltbar und beherrschbar sein, und nur in dieser Kinderwelt können die Programme das auch leisten. Denn selbst Papert, der um der Attraktivität seines Anliegens willen die Gestaltbarkeit der Welt-verkehrt im Computer in den Vordergrund stellen muß, ist so vorsichtig zu sagen, daß Computerprogramme nur ›. . .im Prinzip dazu gebracht werden können, sich ganz nach Plan zu verhalten‹ (1985 / 12), weil er, wie jeder andere Fachmann, weiß, daß in der Praxis mit steigender Leistung die Programme, und vor allem die Vielzahl der Programme und Programmvernetzungen, über die in der neuen Ni-

sche die Orientierung in der Welt und ihre Gestaltung stattfindet, so komplex werden, daß sie vom Einzelnen nicht mehr beherrscht werden können. Gar nicht zu reden davon, daß theoretisch nicht fundierte Programme mit steigender Komplexität in die prinzipielle Undurchschaubarkeit abdriften. Und gar nicht zu reden davon, daß dieser ganze Komplex der technisch-wissenschaftlichen Produktionsweise vom Einzelnen schon gar nicht, aber auch von der Gesellschaft insgesamt nicht beherrschbar ist und zunehmend immer unbeherrschbarer wird.
Kognititve Autonomie ist hier in keiner Form, weder als gekaufte Autonomie der Macht noch als Macht des ›Begriffs‹, realisierbar. Und weil die neue Form der Subjektkonstitution bloß als kindliche Entwicklungsstufe verkörpert, was einst als gesellschaftliche Form des Erwachsenenseins gelebt wurde, ist natürlich die Dramatik des endgültigen Zusammenbruchs von kognitiver Autonomie und ihrer Ersatzfunktionen und die Projektion des wahrheitssetzenden allmächtigen Maßstabes in jene Instanz der intelligenten Maschine nicht vergleichbar. Was früher einer tiefen persönlichen Krise und der Offenbarung einer neuen Ordnung des reinen Glaubens gleichkam, das wird in Zukunft immer häufiger als bloße Anerkennung ›des Realitätsprinzips‹, als ›Erwachsenwerden‹ erlebt werden, als bloße Überwindung jenes kindlichen Größenwahns, selbst persönlich diese Macht haben zu wollen, die doch – wie könnte es anders sein – allein jener Ordnung des Formalen zusteht. Erwachsen ist, wer wie Hofstadter, Minsky und Turing angesichts der wachsenden Undurchschaubarkeit und Unkontrollierbarkeit der Programme im Computer gar nicht mehr um die persönliche oder soziale Kontrolle über diese Programme ringt, sondern wem – wie diesen – die Undurchschaubarkeit der Programme aus vollem und reinem Herzen Anlaß zur verehrenden Bewunderung der Computerintelligenz geworden ist. Und nur noch ein paar Mißratene, denen die Ausbildung einer reifen Ich-Struktur nicht gelang, werden, wie die Hacker heute und wie Don Quichotte früher, noch meinen, hier gäbe es etwas, um das man kämpfen muß, und in der Unkontrollierbarkeit der Computer nicht die Realität der Windmühlenflügel und der Superiorität der Computerintelligenz sehen, sondern die persönliche Bedrohung, die einem zerschlägt und vernichtet, was man an Ordnung und Gestaltbarkeit in dieser Welt gefunden hat. Und völlig klar ist, daß so eine anthropomorphisierende Betrachtungs-

weise – einzelner Mann gegen den Rest der Welt im Computer – nur Ausdruck eines kindlich regressiven Gemüts sein kann. Und dabei sind es doch die letzten Heroen unserer westlichen Welt, in der Struktur durchaus den griechischen vergleichbar. Bloß daß der Gott, gegen den sie im Namen ihrer menschlichen Rationalität kämpfen, kein vergangener, sondern ein zukünftiger und eben jene spezifisch von der griechischen Philosophie gefeierte Rationalität in ihrer idealen Vollendung ist. So daß hier selbst der listenreiche Odysseus versagen müßte, nicht, weil die Maschinen tatsächlich intelligenter sind als der Mensch, sondern weil dann, wenn sich einem das eigene Subjekt-Sein ganz auf dieser Mimesis ans Formale, auf dieser Identifikation mit dem Computer aufbaut und sich einem eine Gestaltbarkeit und Ordnung der Welt nur in der Welt-verkehrt des Computers ergibt, sich in diesem Wettbewerb Computer – Fleisch-Computer am Ende notwendig herausstellen muß, daß eben die echten Computer doch die besseren Computer sind. Der Hacker aber will das nicht einsehen, für ihn ist es auf der einen Seite schon so, daß er richtig in der Welt-verkehrt des Computers den primären Modus der Gestaltbarkeit der Welt sieht, aber daß er auf der anderen Seite in dieser Welt immer noch um jenen einzigen Ersatz für seine kognitive Autonomie ringt, der hier bloß ›prinzipiell‹, aber praktisch gar nicht möglich ist, und der hier am Anfang ihm versprochen wurde: die Autonomie nicht der brutalen, handgreiflichen, sondern der absolut kontrollierenden, schöpferischen Macht des Formalen. Und in jedem ›bug‹, in dem der Computer nicht so will, wie er, in jedem Programm, das abstürzt, bricht ihm diese Autonomie der Macht, auf die er sein Subjekt-Sein gründet, zusammen, und nicht nur dieses Programm entzieht sich seiner Kontrolle, sondern seine Möglichkeit, zu einer Kontrolle und zu einer Ordnung überhaupt zu kommen, ist bedroht. Und so ficht er denn immer wieder seinen stummen und verzweifelten Kampf um eine kognitive Autonomie aus, die er in Wahrheit schon verloren hat, weil nicht er selbst, in seiner lebendig sinnlichen Existenz, sondern die Verkörperung des Formalen im Computer Maßstab von wahr und falsch ist. Und zu Recht werden die ›großen Hacks‹, in denen einer eins von jenen wirklich großen Systemen überlistet hat, wie Heldensagen weitergereicht. Denn ein Heros ist einer, der das menschlich Unmögliche, Übermenschliche wagt im Namen seiner Menschlichkeit.

Was diese Menschlichkeit aber ihrem Ursprung nach gewesen ist, dafür wird es in dieser neuen Welt kein Bewußtsein und deswegen keinen Begriff, keinen Begriff und deswegen kein Bewußtsein mehr geben. Denn im Unterschied zu bisherigen Kulturen, die sich von den anderen unterschieden, indem sie einfach eine andere Art repräsentierten, wie die Welt zu erfahren sei, in denen also insgesamt die Methode des Zugangs zur Welt gleich blieb und nur das Ergebnis anders war, wird hier mit diesem neuen Zugang zur Welt die Möglichkeit, Erfahrungsfähigkeit als eine Basis von Weltordnungen zu leben und zu erleben, insgesamt als Zugang zur Welt negiert. Und wenn wir früher alle Menschen waren, insofern wir wenigstens die Chance hatten, auch die ganz anderen zu verstehen, weil auch dieses Anderssein sich ergab als Resultat einer spezifischen Art, die Welt zu erfahren, so werden in jener neuen Welt all jene anderen Welten der Erfahrung insgesamt zu jenem absolut anderen werden, das uns nur noch als Vorstufe der menschlichen Evolution, nicht mehr aber als vorstellbarer nachvollziehbarer Teil unseres eigenen Menschseins gegenwärtig ist. Und das nicht, weil wir auf unsere mimetische Fähigkeit verzichtet haben, sondern weil wir sie in ihrer extremsten Form ausüben: Nicht als vorübergehende Mimesis ans andere, sondern als fester Bestandteil unseres Subjekt-Seins, nicht als eine Mimesis an eine lebendige Weltsicht der sinnlichen Erfahrung, sondern als eine Mimesis ans Tote, an eine in einem Objekt verkörperte formale Ordnung.
In dieser neuen Welt und in dieser neuen Wirklichkeit verliert sich Erfahrungsfähigkeit ins Dunkel des Vorgeschichtlichen, und mit ihr notwendig das, was Erfahrungsfähigkeit bisher ins Bewußtsein brachte, und was seit neuestem zu Recht mit einem paradoxen Wortpaar gekennzeichnet wird – die sogenannte natürliche Sprache. Denn einerseits ist sie eindeutig ein Produkt des Menschen, etwas Künstliches, andererseits aber ist sie, da sie sich auf ›die Natur‹ in uns bezieht und diese erlebte Natur als sinngebende Basis voraussetzt, auch nichts anderes als ein Blatt, das vom Baum fällt, oder eine Mücke, der sich die Welt nach Wärmezonen differenziert, oder ein Mensch, der das Blatt und die Mücke sieht – Natur in einer ihrer zahllosen Formen. Und weil so in der natürlichen menschlichen Sprache Natur im doppelten Wortsinn aufgehoben ist, im Kunstprodukt des Symbols überwunden und zugleich gerettet im Wortsinn, der auf das verweist,

wie sich uns als lebendes sinnliches Stück Natur im Erleben der Natur diese Mannigfaltigkeit der Welt zu Einheiten verdichtet, die so ihre wahre Bedeutung für uns offenbaren, macht sie in dieser neuen Welt, in der Erfahrung als Bezugsbasis von Weltordnung nicht mehr vorhanden ist, keinen Sinn mehr. Das von ihren Worten Gemeinte wird unklar und vage und un-sinnig, und klar und in bezug auf die reale Gestaltbarkeit der Welt effektiv ausdrücken kann man sich in dieser Konstellation zu Recht nur in jenen Symbolen, deren Bezugsbasis ein formal definiertes Modell der symbolverarbeitenden Maschine ist. Ohne Symbole aber, die aus der unendlichen Vielfalt des sinnlichen Gesamteindrucks sinnvolle Einheiten hervorheben und die uns da differenzieren helfen, wo wir sonst nur von der Fülle überwältigt würden, weil sie aus dem Bemühen um Differenzierung in dieser erlebten Fülle hervorgegangen sind, stehen wir gegenüber dem, was sich uns jeden Moment als sinnlicher Gesamteindruck präsentiert, geistig so hilflos da, wie wir heute schon praktisch hilflos sind angesichts der Mannigfaltigkeit von Strukturen in einer natürlichen, nicht zugerichteten Welt, wenn wir nur unsere Hände als Werkzeug (und unseren Mund und unsere Füße und unseren Körper überhaupt als Werkzeug) haben.
Dann haben wir uns mit der natürlichen Sprache das letzte und aller Wahrscheinlichkeit nach auch das geschichtlich erste Werkzeug genommen, mit Hilfe dessen sich der Menschheit eine geistig und handgreiflich gestaltbare Welt über die Erfahrung der Welt erschloß.
Und wenn wir in so einer Welt aufwachsen, in der die primäre Bedeutung der verwendeten menschlichen Symbole sich auf jene abstrakten, formal exakt definierbaren Strukturen im Computer bezieht und sich nicht generiert als Ergebnis unserer Fähigkeit zur offenen Mediumwahrnehmung des sinnlichen Gesamteindrucks, dann brauchen wir in der Mimesis ans Formale auch gar nicht mehr aktiv die Verarmung unserer Erfahrungsfähigkeit zu betreiben, weil sich uns dann sinnliches Erleben der Welt von vorneherein als etwas darstellt, dem man sich nicht überlassen kann, weil hier nur Überwältigung und der Verlust jeglicher Ordnung zu erwarten sind. Dann leben wir, was diese lebendige erlebbare Seite unseres Daseins betrifft, in einer Welt, die sich von der Welt Joeys in nichts unterscheidet. Und wie Joey kommunizieren wir nicht über diese lebendige Seite unseres Daseins, weil

sich uns in ihrer Wahrnehmung nichts Gestaltbares, sondern nur die Panik des Verlusts jeder Ordnung ergibt, und wie Joey haben wir deswegen auch schließlich keine Wort-Sprache mehr für dieses Erleben. Im Unterschied zu Joey aber, dem sich eine Ordnung der Welt über die Mimesis an eine mechanische Maschine alten Typs erschloß, gibt uns die Identifikation mit dem Computer die Gestaltbarkeit in der Welt-verkehrt und die Symbole, die in bezug auf diese Welt Sinn machen. Und wenn wir die Unterwerfung der Welt unter die manipulative Macht des naturwissenschaftlichen Begriffs als jenen selbstverständlichen Prozeß voraussetzen, der er inzwischen in unserem Weltbild geworden ist, dann ist diese Welt-verkehrt und unsere Existenz in ihr zwar immer noch eine autistische, aber in einer Form, die Autismus als Lebensform einer Gesellschaft möglich macht. Denn Autismus, das ist seinem Ursprung nach Leben in einer Welt, in dem sich uns über unser Fühlen, über unser lebendig-sinnliches Dasein in keiner Weise mehr eine Ordnung ergibt, und Leben wird in so einer Welt möglich durch eine Strategie, die im Lexikon unter dem Stichwort ›Autismus‹ treffend so beschrieben wird:

›völliges Versunkensein in die eigene Gedankenwelt bei gleichzeitiger Absperrung gegen die Umwelt‹ (Fischer Lexikon 1981)

Wenn bei Joey noch diese ›eigene Gedankenwelt‹ notwendig eine vereinzelte, und somit gleichbedeutend mit der Absperrung gegen die soziale Umwelt ist, wird diese ›eigene Gedankenwelt‹ in der Computerkultur identisch mit der sozialen Wirklichkeit, weil die soziale und die je subjektive Wirklichkeit sich hier über die Organisation der Welt in der Welt-verkehrt des Computers konstituieren, und die ›Umwelt‹, gegenüber der sich diese autistische Lebensform absperrt, die sie um den Erhalt ihrer Ordnung willen verdrängen muß, ist all das, was mit dieser Wirklichkeit in der Welt-verkehrt des Computers nicht kompatibel ist:

das Lebendige in uns, insofern wir selbst als sinnlich-geistige Wesen in der Gesamtheit unseres Daseins Maßstab einer wahren Ordnung der Welt sein wollen, und das Lebendige auf der ganzen Erde, insofern sich jedem Lebewesen (und letztlich, wenn man will, auch jedem Ding als seine je individuelle Besonderheit) seine Ordnung der Welt und zugleich seine Existenz als je individuelle Besonderheit ergibt als Relation beider aufeinander.

In dem Maße, in dem diese anvisierte Computerkultur Macht gewinnt, schließen wir Menschen uns endgültig aus diesem Kreis

des Lebendigen aus, und wird Lebendiges in diesem alten Sinn zu einem Märchen, einem bloßen Irrtum, einem ganz Vergessenen, so wie wir heute schon jene Welt, ›in der die Menschen mit den Tieren und Pflanzen redeten‹, nur noch aus dem Märchen kennen, weil sie für uns nur noch ein Märchen ist.
Während Realität hier in jener zukünftigen Welt immer nachdrücklicher jene ›Gedankenwelt‹, jener Schein der unmittelbaren Herrschaft des Formalen in der Bildschirmwelt sein wird, in der objektiv in der Nische die Steuerung des Machens abläuft und in der sich uns subjektiv, in der Identifikation mit dem Computer, die Gestaltbarkeit der Welt erschließt.
Und rationales und vernünftiges Verhalten ist eines, das die Wirklichkeit, die es vorfindet, akzeptiert, und ihre Strukturen zur Voraussetzung des Handelns macht. So daß es nur realitätsgerecht ist, wenn uns der Unterschied zwischen einem simulierten Ding und dem echten Ding als vernünftige Unterscheidung nicht mehr als einsichtiger zugänglich ist. Und Realität zumindest ebensogut das ist, was in der Bildschirmwelt abläuft, wie das, was außerhalb dieser Welt geschieht, wenn es nicht sogar schon so ist, daß die Simulation im Bildschirm realer ist als alles andere, weil wir uns nur hier, insofern die Simulation Erzeugnis unserer formalen Ordnung ist, in der Identifikation dessen, was wir da vor uns haben, ganz sicher sein können.
›Suppose you consider a really deep simulation of a hurricane – I mean a simulation of every atom, which I admit is impossible deep. I hope you would agree that it would then share all that abstract structure that defines the ›essence of hurricanehood‹. So what's to hold you back from calling it a hurricane? ... look at the proper level. Look into the *structures* that are coded for in the memory. You'll see that some abstract links have been broken, some values of variables radically changed, and so forth. There's your flood, your devastation – real, only a little concealed, a little hard to detect. ... let me try out one more example. If you were a radio ham listening to another ham broadcasting in Morse Code and you were responding in Morse Code, would it sound funny to you to refer to ›the person at the other end‹? ... You're prepared to recognize personhood through those rather unusual channels. You don't have to see a human body or hear a voice – all you need is a rather abstract manifestation – a code, as it were. What I'm getting at is this. To ›see‹ the person behind the dits and dahs,

you have to be willing to do some decoding, some interpretation. ... You have to peel off a layer or two, to find the reality hidden in there. You put on your ›radio-ham's glasses‹ to ›see‹ the person behind the buzzes. Just the same with the simulated hurricane! You don't see it darkening the machine room – ... you have to put on special ›memory-decoding-glasses‹. Then what you see is a hurricane. ... What's important then is the abstract *pattern*, not the medium. ... Thought, even more than hurricanes, is an abstract structure ... in a medium called a brain. ... Now, if we come up with some new kind of medium in which *the same* style of swirling takes place, could you deny that thinking is taking place in it? ... I'm simply trying to show you why your argument that a simulated McCoy isn't the real McCoy is fallacious.‹ (Hofstadter 1981 / Auszug S. 74-79)

Freilich wäre es in jener alten, unvorstellbar anderen Welt so gewesen, daß wir den simulierten Hurrikan vom echten unfehlbar an jener Bedeutung erkannt hätten, die das Phänomen jeweils für uns, in unserer körperlich-sinnlich-seelisch-geistigen Gesamtheit hat. Im Unterschied nämlich zu simulierten Hurrikans kann der echte uns zerstören, und diese Bedeutung in bezug auf unseren Körper gehörte für uns zum Phänomen genausogut hinzu wie das ›abstrakte Muster‹. Und früher hätten wir, wenn wir denn einen Menschen brauchten, auch mehr gebraucht als eine ›abstrakte Manifestation‹, nämlich genausogut das ›Medium‹ der Verkörperung dieser abstrakten ›Struktur‹, einfach deswegen, weil wir selbst unsere Identität untrennbar in unserem Körper wie in unserem Geist gefunden hätten. Und nichts wäre in jener alten Welt mit der gegenseitigen Wahrnehmung zweier Personen in einer langen und ausführlichen Umarmung zu verwechseln gewesen und hätte dieser Begegnung von zwei Menschen entsprochen, die genausogut Geist wie Fleisch, Sinne wie Denken gewesen wären. Aber dann war es ja auch in jener alten Welt so, daß wir nicht einmal einen bis in die letzte Faser seiner Körperlichkeit simulierten McCoy als den wirklichen angesehen hätten, weil sich diese Welt dadurch auszeichnete, daß real nur das Einmalige, und Realität deswegen einmalig und nicht zu verwechseln war. Identisches gab es nur in der Abstraktion, im Wegdenken von dieser Welt, aber schon das erste ›a‹ in der Formel a = a wäre als gedrucktes vom zweiten ›a‹ verschieden gewesen, hätte man sich nur die Mühe gemacht und genau hingesehen. Nur machte man

sich die Mühe nicht, weil dort, in dieser alten Welt, Dinge nicht gesondert, sondern immmer in ihrem zeitlichen und räumlichen Kontext gesehen wurden, der unweigerlich zu ihrer Individualität dazugehörte, so daß schon von daher klar war, daß ein ›a‹, das vor dem Gleichheitszeichen steht, nicht dasselbe sein kann, wie ein ›a‹, das dahinter kommt. Gar nicht zu reden davon, daß die Geschichte McCoys, seine biologische Geburt und seine Menschenkindheit, ebenso untrennbar mit der Person McCoy verbunden waren, wie die technische Herkunft des simulierten McCoys untrennbar mit zu diesem gehört hätte.
Freilich war diese alte Welt, in der man das Individuum selbst noch in einem Stein sah und nicht bloß die identische Materie, auch nicht berechenbar. Und wenn es so ist, daß alles Konkrete sich darin erschöpfen soll, Beispiel allgemeiner Regeln zu sein, dann ist es nur klar zu Ende gedacht, wenn in dieser Bildschirmwelt jene abstrakten Regeln, jene Strukturen als das eigentlich Reale gelten, während jenes andere, das ›Medium‹, beliebig austauschbar ist.
Solange sich das ›Medium‹ darauf beschränkt, wirklich nur Medium, nur und ausschließlich Verkörperung und Funktion des abstrakten Musters zu sein. Alle Macht des technischen und wissenschaftlichen Zugriffs aber wird unser lebendiges Fleisch nicht beherrschbar machen können, und vor allem wird jene Macht nicht verhindern können, daß unser Fleisch, insofern es denn lebendig ist, auch stirbt. So daß also auch wir mit unserem ›Medium‹ sterben, und keine Macht der Wissenschaft totes Fleisch wieder lebendig machen kann. Wenn aber so Biologisches gleich Tod und Ohnmacht und Untergang ist, während wir in jener Welt des Computers Leben nicht nur beliebig zerstören, sondern auch beliebig schaffen können, wie sollte sich da nicht das Verhältnis von Objekt und Subjekt umkehren, so daß gerade das, was einst als Inbegriff des beherrschbaren Objekts galt – die Maschine –, gerade wegen ihrer Beherrschbarkeit, weil sie nur beliebig austauschbares Medium des Abstrakten und nicht *mehr* ist, zum Inbegriff des Leben Erhaltenden und Leben Spendenden wird, während jenes Fleisch, aus dem einst alles Leben kam, zum verhaßten phylogenetischen Erbe wird, das uns trotz allem Geist dazu verdammt, bloßes Objekt der Biologie zu sein? Und die eigentliche Subjektwerdung, das sieht Moravec innerhalb der Logik dieser spezifischen Identifikation mit dem Weltbild der Bere-

chenbarkeit ganz richtig, beginnt dann erst dort, wo wir dieses Fleisch in uns überwinden: ›Imagine that a human mind might be freed from its brain ...‹ (1988 / 4)

Sieht man die Sache so, vor diesem Hintergrund und in dieser Perspektive, dann wird deutlich, daß es in dieser neuen gesellschaftlichen Wirklichkeit getreu der psychologischen Logik des Autismus, die eine ›völlige Absperrung gegenüber der Umwelt‹ erfordert, genaugenommen nur eine Realität gibt, und das ist die ›Gedankenwelt‹, die simulierte im Computer, und die Verkörperung dieser Simulationen in den Maschinen. Während jene alte biologische Welt mehr und mehr ein bloßer Anschein wird, ein bloßes Trugbild unserer unvollkommenen Sinne. Und so, wie wir heute zwar auch alle noch die Sonne über unseren Köpfen wandern sehen, aber ganz genau wissen, daß die Erde sich um die Sonne dreht, so werden wir dort das Biologische zwar noch wahrnehmen, aber es ist nicht mehr als ein Schatten, der das Eigentliche verdeckt. Real und wirklich und lebendig ist, was simuliert werden kann, und das Biologische als Entität ist nur das Ergebnis einer falschen Interpretation der Wahrnehmung, eine von einer falschen ›Dekodierbrille‹ erzeugte Illusion, die durch die unvollkommene, ungenaue Art, wie das Biologische als Verkörperung, als Medium zu nutzen ist, verstärkt wird.

So daß im Endeffekt das, was als eine Interpretation der Welt begonnen hat, als eine geistige Vorstellung von einer gültigen Ordnung der Welt, und was kraft der eigenen Strukturen nur in bezug auf die Bildschirmwelt im Computer und nicht in der realen Welt gültig sein kann, unmittelbar und ausschließlich zur Wirklichkeit wird. Jener schöne Schein der Bildschirmwelt wird in voller Konsequenz der hier gültigen Strukturen zum Grund jeder Realität und zum Realitätsprinzip schlechthin.

Und wenn früher eine Ordnung der Welt für uns wirklich und gültig war, weil sie zugleich eine Interpretation der Welt wie eine Manifestation unseres Wesens war, weil sie sich auf die Außenwelt bezog, aber von der Außenwelt das zu einer Ordnung verwob, was diese Welt für uns, für den Innenraum unseres Erlebens bedeutete, und die Wirklichkeit so immer größer war als unsere Interpretation, die sie als Teil der Wirklichkeit umfaßte, so ist hier in dieser neuen Welt unsere Interpretation deckungsgleich mit der Außenwelt, sie ist unmittelbar DIE WIRKLICHKEIT, während jenes echte Außen von früher, jene Wirklichkeit, die immer größer war als jede unserer Interpretationen, zu einer bloßen Funktion unseres Innenraumes wird, zu einer bloßen Funktion jener schlechten Biologie, die uns anhaftet und die als schlechte Vorstellung von der Wirklichkeit, als schlechtes ›Medium‹, als schlechte Verkörperung der Wirklichkeit, ausgemerzt werden muß, weil sie nicht realitätstüchtig und nicht kompatibel mit DER WIRKLICHKEIT ist.

Aber nun ist es ja auch nur logisch, wenn hier, in dieser neuen Welt, Simulation und Original, Leben und Tod, Schein und Wirklichkeit, Interpretation und Realität, Innen und Außen, in ihrer Unterscheidung verschwimmen und schließlich die Plätze tauschen. Denn all das sind Unterscheidungen, die sich von jenem Identitätszentrum aus ergeben, das wir uns einst in der Gesamtheit unseres körperlichen und geistigen Seins als Maßstab einer wahren Ordnung der Welt waren. Und wenn wir diese Maßstabsfunktion aus uns heraus in eine objektive Ordnung der Berechenbarkeit und schließlich in die Verkörperung dieser Ordnung, den Computer, hinein verlegen, dann wird uns erst die alte Art der Unterscheidung undeutlich, und schließlich ergibt sich eine neue, die Sinn macht in bezug auf diesen neuen Maßstab. Und was für uns als Menschen natürlich eine bloße Traumwelt im Computer ist, das wäre für den Computer, könnte er eine Weltsicht haben, tatsächlich eine wahre Bedeutung der Welt. Insofern wir uns aber mit dieser Ordnung, die selbst kein Leben hat, so identifizieren, daß die Projektion unserer kognitiven Autonomie auf diesen Maßstab außer uns uns als Menschen erst konstituiert, können wir dem Computer und den Maschinen Leben, also eine Weltsicht, geben. Und weil wir in der Projektion mit dem Verzicht darauf, selbst Maßstab einer Ordnung zu sein, auch auf die Fähigkeit verzichtet haben, selbst Ordnungen zu generieren, selbst die Wirklichkeit zu interpretieren, wird diese Ordnung hier für uns endgültig so zur einzig zugänglichen, daß sie nicht nur umstandslos die Wirklichkeit ergibt, sondern daß wir bis hin zur Vernichtung des eigenen Leibes gar nicht anders können, als mit ihr kompatibel handeln.

Der Leib aber, als Teil alles natürlich Gewordenen, wird auf jeden Fall vernichtet werden müssen. Denn jene Bildschirmwelt kann nur dann als gesellschaftlicher Weg ins Leben begangen werden und rutscht nur dann nicht in den schlichten Wahn ab, wenn sie von einem Prozeß getragen wird, der die *ganze* Welt in eine berechenbare verwandelt. Und wenn es auf der einen Seite so ist, daß sich die Nicht-Berechenbarkeit des natürlich Gewordenen als Argument dafür anführen läßt, daß die Ordnung der Berechenbarkeit der Welt von vorneherein nur eine mit peripherer oder schnell vergänglicher Gültigkeit ist, so ist es auf der anderen Seite so, daß in einer Welt, in der diese Ordnung gültig sein muß, sich dieses Manko der vorgefundenen Gültigkeit auch dadurch ausgleichen läßt, daß man das Nicht-Kompatible vernichtet. Schritt für Schritt. Von einem technischen Erfolg zum nächsten. Von einer Vernichtung des natürlich Gewordenen zur nächsten. Als Aufbau einer weltbeherrschenden Nische der Computerkultur, in der, Innovation für Innovation, Artenmord für Artenmord, im konsequenten Ausbau des technischen Fortschritts anstelle der direkten Interaktion von Material und Mensch die Interaktion von Gemachtem mit dem Computer tritt. Bis eben nur noch Technik übrigbleibt, und wir jenen berühmten selbsttranszendierenden Schritt der Evolution getan haben.

Ja aber – wie soll denn diese Nische der Computerkultur so viel reale Macht gewinnen, wie sie gewinnen muß, um die Bildschirmwelt umfassend anstelle der realen Welt setzen zu können, wenn doch auf der anderen Seite die Computer an jenem Kainsmal aller Technik teilhaben, daß mit zunehmender technischer Macht die Beherrschbarkeit dieser Macht aus immanenten Gründen zunehmend verloren geht? Wenn, wie hier postuliert wurde, der massive vernetzte Computereinsatz mit Sicherheit in die Katastrophe führt, bleibt dann nicht dieses ganze Weltbild und dieses ganze Ernst-Nehmen dieses Weltbildes doch eine einzige große Übertreibung? ›Panikmache‹, wie es immer so schön in den Texten derer heißt, die im technischen Fortschritt jene unabänderliche Grundkonstante sehen, gegen die wir nicht ankönnen, weil ›der Mensch von heute es sich nicht mehr leisten kann, den technischen Fortschritt stillzustellen...‹ (Lenk 1988 / Klappentext), oder weil ›kaum ein Weg zurückführt zu einem technisch und ökologisch unbedenklichem Landbau‹ (Zeitmagazin 25.3.88 / 48) oder weil ›sich das Rad der Geschichte im Sinne eines vermeintlichen ›Zurück zur Natur‹ nicht zurückdrehen läßt‹ (von Gunten 1986 / 36).

Auch das kann man, wie jede Sache auf dieser Erde, so oder so sehen. Und ob man es so oder so sieht, das wird vor allem davon abhängen, ob einem noch eine Alternative zugänglich ist. Oder ob es eben so ist, daß einem – wie den Autoren obiger Zitate oder wie den Mitgliedern des Bundes der Deutschen Industrie – der technische Fortschritt zu einer Naturkonstante der Evolution geworden ist, an die wir uns aktiv werden anpassen müssen, soll sich die Evolution nicht mit tödlichen Folgen gegen uns richten. ›Nun können wir uns zwar auf Dauer nicht generell gegen technische Durchbrüche stemmen. Aber wir sind durchaus imstande, gesamtwirtschaftlich relevante technische Entwicklungen zu hemmen und damit zumindest zu verzögern. Viel zu wenig wird gesehen, daß in dieser Verweigerungshaltung meist der Verzicht auf rechtzeitige und damit wirksame Gestaltung technischer Prozesse liegt. ... Der technische Fortschritt entfaltet indessen seine Wohltaten nicht von selbst. Nur wenn die Gesellschaft auch weiterhin grundsätzlich bereit ist, vertretbare Risiken in Kauf zu nehmen, eröffnet sich die Chance, mit Hilfe moderner Technologien bestehende Herausforderungen rechtzeitig umfassend zu meistern.‹ (Mann BDI 1989 / 13)

Wenn man es aber so sieht, dann können wir ja gar nicht anders, als massiv und aktiv in die Entwicklung der Computerkultur einzusteigen. Und wenn unsere einzige Chance in der Kontrolle der unkontrollierbar werdenden komplexen technischen Systeme mit Hilfe der Computer liegt, dann wird ein Kontrollverlust aufgrund des Einsatzes von Computern nicht als Argument dafür empfunden, daß die Macht von Technik überhaupt ihre Grenzen hat, sondern als ein Umstand, der die vermehrte Kontrolle durch mehr technischen Fortschritt um so unumgänglicher macht. Und wenn unsere wissenschaftlichen Theorien und unsere Technik scheitern, dann nicht, weil die Welt prinzipiell offen und wissenschaftliche Erklärungen prinzipiell begrenzt sind, sondern weil die Welt noch komplexer ist als das Realitätsmodell unserer Theorien. ›Die Erforschung des Komplexen‹ (Nicolis / Prigogine 1987), des scheinbar Ungeordneten (Chaostheorie), der gegenseitigen Beeinflussung von Variablen (Selbst-Organisation) ist die Antwort auf diese Version des Problems der Nicht-Beherrschbarkeit von Technik und die Zukunftswissenschaft, die das Problem einer technischen Lösung zugänglich machen soll. In dieser Erforschung ist der systematische Einsatz von Computern unabdingbar, weil nur die Rechenkapazität der Maschine in der Lage ist, aus jener für Menschen unüberblickbaren Vielzahl von Variablen und auszuführenden Rechnungen ein wieder für Menschen

anschauliches Modell im Computer zu machen. Und immer häufiger und vor allem dann, wenn es sich um Dinge handelt, die in der realen Dimension des Ökosystems sich abspielen, wird das Funktionsmodell im Computer das Experiment ersetzen müssen, weil an eine gleichzeitige Isolation und Kontrolle aller Variablen in der Realität im Ernst nicht zu denken ist.
In diesem Zusammenhang trifft es sich ganz trefflich, daß Kinder, die in diese neue Welt hineinwachsen, die Gestaltbarkeit der Welt vorzüglich als eine solche erleben, wie sie in der Welt des Computers zugänglich wird. Denn weil hier, für die Wissenschaftler wie für die Kinder, das Funktionieren des Modells im Computer immer öfter die konkrete Manipulation der Wirklichkeit als Prüfstein der Theorie ersetzt und weil hier im Computer das Konkrete ausschließlich eine Funktion des Abstrakten ist, hat man es hier von vorneherein nur mit geschlossenen Systemen zu tun, und die Welt stellt sich so insgesamt dar als eine Anhäufung von geschlossenen Systemen verschiedenen Komplexitätsgrades. So daß man nicht nur lernt, eine Erklärbarkeit der Welt in Form eines geschlossenen Systems als den unhinterfragbaren Grund jeder Wirklichkeit zu akzeptieren, sondern in einem dazu lernt, wie man zu dieser Erklärung nicht nur als Kind, sondern auch als Wissenschaftler kommt: Man fängt mit dem Modellieren kleiner einfacher Mikrowelten an und macht diese dann immer komplexer. ›Kinder erfahren, wie es ist, Eigenschaften einer Mikrowelt zu erforschen, ohne von Fragen, die von außen kommen, gestört zu werden. Dabei lernen sie, Forschungsgewohnheiten aus ihrem Privatleben auf das formale Gebiet wissenschaftlicher Theoriebildung zu übertragen.‹ (Papert 1985 / 124)
In so einer Welt aber, in der in der Kindheit wie im Erwachsenenleben wie in der fortschrittlichsten Erkenntnis der Welt nicht einmal mehr die mühevolle Zurichtung des konkreten Objekts als Haupterfahrung *vor* der manipulativen Beherrschung der Welt steht, sondern die *direkte* Konstruktion beherrschbarer Welten im schönen Schein der Bildschirmwelt, in so einer Welt wird notwendig die Vorstellung einer prinzipiell offenen Welt, die den Sieg der Technik prinzipiell unmöglich machte, aus dem gesellschaftlich Denkbaren ausgeschlossen.
Und alles wäre zumindest subjektiv in Ordnung, wäre da nicht jener Leib, der notwendig inkompatibel bleiben muß. Und der ja nicht nur ein sterblicher, physischen Krankheiten unterworfener

Leib ist, sondern der vor allem und zuvörderst ein fühlender Leib ist, ein Wesen, das im Chaos seiner selbst untergeht, wenn es nicht genauso systematisch lernt, mit seinem Gefühlspotential, das erst in jener Spannung von sinnlicher Wahrnehmungsfähigkeit und Maßstabsfunktion zu sich kommt, umzugehen, wie es lernen muß, mit seinen Beinen, seinen Augen, seinen Händen, dem Potential seines physischen Leibes umzugehen. Und wenn einer auch in dieser neuen Welt das zweite noch im begrenzten Umfang lernen muß, so kann er doch das erste hier nicht lernen, weil es diese Fähigkeit des Menschen in dieser kulturellen Wirklichkeit nicht gibt. Und nicht geben darf. Und noch nie gegeben hat. ›Fühlen‹, Erfahrungsfähigkeit ist hier von vorneherein kein Weg zur Gestaltbarkeit und Ordnung und muß deswegen von vorneherein gemieden werden:
›Fühlen bringt dich um.‹ (Joey in: Bettelheim 1986 / 420)
Oder nicht in den Worten von Joey, sondern abstrakt formuliert: Die andere Seite jener neuen Subjektkonstitution über die Identifikation mit dem Computer, jenes gesellschaftlich gangbaren Weges des Autismus, wird als fester Bestandteil des Subjekts jener Extrempunkt psychischer Verelendung sein, in dem das eigene Fühlen nur noch als Angst vor dem Fühlen präsent ist, und dessen gesellschaftliche Verbreitung sich am Level der diffusen Gewalttätigkeit und des Drogenkonsums ablesen läßt - ›Fühlen bringt dich um‹. So, indem es entweder die anderen umbringt, oder so, indem einem jedes Mittel, auch das todbringende, als Rettung erscheint, wenn es nur eine physische Manipulation des Psychischen zu bewerkstelligen in der Lage ist.
Aber auch hier setzt die Computerkultur, wie in allen ihren anderen Punkten, nur eine Tendenz bis zum Extrem fort, die heute schon für unsere Gesellschaft gültig ist. Schon heute mehren sich deswegen die Stimmen, die den Drogenkonsum legalisieren und die Drogenabhängigkeit als eine geregelte staatliche Sedierung etablieren wollen. Noch nicht deswegen, weil sie Drogenkonsum als angemessene Antwort auf die biologische Unzulänglichkeit des Menschen befürworten, aber schon deswegen, weil Drogenabhängigkeit quer durch alle Schichten zu so einem festen Bestandteil unserer gesellschaftlichen Wirklichkeit geworden ist, daß unsere Ordnung sich nicht mehr in der Lage sieht, sie als Auswuchs bekämpfen und als Krankheit heilen zu können. Wollen wir nicht wie manche Entwicklungsländer einen ›Drogenma-

fia-Staat‹ im Staat haben, sollen uns nicht immer mehr Gruppen durch die Illegalität des Drogenkonsum zugleich in die Kriminalität abrutschen, wird unsere Gesellschaft um ihrer Existenz willen Drogenkonsum in ihre Ordnung integrieren und im reglementierten Drogenkonsum das anerkennen müssen, was Faktum ist:
daß in unserer gesellschaftlichen Wirklichkeit die Steuerung und Kontrolle des Fühlens mittels Drogen zu einem Bedürfnis geworden ist, auf das wir nicht verzichten können, weil wir keinen anderen Ausweg kennen, und auf das wir immer mehr angewiesen sein werden. Und wenn wir dann schon so weit sind, was läge da näher, als auch jener sich ausbreitenden diffusen Gewalttätigkeit mit Psychopharmaka beizukommen, anstatt, wie heute immer mehr, befestigte, von einer Privatpolizei bewachte Bürgerviertel für die Reichen zu bauen? Wo es doch ganz offensichtlich nicht nur billiger ist, sondern wo es doch auch ganz offensichtlich so ist, daß es ›das Fühlen‹, das ›tierische Erbe‹ im Gehirn ist (Sparkassenmagazin 1988 / 15), das uns umbringt und das um unseres Überlebens willen der Steuerung durch Medikamente bedarf. Insofern es aber hier objektiv nicht das Wissen gibt, Psyche tatsächlich über Physis zu steuern, und hier objektiv tatsächlich allerhöchstens sediert und gepfuscht werden kann, werden Gestaltbarkeit und Kontrolle ganz in jener Welt des Computers und in jener Welt der Technik liegen, und wird ›einen fühlenden Leib haben‹ hier zu jenem nicht sozialisierbaren Ding, dessen schiere Existenz Kontrolle und Ordnung der Welt bedroht.
Und wenn dann hier, durch den Computer selbst, im Objektiven die Kontrolle über die technischen Prozesse zusammenbricht, dann gibt es für so einen, dessen ganze Existenz in dieser Identifikation mit dieser durch den Computer gestaltbaren Welt liegt, kein Zurück mehr. Dann gibt es nur noch die Flucht nach vorn in die Welt im Bildschirm, in der das gültig ist, was gültig sein muß. Und weil hier, in der Bildschirmwelt, die Identifikation mit dieser Ordnung von vorneherein nicht darauf angelegt war, daß man selbst, als Individuum, die Macht der Kontrolle hat, und hier von vorneherein die Projektion des ordnungssetzenden Maßstabes in jene Instanz außerhalb und die gläubige Unterwerfung unter die Urteile dieser Instanz zu den endgültigen Konstitutionsbedingungen der Ordnung gehörte, kann hier, in dieser radikalen Flucht in die Bildschirmwelt als einzig gültige, der objektive und

subjektive Kontrollverlust in der Welt völlig anders erlebt werden. Nämlich nicht als Zusammenbruch der objektiven Gültigkeit der Ordnung, sondern im Gegenteil als Bestätigung der Gültigkeit der Ordnung, insofern hier deutlich wird, daß es die Sache des Menschen nicht, sondern nur die des Computers sein kann, diese Welt zu begreifen und zu kontrollieren.
Und mögen die eigenen, subjektiven, begrenzten Fähigkeiten das Geschehen da draußen einem selbst auch als katastrophalen Zusammenbruch und als Kontrollverlust vorspiegeln, so ist doch klar, daß dieses Erleben eine bloße Täuschung, ein bloßer Effekt außer Kontrolle geratener Hormone ist und daß es sich in Wahrheit nicht um den Untergang und die Zerstörung einer Welt handelt, sondern um eine neue höhere Entwicklungsstufe dieser Ordnung. Jener nämlich, in der die Computer so superintelligent geworden sind, daß wir, die niedrigere Evolutionsstufe, sie in keinem Sinne mehr begreifen können, und uns als Un-Sinn erscheint, was in Wahrheit die Ordnung eines prinzipiell höheren Sinnes ist.
Weswegen es denn logisch konsistent ist, wenn die Münchener Universitätsklinik heute schon im Auftrag des Bonner Bundesamtes für Zivilschutz Experimente mit einer Anti-Panik-Pille durchführt und ›das Bonner Innenministerium, das die Arbeit des Zivilschutzamtes beaufsichtigt‹ (Spiegel 6. 11. 89 / 16), die Experimente für ›sinnvoll‹ hält. Denn in dieser neuen Wirklichkeit ist es tatsächlich nicht der GAU, der unsere Ordnung zerstört und uns umbringt, sondern unser Fühlen, das uns diesen GAU als Zerstörung erleben läßt. So daß dann, wenn wir ein Medikament haben, das dieses Gefühl beseitigt, die Welt und die Ordnung der Welt intakt bleibt.
Und so endet die Computerkultur und mit ihr unsere Kultur so, wie sie angefangen hat, nämlich als reiner Traum von einer Ordnung – mit einem Unterschied allerdings.
Am Anfang ist dieser Traum von einer Ordnung der Welt noch eine Option, am Anfang haben wir noch eine Wahl und die Möglichkeit, nicht in diese Ordnung einzusteigen, weil unsere gesellschaftliche Wirklichkeit in ihrer jetzigen Krise uns noch eine, wenn auch nur eine kleine, Chance offenläßt, daß uns noch andere Ordnungen der Welt als diese jetzt gültige Ordnung der Berechenbarkeit allen Seins zugänglich werden können. Und am Anfang entspricht diesem Traum durchaus zunächst ein lebbarer,

gesellschaftlich realisierbarer Weg in die reale Gültigkeit dieser Ordnung hinein.

Am Ende aber, wenn wir uns auf diese neue Identifikation mit unserem Weltbild eingelassen haben und wenn wir uns mit all unserer Kraft und Intelligenz darangemacht haben, unsere weltbeherrschende Nische im Sinne dieser neuen Gültigkeitsbedingungen auszubauen, am Ende ist diese Ordnung der Welt für uns keine Option mehr, sondern sie konstituiert objektiv und subjektiv die Wirklichkeit, am Ende haben wir keine Wahl mehr und keine Möglichkeit, aus ihr noch auszusteigen, weil wir mit unserem erneuten Einstieg nicht nur ein für allemal unsere gesellschaftliche Wirklichkeit zur primären Realität gemacht haben, sondern vor allem auch, weil wir aus dieser weltweiten primären Realität ein und für allemal ausgeschlossen haben, was einen solchen Ausstieg aus einer gültigen Ordnung der Welt möglich machte: eine Subjektkonstitution, deren Kern kognitive Autonomie ist, jenes Recht, in seinem eigenen Erleben der Welt selbst Maßstab einer wahren Ordnung der Welt zu sein, und jene Fähigkeit, im je eigenen Erleben und Wahrnehmen der Welt zu einer begreifbaren und gestaltbaren Welt zu gelangen. Und am Ende zerstört diese Ordnung der Welt ihre eigenen Gültigkeitsbedingungen, am Ende ist diese Ordnung keine der möglichen wahren Interpretationen der Welt mehr, sondern eine schlicht falsche, eine insgesamt nicht lebbare.

Am Ende sind wir deshalb in dieser Ordnung so gefangen wie sonst nur Tiere in ihrem geschlossenen Weltbild, wenn die Umwelt sich ändert, und wie sonst nur Wahnsinnige, die eben deshalb wahn-sinnig sind, weil sie aus ihrem Weltbild, aus dem für sie gültigen Sinn der Welt, selbst dann nicht herauskommen, wenn der Versuch, dieses Weltbild real zu leben, im Desaster der Selbstzerstörung endet, und damit eben Wahn-Sinn ist, anstatt Sinn zu machen.

Aber auch hier, in diesem Umkippen aus einer schöpferischen Interpretation der Welt in den geschlossenen Wahn-Sinn, bringt die Computerkultur nur etwas zur Perfektion, was wir schon mit dem Beginn unseres Weltbildes der Berechenbarkeit als für uns Wahres in Gang gesetzt haben. Denn wenn eine Gesellschaft ihren emphatischen Wahrheitsbegriff nicht im je differenten subjektiven Erleben, sondern in einem objektiven Maßstab verankert, der subjektives Erleben als Maßstab außer Kraft setzen soll, dann hat sie sich von vorneherein auf eine Ordnung eingelassen, die nur als alleingültige, und das heißt als geschlossene wirklich gültig ist, will sie nicht die eigenen Gültigkeitsbedingungen außer Kraft setzen. Gegenüber diesem Allmachtsanspruch verliert subjektives Erleben notwendig und von vorneherein das einzige, was ihm seine Unantastbarkeit und seinen Wert an sich garantieren kann: daß es unser wichtigster Weg zur Realität und Wahrheit ist. Und wenn Fühlen so nicht mehr zuvörderst Wahrnehmen der Welt ist, sondern bloß Lust oder Frust, der zu nichts weiter führt, wenn wir durch Leiden nicht mehr Erkenntnis und mit der Erkenntnis eine differenziertere, lustvollere Fähigkeit im Umgang mit uns selbst und mit der Welt gewinnen, sondern wenn wir uns durch Leiden bloß Schmerz einhandeln und nichts sonst, dann ist nicht einzusehen, wieso wir auf unserem Leiden bestehen, wieso wir nicht dankbar jede Gelegenheit ergreifen sollten, es ›wegzumachen‹, und dankbar jede Gelegenheit ergreifen sollten, ›positive Gefühle‹ zu haben.

Wenn man einmal so angefangen hat, wenn man ›die Hausfrauendepression‹ ebenso mit Medikamenten ›wegmacht‹ wie den ›Managerstreß‹, dann gibt es keinen logischen Grund mehr, irgendwo mit diesem ›Wegmachen‹ von Gefühlen haltzumachen, wenn diese die Lustordnung oder die rationale Ordnung der Welt stören.

Denn schließlich ist es ein objektives Faktum, daß bei einer technischen Katastrophe Panik das ordnungsgemäße Sterben stört. Wo kämen wir denn hin, wenn sich auch die retten wollten, die sowieso nicht zu retten sind, das gäbe nur unnötige Opfer. Freilich kann man die Sache auch so sehen, daß gegenüber einer Rationalität, die eine Organisation der Produktion für rational hält, die GAUs notwendig mitproduziert, Panik die einzige wirkliche Wahrheit ist, über die wir verfügen und nach deren Rat wir jetzt handeln sollten, bevor es zu spät ist und solange sie uns noch gelassen wird. Was natürlich, das ist auch richtig, den Vollzug dieser Rationalität erst recht stören würde. Was seinerseits wieder daran erinnert, daß die These, daß die Ordnung der Berechenbarkeit nur gültig ist, insofern sie subjektives Erleben als Maßstab der Wahrheit außer Kraft setzt, nicht nur im methodologischen Bereich gilt, sondern vor allem auch gültig ist für die Phase der Verwirklichung dieser Ordnung als das Weltbild einer Gesellschaft. Garant von Ordnung ist die Trennung von Rationalität,

die sich am Ideal des objektiv Erkennbaren ausrichtet, und von ›Fühlen‹, das über den Vollzug dieser Erkenntnis, der funktionalen Objektwahrnehmung und Problemreduktion am anderen im Geiste und in der Praxis, nichts zu sagen hat. Denn nur dann können wir uns darüber zum Subjekt machen, indem wir alles andere zum Objekt machen, und nur dann kippt dieser Versuch nicht in die Panik der Extremerfahrung um, wenn wir uns die Identifikation mit dem anderen, die Einfühlung ins andere bis zur Mimesis radikal verbieten. Durchgängig ist so die Rationalität unserer Ordnung zu Recht mit dem Gefühl der Panik gegenüber dieser Rationalität verknüpft, und durchgängig wird unsere Ordnung nur dann gültig, wenn wir uns nicht mit der Panik gegenüber dieser Form der Rationalität und der Wahrheit dieses Gefühls identifizieren, sondern uns diese negativen Gefühle und Gefühle überhaupt als Wahrnehmung von etwas anderem, die wahre Aussagen über dieses andere zu machen hätten, verbieten.
Aber so, als bloß vom fremden Rationalitätsprinzip im Rahmen gehaltene Lustsuche, verliert Fühlen tatsächlich jedes Potential zur Wahrnehmung der Realität außerhalb seiner selbst, es wird in sich so monomanisch abgekapselt, wie es auf ihre Weise die objektive Ordnung der Berechenbarkeit der Welt ist. Auch ihr ist nur zugänglich, was berechenbar ist, während alles andere unterschiedslos das Inkompatible, das jenseits aller Ordnung Seiende ist, so wie dem Fühlen, das seine Dimension der Wahrnehmung des anderen verloren hat, das Unangenehme unterschiedslos das Inkompatible ist, das, was nicht sein soll und darf.
Stellt man diese inhärente Sachlogik in die Perspektive der historischen Entwicklung unseres Weltbildes, so wird deutlich, daß wir schon lange nebeneinander her in diesen zwei nicht kommunizierenden Welten leben.
Auf der einen Seite sind wir alle rationale Wesen, die ihre rationale Funktion in jenem gigantischen Unternehmen ausüben, das man technisch-wissenschaftliche Produktionsweise nennt, und die eben deswegen rational ist und uns in ihrer Ausübung zu rationalen Wesen macht, weil sie nicht Ausdruck unseres Subjekt-Seins ist, sondern ihre Struktur von der Eigenlogik der technischen Entwicklung bestimmt wird.
Auf der anderen Seite sind wir immer noch fühlend-geistige Wesen mit jenem existentiellen Bedürfnis, die gültige Ordnung der Welt als für uns subjektiv wahre anzueignen. Und weil die Ord-

nung von Wissenschaft und Technik, je geordneter sie die Welt macht, uns um so unbegreiflicher wird, eignen wir uns diese Ordnung an über eine Fetischisierung der Produktwelt, die um so hemmungsloser wirkt, als es dieses Bedürfnis nach einer subjektiven Wahrheit offiziell nicht gibt und nicht geben darf, und sich hier, weil es im Ernst keiner ernst nimmt, subjektives, gefühlsmäßiges Verhalten ungehindert von jeder aufmerksamen Realitätsbezogenheit in eine Phantasiewelt verlieren kann und soll. Denn nur, wenn das eine ganz phantastisch und ganz privat ist, ist das andere so rational, wie es um seiner Gültigkeit willen sein muß, und nur durch diesen Anschein einer radikalen Trennung wird in unserer Ordnung lebbar, daß in Wahrheit unser Verhältnis zur objektiven Erkenntnis und zur technisch-wissenschaftlichen Produktionsweise bestimmt ist davon, daß sie uns jene Nische und jene Produkte zu liefern haben, in der und mit denen wir unser eigentliches Leben in jener fetischisierten Traumwelt führen können. Freilich waren wir bisher trotz dieser Trennung für beide Welten verantwortlich, und das hieß zugleich, daß durch dieses Muß zur Kontrolle und zur Macht in der rationalen Welt, das die Voraussetzung für das ungestörte Leben in der Phantasiewelt war, beide Welten aufeinander bezogen blieben und jede in der anderen gewissermaßen noch einen korrigierenden Maßstab der Beurteilung von außen hatte, der die monomanische Abkapselung durchbrach. Weswegen denn auch jener Kontrollverlust gegenüber den technischen Mitteln und jener Orientierungsverlust in der Nische selbst so nachhaltig in der Lage sind, nicht nur die rationale Seite, sondern auch jenes Leben in der Traumwelt zu stören und zu zerstören.
Aber jetzt haben wir ja die Computer, die intelligenten, die superintelligenten Computer, die an unserer Stelle die Kontrolle ausüben und für uns die Orientierungsleistung erbringen, so daß dem völligen Versinken in jener Welt des Scheins nichts mehr im Wege steht, weil der Vollzug der rationalen Ordnung zu etwas geworden ist, das jenseits unserer Verantwortung und Begrifflichkeit steht. Und weil wir so an ›dem technischen Fortschritt‹ und später an ›der naturgeschichtlichen Evolution hin zu einer höheren Existenz‹ nichts ändern können, andererseits aber mehr als je zuvor in unserer ganzen Existenz davon abhängen, daß jene rationale Ordnung, wie sie sich da in Wissenschaft und Technik verwirklicht, wahr ist, müssen wir unsere subjektive Wahrneh-

mung dieser gesellschaftlichen Realität ändern, sollte sich hier etwas ergeben, das nicht hineinpaßt. Und diese Änderung unserer subjektiven Wahrnehmung anstatt der Änderung der Realität und anstatt der Änderung unserer Vorstellung von Wahrheit wird uns um so natürlicher erscheinen, als subjektive Wahrnehmung die Trennung von Schein und Wirklichkeit schon deswegen nicht mehr kennt, weil sie ja schon lange nur noch jenes blinde Fühlen war, das über wahr oder unwahr nichts zu sagen hatte. Während zugleich jene neue Welt des Scheins nicht mehr wie früher eine private, vereinzelte ist, sondern zu unserer primären sozialen Wirklichkeit werden kann, weil wir im Computer jenes Medium der Verobjektivierung und den Bezugsgrund der begrifflichen Gestaltung haben, das diese neue Traumwelt zu einer geteilten, einer kollektiven werden läßt. So daß der schöne Schein in der Welt-verkehrt des Computers hier unmittelbar die Wirklichkeit wird, während alles andere, die reale Zerstörung in der Welt und am Leib, zu jenem Unwirklichen verblassen muß, das in seiner eigentlichen Bedeutung nicht wahr sein kann, weil sonst jede Ordnung und jede Existenz in der Welt überhaupt unmöglich wären.

Und dann ist es ja auch rein praktisch so, daß dieser Traum gar nicht so *sehr* lange die Kraft haben muß, uns absolut gefangen zu halten. Er muß uns ja nur für jene kurze Zeit als Wirklichkeit erscheinen, die wir brauchen, um unsere technischen Eingriffe ins Ökosystem so auszudehnen, daß dessen Zustand sich so verändert, daß für die Biologie unserer Lebensform kein Platz mehr in ihm ist. Dann können wir ruhig aufwachen, dann wird es auf jeden Fall zu spät sein.

Ja aber – der Weg dorthin – die leibliche Zerstörung, das sich weltweit ausbreitende elende Verrecken im ökologischen und technischen und psychischen Zusammenbruch unserer Ordnung, um es so zu sagen, wie es ist, das Ende mit Gewalt und Schrecken, wird das nicht notwendig diese Traumwelt zerstören, den geschlossenen Wahn-Sinn aufbrechen und uns in jene Wirklichkeit zurückversetzen, die sich in bezug auf unseren zur sinnlichen Wahrnehmung fähigen Leib konstituiert?

Aber das ist es ja eben: Wenn man den fühlenden Leib als Maßstab von wahr und falsch außer Kraft setzt, dann hat man seine Existenz und alles andere, wofür sie steht, von Anfang an als jenes *andere* gesetzt, das es entweder zu integrieren oder zu vernichten gilt. Und weil dieses *andere* aus Gründen, die in der Natur seiner Existenz liegen, nicht zu integrieren ist, ist der eigene Tod von Anfang an die geheime Sehnsucht und der letzte Baustein in der Erfüllung unserer Ordnung.

Auf der rein logischen Ebene, insofern die postulierte Alleingültigkeit der Ordnung der Berechenbarkeit nur wahr werden kann, wenn alles Inkompatible vernichtet wird. Auf der rein praktischen, insofern die Ordnung unseres Weltbildes erst lebbar wird, wenn sie die ganze Welt in eine gemachte verwandelt hat. Und auf der rein psychologischen, insofern einer Ordnung der Welt, die auf der Abwehr von Erfahrungsfähigkeit aufbaut und in einem Erleben der Welt endet, dem der eigene fühlende Leib zu jenem nicht sozialisierbaren Un-Ding wird, das alle Ordnung bedroht, die Zerstörung des eigenen Leibes zur Erlösung werden muß.

Weil in dieser Ordnung das Paradies mit der Apokalypse anfängt, ist der ökologische Zusammenbruch aufgrund technischer Machtentfaltung innerhalb dieser Ordnung die wahre, in dieser Welt verwirklichte Erfüllung jenes Traums, wie ihn schon 1608 ein Caspar Schott geträumt hat:

›... die Automaten ... sind ... der Triumph der Kunst über die Natur, ... eine zweite Schöpfung (alter creatio), die in der Nachahmung der göttlichen Schöpfung Gottes Pläne offenbart.‹ (1982 / 141)

Und von Anfang an brauchen wir diesen Traum der Vernichtung alles Lebendigen nicht gleich in seiner vollen Dimension ernst zu nehmen, brauchen nicht bewußt und offen seiner gesamten Vollzugslogik anzuhängen, um ihn zu erfüllen. Von Anfang an ist der Weg in unsere Ordnung der Berechenbarkeit und der Weg in ihre Verwirklichung begehbar als eine Folge rein rationaler Entscheidungen im Zuge der objektiven Erkenntnis der Welt und der Expansion der technisch-wissenschaftlichen Produktionsweise. Von Anfang an schafft sich diese Ordnung in ihrer Verwirklichung die eigenen Bedingungen ihrer Gültigkeit, in denen dann das, was am Anfang noch als ›irrationaler Traum‹, als bloße Phantasie abgetan wurde, Schritt für Schritt in dieser neuen gesellschaftlichen Wirklichkeit zu einem bloß rationalen Verhalten wird. Bis hin zu jener letzten Rationalität, in dem wir uns insgesamt selbst als Menschen ausrotten, weil unsere Biologie zu jener veralteten Hardware geworden ist, die nicht nur schlecht und sterblich ist, sondern die in ihrer offenbar nicht ausrottbaren Irrationalität, in ihrer uralten Panik vor dem Tod der anderen im Objekt-Sein und vor dem eigenen Tod, vor dem eigenen völligen Objekt-Werden, die Evolution hin zu höheren Wesen stören könnte.

Aber daß das wirklich werden könnte, daß es so weit mit uns kommen könnte, das kann sich natürlich heute im Ernst keiner vorstellen, außer ein paar Phantasten wie Moravec oder Hofstadter oder Minsky, denen in ihrem Enthusiasmus die wissenschaftliche Einschätzung mit ihren Gefühlen durchgegangen ist. Und natürlich sind es genau deren Äußerungen, die von diesen gefährlichen Chaoten, von jenen ›Anti-Gruppen, die dies alles zum Teufel wünschen‹ (Haefner 1984 / 32) aufgegriffen werden, damit sie wenigstens einen Grund haben, mit dem sie ihre ›schwarzmalende pessimistische Totalablehnung‹ (Bungard et al. 1988 / 9) der technischen Entwicklung rechtfertigen, und ihre Sache der ›Verängstigung durch Übertreibung‹ (Haefner 1984 / 29) betreiben können. Womit man mal wieder sehen kann, daß die Extremisten beider Lager im Grunde genommen das gleiche machen.

Und in dieser Einschätzung, das muß man ihnen lassen, da haben die Vernünftigen, die, die auf dem Boden der Fakten und des gesunden Menschenverstandes bleiben wollen, die Skeptiker und Maßhalter in mehr als einem Sinne recht.

Bedenkt man es in Ruhe, ist es nämlich unklug, jetzt schon zu sagen, worauf die Verwirklichung unseres Weltbildes hinausläuft. Mag die Vernichtung alles Lebendigen den enthusiastischen KI-Anhängern auch jetzt schon als bloß rationale, in der Logik der Evolution liegende Entscheidung erscheinen, so ist es doch jetzt noch für die Mehrheit der Menschen so, daß ihnen dieses Ziel nicht nur als irrationales, sondern auch als höchst abstoßendes erscheint. Und so laufen die enthusiastischen Anhänger unserer technischen Entwicklung tatsächlich Gefahr, die Sache der extremen Technik-Gegner zu betreiben, insofern beide darin übereinstimmen, daß das Unternehmen ›Produktionsexpansion über technisch-wissenschaftlichen Fortschritt‹ zum Untergang der Menschheit führt.

Weil das aber nicht die Technik-Gegner, sondern die Technikbefürworter so sehen, wird aus der vernünftigen Angst vor dem Tod durch Technik die irrationale Lust zum Tod in der Technik und wirkt in dieser Verbindung doppelt negativ:

Hier verbindet sich unübersehbar subjektives, ›irrationales‹ Fühlen mit dem, was doch gültig ist und wirkt, insofern es uns als Verkörperung des rationalen Verhaltens und der objektiven Erkenntnis erscheint. Über dieser offen artikulierten Verbindung von angestrebtem Gattungsselbstmord und technischer Entwicklung, von individuellem, subjektivem Haß auf alles Lebendige und Mathematikverehrung, mag so manch einer ins Fragen kommen, der sonst nichts anderes gesehen hätte, als eben ein Stück rationale Wissenschaft und rationale Technik mehr. Weil die radikalen Technikbefürworter nach einer positiven Identifikation mit der Technik suchen und den eigentlichen Sinn der Technik offen in dieser subjektiven Erfüllung sehen, durchbrechen sie den Schein von Wertfreiheit und objektiver, von subjektiven Meinungen unabhängiger Gültigkeit, der Wissenschaft und Technik so unantastbar mächtig macht, wie sonst nur ›an sich seiende‹, unserem Einfluß entzogene Gegebenheiten der Natur. Sie machen aus Wissenschaft und Technik wieder ein menschliches Unternehmen wie andere Unternehmen auch, das dem autonomen menschlichen Urteil in jenem uralten Sinne unterworfen ist, indem etwas nur wahr ist, insofern ich, in der Gesamtheit meines fühlenden-geistigen Daseins, in ihm meine Erfüllung finde, ansonsten aber eben falsch.

Und damit tun die radikalen Technikbefürworter genau das gleiche, was die radikalen Technikgegner auch tun: sie verleugnen die Wertfreiheit von Wissenschaft und Technik, deren objektiv begründete Rationalität jenseits alles Subjektiven, und suchen nach einer Ordnung der Welt, die im Subjekt-Sein, und nicht in einem objektiven Maßstab gegründet ist. Und unabhängig davon, daß beide Gruppen zu einem diametral entgegengesetzten Ergebnis kommen, brechen doch beide jenes Tabu, auf dem die sichere Gültigkeit unserer Ordnung der Berechenbarkeit sich gründet: Daß sie erst wirklich allumfassend wahr ist, wenn sie ihre Doppelfunktion, eine subjektiv wahre Ordnung der Welt und zugleich die Abwehr dieses Subjektiven zu sein, so gründlich erfüllt, daß in ihr auch effektiv verdrängt wird, daß sie eine subjektiv wahre Ordnung und eine Abwehr dieses Subjektiven ist, und umstandslos als objektiv ›an sich wahre‹ erscheint.

Die radikalen Technikbefürworter aber können diese subjektive Wahrheit unserer objektiven Ordnung nicht effektiv verdrängen, weil sie ihnen – gleich wie den radikalen Technikgegnern – zu irgendeinem Zeitpunkt ihres Lebens als zutiefst zweifelhaft erschien. Ihr Engagement ist – gleich wie bei den radikalen Technikgegnern – Versuch und Ausdruck, diese Krise zu bewältigen, und Technik und Wissenschaft, so wie wir sie heute mit ihren Möglichkeiten vorfinden, wieder in die Perspektive einer insgesamt sinnvollen Ordnung zu stellen.

Daß den radikalen Technikbefürwortern dieser Versuch im Sinne unserer Ordnung mit Bravour und Weitsicht gelingt, das kann in den Augen jener, die nie in einer Krise und einen Zweifel geraten sind, jenes andere Manko nicht wettmachen, das doch zum Gelingen dieser Wiederaneignung unserer Ordnung unabdingbar ist:

daß hier die Grundkonflikte dieser Ordnung offen inszeniert werden, die doch als bewältigte effektiv verdrängt zu sein haben, und hier noch einmal – nicht nur im Kontext der Kindheit und der Psyche, sondern auch im Kontext der realen Verwirklichung unseres Weltbilds und im vollen Bewußtsein um unsere wissenschaftlichen und technischen Möglichkeiten – inszeniert und durchgespielt und zu Ende gedacht und geträumt werden. An diese psychische Genese und an diesen subjektiven Sinn aber wollen die, die sich in unserem Weltbild sicher fühlen, zu Recht nicht erinnert werden, und schon gar nicht wollen sie daran erinnert werden in Zusammenhang mit dem, was sie als ihr rationalstes Tun empfinden.

Denn wenn welche es so nötig haben, auf Lebendiges einzuschlagen, das könnte ja manchen auf den Gedanken bringen, daß da tatsächlich etwas Lebendiges ist, und das, was die einen totmachen wollen, das ist eventuell das, was die anderen retten wollen, und beide wissen so noch auf ihre Weise um das Inkompatible mit unserer Ordnung und tragen ihm Rechnung, wo das Inkompatible doch das ist, was es gar nicht geben kann.

Anstatt so Emotionen zu wecken, hält der vernünftige Mann sich zu Recht lieber an den Gang der Dinge, der todsicher ist:

Jener, in dem wir bis zum Ende strikt rational bleiben, weil wir immer nur das tun, was uns heute schon rational erscheint, und in dem wir von den Folgen dieses rationalen Tuns und seiner subjektiven Motivation nichts wissen wollen, weil das ja irrational und bloße Spekulation wäre.

Und wenn wir dann gestorben sind, so wird es wohl weniger daran gelegen haben, daß manche, die aus unserer Ordnung nicht mehr herausfanden, wenigstens noch den subjektiven Mut und die Kraft der Phantasie aufbrachten, von diesem großen Morden positiv zu träumen und Lust am Ende zu empfinden, und uns so offen sagten, was mit uns los ist, sondern wohl eher daran, daß die meisten sich das alles schon nicht mehr vorstellen konnten, weil sie es sich zu effektiv verboten hatten, sich etwas im Ernst zu erträumen, und ihr je individuelles Fühlen für unser Leben ernst zu nehmen. Dann konnten wir uns noch nicht einmal mehr vorstellen, was für Menschen wir selbst sind, und was wir selbst im Grunde unseres Subjekt-Seins wollen, geschweige denn, daß wir noch das Einfühlungsvermögen ins andere besessen hätten, und uns vorstellen könnten, wie es ist, auch das Nicht-Menschliche – die Birke, die Mücke, die Berge, der Adler, der Fels – zu sein. Dann sind wir an einem Mangel an Phantasie und an der Angst vor unseren eigenen subjektiven Möglichkeiten zugrunde gegangen, und das scheint dann tatsächlich eine Existenzform zu sein, für die es in einem kreativen Kosmos keinen Platz zum Leben gibt.

Nachwort

Bleibt als Nachwort noch die Frage zu beantworten, die allen, die am Sinn unserer technisch-wissenschaftlichen Kultur zweifeln, unweigerlich gestellt zu werden pflegt: Wie weit wir denn unsere technische Macht zurücknehmen müssen, um wieder zum Frieden mit uns selbst und mit der Erde zu gelangen, und ob wir gar auf Wissenschaft und Technik ganz verzichten sollten?

Grundsätzlich muß dazu gesagt werden, daß es anmaßend und lächerlich von einem einzelnen Menschen wäre, hier antworten zu wollen, weil die Antwort nur in in einer kollektiven Anstrengung hin zu diesem Frieden gefunden werden kann und zu dieser Antwort das Wissen und die Phantasie aller Beteiligten nötig sein werden. Und nach meiner Überzeugung werden wir diesen neuen Frieden nicht finden, solange wir nur negativ (händeringend und zähneknirschend) um unseres Überlebens willen nach jener minimalsten Einschränkung unserer technischen Macht suchen, die uns ein Leben in dieser Macht wieder möglich macht, sondern erst dann, wenn wir positiv nach einem neuen Verhältnis zur Welt und zu uns selbst suchen, das nicht auf der Ausübung dieser technischen Macht basiert.

Wie dieses neue Verhältnis zur Wirklichkeit jedoch aussieht, und inwieweit wir bereit sind, um dieses neuen Friedens willen auch ganz anders oder ›wie in der Steinzeit‹ zu leben, das ist etwas, was primär nicht kollektiv, sondern was jeweils nur von jeder Frau und von jedem Mann für sich selbst entschieden werden kann.

Und da steht es für mich persönlich so, daß für mich eine bloß fehlerfreundliche Technik, die etwa nur uns Menschen verschonte und bloß unserer menschlichen Nische langfristig das Überleben sicherte, keine Lösung, wohl aber die Steinzeit *eine mögliche* Lösung ist. In einer Welt, in der die Entscheidung so stünde, daß entweder ich, als Mensch, mein selbstbestimmtes Leben leben kann, oder die Natur, die Wildnis, den weltweiten Platz findet, um ihre selbstbestimmte Ordnung zu entfalten, möchte ich nicht leben, und als das Mitglied einer Art, die nur leben könnte, wenn sie den anderen das Recht auf selbstbestimmtes Leben nimmt, möchte ich nicht existent sein, weil für mich mein Leben in jener Welt aufgehoben ist, wo die Wildnis Raum für die selbstbestimmten Ordnungen des Menschen entfaltet und

wo die Suche nach der Entfaltung menschlichen Lebens in der selbstbestimmten Natur, in der Wildnis, zu sich findet.
Weil diese Art zu leben nicht die unserer Kultur ist und weil ich eine Frau bin und es aus den verschiedensten Gründen nicht zufällig ist, daß dieses Buch von einer Frau geschrieben wurde, möchte ich hier das gleiche noch einmal mit den Worten eines Mannes aus unserer Kultur sagen, um mir und anderen zu versichern, daß es auch in unserer Kultur noch möglich ist, anders zu sein und anderes zu sehen und anderes zu wollen, als das, was kulturell existent ist, und daß es für beide – Männer und Frauen – möglich ist.
›Ich fand in Hinweisen des Landes, in Andeutungen der Landschaft und all dessen, was sie enthält, die Verfahren, mit denen das menschliche Leben sich ordnet und überlebt. ...
Wenn die Beziehung zu einer Landschaft dauerhaft sein soll, muß sie auf Wechselseitigkeit beruhen. Auf dem Niveau, wo uns das Land mit Nahrung versorgt, ist das nicht schwer zu verstehen, und die Gegenseitigkeit wird oft in Tischgebeten beschworen. Auf dem Niveau, wo die Landschaft uns schön oder erschreckend erscheint und uns betroffen macht, oder auf dem Niveau, wo sie uns Metaphern und Symbole liefert, mit denen wir in Geheimnisvolles einzudringen versuchen, ist das Wesen der Wechselseitigkeit schwerer zu bestimmen. Wenn man sich dem Land in der Haltung der Verbundenheit nähert, bereit, eine Höflichkeit zu wahren, die man kaum formulieren kann – vielleicht nur als eine Geste der Hände –, erweist man eine Achtung, aus der sich Würde entwickeln kann. Aus dieser würdigen Beziehung zum Land heraus ist es möglich, sich eine Ausweitung würdiger Beziehungen das ganze Leben hindurch vorzustellen. Jede Beziehung entwickelt sich aus derselben Ganzheit, die anfangs den Geist sagen läßt: Die Dinge im Land passen vollkommen zueinander, obwohl sie sich dauernd verändern. Ich möchte, daß mein Leben auf die gleiche Weise geordnet ist wie das Licht, das leichte Wehen des Windes, die Stimme des Vogels, die Bewegung einer Samenkapsel vor mir. Diese einwandfreie und unbestreitbare Ganzheit wünsche ich mir auch für mich selbst.
Zu den ältesten Träumen der Menschheit gehört es, eine Würde zu finden, die alle Lebewesen einschließt. Und zum größten menschlichen Verlangen muß es gehören, solche Würde in die eigenen Träume einzubringen, damit jeder sein oder ihr Leben

auf irgendeine Weise als exemplarisch betrachten kann. Das Ringen darum ist ein Ringen, weil ein Erwachsenen-Bewußtsein einen Weg suchen muß, all die dunklen Fäden des Lebens einzubeziehen. Eine Art, das zu tun, ist, aufmerksam zu beobachten, was in einem Land geschieht, das noch nicht von menschlichen Projekten berührt ist, wo noch eine ursprüngliche Ordnung herrscht. Die Würde, die wir suchen, liegt jenseits der von den Philosophen der Aufklärung formulierten. Eine radikalere Aufklärung ist nötig, in der die Würde als eine innewohnende Eigenschaft verstanden wird, nicht als etwas von jemandem außerhalb geliefertes. Und diese allgemeine Würde muß das Land mitsamt seinen Pflanzen und Tieren einschließen. ... Die europäische Kultur ... muß ... die in Nordamerika enthaltene Weisheit erst noch verstehen, die in dem Reichtum und der Unverletzlichkeit einer ungezähmten Landschaft steckt, und was sie für die Entfaltung des menschlichen Lebens, für die Widerstandskraft eines beunruhigten menschlichen Geistes bedeuten kann.‹ (Lopez 1987 / 433 f.)

Literatur

Aipin, Yeremei: Das Land meiner Ahnen: verwüstet, in: Die Zeit, 22.9.1988

Anderson, Alan Ross, Ed.: Minds and Machines, Englewood Cliffs 1964

Aristoteles, zit. nach: Heckmann, Herbert: Die andere Schöpfung, Frankfurt 1982

Armeni, Gio Battista: De veri precetti della pittura, 1578, zit. nach: Heckmann, Herbert: Die andere Schöpfung, Frankfurt 1982

Bacon, Francis, zit. nach: Merchant, Carolyn: The death of nature, San Francisco 1980

Bateson, Gregory: Geist und Natur, Frankfurt 1987

Bayr, Rudolf, zit. nach: Keller, Rolf: Ich verwüste die Erde, also bin ich, in: Wieland, Dieter / Bode, Peter M. / Disko, Rüdiger, Hrsg.: Grün kaputt, München 1983

Benjamin, Walter: Ursprung des deutschen Trauerspiels, Frankfurt 1972

Bettelheim, Bruno: Erziehung zum Überleben, München 1982,

Bettelheim, Bruno: Die Geburt des Selbst, Frankfurt 1986,

Bodin, Jean, zit. nach: Heinsohn, Gunnar / Steiger, Otto: Die Vernichtung der weisen Frauen, München 1987

Bogen, Joseph E.: The other Side of the Brain: An Appositional Mind, in: Robert E. Ornstein, Ed.: The Two Modes of Consciousness, San Francisco 1972

Bölsche, Jochen, Hrsg.: Was die Erde befällt ... Nach den Wäldern sterben die Böden, Hamburg 1984

Bungard, Walter / Lenk, Hans: Einleitung zu: Technikbewertung, Hrsg. Bungard, W. / Lenk, H., Frankfurt 1988

Campbell, Jospeh: The Way of the Animal Powers, London 1983

Cardano, Girolamo: De propria vita, zit. nach: Heckmann, Herbert: Die andere Schöpfung, Frankfurt 1982

Clarke, Robin / Hindley, Geoffrey: The Challenge of the Primitives, New York 1975

Collard, Andrée / Contrucci, Joyce: Die Mörder der Göttin leben noch, (The Rape of the Wild), München 1988

Global 2000, Council on Environmental Quality, Hrsg., o.J.

Dahl, Jürgen: Der unbegreifliche Garten und seine Verwüstung, Stuttgart 1984

Das neue Fischer Lexikon, Frankfurt 1981

Deikman, Arthur J.: Bimodal Consciousness in: Robert E. Ornstein, Ed.: The Nature of Human Consciousness, San Francisco 1972

Delay, Mary: Reine Lust, zit. nach: Collard, Andrée / Contrucci, Joyce:

Die Mörder der Göttin leben noch (The Rape of the Wild), München 1988
Della Porta, zit. nach: Merchant, Carolyn: The death of nature, San Francisco 1980
Dennet, Daniel C., zit. nach einer Vorlesung von Weizenbaum, Joseph, Frankfurt 1989
Descartes, René: Discours de la Méthode, Hamburg 1960
Detzer, Kurt A.: Technischer Fortschritt und industrielle Verantwortung, in: Bundesverband der deutschen Industrie, Hrsg.: Industrieforschung, Köln 1989
Dilthey, Wilhelm, zit. nach Benjamin, Walter: Ursprung des deutschen Trauerspiels, Frankfurt 1972
Ditfurth, Hoimar: So laßt uns denn ein Apfelbäumchen pflanzen, Zürich 1985
Dschung Dsi: Südliches Blütenland, Köln 1972
Dürr, Hans-Peter, Hrsg.: Physik und Transzendenz, München 1986
Eddington, Sir Arthur: Wissenschaft und Mystizismus in: Dürr, Hans-Peter, Hrsg.: Physik und Transzendenz, München 1986
Elijah, Bruce, zit. nach: Stammel, Heinz J.: Die Apotheke Manitous – Das medizinische Wissen der Indianer und ihre Heilpflanzen, Hamburg 1986
Ellul, Jacques: The Technological Society, New York 1964
Erikson, Erik H.: Kindheit und Gesellschaft, Stuttgart 1973
Feigenbaum, Edward A. / McCorduck, Pamela: The Fifth Generation, Reading, Massachusetts 1983
Fischer Lexikon, Das neue, Frankfurt 1981
FR (Frankfurter Rundschau) vom 28. 6. 1988
Fredkin, Edward, zit. nach: McCorduck, Pamela: Machines Who Think, San Francisco 1979
Fromm, Erich, zit. nach: Keller, Evelyn Fox: Reflections on Gender and Science, New Haven 1985
Gazzaniga, Michael S.: The Split Brain, in: Robert E. Ornstein, Ed.: The Nature of Human Consciousness, San Francisco 1972
Goltz, von Bonin, zit. nach: Joseph E. Bogen: The other Side of the Brain: An Appositional Mind, in: Ornstein, Robert E., Ed.: The Two Modes of Consciousness, San Francisco 1972
Griffin, Susan: Frau und Natur, zit. nach: Collard, Andrée / Contrucci, Joyce: Die Mörder der Göttin leben noch (The Rape of the Wild), München 1988
Haefner, Klaus: Mensch und Computer im Jahr 2000, Stuttgart 1984
Hallowell, Irving A.: Culture and Experience, Philadelphia 1955
Heckmann, Herbert: Die andere Schöpfung, Frankfurt 1982
Heinsohn, Gunnar / Steiger, Otto: Die Vernichtung der weisen Frauen, München 1987

Herzog, Marianne: Von der Hand in den Mund, Berlin 1977
Hofstadter, Douglas / Dennet, D.C., Eds.: The Mind's I, New York 1981
Hofstadter, Douglas: Gödel, Escher, Bach, Stuttgart 1985
Hohlfeld / Inhetveen / Kötter / Müller: Der Wissenschaftler und die Natur – ein Dialog? in: Altner, Günter, Hrsg.: Die Welt als offenes System, Frankfurt 1986
Jantsch, Erich: Die Selbstorganisation des Universums, München 1979
Jensen, Ad. E.: Mythos und Kult bei den Naturvölkern, Wiesbaden 1951
Jörg, Sabine: Per Knopfdruck durch die Kindheit, Weinheim 1987
Keller, Evelyn Fox: Reflections on Gender and Science, New Haven 1985
Keller, Rolf: Ich verwüste die Erde, also bin ich, in: Wieland, Dieter / Bode, Peter M. / Disko, Rüdiger, Hrsg.: Grün kaputt, München 1983
Koopowitz, Harald / Kane, Hilary : Helft den Pflanzen bevor es zu spät ist, München 1985
Lanners, Edi / Lutz, Noldi: Meine Augen, Luzern 1976
Lame Deer, John Fire / Erdoes, Richard: Tahca Ushte Medizinmann der Sioux, Frankfurt 1986
Lenk, Hans, in: Bungard, Walter / Lenk, Hans, Hrsg: Technikbewertung, Frankfurt 1988
Lopez, Barry: Arktische Träume, Düsseldorf 1987
Lovelace, Mary Caroline, zit. nach: Turing, Alan: Computing Machinery and Intelligence in: Anderson, Alan Ross, Ed.: Minds and Machines, Englewood Cliffs 1964
Lucas, J. R. : Minds, Machines and Gödel, in: Anderson, Alan Ross, Ed.: Minds and Machines, Englewodd Cliffs 1964
Magnusson, Magnus / Forman, Werner: Die Wikinger, Luzern 1986,
Mann, Siegfried: Technische Entwicklung im Wertewandel – Verantwortung für Wissenschaft, Wirtschaft und Politik, in: Bundesverband der deutschen Industrie, Hrsg.: Industrieforschung, Köln 1989
Mayer-List, Irene: Ich habe nie einen Rausch gehabt, in: Die Zeit, Nr. 16, 14. 4. 89
McCorduck, Pamela: Machines Who Think, San Francisco 1979
Merchant, Carolyn: The death of nature, San Francisco 1980
Michie, Donald / Johnston, Rory: The Creative Computer, Harmondsworth 1984
Miedaner, Terrel: The Soul of the Mark III Beast, in: Hofstadter, Douglas / Dennet, Daniel C., Eds.: The Mind's I, New York 1981
Minsky, Marvin: Society of Mind, New York 1988
Minsky, Marvin: Jokes and the Logic of the Cognitive Unconscious, in: Lucia Vaina / Jaako Hintikka, Eds.: Cognitive Constraints on Communication, Dordrecht 1984
Minsky, Marvin: Why Programming is a Good Medium for Expressing Poorly Understood and Slopily Formulated Ideas, in: Krampen, M. / Seitz, P., Eds.: Design and Planning II, New York 1967

Moravec, Hans: MIND Children, Cambridge Mass. 1988
Nietzsche, Friedrich: Jenseits von Gut und Böse, Gesammelte Werke, Goldmann Bd. 8, o. J.
Nietzsche, Friedrich: Vorspiel einer Philosophie der Zukunft, Frankfurt 1959
Nicolis, Grégoire / Prigogine, Ilya: Die Erforschung des Komplexen, München 1987
Ornstein, Robert E., Ed.: The Two Modes of Consciousness, San Francisco 1972
Papert, Seymour: Gedankenblitze – Kinder, Computer und neues Lernen, Hamburg 1985
Petter, Guido: Die geistige Entwicklung des Kindes im Werk von Jean Piaget, Wien 1976
Piaget, Jean: Das Weltbild des Kindes, Frankfurt 1981
Polanyi, Michael: The Tacit Dimension, Gloucester 1983
Prigogine, Ilya, zit. nach: Hohlfeld / Inhetveen / Kötter / Müller: Der Wissenschaftler und die Natur – ein Dialog? in: Altner, Günter, Hrsg.: Die Welt als offenes System, Frankfurt 1986
Radkau, Joachim / Schäfer, Ingrid: Holz, Ein Naturstoff in der Technikgeschichte, Hamburg 1987
Rasmussen, John E., Ed.: Man in Isolation and Confinement, Chicago 1973
Riedl, Rupert: Die Folgen des Ursachendenkens, in: Die erfundene Wirklichkeit, Hrsg. Paul Watzlawick, München 1981
Rifkin, Jeremy: Kritik der reinen Unvernunft, Hamburg 1987
Rödinger, K.H., W. Coy, G. Feuerstein, R. Günther, W. Langenheder, B. Mahr, P. Molzberger, H. Przybylski, H. Röpke, E. Senghaas-Knobloch, B. Volmerg, W. Volpert, H. Weber, H. Wiedemann: Informatik und Verantwortung in: Informatik Spektrum, Heft 5 Okt. 1989
Roszak, Theodore: Where the Wasteland Ends, zit. nach: Collard, Andrée / Contrucci, Joyce: Die Mörder der Göttin leben noch (The Rape of the Wild), München 1988
Sahlins, Marshall: Stone Age Economics, Chicago 1972
Schenk-Danzinger, Lotte: Entwicklungspsychologie, Wien 1983
Schachtel, Ernest G.: Metamorphosis, New York 1984
Schott, Caspar, zit. nach: Heckmann, Herbert: Die andere Schöpfung, Frankfurt 1982
Schwede, Alfred Otto: Lappländisches Tagebuch, Berlin 1973
Sparkassenmagazin, Stuttgart 1988
Spiegel, 30. 5. 1988, Daten aus dem UN-Bericht ›Lage der Weltbevölkerung 1988‹; Spiegel, 6. 6. 1988; Spiegel, 11. 7. 1988; Spiegel, 22. 8. 1988; Spiegel, 21. 11. 1988; Spiegel, 28. 11. 1988; Spiegel, 5. 12. 1988; Spiegel, 9. 1. 1989; Spiegel, 6. 3. 1989; Spiegel, 8. 5. 1989; Spiegel, 28. 8. 1989; Spiegel, 23. 10. 1989; Spiegel, 6. 11. 1989; Spiegel, 18. 2. 1991

Spitz, René: Vom Säugling zum Kleinkind. Naturgeschichte der Mutter-Kind Beziehung im ersten Lebensjahr, Stuttgart [8]1985
Stammel, Heinz J.: Die Apotheke Manitous – Das medizinische Wissen der Indianer und ihre Heilpflanzen, Hamburg 1986
Stouffer, Samuel A.: Social Research to test Ideas, Selected Writings, New York 1951
Tarski, Alfred: Die semantische Konzeption der Wahrheit und die Grundlagen der Semantik, in: Zur Philosophie der idealen Sprache, Hrsg. Johannes Sinnreich, München 1972
Taylor, Gordon Rattray: Das Selbstmordprogramm, Frankfurt 1971
Turing, Alan: Computing Machinery and Intelligence, in: Anderson, Alan Ross, Ed.: Minds and Machines, Englewood Cliffs 1964
Turkle, Sherry: Die Wunschmaschine, Hamburg 1986
UN (United Nations): 1970 Report on the World Social Situation, New York 1971
van der Post, Laurens: Die verlorene Welt der Kalahari, Berlin 1958
van der Post, Laurens: Das Herz des kleinen Jägers, Berlin 1985
von Foerster, Heinz: Sicht und Einsicht, Braunschweig 1985
von Gunten, Hans: Technik – Quelle von Unbehagen, in: IBM-Nachrichten: Technik und Gesellschaft: Arbeit und Beruf – neue Dimensionen, neue Qualitäten, Stuttgart 1986
Waters, Frank: Das Buch der Hopi, Köln 1980
Watzlawick, Paul: Die erfundene Wirklichkeit, München 1981
Weizenbaum, Joseph: Die Macht der Computer und die Ohnmacht der Vernunft, Frankfurt 1977
Weizenbaum, Joseph: Kurs auf den Eisberg, Zürich 1984
Weizenbaum, Joseph: Absurde Pläne, in: Zeitmagazin 16. 3. 1990
Wiener, Norbert: Some Moral and Technical Consequences of Automation, in: Science, Vol. CXXXI, S. 1355, 1960
Zeitmagazin Nr. 13, 25. 3. 88
Zubek, John P.: Behavioral and Physiological Effects of Prolonged Sensory and Perceptual Deprivation, in: Rasmussen, John E., Ed.: Man in Isolation and Confinement, Chicago 1973

Register